LEHRBUCH

DER

EXPERIMENTAL-PHYSIK

ZU EIGENEM STUDIUM UND ZUM GEBRAUCHE BEI VORLESUNGEN

VON

EDUARD RIECKE,
O. Ö. PROFESSOR DER PHYSIK IN GÖTTINGEN.

ERSTER BAND.

MECHANIK, AKUSTIK, OPTIK.

MIT 368 FIGUREN IM TEXT.

LEIPZIG,
VERLAG VON VEIT & COMP.
1896.

Druck von Metzger & Wittig in Leipzig.

Vorwort.

Das vorliegende Lehrbuch, welches in zwei handlichen Bänden das ganze Gebiet der Physik umfaßt, ist erwachsen aus Vorlesungen, die ich an der Universität zu Göttingen gehalten habe. Den Grundstock bilden meine Vorlesungen über Experimentalphysik; ich habe damit aber manches verbunden, was den Gegenstand von spezielleren Vorträgen oder seminaristischen Übungen gebildet hatte. Meine Absicht war darauf gerichtet, den Lesern einen möglichst deutlichen und vollständigen Einblick in die Thatsachen und Ideen zu geben, welche den Bestand unserer heutigen Physik ausmachen. Das Buch wendet sich aber an alle, die der Physik wissenschaftliches Interesse entgegenbringen: an die Hörer der Physik an Universität und technischer Hochschule, denen es neben der Vorlesung und zu eigenen Studien dienen kann; an den Lehrer, der in ihm manches im Zusammenhange finden wird, was, oft schwer zugänglich, in Zeitschriften und Sammelwerken zerstreut ist; an den großen Kreis derer, die, auf verwandten Gebieten im Dienste der theoretischen Forschung oder der technischen Anwendungen thätig, ihre Kenntnisse von der Entwickelung der Physik wieder ergänzen möchten. Mit Rücksicht auf diese allgemeinere Bestimmung wünschte ich, daß das Buch ein leicht zu lesendes sei; ich habe daher mathematische Entwickelungen nur sparsam benützt, und, wo sie nicht zu vermeiden waren, in elementaren Grenzen gehalten. So unschätzbare Dienste die Mathematik der Physik bei der Begründung und Formulierung ihrer Gesetze leistet, so sind die physikalischen Wahrheiten doch unabhängig von ihrem mathematischen Gewande, und ihr wesentlicher Inhalt muß auch ohne die Mittel der Infinitesimalrechnung deutlich zu machen sein. In ausgedehnter Weise wird in diesem Sinne von der Zeichnung Gebrauch gemacht werden; anschauliche geometrische Bilder haben bei der Entdeckung physikalischer Gesetze eine wichtige Rolle gespielt; sie bilden ein ebenso wertvolles Hilfsmittel für ihre Überlieferung.

Über die Anordnung und Auswahl des Stoffes, über seine methodische Behandlung wird man immer verschiedenen Ansichten begegnen; einen allein seligmachenden Kanon giebt es hier nicht, das subjektive Gefühl muß vielmehr sein Recht behalten. Ich glaube, daß die Art, wie sich die Wissenschaft historisch entwickelt hat, im großen auch den Weg zeigt, den wir beim Unterricht, beim Lernen zu gehen haben; die historische Entwickelung ist keine zufällige und willkürliche, es herrscht in ihr vielmehr ein natürliches Gesetz des Fortschrittes von einfachen und naheliegenden Thatsachen zu verwickelten und verborgenen. Aber auch abgesehen hiervon, kann ein Lehrbuch der Physik den stufenweisen Fortschritt der Erkenntnis, die allmähliche Wandlung unserer Anschauungen nicht ganz mit Stillschweigen übergehen. Der Zusammenhang der Wissenschaft, die Kenntnis des Grundes, auf dem ihr heutiger Bau erwachsen ist, darf nicht verloren gehen; und wenn wir auch den Anschauungen von Coulomb, Ampère, Weber oder Carnot jetzt ablehnend gegenüberstehen, so dürfen wir doch den vielfachen Nutzen nicht vergessen, den die aus ihnen geschöpften Vorstellungen uns auch heute noch gewähren. Wer Physik verstehen will, der muß auch von den Ideenkreisen wissen, die von jenen Männern entwickelt worden sind.

Daß ein Lehrbuch der Physik naturgemäß mit der Mechanik beginne, darüber dürfte kaum eine Meinungsverschiedenheit herrschen. Soll aber nicht schon an ihre Spitze das Energieprinzip treten, so daß die Gesetze der Statik und Dynamik aus ihm als ihrem gemeinsamen Grunde entwickelt werden? Es ist dies nicht der Weg der historischen Entwickelung, und ich glaube auch nicht der Weg, auf dem die in Frage kommenden Gebiete am leichtesten zugänglich zu machen sind. Die experimentellen Thatsachen sind es allein, die in jedem Wechsel unserer Anschauungen dieselben bleiben, und sie werden auch den besten Ausgangspunkt der Darstellung bilden, wenn diese in sich selber ruhen und nicht auf schon erworbenen Kenntnissen nur weiterbauen will.

Ich beginne dementsprechend mit der Mechanik starrer Körper und führe sie zunächst bis zu dem von Galilei erreichten Standpunkt; in ihre Mitte stelle ich sodann die Entwickelung der Newtonschen Prinzipien und schließe daran Anwendungen der Prinzipien auf wichtige Probleme der Bewegung. Nachdem so eine größere Summe von Anschauungen gewonnen ist, wird das Energieprinzip zuerst für rein mechanische Systeme entwickelt; die Fälle, in denen mechanische Energie verschwindet, leiten zu der Einführung der Wärmeenergie hinüber; auf die allgemeine Bedeutung der energetischen Prinzipien wird nur in vorbereitender Weise aufmerksam gemacht, sie stehen aber von jetzt an bei allen folgenden Untersuchungen zur Verfügung.

Der Statik inkompressibeler und derjenigen kompressibeler Flüssigkeiten ist je ein besonderes Kapitel gewidmet; dagegen sind in der Dynamik beide Arten flüssiger Körper nebeneinander behandelt. Ein erstes Kapitel enthält die Gesetze der Strömungen und Wirbel, ein zweites die Erscheinungen der Wellenbewegungen.

In dem Buche über Molekularerscheinungen hielt ich es für nützlich, die Verhältnisse der Krystallelastizität wenigstens an einem Beispiele zu erläutern; ebenso habe ich die interessanten Vorgänge, welche bei bleibender Deformation und beim Bruche fester Körper auftreten, durch ein paar Figuren anschaulich gemacht. In der Lehre von der Kapillarität ist zunächst das Gesetz der Oberflächenspannung aus den experimentellen Thatsachen abgeleitet; es ist aber auch die Theorie eines zu der Oberfläche senkrechten Molekulardruckes gegeben, zum Teil im Hinblick auf seine Bedeutung für die VAN DER WAALSsche Formel. Bei den Molekularerscheinungen der Gase ist für die Darstellung zunächst ihre Analogie mit den entsprechenden Erscheinungen der Flüssigkeiten maßgebend; der allgemeinen Übersicht über die Erscheinungen folgt dann ein kurzer Abriß der kinetischen Theorie. Die Gesetze selbst werden stets ergänzt durch Angabe numerischer Werte für die in ihnen auftretenden Moduln und Koëffizienten; es war überhaupt in dem ganzen Lehrbuche mein Bestreben, die Vorstellungen, welche sich an die allgemeinen Gesetze knüpfen, durch Angabe von Maß und Zahl zu möglichst konkreten zu machen; dabei sind die Maßsysteme, auf welche sich die mitgeteilten Zahlen beziehen, stets deutlich bezeichnet worden.

Die Akustik wurde an die Mechanik angeschlossen, so daß sie mit dieser zusammen den ersten Teil des Lehrbuches bildet; um sie nicht über Gebühr auszudehnen, habe ich fortgelassen, was der Theorie der Musik oder der Physiologie der Tonempfindungen angehört, mit Ausnahme eines kurzen Berichtes über den Phonographen und die mit seiner Hilfe ausgeführte Analyse der Vokalklänge, Dinge von so allgemeinem Interesse, daß sie meinem Gefühle nach nicht übergangen werden durften.

Daß ich zum zweiten Teile des Lehrbuches die Optik, zum dritten Magnetismus und Elektricität, zum vierten die Wärmelehre gemacht habe, wird nicht durch die innere Natur des Stoffes gefordert. Es hängen diese Gebiete in so mannigfacher Weise zusammen, daß, nach Vorwegnahme des Energieprinzips, jede Anordnung möglich scheint, daß jede ihre besonderen Vorzüge und Nachteile mit sich bringt. Für meine Wahl war einmal der historische Gesichtspunkt maßgebend, dann die Überlegung, daß die Wellenlehre des Lichtes wesentlich auf das schon bei den Wasserwellen eingeführte HUYGHENSsche Prinzip, sowie auf die Analogien mit den Erscheinungen des Schalls sich stützt; es schien mir daher zweckmäßig, die Optik in dem gleichen Bande zu bringen, wie die Kapitel, in denen jene Dinge abgehandelt werden.

Die Optik selbst zerfällt in drei Bücher; den Inhalt des ersten bilden die Lehren von der geradlinigen Ausbreitung, Reflexion, Brechung und Farbenzerstreuung. In dem Kapitel über Brechung werden auch schon die allgemeinen Verhältnisse der Doppelbrechung an dem Beispiele des isländischen Spates entwickelt. In dem Kapitel über Farbenzerstreuung findet sich die Theorie des Farbenkreisels und der Farbenmischung, soweit sie sich auf physikalischem Boden bewegt. In dem Kapitel über das Auge und die optischen Instrumente wird Gelegenheit genommen zu einer Darstellung der Gesetze, denen die Brechung in einem aus mehreren Medien bestehenden Systeme folgt. Das zweite Buch der Optik enthält die Lehren von Emission und Absorption, von der Fluorescenz und der chemischen Wirkung; hier wird auch die anomale Dispersion und die auswählende Reflexion erörtert. Das dritte Buch ist der Undulationstheorie gewidmet. Einem einleitenden Kapitel folgen die Erscheinungen der Interferenz und Beugung. In der Lehre von Polarisation und Doppelbrechung werden die Gesetze der Reflexion, insbesondere auch die der Metallreflexion, in möglichst gedrängter Form dargestellt. In der Krystalloptik wird ausschließlich die Wellenfläche und nicht die Normalenfläche benützt, um das Studium dieser nicht ganz leichten Dinge so einfach wie möglich zu gestalten. Den Schluß des Kapitels bildet die Frage nach der Schwingungsrichtung des polarisierten Lichtes. In einem letzten Kapitel finden sich einige ergänzende Betrachtungen, namentlich über das Verhältnis der Emission und der Absorption zu der Undulationstheorie.

Der dritte Teil des Lehrbuches, der erste des zweiten Bandes, beginnt mit der Lehre vom Magnetismus, in der die Theorie der Kraftlinien ihre einfachste und anschaulichste Begründung findet. Es folgt darauf die Elektrostatik, welche für die Lehre vom Potential in ähnlicher Weise grundlegend ist; ich habe die Elektrostatik aber auch deshalb vorangestellt, weil die Lehre von den elektrostatischen Apparaten, von der Dielektrizität, von den pyroelektrischen und piëzoelektrischen Erscheinungen an späterer Stelle den geschlossenen Fortgang der Darstellung unterbrochen hätte. In die Elektrostatik ist übrigens auch der Voltasche Fundamentalversuch hereingezogen worden. Der Elektromagnetismus behandelt in drei Kapiteln die Gesetze der Wechselwirkung der Ströme und Magnete, die Lehre vom induzierten Magnetismus und die elektromagnetischen Rotationen. Das folgende Buch bringt dann die Erscheinungen des Diamagnetismus und die Theorie der Spannungen und Drucke im Magnetfeld. Die Lehre von der Magnetinduktion wird auf die bekannten Beziehungen zu den Kraftlinien und zu dem Energieprinzip gegründet; das Ohmsche Gesetz bildet den wesentlichen Inhalt des Galvanismus, in dem aber auch das Hallsche Phänomen und das Joulesche Gesetz ihre Stelle gefunden haben. In der Elektrodynamik werden eingehender nur die Wechselwirkungen starrer, geschlossener Stromkreise besprochen; das allgemeine Gesetz der Voltainduktion wird durch die Betrachtung der Induktionslinien gewonnen.

An die Besprechung des Ruhmkorffschen Induktors schließt sich die Darstellung der Entladungserscheinungen in verdünnten Gasen. Ein besonderes Buch ist der Lehre von den Dynamomaschinen, von den Wechselströmen und Transformatoren gewidmet. Ebenso sind die Gebiete der Elektrooptik, der Thermoelektrizität und Elektrochemie je in einem eigenen Buche dargestellt.

Da die Energetik in der Mechanik vorweggenommen wurde, wenigstens so weit, als es für ihre Anwendungen im folgenden wünschenswert schien, so konnte die Wärmelehre ohne Bedenken an den Schluß des zweiten Bandes gestellt werden. Es schien sich dies aber zu empfehlen mit Rücksicht auf die Lehre von der Strahlung; diese wird begründet durch die Erscheinungen des Lichtes, sie erscheint in einem neuen Zusammenhange in der Elektrooptik und kommt zu einem gewissen Abschluß erst durch die Wärmelehre. Die letztere selbst wird in fünf Bücher geteilt; das erste behandelt Thermometrie und Ausdehnung, das zweite Kalorimetrie und spezifische Wärme; hier werden die Verhältnisse der Atom- und Molekularwärme bei festen und flüssigen Körpern einerseits, bei gasförmigen andererseits eingehender besprochen. Es folgt die mechanische Theorie der Wärme mit einer ausführlicheren Begründung des zweiten Hauptsatzes. Im vierten Buche werden zuerst die Gesetze des Schmelzens und Verdampfens untersucht; daran schließt sich dann die Lehre von dem thermodynamischen Potential und von seinen Anwendungen auf allgemeinere Fälle von Zustandsänderungen, sowie auf die kritischen Zustände. Das letzte Buch endlich enthält die Lehre von Wärme-Leitung und Strahlung.

Der Darstellung der physikalischen Erscheinungen selbst habe ich eine Einleitung vorangeschickt. In ihr sind allgemeine Ausführungen über Methode und Gegenstand der physikalischen Forschung, Angaben über Messungen und Maßeinheiten, sowie einige mathematische Sätze aufgenommen worden, von denen gelegentlich Gebrauch zu machen ist. Ich hoffe mit dieser Erinnerung an die Schulbank vielleicht dem einen oder anderen meiner Leser einen Dienst zu erweisen.

Ein ausführliches Sachregister soll an den Schluß des zweiten Bandes gestellt werden.

Die Figuren sind für das vorliegende Buch beinahe sämtlich neu gezeichnet worden; nur wenige Zeichnungen von Apparaten sind aus Katalogen und aus Riess' Lehre von der Reibungselektrizität kopiert. Die Zeichnungen von Interferenzkurven bei Krystallen sind der physikalischen Krystallographie von Liebisch entnommen.

Für Lesung einer Korrektur bin ich Herrn Professor Voigt und Herrn Dr. Pockels zu großem Danke verpflichtet. Ihre Bemerkungen haben zu zahlreichen Verbesserungen des Textes Veranlassung gegeben. Weitere solche Bemerkungen, auch von anderer Seite, können mir nur willkommen sein.

Die Citate beziehen sich auf solche Publikationen, die mir bei der

Abfassung des Buches unmittelbar vorgelegen haben; sie besitzen keineswegs den Charakter eines systematischen Litteraturverzeichnisses. Sie sollen nur dem Leser die Kontrolle der im Texte gemachten Angaben ermöglichen, ihn auf weniger bekannte Publikationen aufmerksam machen, oder ihm Anregungen zu weiterem Studium der im Text behandelten Gegenstände geben.

Wenn ich an meine eigene Studienzeit zurückdenke, so verweilt meine Erinnerung besonders gern bei den Stunden, in denen ich Wilhelm Webers Vorlesung über Experimentalphysik hörte. Wer seine elektrodynamischen Maßbestimmungen gelesen hat, kann sich wohl einen Begriff machen von der Kunst, mit der er den Zusammenhang der Erscheinungen zu entwickeln und Schritt für Schritt die Erkenntnis zu erweitern und zu vertiefen wußte. So gestaltete sich vor allem die von ihm mit Vorliebe behandelte Elektrizitätslehre zu einem Kunstwerk, dessen dramatischen Aufbau von Stunde zu Stunde zu verfolgen, mir eine Quelle des reinsten Genusses war. Möchte ein Hauch von diesem Geiste auch in meiner Darstellung zu spüren sein!

November 1895.

Eduard Riecke.

Inhalt.

		Seite
Vorwort		III
Einleitung		1
§ 1.	Physikalische Erscheinungen und Versuche	1
§ 2.	Erklärung	2
§ 3.	Begriffe und Vorstellungen	2
§ 4.	Hypothesen	3
§ 5.	Hypothesen und Theorieen	4
§ 6.	Gesetze	5
§ 7.	Abgrenzung der Physik	6
§ 8.	Einteilung der Physik	6
§ 9.	Messen	6
§ 10.	Winkelmessung	7
§ 11.	Längenmessung	9
§ 12.	Abgeleitete Maße	9
§ 13.	Maßeinheit des Gewichtes	10
§ 14.	Längenmaßstab, Nonius	10
§ 15.	Kathetometer	12
§ 16.	Zeitmessung	12
§ 17.	Sternzeit und mittlere Sonnenzeit	13
§ 18.	Siderisches und tropisches Jahr	14
§ 19.	Pendeluhren und Chronometer	15
§ 20.	Veränderung des Tages	16
§ 21.	Gradmessung der Temperatur	16
§ 22.	Graphische Darstellung	17

Erster Teil. Mechanik und Akustik.

Erstes Buch. Mechanik starrer Körper.

Erster Abschnitt. Statik starrer Körper.

I. Kapitel.	**Vom Gleichgewicht der Kräfte**	20
§ 23.	Das Senkel	20
§ 24.	Die Rolle	21
§ 25.	Kräfte gemessen durch Gewichte	21
§ 26.	Graphische Darstellung von Kräften	22
§ 27.	Der Satz vom Parallelogramm der Kräfte	23
§ 28.	Gleichgewicht von Kräften in einem Punkt	24

Seite

§ 29. Verlegung des Angriffspunktes einer Kraft 24
§ 30. Gleichgewicht von drei Kräften an einem starren Körper 25
§ 31. Zerlegung einer Kraft in Komponenten 25
§ 32. Gleichgewicht eines Stabsystems 26
§ 33. Brückenkonstruktionen 27
§ 34. Das Hebelgesetz 28
§ 35. Der Mittelpunkt paralleler Kräfte 29
§ 36. Der Schwerpunkt 31
§ 37. Gleichgewicht eines drehbaren schweren Körpers 31
§ 38. Die Hebelwage 31

II. Kapitel. **Die einfachen Maschinen und das Prinzip der virtuellen Verschiebungen** 34
§ 39. Die schiefe Ebene 34
§ 40. Das Wellrad 36
§ 41. Der Flaschenzug 36
§ 42. Räderwerke 37
§ 43. Kraft und Weg bei Maschinen 38
§ 44. Mechanische Arbeit 39
§ 45. Das Prinzip von den virtuellen Verschiebungen 41
§ 46. Natürliche Bewegungen 41
§ 47. Die Brückenwage 42

Zweiter Abschnitt. Dynamik starrer Körper.

I. Kapitel. **Geschwindigkeit und Beschleunigung** 44
§ 48. Gleichförmige Bewegung 44
§ 49. Dimension der Geschwindigkeit 44
§ 50. Geschwindigkeit und Weg 45
§ 51. Gleichförmig beschleunigte Bewegung 45
§ 52. Allgemeine Definition von Geschwindigkeit und Beschleunigung . 48

II. Kapitel. **Fallbewegung und Pendel** 50
§ 53. Die Fallbewegung 50
§ 54. Beschleunigung und Geschwindigkeit an der Atwoodschen Maschine 53
§ 55. Die Wurfbewegung 53
§ 56. Die Bewegung des Pendels 54

III. Kapitel. **Newtons Prinzipien der Dynamik** 56
§ 57. Die Entwickelung der Prinzipien der Dynamik 56
§ 58. Das Prinzip der Trägheit 58
§ 59. Das Prinzip der Masse 58
§ 60. Beziehung zwischen dem Prinzip der Masse und dem der Trägheit 60
§ 61. Massenvergleichung 60
§ 62. Der Einfluß der Masse auf die Bewegung 60
§ 63. Gleichförmig beschleunigte oder verzögerte Bewegung 61
§ 64. Das Prinzip der Kombination 62
§ 65. Das Prinzip von der Gleichheit der Aktion und Reaktion 64
§ 66. Masseneinheit; technisches und absolutes Maßsystem 65
§ 67. Spezielle Maßeinheiten 67
§ 68. Dichte und spezifisches Gewicht 68
§ 69. Der Massenmittelpunkt 69

IV. Kapitel. **Anwendungen der Newtonschen Prinzipien** 70
§ 70. Schwingende Bewegungen 70
§ 71. Ergänzung des Pendelgesetzes 71

Seite

§ 72. Das physische Pendel 72
§ 73. Das Reversionspendel 74
§ 74. Allgemeine Formulierung des Pendelgesetzes 74
§ 75. Die Beschleunigung der Schwere 75
§ 76. Die Bifilarsuspension 76
§ 77. Kreisbewegung, Centralkraft und Winkelgeschwindigkeit 77
§ 78. Die Keplerschen Gesetze 80
§ 79. Newtons allgemeine Gravitation 80
§ 80. Sätze über die Anziehung von Kugeln 81
§ 81. Bestimmung der Gravitationskonstante und der Dichte der Planeten 82
§ 82. Die reine Gravitation der Erde 83
§ 83. Die Abplattung der Erde 84
§ 84. Rotation eines starren Körpers um seinen Schwerpunkt 85
§ 85. Präzessionsbewegung 87
§ 86. Kombination von Winkelgeschwindigkeiten 94
§ 87. Der Stoß 94
§ 88. Bewegungsgröße und Impuls 95
§ 89. Erhaltung der Bewegungsgröße 96
§ 90. Erhaltung der lebendigen Kraft 97
§ 91. Wellenbewegung einer gespannten Kette 98
§ 92. Die Reflexion der Welle 102
§ 93. Stehende Wellen 103

V. Kapitel. **Energetik** 106
§ 94. Arbeitsvorrat oder potentielle Energie 106
§ 95. Arbeitsvorrat und lebendige Kraft oder kinetische Energie . . . 107
§ 96. Energie der allgemeinen Gravitation 108
§ 97. Spannkraft 110
§ 98. Das Prinzip der Erhaltung und Vermehrung der Energie für ein mechanisches System. Maß der Energie 111
§ 99. Vernichtung von kinetischer Energie durch Stoß und Reibung. Wärmeenergie 112
§ 100. Das mechanische Äquivalent der Wärme 113
§ 101. Das Prinzip der Vermehrung der Energie für ein thermisch-mechanisches System 115
§ 102. Allgemeine Bedeutung des Energieprinzips 115
§ 103. Das Perpetuum mobile 116
§ 104. Die Bewegung der Energie 117
§ 105. Beziehung der Energie zu dem Prinzip der virtuellen Verschiebungen 119

Zweites Buch. Mechanik der Flüssigkeiten und Gase.

Erster Abschnitt. Statik der Flüssigkeiten und Gase.

Einleitung.

§ 106. Inkompressible und kompressible Flüssigkeiten 120

I. Kapitel. **Statik der inkompressibeln Flüssigkeiten** 121
§ 107. Prinzip der Niveauflächen 121
§ 108. Druck einer Flüssigkeit gegen die Gefäßwand 121
§ 109. Das Archimedische Prinzip 122
§ 110. Das spezifische Gewicht des Wassers bei 4° Celsius 124
§ 111. Anwendung des Archimedischen Prinzips zur vergleichenden Bestimmung spezifischer Gewichte 125

Seite

§ 112. Gewichtsaräometer 126
§ 113. Prinzip der gleichmäßigen Ausbreitung des Druckes 127
§ 114. Druck im Innern einer schweren Flüssigkeit 128
§ 115. Kommunizierende Gefäße 129
§ 116. Korrespondierende Flüssigkeitshöhen 130

II. Kapitel. **Statik der kompressibeln oder gasförmigen Flüssigkeiten** . 130
§ 117. Druck der Luft 130
§ 118. Der TORRICELLIsche Versuch 131
§ 119. Das Gesetz von BOYLE-MARIOTTE 132
§ 120. Abweichungen vom BOYLE-MARIOTTEschen Gesetz 133
§ 121. Das Barometer 134
§ 122. Die Luft eine schwere Flüssigkeit 136
§ 123. Das spezifische Gewicht der Luft 136
§ 124. Der Atmosphärendruck 137
§ 125. Abhängigkeit des Luftdruckes von der Höhe 137
§ 126. Die virtuelle Druckhöhe 138
§ 127. Der Heber 139
§ 128. Die Wasserpumpen 140
§ 129. Die Luftpumpe 141
§ 130. Die Quecksilberluftpumpe 142
§ 131. Die Barometerprobe 144
§ 132. Spezifisches Gewicht der Gase 144
§ 133. Die Kompressionspumpe 145

Zweiter Abschnitt. Dynamik der Flüssigkeiten und Gase.

I. Kapitel. **Strömungen und Wirbel** 147
§ 134. Bewegungen idealer Flüssigkeiten 147
§ 135. Strömung 148
§ 136. Zirkulation 150
§ 137. Wirbelbewegung 150
§ 138. Geradlinige Wirbelfäden und Wirbelringe 152
§ 139. Druck in einer bewegten Flüssigkeit 157
§ 140. Strahlbildung 157
§ 141. Ausfluß einer Flüssigkeit aus einem Gefäß 159
§ 142. Reaktion des ausfließenden Strahles 162
§ 143. Verminderter Seitendruck von Flüssigkeitsstrahlen. Versuche und und Anwendungen (Luftpumpen) 162

II. Kapitel. **Wellenbewegungen** 165
§ 144. Wellen inkompressibler Flüssigkeiten 165
§ 145. Das HUYGHENSsche Prinzip 168
§ 146. Stehende Wellen 171
§ 147. Wellenbewegung in Gasen 174
§ 148. Die Schallgeschwindigkeit 176

Drittes Buch. Molekularerscheinungen.

Einleitung.

§ 149. Molekularkräfte 178

I. Kapitel. **Molekularerscheinungen fester Körper** 180
§ 150. Elastizität; spezielle Gesetze 180
§ 151. Numerische Werte 182

Seite

§ 152. Allgemeine Theorie der Elastizität 184
§ 153. Energiegehalt eines deformierten elastischen Körpers 186
§ 154. Zur Molekulartheorie der Elastizität 187
§ 155. Elastizität der Krystalle 187
§ 156. Elastische Nachwirkung 190
§ 157. Innere Reibung 190
§ 158. Festigkeit 190
§ 159. Adhäsion 192
§ 160. Gleitende Reibung 193
§ 161. Rollende Reibung 194

II. Kapitel. **Molekularerscheinungen der Flüssigkeiten** 195
§ 162. Kompressibilität der Flüssigkeiten 195
§ 163. Oberflächenspannung der Flüssigkeiten 196
§ 164. Erscheinungen der Ausbreitung 198
§ 165. Gleichgewichtsfiguren 199
§ 166. Seifenblasen 199
§ 167. Kapillarität 200
§ 168. Randwinkel 200
§ 169. Zur Molekulartheorie der Kapillarität 201
§ 170. Innere Reibung der Flüssigkeiten 203
§ 171. Relaxation 205
§ 172. Diffusion 206
§ 173. Osmotischer Druck 207

III. Kapitel. **Molekularerscheinungen der Gase** 209
§ 174. Übersicht über die Erscheinungen 209
§ 175. Kinetische Theorie der Gase 211

Viertes Buch. Akustik.

I. Kapitel. **Die musikalischen Töne** 217
§ 176. Entstehung der Töne 217
§ 177. Die Tonhöhe 218
§ 178. Die Konsonanz 221
§ 179. Grenzen der Tonempfindung 222
§ 180. Die Luft als Schallmedium 222
§ 181. Das Dopplersche Prinzip 222
§ 182. Beziehung der Akustik zur Mechanik 225

II. Kapitel. **Freie Schwingungen tönender Körper** 226
§ 183. Schwingungen der Saiten 226
§ 184. Obertöne 227
§ 185. Gespannte Membranen 229
§ 186. Transversalschwingung von Stäben 229
§ 187. Stimmgabeln 230
§ 188. Klangscheiben 231
§ 189. Glocken 232
§ 190. Longitudinalschwingungen von Saiten und Stäben 233
§ 191. Schwingungen der Pfeifen 235
§ 192. Schallgeschwindigkeit in festen Körpern 237
§ 193. Schallgeschwindigkeit in Flüssigkeiten 238
§ 194. Energie einer schwingenden Saite 239
§ 195. Zerstreuung der Energie 241

Seite
§ 196. Tonstärke 241
§ 197. Die Klangfarbe 242
§ 198. Die Vokalklänge und der Phonograph 244

III. Kapitel. **Erzwungene Schwingungen und Resonanz** 246
§ 199. Freie und erzwungene Schwingung 246
§ 200. Mittönen von Körpern bei synchroner Schwingung 246
§ 201. Gleichmäßig resonierende Körper 249
§ 202. Zungenpfeifen und Lippenpfeifen 249
§ 203. Singende Flammen 250
§ 204. Resonatoren 251
§ 205. Kundtsche Staubfiguren 251
§ 206. Das Cortische Organ 253

IV. Kapitel. **Erscheinungen der Interferenz und Schwebung** 253
§ 207. Nörrembergs Interferenzversuch 253
§ 208. Flächen der Stille bei einer Stimmgabel 254
§ 209. Schwebungen 255
§ 210. Kombinationstöne 258
§ 211. Konsonanz und Dissonanz 259

Zweiter Teil. Optik.

Einleitung.

§ 212. Allgemeine Aufgaben der Optik 262

Erstes Buch. Geradlinige Ausbreitung, Reflexion, Brechung und Farbenzerstreuung.

I. Kapitel. **Erscheinungen der geradlinigen Ausbreitung** 264
§ 213. Geradlinige Ausbreitung des Lichtes 264
§ 214. Fortpflanzungsgeschwindigkeit des Lichtes 266
§ 215. Beleuchtungsstärke und Lichtstärke 271
II. Kapitel. **Reflexion des Lichtes** 274
§ 216. Diffuse und regelmäßige Reflexion 274
§ 217. Das Reflexionsgesetz 274
§ 218. Der ebene Spiegel 275
§ 219. Messung eines Prismenwinkels 276
§ 220. Winkelmessung mit Spiegel und Skale 277
§ 221. Der Heliostat 278
§ 222. Die sphärischen Spiegel 278

III. Kapitel. **Brechung des Lichtes** 283
§ 223. Das Brechungsgesetz 283
§ 224. Konstruktion des gebrochenen Strahles 285
§ 225. Umkehr und Kombination von Brechungsverhältnissen 286
§ 226. Optisch dichtere und dünnere Mittel 287
§ 227. Brechung des Lichtes durch ein Prisma 287
§ 228. Bestimmung des Brechungsverhältnisses 289
§ 229. Absolutes Brechungsverhältnis und atmosphärische Strahlenbrechung 290
§ 230. Brechungsvermögen und Molekularrefraktion 291

Seite

§ 231. Totalreflexion 291
§ 232. Brechung an einer sphärischen Fläche 293
§ 233. Theorie der Linsen 294
§ 234. Doppelbrechung 301

IV. Kapitel. **Farbenzerstreuung des Lichtes** 304
§ 235. Newtons Fundamentalversuche 304
§ 236. Die Fraunhoferschen Linien 306
§ 237. Numerische Werte von Brechungsverhältnissen 307
§ 238. Totale Dispersion 307
§ 239. Achromatische Prismen und Linsen 308
§ 240. Geradsichtprismen 309
§ 241. Der Farbenkreisel 309

V. Kapitel. **Das Auge und die optischen Instrumente** 313
§ 242. Das Auge 313
§ 243. Die Lupe 316
§ 244. Fernrohr und Mikroskop 317
§ 245. Elektrische Lampe und Projektionsapparat 319
§ 246. Die Schlierenmethode 319

Zweites Buch. Emission und Absorption des Lichtes und die sie begleitenden Erscheinungen.

I. Kapitel. **Emission und Absorption** 321
§ 247. Spektralanalyse 321
§ 248. Der Spektralapparat 321
§ 249. Spektra fester und flüssiger Körper 323
§ 250. Spektra von Metalldämpfen 323
§ 251. Spektra Geisslerscher Röhren 325
§ 252. Spektren chemischer Verbindungen 327
§ 253. Spektrum und Dampfdichte 328
§ 254. Chemische Spektralanalyse 329
§ 255. Absorption des Lichtes 330
§ 256. Absorptionsspektren 331
§ 257. Die Umkehrung der Spektrallinien 331
§ 258. Das Sonnenspektrum als Absorptionsspektrum 332
§ 259. Anomale Dispersion 333
§ 260. Oberflächenfarben und Metallglanz 334

II. Kapitel. **Fluorescenz und chemische Wirkung des Lichtes** 334
§ 261. Die Fundamentalerscheinung der Fluorescenz 334
§ 262. Fluorescenzspektren 335
§ 263. Phosphorescenz 336
§ 264. Chemische Wirkungen des Lichtes 336
§ 265. Photographie 337
§ 266. Photographieen des Spektrums 338
§ 267. Farbenphotographie 339
§ 268. Sichtbarkeit der ultravioletten Strahlen 339

Drittes Buch. Das Licht als Wellenbewegung.

I. Kapitel. **Emissions- und Undulationstheorie des Lichtes** 340
§ 269. Die Emissionstheorie 340
§ 270. Die Undulationstheorie 341
§ 271. Foucaults Bestimmung der Lichtgeschwindigkeit 344

Seite

II. Kapitel. **Interferenz und Beugung** 346
§ 272. Fresnels Spiegelversuch 346
§ 273. Zonenteilung der Wellenfläche und Beleuchtung eines Punktes . 349
§ 274. Fresnelsche Beugungserscheinungen 350
§ 275. Fraunhofersche Beugungserscheinungen 352
§ 276. Verschiebung der Interferenzstreifen 355
§ 277. Beugungsgitter und Gitterspektren 356
§ 278. Wellenlängen des Lichtes 359
§ 279. Zur teleskopischen Beobachtung der Beugungserscheinungen . . 359
§ 280. Farben dünner Blättchen 362
§ 281. Der Interferentialrefraktor 365

III. Kapitel. **Polarisation und Doppelbrechung** 366
§ 282. Turmalinplatten 366
§ 283. Zusammensetzung und Zerlegung polarisierter Strahlen 368
§ 284. Natürliches Licht 372
§ 285. Polarisation durch Reflexion 373
§ 286. Allgemeine Gesetze der Reflexion und Brechung 373
§ 287. Totale Reflexion 377
§ 288. Die Metallreflexion 378
§ 289. Doppelbrechung und Polarisation 381
§ 290. Das Nikolsche Prisma 383
§ 291. Wellenfläche einaxiger Krystalle 384
§ 292. Wellenfläche zweiaxiger Krystalle 387
§ 293. Polarisationsapparate 391
§ 294. Interferenzfarben dünner Krystallblättchen 392
§ 295. Der Kompensator 396
§ 296. Erscheinungen im konvergenten Lichte 398
§ 297. Zirkularpolarisation 399
§ 298. Polarisationsebene und Schwingungsrichtung 401

IV. Kapitel. **Probleme der Wellenlehre** 403
§ 299. Emission des Lichtes; Gesetzmäßigkeiten der Spektren 403
§ 300. Kontinuierliche Spektren 407
§ 301. Erscheinungen der Absorption 408
§ 302. Zirkularpolarisation 410

Anmerkungen.

Mechanik.

I. Zu den Gesetzen des Stoßes elastischer Körper. § 89 und 90 412
II. Zu § 114. Druck im Innern einer schweren Flüssigkeit 412

Optik.

III. Zu § 273. Zonenteilung der Wellenfläche und Beleuchtung eines Punktes 414
IV. Zu § 291. Wellenfläche einaxiger Krystalle 415
V. Zu § 292. Wellenfläche zweiaxiger Krystalle 416

Einleitung.

§ 1. Physikalische Erscheinungen und Versuche. Die Untersuchungen der Physik beziehen sich auf die Welt der uns umgebenden Körper, von deren Dasein uns die verschiedenen Sinne Nachricht geben. Aber diese Welt ist nicht starr und tot, sondern in einer ewigen Verwandlung begriffen, sie ist nicht bloß eine Welt von Körpern, sondern eine Welt von Erscheinungen. Wir sehen den Fall des Steines, die Wellen des Wassers von den regelmäßigen, feinen Kreisen an der Oberfläche eines Teiches bis zu den brandenden Wogen des Meeres; wir fühlen im Sturme den Druck der Luft, wir sehen sie zittern über dem von der Sonne erhitzten Boden. Aus den sich verdichtenden Wolken fallen die Regentropfen; wenn ihr durch die Luft herabhängender Schleier über den Beobachter hinweg von der sinkenden Sonne beschienen wird, so wölbt sich über der Erde der farbige Kreis des Regenbogens. — Aber der Mensch hat sich nicht begnügt, müßig das Schauspiel zu betrachten, das die Natur immer von neuem und immer wieder anders vor seinen Augen spielt; die Not des Daseins und die eingeborene Lust zum Wissen haben ihn veranlaßt, mit eigener Hand in den Lauf der Naturerscheinungen einzugreifen, sie zu seinem Nutzen zu lenken, durch Versuche die Bedingungen der eintretenden Veränderungen, die Ursachen der beobachteten Wirkungen zu erforschen, das Gebiet der Erscheinungen selbst zu erweitern. Er benutzt den Hebel, das Seil und die Rolle zum Heben einer Last; durch Wasser und Wind treibt er das Rad der Mühle; die Kraft des Dampfes zwingt er in seinen Dienst, mit der Spannkraft des Bogens beflügelt er den Pfeil, mit Saite und Pfeife erzeugt er die musikalischen Töne; er entdeckt das Farbenspiel der Seifenblasen, die doppelte Brechung des Lichtes im Kalkspat, und entwickelt daraus, Versuche an Versuche reihend, eine neue vorher unbekannte Welt der schönsten Farbenerscheinungen. Er findet den natürlichen Magnet, entdeckt seine Eigenschaft den Pol zu suchen, er macht die Stahlnadel magnetisch und der Seefahrer sucht nach ihrer Weisung seinen Weg. Der geriebene Bernstein zieht leichte Papierstückchen an, auf den genäherten Finger springt von ihm ein kleiner Funken. Diese unscheinbaren Beobachtungen erweitern sich im Laufe weniger Jahrhunderte zu einer beinahe erschreckenden Fülle von neuen Thatsachen, die für unsere ganze Auffassung von dem Wirken der Natur von der größten Bedeutung sind, welche die Verhältnisse unseres Verkehrs und Erwerbes von Grund aus umgestalten.

§ 2. Erklärung. Bei der unendlichen Menge der Erscheinungen, mögen sie nun in der Natur ohne unser Zuthun sich abspielen oder in Versuchen durch eine bewußte Thätigkeit erzeugt worden sein, wäre es unmöglich, alle einzelnen im Gedächtnis zu behalten. Schon aus einem ökonomischen Bedürfnis müssen wir suchen, die Erscheinungen nach einheitlichen Gesichtspunkten zu ordnen; diese Ordnung besteht aber nicht in einer äußerlichen Klassifikation nach Ähnlichkeit oder Verschiedenheit, sondern in der Herstellung eines Zusammenhanges, bei dem wir die Erscheinungen nach dem Verhältnisse von Ursache und Wirkung aneinander zu reihen suchen.

Aus den vielen und mannigfaltigen Thatsachen greifen wir die einfachsten heraus und machen ihre Bedingungen zum Gegenstand unserer Forschung; die komplizierten suchen wir zu zerlegen, so daß sie als eine Folge der schon bekannten einfachen erscheinen. Gelingt dieses, so haben wir eine Erklärung jener Thatsachen gewonnen. So erscheint die Bewegung des Wurfes als eine Verbindung der gleichförmigen Bewegung in der Wurfrichtung mit der Fallbewegung; die Farbenzerstreuung des Lichtes erklären wir durch die verschiedene Brechbarkeit der verschiedenfarbigen Strahlen.

§ 3. Begriffe und Vorstellungen. Bei jeder Naturerscheinung fassen wir zunächst die Beziehungen auf, welche den allgemeinen Anschauungsformen des Raumes und der Zeit entsprechen. Wir unterscheiden verschiedene Körper, ihre Gestalt und Größe, ihre gegenseitige Lage und Bewegung. Diese Begriffe, der Physik und der Mathematik gemeinsam, sind uns allen in vollkommener Deutlichkeit und Schärfe immer in der gleichen Weise gegenwärtig, und wir folgen bei ihrer Bildung einer unbewußten inneren Notwendigkeit. Zu ihnen gesellen sich die sinnlichen Empfindungen der Farben, der Töne, der Wärme und Kälte, die nach Qualität und Intensität eine unendliche Reihe verschiedener Stufen bilden. Zu den Begriffselementen der Zahl, des Raumes und der Zeit, zu den sinnlichen Qualitäten fügen wir aber schon bei der Betrachtung der einfachsten Naturerscheinungen Vorstellungen, deren Bildung nicht durch einen inneren psychologischen Zwang gefordert wird. Wir sprechen von der Anziehung, welche die Erde auf den fallenden Stein ausübt, von Kräften, mit denen die Körper aufeinander wirken; diese Vorstellungen sind entlehnt dem Beispiel unseres eigenen Wirkens; wie wir durch die Kraft unserer Muskeln Lasten bewegen, so schreiben wir den Körpern Kräfte zu, durch die sie sich wechselseitig beeinflussen; wir sind uns bewußt, daß wir Arbeit verrichten können, sobald wir wollen, daß wir ein gewisses Maß von Arbeitsfähigkeit besitzen. Nun kann aber dieselbe Last, die wir durch Muskelkraft eine schiefe Ebene hinaufziehen, durch ein fallendes Gewicht, durch Dampf oder elektrische Kraft gehoben werden. Auch die Naturkörper besitzen ein bestimmtes Maß von Wirksamkeit oder Energie. Schon hier möge darauf hingewiesen werden, daß ihre Bestimmung eines der wesentlichsten Ziele der physikalischen Forschung bildet. Sie ist wichtig nicht bloß für die technische Verwertung der Naturkräfte, sondern auch wissenschaftlich von der größten Bedeutung; denn kein Begriff durchdringt und verbindet in gleichem Maße die verschiedenen Gebiete der Erscheinungen, wie der der Arbeitsfähigkeit oder Energie.

§ 4. Hypothesen. Wenn wir von der Kraft sprechen, die ein Körper *A* auf einen Körper *B* ausübt, so drücken wir damit nichts anderes aus als die Thatsache, daß *A* bestimmte Veränderungen erleidet, so oft er in bestimmte räumliche Beziehungen zu *B* gebracht wird. Es handelt sich dabei nur um eine anschauliche Art, die beobachteten Erscheinungen zu beschreiben. Demselben Zweck dienen zunächst auch die mannigfachen Hypothesen, die wir mit den physikalischen Erscheinungen verbinden. Eine nicht kleine Zahl von diesen zeigt einen so verwickelten Charakter, daß wir zu keiner Übersicht, zu keiner verständlichen Ordnung gelangen, so lange wir uns nur an den beobachteten Thatbestand halten. Wir ergänzen diesen durch hypothetische Annahmen über die ihm zu Grunde liegenden Eigenschaften der Körper, über die Existenz von Körpern, die unsichtbar mit den unmittelbar wahrnehmbaren sich mischen, Annahmen, durch welche wir gewissermaßen einen verborgenen Teil der wirkenden Ursachen zu erraten suchen. Solche Hypothesen werden natürlich nicht willkürlich und aufs Geratewohl gebildet, sondern man läßt sich dabei von Analogieen mit bekannten Thatsachen leiten. So wurde man durch die Analogieen zwischen Schall und Licht darauf geführt, die optischen Erscheinungen zu erklären durch Wellen in einem den ganzen Raum erfüllenden Stoffe, dem Äther, der jeder anderen Wahrnehmung sich entzieht; die elektrischen Erscheinungen hat man zuerst in einheitlicher Weise darzustellen gelernt mit Benutzung der Analogieen, die sie in mancher Hinsicht mit den Bewegungen eines flüssigen Körpers zeigen. Man dachte sich an der Oberfläche der elektrischen Körper zwei unsichtbare, den Wirkungen der Schwere entzogene, imponderabele Flüssigkeiten, deren Teilchen sich anziehen und abstoßen, mit Kräften auf einander wirken, die den zwischen den Himmelskörpern beobachteten entweder gleichartig oder entgegengesetzt sind.

In dem Gebiete der Elasticitätserscheinungen wurde ein leitendes Band zuerst in der Annahme gefunden, daß die Körper aus kleinen Teilchen, den Molekülen, bestehen, die von einander durch Zwischenräume getrennt sind, im Vergleich mit denen die Dimensionen der Moleküle selbst verschwinden; die kontinuierliche Raumerfüllung der Körper wäre darnach nur ein Schein, sie wären zu vergleichen dem Sternhaufen, der am nächtlichen Himmel den Anblick einer gleichmäßig leuchtenden Scheibe darbietet, während er aus einer ungezählten Menge von Sternen besteht, zwischen denen weite, von Sternen leere Räume sich erstrecken.

§ 5. Hypothesen und Theorieen. Die Hypothesen der Physik entwickeln sich zunächst aus der Betrachtung von einzelnen Erscheinungen, die nicht auf andere schon bekannte zurückgeführt werden können. Wenn man dann auf Grund der gemachten Annahmen das ganze Gebiet der mit jenen Fundamentalerscheinungen zusammenhängenden Thatsachen in einheitlicher Weise darzustellen sucht, so gelangt man zu einer physikalischen Theorie. So wurde man durch eine gewisse Gruppe von Fundamentalerscheinungen zu der Hypothese der elektrischen Fluida geführt; die konsequente Verfolgung dieser Annahme durch das ganze Gebiet der elektrischen Erscheinungen hindurch führte zu einer Theorie der Elektricität. Da die physikalischen Hypothesen sich auf einen nur gedachten Teil der Erscheinungen beziehen, der nicht Gegenstand der unmittelbaren Beobachtung ist, können sie nie als eine ausgemachte Wahrheit gelten; sie tragen den Charakter von Hilfsvorstellungen, geeignet größere Gebiete von Erscheinungen in einfacher und verständlicher Weise zusammenzufassen.

Sie liefern uns Bilder der Erscheinungen und ihres Zusammenhanges; wir benutzen sie als Modelle, bei denen jeder zwischen den realen Körpern stattfindenden Beziehung eine bestimmte mechanische Verbindung, jeder Veränderung in der Körperwelt eine bestimmte Änderung des Modelles entspricht. Je weiter nun der Kreis der Erscheinungen ist, den wir auf diese Weise abzubilden vermögen, desto größer wird unser Vertrauen sein, daß die benutzte Hypothese, das mit ihrer Hilfe konstruierte Modell richtig ist. Darunter aber verstehen wir folgendes. Wir haben uns das Modell zunächst gedacht als ein Abbild der beobachteten Erscheinungen; aber es hat gewissermaßen sein eigenes, selbständiges Leben, und wir können mit ihm ohne Rücksicht auf die Welt der realen Körper spielen, beliebige seiner Teile bewegen und zusehen, wie sich die anderen dabei verhalten. Wenn unser Modell ein richtiges ist, wenn es keine überflüssigen, bedeutungslosen Bestandteile enthält, so muß jeder solchen Veränderung in dem Modell ein realer Vorgang in der Welt der Erscheinungen entsprechen.

Die Hypothesen und die aus ihnen folgenden Theorieen sind darnach für die Physik nicht bloß ein Mittel der Darstellung, sie sind ein Leitfaden zu neuen Versuchen, zu der Entdeckung neuer Erscheinungen. Denn die Benützung unseres Modelles, die Anwendung der Theorie ist nach dem vorher Gesagten nicht beschränkt auf Verhältnisse, die schon einmal Gegenstand der Beobachtung waren; wir können an ihrer Hand vorhersagen, was unter neuen Verhältnissen geschehen wird. Die Entdeckung einer neuen Erscheinung auf Grund einer solchen Vorhersage bildet den wahren Prüfstein für die Richtigkeit der zu Grunde liegenden Hypothese, für die Brauchbarkeit des mit ihrer Hilfe konstruierten Modells. Eines der berühmtesten Beispiele dieser Art ist die Entdeckung des Neptuns, nachdem seine Existenz und Stellung vorhergesagt war auf Grund von Störungen des Uranus, die durch die Einwirkung der damals bekannten Planeten nicht zu erklären waren. Daß wir Modelle oder Bilder der Erscheinungen konstruieren können, die in dem angegebenen Sinne richtig sind, ist eine Thatsache der Erfahrung. Begreiflich aber ist dieses Verhältnis nur, wenn Geist und Natur nicht zwei voneinander geschiedene Welten, sondern Teile einer höheren Einheit sind.[1]

Da man für eine und dieselbe Erscheinung häufig verschiedene Analogieen finden kann, so ergiebt sich die Möglichkeit verschiedener Hypothesen, verschiedener Modelle für einen und denselben Kreis von Erscheinungen. So hat man beobachtet, daß die Wechselwirkungen elektrischer Konduktoren abhängig sind von dem Mittel, in dem sie sich befinden, andere in Luft, andere in Wasserstoff oder Terpentinöl. Man wurde dadurch zu der Annahme veranlaßt, daß die elektrischen Wirkungen durch elastische Spannungen der die Konduktoren umgebenden, an ihrer Oberfläche haftenden Isolatoren vermittelt werden. Verschiedene Theorieen erweisen sich oft innerhalb eines weiten Kreises von Erscheinungen als gleichberechtigt. Sobald wir aber Thatsachen finden, die, über jenes Gebiet hinausliegend, nur dem Vorstellungskreis der einen untergeordnet werden können, für die nur das eine Modell Veränderungen zuläßt, die mit den realen Erscheinungen übereinstimmen, wird die Alternative entschieden sein. So hat die Erfahrung gezeigt, daß die elektrischen Wirkungen mit der Geschwindigkeit des Lichtes im Raume sich ausbreiten, daß sie vermittelte Wirkungen sind. Damit ist die Annahme der elektrischen Fluida mit den zwischen geladenen Konduktoren nach Art der Gravitation in die Ferne wirkenden Kräften nicht vereinbar, wohl aber die Annahme von Verschiebungen und Spannungen im Zwischenmedium, die wellenförmig in diesem sich ausbreiten. Die Vorstellungen von den unvermittelt in die Ferne wirkenden elektrischen Flüssigkeiten, das auf ihnen beruhende Modell der Erscheinungen, sind nur innerhalb eines gewissen Gebietes zulässig; darüber hinaus geraten sie in Widerspruch mit den Thatsachen, sie stellen sich als unrichtig heraus. Wir werden aber demungeachtet nicht auf ihre Benutzung verzichten, da sie in vielen Fällen zu einem kürzeren und bequemeren Ausdruck der Thatsachen führen, als die Theorie der vermittelten Wirkungen.

§ 6. Gesetze. Als Ziel der physikalischen Forschung bezeichnen wir die Aufstellung von Gesetzen. Wenn man die Umstände, von denen eine Erscheinung abhängt, die Verhältnisse, die sie darbietet, vollkommen kennt, wenn man sie durch bestimmte gemessene Größen ausgedrückt hat, so sucht man eine mathematische Formel, welche die gefundenen Zahlen von Maßeinheiten miteinander verbindet, so daß man bei gegebenen Verhältnissen die eintretende Wirkung nach Maß und Zahl voraus berechnen kann. Jede derartige Formel bezeichnen wir als ein physikalisches Gesetz. Es sei gefunden, daß der Druck eines Gases

[1] Vgl. Maxwell, On Faraday's Lines of Force. The Scientific Papers of James Clerk Maxwell. Vol. I. p. 155. Hertz, Die Prinzipien der Mechanik. Einleitung. Gesammelte Werke. Bd. III.

gleich p Kilogrammgewichten, sein Volumen gleich v Litern ist; es gilt dann das Gesetz, daß das Produkt aus Druck und Volumen konstant, $pv = C$, ist. Physikalische Gesetze können nicht bloß auf dem Wege der unmittelbaren Beobachtung gewonnen werden, sie ergeben sich häufig auch als Folgerungen einer Theorie. Aber auch in diesem Falle werden wir ihnen Gültigkeit erst dann zuschreiben, wenn sie durch Beobachtung bestätigt worden sind. In letzter Instanz beruht also die Gültigkeit aller physikalischen Gesetze lediglich auf der Beobachtung.

§ 7. Abgrenzung der Physik. Ehe wir uns nun zu unserer eigentlichen Aufgabe, der Darstellung der physikalischen Erscheinungen und der Entwickelung der für sie geltenden Gesetze, wenden, wollen wir noch den Teil der Naturwissenschaft, mit dem wir uns zu beschäftigen haben, etwas genauer abgrenzen. Wir überlassen zunächst der Biologie und Physiologie alle die Erscheinungen, die auf dem Gebiete der organischen Natur das ausmachen, was wir Leben nennen. So blieben also der Physik die Vorgänge der unorganischen Natur. Aber auch aus dem so beschränkten Gebiete scheiden wir noch die große Mannigfaltigkeit von Erscheinungen aus, mit denen sich auf der einen Seite Chemie und Mineralogie, auf der anderen die Astronomie und die geophysischen Wissenschaften beschäftigen; nicht aus sachlichen Gründen, sondern auf Grund der historischen Entwickelung und der verschiedenen Ausbildung der Methoden. Physik und Chemie insbesondere stehen in der engsten Wechselbeziehung, sie sind in ihren Grundlagen und Zielen eins.

§ 8. Einteilung der Physik. Wir beginnen unsere Untersuchungen naturgemäß mit den einfachsten Erscheinungen. Dies sind die Erscheinungen der Bewegung oder Ruhe der uns durch tägliche Erfahrung wohl bekannten Körper unserer Umgebung. Ihre Erforschung bildet den Gegenstand der Mechanik. Die Frage, welche Vorgänge in der Außenwelt stattfinden müssen, damit in uns die Empfindungen des Schalles und des Lichtes entstehen, führt auf die Kapitel der Akustik und Optik. Von diesen steht die Akustik in der nächsten Beziehung zu der Mechanik, da die Lehre von den tönenden Schwingungen der Körper ganz auf den Gesetzen der Mechanik beruht. Magnetismus und Elektricität stehen in der innigsten Wechselbeziehung und bilden zusammen ein wohl abgegrenztes Gebiet von Erscheinungen. Die Wärmelehre knüpft sich zunächst an die Untersuchung des Einflusses, den die von unseren Nerven als warm oder kalt empfundenen Verschiedenheiten auf die Erscheinungen der Körper üben; sie beschäftigt sich weiter mit der Frage nach der Erzeugung und der Natur der Wärme.

§ 9. Messen. Wir haben gesehen, daß physikalische Gesetze durch Beobachtung und Messung gefunden oder bestätigt werden. Die letztere bildet daher eine fundamentale Aufgabe der physikalischen Forschung. Wegen dieser ihrer allgemeinen Bedeutung scheint es zweckmäßig, die Bemerkungen, welche wir über das Messen zu machen haben, vorwegzunehmen, ehe wir uns auf spezielle Untersuchungen einlassen. Jede

Messung beruht auf einer Vergleichung der zu messenden Größe, A, mit einer anderen von derselben Art, N, die wir als Maßeinheit benutzen. Die Aufgabe der Messung ist es, zu ermitteln, wie viele Maßeinheiten N zusammen zu nehmen sind, um eine mit A gleiche Größe herzustellen, wie oft also die Maßeinheit N in A enthalten ist. Die gefundene Zahl repräsentirt das Maß der Größe A.

§ 10. Winkelmessung. (Die trigonometrischen Funktionen des Winkel's und die Exponentialfunktion.) Zur Feststellung des Winkelmaßes wird der rechte Winkel in 90 gleiche Teile geteilt; ein solcher Teil, der Grad, stellt die gewöhnliche Einheit des Winkelmaßes dar. Der Grad wird weiter in 60 Minuten, die Minute in 60 Sekunden geteilt; $1^0 = 60'$, $1' = 60''$.

Bei der Aufstellung physikalischer Gesetze ist es sehr häufig vorteilhaft, die Winkel anders, in dem sogenannten Bogenmaße, zu messen. Um

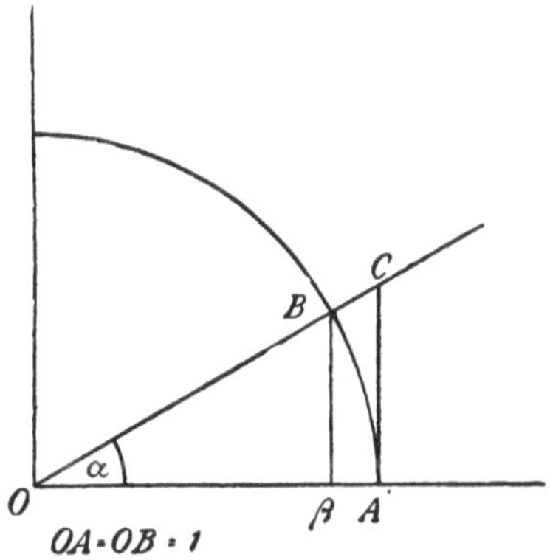

Fig. 1.

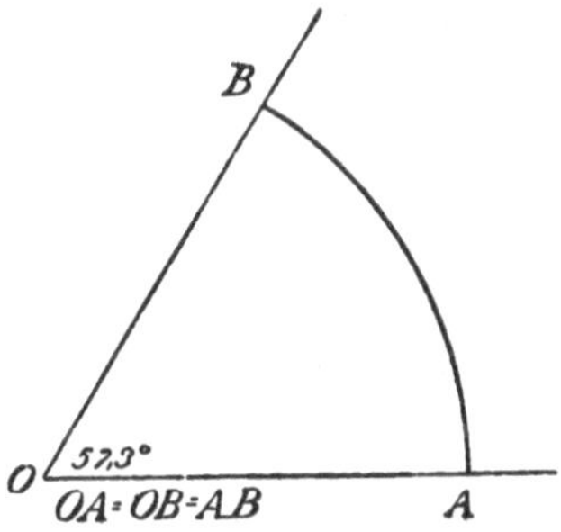

Fig. 2.

den Scheitel O des Winkels α (Fig. 1) beschreiben wir einen Kreis, dessen Halbmesser wir als Einheit der Länge benutzen. Schneidet er die Schenkel des Winkels in den Punkten A und B, so bestimmt die Länge des Bogens AB, in Teilen des Halbmessers ausgedrückt, das Bogenmaß des Winkels. Darnach ist das Bogenmaß eines rechten Winkels gleich $\frac{\pi}{2}$; und ein Winkel von 57,30 Grad hat das Bogenmaß Eins (Fig. 2). In einem Kreis vom Halbmesser r gehört zu einem Centriwinkel, dessen Bogenmaß gleich φ, der Bogen $r\varphi$ (Fig. 3). Fällen wir von dem Punkt B (Fig. 1) eine Senkrechte $B\beta$ auf den anderen Schenkel des Winkels, so nennen wir $B\beta$ den Sinus, den Abschnitt βO den Cosinus des Winkels α, $B\beta = \sin \alpha$, $O\beta = \cos \alpha$; ziehen wir in A die Tangente AC bis zum Schnitt mit dem zweiten Schenkel, so ist AC die Tangente des Winkels, $AC = \operatorname{tg} \alpha$.

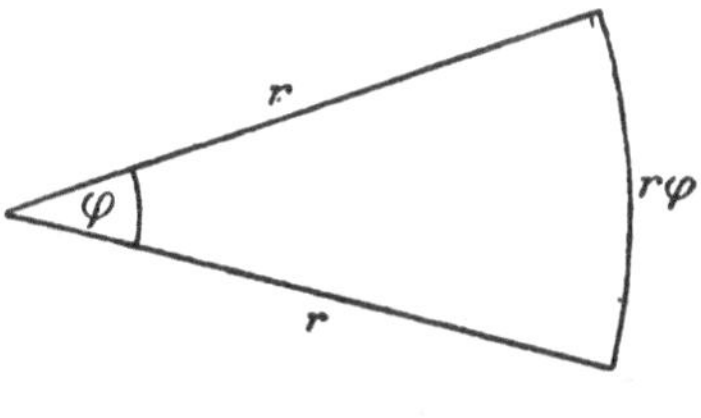

Fig. 3.

Allgemein ist in einem rechtwinkligen Dreieck das Verhältnis einer Kathete zu der Hypotenuse gleich dem Sinus des gegenüberliegenden, gleich dem Cosinus des anliegenden Winkels; das Verhältnis dieser Kathete zu der zweiten gleich der Tangente des gegenüberliegenden Winkels; $\frac{BC}{AB} = \sin\alpha$, $\frac{AC}{AB} = \cos\alpha$, $\frac{BC}{AC} = \operatorname{tg}\alpha$ (Fig. 4).

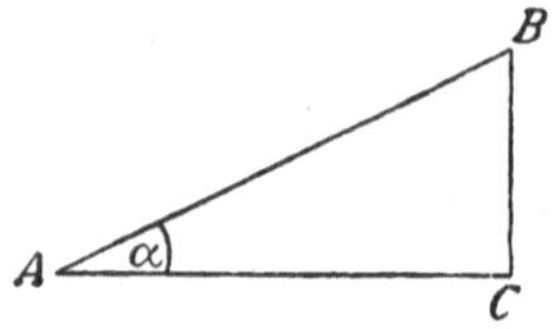

Fig. 4.

Bei einem sehr kleinen Winkel α sind die Längen der Linien $B\beta$, CA und des Bogens BA in Fig. 1 nicht merklich verschieden. Bei ihm ist der Sinus und die Tangente sehr nahe gleich seinem Bogenmaße, eine Bemerkung, von der wir häufig Gebrauch machen. Zugleich wird $O\beta$ sehr nahe gleich OA; d. h. der Cosinus eines sehr kleinen Winkels ist nur wenig verschieden von Eins.

Die Richtigkeit dieser Sätze kann noch von einer anderen Seite her bestätigt werden. Wenn ein Winkel in Bogenmaß gemessen gleich x ist, so läßt sich der Sinus und Cosinus desselben durch Reihen ausdrücken, die nach Potenzen von x fortschreiten:

$$\sin x = x - \frac{x^3}{1.2.3} + \frac{x^5}{1.2.3.4.5} - + \ldots$$

$$\cos x = 1 - \frac{x^2}{1.2} + \frac{x^4}{1.2.3.4} - + \ldots$$

Für kleine Werte von x kann man hiernach in der That setzen

$$\sin x = x \text{ und } \cos x = 1 .$$

Mit den Potenzreihen für Sinus und Cosinus steht in nahem Zusammenhang die Potenzreihe

$$1 + x + \frac{x^2}{1.2} + \frac{x^3}{1.2.3} + \frac{x^4}{1.2.3.4} + \frac{x^5}{1.2.3.4.5} + \ldots$$

Der Wert, den sie für $x = 1$ annimmt, ist gegeben durch die Reihe:

$$1 + 1 + \frac{1}{1.2} + \frac{1}{1.2.3} + \frac{1}{1.2.3.4} + \frac{1}{1.2.3.4.5} + \ldots$$

Man bezeichnet die hierdurch bestimmte Zahl mit dem Buchstaben e und findet

$$e = 2{,}781 \ldots\ldots$$

Nun ergiebt sich ein sehr merkwürdiger Zusammenhang zwischen dem Wert, den die Reihe für ein beliebiges x, und zwischen dem, welchen sie für $x = 1$ besitzt; man findet

$$1 + x + \frac{x^2}{1.2} + \frac{x^3}{1.2.3} + \frac{x^4}{1.2.3.4} + \frac{x^5}{1.2.3.4.5} + \ldots = e^x .$$

Bezeichnen wir den Wert der links stehenden Reihe mit y, so gilt die Gleichung:

$$y = e^x .$$

Man bezeichnet nun x als den natürlichen Logarithmus von y;

$$x = \log \text{nat}\, y.$$

Die Zahl e heißt die Basis der natürlichen Logarithmen. Man kann aber offenbar jede beliebige Zahl y in der Form der mit y bezeichneten Reihe, oder was dasselbe ist, in der Form e^x darstellen; jeder Zahl y entspricht in dieser Weise eine andere x, ihr natürlicher Logarithmus.

§ 11. Längenmessung. Als Längenmaß gebrauchen wir das Meter, m, mit seinen decimalen Unterabteilungen, dem Decimeter, dcm, Centimeter, cm, Millimeter, mm; für die Messung sehr kleiner Längen hat man den tausendsten Teil des Millimeters mit der Bezeichnung Mikron, μ, eingeführt, das Milliontel Millimeter oder Millimikron $\mu\mu$. Von den Vielfachen des Meters dient insbesondere das Kilometer, km, zur Messung größerer Entfernungen.

Bei der Begründung des Metermaßes lag die Absicht vor, daß jede Angabe der Entfernung zweier Orte an der Erdoberfläche in Metermaß zugleich eine Angabe ihrer Entfernung in Graden, Minuten und Sekunden sein sollte; diese Absicht ist aber vereitelt worden durch den zweimaligen Wechsel des Winkelmaßes während der französischen Revolution. Erst wurde dekretiert, daß der rechte Winkel in 100 Grade, der Grad in 100 Minuten, die Minute in 100 Sekunden geteilt werden solle; dementsprechend wurde dann das Kilometer gleich einer solchen Minute, d. h. gleich dem 10 000-sten Teil des Meridianquadranten, gesetzt. Bald aber stellte es sich heraus, daß die decimale Teilung des Winkels der in allen astronomischen und geographischen Werken eingebürgerten Sexagesimalteilung gegenüber nicht durchgesetzt werden konnte. Das die Winkelteilung betreffende Gesetz wurde wieder aufgehoben, das Meter aber gleich dem zehnmillionsten Teil des Meridianquadranten gelassen, und auf diese Weise der bei der Einführung des Meters verfolgte Zweck gänzlich verfehlt.

Objektiv und ohne Rücksicht auf die im vorhergehenden erwähnte Beziehung wird das Meter definiert durch die Entfernung, welche zwei auf einem in Paris aufbewahrten Normalstab gezogene Striche bei der Temperatur Null Grad Celsius voneinander besitzen. Die Herstellung, Prüfung und Verbreitung von Kopieen des Normalmeters für wissenschaftlichen und technischen Gebrauch ist Aufgabe der Normalaichämter.

§ 12. Abgeleitete Maße. Nachdem das Meter mit seinen Unterabteilungen als Grundmaß der Länge festgesetzt ist, haben wir nicht nötig, für die Messung von Flächen und Räumen besondere neue Grundmaße zu wählen; wir leiten sie aus dem Meter ab, indem wir als Maßeinheiten für Flächen das Quadratmeter, qm oder m^2, das Quadratcentimeter, qcm oder cm^2, das Quadratmillimeter, qmm oder mm^2, das Ar = 100 qm, das Hektar = 10 000 qm, als Maßeinheiten für Rauminhalte das Kubikmeter, cbm oder m^3, das Kubikcentimeter, cbcm oder cm^3, das Kubikmillimeter, cbmm oder mm^3 benutzen. Insbesondere dient noch als Hohlmaß für Flüssigkeiten das Kubikdecimeter oder Liter = 1000 cbcm.

Das Prinzip der abgeleiteten Maße, wie es durch die vorhergehenden Beispiele erläutert wird, spielt in der Physik eine große Rolle In der That ist klar, daß Bedeutung und Wert der Maßbestimmungen um so sicherer sind, je weniger neue, voneinander unabhängige Grundmaße eingeführt werden.

§ 13. Maßeinheit des Gewichtes. Im metrischen System wird als Einheit des Gewichtes dasjenige genommen, welches ein ccm reinen Wassers im Zustande seiner größten Dichtigkeit bei dem Druck der Luft besitzt; man bezeichnet diese Einheit als ein Grammgewicht, g. Dementsprechend würde das Milligrammgewicht gleich dem Gewichte von 1 cbmm Wasser, das Kilogrammgewicht gleich dem von 1 cbdcm, die Tonne gleich dem von 1000 cbdcm Wasser unter den angegebenen Umständen sein.

Da es nicht möglich ist, ein Gewichtsstück herzustellen, das mit absoluter Genauigkeit den Ansprüchen der obigen Definition entspricht, so ist es richtiger, auch die Gewichtseinheit durch das Gewicht eines bestimmten Normalstückes zu definieren. Da man aber bei seiner Herstellung die Bedingungen der früheren Definition mit äußerster Sorgfalt zu erfüllen gesucht hat, so ist die etwa vorhandene Abweichung so klein, daß sie in der Regel zu vernachlässigen ist.

Wir werden später sehen, daß es in vieler Beziehung besser ist, das Kilogramm nicht als Maßeinheit des Gewichtes, sondern als Einheit der Masse zu definieren; doch können wir diesen Punkt erst im Anschluß an die Darstellung der dynamischen Prinzipien ausführlicher besprechen.

Gesetze, die sich auf physikalische Eigenschaften chemisch verschiedener Stoffe beziehen, stellen sich häufig in einfacherer und allgemeinerer Form dar, wenn man für jeden Stoff eine besondere Gewichtseinheit benützt, das sogenannte Gramm-Molekulargewicht. Es ist dies eine Anzahl von Grammgewichten, die numerisch gleich dem Molekulargewichte des betreffenden Stoffes ist. Bei Wasserstoff z. B. würde das Grammmolekulargewicht gleich 2 g, bei Sauerstoff gleich 32 g, bei Wasser gleich 18 g sein. Haben wir eine beliebige Menge eines Stoffes gewogen und ein Gewicht von m g gefunden, so erhalten wir die entsprechende Anzahl von Grammmolekulargewichten, wenn wir m durch das Molekulargewicht μ dividieren. Wir bezeichnen diese Zahl $\frac{m}{\mu}$ als die Anzahl der Grammmoleküle, die in der gegebenen Menge des Stoffes enthalten sind.

Auch die Bedeutung des Grammatomes wird nach dem Vorhergehenden nicht zweifelhaft sein. Es ist eine Anzahl von g-Gewichten, die gleich dem Atomgewicht des betreffenden Stoffes ist; 1 g-Atom Wasserstoff ist gleich 1 g-Gewicht Wasserstoff, 1 g-Atom Sauerstoff gleich 16 g-Gewichten Sauerstoff.

§ 14. Längenmaßstab, Nonius. Ein Längenmaßstab ist entweder ein Endmaßstab, der die Längeneinheit zwischen seinen beiden Endflächen einschließt, oder ein Strichmaßstab, bei dem die Längeneinheit durch zwei in der Nähe der Enden auf der Fläche des Stabes gezogene Striche begrenzt wird. Zum Zwecke der praktischen Ausführung von Messungen versehen wir den Maßstab mit einer nach Centimetern oder Millimetern fortschreitenden Teilung. Mit einem nach Millimetern geteilten Stabe kann man die Länge einer gegebenen Linie unmittelbar bis auf eine gewisse ganze Zahl von Millimetern bestimmen, man findet, daß die zu messende Linie länger als a mm, aber kürzer als $a + 1$ mm ist. Den Bruchteil eines Millimeters, der zu a noch hinzuzufügen ist, kann man schätzen, man kann ihn aber auch messen mit Hilfe eines Instrumentes, das in der ganzen messenden Physik eine große Rolle spielt, des Nonius. So nennen wir einen kleinen geteilten Schieber, der mit dem Maßstab verbunden wird, so daß seine Teilstriche denen des Maßstabes gerade gegenüber stehen. Die Länge des Nonius machen wir gleich 9 mm (siehe die in vergrößertem Maßstabe gezeichnete Fig. 5). Wir teilen ihn in

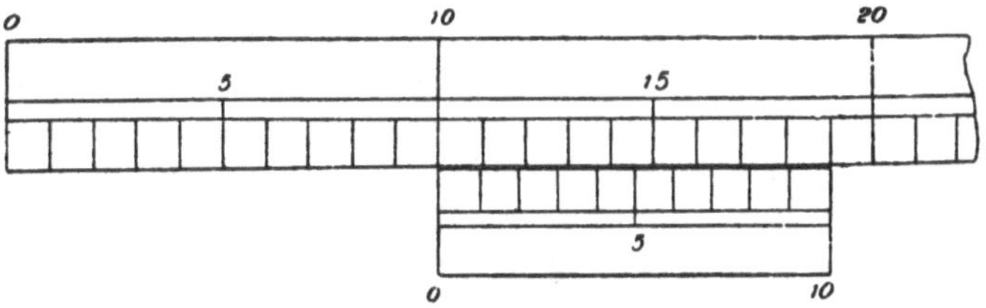

Fig. 5. Nonius.

10 Teile, so daß die Differenz zwischen einem Maßstabteil und einem Noniusteil gleich 0,1 mm wird. Stellen wir beispielsweise den Nullpunkt des Nonius auf 10 mm, so fällt sein Endstrich auf 19 mm; verschieben wir den Nonius um 0,1 mm, so fällt sein erster Teilstrich auf 11 mm, verschieben wir ihn um 0,2 mm, so fällt der zweite Strich auf 12 mm, verschieben wir allgemein um $\frac{p}{10}$ mm, so fällt der p-te Strich des Nonius mit einem Striche der Teilung zusammen. Hieraus ergiebt sich für eine Längenmessung mit dem Nonius die folgende Regel. Wir legen den Anfangspunkt der zu messenden Linie an den Nullpunkt des Maßstabes und schieben den Nullpunkt des Nonius an das Ende der Linie. Wir erhalten dann die ganzen Millimeter der zu messenden Länge, wenn wir den letzten Teilstrich des Maßstabes ablesen, der von dem Nullpunkt des Nonius überschritten ist; wir haben dazu noch $\frac{p}{10}$ mm hinzuzufügen, wenn der p-te Strich des Nonius mit einem Striche der Teilung zusammenfällt.

Es ist einleuchtend, daß das Noniusprinzip einer ganz allgemeinen Anwendung fähig ist. Es möge eine nach beliebigen gleichen Intervallen fortschreitende Skale gegeben sein, etwa eine nach halben oder drittel Graden fortschreitende Kreisteilung. Wir konstruieren einen, in dem letzteren Falle natürlich ebenfalls kreisförmigen Nonius, indem wir seine Länge gleich $i-1$ Teilen der Skale machen und in i Teile teilen. Die Differenz zwischen dem Skalenteil und dem Noniusteil beträgt dann $\frac{1}{i}$ des Skalenteiles, und der Nonius ermöglicht eine Messung bis auf den i-ten Bruchteil des Skalenteiles. Um mit einer Kreisteilung, die nach halben oder drittel Graden fortschreitet, Winkel bis auf 1 Minute zu messen, werden im ersten Fall 30 Noniusteile gleich 29 Skalenteilen, im zweiten 20 Noniusteile gleich 19 Skalenteilen zu machen sein.

§ 15. Kathetometer. In der messenden Physik wiederholt sich häufig die Aufgabe, Höhenunterschiede gewisser Punkte, z. B. bei Flüssigkeitssäulen, zu bestimmen; man hat zu diesem Zwecke ein besonderes Instrument konstruiert, das Kathetometer. Dasselbe besteht aus einem vertikalen Maßstab, an dem ein mit einem Nonius verbundenes Fernrohr verschiebbar ist (Fig. 6). Die horizontal gestellte Visierlinie des Fernrohrs wird erst auf den einen, dann auf den anderen Punkt gerichtet; der Höhenunterschied ist dann gleich der Differenz der beiden Einstellungen des Nonius.

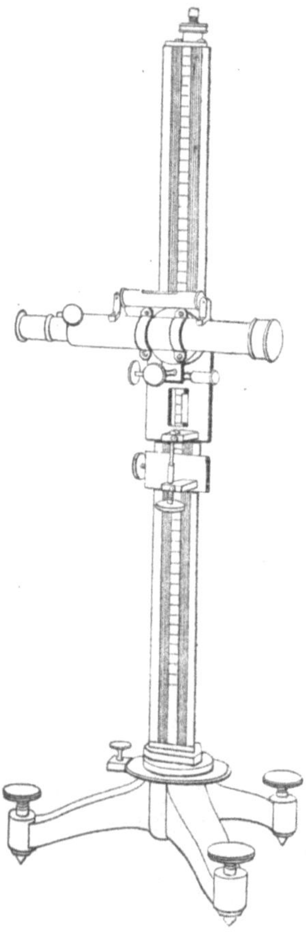

Fig. 6. Kathetometer.

§ 16. Zeitmessung. Die Beobachtung von Bewegungserscheinungen setzt Zeitmessungen voraus. Wie die Längenmessung auf der Zählung von aneinandergereihten, gleich großen Längenabschnitten beruht, so die Zeitmessung auf der Zählung von aufeinanderfolgenden gleich großen Zeitabschnitten. Es fragt sich nun, wie wir die Gleichheit zweier Zeitabschnitte konstatieren. Sie ist unmittelbar evident, wenn die Zeitabschnitte identisch sind. Wenn zwei Körper ihre Bewegungen im selben Momente beginnen und im selben Momente schließen, so sind die hierdurch bestimmten Zeiten gleich, ebenso wie zwei Linien gleich sind, deren Anfangspunkte und Endpunkte zusammenfallen. Anders verhält es sich, wenn die beiden Körper zu verschiedenen Zeiten ihre Bewegungen ausführen; ein direktes Urteil über die Gleichheit oder Ungleichheit der dazu nötigen Zeiten ist dann nicht möglich. Bei der Längenmessung tritt der analoge Fall ein, wenn zwei Linien räumlich getrennt sind. Um über ihre gleiche oder ungleiche Länge zu entscheiden, legen wir einen Maßstab erst an die eine, dann an die andere an und messen die Linien. Aus der Vergleichung mit der Länge des Maßstabes ergiebt sich das Verhältnis ihrer eigenen Längen. Diesem Verfahren liegt aber die Hypothese zu Grunde, daß der Maßstab selbst bei der Bewegung seine Länge nicht ändert, eine Hypothese, die ihre Rechtfertigung schließlich doch nur darin findet, daß ihre beständige Anwendung uns nie in einen Widerspruch mit der Erfahrung verwickelt. Um auf dem Gebiete der Zeitmessung über gleiche oder ungleiche Länge verschiedener Zeitabschnitte zu urteilen, bedürfen wir eines Körpers, der eine bestimmte Bewegung immer wieder genau in derselben Weise zu wiederholen vermag. Ob irgend ein Körper diese Eigenschaft besitzt, können wir nicht wissen; wir können nur vermuten, daß die Umstände, unter denen er seine Bewegung wiederholt, immer dieselben seien, daß also auch die dazu nötige Zeit die gleiche bleibe. Wir lassen beispielsweise einen Körper aus einer genau bestimmten Höhe auf die Erde fallen; wir werden geneigt sein zu der Annahme, daß die Fallzeit dieselbe bleibt, so oft die Bewegung wiederholt wird. Diese Annahme beruht offenbar auf der Voraussetzung, daß die Bewegung vollständig bestimmt sei durch die Fallhöhe. Nun zeigt sich aber, daß die Bewegung auch in etwas beeinflußt wird durch die Reibung der Luft, und es erscheint von vornherein nicht so selbstverständlich, daß dieser Einfluß unter allen Umständen derselbe bleibe. Die Voraussetzung der gleichen Fallzeiten hat also in der That den Charakter einer Hypothese. Zu wirklicher Zeitmessung kann aber die Fallbewegung, selbst eine vollkommene Gleichmäßigkeit vorausgesetzt, nicht dienen; denn zu diesem Behufe ist es nötig, daß die als gleich groß vorausgesetzten Zeitabschnitte in ununterbrochener Folge sich aneinanderreihen. Nehmen wir dagegen einen Körper, der nur unter der Wirkung seiner Trägheit, ohne äußere Einwirkung sich bewegt, so können gleiche Wege, die er nacheinander durchläuft, eine Reihe gleicher aufeinanderfolgender Zeiten definieren; jeder solche Körper wird also durch seine Bewegung einen Maßstab der Zeit liefern können. Ob aber wirklich kein äußerer Einfluß verändernd auf seine Bewegung wirkt, bleibt in jedem einzelnen Fall eine Hypothese, über deren Zulässigkeit nur die Erfahrung zu entscheiden im stande ist.

§ 17. Sternzeit und mittlere Sonnenzeit. Vor allem geeignet zur Messung der Zeit sind die Bewegungen der Erde, zunächst ihre Umdrehung um die eigene Axe. Wenn, wie es den Anschein hat, keine äußere Kraft auf diese Bewegung einwirkt, so können wir durch die aufeinander folgenden Umdrehungen gleiche Zeiträume definieren. Die Zeit der Umdrehung aber wird für einen beliebigen Beobachtungsort gegeben durch die Zeit zwischen zwei aufeinander folgenden Durchgängen eines und desselben Fixsterns durch den Meridian, zwei Kulminationen. Man bezeichnet diese Zeit als einen Sterntag, der weiter in 24 Stunden zu 60 Minuten, die Minute zu 60 Sekunden, geteilt wird; $1^{h} = 60^{min}$, $1^{min} = 60^{sec}$. Den Winkelraum von 1^{0} durchläuft die Erde bei ihrer Umdrehung in 4^{min} Sternzeit. Der Lauf des bürgerlichen Lebens wird nun aber nicht durch die Sterne, sondern durch die Sonne geregelt; man hat daher an Stelle der Kulminationen eines Sterns diejenigen der Sonne benützt; als Einheit für die Zeitmessung tritt dann an Stelle des Sterntages zunächst der sogenannte wahre Sonnentag, die Zeit zwischen zwei aufeinander folgenden Kulminationen der Sonne. Der wahre Sonnentag ist länger als der Sterntag, weil sich die Sonne infolge ihres scheinbaren jährlichen Umlaufes um die Erde von einem Tag zum anderen gegen die Fixsterne verschiebt in einem der täglichen Bewegung entgegengesetzten Sinne. Der wahre Sonnentag ist außerdem veränderlich aus doppeltem Grunde; einmal, weil die Geschwindigkeit, mit der die Sonne ihre scheinbare jährliche Bahn, die Ekliptik, durchläuft, keine konstante ist, dann aber, weil die Ekliptik gegen den Äquator des Himmelsgewölbes geneigt ist. Die tägliche Verschiebung der Sonne in der Ekliptik beträgt zur Zeit des Frühlingsäquinoktiums 59,5′, zur Zeit des längsten Tages 57,3′, zur Zeit des Herbstäquinoktiums 58,7′, zur Zeit des kürzesten Tages 61,0′. Die Neigung der Bahn gegen den Meridian ist zur Zeit der Aquinoktien gleich 66° 32′, zur Zeit des längsten und kürzesten Tages gleich 90°. In den Wendepunkten wird sich die Sonne von einem Tag zum anderen um den vollen Betrag ihrer Verschiebung in der Ekliptik von dem Meridian des ersten Tages entfernen, in den Äquinoktien wird die Entfernung durch die Neigung der Bahn vermindert. Es wird dies deutlich werden durch die Betrachtung von Fig. 7, in der A den Frühlingspunkt, B den Punkt des Sommersolstitiums, C den Herbstpunkt darstellt. Beide Ursachen zusammen bedingen eine Veränderlichkeit des wahren Sonnentages, die ihn zur Zeitmessung unbrauchbar macht. Man hat daher an Stelle der Sonne einen fingierten Punkt, die sogenannte mittlere Sonne, gesetzt, der den Äquator des Himmels in derselben Zeit vollkommen gleichmäßig durchwandert, in der die Erde ihren jährlichen Umlauf um die Sonne vollzieht. Die Kulminationen dieser mittleren Sonne bestimmen den sogenannten mittleren Sonnentag, der die Grundlage unserer bürgerlichen Zeitmessung bildet. Der mittlere Sonnentag übertrifft den Sterntag um 3^{min} $55{,}9^{\text{sec}}$.

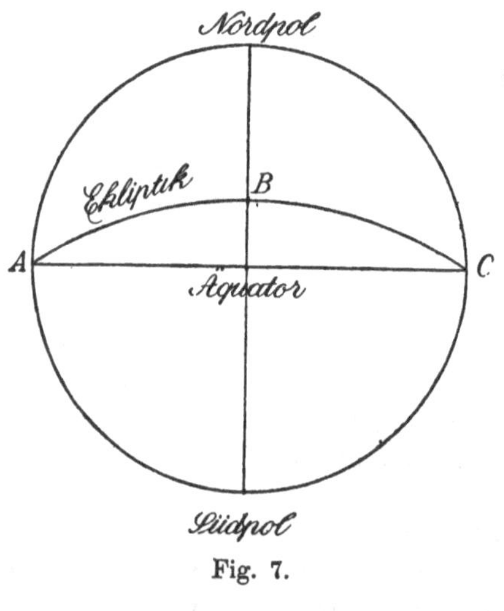

Fig. 7.

§ 18. Siderisches und tropisches Jahr. Zur Messung größerer Zeiträume benutzen wir als Einheit die Umlaufszeit der Erde um die Sonne. Man bestimmt dieselbe durch Beobachtung der Zeitpunkte, in denen das Centrum der Sonne mit einem und demselben Stern der Ekliptik zusammenfällt; der zwischen zwei solchen Punkten enthaltene Zeitraum ist das siderische Jahr. Nun verschiebt sich infolge von einer eigentümlichen Richtungsänderung der Erdaxe, der Präcession, der Punkt der Frühlings-Tag- und -Nachtgleiche in der Ekliptik in einem dem Umlauf der Erde um die Sonne entgegengesetzten Sinne; dies hat zur Folge, daß in dem siderischen Jahr die Tag- und Nachtgleiche von Jahr zu Jahr früher eintritt. Die Thätigkeit der Menschen ist aber in einem solchen Maße abhängig von dem Wechsel der Jahreszeiten, daß eine Verschiebung derselben gegen die Periode des Jahres in der bürgerlichen Zeitrechnung nicht zulässig ist. Darin liegt der Grund, daß man an Stelle des siderischen Jahres das sogenannte tropische, die Zeit zwischen zwei aufeinanderfolgenden Frühlingsäquinoktien, gesetzt hat. Die Dauer des tropischen Jahres ist nicht völlig konstant wegen der ungleichförmigen Geschwindigkeit, mit welcher der Frühlingspunkt in der Ekliptik sich verschiebt. Im Mittel beträgt die Verschiebung jährlich 50″, entsprechend einem Unterschiede zwischen dem siderischen und dem mittleren tropischen Jahre von 0,014 Tagen. In der That umfaßt das siderische Jahr 365,256 Tage, das mittlere tropische Jahr 365,242 Tage.

§ 19. Pendeluhren und Chronometer. Ebenso wie die Bewegungen der Erde können auch Bewegungen von Körpern an der Oberfläche der Erde zur Zeitmessung benutzt werden, wenn sie die Eigenschaft haben, stets in derselben Weise ohne Unterbrechung aufeinander zu folgen. In der That benutzen wir in unseren Pendeluhren die Schwingungen eines Pendels, in den Taschenuhren und Chronometern die Schwingungen einer feinen elastischen Feder, der Unruhe, zur Messung der Zeit. Alle diese Bewegungen stehen unter dem Einfluß der Reibung; die Weite der Schwingungen wird kleiner und kleiner, und schließlich hört die Bewegung auf. Um sie dauernd zu erhalten, müssen wir dem schwingenden Körper in regelmäßigen Intervallen einen Antrieb geben, der den durch die Reibung bedingten Verlust wieder ersetzt. Bei den Pendeluhren dient hierzu das ablaufende Gewicht. Den Bestandteil der Uhr, der die Verbindung des Pendels mit dem Gewicht vermittelt, nennt man die Hemmung. Diese erteilt einerseits bei jeder Schwingung dem Pendel einen kleinen Stoß, andererseits wirkt sie regulierend auf den Ablauf des Gewichtes, so daß dieses bei jeder Pendelschwingung um denselben Betrag fällt. Bei den Chronometern wird die zur Erhaltung der Schwingung nötige Kraft geliefert durch eine aufgewundene, allmählich sich entspannende Feder, deren Wechselwirkung mit der regulierenden Unruhe, wie bei der Pendeluhr, durch eine Hemmung vermittelt wird. Die Zeit, welche wir bei allen physikalischen Beobachtungen als Einheit benützen, ist der mittlere Sonnentag, beziehungsweise die daraus abgeleiteten Stunden, Minuten und Sekunden. Unsere Uhren sind also nach dieser Zeit zu regulieren. Die einzelnen Sekunden werden markiert durch den deutlichen scharfen Schlag, der von Sekunde zu Sekunde durch die Hemmung erzeugt wird.

§ 20. Veränderung des Tages. Wir haben im Vorhergehenden zwei verschiedene Systeme der Zeitmessung besprochen, von denen das eine auf der Umdrehung der Erde um ihre Axe, das andere auf ihrem Umlauf um die Sonne beruht. Der Anwendung beider Systeme liegt die Voraussetzung zu Grunde, daß die Umstände, unter denen jene Bewegungen sich vollziehen, völlig unveränderlich sind. Ein Mittel zur Prüfung dieser Voraussetzung liegt eben in der gleichzeitigen Anwendung der beiden Systeme; denn wenn sie nicht richtig ist, so muß ihr Verhältnis eine allmähliche Veränderung erleiden. Mit Bezug hierauf ist es von Interesse, daß wir von vornherein eine Ursache angeben können, durch welche die Axendrehung der Erde allmählich verzögert werden muß. Die Anziehung von Sonne und Mond erzeugt in dem die Erde bedeckenden Meer eine Flutwelle, welche die Erde in einem ihrer Rotation entgegengesetzten Sinne umläuft. Dies muß infolge der Reibung, welche das Wasser bei seiner Bewegung erleidet, eine Verzögerung der Rotation und damit eine allmähliche Verlängerung des Tages bewirken. In der That hat man aus Untersuchungen über die Mondbewegung geschlossen, daß die Dauer eines Sterntages seit 1000 Jahren um 0,012 Sekunden zugenommen hat.[1]

§ 21. Gradmessung der Temperatur. Die Entwickelung der Prinzipien und Gesetze, auf denen die Gradmessung der Temperatur beruht, ist eine Aufgabe der Wärmelehre. Doch können wir die Einrichtung des Quecksilberthermometers, mit dem wir im täglichen Leben Temperaturen messen, als bekannt voraussetzen. Die Graduierung beruht bei ihm auf der Ausdehnung des Quecksilbers in dem gläsernen Gefässe. Die beiden Fundamentalpunkte sind die Temperaturen des schmelzenden Eises und des bei einem Barometerstand von 76 cm siedenden Wassers. Die Temperatur des ersteren bezeichnen wir als eine solche von 0° Celsius, die des letzteren als eine solche von 100° Celsius. Die zwischen den Fundamentalpunkten und über sie hinaus liegenden Teilpunkte des Thermometers bestimmen andere Temperaturverhältnisse nach Graden Celsius. Die unter dem Nullpunkt liegenden werden negativ genommen. Bei gewissen physikalischen Untersuchungen ist es zweckmäßiger, die Grade von dem Punkte -273°, statt von 0 an zu zählen. Die so gerechneten Temperaturen bezeichnet man als absolute. Zwischen der absoluten Temperatur T und der nach der gewöhnlichen Celsiusteilung gemessenen t besteht die Beziehung

$$T = 273 + t.$$

---

[1] Thomson und Tait, Handbuch der theoretischen Physik. II. Teil. p. 402. — Thomson, Mathematical and Physical Papers. Vol. III. Art. XCV. Irregularities of the Earth as a Timekeeper.

Bei der übrigens kaum noch gebrauchten Gradeinteilung von Réaumur wird das Intervall zwischen Nullpunkt und Siedepunkt nicht in 100, sondern in 80 gleiche Grade geteilt. In englischen Publikationen findet man vielfach Temperaturangaben nach der Skala von Fahrenheit. Bei dieser ist der Gefrier- oder Schmelzpunkt mit 32, der Siedepunkt mit 212 bezeichnet, das Intervall zwischen den beiden Fundamentalpunkten somit in 180 gleiche Grade geteilt. Der Nullpunkt der Fahrenheitschen Skala entspricht einer Temperatur von $-17{,}7^0$ Celsius, der Temperatur einer Kältemischung aus Kochsalz und Eis.

§ 22. Graphische Darstellung. Von der zwischen zusammengehörigen Beobachtungen bestehenden Beziehung gewinnt man am leichtesten eine Übersicht durch graphische Darstellung. Nehmen wir den Fall, daß nur zwei veränderliche Größen in Betracht kommen, wie etwa Druck und Volumen der Luft, so tragen wir die Werte der einen als Abscissen x auf einer horizontalen Axe von dem Anfangspunkt O aus ab (Fig. 8); in dem Endpunkte jeder Abscisse errichten wir ein Lot, die Ordinate, dessen Länge y gleich dem zugehörigen Wert der anderen veränderlichen Größe ist. Die Endpunkte der so gezeichneten Ordinaten verbinden wir durch eine Kurve, die dann ein einfaches graphisches Bild von dem Zusammenhange der beobachteten Größen x und y gewährt; ist nämlich P irgend ein Punkt der Kurve, so brauchen wir durch denselben nur zwei Parallelen PB und PA zu der Abscissenaxe Ox und zu der durch O senkrecht zu ihr gezogenen Ordinatenaxe Oy zu ziehen; die erste liefert den Wert der Ordinate $y = AP = OB$, die zweite den zugehörigen Wert der Abscisse $x = OA$.

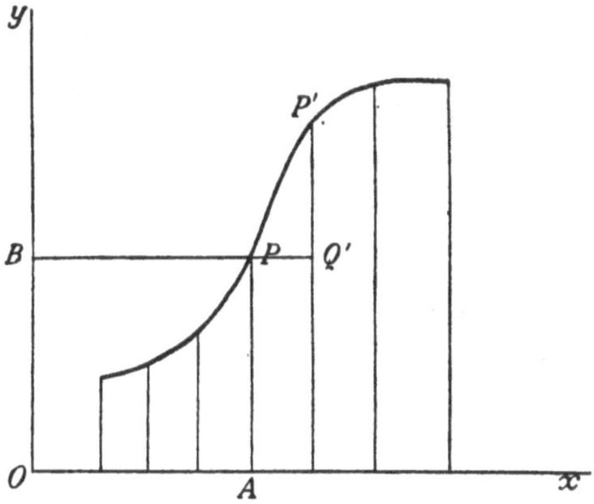

Fig. 8.

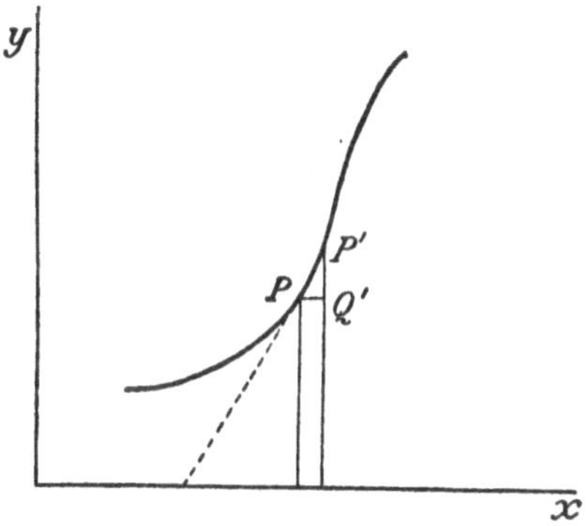

Fig. 9.

Gehen wir von P über zu einem folgenden Punkte P' der Kurve, so ist der Zuwachs, den hierbei die Abscisse erfährt, gegeben durch PQ', der gleichzeitige Zuwachs der Ordinate durch $Q'P'$. Bei physikalischen Gesetzen handelt es sich nicht selten um das Verhältnis jener Zuwüchse, unter der speziellen Voraussetzung, daß der Punkt P' sehr nahe an P gelegen ist (Fig. 9); man bezeichnet dann, einem allgemeinen Gebrauche zufolge, den kleinen Zuwachs der Abscisse x durch dx, den der Ordinate y durch dy, hat also $dx = PQ'$, $dy = Q'P'$. Wenn aber die Punkte P und P' sehr nahe bei einander liegen, so kann man das Dreieck $PQ'P'$ als ein geradliniges betrachten, und es ist dann

$$\frac{P'Q'}{PQ'} = \frac{dy}{dx} = \operatorname{tg}(\sphericalangle P'PQ');$$

das Verhältnis der Zuwüchse ist gleich der trigonometrischen Tangente des Winkels, unter dem PP' gegen die Abscissenaxe geneigt ist, die als geradlinig betrachtete Strecke PP' nennt man ein Element der Kurve; die Richtung der Kurve an der Stelle P ist gegeben durch die Richtung des Elementes PP'.

Es giebt physikalische Gesetze, durch welche nicht eine unmittelbare Beziehung zwischen zwei meßbaren, veränderlichen Größen x und y selbst gegeben wird, sondern nur eine solche zwischen sehr kleinen Zuwüchsen dx und dy, welche beide gleichzeitig erleiden. In solchen Fällen giebt die graphische Darstellung immer eine anschauliche Interpretation des Gesetzes. Denkt man sich die Werte von y als Ordinaten zu denen von x als Abscissen aufgetragen, so ist das Verhältnis $\frac{dy}{dx}$ gleich der Tangente des Winkels, den die Richtung der Kurve mit der Abscissenaxe bildet. Gesetze, die in der genannten Form auftreten, bestimmen also nicht die Kurve der Abhängigkeit selbst, sondern nur die Richtungen ihrer aufeinanderfolgenden Elemente. Die Kurve selbst kann darnach näherungsweise gezeichnet werden, wenn noch einer ihrer Punkte, d. h. ein Paar zusammengehörender Werte von x und y selbst, gegeben ist.

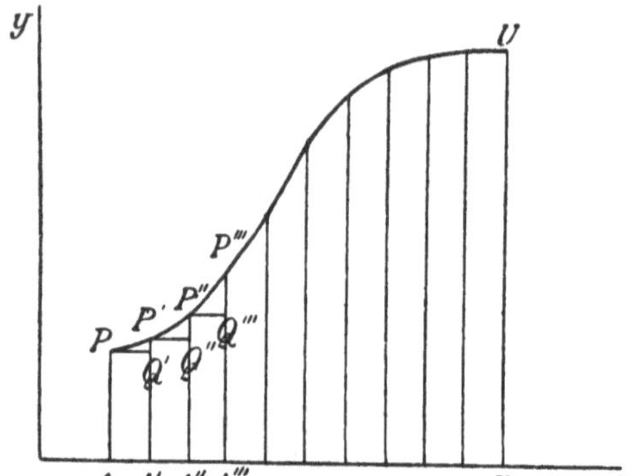

Fig. 10.

Wir wollen noch eine andere Aufgabe, die sich gelegentlich an eine solche graphische Darstellung knüpft, kurz erwähnen. Es seien P und U (Fig. 10) zwei beliebig entfernte Punkte der Kurve, PA und UV ihre Ordinaten. Der Inhalt des Flächenstückes $PAVU$, das zwischen der Abscissenaxe, der Kurve und den beiden Ordinaten eingeschlossen ist, soll berechnet werden. Wir teilen zunächst das Flächenstück in schmale Streifen $PAA'P$, $P'A'A''P''$, $P''A''A'''P'''$, ... Jeden einzelnen ersetzen wir durch das in ihm liegende Rechteck $PAA'Q'$, $P'A'A''Q''$, $P''A''A'''Q'''$, ...

Der Inhalt jedes Rechtecks ist kleiner als der Inhalt des entsprechenden Streifens, aber der Unterschied ist im Verhältnis zu letzterem um so geringer, je schmäler wir die Streifen nehmen.

Es wird also auch die Summe der Rechtecksinhalte

$$PAA'Q' + P'A'A''Q'' + P''A''A'''Q''' + \ldots$$

dem Flächeninhalt der Figur $PAVU$ um so näher kommen, je kleiner die Breiten der aneinanderliegenden Rechtecke sind. Dies drückt man nach einem abkürzenden Sprachgebrauche so aus, daß man sagt: der Inhalt der Figur $PAVU$ ist bei unendlich kleiner Breite der Rechtecke gleich der Summe ihrer Inhalte. Setzen wir die Breiten der aufeinanderfolgenden Rechtecke

$$AA' = dx, \quad A'A'' = dx', \quad A''A''' = dx'', \ldots,$$

die durch die Ordinaten gegebenen Höhen

$$PA = y, \quad P'A' = y', \quad P''A'' = y'', \ldots,$$

so ist mit einer beliebig weit zu treibenden Annäherung

$$PAVU = ydx + y'dx' + y''dx'' + \ldots = \Sigma y dx,$$

wo Σ das Zeichen für die Summation ist.

ERSTER TEIL.

MECHANIK UND AKUSTIK.

ERSTES BUCH.

MECHANIK STARRER KÖRPER.

Erster Abschnitt.

Statik starrer Körper.

I. Kapitel. Vom Gleichgewicht der Kräfte.

§ 23. Das Senkel. Wir beginnen unsere Untersuchungen mit einer möglichst einfachen Ruheerscheinung, der Erscheinung des Senkels, eines an einem Faden aufgehängten Bleigewichtes. Den Faden betrachten wir als unausdehnsam; alle Orte, an die das Gewicht kommen kann, liegen dann auf einer um den Aufhängepunkt beschriebenen Kugel. Wenn das Senkel in Ruhe ist, so ist der Faden vertikal; jenes nimmt die tiefste Stelle ein, an die es überhaupt gelangen kann. Schneiden wir den Faden durch, so fällt das Senkel, ebenso wie ein von der Hand erst gehaltenes und dann losgelassenes Gewicht. Im letzteren Falle üben wir anfangs mit der Hand einen Zug aus, der das Fallen des Gewichtes hindert, im ersteren entsteht in dem Faden eine Spannung, welche dem Senkelgewicht das Gleichgewicht hält. Die Ruhe des Senkels wird somit durch Wirkung und Gegenwirkung bedingt; unter der alleinigen Wirkung des Gewichtes würde das Senkel fallen; könnten wir das Senkel für einen Augenblick gewichtlos machen, so würde es durch die

Spannung des Fadens nach oben gerissen. Beide Wirkungen heben sich auf, wenn sie entgegengesetzt gleich sind. Die Fadenspannung ist darnach gleich dem angehängten Gewichte und kann also durch eine bestimmte Zahl von g-Gewichten gemessen werden.

Gleichheit von Aktion und Reaktion. Wir sehen, daß es sich bei der einfachen Erscheinung des Senkels um zwei verschiedene Wirkungen handelt; einmal wirkt das Gewicht auf den Faden, indem es ihn spannt, andererseits wirkt der Faden auf das Gewicht, indem er seinen Fall hindert. Es ist dies ein erstes Beispiel eines ganz allgemeinen physikalischen Prinzipes. So oft ein Körper *A* einen anderen *B* drückt oder zieht, wird *A* in umgekehrter Richtung ebenso stark von *B* gedrückt oder gezogen.

§ 24. Die Rolle. Eine kreisförmige Scheibe sei um eine durch ihren Mittelpunkt senkrecht hindurchgehende Axe vollkommen leicht drehbar, ihre Peripherie genau und glatt abgedreht. Stellen wir eine solche Rolle mit ihrer Axe horizontal und legen wir über sie einen Faden, so ist Gleichgewicht vorhanden, wenn die beiden frei herabhängenden Enden durch gleiche Gewichte gespannt sind. Nehmen wir das eine Gewicht ab, so fällt das andere zu Boden. Wir können aber Gleichgewicht wieder herstellen, indem wir das nicht belastete Ende des Fadens mit der Hand nach unten ziehen. Ebenso wie in dem vorhergehenden Falle werden dann die Spannungen in den zu beiden Seiten der Rolle befindlichen Fäden gleich sein; der Zug, den unsere Hand ausübt, gleich dem an dem anderen Fadenende hängenden Gewichte. Dabei können wir den Faden ebenso gut in schiefer Richtung ziehen, wie in vertikaler; Gleichgewicht wird immer nur dann vorhanden sein, wenn der Faden in seiner ganzen Ausdehnung gleiche Spannung besitzt, wenn der beliebig gerichtete Zug der Hand gleich ist dem angehängten Gewichte (Fig. 11).

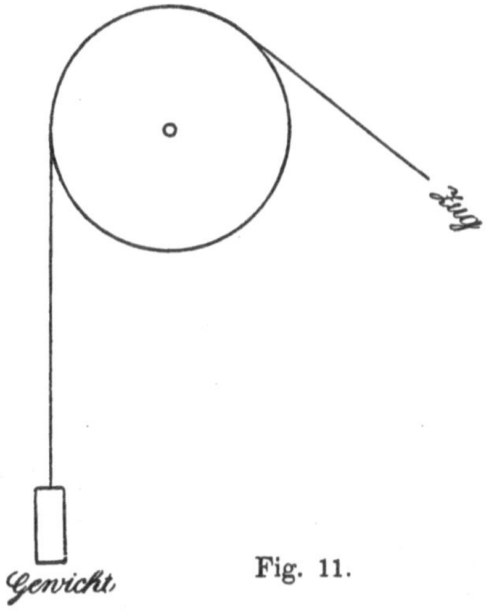

Fig. 11.

§ 25. Kräfte gemessen durch Gewichte. Wenn in dem vorhergehenden Beispiele nur das Gegengewicht oder nur der Zug der Hand auf ein gewichtlos gedachtes Senkel wirkte, so würde Bewegung eintreten. Nun giebt es außerordentlich mannigfache Verhältnisse, unter denen ein Körper in Bewegung gerät oder zu einer schon vorhandenen Bewegung eine neue erhält; in all diesen Fällen sprechen wir von einer Kraft als der Ursache der Bewegung. Mit Rücksicht hierauf können wir den in dem vorhergehenden

Paragraphen gemachten Bemerkungen eine viel allgemeinere Bedeutung geben. Wenn wir das eine Ende des über eine Rolle geschlungenen Fadens mit einem Gewicht belasten, so können wir auf das andere eine Kraft von ganz beliebigem Ursprung, beliebiger Richtung wirken lassen. Wenn Gleichgewicht vorhanden ist, so wird der Faden in seiner ganzen Ausdehnung dieselbe Spannung besitzen, also die Kraft gleich dem angehängten Gewicht sein. Wir können so immer ein Gewicht finden, das einer gegebenen Kraft gleich ist, welches auch ihr Ursprung, welches ihre Richtung sein mag; d. h. wir können jede Kraft messen durch ein Gewicht; wir können unser g-Gewicht als allgemeine Maßeinheit der Kräfte benützen. Um dies noch durch ein Beispiel zu erläutern, befestigen wir an dem einen Ende des Fadens eine Eisenkugel. Nähern wir sie der Polfläche eines horizontal liegenden Magnetstabes, so wird sie von dieser angezogen. Wir führen den Faden in der Richtung des Stabes horizontal fort (Fig. 12), legen ihn über eine Rolle und belasten ihn am anderen Ende so, daß Gleichgewicht eintritt, d. h. daß die Kugel bei der geringsten Mehrbelastung von dem Pole abreißt. Die magnetische Anziehung ist dann gemessen durch das den Faden spannende Gewicht.

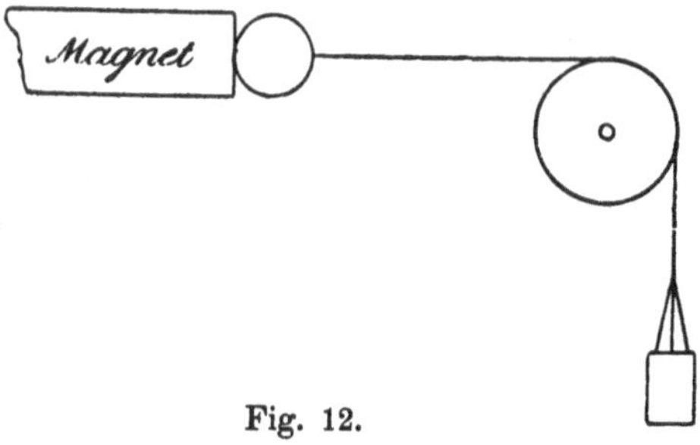

Fig. 12.

Den Betrachtungen von § 23 können wir im Anschluß an das Vorhergehende einen allgemeinen Ausdruck geben in dem Satze:

Wenn auf einen Körper, genauer auf einen und denselben Punkt des Körpers, zwei Kräfte wirken, so bleibt er in Ruhe, wenn die Kräfte gleich und entgegengesetzt sind.

§ 26. Graphische Darstellung von Kräften. Bei der Fadenspannung liegt der Gedanke unmittelbar nahe, ihre Verhältnisse durch eine Zeichnung anschaulich zu machen. Wir haben ihren Angriffspunkt, den Befestigungspunkt des Fadens, ihre Richtung, übereinstimmend mit der des Fadens. Man kann aber auch ihre Größe in der Zeichnung zum Ausdruck bringen, wenn man die Länge der die Richtung darstellenden Linie der Spannung numerisch gleich, d. h. gleich ebenso viel Längeneinheiten macht, als die Zahl der g-Gewichte beträgt, durch welche die Spannung gemessen wird. Diese graphische Darstellung ist aber in derselben Weise auf jede beliebige Kraft anwendbar, denn jede hat einen bestimmten Angriffspunkt, eine bestimmte Richtung, eine durch eine bestimmte Zahl von g-Gewichten gegebene Größe. Wir werden gelegentlich Kräfte und die sie darstellenden Strecken durch denselben Buchstaben bezeichnen; sofern dieser die Strecke bezeichnet, versehen wir ihn mit einem Striche, während er ohne Strich die Anzahl der g-Gewichte angiebt, die das Maß der Kraft bilden. Pfeile an den die Kräfte repräsentierenden Linien geben die Richtung an, in der sie wirken.

§ 27. Der Satz vom Parallelogramm der Kräfte. Wenn zwei Kräfte P und Q, d. h. Kräfte, die beziehungsweise gleich P und Q g-Gewichten sind, in einem und demselben Punkte eines Körpers angreifen, so lassen sie sich in ihrer Wirkung erfahrungsgemäß durch eine einzige Kraft ersetzen, die man ihre Resultante nennt. Die sie repräsentierende Strecke wird durch eine einfache geometrische Konstruktion gegeben. Wir ziehen die P und Q repräsentierenden Linien OA und OB (Fig. 13) und ergänzen sie zu einem Parallelogramm; die Diagonale OD ist dann die graphische Darstellung der resultierenden Kraft.

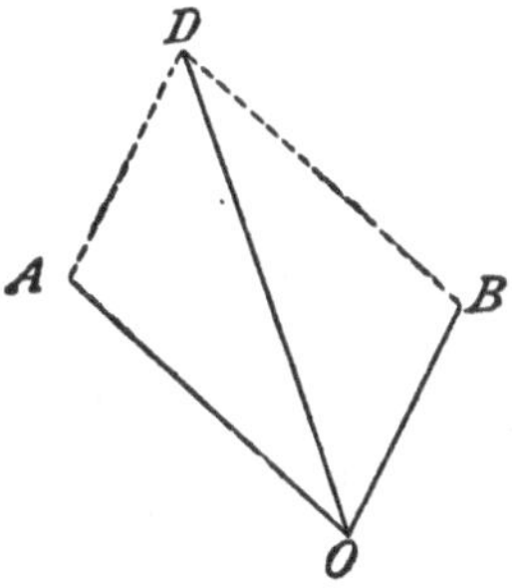

Fig. 13.

Zur experimentellen Prüfung des Satzes benützen wir drei miteinander verknüpfte Senkelfäden (Fig. 14), von denen der eine vertikal herabhängt, während die beiden anderen nach rechts und links über Rollen geführt sind. Die an die Enden angehängten Gewichte seien P, Q und R. Gleichgewicht ist vorhanden, wenn die Resultante von P und Q gleich und entgegengesetzt ist mit R. Stellen wir also die Kräfte graphisch dar durch die Linien OA, OB und OC, so muß die Diagonale OD des aus OA und OB konstruierten Parallelogrammes gleich und entgegengesetzt sein mit OC. Daß dies in der That der Fall ist, läßt sich in einem speziellen Falle leicht nachweisen. Wir spannen den vertikal herabhängenden Faden durch 50 g-Gewichte, die beiden nach oben über die Rollen laufenden mit 40 und 30 g-Gewichten. Zunächst zeigt sich, daß das Gleichgewicht ein ganz

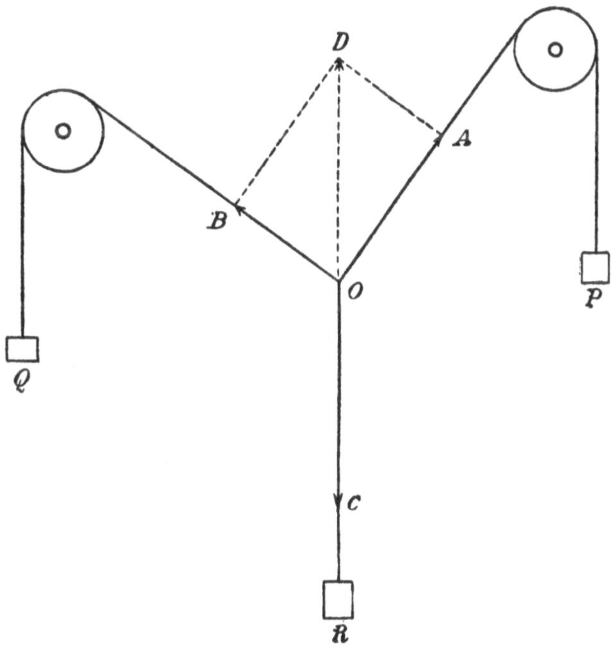

Fig. 14.

bestimmtes ist; denn so oft wir die Senkel aus ihrer Ruhelage herausbringen, kehren sie nach einigen Schwankungen immer wieder in dieselbe Lage zurück. Nun ergiebt sich weiter, daß der Winkel, den die beiden schief nach oben gehenden Fäden mit einander bilden, ein rechter ist. Das Dreieck OAD ist somit ein rechtwinkliges; die Diagonale OD des Parallelogramms ist gleich 50 Längeneinheiten, wenn OA gleich 40 und OB gleich 30. Die Diagonale des aus den Repräsentanten der Kräfte P und Q konstruierten Parallelogramms ist also in der That numerisch gleich der Kraft R. Daß ihre Richtung der von R entgegengesetzt, also vertikal ist, ergiebt sich, wenn wir beachten, daß die nach oben gehenden Fäden in einer vertikalen Ebene liegen, und wenn wir die Linien OA und OB mit der Neigung gegen die Vertikale zeichnen, wie sie thatsächlich bei den Versuchen beobachtet wird.

Die von den Fäden gebildeten Winkel ändern sich natürlich, sobald die Verhältnisse der angehängten Gewichte andere werden, sobald etwa an den mittleren, vertikal herabhängenden Faden ein Gewicht von anderer Größe gehängt wird. Daraus ergiebt sich, daß unsere einfache Vorrichtung benutzt werden kann, um über die Gleichheit oder Ungleichheit von Gewichten zu entscheiden, sie ist das erste Beispiel einer Wage.

§ 28. Gleichgewicht von Kräften in einem Punkt. Die in dem vorhergehenden Paragraphen benützte Einrichtung bringt uns zugleich die Lösung einer anderen Frage, die von selbständigem Interesse ist. Wir sehen, daß drei in einem Punkt angreifende Kräfte P, Q, R im Gleichgewicht sind, wenn die sie repräsentierenden Strecken durch Parallelverschiebung zu einem geschlossenen Dreieck (OAD, Fig. 14) sich zusammenfügen lassen. Die Regel läßt sich ausdehnen auf den Fall beliebig vieler Kräfte, die einen gemeinsamen Angriffspunkt haben; sie sind im Gleichgewicht, wenn sie durch Parallelverlegung zu einem geschlossenen Polygone sich zusammenfügen lassen. Bleibt der polygonale Zug offen, so stellt die offene Seite Größe und Richtung der zum Gleichgewicht fehlenden Kraft dar; in umgekehrtem Sinne somit auch die Resultante der sämtlichen gegebenen Kräfte. Dies wird durch Fig. 15 anschaulich gemacht.

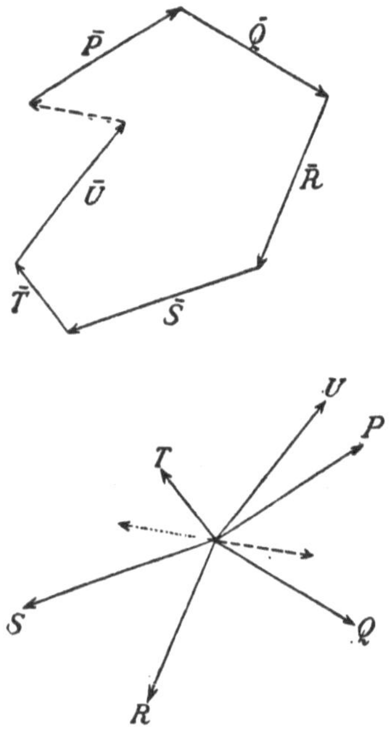

Fig. 15.

§ 29. Verlegung des Angriffspunktes einer Kraft. Auf einen Körper wirken in den Punkten A und B (Fig. 16) zwei Kräfte, die einander gleich und entgegengesetzt sind. Der Körper ist im Gleichgewicht, und dieses wird der Erfahrung zufolge nicht geändert, wenn wir den Angriffspunkt der einen oder anderen Kraft auf der Linie AB verlegen,

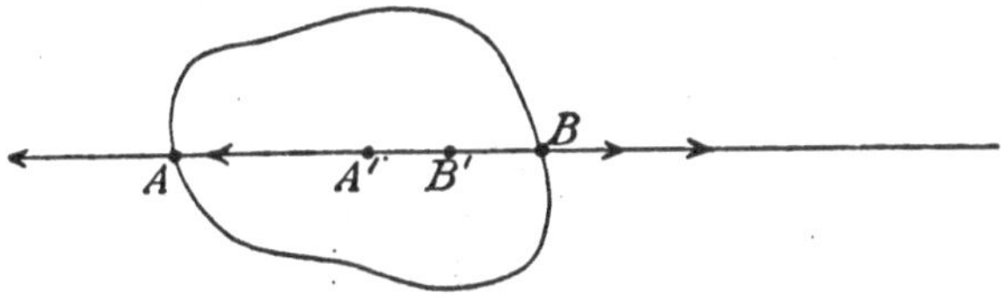

Fig. 16.

etwa nach A' oder B'. Daraus ergiebt sich, daß man den Angriffspunkt einer auf einen starren Körper wirkenden Kraft in ihrer Richtung beliebig verschieben kann, ohne in ihrer Wirkung etwas zu ändern.

§ 30. Gleichgewicht von drei Kräften an einem starren Körper. Wenn in einem Punkt eines starren Körpers drei Kräfte P, Q und R angreifen, so wird ihr Gleichgewicht durch die in § 28 gegebene Regel bestimmt. Verlegen wir die Angriffspunkte in den Richtungen der Kräfte nach A, B und C (Fig. 17), so kann dadurch das Gleichgewicht nicht gestört werden. Umgekehrt ergiebt sich hieraus der Satz: Ein starrer Körper ist unter der Wirkung dreier Kräfte im Gleichgewicht, wenn ihre Richtungen durch einen Punkt gehen, und wenn ihre geometrischen Repräsentanten durch Parallelverschiebung zu einem geschlossenen Dreieck sich zusammenfügen lassen. Die Richtigkeit des Satzes kann man leicht mit der in § 27 benützten Einrichtung prüfen, wenn man die drei Senkelfäden nicht direkt mit einander verknüpft, sondern an dem Umfang einer Pappscheibe von beliebiger Gestalt befestigt.

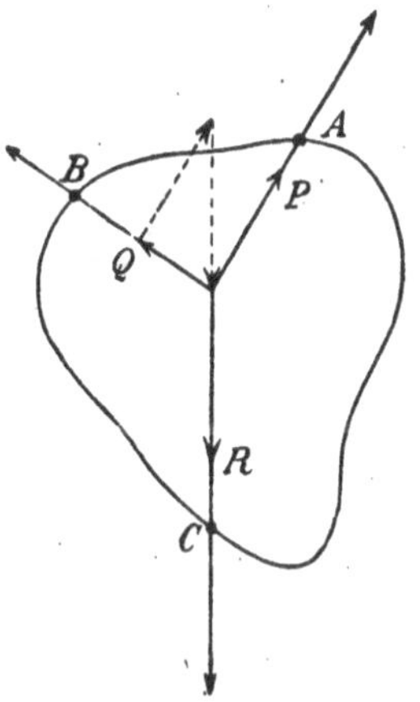

Fig. 17.

§ 31. Zerlegung einer Kraft in Komponenten. Ebenso wie man zwei gegebene Kräfte zu einer Resultante vereinigen kann, so kann man auch eine gegebene Kraft in zwei von beliebig gegebenen Richtungen zerlegen, die man dann ihre Komponenten nennt. Wir wollen dies durch ein Beispiel erläutern. Es seien AC und BC (Fig. 18) zwei in einer Vertikalebene liegende starrre aber gewichtlose Stäbe, ihre Endpunkte A und B seien in Gelenken befestigt, in C seien sie verbunden, und es sei dort ein Gewicht angehängt; die in den Stäben entstehende Spannung und Pressung soll bestimmt werden. Wir machen zu diesem Zweck die Linie CD, durch die das Gewicht graphisch dargestellt wird, zu der Diagonale eines Parallelogramms, dessen Seiten in die Richtungen AC und BC fallen; dann ist die Seite CE die geometrische Darstellung des auf AC wirkenden Zuges, CF repräsentiert den auf CB ausgeübten Druck. Die Konstruktion des Parallelogramms kann man ersetzen durch die Konstruktion eines Dreieckes $C'D'E'$, dessen eine Seite $C'D'$ die in C wirkende Last repräsentiert, während $C'E'$ und $D'E'$ den Richtungen der beiden Stäbe parallel sind. Die Längen von $C'E'$ und $D'E'$ repräsentieren dann den auf AC und BC wirkenden Zug und Druck.

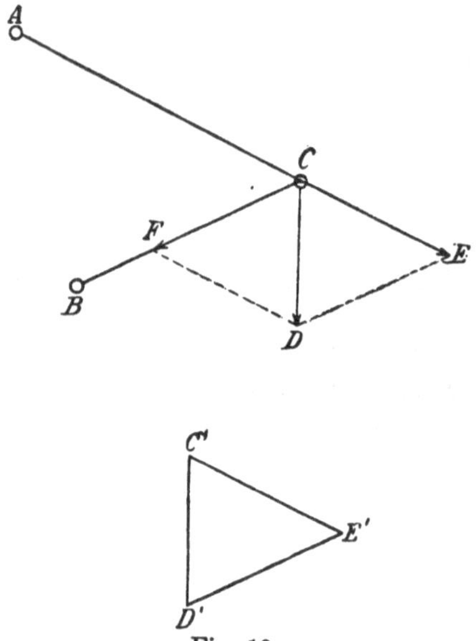

Fig. 18.

§ 32. Gleichgewicht eines Stabsystems. Die letzte Wendung, die wir der graphischen Bestimmung der auf den Träger wirkenden Kräfte gegeben haben, ist besonders wichtig, weil sie eine bequeme Anwendung auf sogenannte Stabsysteme gestattet, wie wir sie bei der Konstruktion von Dachstühlen, Brücken, Krahnen benützen. Wir beschränken uns auf einen Fall von möglichster Einfachheit; in Fig. 19a bedeutet die Linie AB einen dritten Stab, so daß also das Dreieck ABC einen aus drei verbundenen Stäben bestehenden Rahmen darstellt. Wir benützen diesen als Träger, indem wir das Dreieck mit vertikaler Ebene in B auf einen festen Pfeiler aufsetzen; in C hängen wir die Last R an. Damit der Träger nicht umkippt, lassen wir in A einen horizontalen Zug H von außen her wirken; der Pfeiler übt auf den Punkt B einen Druck T aus, der durch die Linie $\bar{T}$ dargestellt sein möge. Unsere Aufgabe ist es nun, die Kräfte H und T, sowie die Spannungen und Drucke zu bestimmen, durch welche die einzelnen Stäbe des Rahmens in Anspruch genommen werden.

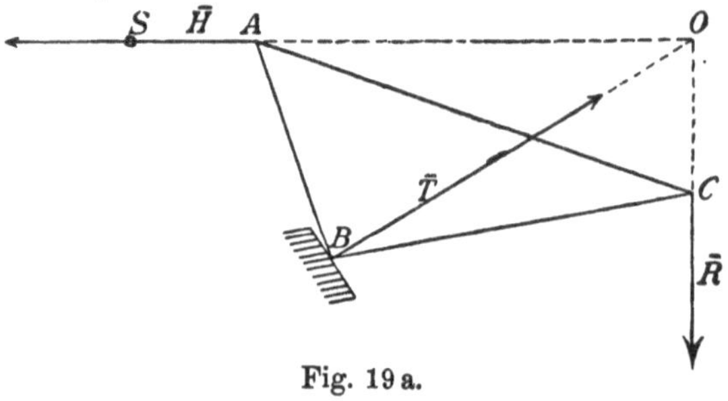

Fig. 19a.

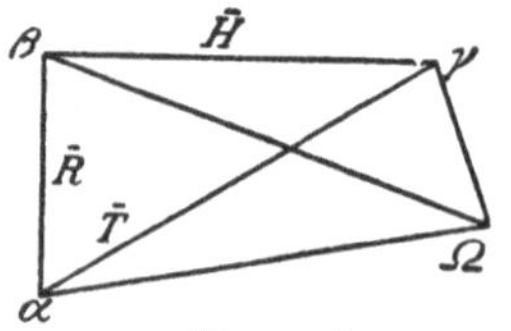

Fig. 19b.

Vorweg läßt sich die Richtung des Druckes T bestimmen; der Träger ABC kann bei der festen Verbindung seiner Teile als ein einziger starrer Körper betrachtet werden; R, H und T sind äußere Kräfte, die auf ihn wirken; nach § 30 können sie nur im Gleichgewicht sein, wenn ihre Richtungen durch einen Punkt gehen. Suchen wir also den Schnittpunkt O der durch C gehenden vertikalen, der durch A gehenden horizontalen Linie, so muß die den Pfeilerdruck repräsentierende Linie $\overline{T}$ gleichfalls durch O gehen. Die Größe der gesuchten Kräfte ergiebt sich durch eine wiederholte Anwendung der in dem vorhergehenden Paragraphen gegebenen Konstruktion. Wir beginnen mit der Bestimmung der in dem Eckpunkt C wirkenden Spannungen oder Drucke. Zuerst ziehen wir (Fig. 19b) die Linie $\beta\alpha$ oder $\overline{R}$, durch welche die Last R graphisch dargestellt wird. Durch β ziehen wir eine Parallele $\beta\Omega$ zu AC, durch α die Parallele $\alpha\Omega$ zu BC. Ebenso wie in § 31 stellt dann $\beta\Omega$ die Spannung in AC, $\alpha\Omega$ den Druck in BC dar.

Wir gehen über zu dem Gleichgewicht des Punktes A. Durch Ω ziehen wir eine Parallele $\Omega\gamma$ zu AB, durch β eine Horizontale, parallel der Richtung des in A angebrachten Zuges H. Es ist dann $\gamma\beta$ oder $\overline{H}$ die geometrische Darstellung jenes Zuges, $\Omega\gamma$ die des Druckes, durch den der Stab AB in Anspruch genommen wird. Ziehen wir endlich noch die Linie $\alpha\gamma$, so enthält das Dreieck $\alpha\gamma\Omega$ die Bedingungen für das Gleichgewicht der auf den Eckpunkt B des Rahmens wirkenden Kräfte; $\Omega\alpha$ stellt ja den in BC, $\Omega\gamma$ den in AB herrschenden Druck dar; die dritte Seite des Dreieckes $\alpha\gamma$ oder $\overline{T}$ repräsentiert also den äusseren von dem Pfeiler herrührenden Druck T, der nötig ist, um das Gleichgewicht herzustellen. Seine Richtung ist doppelt bestimmt, denn sie ist ja schon in der Fig. 19a durch die Linie BO gegeben. Sache einer kleinen geometrischen Untersuchung ist es, zu zeigen, daß die beiden die Richtung bestimmenden Linien BO und $\alpha\gamma$ parallel sind. Daß die äußeren auf den Rahmen wirkenden Kräfte R, H und T auch für sich genommen im Gleichgewicht sind, zeigt der Anblick unserer Figuren; nach Fig. 19a gehen ihre Richtungen durch einen Punkt, nach Fig. 19b bilden sie ein geschlossenes Dreieck.

Wenn wir die Figuren 19, a und b, betrachten, so bemerken wir eine sehr eigentümliche Beziehung zwischen ihnen. Jede besteht aus sechs Linien; jeder Linie der einen Figur entspricht eine ihr parallele der anderen, in jeder Figur gehen je drei Linien durch einen Punkt und je dreien umschließen ein Dreieck; aber drei Linien, die in der einen Figur durch einen Punkt gehen, entsprechen in der anderen drei parallele, die ein Dreieck umschließen, und umgekehrt. Man nennt solche Figuren reciproke. Die Aufgabe, die in einem Stabsystem, einem Rahmen oder Gitterwerke herrschenden Spannungen durch Zeichnung zu bestimmen, bildet den Gegenstand eines besonderen Zweiges der Mechanik, der graphischen Statik. Die Betrachtung reciproker Figuren spielt dabei eine fundamentale Rolle.[1]

§ 33. Brückenkonstruktionen. Den horizontalen Zug H, den wir

[1] Maxwell, On reciprocal Figures and Diagrams of Forces. The scientific Papers. Vol. I. p. 514.

nötig haben, um den Träger in Fig. 19a im Gleichgewicht zu halten, können wir dadurch erhalten, daß wir mit A eine kurze horizontale Stange SA verbinden, die in ihrem Ende S festgehalten wird. Die Befestigung von S wird überflüssig, wenn auf der anderen Seite der durch S gezogenen Vertikallinie SV (Fig. 20) ein zweiter Träger $A'C'B'$ angebracht wird, der mit dem ersten in Bezug auf die Vertikale SV symmetrisch ist und an seinem Endpunkt C' ebenso belastet wird wie der erste. Die horizontale Verbindungsstange AA' wird dann von beiden Seiten her gespannt; ihre Spannung wirkt ebenso wie die bisher eingeführte äußere Kraft H. Wir haben so einen Doppelträger konstruiert, der auf beiden Seiten gleich belastet ist. Die Spannungen und Drucke in den einzelnen Teilen sind dieselben wie bei dem einfachen Träger des § 32.

Wir stellen nun einen solchen Doppelträger zwischen zwei halbe $A\Gamma B$ und $A'\Gamma'B'$, bei denen die oberen Ecken A und A' durch die äußeren horizontalen Züge H versichert sind. Die Lücken $C\Gamma$ und $C'\Gamma'$ überbrücken wir durch zwei schwere Balken, die sich in den Punkten

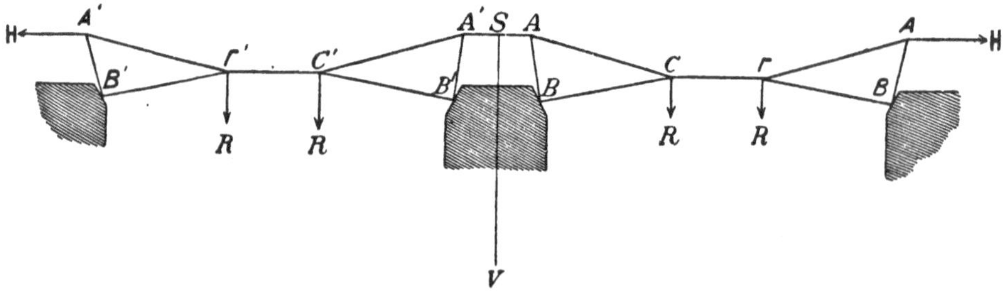

Fig. 20. Schema der Forthsbrücke.

C und Γ, C' und Γ' auf die Träger legen. Wir haben dann im wesentlichen das Konstruktionsschema der über die Mündung des Forths in Schottland gebauten $1^1/_2$ km langen Brücke. Nur sind bei dieser auch die äußeren Träger zu Doppelträgern ergänzt; der ganze Raum ist also mit Hilfe dreier Träger von der Form $BCAA'C'B'$ überspannt. Die freie Länge zwischen den Pfeilern BB $B'B'$ beträgt dabei 520 m, die Länge der Rahmen ACB und $A'C'B'$ mehr als das anderthalbfache von der Höhe eines Kölner Domturmes. Das Gewicht der Verbindungsglieder $C\Gamma$ und $C'\Gamma'$ verteilt sich gleichmäßig auf die beiden Auflegepunkte; die auf die Enden der einzelnen Träger wirkenden vertikalen Kräfte R sind also gleich der Hälfte jenes Gewichtes. Sind aber die Kräfte R gegeben, so bestimmen sich alle übrigen Spannungen und Drucke durch die in § 32 angeführte Konstruktion.

§ 34. Das Hebelgesetz. Das Hebelgesetz ist eines von den wenigen physikalischen Gesetzen, die schon den Alten bekannt waren. Archimedes betrachtet eine Stange, die in ihrer Mitte unterstützt ist und in horizontaler Stellung im Gleichgewicht sich befindet. Wenn auf ihren beiden Seiten Gewichte angehängt werden, so bleibt die Stange im Gleichgewicht, sobald die Gewichte sich umgekehrt verhalten wie ihre Entfernungen vom Unterstützungspunkt. Eine allgemeinere Fassung wurde dem Hebelprinzip zuerst von Lionardo da Vinci gegeben. Wir betrachten den Hebel (Fig. 21) als einen gewichtlosen Körper, der um eine horizontale Axe D drehbar ist, und auf den in den Punkten A und B zwei zur Achse senkrechte Kräfte wirken, die durch die Linien $\bar{P}$ und $\bar{Q}$ dargestellt sind. Von D aus fällen wir auf $\bar{P}$ und $\bar{Q}$ die Senkrechten DE und DF, die wir als die Hebelarme bezeichnen. Gleichgewicht ist vorhanden, wenn die beiden Kräfte den Hebel in entgegengesetztem Sinne zu drehen suchen, und wenn die Produkte aus den Kräften und den zugehörigen Hebelarmen einander gleich sind: $P \times DE = Q \times DF$. Diese Produkte sind die zuerst von Lionardo betrachteten statischen Momente oder Drehungsmomente der Kräfte. In dieser Form kann der Hebelsatz sehr leicht verallgemeinert werden. Es mögen beliebig viele gegen die Axe senkrechte Kräfte auf den Körper wirken. Gleichgewicht ist vorhanden, wenn die Summe der in dem einen Sinne wirkenden statischen Momente gleich ist der Summe der entgegengesetzten. Besteht der Hebel aus einem geraden Stabe, der um seine Mitte drehbar ist, und auf den zwei Kräfte wirken, die zu ihm senkrecht stehen, so kommen wir auf den von Archimedes gefundenen Satz zurück.

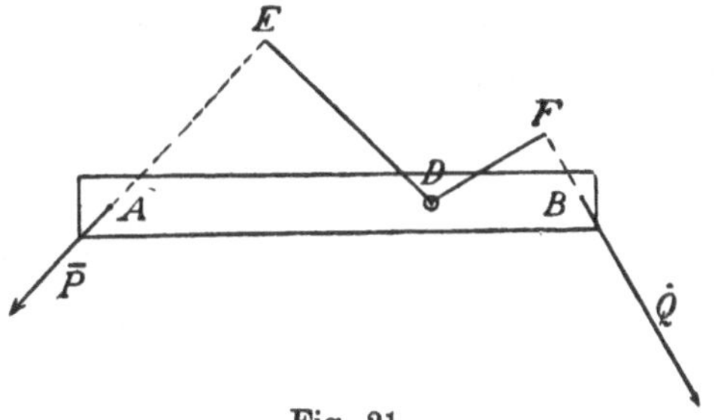

Fig. 21.

Wenn die Richtungen der Kräfte P und Q sich schneiden, so kann man das Hebelgesetz unmittelbar auf den Satz vom Parallelogramm der Kräfte reduzieren. Auch in dem von Archimedes betrachteten Fall gelingt dies, wenn man zunächst zu den gegebenen parallelen Kräften in A und B noch zwei entgegengesetzt gleiche hinzufügt, deren Richtung in die des Hebels fällt.

§ 35. Der Mittelpunkt paralleler Kräfte. Nach dem Satze vom Parallelogramm können wir zwei Kräfte zu einer Resultanten vereinigen, wenn ihre Richtungen sich schneiden. Die Konstruktion versagt, wenn die Richtungen der Kräfte parallel sind. In diesem Falle beruht die Konstruktion der Resultante auf einer Anwendung des Hebelgesetzes.

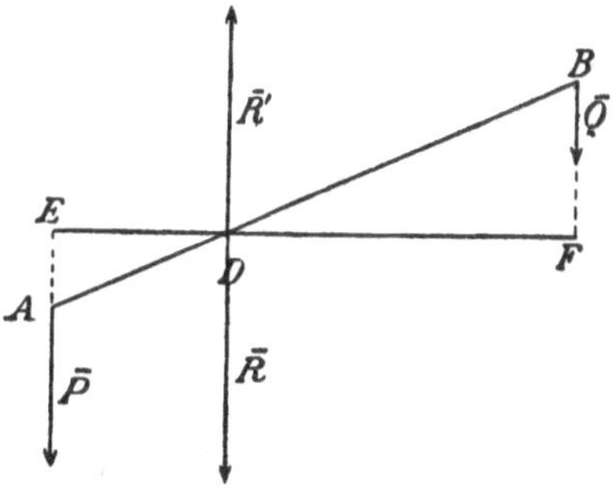

Fig. 22.

Wir betrachten einen geradlinigen Hebel AB (Fig. 22) mit dem Drehungspunkt D, auf den zwei parallele Kräfte P und Q wirken.

Zeichnen wir die Hebelarme DE und DF, so ist die Bedingung für das Gleichgewicht:

$$P : Q = DF : DE = DB : DA.$$

Aber diese Gleichung enthält offenbar nicht alles, was zum Gleichgewicht des Hebels notwendig ist. Ihre Erfüllung sorgt nur dafür, daß die Hebelstange AB nicht um D gedreht wird. Außerdem muß der Punkt D unterstützt sein, sonst würde der Hebel zu Boden gerissen werden; wir müssen den Punkt D mit einer Kraft nach oben ziehen, die gleich der Summe der Parallelkräfte, gleich $P + Q$, und ihnen entgegengesetzt gerichtet ist. Ist die Hebelstange mit einer horizontalen Axe verbunden, die in einem festen Lager sich drehen kann, so ist $P + Q$ der Druck, den der Hebel auf das Lager ausübt, der Druck, durch den umgekehrt das Lager die Axe des Hebels trägt. Eine vollständige Darstellung der Kräfte, die am Hebel im Gleichgewicht stehen, haben wir erst, wenn wir in D die Linie $\overline{R'} = \overline{P} + \overline{Q}$ parallel mit $\overline{P}$ und $\overline{Q}$ nach oben hin ziehen. Wir können nun das Verhältnis auch so auffassen, daß am Hebel die auf D wirkende Kraft $R' = P + Q$ kompensiert wird durch die in A und B wirkenden Kräfte P und Q, so daß weder Verschiebung noch Drehung eintritt. Dasselbe wird erreicht, wenn man die Kräfte P und Q weglässt und in D eine Kraft $R = P + Q$ hinzufügt, die mit R' gleich aber entgegengesetzt gerichtet ist. Diese Kraft R ist dann nichts anderes, als die Resultante von P und Q.

Wir haben im vorhergehenden die Kräfte P und Q auf eine Hebelstange AB wirken lassen. Wir können an ihre Stelle einen beliebigen Körper setzen, ohne daß in unseren Überlegungen etwas geändert wird. Somit kommen wir zu dem folgenden Resultat: **Wenn auf zwei Punkte A und B eines Körpers die parallelen Kräfte P und Q wirken, so vereinigen sie sich zu einer Resultante $R = P + Q$ von derselben Richtung. Ihr Angriffspunkt D liegt auf AB so, daß die Abschnitte AD und BD sich umgekehrt verhalten wie die Kräfte P und Q.** Der Punkt D hat darnach die sehr wichtige Eigenschaft, daß er von der Neigung der Parallelkräfte gegen die Verbindungslinie ihrer Angriffspunkte unabhängig ist, nur abhängig von dem Verhältnis ihrer Grössen. Man nennt diesen Angriffspunkt der Resultante den **Mittelpunkt der Parallelkräfte**. Er teilt die Linie, welche die Angriffspunkte der Parallelkräfte verbindet, im umgekehrten Verhältnis der anliegenden Kräfte.

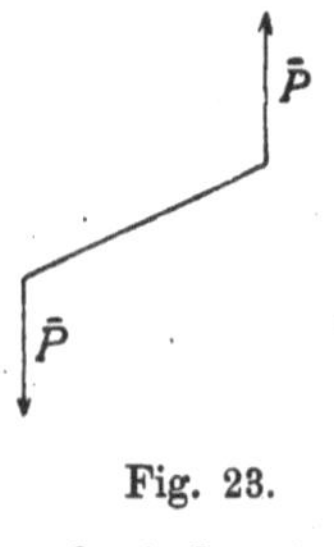

Fig. 23.

Das Kräftepaar. Aus den vorhergehenden Betrachtungen wird man den Schluß ziehen, daß im allgemeinen auch entgegengesetzt parallele Kräfte durch eine Resultante zu ersetzen sind, z. B. die in A und D wirkenden Kräfte P und R' durch die in B wirkende Q. Wenn aber die entgegengesetzt parallelen Kräfte gleich groß sind, wie in Fig. 23, so ist dies nicht mehr möglich. Zwei solche Kräfte bilden ein mechanisches Element von durchaus selbständiger, eigenartiger Bedeutung. Man bezeichnet zwei entgegengesetzt parallele gleiche Kräfte als ein Kräftepaar. Seine Wirkung reduziert sich auf ein reines statisches Moment.

§ 36. Der Schwerpunkt. Wir haben im vorhergehenden Paragraphen gelernt, zwei parallele Kräfte zu einer Resultanten zu vereinigen. Durch successive Anwendung derselben Konstruktion ist es möglich, auch beliebig viele parallele Kräfte durch eine Resultante zu ersetzen, die gleich der Summe der Einzelkräfte und ihnen parallel ist. Es ergiebt sich ein bestimmter Punkt, in dem die Resultante angreift, der Mittelpunkt der parallelen Kräfte; wie bei zweien, so ist auch bei beliebig vielen Parallelkräften die Lage des Mittelpunktes nur abhängig von ihrer Größe, nicht von ihrer Richtung. Thatsächlich folgt übrigens aus der Bemerkung von § 29, daß der Mittelpunkt der parallelen Kräfte erst dadurch zu einem völlig bestimmten Punkte wird, daß man Unabhängigkeit von der Richtung der Kräfte verlangt.

Diese Bemerkungen finden Anwendung auf die Schwere. Wenn wir einen Körper in Gedanken in irgend einer Weise in kleine Stücke zerlegen, so kommt jedem ein gewisses Gewicht zu, das durch eine vertikale Linie von entsprechender Länge dargestellt wird. Die ganze Wirkung der Schwere ist gleich der Resultante aus all jenen parallelen Gewichten. Ihren Angriffspunkt nennen wir den Schwerpunkt; in ihm können wir uns alle einzelnen Parallelkräfte, d. h. das ganze Gewicht des Körpers vereinigt denken. Der allgemeinen Eigenschaft des Mittelpunktes paralleler Kräfte zufolge ist die Lage des Schwerpunktes von der besonderen Stellung des Körpers unabhängig.

§ 37. Gleichgewicht eines drehbaren schweren Körpers. Ein Körper (Fig. 24) sei drehbar um eine horizontale Axe D; sein Gewicht G können wir uns vereinigt denken in dem Schwerpunkt S; es wird durch eine von S ausgehende vertikale Linie $\overline{G}$ repräsentiert. Gleichgewicht ist vorhanden, wenn der Hebelarm von G verschwindet, d. h. wenn der Schwerpunkt vertikal über oder unter der Drehungsaxe liegt, wenn er die höchste oder tiefste von den Stellen einnimmt, die er bei der vorhandenen Beweglichkeit überhaupt erreichen kann. Im ersten Falle ist das Gleichgewicht ein labiles, das bei der geringsten Störung verloren geht, im zweiten ist das Gleichgewicht stabil, d. h. es stellt sich nach jeder Störung von selber wieder her. Geht die Drehungsaxe gerade durch den Schwerpunkt hindurch, so ist der Körper in jeder Stellung im Gleichgewicht, dieses ist ein indifferentes.

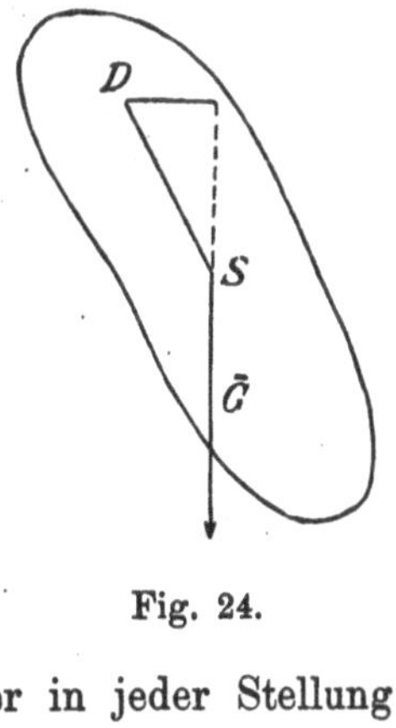

Fig. 24.

§ 38. Die Hebelwage. Eine wichtige Anwendung finden die in den vorhergehenden Paragraphen besprochenen Sätze in der Lehre von der Hebelwage. Diese besteht im wesentlichen aus einem zweiarmigen Hebel, dem Wagebalken, der um eine horizontale Axe drehbar ist und an seinen Enden die zur Aufnahme der Gewichte dienenden Wagschalen trägt. Wenn wir die letzteren abhängen, so soll der Balken für sich in horizontaler Stellung in stabilem Gleichgewicht sich befinden. Dies wird der Fall sein, wenn der Balken symmetrisch ist zu einer durch seine Axe und seinen Schwerpunkt gehenden Ebene, und wenn sein Schwerpunkt unter der Drehungsaxe liegt. Es soll ferner die horizontale Gleichgewichtsstellung des Wagebalkens nicht geändert werden, wenn man beiderseits die Wagschalen anhängt. Dies wird erreicht, wenn die Schalen gleiche Gewichte besitzen, und wenn die Punkte, in denen sie am Wagbalken hängen, gleich weit von der Axe entfernt sind, wenn die Wage gleicharmig ist. Unter diesen Umständen wird das Gleichgewicht auch nicht gestört, wenn wir zu beiden Seiten gleiche Gewichte auf die Wagschalen setzen. Wenn wir aber auf der einen Seite ein kleines Übergewicht hinzufügen, so neigt sich der Balken nach dieser Seite. Je größer die Neigung bei einem gegebenen Übergewicht ist, um so kleinere Gewichtsdifferenzen können wir mit der Wage beobachten, um so größer ist ihre

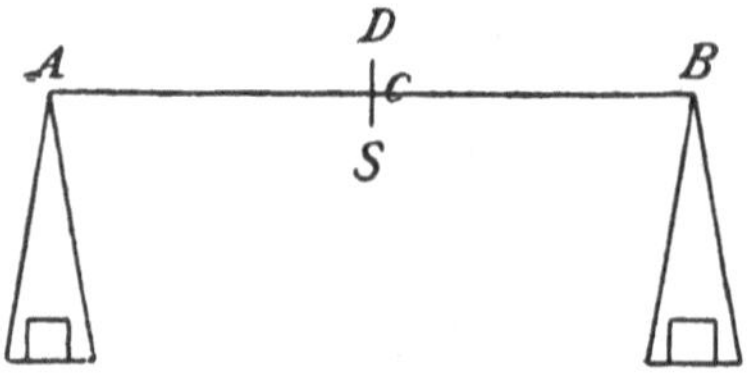

Fig. 25.

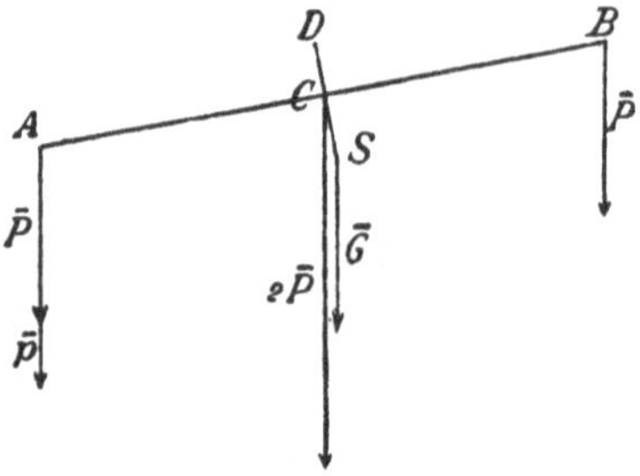

Fig. 26.

Empfindlichkeit. Wir gehen nun über zu der Entwickelung der Bedingungen, von denen diese Empfindlichkeit der Wage abhängt.

Schematisch können wir die Wage darstellen durch eine gerade Linie (Fig. 25), deren Endpunkte A und B die Anhängepunkte der Schalen bezeichnen. Die Drehungsaxe D muß nach dem Vorhergehenden gleich weit von A und B entfernt sein, liegt also auf dem in C errichteten Mittellote von AB. In der Ruhelage steht der Wagbalken AB horizontal, und der Schwerpunkt S liegt vertikal unter der Drehungsaxe in der Verlängerung von DC. Wir legen zuerst auf die Wagschalen zwei gleich große Gewichte, wobei der Wagbalken horizontal bleibt; sodann legen wir auf die in A hängende Schale noch ein kleines Übergewicht p, so daß diese Schale sinkt. Wir wollen nun untersuchen, wovon die durch das Übergewicht p hervorgebrachte Neigung des Wagbalkens abhängt, und zu diesem Zweck die Bedingung des Gleichgewichts aufsuchen. Auf den Wagbalken (Fig. 26) wirkt sein Gewicht G, das wir in dem Schwerpunkt S konzentriert denken können; ferner in A und B

die gleichen aufgelegten Gewichte zusammen mit den Gewichten der Schalen; dies giebt für A und B zwei gleiche Kräfte P, die wir nach § 35 zu einer Resultanten $2P$ vereinigen können, deren Angriffspunkt in C liegt. Nun sehen wir, daß das von dem Übergewicht p ausgeübte Drehungsmoment den entgegengesetzt wirkenden Momenten der Kräfte $2P$ und G das Gleichgewicht halten muß. Hiernach ist die dem Übergewicht zugemutete Leistung um so größer, je größer die Belastung der Wagschalen ist. In demselben Maße wird die durch das Übergewicht erzeugte Neigung kleiner. Es würde sich so eine stetige Verminderung der Empfindlichkeit mit der Belastung ergeben. Dieser Nachteil läßt sich in einfachster Weise dadurch vermeiden, daß wir den Drehungspunkt D zusammenfallen lassen mit dem Angriffspunkt C der Resultante $2P$. Dann fällt die Wirkung dieser letzteren ganz weg, das Übergewicht p hat nur noch dem Wagbalkengewicht G das Gleichgewicht zu halten, und es wird so nicht bloß die Unabhängigkeit von der Belastung, sondern auch eine sehr wesentliche Vergrößerung der Empfindlichkeit erreicht. Als die fundamentalste von den Bedingungen, denen man bei der Konstruktion einer guten Wage zu genügen hat, werden wir demnach zu betrachten haben, daß die Drehungsaxe der Wage in einer und derselben Ebene mit den Aufhängepunkten der Schalen, und zwar in ihrer Mitte, gelegen sei.

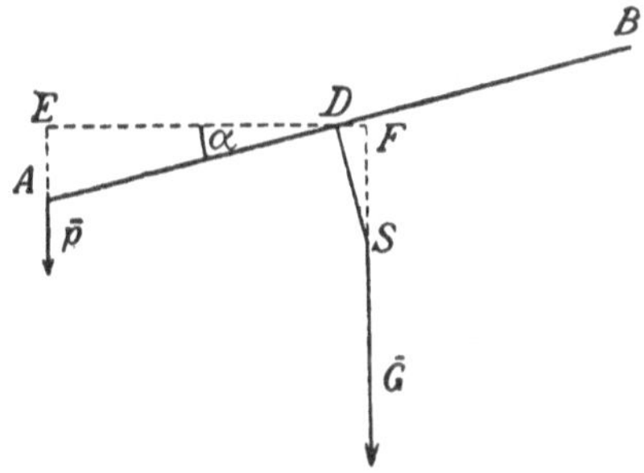

Fig. 27.

Setzen wir voraus, daß bei der mechanischen Herstellung des Balkens dieser Bedingung genügt sei, so vereinfacht sich das Schema der Wage und der auf sie wirkenden Kräfte wesentlich. Der Drehungspunkt D liegt in der Mitte von AB (Fig. 27), die einzigen wirksamen Kräfte sind p und G. Bezeichnen wir durch DE den Hebelarm des Übergewichts, durch DF den des Wagbalkengewichtes, so ist Gleichgewicht vorhanden, wenn

$$p \times DE = G \times DF.$$

Den Ausschlagswinkel, den Winkel, um den sich der Wagbalken gedreht hat, bezeichnen wir durch α; da es sich bei der Wage immer nur um kleine Drehungen handelt, so können wir nach § 10 $DF = DS \times \alpha$ setzen und erhalten

$$\alpha = p \times \frac{DE}{G \times DS}.$$

Benutzen wir als Einheit des Gewichtes das mg-Gewicht und verstehen wir unter Empfindlichkeit den Ausschlag α_1, welcher der Zulage von 1 mg-Gewicht entspricht, so ergiebt sich für die Empfindlichkeit der Ausdruck

$$\alpha_1 = \frac{DE}{G \times DS}.$$

Bei kleinen Ausschlägen weicht entsprechend einer in § 10 gemachten Bemerkung *DE* nicht merklich ab von der Länge des Wagarmes. Wir haben dann den Satz: Die Empfindlichkeit einer Wage ist gleich der Länge des Wagarmes, dividiert durch die Entfernung des Schwerpunktes von der Drehungsachse und dividiert durch das Gewicht des Wagbalkens.

Vorausgesetzt, daß die Drehungsaxe in derselben Ebene mit den Aufhängepunkten der Schalen und in ihrer Mitte liegt, werden wir den Schwerpunkt dem Drehungspunkt möglichst nahe rücken und bei gegebener Länge den Wagebalken möglichst leicht zu machen suchen.

Wir haben im Vorhergehenden eine Kraft nicht berücksichtigt, die außer den Gewichten noch auf die Wage wirkt; es ist dies die zwischen der Drehungsaxe und ihrem Lager vorhandene Reibung. Da die Wirkungen der Reibung veränderlicher Natur und nicht durch genaue Gesetze bestimmt sind, so kann man sie bei der Theorie der Wage nicht so in Rechnung ziehen, wie die Gewichte; es bleibt nichts anderes übrig, als sie auf einen so geringen Betrag zu reduzieren, daß sie neben den Gewichten vernachlässigt werden kann. Dies geschieht dadurch, daß man als Axe der Wage die scharfe, geradlinige Kante eines Stahlprismas, als Lager eine eben geschliffene Platte aus Stahl oder Stein benützt. Auch die Wagschalen werden, um ihre Beweglichkeit etwas zu beschränken, über zwei an den Enden des Wagbalkens befestigte Stahlprismen mit Hilfe ebener stählerner Platten oder cylindrisch ausgedrehter Bügel gehängt. Man hat also in Wirklichkeit nicht mit Aufhängepunkten der Wagschalen zu thun, sondern mit Schneiden. Diese müssen auf das vollkommenste der Drehungsaxe der Wage parallel gemacht werden; denn sonst würde eine geringe Verschiebung, welche der Suspensionsbügel der Wagschale erleidet, eine Veränderung in der Länge des Hebelarmes bewirken.

II. Kapitel. Die einfachen Maschinen und das Prinzip der virtuellen Verschiebungen.

§ 39. Die schiefe Ebene. Im Hebel besitzen wir einen Apparat, mit Hilfe dessen wir einer großen Last durch eine kleinere Kraft das Gleichgewicht halten können. Wir werden in den folgenden Paragraphen eine Reihe von Einrichtungen beschreiben, die, demselben Zwecke dienend, gewöhnlich als einfache Maschinen bezeichnet werden.

Wenn auf eine horizontale Platte eine Last gelegt wird, so wird sie im Gleichgewicht gehalten durch den von der Platte ausgeübten vertikalen Druck. Sobald die Platte geneigt wird, sucht ein Teil des Gewichtes den Körper auf der, durch ihre Oberfläche dargestellten, schiefen Ebene herabzuziehen; dieser Teil wächst mit der Neigung der schiefen Ebene, bis er bei vertikaler Stellung der Platte gleich dem ganzen Gewicht des Körpers wird. Um die Kraft, die den Fall des Körpers längs der schiefen

Ebene herbeizuführen sucht, zu finden, zerlegen wir das Körpergewicht G in eine zu der schiefen Ebene parallele Komponente P und eine zu ihr senkrechte N (Fig. 28). Die erstere giebt die gesuchte Kraft, die zweite den Druck des Körpers gegen die schiefe Ebene. Soll der Körper auf der schiefen Ebene in Ruhe bleiben, so muß der Komponente P durch eine äußere Kraft das Gleichgewicht gehalten werden. Bis zu einem gewissen Grade genügt hierzu schon die zwischen der schiefen Ebene und dem Körper vorhandene gleitende Reibung.

Bei der praktischen Anwendung der schiefen Ebene stellt sich das Problem häufig so, daß der Körper durch eine horizontal wirkende Kraft H am Heruntergleiten verhindert werden soll. Dies wird der Fall sein, wenn die Resultante aus H und G zu der schiefen Ebene senk-

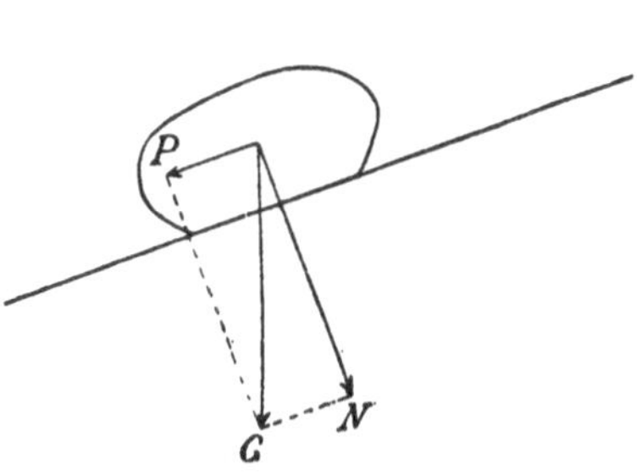

Fig. 28.

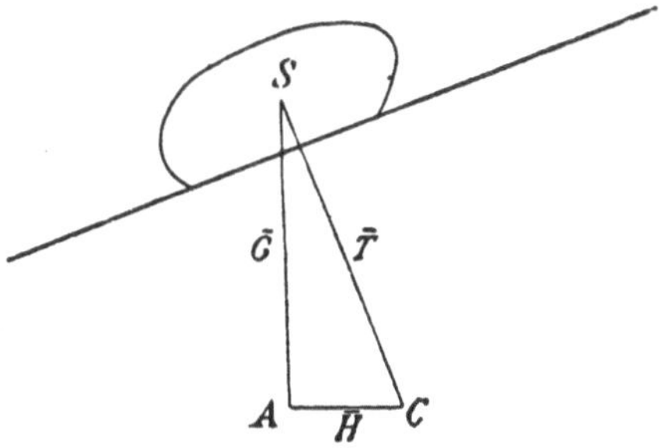

Fig. 29.

recht steht. Ist in Fig. 29 S der Schwerpunkt des Körpers, $SA = \overline{G}$ die geometrische Repräsentante des Gewichtes, SAC ein rechtwinkliges Dreieck, dessen Hypotenuse SC zu der schiefen Ebene senkrecht steht, dessen zweite Kathete AC horizontal ist, so repräsentiert $AC = \overline{H}$ die gesuchte Horizontalkraft, $SC = \overline{T}$ den Druck gegen die schiefe Ebene. Für die zur Erhaltung des Gleichgewichtes erforderliche Kraft gilt die Beziehung

$$H = G \times \frac{AC}{AS},$$

sie ist gleich dem Gewichte multipliziert mit dem Neigungsverhältnis der schiefen Ebene. Je schwächer diese ansteigt, um so kleiner ist H.

In dieser Form findet der Satz von der schiefen Ebene Anwendung bei der Schraube. Wenn eine Schraubenspindel mit vertikaler Axe in ihrer Mutter beweglich ist, so wird sie durch ihr Gewicht oder durch eine in vertikaler Richtung wirkende Kraft längs der Windungen der Mutter verschoben, also gleichzeitig gedreht. Wir können die Verschiebung hindern durch horizontale Kräfte, die wir auf den Umfang der Spindel in tangentialer Richtung wirken lassen. Es verhält sich dann die Gesamtheit der horizontalen Kräfte zu der Vertikalkraft, wie die Höhe des Schraubenganges zu dem Umfang der Schraube. Bei der Schraubenpresse (Fig. 30) rührt die Vertikalkraft von der Rückwirkung des gepreßten Körpers her. Die horizontalen Gegenkräfte wirken nicht unmittelbar auf den Umfang der Schraube; sie werden mit Hilfe eines horizontalen gleicharmigen Hebels erzeugt, der auf die Schraubenspindel aufgesetzt und durch ein horizontales Kräftepaar gedreht wird.

§ 40. Das Wellrad. Das Wellrad (Fig. 31) besteht aus zwei Rollen von verschiedenem Halbmesser und gemeinschaftlicher Axe; die größere bezeichnen wir als Rad, die kleinere als Welle. An dem Umfang der

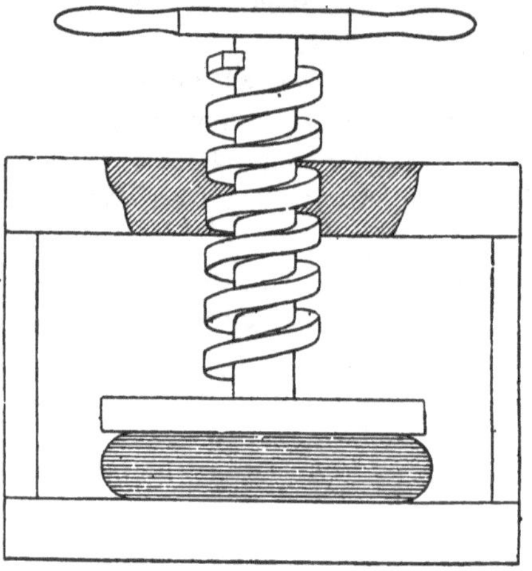

Fig. 30. Schraubenpresse.

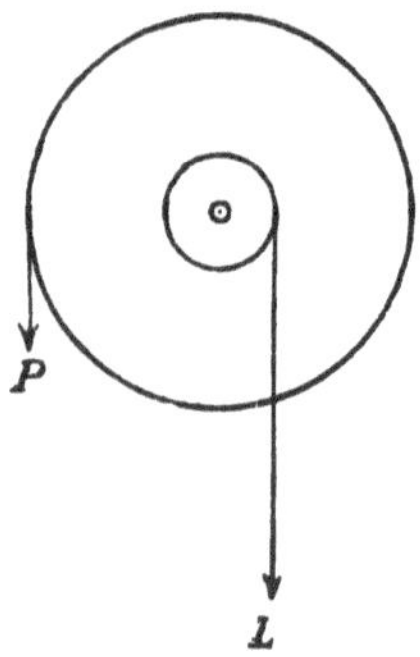

Fig. 31. Wellrad.

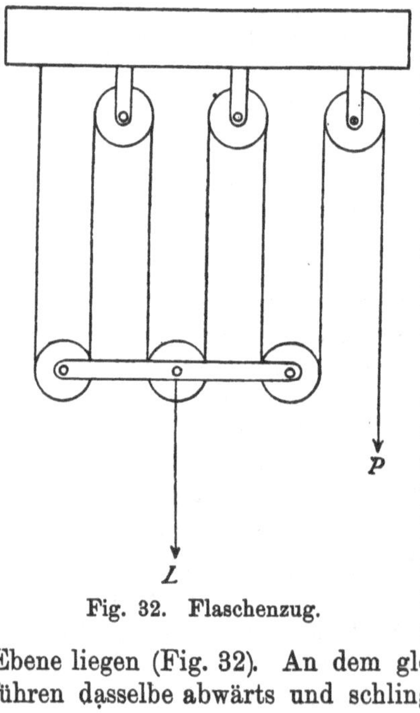

Fig. 32. Flaschenzug.

Rollen sind zwei Seile befestigt, und so um sie geschlungen, daß ihre Enden nach entgegengesetzten Seiten hin herabhängen. Trägt das um die Welle geschlungene Seil eine Last *L*, das von dem Rade herabhängende ein Gewicht *P*, so ist nach dem Hebelprinzip Gleichgewicht vorhanden, wenn Last und Gewicht sich umgekehrt verhalten wie die Halbmesser von Welle und Rad.

§ 41. Der Flaschenzug. In seiner einfachsten Gestalt besteht der Flaschenzug aus einer geraden Anzahl von Rollen, die zur Hälfte fest, zur Hälfte beweglich sind. Die festen Rollen seien an der Unterseite eines horizontalen Trägers so angebracht, daß ihre Flächen in derselben vertikalen, ihre Axen in derselben horizontalen Ebene liegen (Fig. 32). An dem gleichen Träger befestigen wir ein Seil, führen dasselbe abwärts und schlingen es um die erste lose Rolle, dann zurück über die erste der festen Rollen, wieder nach unten um die zweite der losen u. s. w. Die Flächen der losen Rollen bringen wir gleichfalls in eine vertikale, ihre Axen in eine horizontale Ebene und vereinigen sie nun zu einer sogenannten Flasche, indem wir ihre Axen in einen gemeinsamen Metallrahmen einlassen. An die Flasche hängen wir die Last L, während wir an dem über die letzte feste Rolle frei herabhängenden Seil ein Gewicht oder eine Kraft P wirken lassen. Die in dem Seil herrschende Spannung ist in all seinen Teilen gleich der letzteren Kraft. Haben wir beispielsweise 6 Rollen, so wirkt auf die Last nach oben der Zug der 6 zwischen der losen und der festen Flasche hin- und hergehenden Seilstücke, im ganzen ein Zug gleich dem sechsfachen der Seilspannung. Gleichgewicht ist vorhanden, wenn die Last ebenso groß, also gleich dem sechsfachen der am freien Ende des Seiles wirkenden Kraft ist. Allgemein ist bei einem Flaschenzuge von der beschriebenen Art im Falle des Gleichgewichts die Last gleich der Kraft multipliziert mit der Gesamtzahl der Rollen.

§ 42. Räderwerke. Räderwerke bestehen aus einer Reihe paralleler Axen, von denen jede zwei am Umfange gezähnte Räder trägt; von diesen hat das eine, das G e t r i e b e, einen kleinen, das andere, das R a d, einen größeren Halbmesser. In das Getriebe greifen die Zähne des vorhergehenden Rades ein; das Rad treibt das Getriebe, oder umgekehrt das Getriebe das Rad. Wir beschränken uns vorerst auf ein System von nur zwei Axen, mit einem Zahnrad und einem Getriebe (Fig. 33). Um die Welle des Rades schlingen wir ein Seil und hängen an dieses die Last L; der Halbmesser der Welle sei l, der Halbmesser des mit der Welle verbundenen Zahnrades R; der Halbmesser des auf der zweiten Axe befindlichen Getriebes r. Mit der Axe des letzteren sei außerdem eine Kurbel von der Länge k verbunden. Die Kraft K, mit der wir senkrecht gegen die Kurbel drücken müssen, um der Last L das Gleichgewicht zu halten, ergiebt sich aus der folgenden Betrachtung. Die Welle mit dem Zahnrad repräsentiert einen, das Getriebe mit der Kurbel einen zweiten Hebel. Auf die Welle wirkt das statische Moment der Last $L \cdot l$, auf das Getriebe das Moment der an der Kurbel wirkenden Kraft $K \cdot k$. Nun werden aber durch Kraft und Last die sich eben berührenden Zähne von Rad und Getriebe gegeneinander gepreßt, und es wirkt daher auf die beiden Hebel noch die in der Berührungsfläche auftretende Druckkraft P. Das statische Moment des auf den Zahn des Rades wirkenden Druckes ist $P \cdot R$, das Moment des auf den Zahn des

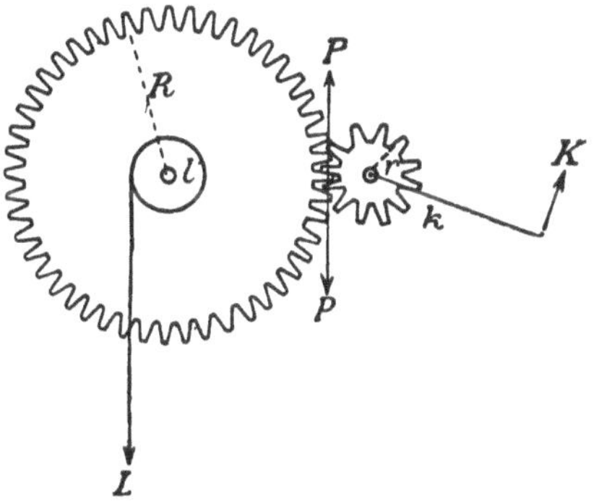

Fig. 33. Zahnrad und Getriebe.

Getriebes wirkenden Druckes ist $P \cdot r$; die beiden Hebel sind im Gleichgewicht, wenn: $L \cdot l = P \cdot R$ und $P \cdot r = K \cdot k$,

woraus
$$K = L \cdot \frac{l \cdot r}{k \cdot R}.$$

Nun verhalten sich die Anzahlen z und Z der auf dem Umfang des Getriebes und des Rades befindlichen Zähne offenbar wie ihre Halbmesser; wir erhalten daher für das Verhältnis von Kraft zu Last:

$$K = L \cdot \frac{l \cdot z}{k \cdot Z}.$$

Schalten wir nach dem Schema von Fig. 34 zwischen die Welle und die Axe der Kurbel noch zwei parallele Axen ein, deren Räder

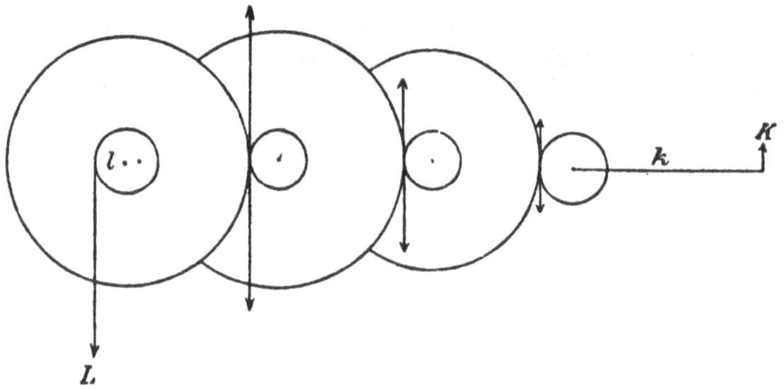

Fig. 34. Räderwerk.

Z' und Z'', deren Getriebe z' und z'' Zähne tragen, so ergiebt sich durch dieselbe Berechnung

$$K = L \cdot \frac{l}{k} \cdot \frac{z \cdot z' \cdot z''}{Z \cdot Z' \cdot Z''}.$$

Man sieht, daß durch Einschaltung mehrerer Axen mit Rädern und Getrieben das Verhältnis zwischen Last und Kraft in jedem beliebigen Verhältnis reduziert werden kann.

§ 43. Kraft und Weg bei Maschinen. Die vorhergehenden Betrachtungen veranlassen uns zu einer Bemerkung von allgemeiner Bedeutung. Der gemeinsame Charakter all der Einrichtungen, die wir beschrieben haben, ist der, daß sie die Möglichkeit bieten, große Kräfte mit kleinen Gegenwirkungen zu überwinden. Es entspricht einem gewissen instinktiven Gefühl, daß ein solcher Vorteil nicht erreicht werden kann, ohne eine Kompensation, ohne einen Verzicht auf eine andere, an sich ebenfalls wünschenswerte Leistung. Daß etwas derartiges in der That vorhanden ist, ergiebt sich am leichtesten aus dem Beispiele des Flaschenzuges. Sein Zweck ist ja nicht der, die an der Flasche hängende Last durch den Zug am freien Seilende schwebend zu erhalten, sondern die Last zu heben. Wenn wir nun das freie Seilende um eine bestimmte Strecke herabziehen, so verteilt sich die entsprechende Verkürzung auf die einzelnen zwischen den Rollen hin- und herlaufenden Stücke des Seiles. Ist ihre Zahl, wie in dem früheren Beispiele, gleich 6, so wird jedes nur um den sechsten Theil der Strecke verkürzt, um die das freie Seilende herabgezogen wurde. Die Hebung der Last beträgt also auch nur den sechsten Teil des von dem freien Seilende durchlaufenen Weges Damit ist aber die gesuchte Kompensation gefunden. Zwar beträgt der am freien Ende ausgeübte Zug nur den sechsten Teil der Last, dafür aber auch die Hebung der Last nur den sechsten Theil der Strecke, um die wir das freie Ende des Seiles herabziehen. Was wir an Kraft gewinnen, geht an Weg verloren.

Drehen wir einen Hebel (Fig. 35), an dem die Kräfte P und Q, senkrecht zu AB, mit den Armen DA und DB im Gleichgewicht sind, um

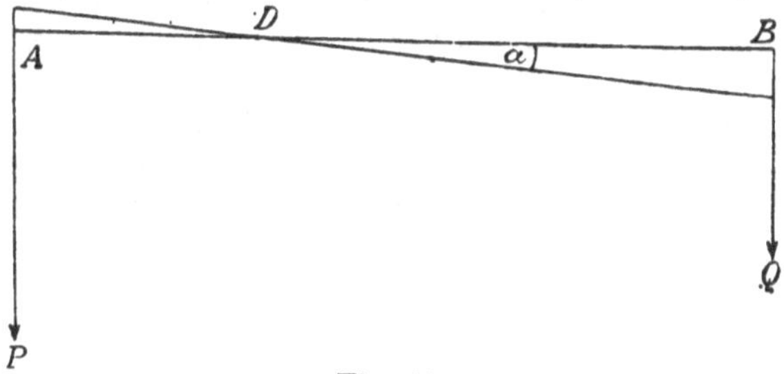

Fig. 35.

einen kleinen Winkel α (Bogenmaß), so legt der Endpunkt A den Weg $AD \times \alpha$, der Endpunkt B den Weg $BD \times \alpha$ zurück. Die Wege verhalten sich wieder umgekehrt wie die Kräfte.

Nehmen wir das Beispiel des Räderwerkes von § 42; wenn wir das letzte mit der Kurbel verbundene Getriebe um einen Winkel α (Bogenmaß) drehen, so dreht sich die Welle, an der die Last hängt, um den Winkel

$$\beta = \frac{z \cdot z' \cdot z''}{Z \cdot Z' \cdot Z''} \cdot \alpha.$$

Nun ist der Weg, den das Ende der Kurbel durchläuft, gleich $k \cdot \alpha$; die Strecke, um welche die Last gehoben wird, gleich $l \cdot \beta$; man findet daher:

$$\frac{l \cdot \beta}{k \cdot \alpha} = \frac{l \cdot z \cdot z' \cdot z''}{k \cdot Z \cdot Z' \cdot Z''} = \frac{K}{L}.$$

Wieder verhalten sich Last und Kraft umgekehrt wie die durchlaufenen Wege.

§ 44. Mechanische Arbeit. Die Erfahrung hat gezeigt, daß der in dem vorhergehenden Paragraphen erläuterten Beziehung in der That eine allgemeine Gültigkeit zukommt. Wir gewinnen für sie einen Ausdruck von größerer Tragweite durch Einführung des Begriffes der mechanischen Arbeit. Wenn wir mit dem Aufwande unserer Muskelkraft ein Gewicht heben, so leisten wir dabei Arbeit. Ihre Größe beurteilen wir nicht allein nach der ausgeübten Kraft, sondern auch nach der Länge des Weges, auf dem die Kraft ausgeübt wird. Wenn wir 1 kg-Gewicht 4 m hoch heben, so ist die Arbeit viermal so groß, als wenn wir es um 1 m heben; als Maß der geleisteten Arbeit betrachten wir also das Produkt aus dem Gewicht und aus der Höhe, zu der es gehoben wird. Den Begriff der Arbeit, der sich zunächst an die menschlichen Leistungen knüpft, übertragen wir nun auf die Kräfte der unbelebten Natur. Wenn ein Körper fällt, so sagen wir, sein Gewicht leiste eine Arbeit gleich dem Produkt aus dem Gewichte und dem Fallraum. Allgemein, wenn ein Punkt A sich im Sinne einer auf ihn wirkenden Kraft P von A nach B verschiebt, so sagen wir, die Kraft leiste eine Arbeit gleich dem Produkte $P \times AB$. Verschiebt sich der Punkt umgekehrt in einem der Kraft entgegengesetzten Sinne, so sagt man, daß in ihm eine gewisse Arbeit konsumiert oder daß an ihm eine negative Arbeit verrichtet werde. Wenn also P kg-Gewichte h m hoch gehoben werden, so ist die von der Schwere verrichtete Arbeit eine negative vom Betrage $P \cdot h$.

Wenn wir eine Last auf eine horizontale Fläche setzen, so ist zu ihrer Bewegung eine um so kleinere Kraft nötig, je glatter die Fläche, je kleiner die Reibung ist. In der That haben wir bei der Verschiebung mit dem Gewichte der Last gar nichts zu schaffen, sondern nur mit

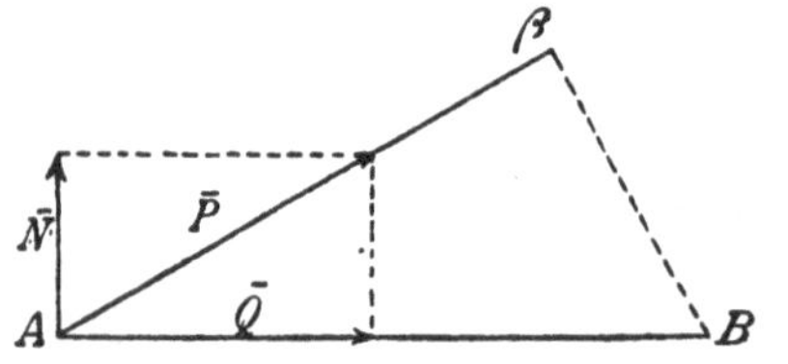

Fig. 36.

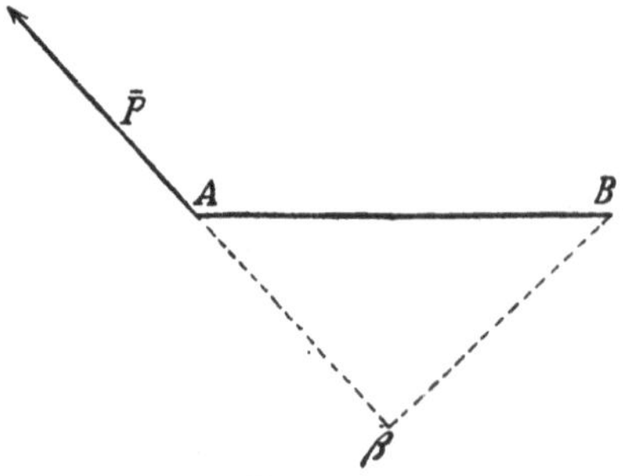

Fig. 37.

ihrer Reibung auf der Unterlage. Würden wir diese vollkommen zu beseitigen im Stande sein, so würde eine Bewegung der Last auf horizontaler Unterlage keine Arbeit erfordern. Wir sehen an diesem Beispiel, daß keine Arbeit geleistet wird, so oft die Verschiebung eines Punktes senkrecht zu der auf ihn wirkenden Kraft steht. Der allgemeine Fall wird natürlich der sein, daß die Richtung, in der sich ein Punkt bewegt, mit der auf ihn wirkenden Kraft einen Winkel bildet (Fig. 36). Man kann dann die Kraft P zerlegen in zwei Komponenten Q und N, nach der Verschiebungsrichtung und senkrecht zu ihr; die Arbeit würde dann durch das Produkt aus Q und aus der Verschiebung AB gegeben sein; man kann aber auch die Verschiebung AB projizieren auf die Richtung der Kraft P, nach $A\beta$; die Figur zeigt dann, daß

$$\overline{P} \times A\beta = \overline{Q} \times AB.$$

Wir haben somit den Satz:

Wenn der Angriffspunkt A einer Kraft P eine Verschiebung AB erleidet, so ist die Arbeit gleich dem Produkt aus der Kraft und aus der Projektion $A\beta$ der Verschiebung auf die Richtung der Kraft: positiv, wenn die Projektion auf $\overline{P}$ selbst, wie in Fig. 36, negativ, wenn sie auf die Verlängerung von $\overline{P}$ fällt, wie in Fig. 37.

§ 45. Das Prinzip von den virtuellen Verschiebungen. Wenn wir beim Flaschenzug das freie Seilende um eine Strecke S herabziehen, so steigt die an der Flasche hängende Last um s; der auf das freie Seilende wirkende Zug P leistet die Arbeit $P \cdot S$; von der Last wird konsumiert die Arbeit $L \cdot s$; nach § 41 ist $P \cdot S = L \cdot s$, die bei der Verschiebung geleistete Arbeit gleich der konsumierten; diese letztere Arbeit haben wir nach dem vorhergehenden als eine negative zu bezeichnen; schreiben wir dementsprechend $P \cdot S - L \cdot s = 0$, so haben wir den Satz:

Wenn Last und Kraft am Flaschenzug sich Gleichgewicht halten, so ist bei einer Verschiebung die Summe der Arbeiten gleich Null.

An dem Beispiele des Hebels, des Räderwerkes kann man sich leicht davon überzeugen, daß dieser Satz allgemein für jede im Gleichgewicht befindliche Maschine gilt. Welches auch der Mechanismus sein mag, wenn die wirkenden Kräfte im Gleichgewicht stehen, ist die Summe der bei einer Verschiebung geleisteten Arbeiten gleich Null. Man bezeichnet alle Verschiebungen eines Mechanismus, die mit dem gegebenen Zusammenhange seiner Teile verträglich sind, als virtuelle Verschiebungen. Wir erhalten mit Benützung dieses Ausdruckes den Satz:

Wenn eine Maschine im Gleichgewicht ist, so ist die Summe der Arbeiten bei einer virtuellen Verschiebung gleich Null.

§ 46. Natürliche Bewegungen. An den vorhergehenden Satz wird sich noch die Frage knüpfen, was geschieht, wenn die Summe der Arbeiten bei einer virtuellen Verschiebung nicht Null ist.

Wir werden dabei zwei Fälle zu unterscheiden haben; es sei einmal zu jeder Verschiebung eine ihr entgegengesetzte möglich, die Maschine könne ebenso gut vor- wie rückwärts laufen. Dann ist immer ein System von Verschiebungen vorhanden, für das die geleistete Arbeit positiv ist, und in diesem Sinne tritt dann wirkliche Bewegung der Maschine von selber ein. Ist z. B. beim Flaschenzug das Produkt $L \cdot s$ größer als $P \cdot S$, so sinkt die Last zu Boden. Es sei andererseits der Mechanismus mit irgend einer Hemmung verbunden, die nur eine Bewegung in einem bestimmten Sinne gestattet; wird dann bei einer virtuellen Verschiebung positive Arbeit geleistet, so gerät die Maschine wieder von selber in Bewegung; ist aber die hierbei geleistete Arbeit negativ, so bleibt sie in Ruhe. Ein Beispiel hierfür liefert eine im Grunde eines Trichters liegende Kugel; wie wir sie auch aus ihrer Gleichgewichtslage entfernen, immer wird sie dabei gehoben, immer ist die Arbeit der Schwere negativ. Ihr Gleichgewicht erfüllt in der That die Bedingung, daß jeder virtuellen Verrückung eine negative Arbeit entspricht. Andererseits sind die von selber eintretenden, die natürlichen Bewegungen stets so gerichtet, daß positive Arbeit geleistet wird.

§ 47. Die Brückenwage. Den in § 45 entwickelten Satz wollen wir noch in Anwendung bringen auf die zur Wägung größerer Lasten dienende Brückenwage. Dabei sollen einmal die horizontalen Schwankungen vermieden werden, die bei einer nur an einer Schneide aufgehängten Wagschale lästig sein würden; die eine der Wagschalen wird zu diesem Zweck gleichzeitig mit zwei verschiedenen Hebeln verbunden. Es soll aber außerdem gleichgültig sein, an welcher Stelle die Last auf die Schale oder Brücke aufgesetzt wird; dies wird dadurch erreicht, daß die Brücke bei jeder Verschiebung des Systems ihre horizontale Lage behält. O und O' (Fig. 38) sind die festen Drehungspunkte zweier Hebel, deren Enden durch eine Stange BB' verbunden sind. Auf den Hebel $O'B'$ ist

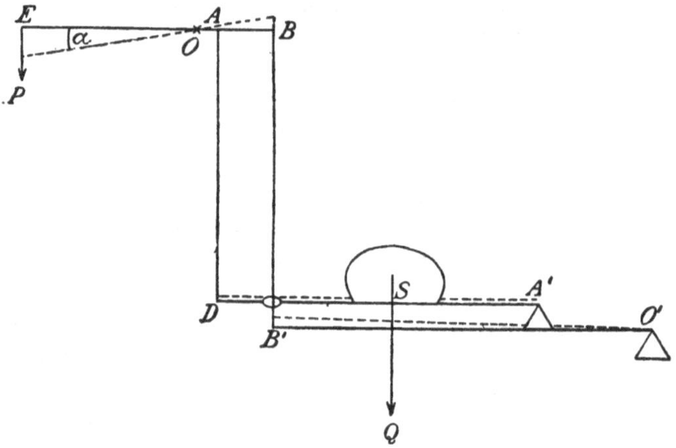

Fig. 38.

in A' eine horizontale Schneide aufgesetzt, welche die Axe eines dritten Hebels $A'D$ bildet; dieser ist durch ein horizontales Brett, die Brücke, dargestellt, das in D durch die Stange DA mit dem Hebel OB verbunden ist. In S wirkt die Last Q, in dem anderen Endpunkt E des Hebels OB das Gewicht P. Wenn wir den Hebel EB um den kleinen Winkel α nach links drehen, so sinkt das Ende E um $OE \times \alpha$, es wird also eine positive Arbeit geleistet vom Betrage $P \times OE \times \alpha$. Gleichzeitig hebt sich der Angriffspunkt S der Last Q um eine Strecke s; Gleichgewicht ist vorhanden, wenn die damit verbundene negative Arbeit mit der in E verrichteten positiven zusammen Null giebt, d. h. wenn

$$P \times OE \times \alpha = Q \cdot s$$

ist. Nun hängt s zunächst ab von den Hebungen der Punkte A' und D und von den Abständen DS und $A'S$. Wenn aber die Endpunkte D und A' der Brücke sich um gleich viel heben, ihre Fläche bei der Verschiebung horizontal bleibt, so ist auch s unabhängig von der Stelle, auf welche die Last gesetzt wird, und gleich der Hebung der ganzen Brücke. Die Hebung von D ist gleich $OA \times \alpha$, die von A' gleich $OB \times \alpha \times \frac{O'A'}{O'B'}$; beide sind gleich, wenn

$$\frac{OA}{OB} = \frac{O'A'}{O'B'};$$

dann ist aber auch $s = OA \times \alpha$, und die Bedingung für das Gleichgewicht der Wage:

$$P \times OE = Q \times OA.$$

Macht man $\frac{OE}{OA} = 10$, so ist

$$Q = 10 \times P,$$

die Last gleich dem Zehnfachen des Gewichtes („Decimalwage").

Zweiter Abschnitt.

Dynamik starrer Körper.

I. Kapitel. Geschwindigkeit und Beschleunigung.

§ 48. **Gleichförmige Bewegung.** Wenn ein Körper in seiner Bahn in gleichen aufeinanderfolgenden Zeiten gleiche Strecken durchläuft, so nennen wir seine Bewegung eine gleichförmige. Den Weg, den er in der Zeiteinheit zurücklegt, nennen wir seine Geschwindigkeit. Ist also t die Zeit, während der wir die Bewegung beobachten, s der in ihr zurückgelegte Weg, so ist der in der Zeiteinheit zurückgelegte, die Geschwindigkeit:

$$c = \frac{s}{t}.$$

Aus dieser Beziehung ergiebt sich, daß wir für die neu eingeführte Größe, die Geschwindigkeit, keiner neuen Maßeinheit bedürfen; diese ist offenbar mitbestimmt, sobald die Maßeinheiten der Länge und der Zeit festgelegt sind. Die Geschwindigkeit Eins besitzt ein Körper, der in der Zeiteinheit die Einheit der Länge durchläuft. Wir bezeichnen eine Maßeinheit, die sich in irgend einer Weise aus anderen schon vorher definierten bestimmt, als eine abgeleitete. Die Maße für Flächen- und Rauminhalte waren solche; das Maß der Geschwindigkeit bildet ein neues Beispiel.

§ 49. **Dimension der Geschwindigkeit.** Wir erhalten die Geschwindigkeit eines Körpers, wenn wir den Weg durch die ihm entsprechende Zeit dividieren. Die Messung der Geschwindigkeit reduziert sich also auf die fundamentalen Messungen einer Länge und einer Zeit. Die gefundenen Maßzahlen werden so kombiniert, daß die Maßzahl des Weges dividiert wird durch die der Zeit. Diese rechnerische Verbindung der fundamentalen Größen der Länge, l, und Zeit, t, bei der Berechnung der Geschwindigkeit nennen wir die Dimension der letzteren. Man sieht hieraus, daß der Begriff der Dimension bei allen abgeleiteten Maßen Anwendung findet; die ihnen entsprechenden Maßzahlen werden sich immer durch Multiplikationen und Divisionen aus den Grundmaßen ergeben. Die Zahl und Art dieser Operationen wird durch die Dimension gegeben. Allgemein bezeichnen wir die Dimension einer physikalischen Größe dadurch, daß wir den für sie gewählten Buchstaben in eine eckige Klammer setzen; für die Geschwindigkeit ergiebt sich hiernach die Dimensionsgleichung:

$$[c] = l \cdot t^{-1}.$$

Die Maßzahl einer Geschwindigkeit hängt selbstverständlich von der Wahl der Maßeinheiten der Länge und Zeit ab. So beträgt die mittlere Bahngeschwindigkeit c der Erde 3,990 Meilen in der Sekunde, im metrischen System 29,61 km oder 2 960 600 cm in der Sekunde; man verbindet die Angabe der zu Grunde gelegten Maßeinheiten mit der der Dimension, indem man schreibt:

$$c = 3{,}990 \text{ Meilen} \cdot \text{sec}^{-1}.$$
$$c = 29{,}61 \text{ km} \cdot \text{sec}^{-1}.$$
$$c = 2\,960\,600 \text{ cm} \cdot \text{sec}^{-1}.$$

§ 50. Geschwindigkeit und Weg. Der Definition der Geschwindigkeit zufolge ist der Weg

$$s = c \cdot t,$$

wenn c die Geschwindigkeit und t die vom Anfang der Bewegung an verflossene Zeit bezeichnet. Wir können die hierdurch gegebene Beziehung leicht in ein geometrisches Gewand kleiden. Eine horizontale gerade Linie (Fig. 39) machen wir zur Axe der Zeiten; tragen wir senkrecht zu ihr die in den aufeinanderfolgenden Zeiten vorhandenen Geschwindigkeiten ab, so erhalten wir eine zu der Axe der Zeit parallele Linie, da ja die Geschwindigkeit immer dieselbe bleiben soll. Die Strecke OP der horizontalen Axe ist numerisch gleich der Zeit t, die Senkrechte PQ numerisch gleich der Geschwindigkeit c; somit repräsentiert der Flächeninhalt des Rechteckes $OPQR$ den in der Zeit t durchlaufenen Weg $s = c \cdot t = OP \times PQ$.

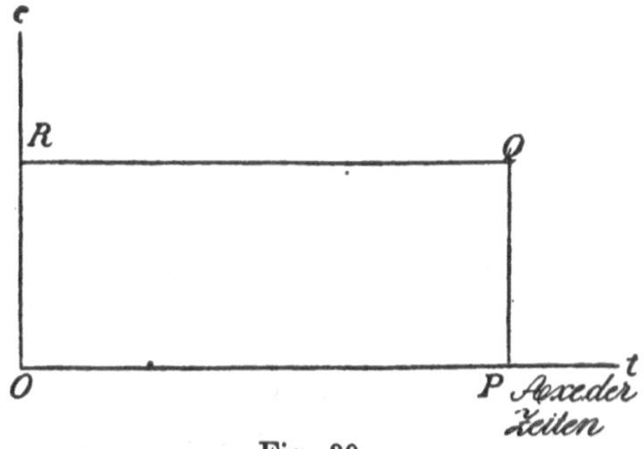

Fig. 39.

§ 51. Gleichförmig beschleunigte Bewegung. Den Fall einer gleichförmigen Bewegung finden wir bei den Körpern, die wir an der Oberfläche der Erde beobachten, selten verwirklicht. Nehmen wir das Beispiel eines Eisenbahnzuges, so finden wir, daß seine Geschwindigkeit, der in einer Sekunde zurückgelegte Weg, während der Fahrt mannigfachen Schwankungen unterworfen ist. Stellen wir sie ebenso graphisch dar, wie zuvor bei der gleichförmigen Bewegung, so werden die Ordinaten, durch welche die Geschwindigkeit repräsentiert wird, zu verschiedenen Zeiten verschiedene Länge besitzen; nun kann aber die Geschwindigkeit im allgemeinen nicht momentan von einem Werte zu einem anderen überspringen, die zu verschiedenen Zeiten gemessenen Werte müssen sich stetig aneinanderschließen, und wir kommen somit zu dem Schluß, daß die Kurve der Geschwindigkeiten in diesem Falle, wie in den meisten anderen, eine gekrümmte, auf und absteigende Linie ist.

Der einfachste Fall ist der einer gegen die Axe der Zeit geneigten geraden Linie. Nehmen wir an, daß sie mit wachsender Zeit ansteige, so erhalten wir den Fall der **gleichmäßig beschleunigten** Bewegung, dessen Untersuchung für die Mechanik eine fundamentale Bedeutung besitzt.

Im Anfang der Beobachtung, zu der Zeit Null, sei auch die Geschwindigkeit Null, es gehe also die Linie, welche die Geschwindigkeit repräsentiert, von dem Anfangspunkt unserer rechtwinkligen Axen aus (Fig. 40). Tragen wir auf der horizontalen Axe die den Zeiten von 1, 2, 3 ... Sekunden numerisch gleichen Strecken OA_1, OA_2, OA_3 ... ab, so repräsentieren die zugehörigen Ordinaten die entsprechenden Geschwindigkeiten; wir erkennen sofort, daß die Geschwindigkeit in A_2 doppelt so groß, in A_3 dreimal so groß wie in A_1 ist. Bezeichnen wir die am Ende der ersten Sekunde erreichte Geschwindigkeit mit a, so ist die Ordinate $A_1 C_1$ numerisch gleich a; die Geschwindigkeit wächst dann in jeder folgenden Sekunde um denselben Betrag a. Diesen in der Zeiteinheit erfolgenden Zuwachs der Geschwindigkeit nennen wir die Beschleunigung; eine Bewegung, bei der die Beschleunigung konstant bleibt, ist eine gleichförmig beschleunigte. Der Definition zufolge erhalten wir die Beschleunigung, wenn wir den in einem beliebigen Zeitintervall $t_2 - t_1$ erfolgenden Zuwachs der Geschwindigkeit $v_2 - v_1$ durch jene Zeit dividieren; es ist

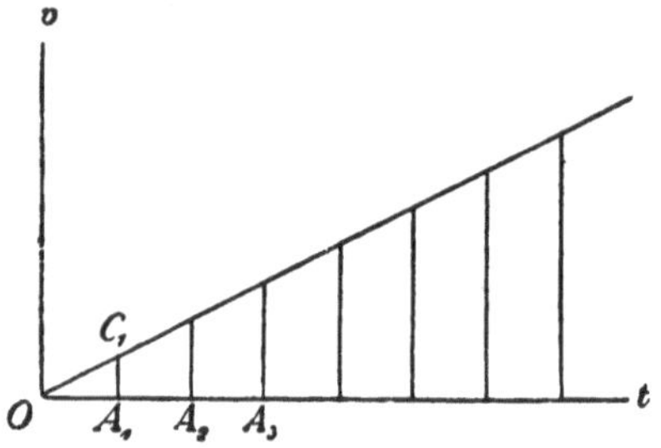

Fig. 40.

$$a = \frac{v_2 - v_1}{t_2 - t_1}.$$

Lassen wir den Anfangspunkt des betrachteten Intervalles mit dem Anfangspunkt der Zeit zusammenfallen, so ist $t_1 = 0$ und $v_1 = 0$, und wir erhalten

$$a = \frac{v}{t}.$$

Die Beschleunigung ist dann gleich der zu irgend einer Zeit t vorhandenen Geschwindigkeit v durch diese Zeit dividiert.

Ebenso wie bei der Geschwindigkeit ist auch bei der Beschleunigung die Maßeinheit bestimmt, sobald die fundamentalen Maße der Länge und der Zeit festgesetzt sind. Aus der Geschwindigkeit berechnet sich die Beschleunigung durch Division mit einer Zeit; die Geschwindigkeit ihrerseits aus einem Wege gleichfalls durch Division mit einer Zeit. Somit gelangt man vom Wege aus zu der Beschleunigung durch eine zweimalige Division mit einer Zeit. Wir haben daher die Dimensionsgleichung

$$[a] = l \cdot t^{-2}.$$

Nach dem vorhergehenden ist bei der von der Ruhe ausgehenden gleichförmig beschleunigten Bewegung die Geschwindigkeit gleich der Beschleunigung multipliziert mit der Zeit:

1) $$v = a \cdot t.$$

Die Berechnung des zurückgelegten Weges ergiebt sich in folgender Weise. An Stelle der Bewegung, die mit kontinuierlich sich ändernder Geschwindigkeit vor sich geht, setzen wir eine andere, bei der die Geschwindigkeit in kleinen Intervallen sprungweise sich ändert, und auf deren einzelne Abschnitte die in § 50 gegebene Formel sich anwenden läßt. Wir grenzen zu diesem Zweck auf der Axe der Zeit durch die Punkte $\alpha_1, \alpha_2, \alpha_3, \alpha_4 \ldots$ gleiche Intervalle ab (Fig. 41); an Stelle der wachsenden Geschwindigkeiten, mit denen sich der Körper in den durch $O\alpha_2$, $\alpha_2\alpha_4$, $\alpha_4\alpha_6 \ldots$ dargestellten Zeiten bewegt, setzen wir dann die konstanten

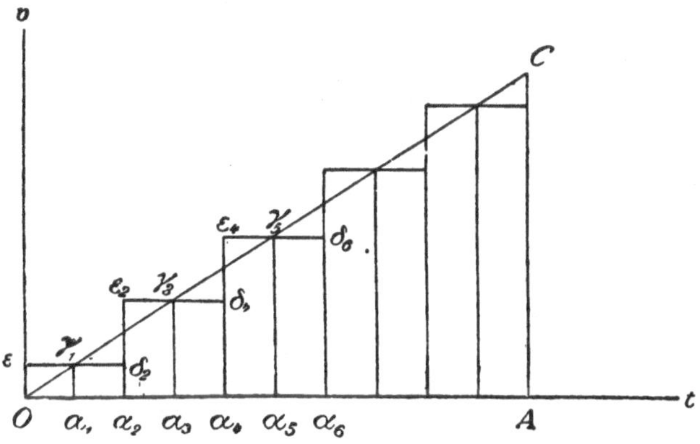

Fig. 41.

Geschwindigkeiten $\alpha_1\gamma_1$, $\alpha_3\gamma_3$, $\alpha_5\gamma_5 \ldots$, die Mittelwerte aus den Anfangs- und Endgeschwindigkeiten der Intervalle; wir ersetzen also die allmählich ansteigende Linie der Geschwindigkeiten durch die Zickzacklinie $\varepsilon\,\delta_2\,\varepsilon_2\,\delta_4\,\varepsilon_4\,\delta_6 \ldots$ Nach § 50 aber ist der Weg, der in der durch $O\alpha_2$ dargestellten Zeit mit der konstanten Geschwindigkeit $\alpha_1\gamma_1$ zurückgelegt wird, numerisch gleich dem Inhalt des Rechteckes $O\,\alpha_2\,\delta_2\,\varepsilon$; ebenso die in den Zeiten $\alpha_2\alpha_4$ und $\alpha_4\alpha_6$ zurückgelegten Wege numerisch gleich den Rechtecken $\alpha_2\,\alpha_4\,\delta_4\,\varepsilon_2$ und $\alpha_4\,\alpha_6\,\delta_6\,\varepsilon_4$. Setzen wir diese Betrachtung weiter fort, so kommen wir zu folgendem Schlusse: der Weg, den der Körper mit sprungweiser Änderung der Geschwindigkeit zurücklegt bis zu der durch OA dargestellten Zeit t, ist numerisch gleich dem Inhalt der von OA, von der Zickzacklinie $O\,\varepsilon\,\delta_2\,\varepsilon_2\,\delta_4\,\varepsilon_4 \ldots$ und von der Ordinate AC begrenzten Figur, d. h. gleich dem Inhalt des Dreieckes OAC. Der fingierte Vorgang nähert sich der wirklichen Bewegung umsomehr, je kleiner die Zeitintervalle werden, die durch $O\alpha_2$, $\alpha_2\alpha_4 \ldots$ dargestellt sind; in demselben Maße schließt sich auch unsere Zickzacklinie enger an die gegebene Linie der Geschwindigkeiten an. Wir werden daher annehmen, daß auch bei der wirklichen Bewegung der zur Zeit t zurückgelegte Weg dargestellt sei durch den Inhalt des Dreieckes OAC, durch $\frac{1}{2} OA \times AC$. Nun ist OA numerisch gleich der Zeit t, AC gleich der zugehörigen Geschwindigkeit v, somit der Weg

$$s = \tfrac{1}{2} v t,$$

oder, wenn wir den Wert von v aus der Gleichung 1 benutzen,

2) $$s = \tfrac{1}{2} a t^2,$$

eine Gleichung, durch die unsere frühere Bemerkung über die Dimension der Beschleunigung a bestätigt wird. Die Beschleunigung selbst ist darnach numerisch gleich dem Doppelten des in der ersten Sekunde zurückgelegten Weges.

§ 52. Allgemeine Definition von Geschwindigkeit und Beschleunigung. Die im vorhergehenden entwickelte Methode, bei einer nicht gleichförmigen Bewegung den Weg zu berechnen, ist von besonderer Bedeutung, weil sie in ähnlicher Weise bei einer Bewegung benützt werden kann, deren Geschwindigkeit in beliebiger Weise mit der Zeit sich ändert. Gleichzeitig knüpft sich aber an die ihr zu Grunde liegende Zerlegung der Bewegung in einzelne Abschnitte von kurzer Dauer die allgemeinere Bestimmung der Geschwindigkeit. Bei einer veränderlichen Bewegung liefert die ursprüngliche Definition der Geschwindigkeit verschiedene Werte, nach der Größe des zurückgelegten Weges, $s_2 - s_1$, und des entsprechenden Zeitraumes, $t_2 - t_1$, nach der Stelle der Bahn, an der die Beobachtung vorgenommen wird. Der Bruch $\frac{s_2 - s_1}{t_2 - t_1}$ liefert nur das, was wir als die mittlere Geschwindigkeit während der Epoche $t_2 - t_1$ bezeichnen können. Lassen wir neben dem wirklichen einen fingierten Körper mit der gleichförmigen Geschwindigkeit $\frac{s_2 - s_1}{t_2 - t_1}$ sich bewegen, so wird dieser in der Zeit $t_2 - t_1$ denselben Weg zurücklegen, wie der wirkliche. Je kleiner wir nun den Zeitraum $t_2 - t_1$ nehmen, um so geringer werden die Unterschiede zwischen den Geschwindigkeiten seiner aufeinanderfolgenden Bruchteile sein, um so mehr wird die Bewegung jenes fingierten Körpers mit der des wirklichen sich decken; wir können somit den Bruch $\frac{s_2 - s_1}{t_2 - t_1}$ mit um so größerem Rechte als die wirkliche Geschwindigkeit des Körpers betrachten, je kleiner der Zeitraum $t_2 - t_1$ ist. Bezeichnen wir einen solchen äußerst kleinen Zeitraum entsprechend § 22 durch dt, den in ihm zurückgelegten Weg durch ds, so erhalten wir als Wert der wahren Geschwindigkeit

$$v = \frac{ds}{dt}.$$

Damit ist ist dann auch die Definition der Geschwindigkeit allgemein für eine beliebige Bewegung gegeben.

Als Zeit, für welche die Geschwindigkeit gilt, könnten wir zunächst die Mitte des Zeitelementes dt betrachten; da aber die Geschwindigkeit während der Zeit dt nur eine unendlich kleine Änderung erleidet, so stellt $\frac{ds}{dt}$ ebenso gut die Geschwindigkeit im Anfang jenes Zeitraumes dar. Sind dt_1, dt_2, dt_3 ... aufeinanderfolgende kleine Zeitabschnitte, v_1, v_2, v_3 ... die ihnen entsprechenden, als gleichförmig zu betrachtenden Geschwindigkeiten, so ergiebt sich nach § 50 für den in der Zeit

$$dt_1 + dt_2 + dt_3 + \dots$$

zurückgelegten Weg der Ausdruck

$$s = v_1 dt_1 + v_2 dt_2 + v_3 dt_3 + \dots$$
$$s = \sum v\,dt.$$

Wir wollen die wechselnden Werte der Geschwindigkeit in ihrer Abhängigkeit von der Zeit wieder durch eine Kurve darstellen (Fig. 42) Die auf der horizontalen Axe abgetragene Strecke OA repräsentiere die Zeit $t = dt_1 + dt_2 + dt_3 + \dots$.

Aus den Bemerkungen von § 22 und § 50 ergiebt sich dann, daß der Weg, der in der Zeit t zurückgelegt wird, numerisch gleich dem Inhalt der von der Geschwindigkeitskurve begrenzten Fläche $OACD$ ist.

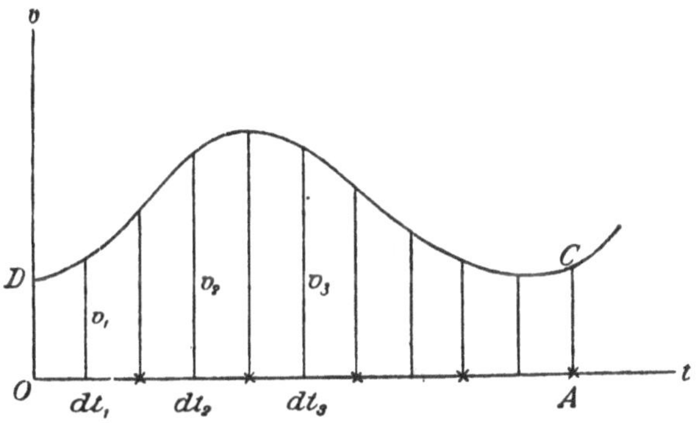

Fig. 42.

Eine ganz analoge Betrachtung führt auch zu der allgemeinen Definition der Beschleunigung. Nehmen wir den Zeitraum $t_2 - t_1$ so klein, daß in dem geometrischen Bilde der Bewegung das entsprechende Stück der Geschwindigkeitskurve als geradlinig betrachtet werden kann, so steigt die Geschwindigkeit in der Zeit t_1 bis t_2 gleichmäßig an; die Bewegung hat so lange den Charakter einer gleichmäßig beschleunigten. Sind v_1 und v_2 die Geschwindigkeiten am Anfang und Ende des betrachteten Zeitraumes, so ist die Beschleunigung

$$a = \frac{v_2 - v_1}{t_2 - t_1}.$$

Bezeichnen wir den kleinen Zeitraum $t_2 - t_1$ wieder durch dt, den ihm entsprechenden Zuwachs der Geschwindigkeit durch dv, so ist die Beschleunigung gegeben durch

$$a = \frac{dv}{dt}.$$

II. Kapitel. Fallbewegung und Pendel.

§ 53. Die Fallbewegung. Das klassische Beispiel einer gleichförmig beschleunigten Bewegung ist die Fallbewegung, durch deren Erforschung GALILEI der Begründer der Dynamik geworden ist.

Bei jeder Bewegungserscheinung können wir gewisse Beobachtungen machen, die eine Messung der Zeit nicht erfordern. Hierzu gehört vor allem die Bestimmung der Bahn, in der die Bewegung sich vollzieht. Beim freien Fall ist die Bahn des fallenden Körpers eine vertikale gerade Linie. Eine zweite Frage, die gleichfalls ohne Zeitmessung entschieden werden kann, ist die, ob die Fallbewegung verschiedener Körper eine verschiedene ist, oder ob sie bei allen in derselben Weise erfolgt. Die Beantwortung wird erschwert durch die Reibung, welche die Körper bei ihrer Bewegung in der Luft erleiden. Bei leichten Körpern von großer Oberfläche wird die Fallbewegung dadurch ganz wesentlich abgeändert; die Bahn eines fallenden Papierstreifens ist nicht vertikal, sondern geneigt, und mit der fortschreitenden Bewegung verbindet er eine wirbelnde Bewegung um seine Längsrichtung.[1] Wenn man aber die Fallbewegung in einer evakuierten Röhre vor sich gehen läßt, so wird diese von den verschiedenartigsten Körpern in derselben Zeit durchfallen. Zu einem endgültigen Beweis dieser fundamentalen Thatsache genügt allerdings der Versuch nicht; wir setzen ihre Richtigkeit vorläufig voraus, bis uns die Pendelbewegung ein Mittel zu ihrer exakten Prüfung liefern wird. Gestalt, Größe, Gewicht würden darnach von keinem Einfluß auf die Fallbewegung sein, wir kennen die Fallbewegung aller Körper, wenn wir die eines einzigen untersucht haben.

Eine dritte ohne Zeitmessung auszuführende Beobachtung ist folgende. Wir befestigen eine vertikale und eine geneigte Rinne so, daß sie mit ihren unteren Enden in einem und demselben Punkte zusammenstoßen. In demselben Momente lassen wir eine erste Kugel längs der vertikalen Rinne frei herabfallen, eine zweite längs der geneigten mit möglichst geringer Reibung heruntergleiten. Durch Probieren bestimmen wir die Länge der geneigten Rinne so, daß die Kugeln wieder in demselben Momente unten zusammentreffen. Es ergiebt sich, daß das obere Ende der geneigten Rinne auf einem Kreise liegt, der um die vertikale Rinne als Durchmesser beschrieben wird. Allgemein gilt hiernach der Satz: Alle nach dem tiefsten Punkte einer Kugel gehenden Sehnen werden in derselben Zeit von einem fallenden Körper durchlaufen.

Wir knüpfen hieran noch eine wichtige Bemerkung. Längs der geneigten Rinne BC (Fig. 43) wird der Körper nur durch die ihr parallele Komponente Q des Gewichtes getrieben, längs der vertikalen AC durch das ganze Gewicht P; nun findet die Proportion statt

$$\overline{P} : \overline{Q} = AC : BC.$$

[1] MAXWELL, On a particular case of the descent of a heavy body in a resisting medium. The Scientific Papers. Vol. I. p. 115.

Da aber AC und BC in gleichen Zeiten durchlaufen werden, so ergiebt sich der Satz: Die von einem Körper in gleichen Zeiten von der Ruhe aus zurückgelegten Wege sind proportional den treibenden Kräften.

Nach diesen Vorbereitungen gehen wir nun über zu vollständigen Systemen von Messungen mit Zuhilfenahme von Zeitbeobachtungen. Für diese bleibt nur übrig die Beobachtung der Fallräume und Fallzeiten. Wir müßten die Höhe, von der der Körper fällt, so regulieren, daß er, bei einem bestimmten Sekundenschlage, der Zeit Null, losgelassen, bei einem bestimmten späteren Schlag auf den Boden auffällt. Die Ausführung der Messung ist aber auf diesem Wege nicht möglich, da schon die einer Fallzeit von zwei, drei Sekunden entsprechenden Fallräume zu groß sind. Nun giebt aber der vorhergehende Satz ein Mittel, das eine Verkleinerung der Fallräume in beliebigem Verhältnisse gestattet. Wird der Körper bei seiner Fallbewegung getrieben nicht durch sein ganzes Gewicht, sondern nur durch einen Teil davon, so reduzieren sich

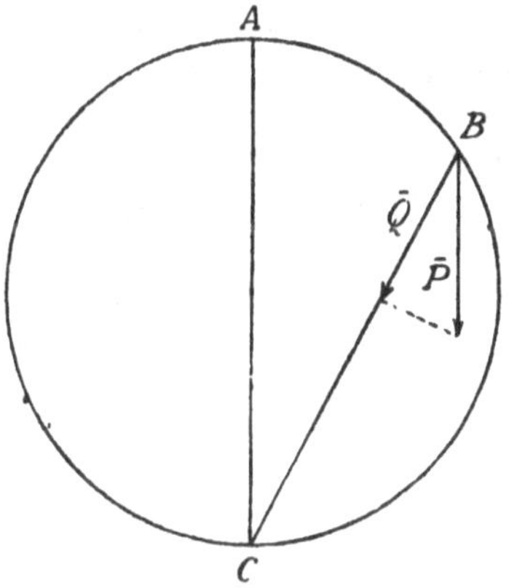

Fig. 43.

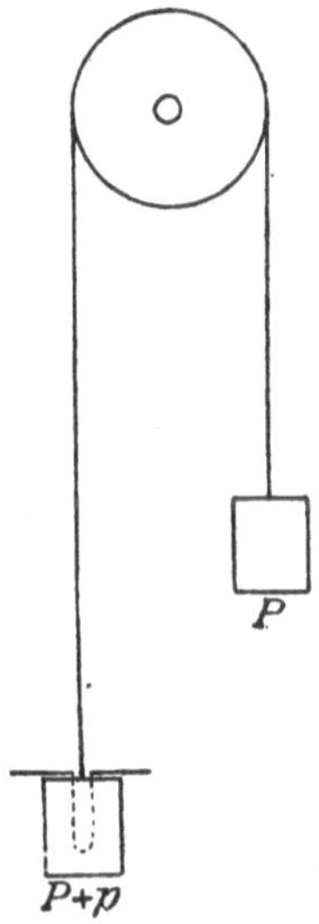

Fig. 44. ATWOODsche Fallmaschine.

die Fallräume in dem Verhältnis, in dem das treibende Gewicht zu dem ganzen Gewicht steht. Das hierdurch gegebene Prinzip wurde von GALILEI dadurch verwertet, daß er an Stelle des freien Falles den auf der schiefen Ebene untersuchte. Wir benützen zu demselben Zweck die ATWOOD'sche Fallmaschine (Fig. 44). Bei ihr besteht der in Fallbewegung zu versetzende Körper aus zwei gleichen Gewichten P, die durch einen Kokonfaden miteinander verbunden sind. Der letztere wird über eine leichte, mit möglichst wenig Reibung um ihre Achse drehbare Rolle gelegt, so daß die Gewichte zu beiden Seiten frei herabhängen. Die Fallbewegung wird dadurch erzeugt, daß dem einen der Gewichte ein Übergewicht p

zugelegt wird, das einen bestimmten Bruchteil des gesamten zu bewegenden Gewichtes $\mathfrak{P}$ bildet. Ist der freie Fallraum für eine beliebige Zeit t gleich s, der an der Atwoodschen Maschine in derselben Zeit durchlaufene Raum gleich σ, so ist

$$\sigma = \frac{p}{\mathfrak{P}} s \quad \text{oder} \quad s = \frac{\mathfrak{P}}{p} \sigma.$$

Die Rolle, um die der Kokonfaden geschlungen ist, wird bei der Atwoodschen Maschine von einem vertikalen Maßstabe getragen, längs dem das mit dem Übergewicht versehene Gewicht herabsinkt. Die Teilung ist so ausgeführt, daß der in der ersten Sekunde zurückgelegte Weg die Längeneinheit bildet. Man findet dann, daß in den Zeiten von 1, 2, 3, 4 ... Sekunden die Wege 1, 4, 9, 16 ... zurückgelegt werden. *Die Fallräume verhalten sich wie die Quadrate der Fallzeiten.*

Damit ist aber gezeigt, daß die beobachtete Bewegung eine gleichförmig beschleunigte ist. Nennen wir die Beschleunigung an der Atwoodschen Maschine a, die Geschwindigkeit ω, so gelten dann nach § 51 die Beziehungen:

$$\sigma = \tfrac{1}{2} a t^2, \quad \omega = a t.$$

Die Fallgeschwindigkeiten sind proportional den Fallzeiten.

Die Berechnung der Fallgeschwindigkeiten aus den Beobachtungen wird wesentlich erleichtert durch die folgende Bemerkung. Wenn wir bei einer gleichförmig beschleunigten Bewegung von einem Zeitpunkt t aus um gleiche Zeiten τ vor- und rückwärts gehen, so ist die mittlere Geschwindigkeit in dem Zeitraum $t - \tau$ bis $t + \tau$ dieselbe, wie groß oder klein wir τ wählen. Die für einen beliebigen solchen Zeitraum berechnete mittlere Geschwindigkeit ist somit zugleich die wirkliche Geschwindigkeit zur Zeit t. Die Richtigkeit des Satzes folgt leicht aus der Betrachtung von Fig. 40. Aus den Beobachtungen an der Atwoodschen Maschine ergiebt sich so die folgende Tabelle:

t	1	2	3	4	5	6	7	8	9
σ	1	4	9	16	25	36	49	64	81

ω	1	3	5	7	9	11	13	15	17
t	$\frac{1}{2}$	$\frac{3}{2}$	$\frac{5}{2}$	$\frac{7}{2}$	$\frac{9}{2}$	$\frac{11}{2}$	$\frac{13}{2}$	$\frac{15}{2}$	$\frac{17}{2}$

Das sogenannte zweite Fallgesetz, nach dem die Fallgeschwindigkeit der Fallzeit proportional ist, wird hierdurch unmittelbar bestätigt. Wäre es möglich, an der Atwoodschen Maschine den Fallraum in der ersten Sekunde genau zu bestimmen, so würde sich der beim freien Fall in der ersten Sekunde durchlaufene Raum durch Multiplikation mit $\frac{\mathfrak{P}}{p}$ ergeben; das doppelte davon würde nach § 51 die Beschleunigung des *freien Falles* sein. Diese, *die Beschleunigung der Schwere*, repräsentiert eine der fundamentalen Konstanten der Physik, und man hat sie daher durch einen besonderen Buchstaben, g, bezeichnet. Aus Pendelbeobachtungen leitet sich (für 49° Breite) als genauer Wert ab:

$$g = 981 \text{ cm} \cdot \text{sec}^{-2}.$$

Daran schliessen sich dann die Formeln für Geschwindigkeit und Weg beim freien Fall

$$v = g \cdot t \quad \text{und} \quad s = \tfrac{1}{2} g \cdot t^2.$$

§ 54. Beschleunigung und Geschwindigkeit an der Atwoodschen Maschine. Bezeichnen wir wie früher durch a die an der Atwoodschen Maschine auftretende Beschleunigung, durch p das Übergewicht, das Gesamtgewicht durch $\mathfrak{P}$, so haben wir

$$a = \frac{p}{\mathfrak{P}} \cdot g;$$

die Beschleunigung ist Null, sobald p Null ist. Wenn also das Übergewicht in einem bestimmten Augenblicke abgenommen wird, so ist von da an keine Beschleunigung, keine Zunahme der Geschwindigkeit mehr vorhanden. Der Körper muß sich also mit der Geschwindigkeit weiter bewegen, die er im Augenblick der Abnahme hatte. Diese Bemerkung bietet ein Mittel, um das für die Fallgeschwindigkeiten sich ergebende Gesetz $v = \frac{p}{\mathfrak{P}} \cdot g \cdot t$ einer experimentellen Prüfung zu unterziehen, indem man das durch einen Draht mit überstehenden Enden hergestellte Übergewicht (Fig. 44) in einem bestimmten Momente wegnimmt.

§ 55. Die Wurfbewegung. Die Wurfbewegung, die sich in natürlicher Weise an die Fallbewegung anschließt, ist zu Messungen wenig geeignet; wir begnügen uns daher mit der Betrachtung der Bahn des geworfenen Körpers. Diese kann man beobachten, wenn man eine Reihe von Körpern unter ganz denselben Bedingungen in Wurfbewegung versetzt, so dass sie durch ihre Aufeinanderfolge ein bleibendes Bild der Bahn entwerfen. Am vollkommensten wird dies erreicht bei einem Wasserstrahl, der aus einem Gefässe mit konstantem Niveau ausströmt. Die Bahn des Strahls, die Bahn des geworfenen Körpers, ist eine Parabel. Für diese ergiebt sich eine hübsche Konstruktion, wenn die anfängliche Wurfrichtung AW und die Stelle C gegeben ist, in welcher der geworfene Körper den Boden erreicht (Fig. 45). Wir ziehen durch C eine Vertikale, welche die Wurfrichtung schneidet in B. Die Strecken AB und BC teilen wir in eine gleiche Anzahl gleicher Teile, z. B. in je vier. Nach den Teilpunkten von BC ziehen wir die Linien $A1'$, $A2'$, $A3'$, durch die Teilpunkte *1*, *2*, *3* von AB vertikale Linien, welche die vorhergehenden in *I*, *II*, *III* treffen. Die Kurve, welche die Richtung AW in A berührt und die Punkte A, *I*, *II*, *III*, C verbindet, ist die gesuchte Parabel. An diese Konstruktion schließt sich noch eine Bemerkung, die in der Folge von Bedeutung sein wird. Würde der Körper sich mit der ihm anfänglich erteilten Geschwindigkeit weiter bewegen, so würde er in gleichen aufeinanderfolgenden Zeiten die gleichen Wege *A1, 12, 23, 3B* zurücklegen. Die vertikalen Abweichungen von der Richtung *AW*, die Strecken *1I, 2II, 3III, BC* verhalten sich wie 1 : 4 : 9 : 16, d. h. wie Fallräume, die in den Zeiten 1, 2, 3, 4 von der Ruhe aus zurückgelegt werden. Hierdurch wird die Auffassung nahe gelegt, daß es sich bei der Wurfbewegung um eine Kombination der gleichförmigen Bewegung in der Wurfrichtung mit der Fallbewegung handelt.

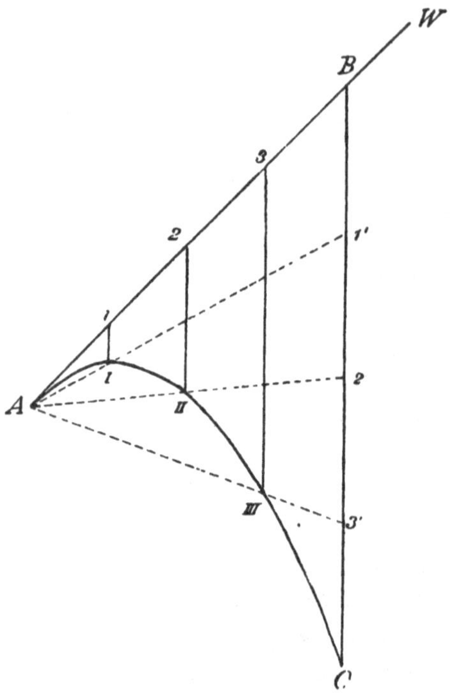

Fig. 45. Wurfbahn.

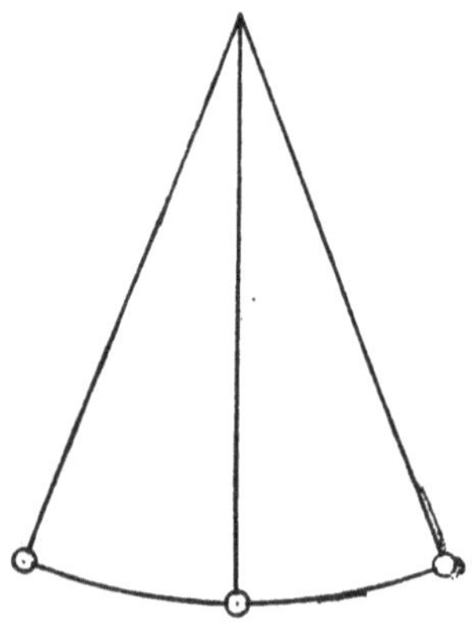
Fig. 46. Pendel.

§ 56. Die Bewegung des Pendels. Eine zweite Bewegung, die als eine Abänderung der Fallbewegung betrachtet werden kann, ist die Bewegung des Pendels. Wir haben früher gesehen, daß ein an einem Faden aufgehängtes Senkel sich in Ruhe befindet, wenn der Faden vertikal ist. Da der Faden als unausdehnsam vorausgesetzt wird, so ist das Senkel gezwungen, auf einem Kreise zu bleiben, dessen Mittelpunkt in dem Aufhängungspunkte liegt; die Ruhelage entspricht dem tiefsten Punkte dieses Kreises. Ziehen wir das Senkel zur Seite, so wird es unter der Wirkung seines Gewichtes auf dem Kreisbogen wie auf einer Reihe von schiefen Ebenen von allmählich abnehmender Neigung herabfallen (Fig. 46). In dem tiefsten Punkte kommt es mit einer gewissen Geschwindigkeit an und steigt infolge dessen auf der anderen Seite mit abnehmender Geschwindigkeit wieder aufwärts. Es kehrt um, wenn es die ursprüngliche Höhe wieder erreicht hat, und wiederholt rückwärts die frühere Bewegung; es reiht sich so eine ununterbrochene Folge von Hin- und Hergängen des Senkels an einander; die hierdurch charakterisierte Bewegung nennen wir eine Pendelbewegung, das Senkel, sofern es diese Bewegung ausführt, ein Pendel.

Eben durch diese ununterbrochene Wiederholung bildet die Pendelbewegung ein ausgezeichnetes Objekt für Zeitbeobachtungen. Das Element, welches hierbei in erster Linie in Betracht kommt, ist die Schwingungsdauer, d. h. die Zeit, die das Pendel zu einem einmaligen Durchlaufen seiner Bahn, zu einem Hingang oder Hergang gebraucht. Man bezeichnet diese Zeit wohl auch als die Dauer einer halben Schwingung; unter einer ganzen Schwingung versteht man dann ein zweimaliges Durchlaufen der Bahn, die Bewegung, durch welche das Pendel von dem äussersten Punkt auf der einen Seite bis zu demselben Punkt, hin und her, zurückgeführt wird.

Wenn wir die Zeit messen, die während einer großen Zahl von Hin- und Hergängen vergeht, können wir die Dauer eines einzelnen Hin- oder Herganges, die Schwingungsdauer, mit großer Genauigkeit bestimmen.

Ehe wir aber zu Zeitmessungen übergehen, schicken wir einige Beobachtungen voraus, durch die unsere Aufgabe wesentlich vereinfacht wird. Hängen wir Körper von verschiedener Gestalt, verschiedenem Gewicht, verschiedenem Stoffe an gleich langen Fäden auf, ziehen wir sie gleich weit von ihrer Ruhelage zur Seite und lassen wir sie im selben Momente los, so führen sie ganz übereinstimmende Pendelschwingungen aus. Die Pendelbewegung ist ebenso wie der freie Fall von Gestalt, Größe, Stoff des bewegten Körpers unabhängig; bei der Pendelbewegung ist aber dieser Satz einer ungleich schärferen Prüfung fähig als beim Fall.

Wir nehmen ferner zwei Pendel mit gleich langen Fäden, entfernen dieselben ungleich weit von ihren Ruhelagen und lassen sie gleichzeitig los. Auch in diesem Falle kehren die Pendel anscheinend gleichzeitig in den Endpunkten der von ihnen durchlaufenen Bahnen um. Doch gilt dies nur, wenn die durchlaufenen Bögen nicht zu groß sind. Ein Pendel, das in sehr weitem Bogen hin und herschwingt, bleibt gegen ein in kleinem Bogen schwingendes allmählich etwas zurück. Immerhin sind die hierdurch bedingten Unterschiede von sekundärer Bedeutung, und bei kleinen Schwingungsbögen brauchen wir den Einfluß der Schwingungsweite jedenfalls nicht zu berücksichtigen.

Nach diesen Erfahrungen kann nun die Schwingungsdauer eines Pendels nur noch abhängen von der Länge des Pendelfadens. Um diese Abhängigkeit zu ermitteln, suchen wir zuerst ein Pendel herzustellen, dessen Schwingungsdauer gleich einer Sekunde ist, ein sogenanntes Sekundenpendel; ebenso machen wir durch Probieren ein Zwei-, ein Dreisekundenpendel. Wir finden dann die Pendellängen 99,4 cm, 397,6 cm, 894,6 cm. Hieraus folgt das Gesetz:

Die Quadrate der Schwingungsdauern sind proportional den Pendellängen.

Bezeichnen wir durch T die Schwingungsdauer in Sekunden, durch l die Pendellänge in Centimetern, so ist

$$T^2 = \frac{l}{99,4}.$$

Wir haben bemerkt, daß die Pendelbewegung in naher Beziehung zu der Fallbewegung steht. Es ist zu vermuten, daß diese Verwandtschaft der Bewegungen auch in ihren Gesetzen zum Ausdruck kommt; in der That ist nun $99,4 = \frac{981}{\pi^2} = \frac{g}{\pi^2}$. Das Pendelgesetz kann daher in der Form geschrieben werden:

$$\frac{T^2}{\pi^2} = \frac{l}{g}.$$

Die Schwingungsdauer hängt nicht allein von der Pendellänge, sondern auch von der Beschleunigung der Schwere ab.

III. Kapitel. Newtons Prinzipien der Dynamik.

§ 57. Die Entwickelung der Prinzipien der Dynamik. Ehe wir zu der Betrachtung komplizierterer Bewegungserscheinungen übergehen, ist es notwendig, eine neue Methode der Untersuchung zu entwickeln. Wir haben uns bisher lediglich auf die Beobachtung gestützt; wir stellten mit ihrer Hilfe Tabellen her, welche zusammengehörige Werte der zu messenden Größen, Fallraum — Fallzeit, Pendellänge — Schwingungsdauer, enthielten. Diese Tabellen ersetzten wir durch Formeln, die den Zusammenhang der gemessenen Größen in allgemeiner Weise wiedergeben und die Gesetze der Bewegungen darstellen. Es ist aber nicht zu verkennen, daß die so gewonnenen Resultate nur wenig befriedigende sind. Zwar sind wir zu einer vollständigen Kenntnis der Gesetze des freien Falles gelangt, aber die Beobachtungen, aus denen sie abgeleitet sind, können nur mit mäßiger Genauigkeit angestellt werden, die Gesetze selbst sind nicht sicher begründet. Die Beobachtung der Schwingungsdauer eines Pendels ist allerdings einer außerordentlichen Genauigkeit fähig, aber das Pendelgesetz selbst giebt über die Bewegung doch nur einen fragmentarischen Aufschluß. Es läßt ganz unentschieden die Frage nach dem Ort, an dem sich das Pendel zu einer gegebenen Zeit befindet, nach der Geschwindigkeit, mit der es eine bestimmte Stelle seiner Bahn durchläuft. Wenn so die experimentelle Forschung schon bei den einfachsten Bewegungen zu ungenügenden Resultaten führt, so würde dies natürlich in noch viel höherem Maße der Fall sein, wenn wir zu komplizierteren Bewegungen übergehen wollten. Würden wir auf den Weg der rein experimentellen Forschung beschränkt bleiben, so würden wir nur zu unsicheren und fragmentarischen Kenntnissen über die Bewegungserscheinungen gelangen. Diese Schranke, die der Erforschung der Bewegungserscheinungen entgegenzustehen scheint, wurde durchbrochen durch die genialen Leistungen von Galilei und Newton. Diese erst haben das Fundament für eine wissenschaftliche Dynamik gelegt. Die epochemachende Bedeutung des Galilei-Newtonschen Ideenkreises für die ganze Naturforschung macht es notwendig, ihn wenigstens seinem allgemeinen Inhalte nach zu entwickeln.

Vor Galilei knüpft sich die Vorstellung der Kraft ausschließlich an den Zug oder Druck, den wir empfinden, wenn wir ein Gewicht in der Hand halten. Wir haben uns überzeugt, daß jede Kraft, welches auch ihr Ursprung sein mag, gemessen werden kann durch den Zug oder Druck eines Gewichtes, das ihr das Gleichgewicht hält. Innerhalb der statischen Betrachtung unterscheiden sich die Kräfte nur durch Angriffspunkt, Richtung und Größe. Wenden wir uns zu den Erscheinungen der Bewegung, so zeigt sich, daß ein Körper nie von selbst aus dem Zustand der Ruhe in den der Bewegung übergeht oder von selbst die Bewegung, die er in einem gegebenen Augenblick besitzt, verändert. Alle solche Veränderungen treten nur ein, wenn der betrachtete Körper in die Nähe, in eine gewisse Beziehung zu anderen Körpern gebracht wird. Eine kleine Eisenkugel kommt in Bewegung, wenn in ihrer Nähe ein Elektromagnet erregt wird; ein Papierstückchen steigt auf, wenn wir darüber eine mit Wolle geriebene Siegellackstange halten. Wir drücken nichts anderes aus, als jene Thatsache, wenn wir die entstehende Bewegung als Folge einer auf den Körper wirkenden, von jenen anderen Körpern ausgehenden Kraft bezeichnen. Dieselben Kräfte, die im Falle des Gleichgewichtes als Druck, Zug oder Spannung sich äußern, betrachten wir andererseits als die Ursache einer entstehenden oder sich ändernden Bewegung. Setzen wir dann voraus, daß auch bei ihrer dynamischen Wirkung Kräfte sich nur unterscheiden durch Angriffspunkt, Richtung und Größe, so kann das Galilei-Newtonsche Problem in folgender Weise formuliert werden.

Gegeben sind die auf einen Körper wirkenden Kräfte nach Angriffspunkt, Richtung und Größe; es soll eine allgemeine Regel aufgestellt werden, nach der die hervorgerufene Bewegung durch Rechnung oder Zeichnung zum Voraus bestimmt werden kann.

Wenn es gelingt, solche Regeln zu entdecken, so werden wir die aus ihnen abgeleiteten Bewegungsgesetze allerdings nicht ohne weiteres als gültig betrachten, sondern sie erst einer Prüfung durch den Versuch unterwerfen. Da aber nun die Gesetze fertig vorliegen, so ist es leicht, für den Versuch bequeme, die Beobachtung vereinfachende und erleichternde Verhältnisse auszuwählen, und wenn die experimentelle Forschung auch nicht ausreicht, jene Bewegungsgesetze zu entdecken, so wird sie doch der einfacheren Forderung genügen, die Richtigkeit der auf anderem Wege gefundenen Gesetze durch einzelne unter günstigen Verhältnissen angestellte Beobachtungen zu bestätigen.

Es fragt sich nun, wie wir zu der Aufstellung jener allgemeinen Regeln gelangen. Wenn die Kräfte gegeben sind, so kann nach dem

Vorhergehenden die Bewegung der Körper nur noch abhängen von ihrer inneren Natur; mit Bezug auf diese aber ist eine doppelte Möglichkeit vorhanden. Entweder besitzen alle Körper so viel gemeinsames, daß die Regeln, nach denen sich die Bewegungen berechnen, für alle dieselben sind; oder aber jene innere Beschaffenheit ist eine jedem Körper oder wenigstens einzelnen Körperklassen eigentümliche; dann würden für jeden Körper oder für jede Körperklasse besondere Bewegungsregeln aufzustellen sein. Es ist klar, daß die letztere Annahme die Begründung einer wissenschaftlichen Dynamik außerordentlich erschwert. Wir versuchen es also mit der einfachsten ersten. Wenn aber für alle Körper die zu der Berechnung der Bewegung bei gegebenen Kräften dienenden Regeln dieselben sind, so müssen sie schon verborgen sein in den Gesetzen der Fallbewegung. Es handelt sich also darum, die bei der Fallbewegung gemachten Erfahrungen so zu verallgemeinern, daß sie auf die Bewegungen aller möglichen Körper unter der Wirkung aller möglichen Kräfte Anwendung finden können.

§ 58. Das Prinzip der Trägheit. Eine erste Verallgemeinerung knüpft sich an die Beobachtung, daß der an der Atwoodschen Maschine fallende Körper sich mit gleichbleibender Geschwindigkeit weiterbewegt, wenn das ihn treibende Übergewicht weggenommen wird. Wir haben in diesem Falle eine Bewegung, die nicht durch eine äußere Einwirkung unterhalten wird, sondern ihren Grund lediglich in dem sich bewegenden Körper haben muß. Die Geschwindigkeit, die der Körper in einem bestimmten Augenblicke besitzt, bleibt dieselbe, so lange keine Kraft auf ihn einwirkt; sie kann nur durch äußere Ursachen geändert werden. In Übereinstimmung hiermit schloß Galilei aus seinen Versuchen, daß ein Körper, der längs einer schiefen Ebene fallend eine gewisse Geschwindigkeit erreicht hat, mit derselben Geschwindigkeit unaufhörlich sich weiterbewegt, wenn er von der schiefen auf eine horizontale Ebene übergeht; denn hier verschwindet jeder Impuls des Gewichtes, jede Ursache einer Änderung. Newton weist auf die fortschreitende und rotierende Bewegung der Planeten hin, die ihre durch Reibung kaum gestörten Bewegungen unaufhörlich fortsetzen, und faßt das Resultat der Betrachtung in seinem ersten Gesetz der Bewegung so zusammen:

Jeder Körper beharrt in seinem Zustande der Ruhe oder der geradlinigen gleichförmigen Bewegung, wenn er nicht durch einwirkende Kräfte gezwungen wird, seinen Zustand zu ändern.[1]

Man bezeichnet die hierin liegende allgemeine Eigenschaft der Körper als ihre Trägheit oder ihr Beharrungsvermögen.

§ 59. Das Prinzip der Masse. Aus dem Vorhergehenden folgt, daß die Bewegung eines Körpers in jedem Augenblicke zerlegt werden kann

[1] Sir Isaac Newtons mathematische Prinzipien der Naturlehre, herausgegeben von Prof. Dr. J. Ph. Wolfers. Berlin 1872. S. 32. (Newtons I. Ausgabe. London 1686.)

in zwei Teile, von denen der eine lediglich als die Fortsetzung der früheren Bewegung, als Folge der Trägheit erscheint, während der andere neu hinzukommt. Eine solche hinzukommende Bewegung tritt nur auf, wenn der bewegte Körper in physikalischer Beziehung zu irgend einem anderen Körper steht, wenn auf ihn eine Kraft wirkt. Wir haben zu untersuchen, wie die neu hinzukommende Bewegung von der Kraft abhängen kann. Die Frage wurde entschieden durch den von GALILEI in die Mechanik eingeführten Begriff der Beschleunigung. Denn von den Elementen der Bewegung, Weg, Geschwindigkeit, Beschleunigung, kann in der That nur die letztere in einfacher und unmittelbarer Abhängigkeit von der auf den Körper wirkenden Kraft stehen. Schon die Geschwindigkeit enthält jederzeit einen Teil, der mit der wirkenden Kraft nichts zu thun hat, sondern Folge der Trägheit ist. Bei den Fallversuchen GALILEIS tritt Beschleunigung ein, sobald ein treibendes Gewicht vorhanden ist, und so lange dieses gleich bleibt, erweist sich die Beschleunigung als dieselbe, wie auch im übrigen die Verhältnisse der Bewegung sich ändern; sie bedingt bei einem vertikal aufwärts geworfenen Körper eine Verzögerung der Bewegung, entsprechend der Beschleunigung des frei fallenden. Wenn also die Beobachtung der Fallbewegung lehrt, daß Kräfte unmittelbar Beschleunigungen bestimmen und nicht etwa Wege oder Geschwindigkeiten, so fragt sich nur, in welcher Abhängigkeit die Beschleunigung von der sie erzeugenden Kraft steht.

Was zunächst die Richtung anbelangt, so wird diese identisch sein mit der Richtung der Kraft; das ergiebt sich aus der Bewegung des frei fallenden und aus der eines geworfenen Körpers.

Die Größe der Beschleunigung können wir auf Grund der GALILEIschen Fallversuche der wirkenden Kraft proportional setzen; denn bei der Bewegung auf der schiefen Ebene vermindert sich die Beschleunigung in demselben Maße, in dem die Neigung und damit die treibende Komponente des Gewichtes abnimmt; ebenso ist bei der ATWOODschen Maschine die Beschleunigung proportional dem treibenden Teil des Gewichtes. Wenn aber allgemein die Beschleunigung der wirkenden Kraft proportional ist, so muß der Quotient aus Kraft und Beschleunigung eine für einen gegebenen Körper unveränderliche Zahl, eine konstante Eigenschaft des Körpers sein; diese Eigenschaft bezeichnen wir als seine Masse. Wir erhalten somit den Satz:

Die auf einen Körper wirkenden Kräfte erteilen ihm Beschleunigungen, deren Richtung mit der Richtung der Kräfte zusammenfällt, deren Größe der der Kräfte proportional ist; das für einen gegebenen Körper unveränderliche Verhältnis der wirkenden Kräfte zu den ihnen entsprechenden Beschleunigungen nennt man die Masse des Körpers.

Sind F, F', F'' beliebige Kräfte, die auf einen Körper wirken, a, a', a'' die ihnen entsprechenden Beschleunigungen, m die Masse des Körpers, so ist:

$$m = \frac{F}{a} = \frac{F'}{a'} = \frac{F''}{a''},$$

also auch

$$F = m \cdot a, \quad F' = m \cdot a', \quad F'' = m \cdot a''.$$

Die auf einen Körper wirkende Kraft ist gleich seiner Masse multipliziert mit der Beschleunigung seiner Bewegung.

§ 60. Beziehung zwischen dem Prinzip der Masse und dem der Trägheit. Die im vorhergehenden aufgestellte Beziehung zwischen Kraft und Beschleunigung entspricht dem Inhalte des zweiten NEWTONschen Gesetzes der Bewegung, eines Gesetzes, dem eine ungleich größere Tragweite zukommt, als dem der Trägheit, und dem man dieses letztere unterordnen kann. Von Beschleunigung kann nämlich nur die Rede sein, wenn die Geschwindigkeit in ihrer Abhängigkeit von der Zeit durch eine stetige Reihe zusammenhängender Maßzahlen gegeben, also graphisch durch eine Kurve dargestellt wird, deren Abscissen die Zeiten, deren Ordinaten die Geschwindigkeiten sind. Wenn aber von irgend einem Momente an keine Kraft mehr wirkt, so fällt die Veränderung der Geschwindigkeit fort und die vorher irgendwie auf- oder absteigende Linie der Geschwindigkeit geht in eine horizontale über. Der Körper bewegt sich gleichförmig mit der erlangten Geschwindigkeit weiter.[1]

§ 61. Massenvergleichung. Die von NEWTON zuerst erkannte fundamentale Bedeutung des Massenbegriffes macht es notwendig, der im vorhergehenden enthaltenen Definition noch einige Bemerkungen hinzuzufügen, durch die unsere Vorstellungen möglichst präzisiert und der unmittelbaren Anschauung nahegebracht werden. Vor allem bedürfen wir eines Maßstabes zur Beurteilung der Größenverhältnisse verschiedener Massen, m, m', m''. Wir wählen die Kräfte F, F', F'' so, daß die Beschleunigungen, die sie den Massen m, m', m'' erteilen, gleich groß sind. Bezeichnen wir die gemeinsame Beschleunigung durch a, so ist:

$$m = \frac{F}{a}, \quad m' = \frac{F'}{a}, \quad m'' = \frac{F''}{a}.$$

Somit verhalten sich die Massen wie die auf sie wirkenden Kräfte. Die Schwere hat nun, wie wir gesehen haben, die Eigenschaft, allen Körpern dieselbe Beschleunigung g zu erteilen. Die Massen der Körper verhalten sich wie ihre Gewichte, jede Wägung ist zugleich eine Vergleichung der Massen.

§ 62. Der Einfluſs der Masse auf die Bewegung. Der Einfluß der Masse auf die Bewegung tritt hervor, wenn wir dieselbe Kraft auf einen Körper von großer und einen von kleiner Masse wirken lassen. Hängen wir zwei Senkel von recht verschiedener Masse, also verschiedenem Gewicht, an gleich langen Fäden auf und führen wir gegen beide einen Schlag von der gleichen Stärke, so macht das Pendel von kleiner Masse

[1] Vergl. MACH, Die Mechanik in ihrer Entwickelung historisch-kritisch dargestellt. Leipzig 1883. S. 222.

eine weite Schwingung, während das von großer kaum aus seiner Gleichgewichtslage herausgebracht wird. Umgekehrt, wenn wir verschiedene Pendel in gleich weite Schwingungen versetzen, so haben wir zum Anhalten derselben eine um so größere Kraft nötig, je größer ihre Masse ist. In demselben Sinne können wir die Anziehung benützen, die ein Magnetpol auf eine kleine Kugel von weichem Eisen ausübt. Diese wird nicht geändert, wenn wir die Kugel mit irgend welchen nicht magnetischen Stoffen verbinden. Wir umgeben sie einmal mit einer konzentrischen Hohlkugel von Kork, dann mit einer solchen von Blei. Legen wir die Kugel beidemale auf eine horizontale Schiene vor den Pol des Magnets, so wird sie bei kleiner Masse schneller, bei größerer langsamer dem Pole zurollen. Hängen wir die in der angegebenen Weise vorgerichtete Kugel über dem Pole eines Elektromagnets auf, so schwingt sie schnell, wenn sie mit Kork, langsam, wenn sie mit Blei umgeben ist. Nach dem Newtonschen Gravitationsgesetz besteht zwischen zwei Weltkörpern eine wechselseitige Anziehung; dieselbe Kraft, mit der die Erde gegen die Sonne gezogen wird, wirkt auch auf die Sonne in der Richtung des nach der Erde gehenden Radiusvektors. Die Beschleunigung aber, welche die Erde hierdurch erfährt, übertrifft ebenso viele male die gleichzeitige Beschleunigung der Sonne, als die Masse der Sonne die der Erde; die Beschleunigung der letzteren ist 320 000 mal größer als die der ersteren.

§ 63. Gleichförmig beschleunigte oder verzögerte Bewegung. Was endlich den Nutzen des Massenprinzips für die Erforschung der Bewegungserscheinungen anbelangt, so beschränken wir uns vorläufig auf die folgende Bemerkung. Ist die Masse eines Körpers bekannt, so ist die einer gegebenen, auf ihn wirkenden Kraft F entsprechende Beschleunigung $a = \frac{F}{m}$. Ist die Kraft ihrer Richtung und Größe nach konstant, so gilt gleiches von der Beschleunigung, und die Bewegung ist im wesentlichen der Fallbewegung analog. Bezeichnen wir durch v_0 und s_0 die Werte von Geschwindigkeit und Weg für den Nullpunkt der Zeit, so sind ihre Werte v und s zu einer beliebigen Zeit t

$$v = v_0 + a t,$$
$$s = s_0 + v_0 t + \tfrac{1}{2} a t^2.$$

Ist die Beschleunigung der ursprünglichen Bewegung entgegengesetzt, so haben wir sie als eine negative einzuführen und erhalten die Formeln:

$$v = v_0 - a t,$$
$$s = s_0 + v_0 t - \tfrac{1}{2} a t^2.$$

Die graphische Darstellung der Geschwindigkeiten für diese beiden Fälle ist durch die Figuren 47 und 48 gegeben.

Wir machen von den Gleichungen noch eine Anwendung auf die Bewegung eines Körpers, der zur Zeit Null von dem Punkte A aus mit der Geschwindigkeit v_0 vertikal aufwärts geworfen wird. Bezeichnen wir durch t_0 die Zeit, die er braucht, um den höchsten Punkt B seiner

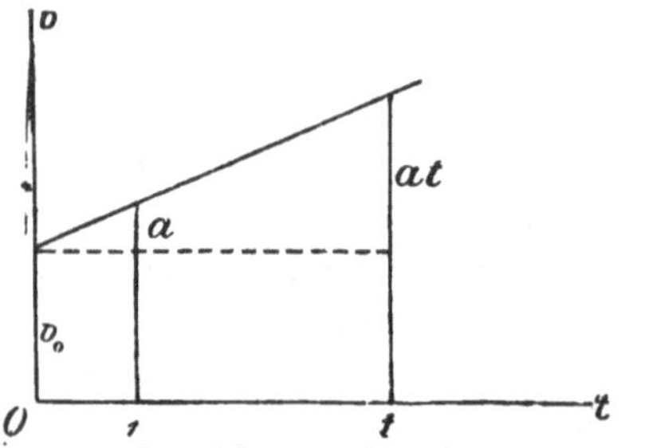

Fig. 47. Gleichförmige Beschleunigung.

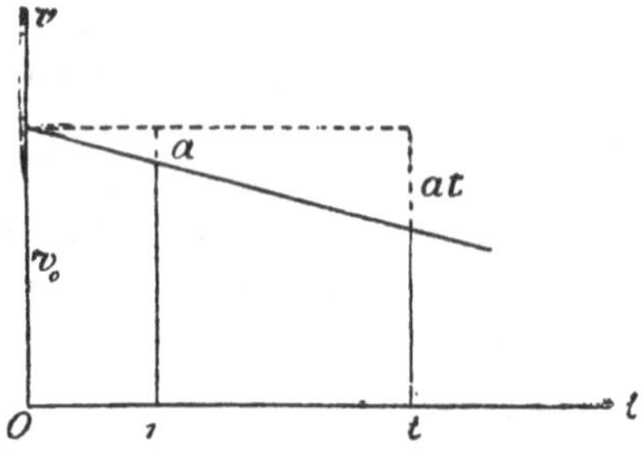

Fig. 48. Gleichförmige Verzögerung.

Bahn zu erreichen, so muß für $t = t_0$ die Geschwindigkeit v Null geworden sein. Es ist also, da die Beschleunigung a in diesem Falle gleich g,

$$t_0 = \frac{v_0}{g},$$

und daher allgemein $v = g(t_0 - t)$. Fällt nun der Körper von dem Punkt B aus wieder herab, so ist seine Geschwindigkeit, wenn abermals die Zeit t_0 verflossen, gleich gt_0 oder v_0. Zugleich ist er wieder in dem Ausgangspunkt A angelangt, wie man mit Hilfe der Gesetze des freien Falles leicht beweisen kann. Die Bewegung des fallenden Körpers ist ein Spiegelbild von der des steigenden.

§ 64. Das Prinzip der Kombination. Bei der Bewegung eines geworfenen Körpers haben wir bemerkt, daß sie als eine Kombination der geradlinigen und gleichförmigen Bewegung in der Wurfrichtung mit der Fallbewegung betrachtet werden kann. Wenn Ausgangspunkt A, Wurfrichtung AW und Geschwindigkeit w gegeben sind, so ist es in der That auf Grund jener Vorstellung möglich, für jeden späteren Zeitpunkt den Ort des geworfenen Körpers zu bestimmen. Würde er sich nur infolge seiner Trägheit bewegen, so legte er in der Richtung AW (Fig. 49) in der Zeit t den Weg $AB = wt$ zurück; würde nur das Gewicht auf ihn wirken, so fiele er in vertikaler Richtung um die Strecke $AC = \frac{1}{2}gt^2$ herab; der in Wirklichkeit zu der Zeit t erreichte Ort ist gegeben durch den Endpunkt D der Diagonale des aus AB und AC konstruierten Parallelogramms.

Gehen wir über zu dem Fall eines Körpers, auf den beliebige Bewegung bestimmende Umstände wirken. Wir können uns denken, daß ihm gleichzeitig gegebene Geschwindigkeiten nach verschiedenen Richtungen erteilt werden, daß er verschiedenen beschleunigenden Kräften unterworfen sei, deren Richtung und Größe mit der Bewegung selbst sich ändert. Wir kommen in diesem allgemeinsten Falle zu Verhältnissen, auf welche die für den Wurf geltenden Sätze anwendbar sind, wenn wir die Betrachtung einschränken auf eine so kleine Zeit, daß wir innerhalb derselben die Beschleunigungen und Kräfte nach Richtung und Größe als konstant betrachten können. Die weitere Reduktion des Problems kann nun auf einem doppelten Wege erfolgen. Der erste ergiebt sich, wenn man die gegebenen Kräfte nach dem Satz vom Parallelogramm zu einer einzigen Resultante vereinigt und die dieser entsprechende Beschleunigung bestimmt. Macht man außerdem die naheliegende Annahme, daß auch die verschiedenen gegebenen Geschwindigkeiten nach dem Satze vom Parallelogramm durch eine einzige resultierende Geschwindigkeit ersetzt werden können, so hat man schließlich nur mit einer Beschleunigung und einer Geschwindigkeit zu thun und kann während der betrachteten kurzen Zeit die Bewegung ganz so bestimmen, wie beim Wurfe.

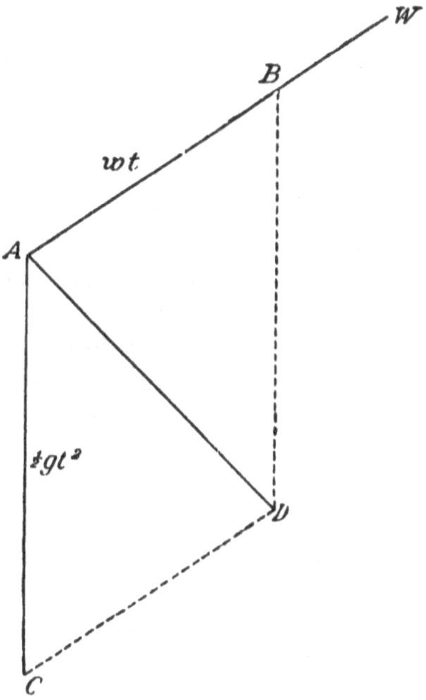

Fig. 49.

Man kann zweitens die beim Wurfe gemachten Beobachtungen weiter verallgemeinern. Wenn ein Körper verschiedenen Bewegung bestimmenden Ursachen, Geschwindigkeiten und Beschleunigungen unterworfen ist, so kann man annehmen, daß jede dieser Ursachen unabhängig von den anderen wirkt. Man verfolge nun die Bewegung während einer so kleinen Zeit τ, daß die vorhandenen Kräfte nach Richtung und Größe als unveränderlich zu betrachten sind. Dann werden nach denselben Regeln wie bei der Wurfbewegung die verschiedenen Wege AB_1, AB_2, AB_3 . . . bestimmt, die der Körper in der Zeit τ zurücklegen würde, falls je nur eine der gegebenen Ursachen vorhanden wäre. Der Ort, an den der Körper in der Zeit τ wirklich gelangt, ergiebt sich durch die wiederholte Anwendung des Parallelogrammsatzes auf jene einzelnen Wege, durch die Konstruktion der Resultante aus den Strecken AB_1, AB_2, AB_3 . . . (Fig. 50).

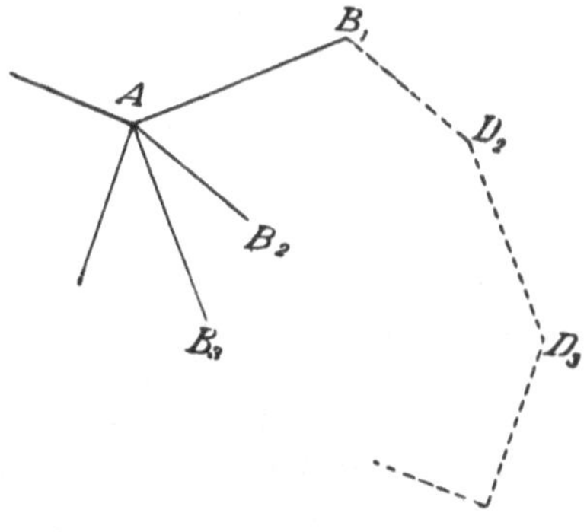

Fig. 50.

Man sucht also die Ecke D_2 des aus AB_1 und AB_2 konstruierten Parallelogramms, dann die Ecke D_3 des aus AD_2 und AB_3 construierten u. s. f.;

der schließlich resultierende Weg wird durch dieselbe Konstruktion bestimmt, wie die resultierende Kraft in Fig. 15. Formulieren wir das im Vorhergehenden entwickelte Prinzip für den Fall von nur zwei Bewegung bestimmenden Momenten, so ergiebt sich seine Erweiterung auf den Fall beliebig vieler von selbst. Das Prinzip der Kombination kann daher ausgedrückt werden durch den Satz:

Unterliegt ein Körper gleichzeitig der Wirkung zweier Bewegung bestimmender Ursachen und sind die Wege gefunden, die er in einer kleinen Zeit zurücklegt, falls jedesmal nur die eine zur Geltung kommt, so wird der unter der gleichzeitigen Wirkung beider erreichte Ort durch den Endpunkt der Diagonale des aus jenen beiden Wegen konstruierten Parallelogramms gegeben.

Die Zeit, in der die untersuchte Bewegung erfolgt, muß so klein gewählt werden, daß während derselben Beschleunigungen, die auf den Körper wirken, nach Richtung und Größe als konstant zu betrachten sind.

Man sieht leicht, daß das Prinzip der Kombination in dieser Fassung als spezielle Fälle die Sätze vom Parallelogramm der Geschwindigkeiten, der Beschleunigungen und der Kräfte umfaßt.

§ 65. Das Prinzip von der Gleichheit der Aktion und Reaktion. Eine der wichtigsten Leistungen Newtons für die Dynamik haben wir in der Aufstellung des Prinzips von der Gleichheit der Wirkung und Gegenwirkung zu erkennen. Er spricht dasselbe in seinem dritten Bewegungsgesetz in folgender Weise aus:

Die Wirkung ist stets der Gegenwirkung gleich, oder die Wirkungen zweier Körper auf einander sind stets gleich und von entgegengesetzter Richtung.

Ein schwerer Körper drückt auf seine Unterlage und erleidet von ihr einen entgegengesetzt nach oben gerichteten Druck von derselben Größe.

Ein Magnet zieht ein Stückchen weiches Eisen an und wird umgekehrt mit derselben Kraft von ihm angezogen.

Zwei gleichnamig elektrische Körper stoßen sich wechselseitig mit derselben Kraft ab.

Alle Kräfte in der Natur existieren nur als Kräftepaare. Die Erfahrung lehrt, daß Körper, die in gewissen physikalischen Beziehungen zu einander stehen, in der Richtung der sie verbindenden Linie entgegengesetzt gerichtete Beschleunigungen erhalten. Ihre Werte stehen im umgekehrten Verhältnis der unveränderlichen Körpermassen. So erfahren Sonne und Erde entgegengesetzt gerichtete Beschleunigungen in der Richtung des sie verbindenden Radius vectors. Die Beschleunigung der Sonne ist, wie wir schon in § 62 erwähnten, 320 000 mal kleiner als die der Erde; das Produkt aus der Masse der Sonne und ihrer Beschleunigung, die auf die Sonne von der Erde ausgeübte Anziehung, ist gleich dem Produkt aus der Beschleunigung der Erde und ihrer Masse, gleich der in umgekehrter Richtung auf die Erde wirkenden Kraft.

§ 66. Masseneinheit; technisches und absolutes Maſssystem. Die in den vorhergehenden Paragraphen entwickelten Prinzipien genügen nun in der That, um die Bewegung eines Körpers bei beliebig gegebenen Kräften und anfänglichen Geschwindigkeiten zu bestimmen; denn sobald man für irgend einen Zeitpunkt die Beschleunigungen gefunden hat, kann man das resultierende Wegelement bestimmen und so von Intervall zu Intervall fortschreitend die ganze Bahn konstruieren. Die Bestimmung der Beschleunigungen setzt aber die Kenntnis der Masse voraus; die graphische Anwendung der allgemeinen Resultate auf konkrete Bewegungen wirklicher Körper ist daher nur möglich, wenn wir ein bestimmtes Maß für die Masse festgesetzt und eine Methode entwickelt haben, um gegebene Massen nach diesem Maße zu messen. Nun besteht jede Messung in einer Vergleichung der zu messenden Größe mit einer als Maßeinheit angenommenen gleichartigen. Man könnte also die Masse eines beliebigen Körpers willkürlich als Masseneinheit wählen; die Vergleichung anderer Massen mit dieser würde dann nach § 61 durch eine Wägung auszuführen sein. Allein eine solche Lösung der Aufgabe würde uns in einen Widerspruch verwickeln. Nach § 59 ist die Masse eines Körpers gleich einer auf ihn wirkenden Kraft, dividiert mit der durch sie erzeugten Beschleunigung, insbesondere also gleich seinem Gewicht, dividiert durch die Beschleunigung der Schwere. Ist das Gewicht des Körpers gemessen in Grammgewichten gleich p, so ist seine Masse

$$m = \frac{p}{981},$$

sie ist also völlig bestimmt durch das Gewicht. Die Masse des Grammgewichtes ist $^1/_{981}$, und die Einheit der Masse besitzt ein Körper, der 981 Grammgewichte wiegt. Jede Willkür in der Wahl der Masseneinheit ist hierdurch ausgeschlossen.

Die zwischen Gewicht und Masse bestehende Beziehung $p = m \cdot g$ giebt uns aber Veranlassung zu einer weiteren Erwägung. Wir haben gesehen, daß die Masse bestimmt ist, sobald wir p nach einer bestimmten Maßeinheit gemessen haben. Kommen wir auf den schon vorher berührten Gedanken einer willkürlichen Fixierung der Masseneinheit zurück, so ergiebt sich, daß umgekehrt p bestimmt ist, sobald wir m in jener Einheit gemessen haben. Nichts aber zwingt uns zu der früher angenommenen Messung eines Druckes nach Gramm- oder Kilogramm-Gewichten, nichts hindert uns, diese früher gemachte Festsetzung fallen zu lassen und durch die neue zu ersetzen, welche durch die willkürliche Annahme einer Masseneinheit bedingt wird. Nun liegt aber in der That ein Umstand vor, der die Definition einer Krafteinheit durch das Gewicht eines Grammstückes als unzweckmäßig erscheinen läßt. Die Beschleunigung der Schwere ist nicht an allen Stellen der Erdoberfläche dieselbe, sie nimmt vielmehr vom Äquator nach dem Pole um etwa $^1/_2\,^0/_0$ zu; sie beträgt am Äquator 978, bei 45° Breite 981, bei 70° Breite 982 cm · sec^{-2}. Daraus folgt aber eine gleiche Veränderlichkeit des Gewichtes; in den verschiedenen angeführten Breiten hat das Gewicht eines Körpers von der Masse *m* die Werte:

$$p_0 = 978\ m, \quad p_{45} = 981\ m, \quad p_{70} = 982\ m.$$

Um mit Hilfe des Grammstückes die Gewichtseinheit in unzweideutiger Weise zu definieren, müssen wir unsere Angabe beziehen auf eine bestimmte Breite oder einen bestimmten Punkt der Erdoberfläche. Wir können als Einheit des Gewichtes den Druck wählen, den ein Grammstück in einer Breite von 45° ausübt. Für jede andere Breite müssen wir dann das Gewicht eines Grammstückes besonders berechnen; wir finden für den Äquator eine Anzahl von $^{978}/_{981}$, in der Breite von 70° eine solche von $^{982}/_{981}$ der gewählten Einheiten. Auf diese Weise wird das auf der Einheit des Grammgewichtes beruhende System zu einem in sich konsequenten; allein die Schwerfälligkeit bleibt bestehen, die darin liegt, daß jedes Gewichtsstück nur unter der Breite von 45° die seiner Bezeichnung entsprechende Zahl von Gewichtseinheiten repräsentiert, während für jede andere Breite seine Bedeutung durch eine Rechnung zu ermitteln ist. Thatsächlich fällt es niemand, der zu praktischen Zwecken eine Wägung ausführt, ein, diese Rechnung anzustellen; denn es kommt ihm in der Regel gar nicht auf den Druck an, den der Körper vermöge seines Gewichtes auf die Unterlage ausübt, sondern nur auf die Menge des Gewogenen; für diese aber giebt die Masse ebensogut einen Maßstab, wie der Gewichtsdruck. Damit ist es aber auch vom praktischen Standpunkte aus gerechtfertigt, wenn wir die dem Techniker geläufige Definition des Gramms als einer Gewichtseinheit verlassen und an ihre Stelle die Definition des Gramms als einer Masseneinheit setzen. Wir stellen damit dem zuerst entwickelten Maßsystem, in dem das Maß des Gewichtes zur Ableitung eines solchen für die Masse benutzt wurde, ein zweites gegenüber, in dem zuerst die Einheit der Masse festgesetzt und daraus die Einheit des Gewichtes abgeleitet wird. Wir benützen in diesem sogenannten absoluten Maßsystem als Einheit der Masse die eines Grammstückes; ist die Masse irgend eines Körpers in Grammen gleich *m*, so ist sein Gewicht gleich $m \cdot g$. Unter der Breite von 45° ist das Gewicht eines Grammstückes gleich 981, und die Einheit des Gewichtes besitzt ein Körper, dessen Masse gleich $^1/_{981}$ g, gleich 1,02 mg ist.

Wir haben wiederholt bemerkt, daß jede beliebige Kraft gemessen werden kann durch den Zug oder Druck eines Gewichtes. Jede Maßeinheit des Gewichtes ist daher auch eine Maßeinheit der Kraft im allgemeinen. Mit Bezug hierauf ergiebt sich die folgende Gegenüberstellung der beiden Maßsysteme:

Absolutes	Technisches
Maßsystem.	
Masse als Grundmaß.	Gewicht als Grundmaß.
Einheit der Masse gleich der Masse des Grammstückes.	Einheit der Kraft gleich dem Gewicht eines Grammstückes unter 45° Breite.
Einheit der Kraft gleich dem Gewicht von $^1/_{981}$ g unter 45° Breite.	Einheit der Masse gleich der Masse von 981 g-Gewichten.

Ebenso gut kann natürlich im absoluten System das Kilogrammstück zur Einheit der Masse, im technischen das Kilogrammgewicht als Einheit der Kraft genommen werden. Als Einheit der Länge wird man dann das Meter benützen, so daß die Beschleunigung der Schwere gleich 9,81 m · sec^{-2} wird. Im absoluten System wird dann die Einheit der Kraft gleich dem Gewicht von $\frac{1}{9,81}$ kg, im technischen die Einheit der Masse gleich der Masse von 9,81 kg-Gewichten.

Die gleichzeitige Anwendung der beiden Maßsysteme ist unzweckmäßig wegen der doppelten Bedeutung, in der das Grammstück in ihnen auftritt. Wir werden uns vorzugsweise des absoluten Systems bedienen. Wir werden aber in Teilen der Physik, die in unmittelbarer Beziehung zu der Technik stehen, z. B. in der Elasticitäts- und Wärmelehre, auch das technische Maßsystem benützen. Damit jede Zweideutigkeit über den Sinn, den wir mit dem Worte Gramm zu verbinden haben, ausgeschlossen ist, bedienen wir uns der Ausdrücke Grammgewicht oder Kilogrammgewicht, so oft es sich um die Einheit des Gewichtes oder der Kraft im technischen System handelt, während unter Gramm oder Kilogramm schlechtweg die Masseneinheit im absoluten System verstanden werden soll.

Nach § 59 besteht zwischen Kraft und Beschleunigung ganz allgemein die Beziehung:

$$F = m \cdot a.$$

Die abgeleitete Krafteinheit des absoluten Maßsystems kann hiernach auch so definiert werden:

Die Einheit der Kraft ist die, welche der Masseneinheit die Einheit der Beschleunigung erteilt.

Die Dimension der Kraft ist danach $[F] = l\,m\,t^{-2}$, wenn wir mit m die Fundamentalgröße einer Masse bezeichnen.

Arbeit (A) haben wir früher definiert als das Produkt aus einer Kraft in den Weg, den ihr Angriffspunkt in der Richtung der Kraft zurücklegt; die Dimension einer Arbeit im absoluten Maßsystem ist daher $[A] = l^2 m\,t^{-2}$.

§ 67. Spezielle Maßeinheiten. Dasjenige absolute Maßsystem, in dem das Centimeter als Einheit der Länge, das Gramm als Einheit der

Masse, die Sekunde als Einheit der Zeit benützt wird, nennt man das cm·g·sec-System.

In diesem System ist die Einheit der Kraft diejenige, welche der Masse von 1 g die Beschleunigung 1 $cm \cdot sec^{-2}$ erteilt; man nennt diese Krafteinheit eine Dyne.

Die Einheit der Arbeit im cm·g·sec-System ist gleich der einer Dyne auf dem Weg von 1 cm; diese Arbeitseinheit nennt man ein Erg.

Als technische Einheit der Kraft benützen wir das Kilogrammgewicht; es ist:

$$1 \text{ Kilogrammgewicht} = 981\,000 \text{ Dynen.}$$

Ist eine Kraft im absoluten System gleich F Dynen, so ist ihr Maß im technischen System

$$F_t = \frac{F}{981000} \text{ Kilogrammgewichten.}$$

Die technische Einheit der Arbeit ist die beim Heben eines Kilogrammgewichtes um 1 m geleistete, das Kilogrammgewicht-Meter; es ist daher

$$1 \text{ Kilogrammgewicht-Meter} = 981 \times 10^5 \text{ Erg.}$$

Ist eine Arbeit im cm·g·sec-System gleich A Erg, so ist ihr Maß in technischen Einheiten

$$A_t = \frac{A}{981 \times 10^5} \text{ kg-Gewicht-Meter.}$$

In technischen Dingen kommt es nicht bloß darauf an, daß eine Arbeit überhaupt verrichtet wird, sondern es spielt auch die Zeit, die dazu nötig ist, eine wesentliche Rolle. Man hat daher den Begriff des Effektes eingeführt und versteht darunter die in der Zeiteinheit geleistete Arbeit, die ganze Arbeit dividiert durch die dazu gebrauchte Zeit. Eine Arbeit von 75 Kilogrammgewicht-Metern in der Sekunde nennt man eine Pferdestärke (P.S.). Es ist

$$1 \text{ P.S.} = 75 \times 981 \times 10^5 \text{ Erg per Sekunde}$$
$$= 736 \times 10^7 \text{ Erg per Sekunde}$$

oder mit Angabe der Dimension im absoluten cm·g·sec-System

$$1 \text{ P.S.} = 736 \times 10^7 \text{ cm}^2 \cdot \text{g} \cdot \text{sec}^{-3}.$$

§ 68. Dichte und spezifisches Gewicht. Die in der Volumeinheit enthaltene Masse eines Körpers bezeichnen wir als seine Dichte. Mit diesem Worte verbinden wir von Haus aus eine andere, anschaulichere Bedeutung. Wenn irgend ein Raum mit einer gewissen Regelmäßigkeit von unter sich gleichartigen Dingen erfüllt ist, so nennen wir Dichte die Zahl der in der Volumeinheit befindlichen. Wenn wir uns an die dem Chemiker geläufige Vorstellung halten, daß die Körper aus gleichartigen kleinsten Teilchen, den Molekülen, bestehen, so werden wir unter Dichte die Zahl der Moleküle in der Volumeinheit verstehen. Nun sehen wir aber leicht, daß bei einem und demselben Körper mit dieser Zahl auch die Masse wächst. Betrachten wir z. B. ein einziges

Molekül, so ist seine Masse bestimmt durch das Verhältnis einer auf dasselbe wirkenden Kraft zu der erzeugten Beschleunigung. Lassen wir dieselbe Kraft auf zwei verbundene Moleküle wirken, so verteilt sie sich auf die beiden und erteilt jedem die Hälfte der früheren Beschleunigung; mit der Verdoppelung der Molekülzahl ist auch die Masse verdoppelt; so ergiebt sich, daß die Masse der Volumeinheit in der That der Zahl der Moleküle in der Volumeinheit proportional ist, so lange es sich um Moleküle eines und desselben Körpers handelt, und es rechtfertigt sich dadurch der Gebrauch des Wortes Dichte für die Masse der Volumeinheit. Die gefundene Beziehung gilt natürlich nicht mehr, wenn es sich um chemisch verschiedene Körper handelt. Nach dem Gesetz von Avogadro sind bei gleichem Druck und gleicher Temperatur in 1 ccm gleich viel Moleküle von Kohlensäure und Wasserstoff enthalten; die Dichte der Kohlensäure ist aber 22 mal größer als die des Wasserstoffes. In diesem Falle sind die Massen der einzelnen Moleküle der beiden Gase sehr verschieden, sie verhalten sich wie die Zahlen, welche von den Chemikern als Molekulargewichte der Kohlensäure und des Wasserstoffes bezeichnet werden, wie 44 : 2; in demselben Verhältnis stehen dann bei gleicher Zahl der Moleküle im Kubikcentimeter auch die Dichten. Um gleiche Dichten, d. h. gleiche Massen der Volumeinheit zu erhalten, müßte man 22 mal weniger Kohlensäuremoleküle nehmen als Wasserstoffmoleküle.

Aus der zu Anfang aufgestellten Definition folgt der Satz:

Im absoluten System giebt die Dichte die Zahl der Gramme im Kubikcentimeter, der Kilogramme im Kubikdecimeter, der Milligramme im Kubikmillimeter.

Das Gewicht der Volumeinheit bezeichnen wir als das spezifische Gewicht. Im technischen Maßsystem ist das spezifische Gewicht gleich der Anzahl der Kilogrammgewichte des Kubikdecimeters, der Grammgewichte des Kubikcentimeters, der Milligrammgewichte des Kubikmillimeters.

Die Dichte im absoluten und das spezifische Gewicht im technischen System werden durch dieselben Zahlen gegeben, da ja die Masse eines Körpers immer ebensoviel Gramme beträgt, wie sein Gewicht Grammgewichte. Dagegen ist im absoluten System das Gewicht der Volumeinheit gleich der Dichte mal der Beschleunigung der Schwere; im technischen Maßsystem die Masse der Volumeinheit gleich dem spezifischen Gewicht dividiert durch die Beschleunigung der Schwere, entsprechend den Sätzen von § 66.

§ 69. Der Massenmittelpunkt. Die Einführung des Massenbegriffes giebt noch Veranlassung zu einem wichtigen Zusatze zu der Lehre vom Schwerpunkt. Wir haben diesen bezeichnet als den Punkt, in dem man sich das ganze Gewicht eines Körpers vereinigt denken kann. Sind nun $m, m', m'' \ldots$ die Massen der einzelnen Teilchen, in die wir den Körper zerlegen können, so ist sein Gewicht gleich der Summe der Teilgewichte $mg + m'g + m''g + \ldots$ oder gleich $(m + m' + m'' + \ldots)g$, d. h. gleich der ganzen Masse des Körpers multipliziert mit der Beschleunigung der Schwere. Statt die Teilgewichte mg, $m'g$, $m''g$ ... zu einer Resultante zu vereinigen, können wir erst die ganze Masse des Körpers im Schwerpunkt konzentrieren und dann das in ihm angreifende Gewicht durch Multiplikation mit g bestimmen. Man nennt daher den Schwerpunkt eines Körpers auch seinen Massenmittelpunkt. Bei allen Aufgaben der Mechanik, in denen es sich nur um translatorische Bewegungen eines Körpers handelt, nicht um Rotationen um eine durch ihn gehende Axe, werden wir uns die ganze Masse konzentriert denken im Schwerpunkt. Wir können dann die Bewegung behandeln wie die eines mit Masse begabten sogenannten materiellen Punktes, wodurch eine wesentliche Vereinfachung erzielt wird. Hiervon haben wir im Grunde schon im vorhergehenden Gebrauch gemacht, sofern wir etwaige Rotationsbewegungen der Körper stillschweigend außer Acht gelassen haben.

IV. Kapitel. Anwendungen der Newtonschen Prinzipien.

§ 70. Schwingende Bewegungen. Für die Pendelbewegung sind charakteristisch die in ununterbrochener Folge sich wiederholenden Hin- und Hergänge in der kreisförmigen Bahn, deren Mittelpunkt mit der Ruhelage des Pendels zusammenfällt. Bewegungen von derselben Art begegnen wir in den verschiedensten Teilen der Physik; die Bewegung des Pendels ist ein typisches Beispiel für eine große Klasse von Bewegungen, die wir schwingende, oscillierende oder periodische nennen. Hängen wir an einer Spiralfeder, wie sie zur Konstruktion der Federwagen benützt wird, ein Gewicht auf, so können wir dieses um seine Ruhelage in derselben Weise schwingen lassen, wie ein Pendel um den tiefsten Punkt seiner Bahn; die Bewegung der Punkte einer tönenden Saite, einer aus dem magnetischen Meridian abgelenkten und dann losgelassenen Kompaßnadel sind von derselben Art. Wir können für die Zwecke der Untersuchung eine solche Bewegung künstlich auf folgendem Wege herstellen. In der Peripherie eines Kreises (Fig. 51) bewege sich ein Punkt A mit vollkommen gleichförmiger Geschwindigkeit. Von A fällen wir auf den horizontalen Kreisdurchmesser BD das Lot Aa. Wenn der Punkt A durch den oberen Halbkreis von B nach D geht, so legt gleichzeitig der Punkt a den Durchmesser BD zurück.

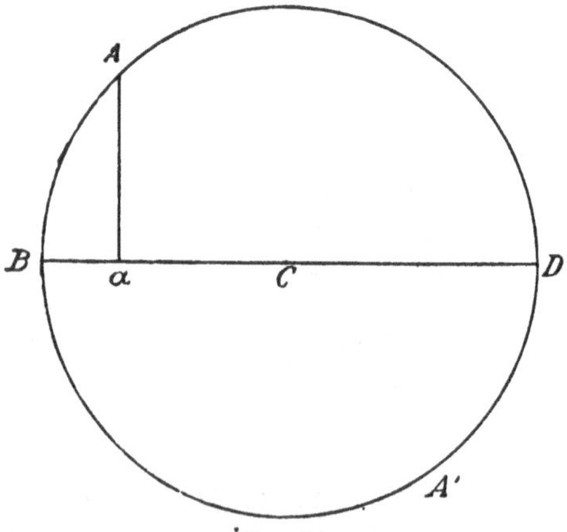

Fig. 51.

Während der Punkt A von D über A' nach B zurückgeht, läuft auch α von D wieder nach B zurück. Während also der Punkt A ohne Unterbrechung gleichförmig im Kreise herumläuft, schwingt der Projektionspunkt α auf dem Durchmesser BD hin und her. Die Hälfte der durchlaufenen Bahn, den Halbmesser CB, bezeichnen wir dabei als die Amplitude der Schwingung. Die Schwingungsdauer T von α, die Zeit eines einmaligen Hin- oder Herganges durch BD, ist gleich der halben Umlaufszeit von A. Zwischen der so erzeugten künstlichen Pendelbewegung und den vorher angeführten Beispielen besteht nun ein wesentlicher Unterschied. Bei den letzteren kennen wir die Kräfte, unter deren Wirkung die Bewegung entsteht; bei dem künstlichen Pendel dagegen ist die Bewegung vollkommen bestimmt durch die Umlaufszeit $2T$ des Punktes A; wir wissen aber nicht, welche Kraft unser Mechanismus auf eine in α konzentrierte Masse ausüben muß, damit sie die vorgeschriebene Bewegung ausführt. Diese Kraft ist nun mit Hilfe der Newtonschen Prinzipien leicht zu bestimmen. Man findet durch eine einfache geometrische Betrachtung, daß die Geschwindigkeit des Projektionspunktes an der Stelle α gegeben ist durch $\frac{\pi}{T} \cdot A\alpha$, seine Beschleunigung durch $\frac{\pi^2}{T^2} \cdot C\alpha$; ist also in α die Masse m konzentriert, so ist die gesuchte Kraft gleich

$$m \cdot \frac{\pi^2}{T^2} \cdot C\alpha.$$

Sie fällt in die Richtung des Durchmessers BD, ist nach dem Mittelpunkte C gerichtet und proportional dem jeweiligen Abstande des Punktes α von C.

Dasselbe Gesetz gilt nun aber für die wirkenden Kräfte in den oben angeführten Beispielen; sie sind proportional dem Abstande des schwingenden Körpers von der Ruhelage und nach dieser hin gerichtet. Wir schließen hieraus, daß die schwingenden Bewegungen jener Körper denselben Gesetzen folgen, wie unsere künstliche Schwingung. Die zu ihrer Erzeugung dienende Konstruktion kann auf jede pendelnde Bewegung angewandt werden, sobald die Schwingungsdauer bekannt ist, und sobald die Bahn des schwingenden Körpers als geradlinig betrachtet werden kann.

§ 71. Ergänzung des Pendelgesetzes. Die vorhergehende Bemerkung wenden wir nun an auf den Fall des Pendels. Es sei D in Fig. 52 der Mittelpunkt des Kreises, auf dem sich das Pendel bewegt, C seine Ruhelage, A der Punkt, in dem es sich zu irgend einer Zeit befindet, AB eine Senkrechte zu DC; die Kraft P, die auf das Pendel wirkt, ist sein Gewicht, also, wenn wir unter m die Masse des Pendels verstehen, $P = mg$. Von dieser Kraft kommt nur die zu der Bahn parallele Komponente $S = mg \cdot \frac{AB}{AD}$ zur Geltung. Bezeichnen wir die Pendellänge durch l, so ist

$$S = \frac{mg}{l} \cdot AB.$$

Wenn die Schwingungsweite des Pendels klein ist gegen seine Länge, so fällt AB nahe zusammen mit dem Kreisbogen AC und wir können setzen: $S = \frac{mg}{l} \cdot AC$. Gleichzeitig können wir die Krümmung der Pendelbahn vernachlässigen und sie als eine Gerade betrachten, deren Endpunkte beiderseits gleich weit von C abstehen; in diese fällt dann natürlich auch die Richtung von S. Unter dieser Voraussetzung wird also das Pendel nach seiner Ruhelage gezogen mit einer Kraft, die gleich ist $\frac{mg}{l}$ multipliziert mit dem jeweiligen Abstand von der Ruhelage. Die für das künstliche Pendel in § 70 gefundenen Sätze finden somit auf das in kleinem Bogen schwingende Pendel Anwendung; es kann die treibende Kraft aus der Schwingungsdauer T berechnet werden nach der Formel $m \frac{\pi^2}{T^2} \cdot AC$. Wir haben damit für ein und dieselbe Kraft zwei verschiedene Ausdrücke gefunden; setzen wir sie gleich, so ergiebt sich:

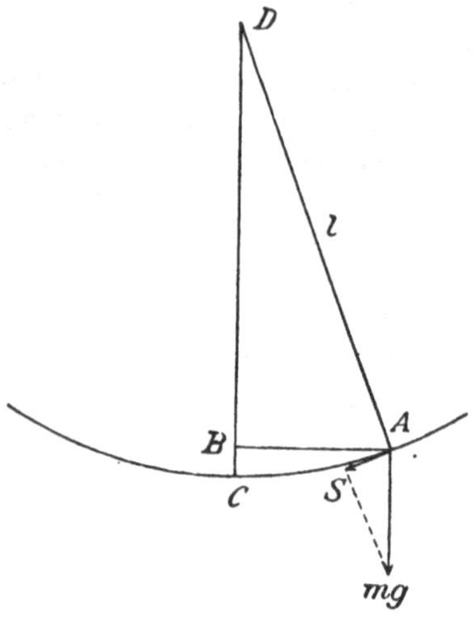

Fig. 52.

$$\frac{mg}{l} \cdot AC = m \frac{\pi^2}{T^2} \cdot AC$$

oder

$$\frac{T^2}{\pi^2} = \frac{l}{g}.$$

Wir sind damit zu demselben Gesetze gelangt, das wir früher auf dem Wege der Beobachtung gefunden hatten. Wir erkennen aber deutlich die Überlegenheit der GALILEI-NEWTONschen Methode über die rein empirische Forschung. Einmal liefert die Theorie eine vollständige Beschreibung der Bewegung nach all ihren Einzelheiten, was wir früher vermißten; sodann zeigt sie, daß das früher für die Schwingungsdauer aufgestellte Gesetz in der That nicht allgemein gültig ist, sondern beschränkt auf Schwingungen, bei denen die Abweichung der Kreisbahn von einer geradlinigen vernachlässigt werden kann, Schwingungen von kleiner Amplitude.

§ 72. Das physische Pendel. Wir haben uns bei den vorhergehenden Betrachtungen die ganze Masse des Pendels in einem Punkte konzentriert gedacht; bei jedem wirklichen Pendel besitzt aber diese Masse eine gewisse Ausdehnung, und ihre Konzentration im Massenmittelpunkt ist im allgemeinen nicht statthaft, da die Bewegung eine drehende ist. Die bisher betrachtete Bewegung stellt also einen idealen Fall dar, dem man sich mehr und mehr durch Verkleinerung der Pendelkugel nähert, der aber von der Bewegung eines wirklichen Pendels als verschieden betrachtet werden muß. Ein Pendel, dessen Masse in einem einzigen Punkte vereinigt ist, nennt man ein mathematisches zum Unterschied von den physischen Pendeln, auf die sich unsere Experimente beziehen. Übrigens gebraucht man die Bezeichnung „mathematisches Pendel“ auch für solche physische Pendel, die aus langem Faden mit kleiner Kugel bestehen und sich also dem mathematischen Pendel möglichst nähern. Wir haben bisher mit Pendeln von der letzten Art operiert; wir dehnen jetzt unsere Untersuchung aus auf solche, die durch beliebige um einen festen Unterstützungspunkt oder eine horizontale Axe drehbare Körper dargestellt sind. Nach einem früheren Satze sind solche Körper im Gleichgewicht, wenn ihr Schwerpunkt senkrecht unter dem Drehungspunkt liegt. Ziehen wir den Körper zur Seite und lassen wir ihn dann los, so führt er um die Ruhelage herum Pendelschwingungen aus, deren Gesetz wir zu ermitteln haben. Denken wir uns den Körper zerlegt in Teilchen von solcher Kleinheit, daß wir ihre Massen in den Schwerpunkten konzentriert denken können, so zerfällt er in ein System von unendlich vielen mathematischen Pendeln, deren Länge von Null bis zu einem durch die Ausdehnung des Körpers bedingten Betrage wächst, die aber alle miteinander fest verbunden sind. Denken wir uns diese Verbindung gelöst, so werden alle Pendel von gleicher Länge in derselben Weise hin- und herschwingen, die der Drehungsaxe näheren schneller, die entfernteren langsamer. Nun sind aber die Pendel fest verbunden; sie müssen sich also auf eine gemeinsame Schwingung akkommodieren, die Pendel von kleiner Länge müssen ihre Bewegung verzögern, die von großer beschleunigen. Mit Notwendigkeit folgt hieraus, daß eine gewisse Reihe von Pendeln existiert, die gerade jene mittlere Schwingungsdauer besitzen, auf welche die der Drehungsaxe näheren und ferneren sich vereinigen. Diese Pendel schwingen also genau so, als ob sie frei wären, nicht mit den anderen zu dem festen Körper verbunden. Experimentell lassen sich die Punkte des physischen Pendels, die wie freie mathematische Pendel schwingen, leicht bestimmen. Man hängt neben dem physischen Pendel ein mathematisches auf und reguliert seine Länge so, daß es synchron mit dem physischen Pendel schwingt. Die Länge dieses mathematischen Pendels giebt dann die Entfernung der gesuchten Punkte von der Drehungsaxe. An diese Beobachtung schließt sich die Einführung eines Punktes, der für die Theorie des physischen Pendels von großer Bedeutung ist, des Schwingungspunktes. Es repräsentiere der Punkt A (Fig. 53) die horizontale Axe, um die sich das Pendel dreht, S sei der Schwerpunkt; wir ziehen die Linie AS und tragen auf ihr AB gleich der Länge des gleichschwingenden mathematischen Pendels ab.

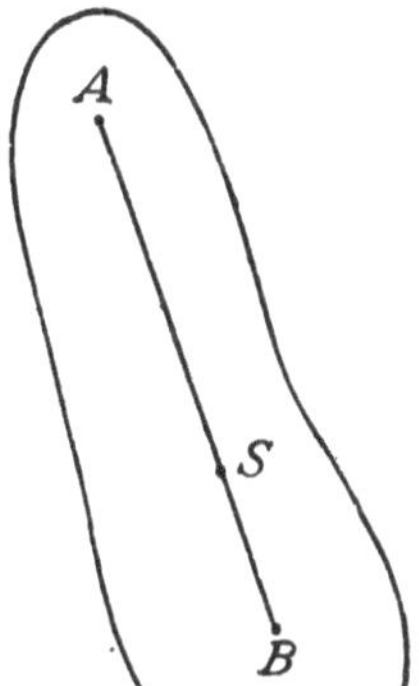

Fig. 53.

Der Punkt B heißt dann der Schwingungspunkt des physischen Pendels. Dem Vorhergehenden zufolge ist die Schwingungsdauer T des Pendels gleich der eines mathematischen Pendels von der Länge AB, somit

$$\frac{T^2}{\pi^2} = \frac{AB}{g}.$$

§ 73. Das Reversionspendel. Der im Vorhergehenden eingeführte Schwingungspunkt hat noch eine weitere merkwürdige Eigenschaft. Stecken wir durch ihn eine horizontale Axe, und hängen wir nun das Pendel umgekehrt so auf, daß die Axe B seine Drehungsaxe wird, so ist seine Schwingungsdauer dieselbe wie zuvor, also wieder gegeben durch $\frac{T^2}{\pi^2} = \frac{AB}{g}$; für die neue Schwingung ist somit der Punkt A Schwingungspunkt geworden. Es ergiebt sich somit der Satz:

Bei jedem physischen Pendel existieren zwei mit dem Schwerpunkt in einer Ebene, aber unsymmetrisch zu ihm gelegene, einander parallele Axen, welchen dieselbe Schwingungsdauer entspricht. Der Abstand dieser Axen ist gleich der Länge des gleichschwingenden mathematischen Pendels.

Ein mit zwei solchen Axen versehenes Pendel heißt ein Reversionspendel.

§ 74. Allgemeine Formulierung des Pendelgesetzes. Unabhängig von der Bestimmung des Schwingungspunktes kann das Gesetz für die Schwingungsdauer des physischen Pendels in folgender Weise formuliert werden. Wir betrachten zunächst ein mathematisches Pendel und nehmen an, es sei durch eine starre gewichtlose Linie mit der Drehungsaxe verbunden. Sein Gewicht übt dann ein statisches Moment $mg \times AB$ oder, wenn wir hier die Länge l des Pendels einführen, $mg \cdot l \cdot \frac{AB}{AD}$ aus (Fig. 54). Nun ist der letztere Bruch gleich dem Sinus des Winkels φ, um den das Pendel aus der Ruhelage abgelenkt ist, bei kleiner Elongation ist also $\frac{AB}{AD} = \varphi$, und das Drehungsmoment gleich $mgl\varphi$. Der Faktor mgl, mit dem hier der in Bogenmaß ausgedrückte Ablenkungswinkel multipliziert ist, wird als die auf das Pendel wirkende Direktionskraft bezeichnet. Es ist nun leicht, diese Direktionskraft in die Formel für die Schwingungsdauer des mathematischen Pendels einzuführen, indem man setzt:

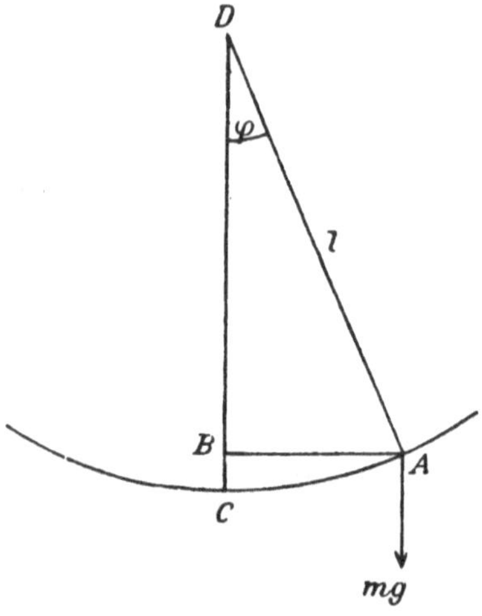

Fig. 54. Mathematisches Pendel.

$$\frac{T^2}{\pi^2} = \frac{l}{g} = \frac{ml^2}{mgl}.$$

Den im Zähler stehenden Ausdruck $m l^2$ nennt man das **Trägheitsmoment** des Pendels mit Bezug auf die Drehungsaxe. Mit Hilfe der neu eingeführten Begriffe ergiebt sich also der folgende Ausdruck für das Pendelgesetz:

$$\frac{T^2}{\pi^2} = \frac{\text{Trägheitsmoment}}{\text{Direktionskraft}}.$$

In dieser Form gilt nun das Gesetz allgemein für jeden schwingenden Körper, gleichgültig welches die Lage der Drehungsaxe, welches der Ursprung der Direktionskraft ist. Für das physische Pendel insbesondere erhalten wir zunächst die Direktionskraft, wenn wir beachten, daß die ganze Masse desselben im Schwerpunkt konzentriert werden kann. Bezeichnen wir diese durch M, durch s die Entfernung des Schwerpunktes von der Drehungsaxe, so ist die Direktionskraft gleich Mgs. Das Trägheitsmoment des ganzen Körpers aber ist gleich der Summe der Trägheitsmomente seiner kleinsten Teilchen. Bezeichnen wir die Massen dieser durch $m, m', m'' \ldots$, ihre Entfernungen von der Drehungsaxe durch $l, l', l'' \ldots$ (Fig. 55), so ist das Trägheitsmoment gleich

$$m l^2 + m' l'^2 + m'' l''^2 + \ldots = \Sigma m l^2,$$

und das Pendelgesetz:

$$\frac{T^2}{\pi^2} = \frac{\Sigma m l^2}{M g l}.$$

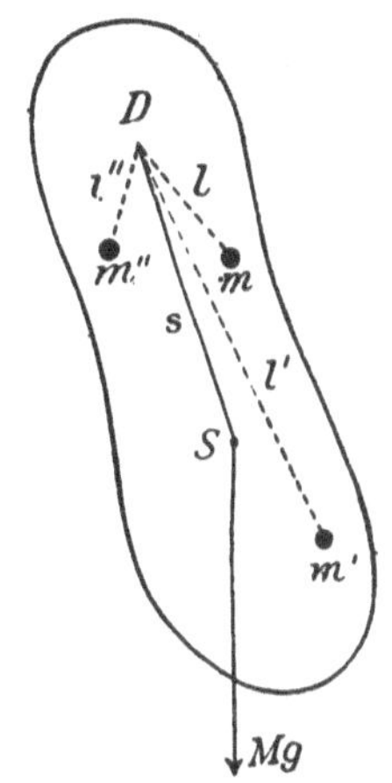

Fig. 55.
Physisches Pendel.

Wir schließen hieran noch den schönen Satz über das Trägheitsmoment eines Körpers, auf dem die Theorie des Reversionspendels beruht.

Es sei gegeben ein Körper von beliebiger Gestalt; durch seinen Schwerpunkt legen wir eine Axe und berechnen für sie das Trägheitsmoment J; verlegen wir nun die Axe aus dem Schwerpunkt heraus parallel mit sich selbst in die Entfernung d von der früheren Lage, so nimmt das Trägheitsmoment zu um Md^2, wo M die Masse des Körpers; sein Wert für die neue Axe ist also $J + Md^2$.

§ 75. Die Beschleunigung der Schwere. Wir haben früher bemerkt, daß die Fallversuche zu der Berechnung von g unbrauchbar sind. Dagegen läßt sich g bestimmen aus der Länge eines mathematischen Pendels von bekannter Schwingungsdauer. Man wählt dazu die Länge des Sekundenpendels, d. h. eines Pendels, dessen Schwingungsdauer eine Sekunde beträgt. Ein solches wird entweder dargestellt in der Form eines mathematischen Pendels durch eine an einem Faden hängende Kugel, oder in der Form eines Reversionspendels, bei dem die Entfernung der Axen die Länge des Sekundenpendels giebt.

Die Gleichheit der Beschleunigung der Schwere für alle möglichen

Stoffe hat BESSEL geprüft, indem er an demselben Pendelfaden Kugeln aus Platin, anderen metallischen Massen, Glas u. s. w. aufhing.

Die Messung der Länge des Sekundenpendels an verschiedenen Orten der Erdoberfläche hat gezeigt, daß die Beschleunigung der Schwere mit der geographischen Breite zunimmt. Der numerische Betrag der Änderung ergiebt sich aus der folgenden Tabelle:

Breite	0	15	30	45	60	75	90
$g \frac{\text{cm}}{\text{sec}^2}$	978,1	978,4	979,4	980,6	981,9	982,7	983,1

Die Abhängigkeit der Beschleunigung der Schwere von der geographischen Breite läßt sich nach HELMERT durch die Formel darstellen:[1]

$$g = 978{,}06 \cdot (1 + 0{,}0052 \sin^2 \varphi)\, \text{cm} \cdot \text{sec}^{-2}.$$

§ 76. Die Bifilarsuspension. Um einen Körper in horizontalem Sinne drehbar zu machen und ihm gleichzeitig eine bestimmte Gleichgewichtslage zu geben, benützen wir bei manchen physikalischen Apparaten und Versuchen die sogenannte Bifilarsuspension (Fig. 56). Wir hängen ihn an zwei gleich langen, in derselben Höhe befestigten Fäden AB und CD so auf, daß der Abstand der Befestigungspunkte AC gleich ist dem der Aufhängungspunkte BD und daß der Schwerpunkt S in der Mittellinie der Strecke BD liegt. In der Ruhelage hängen die beiden Fäden in derselben Vertikalebene parallel herab; drehen wir nun den aufgehängten Körper in horizontalem Sinne, so daß sein Schwerpunkt in derselben Vertikallinie bleibt, so führt er Pendelschwingungen um seine Gleichgewichtslage aus, sobald jenes horizontale Drehungsmoment aufgehoben wird. Die Schwingungsdauer kann berechnet werden, sobald das Trägheitsmoment des Körpers um die vertikale Drehungsaxe und die Direktionskraft der bifilaren Suspension bekannt sind. Die letztere ergiebt sich aus der folgenden Überlegung. Das Gewicht des Stabes verteilt sich auf die beiden Aufhängepunkte B und D. In den wirkenden Kräften wird also nichts geändert, wenn wir uns die Masse M des Stabes in zwei gleiche Teile zerlegt denken, die in den Punkten B und D konzentriert sind. Werden diese beiden Punkte sodann durch eine gewichtlose Stange miteinander verbunden,

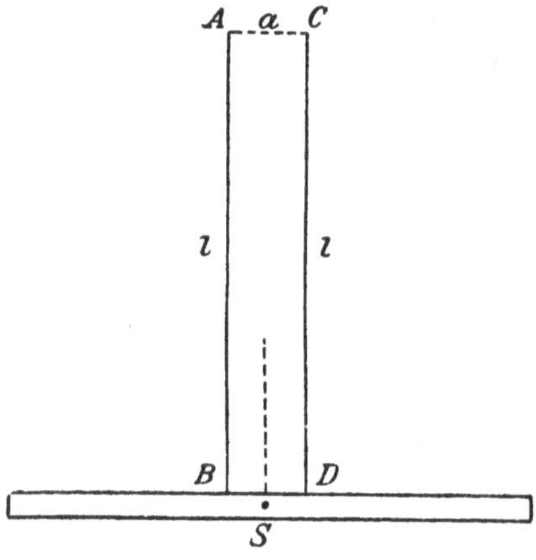

Fig. 56.

[1] Über Abweichungen hiervon vergl.: ROBERT VON STERNECK, Relative Schwerebestimmungen ausgeführt im Jahre 1894. Mittheilungen des k. u. k. militär-geographischen Institutes. XIV. Bd. Wien 1895.

so entsteht ein neues Bifilarpendel, das dieselbe Direktionskraft besitzen muß, wie das gegebene. Das Trägheitsmoment des fingierten Pendels ist aber gleich $M\frac{a^2}{4}$, wenn wir durch a den Abstand der Suspensionsfäden bezeichnen. Ist ferner H die unbekannte Direktionskraft, T die Schwingungsdauer des fingierten Pendels, so gilt die Gleichung

$$\frac{T^2}{\pi^2} = \frac{M \cdot \frac{a^2}{4}}{H}.$$

Das fingierte Bifilarpendel stellt sich aber andererseits dar als eine Kombination zweier mathematischer Pendel AB und CD, die stets in entgegengesetztem Sinne hin- und herschwingen, so daß der Mittelpunkt ihrer Verbindungslinie in einer vertikalen Linie sich auf und ab bewegt. Die Schwingungsdauer dieser mathematischen Pendel ist gegeben durch

$$\frac{T^2}{\pi^2} = \frac{l}{g},$$

wenn l die Länge der Suspensionsfäden.

Setzen wir die beiden Werte der Schwingungsdauer einander gleich, so ergiebt sich

$$H = Mg \cdot \frac{a^2}{4l},$$

ein Ausdruck, der nach dem Vorhergehenden ebenso die Direktionskraft des wirklich gegebenen, wie die des fingierten Bifilarpendels repräsentiert.

§ 77. Kreisbewegung, Centralkraft und Winkelgeschwindigkeit. Wir sind in § 70 von der Bewegung eines gleichförmig im Kreise umlaufenden Punktes übergegangen auf die Pendelbewegung; wir machen nun jene Bewegung selbst zum Gegenstand der Untersuchung. Ein Punkt A (Fig. 57), in dem wir uns die Masse einer kleinen Kugel konzentriert denken, bewege sich mit gleichförmiger Geschwindigkeit in der Peripherie eines Kreises, dessen Mittelpunkt in C liege. Vermöge seiner Trägheit würde er in jedem Augenblick in der Richtung der Tangente von der Kreisbahn abweichen. Er muß also durch eine senkrecht zur Bahn, in der Richtung des Radiusvektors wirkende Kraft immer wieder auf die Kreisperipherie zurückgeführt werden. Wir bezeichnen diese als eine auf den Körper wirkende Centralkraft. Ist beispielsweise der Punkt A durch einen Faden mit C verknüpft und in Umschwung um C versetzt worden, so ist es die Spannung des Fadens, die ihn in der Kreisbahn erhält; die Centralkraft ist gleich dieser Spannung. Umgekehrt spannt also der in Umschwung

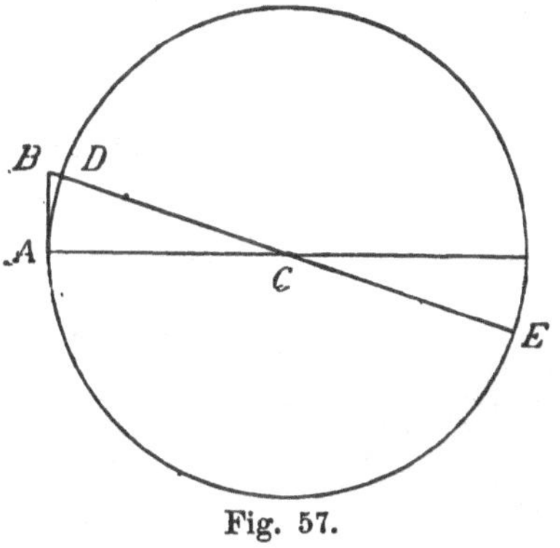

Fig. 57.

befindliche Körper den Faden, er übt auf ihn eine nach außen gerichtete Kraft aus, die wir als Centrifugalkraft bezeichnen. Mit dieser wächst die Spannung des Fadens und kann schließlich einen solchen Betrag erreichen, daß der Faden zerreißt. In diesem Augenblick verschwindet die Centralkraft, die den Körper in seiner Kreisbahn erhielt, und dieser fliegt in der Richtung der Kreistangente mit gleichbleibender Geschwindigkeit fort.

Die Abhängigkeit der Centralkraft von den Elementen der Bewegung ergiebt sich in folgender Weise. Ist v die Bahngeschwindigkeit des Punktes A, so wird er in der kleinen Zeit τ infolge seiner Trägheit den Weg $AB = v\tau$ in der Richtung der Tangente zurücklegen. Thatsächlich gelangt er in dieser Zeit in den Punkt D der Kreisperipherie, legt also in der Richtung senkrecht dazu den Weg BD zurück; dieser ist die Folge der Centralkraft. Bezeichnen wir die ihr entsprechende Beschleunigung durch a, so ist nach § 63 $BD = \frac{1}{2}a\tau^2$. Es ist aber $AB^2 = BE \times BD$ oder, da BD sehr klein gegen DE, mit hinreichender Genauigkeit $AB^2 = DE \times BD$. Setzen wir den Halbmesser des Kreises gleich r, so ist $BD = \frac{AB^2}{2r}$; setzen wir hier für BD und AB die zuvor angegebenen Werte, so ergiebt sich $a = \frac{v^2}{r}$ und die Centralkraft $ma = \frac{mv^2}{r}$.

Wenn eine Masse in Kreisbewegung versetzt wird, so ist die auf sie wirkende Centralkraft oder die von ihr ausgeübte Centrifugalkraft proportional der Masse, proportional dem Quadrat der Bahngeschwindigkeit und umgekehrt proportional dem Halbmesser der Bahn.

Hat der von dem Radius vector CA des Punktes A in der Zeiteinheit durchstrichene Winkel im Bogenmaß den Wert ω, so nennt man ω die Winkelgeschwindigkeit von A. Zwischen dieser und der Bahngeschwindigkeit besteht die Beziehung $v = \omega r$. Mit Einführung der Winkelgeschwindigkeit ergiebt sich also für die Centralkraft der bequemere Ausdruck $mr\omega^2$.

Zur Prüfung der gefundenen Gesetze benützt man einen besonderen

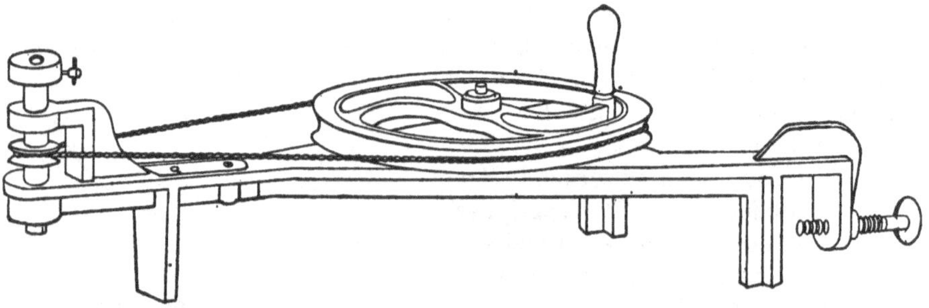

Fig. 58. Centrifugalmaschine.

Apparat, die Centrifugalmaschine (Fig. 58). Dieselbe besteht im wesentlichen aus einer vertikalen, möglichst stabilen Axe, die mit Hilfe eines

Schnurlaufes in rasche Umdrehung versetzt werden kann. Von den mannigfachen Versuchen, die man mit der Maschine anstellen kann, heben wir nur wenige hervor. 1. Auf einem glatten Drahte (Fig. 59), der senkrecht zu der Axe der Maschine in einem Rahmen befestigt ist, sind zwei durch einen Faden verbundene Kugeln m und m' leicht verschiebbar. Die Kugeln halten sich bei der Drehung im Gleichgewicht, wenn ihre Abstände von der Drehungsaxe sich umgekehrt verhalten wie ihre Massen, $r:r' = m':m$. Da ihre Winkelgeschwindigkeit ω dieselbe ist, so sind dann in der That die auf sie ausgeübten Centralkräfte $mr\omega^2$ und $m'r'\omega^2$ gleich groß; die Centralbeschleunigungen $r\omega^2$ und $r'\omega^2$ sind den Entfernungen von der Drehungsaxe direkt proportional, sie verhalten sich umgekehrt wie die Massen der beiden Körper in Übereinstimmung mit den Bemerkungen von § 65. 2. Die Axe der Maschine wird durch einen in sie eingeschraubten Stab verlängert. Das obere Ende trägt eine kleine horizontale Axe, um die eine an einem Arm BC befestigte Kugel in vertikaler Ebene sich drehen kann (Fig. 60). Wird die Maschine in Rotation versetzt, so stellt sich der Draht BC in die Richtung der Resultante aus Centrifugalkraft und Schwerkraft; die Kugel steigt um so höher, je größer die Umdrehungsgeschwindigkeit der Maschine ist. Von dieser Bewegung macht man Gebrauch bei der Dampfmaschine, um den Zutritt des Dampfes zu dem Cylinder zu regulieren und den Gang zu einem gleichmäßigen zu machen. 3. Wir setzen auf die Axe der Maschine ein cylindrisches Gefäß konzentrisch mit ihr und füllen dasselbe bis zu einer angemessenen Höhe mit einer Flüssigkeit, etwa Quecksilber. Wird die Maschine gedreht, so stellt sich die freie Oberfläche der Flüssigkeit senkrecht gegen die Resultante aus Centrifugalkraft und Schwerkraft. Es ergiebt sich, daß die Gestalt der Oberfläche die eines Umdrehungsparaboloides sein muß, was durch den Versuch bestätigt wird.

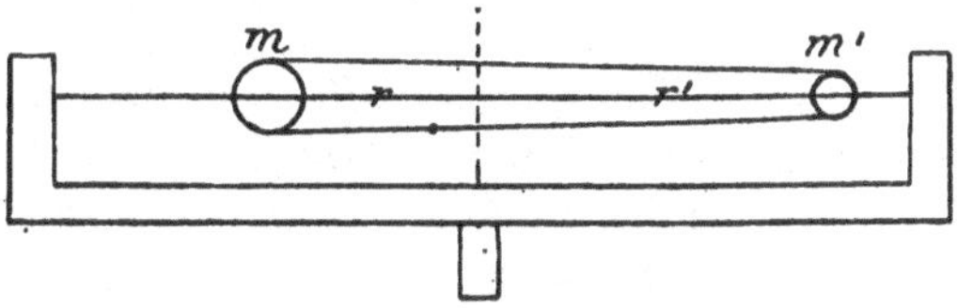

Fig. 59.

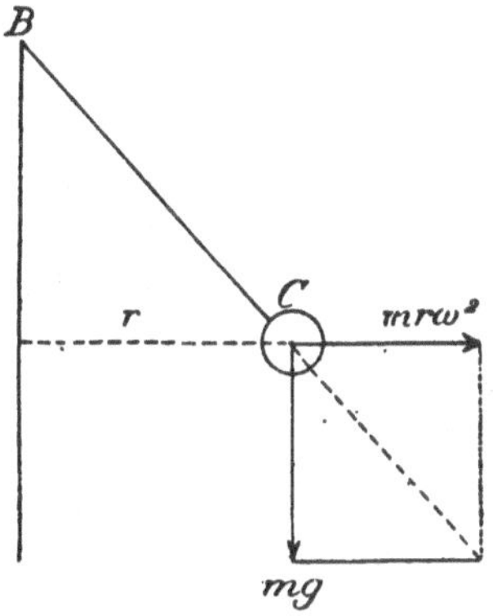

Fig. 60.

Wir erinnern noch an einige Erscheinungen des praktischen Lebens, bei denen die Centrifugalkraft eine wesentliche Rolle spielt. Wenn die Eisenbahn eine Kurve macht, so wird die Fläche des Bahnkörpers nach innen geneigt, so daß die Resultante aus der Centrifugalkraft und der Schwere des Zuges auf derselben senkrecht steht. Die Schienen erleiden dann nur einen Normaldruck, keinen Schub nach außen hin. Aus demselben Grunde legt sich ein Schlittschuhläufer nach innen, wenn er einen Bogen beschreibt. Er lenkt, wenn er zu fallen droht, in einem Bogen nach der betreffenden Seite ein, um den Körper von neuem ins Gleichgewicht zu setzen.

§ 78. Die Keplerschen Gesetze. Das großartigste und mannigfaltigste Objekt für die Anwendung unserer Prinzipien bietet das Planetensystem dar. Zugleich gestattet die Schärfe, deren die astronomischen Beobachtungen fähig sind, eine sehr genaue Prüfung der Theorie durch Vergleichung ihrer Ergebnisse mit denen der Beobachtung. Das Fundament für die dynamische Erforschung des Planetensystems ist gegeben durch die bekannten Gesetze, die Kepler aus den Beobachtungen Tychos abgeleitet hat.

1. Die Planeten bewegen sich in Ellipsen, in deren einem Brennpunkt die Sonne sich befindet.

2. Der von der Sonne nach einem Planeten gezogene Leitstrahl durchstreicht in gleichen Zeiten gleiche Flächenräume.

3. Die Quadrate der Umlaufszeiten zweier Planeten verhalten sich wie die Kuben der großen Axen der Bahnellipsen.

§ 79. Newtons allgemeine Gravitation. Die beiden ersten Keplerschen Gesetze erklären sich in einfacher Weise durch die Annahme einer gegen die Sonne gerichteten Centralbeschleunigung, oder durch eine von der Sonne auf die Planeten in der Richtung der Leitstrahlen ausgeübte Anziehung, die dem Quadrate der Entfernung umgekehrt proportional ist. Das dritte Gesetz zeigt, daß diese Kraft außerdem der Masse des angezogenen Planeten direkt proportional sein muß. Nimmt man noch das Prinzip der Gleichheit von Aktion und Reaktion zu Hilfe, so ergiebt sich das Newtonsche Anziehungsgesetz.

Zwischen der Sonne und einem Planeten besteht eine wechselseitige Anziehung, die dem Produkte der Massen beider Körper direkt, dem Quadrate ihrer Entfernung umgekehrt proportional ist.

Die hiermit gegebene Anschauung wurde von Newton sofort erweitert; dieselbe Anziehung betrachtete er als die Ursache, welche die Trabanten der Planeten in ihren Bahnen erhält; er sah in ihr eine allgemeine zwischen irgend zwei Körpern des Planetensystems wirkende Kraft und bahnte so den Weg zu der Theorie der Bahnstörungen, welche die Planeten infolge ihrer wechselseitigen Anziehung erleiden. Endlich aber, und hierin liegt eine seiner bewunderungswürdigsten Leistungen, erkannte er, daß jene zwischen den Himmelskörpern vorhandene Anziehung ihrem Wesen nach keine andere ist, als die an der Oberfläche der Erde beobachtete Anziehung der Schwere. In der That, wenn wir sehen, daß die Schwere in den Schächten der Bergwerke und auf den Spitzen der höchsten Berge vorhanden ist, so fordert die Kontinuität, daß sie auch über irdische Entfernungen hinaus, z. B. bis zum Monde wirke, daß also der Mond gegen die Erde schwer sei, und daß diese Schwere ihn in seiner Bahn um die Erde erhalte. Wenn aber die Schwere mit der NEWTONschen Anziehung identisch ist, so nimmt sie ab nach dem umgekehrten Quadrat der Entfernung vom Erdmittelpunkt. Beträgt die Beschleunigung an der Oberfläche der Erde 981 $\mathrm{cm \cdot sec^{-2}}$, so ist sie in der Entfernung des Mondes, d. h. in einem Abstand von 60,3 Erdhalbmessern gleich $\frac{981}{60{,}3 \times 60{,}3} = 0{,}27\ \mathrm{cm \cdot sec^{-2}}$. Dies ist aber thatsächlich die Centralbeschleunigung des Mondes, wie sie sich aus Bahnhalbmesser und Umlaufszeit nach § 77 ergiebt, wenn man von der geringen Elliptizität der Bahn absieht und die Bewegung als eine kreisförmige betrachtet. Die Annahme, daß die Schwere mit jener Centralkraft, welche die Planeten in ihren Bahnen erhält, identisch sei, führt somit für die Mondbewegung zu einem mit der Beobachtung vollkommen übereinstimmenden Resultat. Der Begriff der Schwere erweitert sich hierdurch zu dem der allgemeinen Gravitation. Aber es wird damit auch die Vorstellung, daß die zwischen den Weltkörpern vorhandenen Anziehungen ihren physischen Ursprung in ihren Mittelpunkten haben, aufgehoben; die Schwere muß ausgehen von jedem beliebigen Teil ihrer Massen; es müssen je zwei Massenteilchen, welches auch ihre Herkunft, welches ihre sonstige Beschaffenheit sei, dem NEWTONschen Gesetz entsprechend sich anziehen. Bezeichnen wir also durch m und m' irgend zwei Massen, durch r ihre Entfernung, so findet zwischen ihnen eine wechselseitige Anziehung K statt, die gegeben ist durch

$$K = \varkappa \frac{m\,m'}{r^2}.$$

Der in dieser Formel auftretende Faktor $\varkappa$ hat eine einfache physikalische Bedeutung; es wird nämlich die Anziehung gleich $\varkappa$, wenn wir m und m' gleich der Masseneinheit, r gleich der Einheit der Entfernung setzen. Es ist also $\varkappa$ diejenige konstante Kraft, mit der sich zwei Masseneinheiten in der Einheit der Entfernung anziehen. Man bezeichnet $\varkappa$ als die Gravitationskonstante; aus der Anziehung, die zwei beliebige Massen in beliebiger Entfernung auf einander ausüben, berechnet sie sich nach der Formel

$$\varkappa = \frac{K r^2}{m\,m'}.$$

Im absoluten Maßsystem ist daher die Dimension von $\varkappa$

$$[\varkappa] = l^3 m^{-1} t^{-2}.$$

Mit Rücksicht auf die Identität, die zwischen der Anziehung der Weltkörper und der Schwere an der Erde besteht, nennt man alle Körper, die nach dem NEWTONschen Gesetz auf einander wirken, ponderable.

§ 80. Sätze über die Anziehung von Kugeln. Wenn wir die Wechselwirkungen der Planeten oder die von der Erde an ihrer Oberfläche ausgeübte Anziehung berechnen, so denken wir uns ihre Massen in den Mittelpunkten konzentriert. Dieses Verfahren findet seine Rechtfertigung durch einen von Newton aufgestellten Satz.

Eine homogen mit Masse erfüllte Kugelschale wirkt auf einen äußeren Punkt gerade so, wie wenn ihre Masse im Kugelmittelpunkt vereinigt wäre.

Gleiches gilt dann auch für eine aus konzentrischen homogenen Schichten aufgebaute Vollkugel.

Auf einen in ihrem Inneren liegenden Punkt wirkt eine homogene Kugelschale gar nicht; hiernach läßt sich die Änderung der Schwere im Inneren einer Kugel bestimmen, die entweder durchaus homogen ist oder aus konzentrischen homogenen Schalen von bekannter Dichte besteht.

§ 81. Bestimmung der Gravitationskonstante und der Dichte der Planeten. Die Gravitationskonstante kann nach einem zuerst von Cavendish angegebenen Prinzip mit Hilfe einer sogenannten Drehwage bestimmt werden.

Ein leichter Stab, der Wagbalken, (Fig. 61), der an seinen beiden Enden zwei kleine Bleikugeln trägt, wird so aufgehängt, daß er sich in einer horizontalen Ebene leicht drehen kann. Zu diesem Zweck kann man zunächst, wie dies von Reich[1] geschehen ist, die in § 76 besprochene bifilare Aufhängung benutzen. Größere Empfindlichkeit der Wage erreicht man, wenn der Balken in seiner Mitte an einem feinen Drahte aufgehängt wird. Ist seine Ruhelage bestimmt, so wird jeder der von ihm getragenen Kugeln eine große Bleikugel gegenübergestellt, so daß die zwischen den Kugelpaaren wirkenden Anziehungen den Stab in demselben Sinne zu drehen suchen. In der neuen Ruhelage hält die von der Drillung des Drahtes herrührende elastische Kraft dem Drehungsmomente der Anziehung das Gleichgewicht. Ist die erstere bekannt, so ist auch das letztere gegeben, und aus ihm kann die Größe der Anziehung selbst berechnet werden. Dann aber ergiebt sich nach der Formel $\varkappa = \frac{K r^2}{m m'}$ der Wert der Gravitationskonstanten. Im cm, g, sec System wird

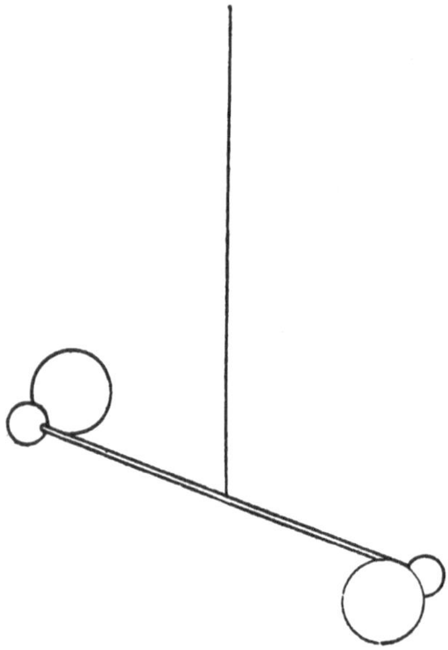

Fig. 61. Drehwage.

$$\varkappa = 6{,}658 \times 10^{-8}\, cm^3 \cdot g^{-1} \cdot sec^{-2}.$$

Die Kraft, mit der 2 Kilogrammstücke in der Entfernung von 10 cm einander anziehen, ist hiernach im absoluten Maßsystem:

[1] Pogg. Ann. Bd. 85. 1852. p. 189.

$$K = 6{,}66 \times 10^{-8} \times \frac{10^8 \times 10^8}{10^2} \; cm \cdot g \cdot sec^{-2}.$$
$$= 6{,}66 \times 10^{-4} \text{ Dynen}$$

oder gleich dem Gewichte von 0,00068 Milligrammstücken.

Mit Bezug auf die Konstruktion der Drehwage fügen wir noch eine Bemerkung hinzu. Der Balken muß so lang gemacht werden, daß die Wechselwirkung der auf verschiedenen Seiten desselben befindlichen Kugeln nicht in Betracht kommt; denn sie wirkt der Anziehung der benachbarten Kugeln entgegen. Es läßt sich dies aber auch bei einem Balken von kleiner Länge erreichen, wenn man die beiden von ihm getragenen Kugeln in verschiedene Höhe bringt. Es kann dies etwa so gemacht werden, daß man die kleinen Bleikugeln nicht direkt an dem Balken befestigt, sondern von seinen Enden an verschieden langen Fäden vertikal herunter hängen läßt. Damit ist die Möglichkeit gegeben, das ganze System in kleinem Maßstabe und mit sehr geringem Gewichte herzustellen. Zu der Aufhängung der Drehwage wird dann ein feiner aus geschmolzenem Quarze gezogener Faden benutzt.[1]

An die Bestimmung der Gravitationskonstante schliesst sich noch eine Aufgabe von besonderem Interesse, die Bestimmung der Masse und Dichtigkeit der Himmelskörper. Nach dem Gravitationsgesetz ist die Beschleunigung a, die eine Kugel von der Masse M in der Entfernung r von ihrem Mittelpunkt erzeugt, gegeben durch

$$a = \varkappa \frac{M}{r^2}.$$

Sind durch Beobachtung zwei zusammengehörige Werte von a und r gegeben, so ist

$$M = \frac{a r^2}{\varkappa}.$$

Wenn wir durch V das Volumen der Kugel bezeichnen, so ist

$$\delta = \frac{M}{V} = \frac{a r^2}{V \varkappa}$$

bei nicht gleichmäßiger Massenverteilung ihre mittlere Dichte. An der Oberfläche der Erde ist $a = g$, r gleich ihrem Halbmesser; die mittlere Dichte der Erde wird darnach gleich 5,527, während die Dichte der Erdrinde etwa gleich 2,5 anzunehmen ist.

§ 82. Die reine Gravitation der Erde. Auf einen Körper an der Oberfläche der Erde wirken gleichzeitig zwei Kräfte, die durch das NEWTON'sche Gesetz bestimmte Anziehung und die Centrifugalkraft; durch die Richtung ihrer Resultante wird die Ruhelage, durch ihre Größe die Schwingungsdauer eines Pendels bestimmt. Die Beschleunigung der Schwere g, wie sie aus Pendelbeobachtungen gefunden wird, ist die Resultante aus der Beschleunigung der Gravitation und aus der der

[1] BOYS, On the NEWTONIAN Constant of Gravitation. Phil. Trans. of the Roy. Soc. of London. Vol. 186. 1895. p. 1.

Centrifugalkraft. Da die Dimensionen der Erde und ihre Umdrehungsgeschwindigkeit bekannt sind, so kann die Centrifugalbeschleunigung für jeden Punkt ihrer Oberfläche berechnet werden; nehmen wir an, daß die reine Gravitation, deren Beschleunigung wir mit a bezeichnen wollen, überall nach dem Mittelpunkt der Erde gerichtet sei, so können wir sie nach dem Satz vom Parallelogramm bestimmen. Am Äquator ist a gleich der Summe von g und von der Centrifugalbeschleunigung, am Pole sind a und g identisch. Für den Äquator berechnen wir die Centrifugalbeschleunigung aus folgenden Angaben. Der Umfang des Äquators ist gleich $2\pi \times 6\,377\,000$ m, die Umdrehungszeit der Erde nach § 17 gleich $24 \times 60 \times 60 - 236 = 86\,164$ sec., somit die Centrifugalbeschleunigung gleich

$$\left\{\frac{2\pi \times 6\,377\,000}{86\,164}\right\}^2 \cdot \frac{1}{6\,377\,000} = 0{,}034\ \mathrm{m \cdot sec^{-2}}.$$

Die Beschleunigung der reinen Gravitation ist somit am Äquator:

$$a = 978{,}1 + 3{,}4 = 981{,}5\ \mathrm{cm \cdot sec^{-2}},$$

$$\text{am Pol: } a = 983{,}1.$$

Die reine Gravitation ist gleichfalls am Pole größer als am Äquator. Es folgt hieraus, daß die Erde keine Kugel, sondern ein an den Polen abgeplatteter Körper ist. In der That ergiebt sich aus den an der Oberfläche der Erde ausgeführten Gradmessungen, daß die Erde im wesentlichen als ein abgeplattetes Rotationsellipsoid zu betrachten ist. Der Überschuß der äquatorialen Axe über die Polaraxe, die sogenannte Abplattung, beträgt $\frac{1}{300}$ der letzteren.

§ 83. Die Abplattung der Erde. Wenn man bedenkt, daß der größere Teil der Erdoberfläche mit Wasser bedeckt ist, daß die ganze Erde in früheren Epochen wahrscheinlich flüssig war, so liegt es nahe, ihre Abplattung als eine Wirkung der Centrifugalkraft zu betrachten. Wir nehmen an, die Erde bestehe aus einem festen kugelförmigen Kern, der von einer Flüssigkeit von geringerer oder höchstens gleicher Dichte bedeckt sei. Auf ein beliebiges Teilchen der Flüssigkeit wirkt die nach dem Mittelpunkt gerichtete Anziehung des Kerns, die Anziehung der übrigen Flüssigkeitsteilchen und die Centrifugalkraft; die Oberfläche der Flüssigkeit stellt sich ebenso wie in dem Beispiel des § 77 senkrecht gegen die Resultante aus diesen drei Kräften; die Centrifugalkraft hat daher in der That die Folge, daß die Flüssigkeitsschichte, die sonst den Kern mit konstanter Dicke konzentrisch umhüllen würde, an den Polen sich abplattet. Für die Größe der Abplattung ergiebt sich der Wert:

$$\frac{1}{580} \cdot \frac{1}{1 - 0{,}6\,\frac{\varrho}{\delta_m}}.$$

Hier bezeichnet ϱ die Dichte der Flüssigkeit, δ_m die mittlere Dichte der Erde, so daß nach § 81 $\delta_m = 5{,}5$. Setzen wir ϱ gleich der Dichte des Wassers, gleich 1, so wird die Abplattung gleich $\frac{1}{517}$;

denken wir uns den Kern bedeckt mit einer flüssigen Schicht, deren Dichte gleich der mittleren Dichte der Erdrinde, so erhalten wir ungefähr $\frac{\varrho}{\delta_m} = \frac{1}{2}$ und die Abplattung gleich $\frac{1}{406}$; setzen wir endlich $\varrho = \delta_m$, so erhalten wir für die Abplattung eines homogenen Erdkörpers den Betrag $\frac{1}{232}$. In keinem Falle ergiebt die Theorie die thatsächlich vorhandene Abplattung von $\frac{1}{300}$, keine jener Voraussetzungen entspricht also den wirklichen Verhältnissen des Erdkörpers.

§ 84. Rotation eines starren Körpers um seinen Schwerpunkt. In der Lehre vom Pendel haben wir die Schwingungen betrachtet, die ein starrer Körper um eine unveränderliche Drehungsaxe ausführt. Beim physischen Pendel ist diese Unveränderlichkeit von vornherein dadurch gesichert, daß die Drehungsaxe durch eine mit ihm fest verbundene, zu seiner Längsrichtung senkrechte Schneide dargestellt wird, mit der das Pendel auf einer festen horizontalen Platte aufliegt. Beim mathematischen Pendel ist allerdings eine solche bestimmte Drehungsaxe nicht vorhanden; wir sorgen aber durch die Art, wie die Bewegung eingeleitet wird, dafür, daß das Pendel in einer Ebene hin- und herschwingt, d. h. so, wie wenn es um eine unveränderliche Axe sich drehte. Im allgemeinen sind die Bewegungen eines Körpers, der um einen festen Punkt nach allen Richtungen hin sich frei drehen kann, von komplizierter Natur. Das bekannteste Beispiel einer solchen Bewegung bildet der Kreisel, der mit seiner Spitze in eine glatte Pfanne eingesetzt ist, so daß er sich um die Spitze dreht, während diese zugleich gezwungen ist, an derselben Stelle zu bleiben. Aber auch die Axendrehung der Erde, die Rotation eines Geschosses in der Luft besitzen denselben Charakter. Der Unterschied liegt nur darin, daß in den letzteren Fällen zu der drehenden Bewegung um den Schwerpunkt noch eine fortschreitende Bewegung hinzukommt.

Wir beschränken uns bei dem Problem der Rotation eines starren Körpers um einen festen Punkt auf wenige Andeutungen, da eine ausführliche Behandlung nicht möglich ist ohne einen etwas umständlichen mathematischen Apparat. Vor allem setzen wir voraus, daß der betrachtete Körper mit Bezug auf eine bestimmte Axe nach allen Seiten hin symmetrisch gebaut sei, daß er die Gestalt eines Umdrehungskörpers besitze; jene Symmetrieaxe bezeichnen wir als Figurenaxe des Körpers; aus Symmetriegründen muß dann der Schwerpunkt in der Figurenaxe liegen; wir nehmen zunächst an, daß der Drehungspunkt mit dem Schwerpunkt zusammenfalle, der Körper sich so bewege, als ob überhaupt keine äußeren Kräfte auf ihn wirkten.

Wir betrachten nun zuerst den Fall, daß die Drehungsaxe zusammenfällt mit der Figurenaxe des Körpers. Die Resultante aller auf den Körper wirkenden Centrifugalkräfte ist in diesem Fall gleich Null, da die rotierenden Massen um die Axe vollkommen symmetrisch verteilt sind. Die Drehung geht also gerade so vor sich, wie wenn keine

Centrifugalkräfte wirkten. Es ist dies der Fall eines vollkommen centrierten Schwungrades, dessen Lager durch Centrifugalkräfte in keiner Weise in Anspruch genommen werden. Ganz anders gestaltet sich die Sache, wenn das Schwungrad schief auf seine Axe aufgesetzt ist, die Drehungsaxe nicht zugleich Figurenaxe ist. Es stelle der in Fig. 62 gezeichnete Kreis das Schwungrad vor, CD sei die Drehungsaxe, CF die Figurenaxe. Wenn wir nun zwei Punkte a und a' des Rades betrachten, die symmetrisch zu der Ebene DCF liegen, so heben sich die von ihnen entwickelten Centrifugalkräfte allerdings noch auf, aber nicht so die Centrifugalkräfte zweier Punkte b und b', die in der Ebene DCF gleich weit von der Axe liegen; diese erzeugen ein Kräftepaar K, K', das die Figurenaxe der Drehungsaxe zu nähern, eine Drehung des Rades

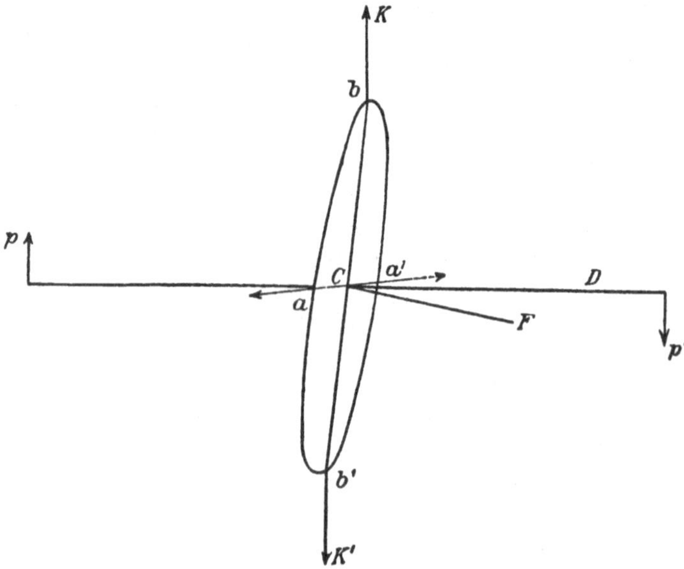

Fig. 62. Schwungrad.

um eine zu DCF senkrechte Axe aa' zu erzeugen sucht. Soll also die Rotationsaxe des Schwungrades ihre Lage im Raum behalten, so muß auf sie von außen her ein Kräftepaar p, p' wirken, welches, dem der Centrifugalkraft in jedem Augenblick entgegengesetzt, durch den von den Lagern auf die Axe ausgeübten Druck geliefert wird. Die Axe aa', um welche p und p' drehen, steht in jedem Augenblick senkrecht zu der Ebene DCF, sie rotiert also mit dem Rade, und gleiches gilt natürlich auch von der Richtung der Drucke p und p' selbst. Es beruht auf diesem Umstand das Schleudern eines schief auf der Axe sitzenden Rades, die rasche Abnützung der Lager und der Axe.

Wir haben bisher angenommen, daß die Axe des Schwungrades durch feste Lager gehalten sei. Wir fügen noch einige Bemerkungen hinzu, die sich auf den Fall eines um seinen Schwerpunkt frei nach allen Seiten drehbaren Rotationskörpers beziehen. Wenn die Drehungsaxe mit der Figurenaxe zusammenfällt, so ist nach dem Vorhergehenden die Resultante der Centrifugalkräfte gleich Null, der Körper fährt fort, um die Figurenaxe zu rotieren; mit Bezug hierauf bezeichnet man diese als eine freie Axe. Wenn aber der Körper zu Anfang um eine andere gegen die Figurenaxe geneigte Linie in Umdrehung versetzt wurde, so gesellt sich zu der ihm erteilten Winkelgeschwindigkeit sofort eine zweite, durch Centrifugalkräfte erzeugte, hinzu; die Axe, um welche im ersten Moment die Drehung erfolgte, bleibt nicht Drehungsaxe, vielmehr wandert diese im Innern des Körpers auf dem Mantel eines Kreiskegels, dessen Figurenaxe mit der des Körpers zusammenfällt. Aber nicht bloß im Innern des Körpers verschiebt sich die Drehungsaxe, sondern auch im Raume ändert sie von Augenblick zu Augenblick ihre Lage, indem sie auch hier den Mantel eines Kegels durchläuft. Halten wir uns an den Fall eines Körpers, der wie ein Schwungrad im wesentlichen die Gestalt eines Ringes oder einer flachen Scheibe hat — wir wollen ihn als Kreisel bezeichnen —, so können wir uns von der Bewegung in folgender Weise eine deutliche und anschauliche Vorstellung machen (Fig. 63). Wir beschreiben um den Drehungspunkt C eine Kugel. Wir haben dann einmal den mit dem Kreisel fest verbundenen Kegel, der von den aufeinander folgenden Lagen der Drehungsaxe gebildet wird. Seine Figurenaxe, zugleich die des Kreisels selbst, durchbohrt in dem betrachteten Augenblick die Oberfläche der Kugel in dem Punkt F; der Mantel durchschneidet die Kugel in einem Kreise, dessen sphärischer Mittelpunkt F ist. Wir haben zweitens einen im Raum festen Kegel, dessen Axe auf der Kugelfläche den unveränderlichen Punkt J bestimmt. Der Mantel dieses Kegels erzeugt auf der Oberfläche der Kugel einen zweiten Kreis, dessen Mittelpunkt J ist. Die beiden Kreise berühren sich bei der momentanen Lage des Kreisels in einem Punkte B, die Kante BC ist die Axe, um die augenblicklich die Drehung des Kreisels erfolgt; die weitere Bewegung ergiebt sich, wenn man den mit dem Kreisel verbundenen Kegel um den im Raume festen d. h. den Kreis F um den Kreis J ohne Gleiten rollen läßt. Die Bewegung stimmt dem Ansehen nach überein mit dem Kreiseln einer flachen Scheibe, eines Geldstückes, eines Ringes auf einer ebenen Tischplatte.

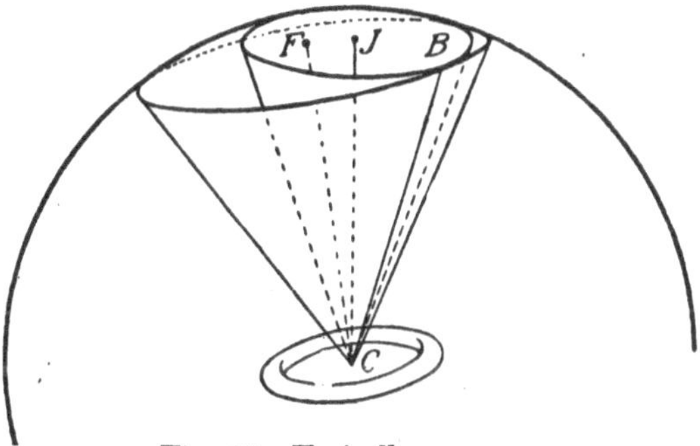

Fig. 63. Kreiselbewegung.

§ 85. Präzessionsbewegung. Bewegungen, welche der zuletzt geschilderten ähnlich sind, ergeben sich, wenn man einen Körper zwar um seine Figurenaxe in Rotation versetzt, dann aber irgend welche äußere Kräfte auf ihn einwirken läßt. Bei einem Kreisel, dessen Drehungspunkt nicht mit seinem Schwerpunkt zusammenfällt, ergiebt sich eine solche Kraft schon aus der Schwere. Wie im vorhergehenden nehmen wir an, daß der Kreisel die Form einer flachen Scheibe besitzt, die um ihre Figurenaxe in schnelle Rotation versetzt werden kann. Auf der einen Seite sei die Axe verlängert und um ihren Endpunkt D frei drehbar. (Fig. 64)[1].

Wir legen durch D eine horizontale Ebene und betrachten zuerst den Fall, daß die Figurenaxe DF zu Anfang unterhalb dieser Ebene gehalten werde. Wenn der Kreisel keine Rotation um seine Axe besitzt, so wird er, losgelassen, einfache, ebene Pendelschwingungen aus-

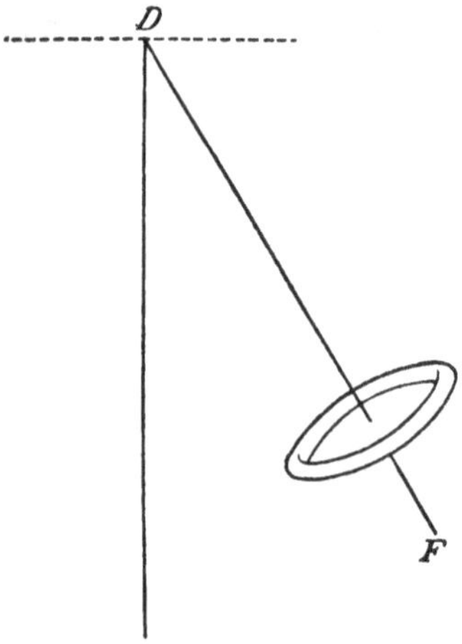

Fig. 64.

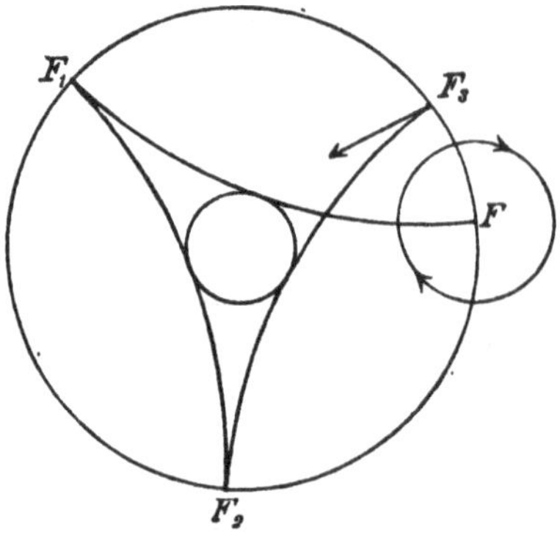

Fig. 65.

führen. Wenn er aber, um seine Figurenaxe in Rotation versetzt, in der Stellung DF erst ruhig gehalten und dann losgelassen wird, so gesellt sich zu der durch die Schwere erzeugten Winkelgeschwindigkeit noch die um die Figurenaxe. Kombiniert man die Bewegungen, die ihnen einzeln entsprechen, so ergiebt sich, daß die Figurenaxe des Kreisels aus der vertikalen Ebene im Sinne der Rotation abweicht. Das Ende der Figurenaxe beschreibt eine Kurve, die in Fig. 65 von oben gesehen gezeichnet ist. Der Sinn, in dem der Kreisel um seine Axe rotiert, ist durch den Pfeil auf dem kleinen um F beschriebenen Kreise gegeben. Die Kurve verläuft in dem Raume zwischen zwei konzentrischen Kreisen, deren Mittelpunkte in der Vertikalen durch den Drehungspunkt liegen; auf dem äußeren Kreis bildet sie eine Reihe von Spitzen, den inneren

[1] Hess, Über das Gyroskop. Math. Ann. 19. 1881. p. 121. Math. Ann. 29, 1887. p. 500.

berührt sie. Die Figuren 66 und 67 zeigen, wie die von dem Endpunkte der Figurenaxe beschriebene Kurve sich ändert, wenn die Rotations-

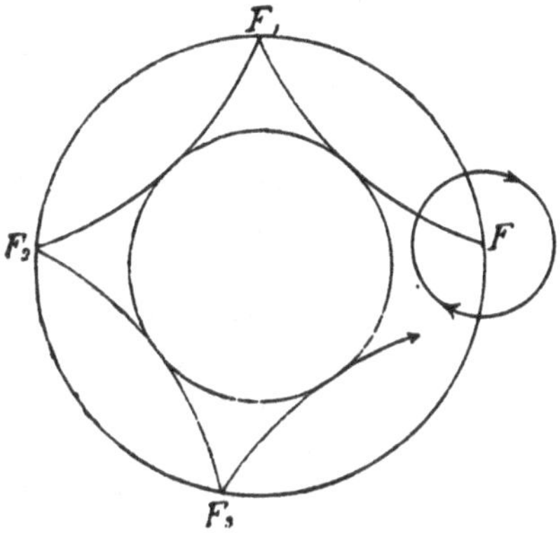

Fig. 66.

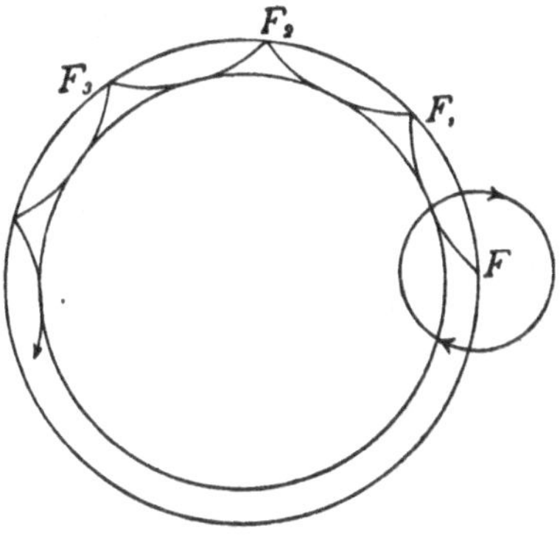

Fig. 67.

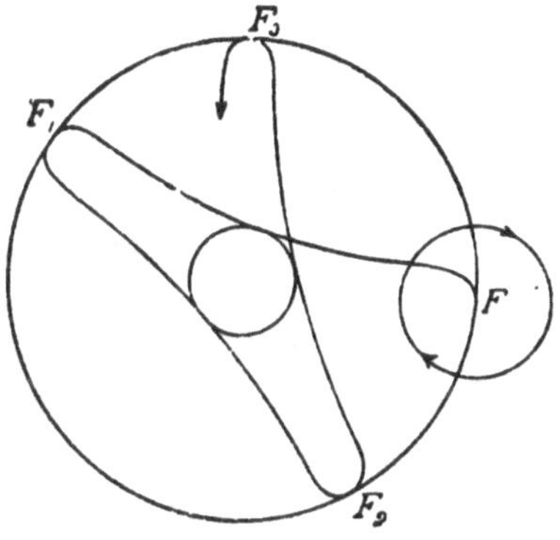

Fig. 68.

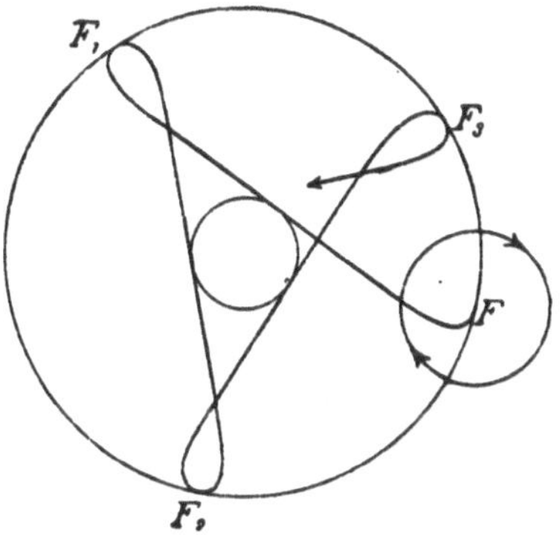

Fig. 69.

geschwindigkeit des Kreisels wächst. Figur 68 giebt die Änderung der Kurve, wenn die Figurenaxe des rotierenden Kreisels aus der Anfangsstellung *DF* nicht einfach losgelassen wird, sondern gleichzeitig einen seitlichen Antrieb im Sinne ihrer weiteren Bewegung erfährt. Figur 69 zeigt die Bahn von *F*, wenn jener anfängliche Stoß der Bewegung von *F* entgegengesetzt ist.

Besonders eigentümlich stellt sich die Bewegung des Kreisels dar, wenn die Figurenaxe von Anfang an nicht unter, sondern über der durch *D* gelegten Horizontalebene sich befand (Fig. 70).

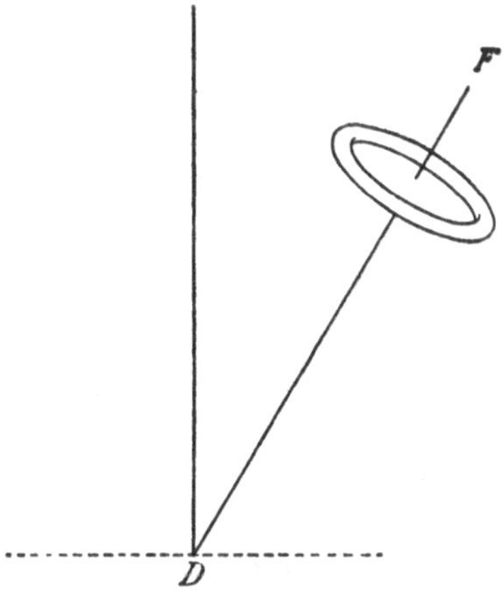

Fig. 70.

Wenn die Rotationsgeschwindigkeit genügend groß ist, so sinkt sie nicht unter jene Ebene hinab, und ihr Endpunkt F beschreibt auf einer über der Horizontalebene liegenden Halbkugel Kurven, die für zunehmende Rotationsgeschwindigkeit in den Figuren 71 und 72 gezeichnet sind. Man hat dann bei großer Rotationsgeschwindigkeit den überraschenden Anblick, daß die Axe DF der Wirkung der Schwere zum Trotz anscheinend in derselben Höhe sich hält, daß sie aber zugleich schwankend oder zitternd einen Kegel beschreibt, dessen Axe mit der Vertikalen durch den Drehungspunkt zusammenfällt.

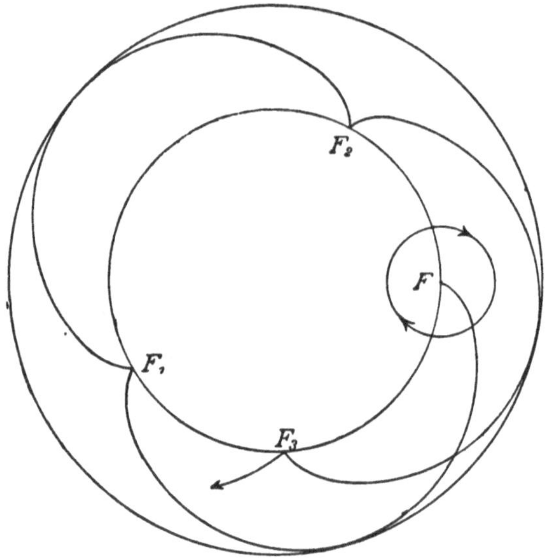

Fig. 71.

Man hat damit zugleich die Bewegung eines gewöhnlichen auf einer Spitze drehbaren Kreisels, dessen Schwerpunkt über dem Drehungspunkte

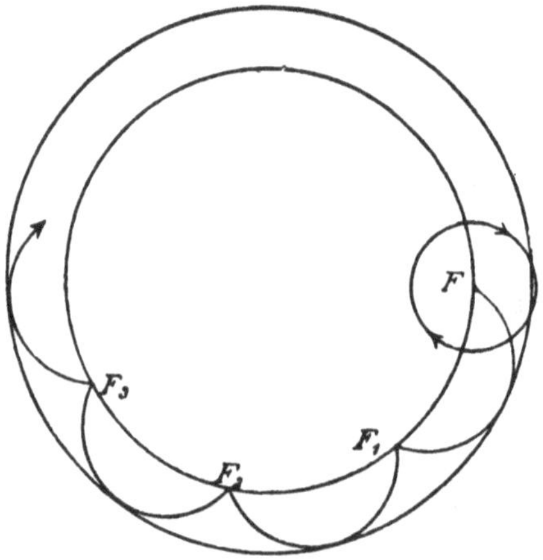

Fig. 72.

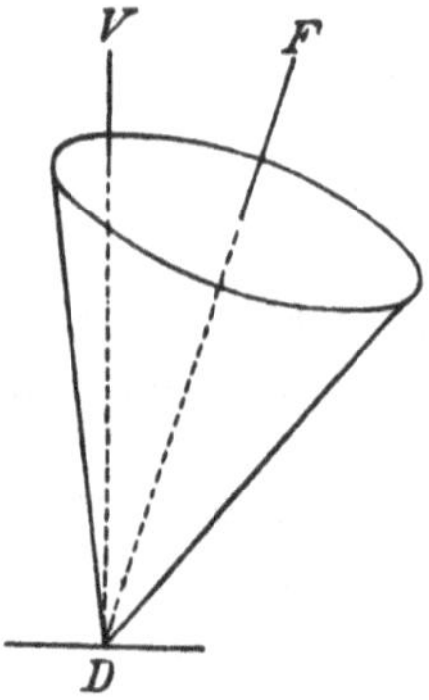

Fig. 73. Kreisel.

gelegen ist, bei dem also die Schwere den Winkel zwischen der Figurenaxe und der Vertikalen zu vergrößern sucht (Fig. 73).

Man kann aber auch den zuerst betrachteten Fall, in dem der

Schwerpunkt des rotierenden Körpers unterhalb der durch den Drehungspunkt gelegten Horizontalebene sich befindet, mit einem auf einer Spitze rotierenden Kreisel realisieren; zu diesem Zweck giebt man seinem Durchschnitt die in Figur 74 gezeichnete Form, bei der die Spitze D höher zu liegen kommt, wie der Schwerpunkt. Setzt man den Kreisel mit seiner Spitze in eine polierte konkave Pfanne, so befindet

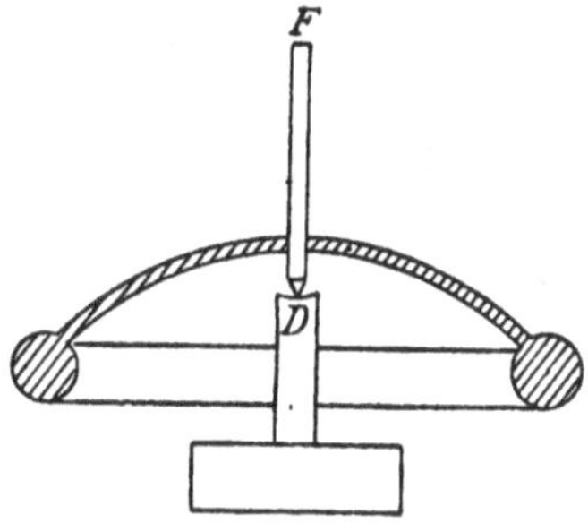

Fig. 74. Kreisel.

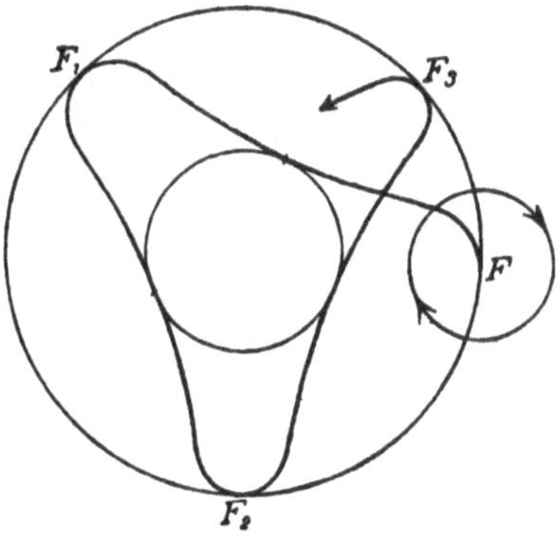

Fig. 75.

er sich im Gleichgewicht, wenn die Axe DF vertikal steht. Wird er um DF in Rotation gebracht und dann schief auf die Pfanne gesetzt, so beschreibt der Endpunkt F die in den Figuren 65—69 gezeichneten Kurven. Wir kehren noch einmal zurück zu dem Falle der Figur 68, in welchem die Axe DF aus ihrer Anfangsstellung nicht einfach losgelassen wird, sondern gleichzeitig einen seitlichen Stoß in der Richtung der eintretenden Bewegung erhält. Die Figuren 75—77 zeigen die Änderung der

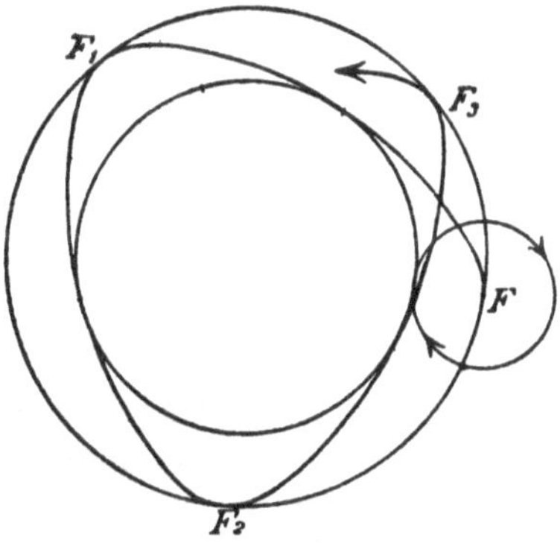

Fig. 76.

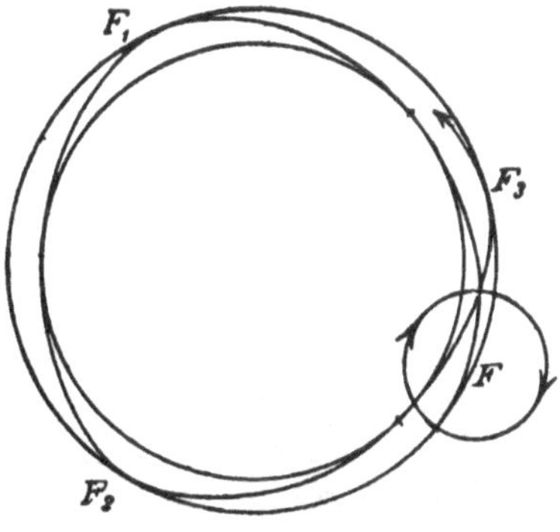

Fig. 77.

Bahn bei allmählig steigender Seitengeschwindigkeit. Man erkennt aus denselben, daß eine gewisse Stärke jenes Stoßes existieren muß, bei welcher der äußere und der innere Berührungskreis zusammen fallen, bei dem also der Punkt F einen Kreis, die Figurenaxe DF einen Kegel um die Vertikallinie durch D beschreibt. Es ergiebt sich ferner aus der Figur, daß der Endpunkt F der Figurenaxe in seinem Kreise, die Axe DF in ihrem Kegel in einem Sinne umläuft, welcher der Axendrehung des Kreisels entgegengesetzt ist. Diese Bewegung bezeichnet man als die Präzession der Figurenaxe.

Jener ausgezeichnete Fall der Bewegung ist von einem ganz besonderen Interesse deßhalb, weil er sich realisiert findet bei der Axendrehung der Erde. Wäre die Erde eine vollkommene Kugel, so wäre kein Grund vorhanden, weßhalb die Richtung ihrer Drehungsaxe im Raume sich ändern sollte; sie würde ganz unabhängig von der gleichzeitigen fortschreitenden Bewegung stets dieselbe Richtung behalten. Nun ist aber die Erde ein abgeplattetes Rotationsellipsoid, also gewissermaßen eine Kugel mit einem auf den Äquator gesetzten Wulst. Dieser wird angezogen von Sonne und Mond, und zwar stärker auf der diesen Weltkörpern zugewandten als auf der abgewandten Seite. Es resultiert daraus ein Drehungsmoment, das die Erdaxe aufzurichten, gegen die Ebene der Ekliptik senkrecht zu stellen sucht (Figur 78). Die Erde verhält sich also, wenn wir von

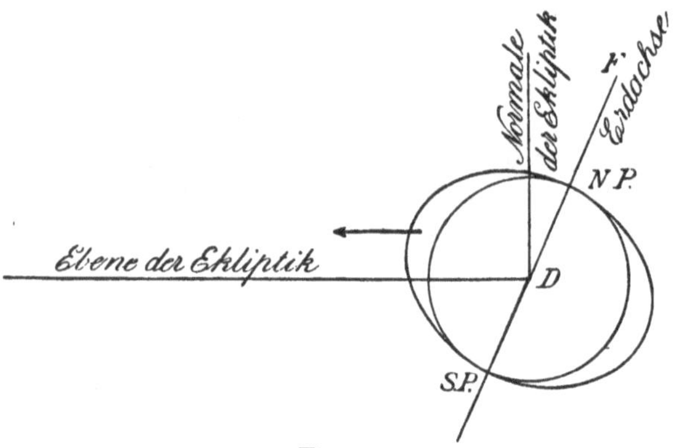

Fig. 78.

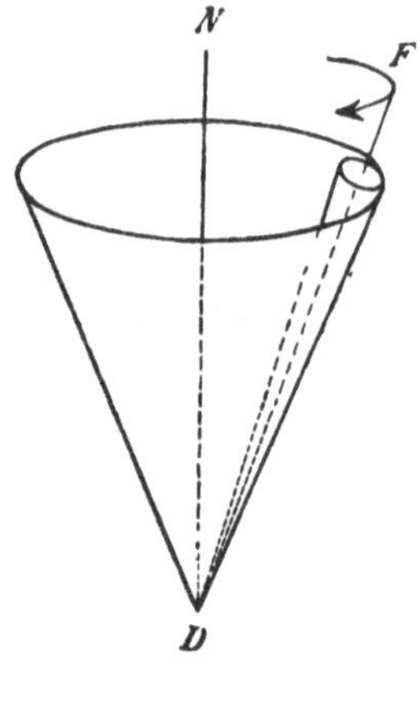

Fig. 79.
Präzession der Erdaxe.

ihrer fortschreitenden Bewegung absehen, in der That gerade so, wie der Kreisel der Figur 74. In Übereinstimmung damit ergiebt sich aus den Beobachtungen, daß ihre Figurenaxe DF in einem der täglichen Drehung entgegengesetzten Sinne einen Kegel durchläuft, dessen Axe normal zu der Ekliptik steht. Diese Bewegung bezeichnet man als die Präzession der Erdaxe. Eine genauere Vorstellung davon giebt die folgende Konstruktion. (Figur 79.) Wir wissen, daß die Axe der Erde gegen die Normale der Ekliptik um einen Winkel von $23\,^1/_2{}^0$ geneigt ist. Durch den Mittelpunkt D der Erde, den wir uns der Einfachheit halber im Raume fest denken, ziehen wir eine Parallele DN

zu jener Normalen und beschreiben um sie mit jenem Winkel von $23\,^1/_2{}^0$ einen Kegel, der gleichfalls im Raume fest steht. Wir beschreiben ferner um die Figurenaxe der Erde DF einen mit ihr fest verbundenen Kegel, dessen gegenüberliegende Kanten einen Winkel von 0,0173″ mit einander bilden[1]; er durchschneidet die Oberfläche der Erde in einem den Pol umgebenden Kreis von 26,6 cm Halbmesser. Diesen Kegel legen wir so, daß er den im Raume festen Kegel von innen berührt nnd daß die gemeinsame Kante der beiden Kegel der augenblicklichen Drehungsaxe der Erde parallel ist. Die Änderung der Axe ergiebt sich, wenn wir den mit der Erde verbundenen Kegel auf dem im Raume festen so abrollen lassen, daß der Mantel des ersteren an jedem Tage gerade einmal auf dem Mantel des letzteren sich abwickelt; die Figurenaxe DF durchläuft dann in der Zeit von 25800 Jahren einen um die Normale DN der Ekliptik beschriebenen Kegel. Die Richtung in welcher jener schmale Kegel rollt, ergiebt sich aus der zwischen der täglichen Axendrehung der Erde und der Präzessionsbewegung ihrer Figurenaxe bestehenden Beziehung. Für einen auf dem Nordpol stehenden Beobachter erfolgt die tägliche Rotation in einem der Bewegung des Uhrzeigers entgegengesetzten Sinne. Die Präzessionsbewegung aber ist wie in den Figuren 65—69 und 75—77 der Rotation entgegengesetzt; die Verschiebung der Figurenaxe erfolgt also im Sinne des Uhrzeigers und der mit der Figurenaxe verbundene Kegel muß in der hierdurch bestimmten Richtung rollen. Eine genauere Untersuchung zeigt übrigens, daß der im Raume feste Kegel kein vollkommener Kreiskegel ist; die Folge davon ist, daß die Figurenaxe DF der Erde bald der Normale der Ekliptik sich ein wenig nähert, bald von ihr ebenso sich entfernt, sie schwankt in einer Periode von $18\,^1/_2$ Jahren um einen Winkel von 9″ zur Rechten und Linken ihrer Mittellage; diese Bewegung nennt man **Nutation der Erdaxe**. In der **Präzessionsbewegung** der Erdaxe liegt der Grund für die auf Seite 15 erwähnte **Verschiebung des Frühlingspunktes** in der Ekliptik. Man wird sich hiervon leicht überzeugen, wenn man beachtet, daß im Frühlingspunkte der in der Ekliptik liegende Durchmesser des Erdäquators nach der Sonne gerichtet sein muß, und daß dieser Durchmesser im selben Sinne sich dreht wie die Erdaxe.

An die Betrachtungen dieses Paragraphen knüpfen wir endlich noch eine Bemerkung, die sich auf die Rotation um eine freie Axe bezieht. Wenn ein Kreisel um seine Figurenaxe rotiert und dabei in seinem Schwerpunkt unterstützt ist, so fährt er fort, um jene Axe zu rotieren, und nur eine äußere Kraft vermag die Richtung der Axe zu ändern. Wir können umgekehrt sagen, daß der Kreisel die Richtung seiner Rotationsaxe mit einer gewissen Kraft festzuhalten sucht, und davon können wir uns in der That in einer sehr sinnfälligen Art mit

---

[1] Poinsot, Précession des Equinoxes. Paris 1857. p. 13.

Hilfe eines Kreisels überzeugen, der, von einem Ringe gehalten, um seine Figurenaxe in rascher Rotation begriffen ist. Wenn wir versuchen, den Ring und mit ihm die Rotationsaxe zu drehen, so empfinden wir eine lebhafte Reaktion gegen die erzwungene Bewegung.

§ 86. Kombination von Winkelgeschwindigkeiten. Auf eine genauere Begründung der in den vorhergehenden Paragraphen enthaltenen Resultate müssen wir verzichten; nur ein Satz möge hervorgehoben werden, der für die Untersuchung von fundamentaler Wichtigkeit ist. Bei der Drehung eines Körpers um einen festen Punkt handelt es sich um die Kombination von Drehungen, die gleichzeitig um verschiedene Axen stattfinden; z. B. Rotation um eine beliebige Axe mit einer durch Centrifugalkraft erzeugten um eine dazu senkrechte Axe; Rotation um die Figurenaxe und Rotation um eine dazu senkrechte infolge der Schwere oder einer äußeren Einwirkung. Es leuchtet ein, daß eine Zusammensetzung der verschiedenen Bewegungen nach dem Prinzip der Kombination unter allen Umständen möglich ist. Die Anwendung des Prinzips führt aber zu dem überaus einfachen Resultate, daß Winkelgeschwindigkeiten oder kleine Drehungen sich direkt nach dem Satze vom Parallelogramm zu einer resultierenden Winkelgeschwindigkeit oder Drehung zusammensetzen. Dabei müssen die Winkelgeschwindigkeiten in bestimmter Weise durch Linien graphisch dargestellt sein und zwar geschieht dies folgendermaßen. Die beiden verschiedenen Axen, um welche der Körper gleichzeitig und in gleichem Sinne sich dreht, seien DA und DB (Fig. 80), die entsprechenden Winkelgeschwindigkeiten α und β. Wir machen dann die Strecken DA und DB numerisch gleich α und β und bezeichnen sie nun als Repräsentanten dieser Winkelgeschwindigkeiten. Konstruieren wir die Diagonale DC des aus DA und DB gebildeten Parallelogramms, so besteht die wirkliche Bewegung des Körpers in dem betrachteten Zeitpunkt in einer Drehung um die Axe DC mit einer Winkelgeschwindigkeit γ, deren Betrag numerisch gleich der Diagonale DC ist. In Bogenmaß sind die Drehungen um die drei Axen während einer kleinen Zeit τ gegeben durch $\alpha\tau$, $\beta\tau$ und $\gamma\tau$. Machen wir in Figur 81 auf den drei Axen die Strecken DA', DB', DC' numerisch gleich den Drehungen, so findet die resultierende Drehung $\gamma\tau$ ihre geometrische Repräsentation durch die Diagonale des aus DA' und DB' konstruierten Parallelogramms.

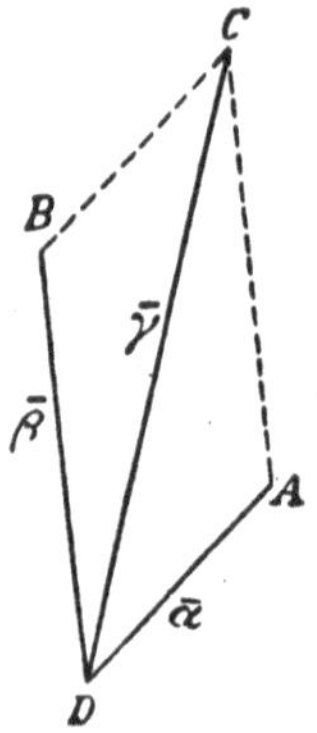

Fig. 80.

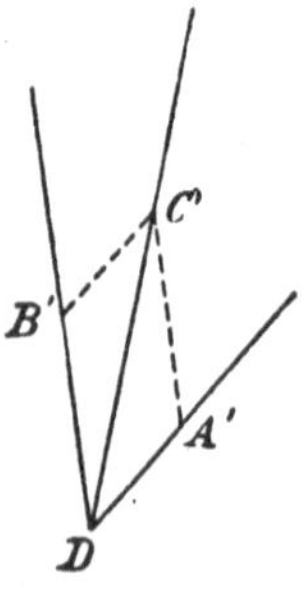

Fig. 81.

§ 87. Der Stoß. Die Erscheinungen des Stoßes, die wir im folgenden behandeln, sind von allgemeiner Bedeutung, weil sie Veranlassung geben zur Einführung der wichtigen Begriffe der impulsiven Bewegung, der Bewegungsgröße und der lebendigen Kraft. Über die physikalischen Vorgänge beim Zusammenstoß zweier Körper gewinnen wir einige Aufklärung durch die folgenden Versuche. Lassen wir eine Kugel von weichem Thon auf eine fest aufgestellte, ebene und harte Platte fallen, so bleibt sie nach dem Auffallen ruhig liegen und wir beobachten, daß sie an der Berührungsstelle eine Abplattung erlitten hat. Diese wurde erzeugt durch den Druck der Platte auf die Kugel, einen Druck, der zuerst die Bewegung der die Platte berührenden Teilchen, dann vermöge des Zusammenhanges der Teilchen die Bewegung der ganzen Kugel aufhob. Machen wir denselben Versuch mit einer Elfenbeinkugel, so springt diese im Momente des Auffallens wieder in die Höhe und fällt abermals herab, um, von neuem zurückgeworfen, die frühere Bewegung zu wiederholen. Eine bleibende Abplattung der Kugel ist nicht zu beobachten. Wenn wir aber die Platte mit Ruß überziehen, so entsteht an jeder Auffallstelle auf der Kugel ein schwarzer Kreis. Während der Dauer der Berührung ist eine Abplattung vorhanden, sie verschwindet aber vollständig, sobald der Druck zwischen Kugel und Platte aufhört. Hiernach wird der Vorgang des Stoßes bei der Elfenbeinkugel zunächst derselbe sein, wie bei der Thonkugel. Die von der Platte ausgehenden Druckkräfte zerstören die Bewegung der sie berührenden Teilchen und damit die Bewegung der ganzen Kugel. Während aber bei dem Thone die abgeplattete Kugel eine neue Gleichgewichtsfigur darstellt, hat das Elfenbein das Bestreben, die ursprüngliche Gestalt wiederherzustellen. Daraus folgt, daß der wechselseitige Druck zwischen Kugel und Platte so lange besteht wie die Abplattung. Wenn die ursprüngliche Bewegung verschwunden ist, und gleichzeitig die Abplattung ihren größten Betrag erreicht hat, so wird dieser Druck die Kugel von der Platte zurückstoßen, bis sie bei zunehmender Entfernung wieder volle Kugelgestalt erreicht hat. Mit der in diesem Augenblick vorhandenen Geschwindigkeit springt sie von der Platte zurück.

Körper, die unter der Wirkung äußerer Kräfte eine neue dauernde Gleichgewichtsfigur annehmen, nennen wir plastische, Körper, die hierbei zwar deformiert werden, aber nach dem Verschwinden jener Kräfte ihre ursprüngliche Gestalt wieder herstellen, heißen elastische. Man übersieht leicht, daß die Erscheinungen des Stoßes für die beiden Klassen von Körpern wesentlich verschieden sein müssen. Ausführlicher werden wir im folgenden von dem Stoße elastischer Körper handeln.

§ 88. Bewegungsgröße und Impuls. Vor allem müssen wir uns die charakteristischen Eigenschaften der beim Stoße wirkenden Kräfte klar machen. Dabei kommt in Betracht, daß die Stoßzeit, die Zeit, während der die beiden stoßenden Körper mit den aus der Abplattung entspringenden Druckkräften auf einander wirken, eine sehr kurze ist; sie beträgt bei zwei Stahlkugeln von der Masse von 50 g, die mit einer relativen Geschwindigkeit von 50 cm zusammenstoßen, kaum mehr als

$\frac{1}{10000}$ sec.[1] Während der Stoßzeit wächst der Druck bis zu einer gewissen Größe, um dann wieder zu verschwinden. Setzen wir an Stelle des veränderlichen Druckes seinen mittleren Wert, so charakterisirt sich die Stoßkraft als eine Kraft von bestimmter Größe, deren Wirkung sich über einen so kurzen Zeitraum erstreckt, daß innerhalb desselben die räumliche Lage der stoßenden Körper eine sichtbare Änderung nicht erleidet. Wirkungen von dieser Art nennen wir Impulse, Bewegungen, die durch sie erzeugt werden, impulsive Bewegungen. Mit Bezug auf sie ergeben sich aus dem Prinzip der Masse die folgenden Sätze.

1. Ein Impuls, der auf eine gegebene Masse wirkt, erteilt ihr eine bestimmte Geschwindigkeit.

2. Das Produkt aus der Masse und der ihr erteilten Geschwindigkeit ist gleich dem Produkt aus der den Impuls erzeugenden Kraft und der Dauer des Impulses.

Verstehen wir unter Bewegungsgröße eines Körpers das Produkt aus seiner Masse und seiner Geschwindigkeit, unter der Größe eines Impulses das Produkt aus Kraft und Dauer ihrer Wirkung, so können wir den vorhergehenden Satz so aussprechen:

Die Bewegungsgröße, die einem Körper durch einen Impuls ertheilt wird, ist gleich dem Impuls.

Lassen wir auf einen gegebenen Körper einen Impuls wirken, etwa durch einen kurzen Stoß unserer Hand, so erlangt er eine bestimmte Geschwindigkeit; verdoppeln wir, ohne die Kraft zu ändern, die Dauer des Impulses, so wird die Geschwindigkeit verdoppelt; dasselbe geschieht, wenn wir bei gleichbleibender Dauer des Impulses die Kraft verdoppeln. Lassen wir andererseits denselben Impuls auf verschiedene Körper wirken, so verhalten sich die ihnen erteilten Geschwindigkeiten umgekehrt wie ihre Massen; eine Bemerkung, die wir in §. 62 zur Erläuterung des Massenprinzips benutzt haben.

§ 89. Erhaltung der Bewegungsgröße. Wenden wir die vorhergehenden Sätze an auf den Stoß zweier elastischer Kugeln, die sich auf einer und derselben geraden Linie bewegen (Fig. 82). Die erste besitze

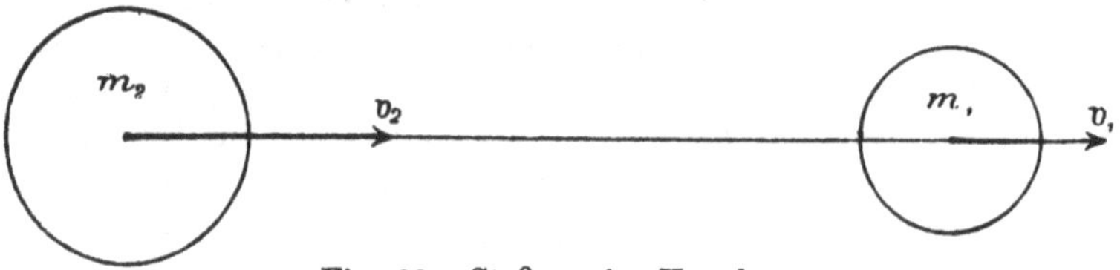

Fig. 82. Stoß zweier Kugeln.

die Masse m_1 und die Geschwindigkeit v_1, sie werde verfolgt von der zweiten mit der Masse m_2 und der Geschwindigkeit v_2. Ist $v_2 > v_1$, so wird die zweite

[1] M. Hamburger, Untersuchungen über die Zeitdauer des Stoßes von Cylindern und Kugeln. Wied. Ann. Bd. 28. 1886. S. 664. — Hertz, Über die Berührung fester elastischer Körper. Ges. Werke Bd. I. S. 173.

Kugel der ersten sich mehr und mehr nähern und schließlich sie einholen. Durch den Zusammenstoß werden beide Kugeln abgeplattet, sie üben in der Berührungsstelle einen wechselseitigen Druck auf einander aus, der die Bewegung der vorderen Kugel zu beschleunigen, die der hinteren zu verzögern sucht. Das Produkt aus Druckkraft und Stoßzeit stellt den auf beide Kugeln in entgegengesetztem Sinne wirkenden Impuls dar. Bezeichnen wir die Geschwindigkeiten der Kugeln nach ihrer Trennung durch c_1 und c_2, so hat die vordere Kugel durch den Stoss die Bewegungsgröße $m_1(c_1 - v_1)$ gewonnen, die hintere die Bewegungsgröße $m_2(v_2 - c_2)$ verloren. Beide Änderungen müssen gleich dem sie erzeugenden Impulse sein. Da aber auf die beiden Kugeln derselbe Impuls in entgegengesetzter Richtung wirkt, so müssen die Änderungen gleich, also

$$m_1(c_1 - v_1) = m_2(v_2 - c_2),$$

oder

$$m_1 v_1 + m_2 v_2 = m_1 c_1 + m_2 c_2$$

sein.

Die Summe der Bewegungsgrößen beider Kugeln wird durch den Stoß nicht verändert.

Dieser Satz gilt auch für den Stoß zweier plastischer Kugeln; bei ihnen verschwindet die maximale Abplattung, die in dem Momente vorhanden ist, in dem ihre Geschwindigkeiten gleich geworden sind, nicht wieder; es fällt also von diesem Augenblick an jede Reaktion zwischen den beiden Kugeln fort, sie bewegen sich mit der erlangten Geschwindigkeit zusammen weiter; bezeichnen wir diese durch c, so ist

$$(m_1 + m_2)c = m_1 v_1 + m_2 v_2 .$$

§ 90. Erhaltung der lebendigen Kraft. In dem Falle elastischer Kugeln wird der vorhergehende Satz ergänzt durch einen von sehr allgemeiner Tragweite: den Satz von der Erhaltung der lebendigen Kraft.

Unter lebendiger Kraft eines bewegten Körpers verstehen wir das halbe Produkt aus seiner Masse und dem Quadrate seiner Geschwindigkeit. Die gesamte lebendige Kraft eines aus mehreren Körpern bestehenden Systems setzen wir gleich der Summe der lebendigen Kräfte, die den einzelnen Körpern entsprechen. Mit Bezug auf diese Festsetzungen ergiebt sich der Satz:

Die gesamte lebendige Kraft der beiden Kugeln erleidet durch den Zusammenstoß keine Veränderung.

Es gilt also die zweite Gleichung:

$$\tfrac{1}{2} m_1 v_1^2 + \tfrac{1}{2} m_2 v_2^2 = \tfrac{1}{2} m_1 c_1^2 + \tfrac{1}{2} m_2 c_2^2,$$

die in Verbindung mit der im vorhergehenden Paragraphen gegebenen zur Bestimmung von c_1 und c_2 genügt.

Ist $m_1 = m_2 = m$, und $v_1 = o$, so ergiebt sich $c_2 = o$ und $c_1 = v_2$; die Bewegung der stoßenden Kugel wird aufgehoben, ihre Geschwindigkeit überträgt sich auf die zuvor ruhende.

§ 91. Wellenbewegung einer gespannten Kette. Wir betrachten schließlich noch eine Bewegung, die von besonderem Interesse ist, weil sie das erste Beispiel einer großen Klasse von eigentümlichen Bewegungserscheinungen bildet, die Wellenbewegung einer gespannten Kette. Auf der Lehre von der Wellenbewegung beruht die ganze Akustik und Optik. Schon in der Akustik ist die Wahrnehmung der Bewegung schwierig, in manchen Fällen direkt überhaupt nicht möglich. In der Optik können wir eine direkte Kenntnis von der Existenz der Wellenbewegung nicht gewinnen; wir schliessen auf sie nur auf Grund von experimentellen Thatsachen, die wir in anderer Weise nicht zu erklären vermögen. Es ist daher von Wichtigkeit, solche Wellenbewegungen genauer zu untersuchen, bei denen eine direkte Übersicht über die Verhältnisse zu gewinnen ist, um so zu der Kenntnis der allen gemeinsamen Eigenschaften zu gelangen. In diesem Sinne bietet sich als ein geeignetes Objekt für die Untersuchung die Bewegung dar, die an einer gespannten Kette entsteht, wenn an irgend einer Stelle ein kurzer Schlag senkrecht gegen sie geführt wird. Es wird dadurch auf gewisse Glieder der Kette ein Impuls ausgeübt, infolge dessen sie eine zu der Längsrichtung der Kette senkrechte Geschwindigkeit erlangen, sie entfernen sich von der Ruhelage und das Gleichgewicht ist gestört. Die hierdurch veranlaßte Bewegung, die wir in derselben Weise an einem gespannten Seile, einem Kautschuckschlauche, einem Faden oder einer Saite erzeugen können, bildet den Gegenstand unserer Untersuchung. Obwohl die Kette im ganzen einen biegsamen Körper darstellt, so reichen doch die für die Mechanik der starren Körper geltenden Sätze zu der Untersuchung der Bewegung aus; denn die einzelnen Glieder der Kette sind starre Körper und die Wirkung ihrer Verbindung kann durch Kräfte ersetzt werden, die an jedem Gliede in den Berührungspunkten mit dem vorhergehenden und dem folgenden angreifen. Eine Saite aber, oder ein Seil können wir zerlegen in einzelne Abschnitte von solcher Länge, daß wir sie bei der Bewegung als unveränderlich oder starr betrachten können. Wieder werden wir dann anzunehmen haben, daß auf die Endpunkte eines solchen Stückes Kräfte wirken, die von den benachbarten Teilen der Saite herrühren. Wir halten uns im Folgenden vorzugsweise an das Beispiel einer Kette, weil wir dieser leicht die nötige Länge geben können, und weil die Bewegung der Kettenglieder leicht zu verfolgen ist.

Wir hängen die Kette an ihrem einen Ende fest auf, und verbinden das andere mit einer Rolle, die um eine horizontale Axe leicht drehbar ist (Figur 83). Um die Rolle schlingen wir eine Schnur, die an dem frei herabhängenden Ende eine Wagschale trägt; durch Belastung dieser können wir die Spannung der Kette beliebig regulieren. Von der leichten Krümmung nach unten, die schon in der Ruhelage vorhanden ist, sehen wir ab und zeichnen die Kette zunächst als eine horizontale gerade Linie AB. Nehmen wir ein Stück EF der Kette, so wird dieses an seinen Endpunkten dem von den benachbarten Teilen ausgeübten

Zug unterworfen sein; da aber die Kette in ihrer ganzen Ausdehnung gleich gespannt ist, so halten sich die beiden entgegengesetzten Züge

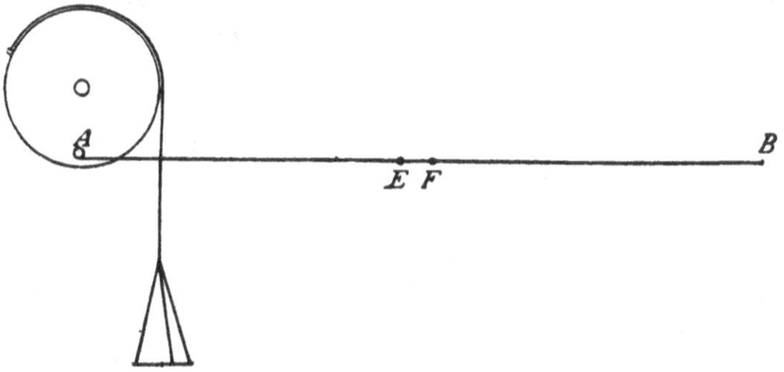

Fig. 83.

das Gleichgewicht. Wenn aber eine Ausbiegung entsteht, von der das Stück EF einen Teil bildet, so fallen die von beiden Seiten her wirkenden Züge nicht mehr in eine gerade Linie, sondern schließen mit einander einen Winkel ein, der um so größer ist, je größer die Krümmung (Fig. 84). In der That kann man die Gestalt der Kette in der unmittelbaren Umgebung des Stückes EF als eine kreisförmige betrachten. Der

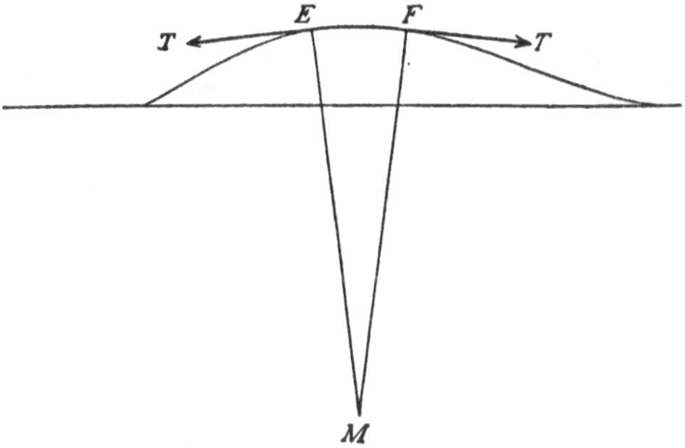

Fig. 84.

Mittelpunkt des Kreises, der sogenannte Krümmungsmittelpunkt des Stückes EF, sei M; die in E und F angreifenden Spannungen haben die Richtung der in diesen Punkten an den Kreis gezogenen Tangenten und schließen mit einander einen Winkel ein, der den Winkel EMF zu 180^0 ergänzt. Ihre Resultante steht senkrecht zu EF und ist gleich $T \cdot \frac{EF}{ME}$, wenn wir mit T die Spannung der Kette bezeichnen. Mit dieser, dem Krümmungshalbmesser ME umgekehrt proportionalen Kraft wird das Stück EF gegen seine Ruhelage hin gezogen. Verstehen wir unter m die Masse, welche ein Stück der Kette von der Länge Eins besitzt, so ist die Masse des Stückes EF gleich $m \times EF$, und somit seine Beschleunigung gegen die Ruhelage

$$a = \frac{T}{m} \times \frac{1}{ME}$$

Die weitere Untersuchung dieser Gleichung ist eine Aufgabe der Mathematik, die wir nicht weiter verfolgen; es zeigt sich, daß sie in der That zu der Lösung des Problemes genügt und zu einer vollständigen Aufklärung über alle Einzelheiten der Bewegung führt, zu deren Beschreibung wir nun übergehen.

Wenn man gegen die Mitte der Kette einen Schlag von oben her führt, so entsteht an der getroffenen Stelle eine Ausbiegung nach unten hin. Diese teilt sich dann in zwei Teile, von denen der eine nach dem oberen, der andere nach dem unteren Ende der Kette hineilt. Wir beobachten also hier eine Bewegung, die nicht Bewegung eines Körpers ist, sondern nur Fortpflanzung der an der Kette erzeugten Formänderung von einer Stelle zur andern; wir nennen eine solche Bewegung eine scheinbare im Gegensatz zu der wirklichen Bewegung eines Körpers. Es leuchtet ein, daß die scheinbare Bewegung, das Fortschreiten der Ausbiegung, auf einer reellen Bewegung der einzelnen Kettenglieder beruht, und es entsteht daher die Aufgabe, den Zusammenhang jener scheinbaren und dieser reellen Bewegung zu ermitteln. Die Übersicht über den Vorgang wird erschwert durch das gleichzeitige Auftreten zweier Ausbiegungen. Wir vermeiden dies, wenn wir die anfängliche Verschiebung unmittelbar vor der Rolle erzeugen. Was wir dann beobachten, ist folgendes. Die Ausbiegung eilt von der Rolle nach dem festen Ende der Kette hin, von dort kehrt sie zurück, aber mit umgekehrter Richtung, d. h. als eine nach oben hin gehende Ausbiegung, sie wird, wie man sagt, an dem festen Ende reflektiert (Eig. 85). An der Rolle angekommen

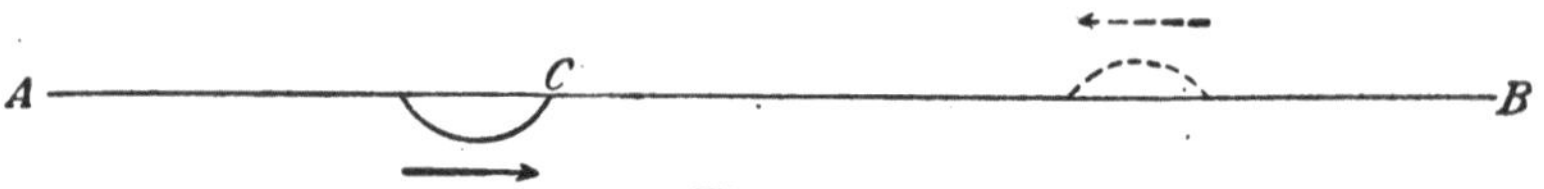

Fig. 85.

erleidet sie eine abermalige Reflexion, sie ist also wieder in dem ursprünglichen Sinne nach unten gerichtet und schreitet nach dem festen Ende fort, um dort von neuem reflektiert zu werden. So geht die Ausbiegung als eine Welle zwischen den Endpunkten der Kette hin und her, bei jeder Reflexion ihre Richtung wechselnd, bis endlich infolge von Reibungswiderständen die Bewegung erlischt.

Die Bewegung eines beliebigen Kettengliedes C beginnt, wenn die von A kommende, nach unten gerichtete Ausbiegung an C anlangt. Das Glied entfernt sich nach unten aus der Ruhelage, erreicht seinen tiefsten Punkt, wenn die tiefste Stelle der Ausbiegung unter C weggeht, steigt bei weiterem Fortschreiten der Ausbiegung wieder in die Höhe und erreicht die Ruhelage, wenn die Ausbiegung über die Stelle C hinweg ist. Nach einiger Zeit kommt die reflektierte Ausbiegung nach C; dasselbe wird in die Höhe gehoben und sinkt, während die Ausbiegung vorübereilt, wieder nach der Ruhelage herab. Die Ausbiegung geht weiter, wird in A reflektiert und kommt in der ursprünglichen Richtung wieder zurück. In dem Moment, in dem sie bei C anlangt, beginnt die Bewegung des Kettengliedes von neuem. Teilen wir die Zeit in eine Reihe gleicher Epochen, deren Anfangs- und Endpunkte markiert sind durch die Momente, in denen die nach unten gerichtete von A kommende Ausbiegung bei C anlangt, so wiederholt sich innerhalb dieser sich aneinander schließender Epochen die Bewegung von C stets in derselben Weise. Beim Beginn der Epoche macht C einen Ausschlag nach unten, bleibt einige Zeit in Ruhe, macht dann einen gleichen Ausschlag nach oben, pausiert bis zum Schluß der Epoche und führt dann in der neu beginnenden wieder dieselbe Bewegung aus. Wir bezeichnen eine solche Bewegung als eine schwingende oder periodische. Unter ihrer Periode versteht man die Zeitdauer jener Epochen, innerhalb derer dieselbe Bewegung sich wiederholt. Das klassische Beispiel einer periodischen Bewegung ist die Pendelbewegung; ihre Periode ist gleich dem Doppelten der Schwingungsdauer, gleich der Zeit eines Hin- und Herganges. Auch bei der Wellenbewegung an unserer Kette läuft das Kettenglied in seiner Bahn während einer Periode hin und zurück, es führt in seiner Bahn eine Doppelschwingung aus, oder eine ganze Schwingung, wenn man den einfachen Hin- oder Hergang als eine halbe Schwingung bezeichnet, wie das in der Wellenlehre gebräuchlich ist. Wir bezeichnen die Zeit der Periode daher auch als die Zeit einer Doppel- oder ganzen Schwingung, die Anzahl der ganzen Schwingungen in einer Sekunde als die Schwingungszahl.

Die Ermittelung des Zusammenhanges zwischen der scheinbaren oder virtuellen und der reellen Bewegung bietet nach den vorhergehenden Betrachtungen keine Schwierigkeit mehr. Die Periode der Bewegung ist ja identisch mit der Zeit, die zwischen zwei aufeinanderfolgenden Durchgängen der von A kommenden nach unten gerichteten Ausbiegung durch den Punkt C liegt, d. h. gleich der Zeit, in der die Ausbiegung zweimal die Kette durchläuft.

Die Zeit einer ganzen Schwingung ist gleich der Zeit, während der die Welle zweimal die Länge der Kette durchläuft.

Die Geschwindigkeit, mit der die Ausbiegung längs der Kette fortschreitet, sei v, die Länge der Kette l, dann ist die Zeit der Doppelschwingung $T = \frac{2l}{v}$. Bezeichnen wir die Schwingungszahl, die Anzahl der Doppelschwingungen in einer Sekunde durch n, so ist $n = \frac{1}{T} = \frac{v}{2l}$. Das Kettenglied C, auf das sich unsere Betrachtung bezog, ist ganz willkürlich gewählt; ebenso wie C führt jedes andere eine periodische Bewegung aus, deren Schwingungszahl gleich $v/2l$ ist; man bezeichnet daher diese Zahl als die Schwingungszahl der Kette selbst und erhält so den Satz:

Bei der Wellenbewegung an einer gespannten Kette ist die Schwingungszahl gleich der Fortpflanzungsgeschwindigkeit der Welle dividiert durch die doppelte Länge der Kette.

Der Zusammenhang der scheinbaren und der reellen Bewegung ist hierdurch gegeben. Der Verlauf der reellen Bewegung ist für alle Kettenglieder im wesentlichen derselbe, da die nämliche Welle über alle Glieder hinweggeht, der Zeitpunkt aber, in dem die Bewegung beginnt, ist für die verschiedenen Glieder verschieden, ein um so späterer, je weiter sie von dem Anfang der Kette entfernt sind. Während ein bestimmtes Glied der Kette seine Ruhelage schon wieder erreicht hat, wird ein weiter vorliegendes von unten her gegen dieselbe zurückschwingen; ein noch weiter vorliegendes seinen Ausschlag nach unten eben beginnen; darüber hinaus liegen dann die Teile der Kette, die sich noch in ihrer Ruhelage befinden.

Bei einem einzelnen Gliede der Kette bezeichnet man die verschiedenen Stellen seiner Bahn als Phasen der Bewegung. Die einzelnen Phasen folgen sich bei allen Gliedern der Kette in ähnlicher Weise, aber zu einer und derselben Zeit befinden sich die verschiedenen Glieder in verschiedenen Phasen ihrer Bewegung.

Für die Fortpflanzungsgeschwindigkeit v der Welle giebt die Theorie den Wert:

$$v = \sqrt{\frac{T}{m}},$$

wenn wir unter m wie früher die Masse der Längeneinheit verstehen. Die Spannung T ist gleich der Masse M des spannenden Gewichtes multipliziert mit der Beschleunigung der Schwere; wir können daher auch schreiben

$$v = \sqrt{g\frac{M}{m}}.$$

Um die Richtigkeit der Formel zu prüfen, nahmen die Gebrüder Weber eine Schnur von 1657 cm Länge, bei der ein Stück von 1 cm Länge 0,0313 g wog. Das spannende Gewicht hatte eine Masse von 603,48 g. Die Fortpflanzungsgeschwindigkeit der Welle ist hiernach

$$v = \sqrt{981 \times \frac{603,48}{0,0313}} = 4349 \text{ cm}\cdot\text{sec}^{-1}.$$

Der Beobachtung zufolge durchlief die Welle die doppelte Länge der Schnur in 0,767 sec, woraus sich die Fortpflanzungsgeschwindigkeit $v = 4321 \text{ cm}\cdot\text{sec}^{-1}$ ergiebt, in guter Übereinstimmung mit der Theorie.[1]

§ 92. Die Reflexion der Welle. Die Reflexion der Welle an dem festen Ende der Kette vollzieht sich so rasch, daß sie in ihren einzelnen Phasen experimentell nur sehr schwer zu verfolgen ist. Hier tritt die theoretische Forschung ergänzend ein, indem sie zu einer einfachen konstruktiven Darstellung des Vorganges führt. Es sei CFD (Fig. 86) eine Ausbiegung, die eben gegen das Ende A der Kette sich bewegt. Wir zeichnen nun eine Ausbiegung $C'F'D'$, die zu CFD symmetrisch

[1] Ernst Heinrich und Wilhelm Weber, Wellenlehre auf Experimente gegründet. Wilhelm Webers Werke. Bd. V. S. 342.

ist mit Bezug auf den Punkt *A*; diese lassen wir längs der durch die Kette gegebenen geraden Linie in entgegengesetztem Sinne mit derselben Geschwindigkeit fortrücken, wie die Welle selbst. Im selben Moment werden dann die symmetrischen Endpunkte *C* und *C'* der Ausbiegungen in dem Punkt *A* eintreffen; in einem folgenden Momente wird die wirkliche Welle zu einem Teile über das Ende *A* hinausgerückt sein, und also jegliche reelle Bedeutung verloren haben, während gleichzeitig die Ausbiegung *C' F' D'* mit einem entsprechenden Teile auf die Kette selbst übergegangen ist. Nun setzen wir die Abweichungen von der Ruhelage, die den Ausbiegungen *CFD* und *C' F' D'* einzeln genommen entsprechen, zusammen nach dem Prinzip der Kombination; d. h. wir summieren gleichgerichtete Ausschläge, nehmen die Differenzen entgegengesetzter. Die so erhaltenen Punkte geben dann die augenblickliche Gestalt der in Reflexion begriffenen Welle. Man sieht, daß die Konstruktion der Bedingung genügt, daß das Ende *A* der Kette fest ist, bei der Bewegung also in Ruhe bleiben muß; bei der vorausgesetzten Symmetrie der Ausbiegungen *CFD* und *C' F' D'* kommen nämlich immer gleiche aber entgegengesetzte Ausschläge an die Stelle von *A*, dem Centrum der Symmetrie, zu liegen. Die Figuren 87 stellen einige der Phasen des Reflexionsvorganges dar, entsprechend der angegebenen Konstruktion.

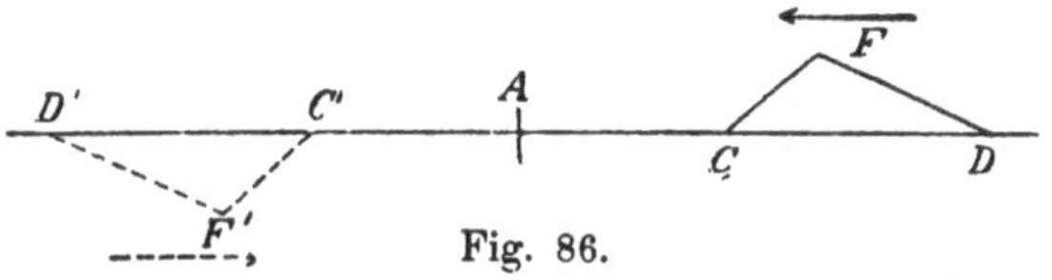

Fig. 86.

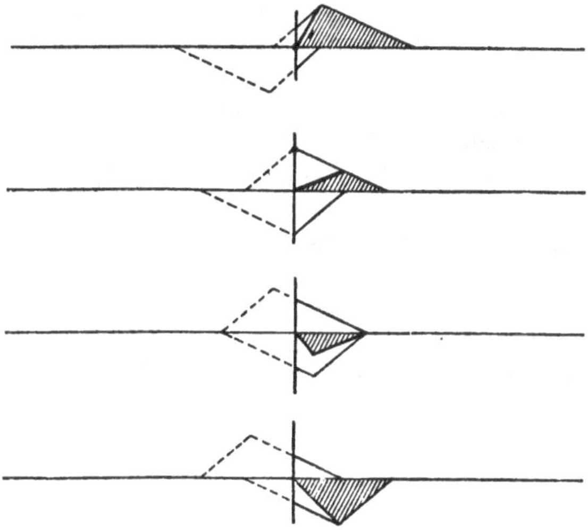

Fig. 87.

§ 93. Stehende Wellen. Auch für die ganze Bewegung einer Kette oder Saite, an der durch einen Schlag an irgend einer Stelle eine Ausbiegung erzeugt worden war, giebt unsere Konstruktion ein einfaches Bild. Es seien wieder *A* und *B* (Figur 88) die festen Endpunkte, *CED* die ursprünglich erzeugte Ausbiegung; die zu der geraden Linie, mit der die Ruhelage der Saite zusammenfällt, senkrechten Abweichungen bezeichnen wir in Anlehnung an die Definitionen von § 22 als die Ordinaten der Welle; der Deutlichkeit halber zeichnen wir sie in den folgenden Figuren in einem im Verhältniß zu den horizontalen Dimensionen übertrieben großen Maßstab. Nach § 91 teilt sich nun zunächst die Ausbiegung CED in zwei, die nach entgegengesetzten Seiten hin an der Saite sich bewegen; um diese Teilausbiegungen zu erhalten, halbieren wir sämtliche Ordinaten von CED und erhalten so die Kurve CFD, welche nun zwei sich deckende unter sich gleiche Ausbiegungen repräsentiert. Dies ist in Figur 88 dadurch angedeutet daß die Kurve doppelt, das einemal ausgezogen, das anderemal gestrichelt gezeichnet ist. Die ausgezogene Kurve möge sich von links nach rechts, die gestrichelte entgegengesetzt mit der Wellengeschwindigkeit bewegen; der weitere Vorgang ergiebt sich dann mit Hilfe der folgenden Konstruktion. Wir zeichnen eine gestrichelte Ausbiegung $C_1'F_1'D_1'$, symmetrisch zu CFD mit Bezug auf den Endpunkt B der Saite; eine ausgezogene $C_1F_1D_1$ symmetrisch zu $C'F'D'$ mit Bezug auf den Punkt A; zu $C_1F_1D_1$ wiederum die mit Bezug auf B symmetrische $C_2'F_2'D_2'$; zu $C_1'F_1'D_1'$ die mit Bezug auf A symmetrische $C_2F_2D_2$; u. s. f. Auf diese Weise erhalten wir zwei Wellenzüge, deren einer gebildet wird von den ausgezogenen Ausbiegungen CFD, $C_1F_1D_1$, $C_2F_2D_2$, . . ., der andere von den gestrichelten $C'F'D'$, $C_1'F_1'D_1'$, $C_2'F_2'D_2'$ . . . Diese Wellenzüge nun bewegen wir auf der geraden Linie AB in der Richtung der

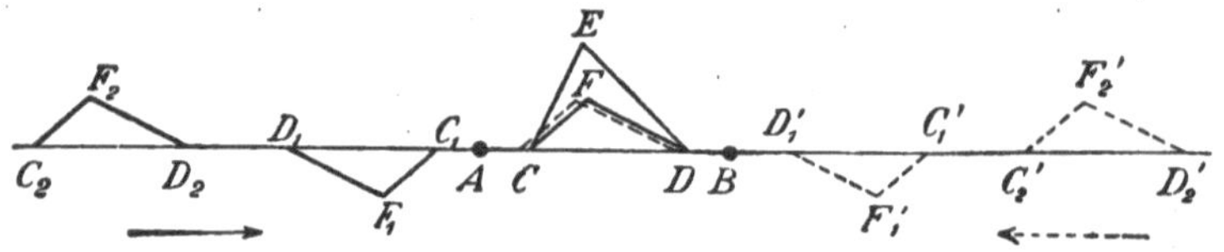

Fig. 88.

Pfeile mit der in § 91 bestimmten Geschwindigkeit v, den ausgezogenen von links nach rechts, den gestrichelten von rechts nach links, während Gestalt und Anordnung unverändert bleiben. Die Bewegung der Saite ergiebt sich dann nach demselben Prinzip, das wir bei der Konstruktion der Reflexion benützt haben. Von reeller Bedeutung sind immer nur diejenigen Ausbiegungen oder Teile von solchen, die jeweilig auf der Saite AB selbst sich befinden. Aus diesen aber ergiebt sich ihre augenblickliche Gestalt wieder nach dem Prinzip der Kombination. Zu irgend einer Zeit befinde sich über der Stelle x der Saite die Ordinate y einer ausgezogenen, y' einer gestrichelten Ausbiegung. Der wirkliche Ausschlag von x ist gleich der Summe von y und y', wenn diese nach derselben Seite gerichtet sind. Geht die eine der Ordinaten nach oben, die andere nach unten, so ist der wirkliche Ausschlag gleich ihrer Differenz und gerichtet nach der Seite der größeren.

Die Durchkreuzung zweier entgegengesetzter Wellenzüge, wie sie als das wesentlichste Element unserer Konstruktion hervortritt, bezeichnet man als Interferenz. Das Prinzip der Kombination, sofern es dazu dient, das Resultat solcher Interferenzen zu ermitteln, wird in der Regel als Prinzip der Superposition bezeichnet.

Besonders einfach gestaltet sich der ganze Vorgang, wenn die an der Saite erzeugte Ausbiegung sich von Anfang an über ihre ganze Länge erstreckte; dies ist z. B. der Fall, wenn man die Saite in der Mitte zur Seite zieht und dann losläßt. Die Konstruktion liefert dann zwei zusammenhängende aus Bergen und Thälern bestehende Wellenzüge, die sich in entgegengesetztem Sinne mit gleicher Geschwindigkeit bewegen (Figur 89). Die Endpunkte der Saite A und B bleiben bei der Bewegung natürlich in Ruhe; zwischen ihnen nimmt aber die Saite

Fig. 89.

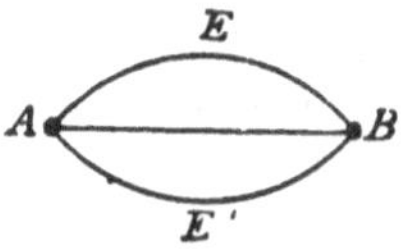

Fig. 90. Stehende Wellen.

abwechselnd die in Figur 90 gezeichneten Formen an; sie schwingt von der ursprünglichen Lage AEB hinüber nach der symmetrischen $AE'B$ in der Zeit, in der die Welle um die Länge der Saite fortschreitet; sie kehrt in die ursprüngliche Lage AEB zurück in der Zeit, in der die Welle die doppelte Länge der Saite durcheilt. Die Zeit einer solchen ganzen Schwingung der Saite ist daher in Übereinstimmung mit § 91 gleich $\frac{2l}{v}$, die Schwingungszahl der Saite gleich $\frac{v}{2l}$; wo v wie früher die Fortpflanzungsgeschwindigkeit der Welle, l die Länge der Saite bezeichnet.

Eine Wellenbewegung von der geschilderten Art, wie sie aus der Durchkreuzung zweier gleicher aber entgegengesetzter Wellenzüge abgeleitet werden kann, nennt man eine stehende. Die Punkte A und B, die dabei in Ruhe bleiben, heißen Knotenpunkte, die zwischen ihnen in der Mitte liegenden, die im allgemeinen Stellen lebhaftester Bewegung sind, Schwingungsbäuche. Wir werden auf diese stehenden Schwingungen wieder zurückkommen bei der Wellenbewegung des Wassers und den Tönen schwingender Saiten.

V. Kapitel. Energetik.

§ 94. Arbeitsvorrat oder potentielle Energie. Die folgenden Paragraphen sind der Entwickelung eines Satzes gewidmet, der mehr und mehr eine centrale Bedeutung für das ganze Gebiet der Physik gewonnen hat; es ist der Satz von der Erhaltung der Energie, den wir zuerst nach der rein mechanischen Seite begründen wollen, um ihn dann auf gewisse mit den mechanischen zusammenhängende Wärmeerscheinungen auszudehnen. Wir knüpfen an den in § 44 besprochenen Begriff der Arbeit an. Wenn wir ein Gewicht P auf eine Höhe h emporheben, so leisten wir eine Arbeit, die gegeben ist durch das Produkt Ph. Dabei ist es gleichgültig, auf welchem Wege wir die Hebung bewirken, ob wir es direkt in vertikaler Richtung in die Höhe ziehen oder auf irgend einer schiefen Bahn: denn wenn wir diese durch eine Treppe ersetzen, so erfordert die Verschiebung des Gewichtes längs der horizontalen Absätze nach § 44 keine Arbeit. Das gehobene Gewicht können wir benutzen, um Arbeit zu gewinnen; so unterhält das Uhrgewicht die Bewegung des Pendels entgegen den Widerständen der Reibung. Das aus einem Bache abgeleitete, einem oberschlächtigen Mühlrad zugeführte Wasser ist in demselben Sinne ein gehobenes Gewicht; nur waren es nicht die Kräfte des Menschen, sondern die Sonnenwärme, die meteorologischen Prozesse in der Atmosphäre, die es hoben. Indem das Wasser die Zellen auf der vorderen Seite des Rades füllt, bringt es diese durch sein Übergewicht zum Sinken, und dreht so die Mühle. Die Arbeit, welche die Schwere dabei leistet, erhalten wir, wenn wir das Gewicht des von den Zellen aufgefangenen Wassers mit dem Durchmesser des Rades, der Höhe um die das Wasser sinkt, multiplizieren; ebenso ist die Arbeit des sinkenden Uhrgewichtes gegeben durch das Produkt $P \cdot h$ aus Gewicht und Fallhöhe. Jedes gehobene Gewicht enthält also für uns eine Möglichkeit Arbeit zu gewinnen, wir schreiben ihm einen gewissen Arbeitsvorrat, eine potentielle Energie zu. Das Maß dafür ist eben die Arbeit, die wir gewinnen können, wenn wir das Gewicht ganz ablaufen, so tief fallen lassen, als es unter den gegebenen Verhältnissen möglich ist. Bezeichnen wir diese größte Fallhöhe durch H, so ist der ganze Arbeitsvorrat gleich $P \cdot H$, also auch gleich der Arbeit, die zuvor geleistet werden mußte, um das Gewicht P auf die Höhe H zu heben. Fällt das Gewicht um die Höhe h, so ist der noch vorhandene Arbeitsvorrat gleich $P \cdot (H - h)$; er hat sich vermindert um $P \cdot h$, d. h. um die Arbeit, die von der Schwere bei dem Herabsinken um die Höhe h geleistet wurde.

Wir wenden den Begriff des Arbeitsvorrates noch an auf die Theorie der in § 39 bis § 42 betrachteten sogenannten einfachen Maschinen. Bei dem Hebel, dem Wellrad, dem Flaschenzug, dem Räderwerk haben wir einen Arbeitsvorrat in der an dem einen Teil des Mechanismus hängenden Last und in dem Gewichte, durch das die Last im Gleichgewichte gehalten wird. Wird bei einer virtuellen Verschiebung der Maschine die Last gehoben, so wird hier ein gewisser Arbeitsvorrat erzeugt, gleichzeitig aber sinkt das Gewicht, es geht Arbeitsvorrat verloren und wird Arbeit von der Schwere geleistet. Nach dem in § 45 aufgestellten Prinzip der virtuellen Verschiebungen ist der Gewinn an Arbeitsvorrat auf der einen Seite gleich dem Verlust auf der anderen. Es wird also der gesamte Arbeitsvorrat nicht geändert. Die Arbeit, die bei der Verschiebung geleistet wird, dient eben dazu, einen mit ihr gleichen Arbeitsvorrat zu erzeugen.

§ 95. Arbeitsvorrat und lebendige Kraft oder kinetische Energie. Eine neue wichtige Beziehung ergiebt sich für den Arbeitsvorrat aus der Betrachtung der Fallbewegung. Wenn ein Körper frei fällt, ohne daß er irgendwie mit anderen Körpern zu einem mechanischen System verbunden ist, so wird der beim Falle verschwindende Arbeitsvorrat nicht dazu verwandt, irgend einen neuen Arbeitsvorrat zu erzeugen; dafür erlangt aber der Körper Geschwindigkeit und es liegt nahe, nach irgend einer Beziehung zwischen der von der Schwere geleisteten Arbeit und der Geschwindigkeit des Falles zu suchen. In der That ergiebt sich aus der Verbindung der Fallgesetze:

$$v^2 = 2gs,$$

wenn v die Fallgeschwindigkeit, s den Fallraum bezeichnet. Multiplizieren wir diese Gleichung mit der halben Masse, so haben wir

$$\tfrac{1}{2} mv^2 = mgs.$$

Auf der linken Seite dieser Gleichung haben wir nun den Ausdruck, der in § 90 als die lebendige Kraft des bewegten Körpers bezeichnet wurde, auf der rechten die von der Schwere auf dem Fallraum s geleistete Arbeit. Wir haben also den Satz:

Die lebendige Kraft eines freifallenden Körpers ist in jedem Augenblicke gleich der von der Schwere geleisteten Arbeit.

Die ganze disponible Fallhöhe des Körpers bezeichnen wir wieder durch H; wenn wir dann auf beiden Seiten der vorhergehenden Gleichung den ganzen ursprünglich vorhandenen Arbeitsvorrat mgH addieren, so können wir sie auf die Form bringen

$$\tfrac{1}{2} mv^2 + mg(H-s) = mgH.$$

Nun ist $mg\,(H-s)$ der Arbeitsvorrat, der in dem Körper noch übrig bleibt, nachdem er um die Strecke s gefallen ist. Wir können also sagen, daß in jedem Augenblick des Falles die Summe aus der lebendigen Kraft und dem noch vorhandenen Arbeitsvorrat dieselbe, nämlich gleich dem ursprünglich in dem Körper enthaltenen Arbeitsvorrat sei. Diese Bemerkung giebt dann Veranlassung zu der Auffassung, daß Arbeitsvorrat und lebendige Kraft nur zwei verschiedene Formen einer und derselben Eigenschaft seien, die dem Körper unveränderlich inne wohnt; diese

Eigenschaft nennt man seine **Energie** und man sagt im Anschluß an die vorhergehenden Betrachtungen, dass die Energie in zwei verschiedenen Formen existiren könne, nämlich als **Arbeitsvorrat** oder **potentielle Energie** und als **lebendige Kraft** oder **kinetische Energie**.

So lange wir den Körper schwebend in der Höhe H halten, besitzt er Energie nur in ihrer potentiellen Form; lassen wir ihn fallen, so verschwindet potentielle Energie, an ihre Stelle tritt kinetische Energie, so daß die ganze Energie unverändert denselben Wert behält; sie ändert nur ihre Form, nicht ihre Größe.

Beim freien Fall von der Ruhe aus verwandelt sich potentielle Energie in kinetische. Eine Verwandlung von umgekehrter Art können wir bei dem mathematischen Pendel beobachten. In den höchsten Punkten seiner Bahn hat seine ganze Energie die potentielle Form; sie ist gleich mgH, wenn wir mit m die Masse des Pendels, mit H die Höhe der Umkehrpunkte über dem tiefsten Punkte der Bahn bezeichnen. Schwingt das Pendel gegen diesen letzteren hin, so verwandelt sich die potentielle Energie in kinetische. Im tiefsten Punkte selbst ist die Energie nur noch in der kinetischen Form vorhanden, und es ist $\frac{1}{2} m v^2 = m g H$, wenn v die Bahngeschwindigkeit; sobald das Pendel jenen Punkt überschreitet, verwandelt sich die kinetische Energie ihrerseits wieder in potentielle, und wenn der zweite Umkehrpunkt erreicht, und die kinetische Energie verschwunden ist, hat die potentielle wieder den Betrag mgH.

§ 96. Energie der allgemeinen Gravitation. Der in einem gehobenen Körper enthaltene Arbeitsvorrath beruht auf der Anziehung, die nach dem Newtonschen Gesetz zwischen der Erde und dem Körper vorhanden ist. Er stellt daher eine potentielle Energie dar, die dem von Körper und Erde zusammen gebildeten System eigentümlich ist. Diese Energie wird um so kleiner, je näher der Körper der Oberfläche der Erde kommt, sie verschwindet, sobald er bis zu dieser herabsinkt. Den größten Wert des Arbeitsvorrates erhalten wir, wenn der Körper sich in so großer Entfernung von der Erde befindet, daß ihre Anziehung unmerklich klein ist. Er ist gleich der Arbeit, die von der Anziehung geleistet wird, wenn man den Körper von jener Entfernung bis auf die Oberfläche der Erde herabführt. Geschehe dies in der Richtung des Radius Vektors AB (Fig. 91). Wir können dann die Arbeit, die auf

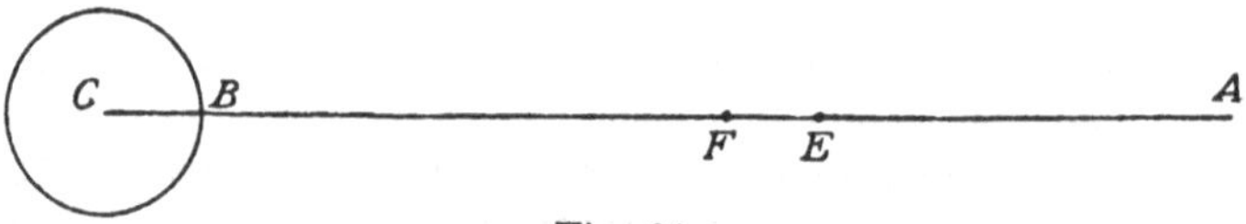

Fig. 91.

einer kleinen Strecke EF der Bahn geleistet wird, in folgender Weise berechnen. Die Entfernungen der Punkte E und F vom Mittelpunkt der Erde seien r_1 und r_2, somit $EF = r_1 - r_2$. Ist die Anziehung auf der

Strecke EF gleich K, so ist die von ihr geleistete Arbeit gleich $(r_1 - r_2) K$. Sind M und m die Massen von Erde und Körper, so ist nach § 79 die Anziehung in E gleich $\varkappa \frac{m M}{r_1^2}$, in F gleich $\varkappa \frac{m M}{r_2^2}$, im Mittel können wir also für die Strecke EF setzen: $K = \varkappa \frac{m M}{r_1 r_2}$; damit aber wird die Arbeit:

$$\varkappa \frac{m M}{r_1 r_2} (r_1 - r_2) = \varkappa m M \left(\frac{1}{r_2} - \frac{1}{r_1}\right).$$

Teilen wir die Strecke AB in eine Reihe von aufeinander folgenden kleinen Abschnitten, so können wir für jeden davon die Arbeit nach dieser Formel berechnen; summieren wir die Einzelarbeiten, so ergiebt sich die bei der Bewegung von A nach B geleistete Arbeit, d. h. der in A vorhandene Arbeitsvorrat U. Ist r die Entfernung von A zum Mittelpunkt der Erde, b der Erdhalbmesser, so ergiebt sich

$$U = \varkappa \frac{m M}{b} - \varkappa \frac{m M}{r}.$$

Der Arbeitsvorrat erreicht seinen größten Wert $\varkappa \frac{m M}{b}$, wenn r so groß wird, daß der Wert des zweiten Bruches verschwindet.

Dieselbe Betrachtung, die wir hier für die Erde und einen von ihr angezogenen Körper angestellt haben, gilt nun offenbar für beliebige Massen, die sich nach dem NEWTONschen Gesetz anziehen. Bei sehr großer Entfernung werden sie, als ein zusammengehöriges Paar betrachtet, einen gewissen konstanten Betrag von potentieller Energie besitzen, den wir durch $\mathfrak{E}$ bezeichnen wollen. Wenn sie sich einander nähern, so nimmt die Energie ab und hat in der Entfernung r noch den Wert

$$U = \mathfrak{E} - \varkappa \frac{m m'}{r},$$

wenn m und m' die Massen der Körper sind. So kommt also dem von Erde und Sonne gebildeten System eine gewisse potentielle Energie zu, die mit abnehmender Entfernung der Erde von der Sonne kleiner wird. Gleichzeitig hat aber, wenn wir die Sonne als ruhend betrachten, die Erde eine gewisse lebendige Kraft; diese wächst, wenn sie der Sonne sich nähert, sie nimmt ab, wenn sie sich entfernt. Nun ergiebt sich, daß die Veränderungen der potentiellen und kinetischen Energie bei dem von Erde und Sonne gebildeten System sich stets wechselseitig kompensieren; es gilt also auch hier der Satz, daß die gesamte Energie eine unveränderliche Größe besitzt und nur ihre Form in periodischer Weise wechselt. Wenn bei Annäherung an die Sonne potentielle Energie verloren geht, so entsteht ein damit gleicher Betrag von kinetischer Energie und umgekehrt. Es gilt diese Bemerkung aber nur, wenn wir Erde und Sonne als ein für sich abgeschlossenes System betrachten, wenn wir also von den Störungen der Erdbahn durch die übrigen Planeten absehen. Aber auch für das Planetensystem im ganzen gilt der Satz von der Erhaltung der Energie; nehmen wir die Körper des Planetensystems,

Sonne und Planeten, paarweise zusammen, so entspricht jedem Paare eine gewisse potentielle Energie, die der Formel

$$U = \mathfrak{E} - \varkappa \frac{mm'}{r}$$

entsprechend von der Entfernung abhängt. Die potentielle Energie des ganzen Planetensystems ist gleich der Summe der Energieen der einzelnen Paare. Andererseits kommt jedem Körper des Systems eine gewisse kinetische Energie zu, und die gesamte kinetische Energie des Systems ist gleich der Summe der Energieen seiner einzelnen Glieder. Nun zeigt sich, daß die Summe der potentiellen und kinetischen Energieen immer die gleiche bleibt, wie auch die Konfiguration und die Geschwindigkeit der einzelnen Teile wechselt. Es wohnt also auch dem Sonnensystem eine Energie von unveränderlichem Betrage inne, aber bei einem Teil derselben ist die Form beweglich, er tritt bald als potentielle, bald als kinetische Energie auf, jedoch wird immer die verschwindende potentielle Energie vollkommen kompensiert durch die entstehende kinetische und umgekehrt.

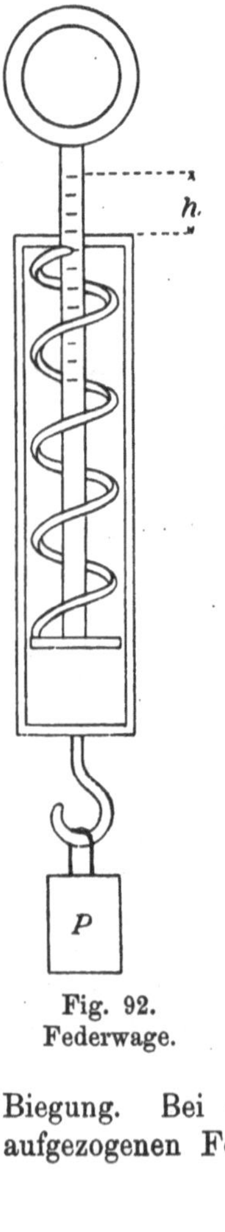

Fig. 92. Federwage.

§ 97. Spannkraft. Betrachten wir eine Federwage (Fig. 92), wie sie für die Zwecke des praktischen Lebens vielfach Verwendung findet. Hängen wir an den Haken ein Gewicht P, so sinkt die ihn tragende Hülse, und die Feder wird von dem auf ihr lastenden Gewichte zusammengedrückt. Sie enthält dann einen gewissen Arbeitsvorrat, den man dadurch bestimmen kann, daß man die Wage ganz allmählich entlastet, ohne daß sie dabei in merkliche Schwankungen gerät, d. h. ohne daß kinetische Energie entsteht. Wenn schließlich die Belastung wieder auf Null reduziert ist, so steht auch der Zeiger wieder auf seinem Nullpunkt und es ist eine Arbeit geleistet gleich dem Produkt aus der Strecke h, um die sich der Haken gehoben hat, und aus dem Mittelwerte $\frac{P}{2}$ der zu Anfang und Ende des Vorganges vorhandenen Belastungen. Diese Arbeit giebt den Betrag der potentiellen Energie, die in der zusammengedrückten Feder enthalten war. Bei einem bekannten Spielzeug benützen wir die in einer zusammengedrückten Feder enthaltene Energie, um einen Pfeil zu schnellen; dabei verwandelt sich die potentielle Energie der gespannten Spiralfeder in die kinetische Energie des Pfeiles. Zu demselben Zwecke dient beim Bogen die elastische Spannung der durch das Anziehen der Schnur erzeugten Biegung. Bei dem Chronometer oder der Taschenuhr wird in der aufgezogenen Feder eine gewisse potentielle Energie angesammelt, die beim Ablaufen verbraucht wird, um der schwingenden Unruhe die durch Reibung vernichtete lebendige Kraft immer von neuem zu ersetzen.

Bei Armbrust und Bogen ist es uns geläufig, von einer Spannkraft zu sprechen, die dem Pfeile seine Geschwindigkeit erteilt. Durch diese Beziehung wird es erklärt, daß man an Stelle von Arbeitsvorrat oder potentieller Energie als gleichwertig auch den Namen Spannkraft benützt hat. Potentielle Energie in der Form von Spannkraft erhalten wir auch, wenn wir eine Kette oder Saite zur Seite ziehen und so eine über ihre ganze Länge sich erstreckende Ausbiegung erzeugen. Die stehende Schwingung, die nach dem Loslassen der Kette entsteht, bildet ähnlich der Pendelbewegung ein Beispiel für die wechselseitige Verwandlung von potentieller und kinetischer Energie.

§ 98. Das Prinzip der Erhaltung und Vermehrung der Energie für ein mechanisches System. Maß der Energie. Die in den vorhergehenden Paragraphen an einzelnen Beispielen erläuterten Eigenschaften der Energie kann man in dem Satze zusammenfassen:

Bei jedem in sich abgeschlossenen und sich selbst überlassenen System ist die Energie konstant; sie ist aber im allgemeinen in zwei verschiedenen Formen vorhanden, als potentielle Energie, die sich mit der räumlichen Konfiguration, als kinetische, die sich mit der Geschwindigkeit der bewegten Massen ändert. Jede Änderung der potentiellen Energie ist verbunden mit einer gleichen, aber entgegengesetzten der kinetischen und umgekehrt.

Betrachten wir den Fall, daß das System nicht sich selbst überlassen, sondern irgend welchen äußeren Einwirkungen unterworfen wird. Wenn die äußeren Kräfte eine positive Arbeit leisten, so wächst die Energie um den Betrag dieser Arbeit. Wenn umgekehrt die von dem System selbst auf die umgebenden Körper ausgeübten Kräfte bei einer Veränderung seines Zustandes positive Arbeit leisten, so nimmt die Energie um den Betrag der geleisteten Arbeit ab. Betrachten wir beispielsweise die Erde und ein von ihr angezogenes Gewicht; heben wir das letztere, so leistet eine äußere Kraft Arbeit an dem System und vermehrt seine Energie. Benützen wir das sinkende Gewicht, um eine Arbeit zu leisten, etwa um ein zweites mit ihm verbundenes zu heben, so nimmt die Energie jenes Systems um den Betrag der geleisteten Arbeit ab.

Aus all den vorhergehenden Betrachtungen folgt, daß der Maßstab der Energie kein anderer ist, als der der Arbeit. Handelt es sich um potentielle Energie, so messen wir sie ja eben dadurch, daß wir zusehen, wie viel Arbeit aus ihr zu gewinnen ist. Wir haben die Einheit der potentiellen Energie, wenn die Einheit der Arbeit von ihr erzeugt wird. Kinetische Energie aber können wir verwandeln in potentielle und so indirekt durch eine Arbeit messen. Im absoluten System ist also die Einheit der Energie gegeben durch das Erg, im technischen durch das Kilogrammgewicht-Meter (§ 67.).

Verwandlung von kinetischer Energie in potentielle beobachten wir bei einem aufwärts geworfenen Körper, bei einem Pendel. Man hat sie benützt, um die Geschwindigkeit von Geschossen zu bestimmen, indem man diese gegen ein sogenanntes ballistisches Pendel schlagen ließ und die durch den Stoß erzeugte Elongation beobachtete. Diese bestimmt die Erhebung des Pendels über seine Ruhelage und nach der Formel des § 95 die potentielle Energie im Momente des größten Ausschlags. Die letztere ist aber zugleich das Maß für die anfängliche lebendige Kraft des Pendels und des, bei unelastischem Stoße, mit ihm zusammen sich bewegenden Geschosses. Hieraus kann dann nach den Stoßgesetzen die ursprüngliche Geschwindigkeit des Geschosses selbst berechnet werden.

§ 99. Vernichtung von kinetischer Energie durch Stoß und Reibung. Wärmeenergie. Wenn zwei plastische Massen m_1 und m_2 zusammenstoßen, so findet ein Verlust von kinetischer Energie statt, der gegeben ist durch $W = \frac{1}{2} m_1 v_1^2 + \frac{1}{2} m_2 v_2^2 - \frac{1}{2}(m_1 + m_2) c^2$. Hierbei sind v_1 und v_2 die Geschwindigkeiten vor dem Stoß, c die gemeinsame Geschwindigkeit nach demselben. Mit Benützung der in § 89 gegebenen Formel findet man

$$W = \frac{1}{2} \frac{m_1 m_2}{m_1 + m_2} (v_2 - v_1)^2$$

oder

$$W = \tfrac{1}{2}(m_1 c - m_1 v_1)(v_2 - v_1).$$

Es scheint also, daß das Prinzip von der Erhaltung der Energie in diesem Falle keine Gültigkeit besitzt.

Ein ähnlicher Fall ist der von Geschwindigkeitsverlusten durch Reibung. Ein schwingendes Pendel kommt allmählich zur Ruhe, seine Energie scheint sich zu verlieren. Die Geschwindigkeit des Eisenbahnzuges wird durch Bremsen aufgehoben, und damit verschwindet seine kinetische Energie.

Nun ergiebt sich, daß durch Stoß und Reibung Wärme entsteht, und man kann so zu der Vermuthung kommen, daß eben diese ein Äquivalent für die verlorene kinetische Energie sei. Es würde also die Wärme als eine dritte Energieform neben die kinetische und potentielle Energie treten. Eine bestimmte Menge von potentieller Energie könnte sich ebenso gut in eine bestimmte Menge von Wärme, wie in kinetische Energie verwandeln, und umgekehrt müßte Wärmeenergie in potentielle Energie übergehen, Arbeit leisten können. In der That benutzen wir eine solche Verwandlung von Wärme in mechanische Arbeit oder potentielle Energie bei der Dampfmaschine und dem Gasmotor. Bei einem in sich abgeschlossenen System würde wieder der Satz von der Erhaltung der Energie gelten. Die Energie kann aber jetzt in den drei Formen der potentiellen, der kinetischen, der Wärmeenergie vorhanden sein; jede davon kann in die anderen sich verwandeln, aber immer bleibt ihre Summe konstant. Von außen her kann einem System auf doppelte Weise Energie zugeführt werden, einmal durch mechanische

Arbeit, dann durch Wärme. Umgekehrt kann die Energie eines Systemes auf doppelte Weise vermindert werden, durch eine gegen die Umgebung geleistete Arbeit und durch Abgabe von Wärme.

§ 100. Das mechanische Äquivalent der Wärme. Die im vorhergehenden entwickelten Anschauungen gewinnen eine bestimmte Bedeutung und ein sicheres Fundament erst dann, wenn es gelingt, zu zeigen, daß Wärme in der That nach einem ganz bestimmten Tauschwerte als Ersatz für Arbeit, potentielle oder kinetische Energie eintritt. Die Untersuchung dieser Frage gehört nun freilich nicht in die Mechanik starrer Körper, sondern in die Wärmelehre. Da es aber wünschenswert ist, die im vorhergehenden angebahnte Untersuchung zu einem gewissen Abschluß zu führen, und da wir von der Wärmelehre kaum mehr voraussetzen, als Kenntnisse, die wir aus dem täglichen Leben mitbringen, so möge der entsprechende Abschnitt der Wärmelehre hier zum Teil vorweggenommen werden.

Wir haben bei den folgenden Untersuchungen Temperaturmessungen nötig, die mit einem nach Celsiusgraden geteilten Quecksilberthermometer vorgenommen werden mögen. Zur Messung von Wärmemengen benutzt man in der Wärmelehre die Kalorie; die sogenannte Grammkalorie ist die Wärmemenge, die notwendig ist, um 1 g Wasser bei einer Zimmertemperatur von 15° um 1° Celsius zu erwärmen. Unter einer großen Kalorie versteht man die Wärmemenge, die nötig ist, um 1 kg Wasser von 15° auf 16° zu erwärmen. Mit Beziehung hierauf kann die Frage, um die es sich handelt, so gestellt werden: Ist die Wärmemenge, die durch eine bestimmte Arbeitsleistung erzeugt wird, unter allen Umständen dieselbe? Kann aus ihr jene selbe Arbeit wiedergewonnen werden? Man bezeichnet dann die Arbeit, die nötig ist, um eine Wärmeeinheit zu erzeugen, und die umgekehrt aus einer Wärmeeinheit gewonnen werden kann, als das mechanische Äquivalent der Wärme. Die aufgeworfene Frage ist entschieden, wenn bei verschiedener Anordnung der Versuche für dieses mechanische Äquivalent der Wärme immer derselbe Wert gefunden wird. Robert Mayer, der zuerst das Prinzip von der Erhaltung der Energie ausgesprochen hat, bemerkte zugleich, daß gar keine neuen Versuche notwendig waren, um einen numerischen Wert für das mechanische Äquivalent der Wärme zu finden; er berechnete denselben auf Grund von gewissen Eigenschaften der Gase. Da aber diese erst in der Wärmelehre zu besprechen sind, so können wir den von Mayer, mit noch ungenügenden experimentellen Daten, eingeschlagenen Weg hier nicht verfolgen.

Unabhängig von den Untersuchungen Mayers hat Joule durch eine umfassende Reihe von experimentellen Untersuchungen das mechanische Äquivalent der Wärme bestimmt. Er setzte in ein mit einer abgewogenen Menge Wasser gefülltes Gefäß (Fig. 93), das sogenannte Kalorimeter, ein um eine vertikale Axe drehbares Rad mit zwei über einander liegenden Schaufelkränzen, die durch entsprechend ausgeschnittene Querwände hindurch mit großer Reibung sich bewegten. Die Drehung erfolgte durch einen doppelten Schnurlauf und Gewichte nach dem in Figur 93 gegebenen Schema. Infolge der Reibung fielen die Gewichte mit gleichförmiger, sehr kleiner Geschwindigkeit; die von der Schwere geleistete Arbeit findet also ihr Äquivalent nicht in der lebendigen Kraft der fallenden Gewichte, sondern in der Wärme, die infolge der Reibung in dem Kalorimeter erzeugt wird. Ist h die Fallhöhe, p das fallende Gewicht, so ist die geleistete Arbeit gleich $p \cdot h$; ist andererseits die Masse des Wassers in dem Kalorimeter gleich m, die Temperaturerhöhung gleich t^0 Celsius, so ist die in ihm erzeugte Wärme gleich $m t$; das mechanische Äquivalent der Wärme, die zu der Erzeugung einer Wärmeeinheit erforderliche Arbeit, ist somit:

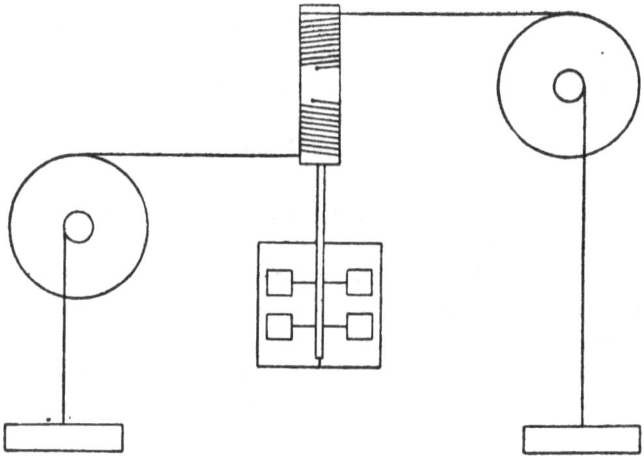

Fig. 93.

$$\mathfrak{A} = \frac{p\,h}{m\,t}\,.$$

Die Versuchsanordnung wurde von Joule in der mannigfachsten Weise variiert; nach demselben Prinzip, aber mit viel größeren Mitteln, wurde die Bestimmung von Rowland wiederholt. Benutzen wir zur Messung der Arbeit die technische Einheit des Kilogrammgewicht-Meter, zur Messung der Wärme die große Kalorie, so wird das mechanische Äquivalent der Wärme

$$\mathfrak{A} = 427{,}5\,,$$

d. h. die durch den Fall eines Kilogrammgewichtes um 427,5 m erzeugte Wärme genügt, um 1 kg Wasser von 15 auf 16° Celsius zu erwärmen. Daraus ergiebt sich, daß ein Grammgewicht bei einem Fall um 42 750 cm eine Grammkalorie erzeugt. Bei Zugrundelegung der Maßeinheiten des Centimeter, des Grammgewichtes und der Grammkalorie wird somit der Wert des mechanischen Äquivalentes

$$\mathfrak{A} = 42\,750\,.$$

Gehen wir nun über von dem technischen Maßsystem zu dem absoluten. Die Einheit der Arbeit, das Erg, ist die Arbeit einer Dyne auf der Strecke von 1 cm. Das Gewicht eines Grammstückes ist gleich 981 Dynen, somit die Arbeit von 42 750 g-Gewicht-cm gleich 981 × 42 750

Erg. Im absoluten cm · g · sec System wird somit das mechanische Äquivalent der Wärme

$$\mathfrak{A} = 42\,000\,000,$$

d. h. eine Arbeit von 42 000 000 Erg ist notwendig um 1 g-Kalorie zu erzeugen.

§ 101. Das Prinzip der Vermehrung der Energie für ein thermisch-mechanisches System. Die Bestimmung des mechanischen Äquivalentes der Wärme ermöglicht es, dem am Schlusse von § 99 geäußerten Gedanken eine ganz exakte Formulierung zu geben. Die Energie eines gegebenen Systems von Körpern wird vermehrt, wenn ihm von außen Wärme zugeführt wird. Messen wir die Energie nach den Einheiten des kg-Gewicht-m oder des Erg, so haben wir die Anzahl der zugeführten kg- oder g-Kalorien mit dem entsprechenden Werte des mechanischen Wärmeäquivalents zu multiplizieren, um den Energiezuwachs zu erhalten. Die zweite Quelle von Energieänderungen wird durch die Arbeiten gebildet, die entweder von dem System äußeren Widerständen entgegen geleistet, oder umgekehrt von außen her auf das System ausgeübt werden. Leistet das System selbst eine Arbeit, so muß seine Energie um ihren Betrag abnehmen. Wenn wir beide Arten von Energieänderung gleichzeitig berücksichtigen, so erhalten wir den Satz:

Bei einem System, das thermischen und mechanischen Veränderungen unterworfen wird, ist die Vermehrung der Energie gleich dem mechanischen Äquivalent der zugeführten Wärme vermindert um die von dem System geleistete Arbeit.

Ist die Energie in dem anfänglichen Zustand des Systemes U_1, am Schlusse des Prozesses gleich U_2, wird während der Veränderung die Wärmemenge W zugeführt und die Arbeit L geleistet, so ist

$$U_2 - U_1 = A\,W - L.$$

§ 102. Allgemeine Bedeutung des Energieprinzips. Wir haben uns in den vorhergehenden Paragraphen mit der wechselseitigen Verwandlung von mechanischer Energie und Wärme beschäftigt. Nun liegt es nahe, sich daran zu erinnern, daß mechanische Energie auch noch andere Umwandlungen erleiden kann; bei der Elektrisiermaschine erzeugen wir durch mechanische Arbeit elektrische Ladungen; in unseren Elektrizitätswerken benutzen wir mechanische Energie um elektrische Ströme zu gewinnen; umgekehrt dienen diese Ströme bei der elektrischen Eisenbahn zur Erzeugung von Bewegung, von lebendiger Kraft. Bei der elektrischen Beleuchtung bringt der elektrische Strom die Wärme hervor, die den Kohlenfaden der Glühlampen zum Glühen erhitzt. Wärme wird also erzeugt durch mechanische Arbeit, durch den elektrischen Strom; vor allem aber benutzen wir als eine schier unerschöpfliche Quelle von Wärme den chemischen Prozeß der Verbrennungen.

Diese Beobachtungen führen nun zu der Vorstellung, daß außer der mechanischen Energie, die sich ihrerseits in die potentielle und kinetische Form spaltet, und außer der Wärmeenergie noch eine elektrische und chemische Energie existiere; nehmen wir Rücksicht auf die magnetischen Zustände des Eisens, so werden wir diesen noch eine magnetische Energie hinzufügen können. Der Satz von der Erhaltung der Energie würde dann besagen, daß all diese Energiearten nur verschiedene Formen einer und derselben Eigenschaft sind, die einem in sich abgeschlossenen, äußeren Einwirkungen entzogenen Systeme in unveränderlicher Größe innewohnt, und die wir seine Gesamtenergie nennen. Jede Energieform kann sich in jede andere verwandeln, und zwar geschieht dies auf Grund von bestimmten Äquivalenzwerten, die natürlich abhängen von den spezifischen Einheiten, die wir bei der Maßbestimmung verschiedener Energiearten benutzen. Es möge ein Betrag A einer ersten Energieart verschwinden, und dafür ein Betrag B einer zweiten entstehen; wir erhalten B, wenn wir A durch den Äquivalenzwert der ersten Energieart dividieren. Umgekehrt kann dann der Betrag B der zweiten Form wieder in den Betrag A der ersten zurückverwandelt werden.

Aus der Verwandelbarkeit der Energien folgt aber, daß wir den Betrag der Energie immer nach demselben Maße messen können, welches auch ihre Form sei. Als eine gemeinsame Maßeinheit für alle Energiearten empfiehlt sich die Einheit der mechanischen Arbeit, das Erg, beziehungsweise das Kilogramm-Gewicht-Meter. Daß die potentielle Energie in dieser sich ausdrücken läßt, ergiebt sich aus den Betrachtungen des § 94. Daß dasselbe für kinetische Energie gilt, aus der Umwandlung in potentielle, die wir in § 95 und 98 besprochen haben. Den Wert der elektrischen und magnetischen Energie werden wir in dem dritten Teile dieses Lehrbuches an geeigneter Stelle bestimmen. Von der Beziehung zwischen chemischer und elektrischer Energie wird ebenda die Rede sein. Die Verwandlung von chemischer Energie in Wärmeenergie werden wir im vierten Teile, in der Wärmelehre, berühren.

§ 103. Das Perpetuum mobile. Die Erfinder des vergangenen Jahrhunderts wandten allen möglichen Scharfsinn auf, um eine Maschine zu konstruieren, die Arbeit leistet und sich selbst fortdauernd im Gang hält. Ein Mühlrad, das nicht bloß die Mühle treibt, sondern auch das Wasser, von dem es gedreht wird, wieder auf die frühere Höhe zurückpumpt, so daß es in einem vollkommenen Kreislaufe sich bewegt und dabei Arbeit leistet. Zwei gleiche Uhrwerke, von denen immer das eine ablaufend das andere aufzieht, und die dabei noch irgend eine Maschine treiben. Aus dem Prinzip von der Erhaltung der Energie folgt, daß ein Perpetuum mobile ein Ding der Unmöglichkeit ist. Denn wenn durch Verschwinden der Energie A eine ihr äquivalente B von irgend einer Form erzeugt ist, so kann sich B rückwärts eben nur wieder in A verwandeln, unmöglich aber nebenbei noch Arbeit leisten, d. h. eine vorher nicht vorhandene Energie aus Nichts erzeugen. In Wirklichkeit würde natürlich nicht einmal jene Rückverwandlung gelingen; denn bei allen unseren Maschinen giebt Reibung, Fortleitung und Ausstrahlung von Wärme zu einer Zerstreuung der Energie Veranlassung, die nicht wieder rückgängig zu machen ist.

§ 104. Die Bewegung der Energie. Der Satz von der Erhaltung der Energie sagt aus, daß die Energie konstant bleibt, wie sich auch ihre räumliche Verteilung und ihre Form verändern mag. Der Satz giebt keinen Aufschluß darüber, ob überhaupt unter gegebenen Verhältnissen eine Bewegung der Energie eintritt, und nach welchen Gesetzen sie sich richtet. Er bedarf nach dieser Seite hin einer Ergänzung, und man kann vermuten, daß er nur ein Teil eines allgemeineren Prinzips ist, das zugleich die Gesetze der Bewegung und Verwandlung der Energie enthält. In der That werden wir in der Wärmelehre in dem Satze von der Entropie ein solches Prinzip kennen lernen, vorläufig müssen wir uns beschränken auf einen speziellen Fall von Umwandlung potentieller Energie, aus dem wenigstens gewisse Gesichtspunkte sich ergeben, die bei der Entwickelung einer allgemeinen Energielehre von Bedeutung sind. Wir nehmen zwei mit Wasser gefüllte Reservoire (Fig. 94); das Niveau des einen befindet sich in der Höhe H, das des anderen in der Höhe h über dem Boden. Von dem oberen Niveau zu dem unteren geht eine Röhre, deren obere Öffnung aber durch einen Schieber verschlossen ist; heben wir den Schieber, so wird eine gewisse Wassermenge von dem oberen zu dem unteren Niveau fließen. Ist m ihre Masse, so verliert das obere Reservoir die potentielle Energie $U = mgH$, das untere gewinnt die potentielle Energie $u = mgh$. Außerdem aber gewinnt das herabfließende Wasser lebendige Kraft, die durch den Zusammenstoß mit dem Wasser des unteren Reservoirs und durch die der Bewegung widerstehende Reibung in Wärme verwandelt wird. Es ist somit bei dem geschilderten Vorgang eine gewisse Menge u von potentieller Energie von dem oberen Niveau zu dem unteren übergegangen; gleichzeitig aber ist die Energiemenge $U - u$ in Wärme verwandelt. Man kann hiernach sagen, daß die Richtung, in der sich die Energie bewegt, durch den Höhenunterschied der Wasserniveaus bestimmt wird; die Energie bewegt sich von dem höheren Niveau zu dem tieferen. Nun bildet die Höhe des

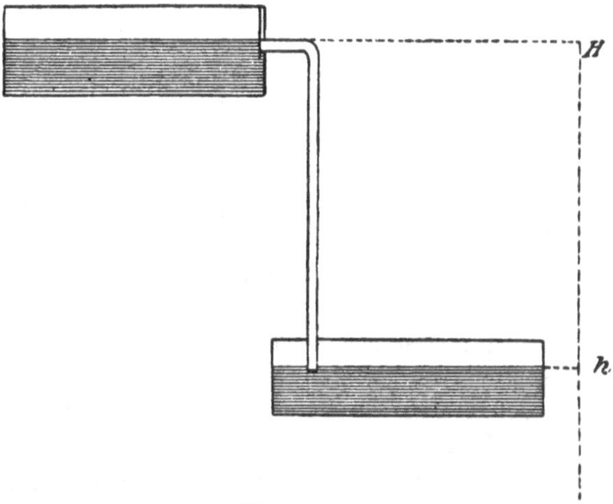

Fig. 94.

Niveaus den einen der Faktoren, aus denen der Ausdruck der potentiellen Energie sich zusammensetzt. Bezeichnen wir jene Höhe als den Niveauwert der Energie, so würde zunächst in dem betrachteten Beispiele der Satz gelten: Die Energie bewegt sich von dem höheren Niveauwert zu dem tieferen. Charakteristisch für unseren Vorgang ist ferner, daß die Bewegung der potentiellen Energie verbunden ist mit einer teilweisen Umwandlung in Wärme. Zwischen der von dem oberen Reservoir abgegebenen und der von dem unteren aufgenommenen Energie findet die Beziehung statt:

$$\frac{U}{H} = \frac{u}{h}.$$

Diese Energien verhalten sich wie die entsprechenden Niveauwerte. Zwischen der von dem oberen Reservoir abgegebenen und der in Wärme verwandelten Energie besteht die Gleichung:

$$\frac{U}{h} - \frac{U}{H} = \frac{U - u}{h}$$

oder

$$\frac{U - u}{U} = \frac{H - h}{H}.$$

Die in Wärme verwandelte Energie verhält sich zu der ganzen dem höheren Niveau entzogenen Energie, wie die Differenz der Niveauwerte zu dem Niveauwert des oberen Reservoirs.

Es frägt sich, ob die in diesen Sätzen ausgesprochenen Eigenschaften der Energiebewegung über das betrachtete Beispiel hinaus eine allgemeine Bedeutung besitzen. Nehmen wir, um einen Anhalt zur Beantwortung der Frage zu gewinnen, die Wärmeenergie. Wärme geht von selbst von einem warmen Körper zu einem kalten, man könnte also die Temperatur als den Niveauwert der Wärme betrachten und würde dann den ersten der gefundenen Sätze auch auf die Wärmeenergie ausdehnen können.

Wenn man aber aus dem zweiten Satze schließen wollte, daß jede Bewegung von Wärmeenergie mit einer teilweisen Verwandlung in eine andere Energieform verbunden sein müsse, so würde dem die Erfahrung widersprechen. Wärme kann von einem heißen zu einem kalten Körper übergehen, ohne daß dabei eine andere Energieform auftritt. Dagegen findet der zweite der im vorhergehenden aufgestellten Sätze in der Wärmelehre seine Analogie bei den sogenannten Kreisprozessen; ein solcher Prozeß ist es, durch den wir bei der Dampfmaschine Arbeit gewinnen. Das Charakteristische dabei ist, daß eine gewisse Wärmeenergie Q einem Körper von hoher Temperatur, dem Kessel der Dampfmaschine, entzogen, daß ein Teil davon, $Q—q$, in Arbeit verwandelt, der Rest q an einen Körper von niedriger Temperatur, den Kondensator, abgegeben wird. Zwischen diesen Wärmemengen und den von — 273°

Celsius an gezählten absoluten Temperaturen T und t der beiden Körper bestehen dann die Beziehungen

$$\frac{Q}{T} = \frac{q}{t} \quad \text{und} \quad \frac{Q - q}{Q} = \frac{T - t}{T},$$

deren Analogie mit den zuvor gefundenen unmittelbar in die Augen fällt. Diese Gleichungen aber sind es, die zu dem schon erwähnten Satze von der Entropie führen, der dann das allgemeine Bewegungsgesetz der Energie enthält; seine Entwickelung aber ist eine spezifische Aufgabe der Wärmelehre.[1]

§ 105. Beziehung der Energie zu dem Prinzip der virtuellen Verschiebungen. Wir haben in § 46 gesehen, daß die von selbst eintretenden, natürlichen Verschiebungen eines mechanischen Systemes immer in dem Sinne eintreten, in dem positive Arbeit geleistet wird. Im Sinne der Energetik wird dieser Satz so auszusprechen sein: Die natürlichen Bewegungen gehen immer so vor sich, daß die potentielle Energie der beweglichen Systeme kleiner wird. Giebt es keine virtuelle Verschiebung, bei der diese Energie abnimmt, hat also die potentielle Energie einen Minimalwert erreicht, so ist das System im Gleichgewicht.

[1] Vergl. E. Mach, Die Geschichte und die Wurzel des Satzes der Erhaltung der Arbeit. Prag 1872. — Zur Geschichte und Kritik des Carnotschen Wärmegesetzes. Sitzungsber. d. k. Akad. d. Wiss. in Wien, Math.-Nat. Kl. Bd. 101, II a, Dez. 1892.

ZWEITES BUCH.

MECHANIK DER FLÜSSIGKEITEN UND GASE.

Erster Abschnitt.

Statik der Flüssigkeiten und Gase.

Einleitung.

§ 106. Inkompressible und kompressible Flüssigkeiten. Flüssigkeiten und Gase besitzen die gemeinsame Eigenschaft, einer nicht zu raschen Änderung der Form keinen merklichen Widerstand entgegenzusetzen. Sofern man also in dieser leichten gegenseitigen Verschiebbarkeit der Teilchen die wesentliche Eigenschaft einer Flüssigkeit sieht, würden auch die Gase als flüssige Körper zu bezeichnen sein. Wenn man aber das Volumen von Flüssigkeiten und Gasen zu verkleinern sucht, so verhalten sie sich sehr verschieden. Schließt man in einem Cylinder durch einen verschiebbaren Kolben eine gewisse Menge einer Flüssigkeit ab, so bewirkt der größte auf den Kolben ausgeübte Druck eine so kleine Änderung des Volumens, daß sie sich lange Zeit der Beobachtung entzogen hat. Man hielt die Flüssigkeiten für unzusammendrückbar und bezeichnete sie dementsprechend als inkompressible Flüssigkeiten. Bei Gasen genügt schon ein kleiner Druck zu einer sehr merklichen Volumänderung; man nennt daher die Gase, um die Übereinstimmung und den Unterschied ihres Verhaltens dem der Flüssigkeiten gegenüber zu bezeichnen, kompressible Flüssigkeiten.

Inkompressible Flüssigkeiten, oder Flüssigkeiten schlechtweg, besitzen ein nahezu unveränderliches Volumen; sie bieten in jedem Gefäß, dessen Raum sie nicht ganz erfüllen, die Erscheinung der freien Oberfläche dar. Gase dagegen füllen jeden ihnen dargebotenen Raum, wie groß er auch sei, vollständig an; sie vermögen sich ins Unbegrenzte auszudehnen, und es fehlt ihren Teilchen der Zusammenhalt, der bei den Flüssigkeiten das Volumen konstant erhält, wie auch ihre Form, d. h. die Form des sie enthaltenden Gefäßes wechselt. Diesem Verhalten entsprechend, bezeichnet man die Gase auch als ausdehnsame Flüssigkeiten.

I. Kapitel. Statik der inkompressibeln Flüssigkeiten.

§ 107. Prinzip der Niveauflächen. Die freie Oberfläche einer Flüssigkeit — wir werden hierunter eine inkompressible verstehen — ist immer senkrecht gegen die auf sie wirkenden Kräfte. Würde dies nicht der Fall sein, so würden die auf Teilchen der Oberfläche wirkenden Kräfte tangentiale Komponenten besitzen (Fig. 95); diese aber würden sofort eine Verschiebung der Teilchen längs der Oberfläche, eine Bewegung der Flüssigkeit bewirken, die erst zur Ruhe käme, wenn jene tangentialen Komponenten verschwunden sind, die Oberfläche sich senkrecht zu den Kräften gestellt hat. Die freie Oberfläche der Flüssigkeit bezeichnet man auch als ihre Niveaufläche, und man überträgt diesen Namen auf alle Flächen, die ein gegebenes System von Kräften senkrecht durchschneiden, wie etwa die um ein Gravitationscentrum als Mittelpunkt beschriebenen Kugelflächen.

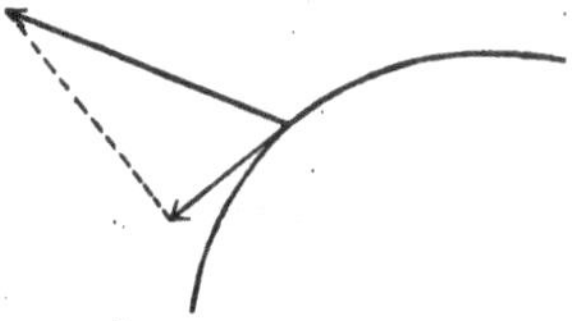
Fig. 95.

An der Oberfläche der Erde ist die freie Oberfläche einer Flüssigkeit eine horizontale Ebene. Ein Quecksilberniveau dient daher als horizontaler Spiegel; bei den Libellen benützt man die horizontale Oberfläche der in der Libellenröhre oder Dose eingeschlossenen Flüssigkeit, um die horizontale Stellung einer ebenen Platte zu prüfen.

§ 108. Druck einer Flüssigkeit gegen die Gefäßwand. Wir richten unsere Aufmerksamkeit jetzt auf die unfreie von der Gefäßwand begrenzte Oberfläche der Flüssigkeit. Machen wir einen Teil davon beweglich, indem wir eine cylindrische Röhre in die Wand einsetzen und durch einen verschiebbaren Kolben verschließen, so wird die Flüssigkeit durch ihre Schwere den Kolben herauszudrücken suchen. Wir müssen ihn auf der anderen Seite mit einer zu seiner Fläche senkrechten Kraft nach innen drücken, um den Ausfluß der Flüssigkeit zu verhindern. Der Satz des vorhergehenden Paragraphen läßt sich somit auch auf die unfreie Oberfläche übertragen, insofern die Wirkung der begrenzenden Wand ersetzt werden kann durch einen, senkrecht zu ihr, auf die Flüssigkeit ausgeübten Druck.

Der experimentelle Nachweis dieser Druckkräfte kann, entsprechend der reciproken Stellung von Flüssigkeit und Gefäßwand, in doppelter Weise geführt werden. Einmal kann man die Flüssigkeit beweglich machen gegen die Oberfläche eines sie begrenzenden festen Körpers; oder man kann den begrenzenden Körper beweglich machen gegen die Flüssigkeit. Im ersten Falle (Fig. 96) setzen wir einen mit Flüssigkeit gefüllten Cylinder auf die Schale einer Wage und bringen diese ins Gleichgewicht; tauchen wir dann einen an einem Stative befestigten Cylinder mit vertikaler Axe teilweise in die Flüssigkeit, so sinkt die Wagschale, auf der sie steht. Wir können durch Auflegen von Gewichten auf die andere Schale die Wage wieder ins Gleichgewicht bringen und so den auf die Flüssigkeit ausgeübten Druck messen. Derselbe rührt offenbar von der unteren Grenzfläche des Cylinders her, da die von dem Mantel ausgehenden horizontalen Drucke sich wechselseitig kompensieren. Als Resultat von Messungen, die unter verschiedenen Verhältnissen angestellt werden, ergiebt sich der Satz: Der auf die Flüssigkeit ausgeübte Druck ist gleich dem Gewicht der von dem Cylinder verdrängten Flüssigkeit.

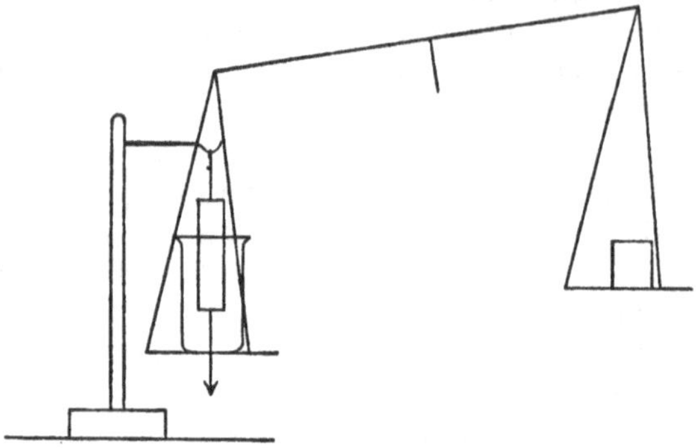

Fig. 96.

Mit Rücksicht auf dieses Ergebnis kann man nun den zweiten Versuch, bei dem ein beweglicher Körper dem Druck der ihn umgebenden Flüssigkeit unterworfen wird, in folgender Weise anordnen (Fig. 97). Man hängt den Körper — er sei wieder durch einen Cylinder mit vertikaler Axe repräsentiert — an den einen Arm einer Wage, über ihn an denselben Arm einen Hohlcylinder, der durch den unteren massiven Cylinder genau ausgefüllt wird. Taucht nun der untere Cylinder zuerst nur teilweise in die Flüssigkeit ein, so erleidet seine untere Fläche einen Druck oder Auftrieb, der dadurch kompensiert werden kann, daß man in den Hohlcylinder Flüssigkeit eingießt. Die Höhe, bis zu welcher der Cylinder gefüllt werden muß, ist dann immer gleich der Tiefe, bis zu der der Cylinder eintaucht. Heben wir das Niveau der Flüssigkeit, so daß der Cylinder tiefer eintaucht, so nimmt der Auftrieb zu; von dem Augenblick an, in dem der Cylinder ganz eintaucht, bleibt er konstant gleich dem Gewicht der den oberen Cylinder bis zum Rande füllenden Flüssigkeit. In der That wirken dann, wie aus späteren Betrachtungen noch deutlicher hervorgehen wird, auf beide Endflächen des untergetauchten Cylinders Druckkräfte von entgegengesetzter Richtung, und der Auftrieb wird durch ihre Differenz bestimmt.

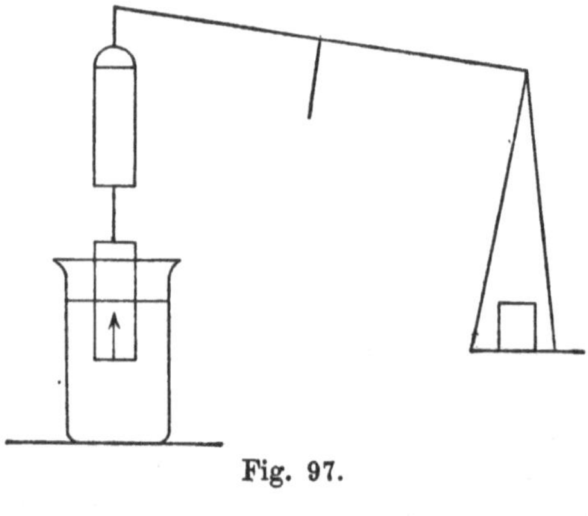

Fig. 97.

§ 109. Das Archimedische Prinzip. Den Beobachtungen des vorhergehenden Paragraphen zufolge wird der Auftrieb unter allen Umständen durch das Gewicht der verdrängten Flüssigkeit gemessen. Da in diesem Satze gar keine Beziehung mehr auf die cylindrische Form des eingetauchten Körpers enthalten ist, so liegt es nahe, ihm eine allgemeine Gültigkeit für Körper von beliebiger Gestalt zuzuschreiben. In der That kann man diese Vermutung leicht prüfen, wenn man den Cylinder mit horizontaler Axe an der Wage aufhängt. Man gelangt so zu dem bekannten Prinzip des ARCHIMEDES:

Ein Körper, der in eine Flüssigkeit ganz oder teilweise eintaucht, erleidet einen Auftrieb oder Gewichtsverlust, der gleich ist dem Gewichte der verdrängten Flüssigkeit.

ARCHIMEDES selbst wurde auf sein Prinzip geführt durch eine Überlegung, die in modernem Gewande auf die Betrachtung der Arbeit führt, die bei einer Verschiebung des eingetauchten Körpers geleistet wird. Bezeichnen wir sein Gewicht durch P, so ist die bei einer Senkung des Schwerpunktes um die Höhe h geleistete Arbeit gleich $P \cdot h$ (Fig. 98). Nun füllt sich dabei der vorher von dem Körper eingenommene Raum mit Wasser; die ganze mit der Senkung des Körpers verbundene Bewegung des Wassers verhält sich so, wie wenn der Schwerpunkt der verdrängten Flüssigkeit um die Strecke h gehoben worden wäre; hierdurch wird aber eine Arbeit von dem Betrage $W \cdot h$ konsumiert, wenn W das Gewicht der verdrängten Flüssigkeit bezeichnet. Wird also ein Körper in einer Flüssigkeit nach unten hin verschoben, so ist die von der Schwere geleistete Arbeit gleich $(P - W) \cdot h$, dieselbe, wie bei der Verschiebung des Gewichtes $P - W$ im leeren Raum. Der Körper erleidet in der Flüssigkeit einen Gewichtsverlust gleich dem Gewichte der verdrängten Flüssigkeit.

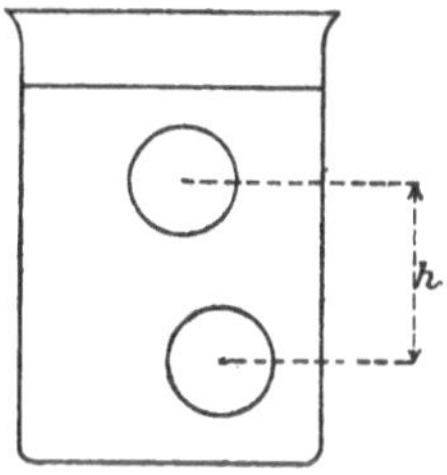

Fig. 98.

Wir wollen die allgemeine Gültigkeit des Archimedischen Prinzips endlich noch auf einem Wege begründen, der von Interesse ist, weil der ihm zu Grunde liegende Gedanke nicht selten zu der Entscheidung von Gleichgewichtsfragen bei Flüssigkeiten benützt werden kann. Wir grenzen durch eine geschlossene Fläche (Fig. 99) einen Teil A der Flüssigkeit ab; wäre die übrige Flüssigkeit nicht vorhanden, so würde A infolge seines Gewichtes fallen; wenn A im Innern der Flüssigkeit im Gleichgewicht ist, so muß ein Auftrieb vorhanden sein, der dem Gewichte von A gleich ist und der durch Druckkräfte erzeugt wird, welche die umgebende Flüssigkeit auf die Oberfläche von A ausübt. Diese Druckkräfte aber müssen dieselben sein, welches auch die Natur jener Oberfläche ist; man kann sich dieselbe als eine starre Fläche denken, man kann ihr Inneres mit irgend einer von der Flüssigkeit verschiedenen Substanz füllen. Dann aber hat man in der

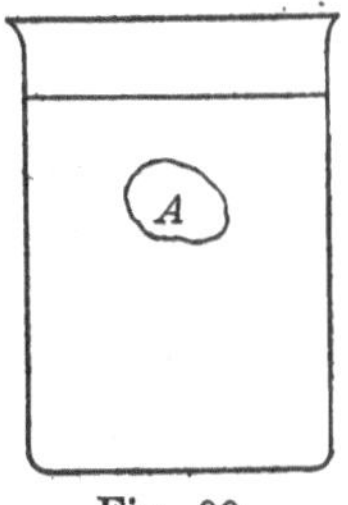

Fig. 99.

That den Satz, daß die Flüssigkeit auf einen den Raum A erfüllenden Körper einen Auftrieb ausübt gleich dem Gewichte eines gleichen Volumens Flüssigkeit.

Wir werden später sehen, daß auch die Gase schwere Flüssigkeiten sind; die vorhergehende Betrachtung findet dann auch bei ihnen Anwendung, und das Archimedische Prinzip gilt daher ebenso für die ausdehnsamen Flüssigkeiten.

§ 110. Das spezifische Gewicht des Wassers bei 4° Celsius. Nach der in § 68 gegebenen Definition ist das spezifische Gewicht des Wassers bei 4° Celsius gleich 1, d. h. das Gewicht von 1 cdm Wasser bei 4° C. ist gleich dem Gewichte von 1 kg. Es fragt sich nun, ob die zu der Herstellung des kg-Gewichtes erforderlichen Messungen mit solcher Genauigkeit anzustellen sind, daß jene Beziehung wirklich erfüllt ist. Die fundamentale Bedeutung, welche diese Frage für die ganze Metrologie besitzt, wird es rechtfertigen, wenn wir einige Augenblicke bei ihr verweilen.

Im Prinzip ist der bei der Herstellung des kg-Gewichtes eingeschlagene Weg der folgende. Der erste Schritt besteht in der sorgfältigen Herstellung eines Metallcylinders, dessen Volumen durch Messung der Länge und des Durchmessers zu bestimmen ist; dasselbe betrage v cdm. Zweitens handelt es sich um die Herstellung eines Volumens Wasser von 4° Celsius, das dem Rauminhalt des Cylinders genau gleich ist. Das Gewicht dieses Volumens sei nach einer beliebigen Gewichtseinheit gemessen gleich w. Dann ist das Gewicht von 1 cdm Wasser von 4° Celsius gleich $\frac{w}{v}$, d. h. das kg-Gewicht ist repräsentiert durch eine Anzahl $\frac{w}{v}$ jener willkürlichen Gewichtseinheiten. Der zweite Teil der Aufgabe wird dadurch gelöst, daß wir den Cylinder in ein mit Wasser von 4° Celsius gefülltes Gefäß einhängen. Nach dem Archimedischen Prinzip ist dann der Gewichtsverlust, den der Cylinder in dem Wasser erleidet, gleich dem Gewicht des verdrängten Wassers, also gleich dem Gewicht w von v cdm Wasser bei 4° Celsius. Wenn man nun ein Gewichtsstück herstellt, das gleich $\frac{w}{v}$ willkürlichen Gewichtseinheiten sein soll, so wird man bei der Unvollkommenheit aller Messungen nicht erwarten dürfen, daß dieses Stück genau gleich dem Gewicht von 1 cdm Wasser bei 4° Celsius sei, sondern nur, daß seine Abweichung von diesem Gewicht einen gewissen, von der Genauigkeit der Beobachtungen abhängenden Grad nicht übersteige. In der That wird es durch neuere Untersuchungen wahrscheinlich, daß das Gewicht von 1 cdm Wasser von 4° Celsius nicht gleich 1 kg-Gewicht, sondern gleich 0,99988 kg-Gewichten, daß also das spezifische Gewicht und ebenso die Dichte des Wassers bei 4° Celsius nicht gleich 1, sondern gleich 0,99988 ist.[1]

[1] Everett, Physikalische Einheiten und Konstanten. Deutsche Ausgabe durch Chappuis und Kreichgauer. Leipzig 1888.

§ 111. Anwendung des Archimedischen Prinzips zur vergleichenden Bestimmung spezifischer Gewichte. Um direkt das spezifische Gewicht oder die Dichte eines Körpers zu finden, würde man, dem in § 110 geschilderten Verfahren entsprechend, sein Gewicht durch Wägung nach g-Gewichten, sein Volumen durch Messung der linearen Dimensionen nach Kubikcentimetern bestimmen und das erhaltene absolute Gewicht durch das Volumen dividieren. Die praktische Ausführung dieser Methode ist in den meisten Fällen ausgeschlossen durch die Schwierigkeit der Volumbestimmung; man greift daher zu indirekten Methoden, die auf einem von den folgenden Sätzen beruhen.

I. Bei gleichem Volumen verhalten sich die spezifischen Gewichte oder die Dichten zweier Körper wie ihre absoluten Gewichte.

II. Bei gleichem absoluten Gewicht verhalten sich die spezifischen Gewichte oder die Dichten zweier Körper umgekehrt wie ihre Volumina.

Auf dem ersten Satze beruhen die Bestimmungen spezifischer Gewichte mit der hydrostatischen Wage. Bei einem festen Körper bestimmt man durch Wägung in Luft, aber mit Berücksichtigung des von ihr herrührenden Auftriebes, das absolute Gewicht m, durch Wägung in Wasser den Gewichtsverlust w, nach dem Archimedischen Prinzip das Gewicht des verdrängten Wassers. Ist dann δ das spezifische Gewicht des Körpers, Q das des Wassers, so hat man:

$$\frac{\delta}{Q} = \frac{m}{w}.$$

Die spezifischen Gewichte von Flüssigkeiten werden bestimmt, indem man den Auftrieb, den ein Glascylinder in ihnen erleidet, vergleicht mit dem von Wasser ausgeübten. Man kann aber gleiche Volumina von einer Flüssigkeit und von Wasser auch dadurch herstellen, daß man ein Gefäß mit ausgezogenem Halse, ein sogenanntes konstantes Gefäß, zu gleicher Höhe mit beiden füllt. Aus der Wägung des leeren, des mit Wasser und des mit der Flüssigkeit gefüllten Gefäßes ergiebt sich das spezifische Gewicht.

Eine sehr bequeme Methode zur Bestimmung spezifischer Gewichte von Flüssigkeiten beruht auf dem zweiten Satze. Wir benützen dabei ein „Aräometer“, eine an beiden Enden zugeschmolzene Glasröhre, von der wir vorerst annehmen, daß sie überall gleiche Weite besitze; an ihrem unteren Ende wird sie mit Quecksilber oder Schrot so beschwert, daß sie, in eine Flüssigkeit eingetaucht, in vertikaler Stellung stabil schwimmt (Fig. 100a). Setzen wir sie in zwei verschiedene Flüssigkeiten, so wird sie in beiden so lange sinken, bis der Auftrieb dem Gewicht der Röhre gleich ist. Dem Archimedischen Prinzip zufolge sind dann die Gewichte der verdrängten Flüssigkeitsvolumina einander gleich, und die spezifischen Gewichte verhalten sich umgekehrt wie die verdrängten

Volumina. Bei einer gleich weiten Röhre verhalten sich aber diese Volumina wie die eingetauchten Längen. Nun möge die eine Flüssigkeit Wasser von der Temperatur 15° Celsius und dem spezifischen Gewicht Q_{15} sein; die eingetauchte Länge der Röhre sei a; in einer Flüssigkeit vom spezifischen Gewicht δ sei die eingetauchte Länge l, dann ist

$$\frac{\delta}{Q_{15}} = \frac{a}{l}.$$

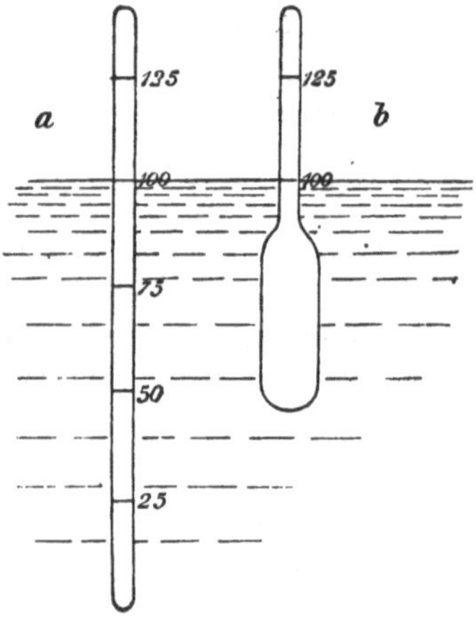

Fig. 100. Skalenaräometer.

Die Einheit, nach der wir die Längen l und a messen, ist gleichgültig. Gay-Lussac hat die Länge a, bis zu der die Röhre in Wasser eintaucht, gleich 100 gesetzt. Diese Länge, von dem unteren Ende der Röhre bis zu dem sogenannten Wasserpunkt, ist dann in 100 Teile zu teilen und die Teilung nach oben fortzusetzen. Sinkt das so eingerichtete „Skalenaräometer" in irgend einer Flüssigkeit bis zu dem Teilstrich n, so ist

$$\frac{\delta}{Q_{15}} = \frac{100}{n}.$$

Für den praktischen Gebrauch ist die Bemerkung wichtig, daß man die Gay-Lussacsche Teilung auch durch Bestimmung zweier Punkte herstellen kann, indem man die Röhre in Wasser und eine andere Flüssigkeit von bekanntem spezifischen Gewicht taucht, etwa Alkohol vom spezifischen Gewicht 0,8. Der Punkt, bis zu dem die Röhre in dem Alkohol sinkt, entspricht dann dem Punkte 125 der Gay-Lussacschen Skala; die ihr entsprechende Längeneinheit ergiebt sich durch Teilung des Intervalls in 25 gleiche Teile. Auf diese Weise kann die Teilung auch bei Aräometern erhalten werden, die nur in ihrem oberen Teile gleichmäßige Weite besitzen, während der untere Teil aus einer Röhre von größerem Querschnitt besteht (Fig. 100b). Solche Aräometer sind aber für den praktischen Gebrauch unentbehrlich, da nur bei ihnen eine kleine Gesamtlänge mit hinreichender Empfindlichkeit sich verbinden läßt. Als Densimeter bezeichnet man Aräometer, bei denen die Gay-Lussacsche Skala durch eine nach spezifischen Gewichten fortschreitende ersetzt ist. Endlich kann man die Skala auch so einrichten, daß sie bei bestimmten Lösungen, z. B. wässerigem Alkohol, wässeriger Schwefelsäure u. dergl., unmittelbar den Prozentgehalt angiebt.

§ 112. Gewichtsaräometer. Ein in Wasser stabil schwimmender Körper ändert seine Stellung mit dem Gewicht und kann daher als Wage dienen. Man versieht ihn zu diesem Zweck mit einer Wagschale (Fig. 101), die durch einen dünnen Stiel mit dem Körper verbunden ist. An dem Stiel befindet sich eine Marke. Um mit diesem „Gewichtsaräometer" eine Wägung auszuführen, legt man auf die Wagschale so viel Gewichte, daß die Marke eben in dem Niveau des Wassers einsteht. Man nimmt hierauf die Gewichte ab, legt den zu wägenden Körper auf die Schale und so viel Gewichte zu, daß das Aräometer wieder bis zu der Marke einsinkt. Das Gewicht des Körpers ist dann gleich der Differenz der aufgelegten Gewichte. Auch zu der Bestimmung spezifischer Gewichte fester Körper läßt sich das Aräometer leicht einrichten, wenn man eine zweite Wagschale unten an demselben anbringt, mit Hilfe deren man das Gewicht der Körper im Wasser bestimmen kann. Endlich kann man auch spezifische Gewichte von Flüssigkeiten aus dem Auftrieb gleicher verdrängter Volumina berechnen, wenn das Gewicht des Aräometers selbst bekannt ist.

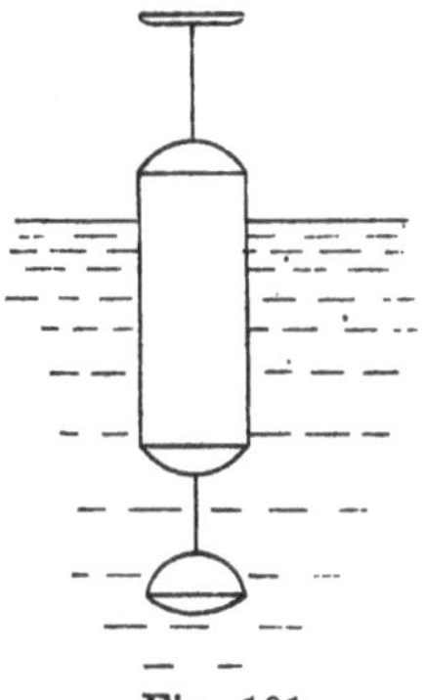

Fig. 101. Gewichtsaräometer.

§ 113. Prinzip der gleichmäßigen Ausbreitung des Druckes. Eine Flüssigkeit, von deren Schwere wir vorerst absehen, sei in ein Gefäß eingeschlossen, das eine cylindrische, durch einen beweglichen Kolben abgeschlossene Ansatzröhre besitzt (Fig. 102). Üben wir auf jenen Kolben einen Druck aus, so verbreitet er sich der Erfahrung zufolge gleichmäßig durch die Flüssigkeit hindurch nach allen Stellen der Gefäßwand. Setzen wir an irgend einer anderen Stelle eine zweite Röhre ein von demselben Querschnitt wie die erste, so müssen wir den in ihr beweglichen Kolben ebenso stark nach innen drücken wie den ersten, um ein Zurückweichen zu verhindern. Bei doppeltem Querschnitt der zweiten Ansatzröhre ist die doppelte, bei dreifachem die dreifache Kraft nötig. Die Druckkraft ist der gedrückten Fläche proportional.

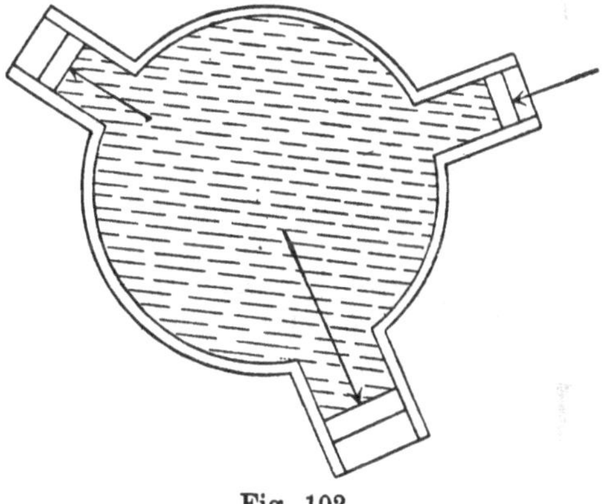

Fig. 102.

Eine wichtige Anwendung findet dieses Prinzip in der hydraulischen Presse (Fig. 103). Zwei vertikal stehende Cylinder von verschiedenen Querschnitten Q und q sind mit einander verbunden durch eine horizontale Röhre. Beide sind mit Wasser gefüllt und verschlossen durch verschiebbare Kolben. Der Kolben des weiteren Cylinders trägt eine horizontale Platte, mit welcher der zu pressende Gegenstand gegen ein festes Widerlager gedrückt werden kann. Wird der Kolben in dem engen Cylinder mit der Kraft p nach unten gedrückt, so wird auf den Kolben vom Querschnitt Q eine Kraft $p\frac{Q}{q}$ übertragen, und mit dieser der zwischen Platte und Widerlager liegende Körper zusammengepreßt. Um die Pressung kontinuierlich steigern zu können, befindet sich in dem die beiden Cylinder verbindenden Rohre ein Ventil, welches das Zurücktreten des Wassers aus dem großen Cylinder hindert. Andererseits bildet der kleine Cylinder den Stiefel einer Pumpe, deren Saugrohr in ein unter der Presse befindliches Wasserreservoir hinabgeht; bei jedem Hube des Kolbens füllt sich der Cylinder von neuem mit Wasser, das beim Niedergehen in den großen Cylinder hinübergedrückt wird.

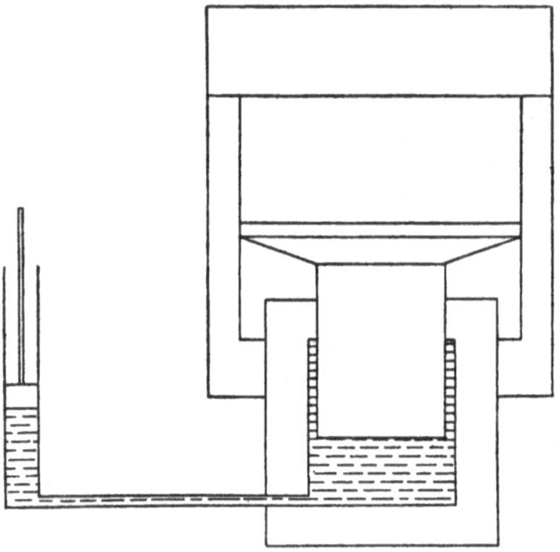

Fig. 103. Hydraulische Presse.

§ 114. Druck im Innern einer schweren Flüssigkeit. Wir gehen über zu der Betrachtung der Druckkräfte, die im Innern einer Flüssigkeit durch das Gewicht der einzelnen Flüssigkeitsteilchen selbst erzeugt werden. Wir werden dabei die Druckkräfte beziehen auf die Flächeneinheit, 1 qcm, und werden die so reduzierten Druckkräfte als Druck schlechtweg bezeichnen. Wir erhalten demnach einen Druck p, wenn wir eine Kraft durch eine Fläche dividieren; im absoluten Maßsystem ist nach § 49 und 66 die Dimension eines Druckes gegeben durch

$$[p] = \frac{\text{Kraft}}{\text{Fläche}} = l^{-1}\, m\, t^{-2}.$$

Wenn wir ein Quadratcentimeter etwa aus dünnem Bleche ausschneiden und in das Innere einer Flüssigkeit bringen, so wird es durch einen senkrecht von beiden Seiten her wirkenden Druck zusammengepreßt. Legen wir das Blech horizontal, so wird der Druck durch das Gewicht der über ihm stehenden Flüssigkeitssäule gegeben sein. So lange also das Blech in derselben Horizontalebene liegt, bleibt der Druck derselbe. Wir können aber zeigen, daß der Druck sich auch dann nicht ändert, wenn wir dem Bleche bei unveränderter Lage seines Mittelpunktes eine geneigte Stellung geben. Zu diesem Zwecke betrachten wir (Fig. 104) ein Quadratcentimeter AB mit horizontaler Fläche und ein zweites Quadratcentimeter, dessen Mittelpunkt in der Horizontalebene AB liegt, dessen Fläche CD aber geneigt ist. Verbinden wir den Rand von AB mit dem von CD durch Linien, so daß in der Flüssigkeit ein Kanal entsteht, der AB mit CD verbindet, so müßte in diesem eine Verschiebung der Flüssigkeit stattfinden, wenn auf CD ein anderer Druck ausgeübt würde als auf AB. Es erleidet somit das Quadratcentimeter CD denselben Druck wie AB; in einer horizontalen Ebene ist der Druck unabhängig von seiner Richtung. Wir sind daher berechtigt, von einem solchen Druck zu sprechen ohne Rücksicht auf eine bestimmte Richtung, in der er wirkt. In einer beliebigen horizontalen Ebene wird der Druck dargestellt durch das Gewicht einer Flüssigkeitssäule, deren Querschnitt gleich 1 qcm, deren Höhe gleich der Tiefe der betrachteten Ebene unter der freien Oberfläche der Flüssigkeit ist.

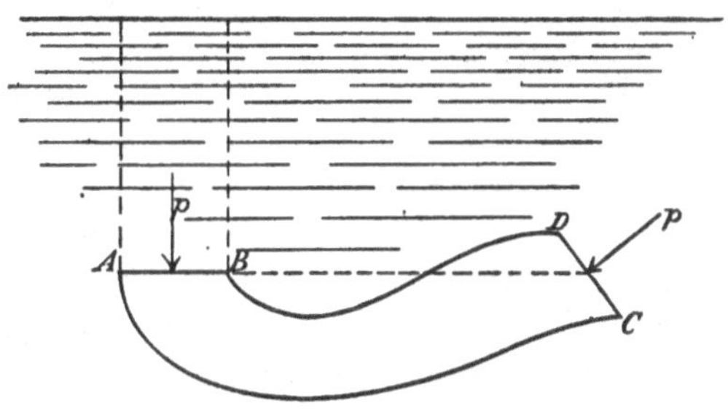

Fig. 104.

Der Satz gilt allgemein für jede beliebige Form des Gefäßes. Man wird dies verstehen, wenn man zunächst bemerkt, daß derselbe Druck, der im Innern zwischen den aneinandergrenzenden Teilen der Flüssigkeit besteht, auch zwischen Wand und Flüssigkeit wirkt. Wenn aber die Flüssigkeit im Gleichgewicht ist, so kann dieses, einer Bemerkung von § 109 zufolge, nicht verändert werden, wenn wir durch sie hindurch eine beliebig gestaltete Fläche EFG (Fig. 105) legen und diese als eine unbewegliche starre Wand betrachten. Jeder Teil dieser Wand übt dann auf den angrenzenden Teil der Flüssigkeit denselben Druck aus, der früher durch die benachbarten Flüssigkeitsteilchen ausgeübt wurde. Die Druckverteilung in der Flüssigkeit ist also durch die Einführung der Wand EFG nicht geändert worden. Daraus aber folgt, daß der Druck im Innern einer Flüssigkeit nicht abhängt von der Gestalt des Gefäßes, sondern nur von der Tiefe der betrachteten Stelle unter ihrem Niveau.

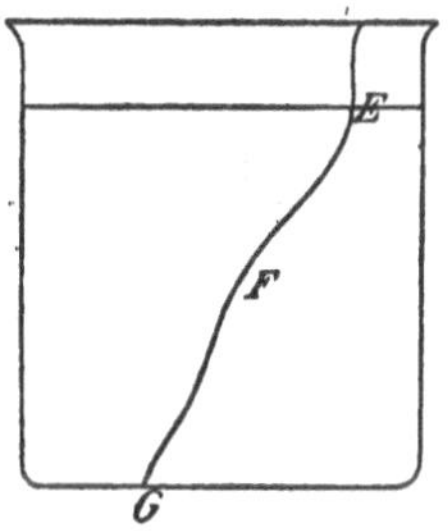

Fig. 105.

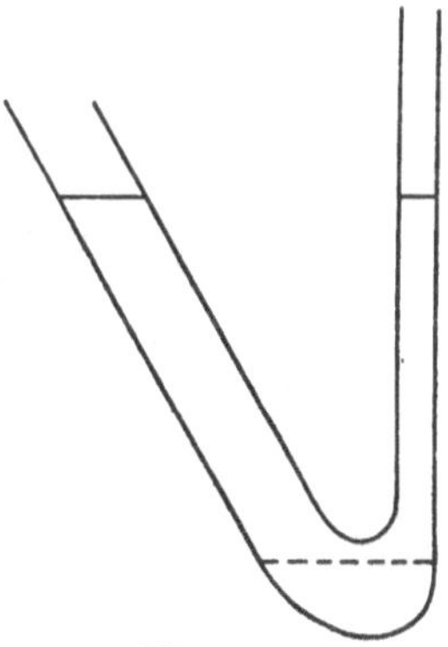
Fig. 106.

Den ganzen Druck im Innern einer ruhenden Flüssigkeit, wie er teils durch ihre Schwere, teils durch äußere Kräfte nach dem Ausbreitungsprinzip erzeugt wird, nennt man den hydrostatischen Druck.

§ 115. Kommunizierende Gefäße. Kehren wir den im vorhergehenden Paragraphen gefundenen Satz um, so ergiebt sich, daß eine schwere

Flüssigkeit in Ruhe nur dann sein kann, wenn in allen Punkten einer horizontalen Ebene der Druck derselbe ist. Wenden wir dies an auf eine Flüssigkeit, die zwei beliebige, mit einander kommunizierende Gefäße erfüllt (Fig. 106), so ergiebt sich, daß die freien Oberflächen in beiden Gefäßen in einer und derselben horizontalen Ebene liegen müssen. Legen wir nämlich durch den verbindenden Kanal eine horizontale Ebene, so wird der Druck in dieser ebenso gut bestimmt durch ihren Vertikalabstand von der freien Oberfläche des einen wie von der des anderen Gefäßes; der Druck kann also in den Punkten der Ebene nur dann überall der gleiche sein, wenn jene Abstände gleich sind.

§ 116. Korrespondierende Flüssigkeitshöhen. Zwei kommunizierende Gefäße, die beiden Schenkel einer heberförmig gebogenen Röhre (Fig. 107), seien mit zwei verschiedenen Flüssigkeiten gefüllt, die sich nicht mischen, etwa Wasser und Quecksilber. Das spezifisch schwerere Quecksilber füllt den unteren Teil der Röhre aus. Die freie Oberfläche der Wassersäule erhebt sich beträchtlich höher, als die des Quecksilbers. Legen wir durch die Berührungsfläche von Wasser und Quecksilber in dem einen Schenkel eine horizontale Ebene, so schneidet diese den zweiten Schenkel in einem entsprechenden Querschnitt. Auf der Berührungsfläche lastet der Druck der darüber stehenden Wassersäule, auf dem Querschnitt des zweiten Schenkels der Druck der über ihm stehenden Quecksilbersäule. Ist das Quecksilber in Ruhe, so müssen die Drucke gleich sein, da sie auf Teile einer und derselben Horizontalebene wirken. Die Produkte aus den spezifischen Gewichten, δ des Quecksilbers, Q des Wassers, und aus den Höhen h und H der über der Berührungsfläche stehenden Flüssigkeitssäulen müssen somit gleich sein.

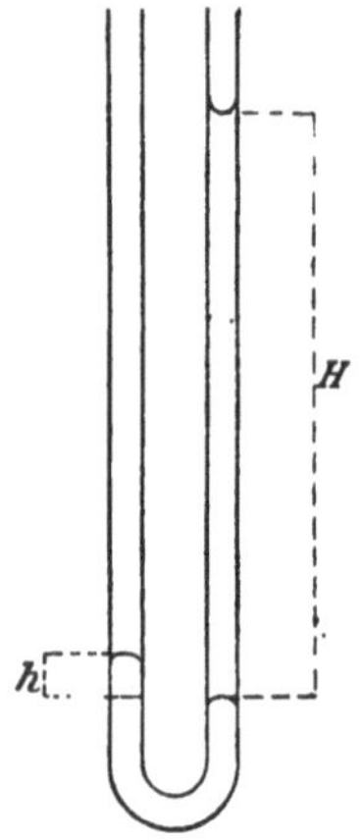

Fig. 107.

Diejenigen Höhen zweier Flüssigkeitssäulen, bei denen sie den gleichen Druck auf ihre Grundflächen ausüben, bezeichnen wir als k o r r e s p o n d i e r e n d e H ö h e n. Wir haben dann den Satz:

K o r r e s p o n d i e r e n d e H ö h e n z w e i e r F l ü s s i g k e i t e n v e r h a l t e n s i c h u m g e k e h r t w i e d i e s p e z i f i s c h e n G e w i c h t e.

Es ist damit ein neues Prinzip zu der Bestimmung von spezifischen Gewichten oder Dichten gegeben; einige wichtige Anwendungen desselben werden wir gelegentlich kennen lernen.

II. Kapitel.

Statik der kompressibeln oder gasförmigen Flüssigkeiten.

§ 117. Druck der Luft. Die Untersuchung der Erscheinungen der Gase ist schwieriger als die bisherigen Untersuchungen, weil die Vorstellungen, welche uns die tägliche Erfahrung über die Eigenschaften der

Luft oder der Gase zuführt, viel weniger bestimmt und sicher sind, als die von den festen und flüssigen Körpern. Wir nehmen an, daß die Theilchen der Gase mit äußerster Leichtigkeit gegen einander verschiebbar sind; wir wissen aber nicht, ob diese Verschiebbarkeit irgend einem Gesetze unterworfen ist. Selbst über die Frage, ob die Luft schwer ist oder nicht, kann die populäre Betrachtung nicht entscheiden; der Nachweis, daß die Luft Gewicht besitzt, erfordert besondere Versuche, die ein gewisses Maß wissenschaftlicher Erkenntnis und feinere Beobachtungsmittel voraussetzen.

Wir haben schon erwähnt, daß die Gase jeden Raum, der ihnen dargeboten wird, vollständig ausfüllen, daß ihr Volumen beliebig geändert werden kann. Die Frage, ob diese Volumänderung an irgend ein Gesetz gebunden sei, hat nur einen Sinn, wenn außer dem Volumen noch eine andere Eigenschaft des Gases zu finden ist, die mit jenem sich ändert. Erst wenn zwei zugleich sich ändernde Größen gegeben sind, kann man nach einer Beziehung fragen, durch welche die Änderungen der einen mit denen der anderen verbunden werden. Eine solche zweite Größe ist nun der Druck, den die Luft auf die Oberfläche der sie begrenzenden Körper ausübt. Von dem Vorhandensein eines solchen Druckes überzeugen wir uns durch den folgenden Versuch. Wir nehmen eine Glasglocke (Fig. 108) und setzen sie mit der nach unten gekehrten Öffnung in einen mit Wasser gefüllten Glascylinder. Wenn wir die Glocke niederdrücken, so dringt das Wasser etwas ein, das Niveau im Innnern steht aber beträchtlich tiefer als außen. Betrachten wir die durch jenes Niveau AB bestimmte horizontale Ebene, so hat man außen jedenfalls einen Druck, der durch das Gewicht der über AB stehenden Wassersäule erzeugt wird. Der Druck muß im Innern der Glocke kompensiert werden durch einen gleichen Gegendruck, der nur von der über dem Wasser befindlichen Luft herrühren kann. Es würde leicht sein, den Versuch zu einer quantitativen Prüfung des Zusammenhanges zu verwerten, der zwischen Volumen und Druck stattfindet; zu zeigen, daß der Druck in der That lediglich von dem Volumen abhängt und der Luft an sich zukommt, ohne Rücksicht auf die Natur der sie begrenzenden Körper. Wir gehen aber darauf nicht ein, da wir zuvor einen Versuch zu besprechen haben, mit Hilfe dessen jener Zusammenhang einfacher zu begründen ist.

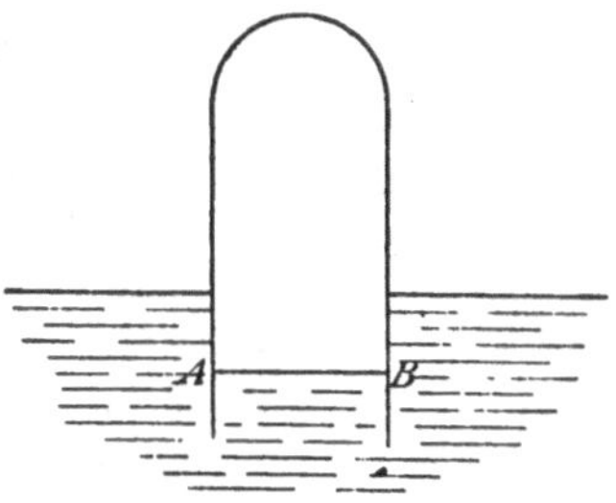

Fig. 108.

§ 118. Der Torricelli'sche Versuch. Wenn die Luft an sich die Eigenschaft hat, Druck auszuüben, so wird man vermuten, daß ihr ein solcher nicht bloß zukommt, wenn sie rings eingeschlossen ist, sondern auch in der freien Atmosphäre. Die Entscheidung dieser Frage wurde durch einen fundamentalen Versuch gegeben, der im Jahre 1643 durch Torricelli veranlaßt wurde. Eine an dem einen Ende zugeschmolzene

Glasröhre wird mit Quecksilber gefüllt und dann in umgekehrter Stellung in ein mit Quecksilber gefülltes Gefäß gesetzt (Fig. 109). Es sinkt dann das Quecksilber in der Röhre so weit zurück, daß seine Kuppe in einer Höhe von etwa 76 cm über der Oberfläche des Quecksilbers in dem Gefäße sich befindet. TORRICELLI erklärte die Erscheinung dadurch, daß er der Luft einen Druck zuschrieb, der dem Druck einer Quecksilbersäule von der angegebenen Höhe das Gleichgewicht zu halten vermag.

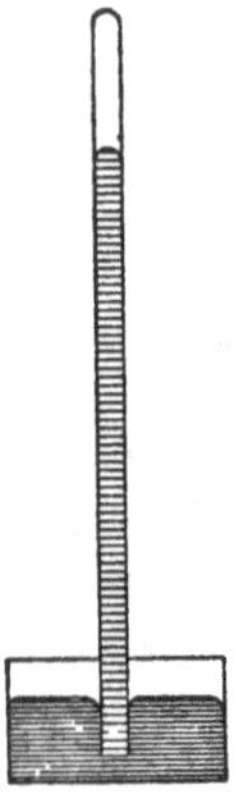

Fig. 109. TORRICELLIS Röhre.

Der Versuch von TORRICELLI ist im Grunde nichts, als eine geschickte und in einfacher Weise auszuführende Darstellung der Erfahrungen, die man schon früher bei der Konstruktion der Wasserpumpen gemacht hatte; man schrieb aber die saugende Wirkung, die der in die Höhe gezogene Kolben der Pumpe scheinbar auf das Wasser ausübt, einem horror vacui, oder, in mehr physikalischer Ausdrucksweise, einer anziehenden Kraft zu, die der leere Raum auf das Wasser ausübe, einer Kraft, die dann im stande sein mußte, noch das Gewicht einer Wassersäule von etwas über 10 m Höhe zu tragen. TORRICELLI erkannte zuerst, daß alle dem horror vacui zugeschriebenen Erscheinungen sich in vollständiger, konsequenter und einfacher Weise aus dem Druck der Luft erklären, daß man für sie keine neue Hypothese zu ersinnen braucht.

§ 119. Das Gesetz von BOYLE-MARIOTTE. Wir kommen nun zu der Entwickelung des Gesetzes, durch welches Volumen und Druck der Gase mit einander verbunden sind. Dasselbe wurde im Jahre 1662 von BOYLE, im Jahre 1679 von MARIOTTE entdeckt und heißt daher das BOYLE-MARIOTTEsche Gesetz. MARIOTTE benutzte zu seinen Versuchen eine heberförmig gebogene Röhre mit einem kurzen zugeschmolzenen und einem langen offenen Schenkel (Fig. 110). Der erstere ist kalibriert, so daß das Volumen der in ihm enthaltenen Luft unmittelbar abgelesen werden kann. Man gießt zunächst so viel Quecksilber in die Röhre, daß die Verbindung der beiden Schenkel eben unterbrochen wird. In dem zugeschmolzenen Schenkel ist dann ein bestimmtes Luftvolumen abgeschlossen, das denselben Druck besitzt, wie die freie atmosphärische Luft, einen Druck, der durch die Höhe der Quecksilbersäule bei dem TORRICELLIschen Versuch bestimmt wird. Gießt man nun in dem langen Schenkel der Röhre Quecksilber zu, so wird die Luft in dem zugeschmolzenen Schenkel komprimiert, gleichzeitig ihr Druck vergrößert. Der neue Druck ergiebt sich, wenn man zu der Höhe der Quecksilbersäule in der TORRICELLIschen Röhre noch den Vertikalabstand der Quecksilberkuppen in der MARIOTTEschen Röhre addiert. Auf diese Weise gelangt man zu dem Gesetz von BOYLE-MARIOTTE:

Fig. 110. MARIOTTES Röhre.

Der Druck einer bestimmten Gasmenge ist ihrem Volumen umgekehrt proportional, das Produkt aus Druck und Volumen ist konstant.

Will man das Gesetz auch bei einer Verminderung des anfänglichen Druckes prüfen, so benützt man eine oben geschlossene Glasröhre *a* (Fig. 111), die mit einer oben offenen *b* durch einen biegsamen Kautschuckschlauch verbunden ist. Stehen die Kuppen des Quecksilbers in beiden Röhren in gleicher Höhe, so ist der Druck der in *a* abgeschlossenen Luft gleich dem der freien atmosphärischen. Senkt man dann die offene Röhre *b*, so vergrößert sich das Volumen der Luft in *a* und in demselben Verhältnis sinkt ihr Druck.

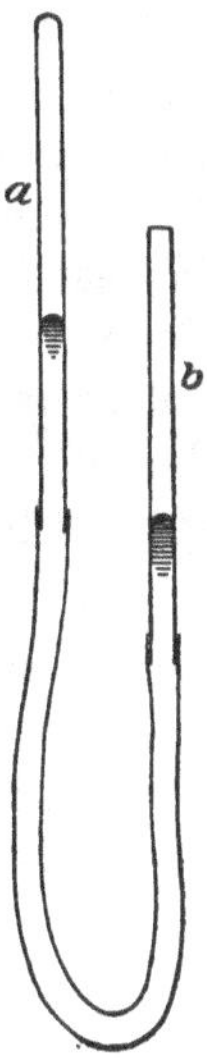

Fig. 111.

§ 120. Abweichungen vom Boyle-Mariotteschen Gesetz. Bei höheren Drucken treten Abweichungen von dem Gesetze von Boyle-Mariotte ein, von denen wir uns am besten durch eine graphische Darstellung Rechenschaft geben können. Auf einer horizontalen Axe (Fig. 112) tragen wir die nach Metern Quecksilber gemessenen Drucke, senkrecht dazu die entsprechenden Werte des Produktes pv ab. Nach dem Mariotteschen Gesetze müßten diese Produkte gleich groß sein, die Endpunkte der sie darstellenden Ordinaten müßten auf einer horizontalen geraden Linie liegen. Statt dessen sieht man, daß die Kurve des Wasserstoffes von dem Anfangsdruck von

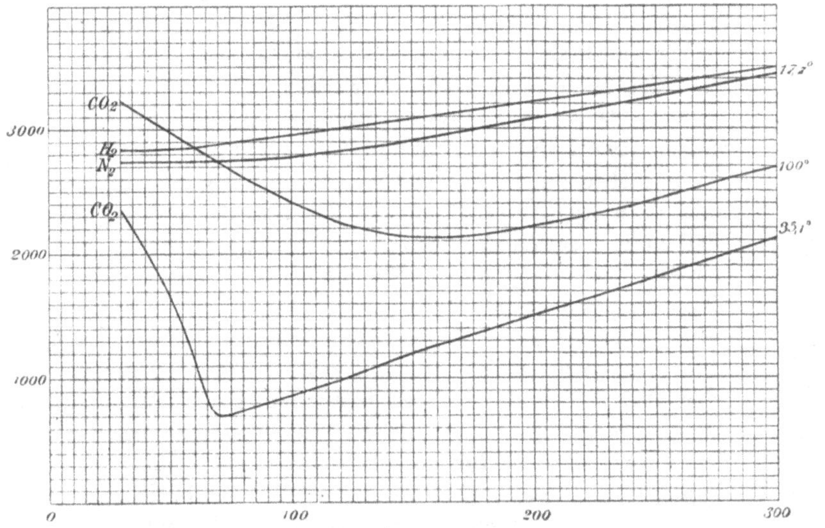

Fig. 112. Abhängigkeit des Produktes pv vom Druck.

30 m an steigt; die Kurve des Stickstoffes ist zuerst horizontal und beginnt erst bei einem Druck von 60 m zu steigen. Die Kurven für

Kohlensäure fallen, erreichen ein Minimum und gehen dann erst in die Höhe. Aus den für Kohlensäure gezeichneten Kurven, die sich auf die Temperaturen von 35,1° und 100° Celsius beziehen, wird der Einfluß der Temperatur auf den Verlauf des Produktes pv ersichtlich. Derselbe ist auch bei Stickstoff und Wasserstoff bemerklich, bei denen die gezeichneten Linien auf eine Temperatur von 17,7° Celsius sich beziehen. Bei höherer Temperatur steigt die Kurve des Stickstoffes, wie die des Wasserstoffes, von dem Druck von 30 m an in die Höhe, bei tieferer Temperatur sinkt sie zuerst ähnlich der der Kohlensäure. Bei der Beurteilung der Kurven muß man sich übrigens gegenwärtig halten, daß der kleinste angewandte Druck das 40fache des Druckes der atmosphärischen Luft, der größte das 400fache davon beträgt.[1]

§ 121. Das Barometer. Die Kenntnis des Druckes, den die freie atmosphärische Luft ausübt, ist nicht bloß für die Meteorologie, sondern auch für eine große Zahl physikalischer Untersuchungen von großer Bedeutung. Es ist daher notwendig, das zur Messung des Luftdruckes dienende Barometer kurz zu betrachten.

Der Luftdruck wird gemessen durch die Höhe der Quecksilbersäule in der Torricellischen Röhre; die Herstellung des Barometers besteht daher in nichts anderem, als in der Ausführung des Torricellischen Versuches. Natürlich wird dabei die größte Sorgfalt darauf zu verwenden sein, daß keine Luft in den Torricellischen Raum gelangt. Zu diesem Zweck wird das Quecksilber, wenn es in die Torricellische Röhre gefüllt ist, durch Auskochen von Luft befreit. Der Vertikalabstand der Quecksilberkuppen in der Röhre und in dem Gefäß, der Barometerstand, kann mit Hilfe eines Kathetometers gemessen werden. In der Regel zieht man es vor, das Barometer transportabel zu machen und vereinigt zu diesem Zweck den Maßstab mit dem Gefäß und der Torricelli'schen Röhre zu einem Ganzen. Durch geeignete Einrichtungen muß dafür gesorgt werden, daß der Maßstab vertikal steht, und daß beim Ablesen die Visirlinien nach den Kuppen des Quecksilbers horizontal sind. Die doppelte Ablesung der beiden Kuppen kann vermieden werden, wenn man den Nullpunkt des Maßstabes bei jeder Beobachtung auf den Spiegel des Quecksilbers in dem Gefäß einstellt. Dies kann geschehen, wenn der untere Teil des Gefäßes aus einem Lederbeutel hergestellt wird, der durch eine Schraube gehoben oder gesenkt werden kann (Fig. 113). Der Nullpunkt des Maßstabes wird dabei repräsentiert durch eine in das Gefäß hinabreichende Spitze, die bei jeder Beobachtung mit ihrem Spiegelbild in der Quecksilberoberfläche zur Berührung gebracht wird.

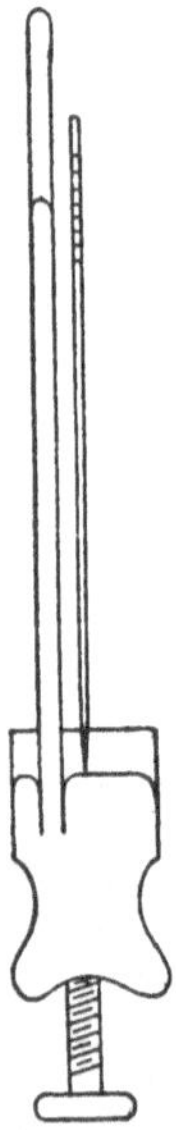

Fig. 113. Gefäßbarometer.

[1] E. H. Amagat, Sur la compressibilité des gaz sous de fortes pressions. Ann. de chimie et de phys. (5) 22, p. 353. 1881.

Eine zweite Form des Barometers ist gegeben durch das Heberbarometer (Fig. 114); eine heberförmig gebogene Röhre mit einem zugeschmolzenen, etwa 70 cm langen Schenkel und einem kürzeren, oben offenen wird mit luftfreiem Quecksilber gefüllt und umgekehrt, so daß sie die in der Figur gezeichnete Stellung annimmt. Das Quecksilber sinkt in dem zugeschmolzenen Schenkel so weit zurück, daß der Druck der über der Kuppe in dem offenen Schenkel schwebenden Quecksilbersäule gleich dem Luftdruck ist. Die Heberform eignet sich vorzugsweise für transportable Barometer; der Nullpunkt des mit der Röhre zu verbindenden Maßstabes wird zweckmäßig in ihre Mitte gelegt, so daß man den Barometerstand durch Addition der unteren und oberen Ablesung erhält.

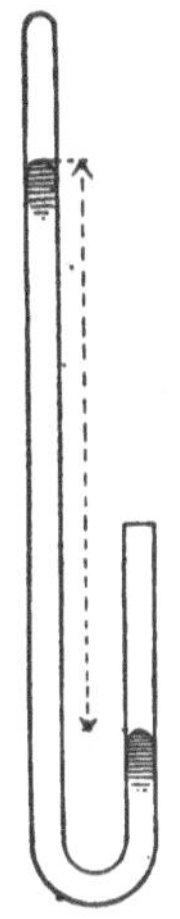

Fig. 114. Heberbarometer.

Bei den vorhergehenden Betrachtungen ist eine Klasse von Kräften nicht berücksichtigt, die auf den Stand des Quecksilbers in der Barometerröhre unter Umständen einen großen Einfluß üben. Es sind dies die Kapillarkräfte, mit deren Betrachtung wir an einer späteren Stelle uns beschäftigen werden. Bei einem Gefäßbarometer ist infolge der Kapillarwirkungen die Oberfläche des Quecksilbers in der Röhre nicht eben, sondern konvex; in dem Gefäße ist zwar der mittlere Teil der Oberfläche horizontal, am Rande aber senkt sich das Quecksilber gegen die Oberfläche des Glases herab. Die Bildung des Meniskus in der Torricellischen Röhre ist aber nicht die für uns wesentliche Wirkung der Kapillarkräfte; vielmehr kommt für uns in Betracht, daß aus ihnen eine nach unten gerichtete Kraft resultiert, welche die sogenannte Kapillardepression des Quecksilbers in der Röhre hervorruft. Der Vertikalabstand der Quecksilberkuppen giebt also nicht ohne weiteres den Luftdruck an; vielmehr müssen wir zu ihm noch den Betrag der Kapillardepression addieren. Diese hängt ab von der Weite der Röhre einerseits, dem Winkel, unter dem die Oberfläche des Quecksilbers die Glaswand trifft, andererseits. Hat dieser „Randwinkel“ den mittleren Wert von 50°, so ergiebt sich für die Depression des Quecksilbers die folgende Zusammenstellung:

Weite der Röhre	4 mm	8 mm	12 mm
Depression	1,4 mm	0,5 mm	0,2 mm.

Bei einer Röhre von 30 mm Durchmesser ist die Depression unmerklich. Zur Elimination der durch die Kapillardepression bedingten Abweichung des beobachteten Barometerstandes von dem Luftdrucke bietet sich somit ein doppelter Weg. Entweder bestimmt man die Größe der Korrektion aus Röhrenweite und Randwinkel, oder man giebt der Röhre, wenigstens an der von der Quecksilberkuppe eingenommenen Stelle, eine solche Weite, daß die Kapillardepression verschwindet.

Beim Heberbarometer wird man zu der Annahme geneigt sein, daß die Korrektion wegen der Kapillarwirkungen fortfalle, da die Kapillardrucke bei der gleichen Röhrenweite sich zu kompensieren scheinen. Nun zeigt aber die Beobachtung, daß die zwischen Quecksilber und Glas vorhandenen Kapillarwirkungen in hohem Maße abhängig sind von der Beschaffenheit des Quecksilbers und der Glasoberfläche; beträchtliche Änderungen des Randwinkels stellen sich ein, ohne daß auf anderem Wege eine Veränderung von Quecksilber und Glas nachzuweisen wäre. Aus diesem Grunde ist die obige Annahme sehr wenig sicher.

Der Vollständigkeit halber müssen wir noch der Aneroidbarometer gedenken. Es sind dies luftleere, biegsame Hohlkörper aus Metall von verschiedener Form, die bei Änderungen des äußeren Luftdruckes ihre Gestalt verändern. Die hierdurch bedingten Bewegungen werden durch Hebelvorrichtungen in genügender Weise vergrößert und durch einen Zeiger sichtbar gemacht. Die Drehungen des Zeigers werden durch Vergleichung auf die Angaben des Quecksilberbarometers reduziert.

§ 122. Die Luft eine schwere Flüssigkeit. In den vorhergehenden Paragraphen haben wir gesehen, daß die Luft ebenso wie eine in einem Gefäße befindliche inkompressible Flüssigkeit einen Druck ausübt. Bei der letzteren rührt aber der Druck her von ihrem Gewicht; es ist daher wahrscheinlich, daß auch der Druck der Luft durch ihr Gewicht bedingt wird. Wenn dies der Fall ist, so muß der Luftdruck aus demselben Grunde mit der Höhe des Beobachtungsortes abnehmen, wie der Flüssigkeitsdruck in einem Gefäße mit der Höhe über dem Boden. Diese Konsequenz wurde durch einen auf Veranlassung von Pascal im Jahre 1648 unternommenen Versuch bestätigt. Ein Barometer wurde auf den Gipfel des Puy de Dôme gebracht und zeigte in der That hier einen geringeren Luftdruck als im Thale.

Das Gewicht eines Kubikcentimeters Luft werden wir ebenso als ihr spezifisches Gewicht, seine Masse ebenso als ihre Dichte bezeichnen, wie bei einem festen oder flüssigen Körper. Aber das spezifische Gewicht der Luft ist wesentlich abhängig vom Druck. Es steigt in dem Maße, in dem die Luftteilchen durch Zunahme des Druckes auf ein kleineres Volumen zusammengedrängt werden.

Das spezifische Gewicht der Luft ist ihrem Drucke proportional.

§ 123. Das spezifische Gewicht der Luft. Eine Methode zur Bestimmung des spezifischen Gewichtes der Luft ergiebt sich aus dem Versuche von Pascal. Bei demselben ist nämlich die Verminderung des Luftdruckes einmal gleich dem Gewicht der Luftsäule, die sich von der Thalsohle bis zu dem Gipfel des Puy de Dôme erhebt, und andererseits ist sie gegeben durch die Gewichtsabnahme der Quecksilbersäule, die dem Luftdruck das Gleichgewicht hält. Die Höhe, um welche die Quecksilbersäule des Barometers sank, und die Höhe jener Luftsäule haben die Eigenschaft korrespondierender Flüssigkeitshöhen, und umgekehrt wie sie verhalten sich also nach § 116 die spezifischen Gewichte von

Luft und Quecksilber. Nun ist aber zu bedenken, daß innerhalb der ganzen bis zu der Spitze des Puy de Dôme sich erhebenden Luftsäule Druck und Dichtigkeit der Luft stetig abnimmt, so daß die aus der angegebenen Proportion berechnete Zahl nur einen innerhalb jener Luftsäule vorhandenen Mittelwert des spezifischen Gewichtes darstellt. Wollen wir die Methode zu der Bestimmung des wahren spezifischen Gewichtes benützen, so müssen wir die Beobachtung beschränken auf eine Luftsäule von so geringer Höhe, daß innerhalb derselben die Unterschiede des spezifischen Gewichtes verschwinden. Dabei wollen wir als Basis der zu untersuchenden Säule die Oberfläche des Meeres benützen, an der im Mittel ein Luftdruck von 76 cm Quecksilber herrscht. Gehen wir nun um 1050 cm in die Höhe, so sinkt der Barometerstand um 0,1 cm. Das spezifische Gewicht der Luft bei einem Barometerstande von 76 cm ist somit, wenn wir das von Quecksilber gleich 13,6 nehmen:

$$\lambda_0 = 13,6 \times \frac{0,1}{1050} = 0,00129.$$

Haben wir einen Barometerstand von b cm Quecksilber, so ist nach dem Boyle-Mariotteschen Gesetz das spezifische Gewicht

$$\lambda = 0,00129 \times \frac{b}{76} \cdot$$

§ 124. Der Atmosphärendruck. Wir haben den Druck der Luft bisher nur durch die Höhe der Quecksilbersäule gemessen, die ihm das Gleichgewicht hält; auf Grund der im vorhergehenden enthaltenen Angaben können wir den Druck, zunächst für die Oberfläche des Meeres, auch wirklich berechnen. Wie bei den inkompressibeln Flüssigkeiten beziehen wir ihn auf die Flächeneinheit, das Quadratcentimeter. Er ist dann gegeben durch das Gewicht einer Quecksilbersäule von 1 qcm Querschnitt und 76 cm Höhe; somit im technischen Maßsystem gleich

$$76 \times 13,6 = 1033 \text{ g-Gewichten}$$

pro Quadratcentimeter; im absoluten System gleich

$$981 \times 76 \times 13,6 = 1\,014\,000 \text{ Dynen pro Quadratcentimeter } (\text{cm}^{-1}\text{g sec}^{-2}).$$

Man bezeichnet diesen Druck, den Druck von 1,033 kg-Gewichten auf das Quadratcentimeter, als den Druck einer Atmosphäre und benützt ihn häufig als eine besondere Maßeinheit bei der Messung höherer Drucke.

§ 125. Abhängigkeit des Luftdruckes von der Höhe. Die Möglichkeit, den Luftdruck für jede beliebige Höhe über dem Meere zu finden, ergiebt sich aus der folgenden Überlegung. Gehen wir aus von der Oberfläche des Meeres, so sinkt nach dem vorhergehenden der Barometerstand bei einer Erhebung um 10,5 m von 760 mm auf 759 mm (Fig. 115). Gleichzeitig wird sich dann auch das spezifische Gewicht im Verhältnis 759:760 vermindern. Dieses kleinere spezifische Gewicht betrachten wir nun als konstant in einer zweiten Luftschicht von abermals 10,5 m Dicke und können dann die nach Durchlaufung dieser Schicht eintretende Verminderung des Druckes berechnen. Wir finden so den Druck in einer Höhe von 2 × 10,5 m. Durch fortgesetzte Wiederholung dieses Verfahrens würde es möglich sein, den Druck der Luft von 10,5 zu 10,5 m zu bestimmen. Die mathematische Behandlung des Problems führt zu einem sehr einfachen Gesetz. Wird die Meereshöhe in Kilometern durch h, der Druck, nach technischem Maße, in kg-Gewichten gemessen, durch p bezeichnet, so ist

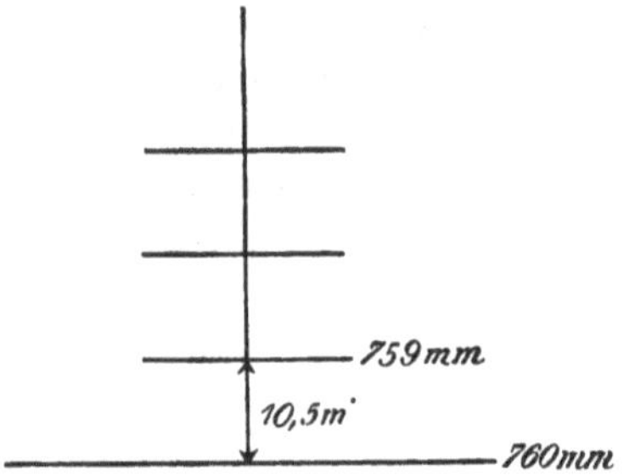

Fig. 115.

$$p = 1{,}033 \times e^{-\frac{h}{7{,}99}}.$$

Hier ist $e = 2{,}718$ die Basis der natürlichen Logarithmen.

Die Formel kann auch umgekehrt benützt werden, um aus dem gemessenen Druck p die Höhe h zu berechnen; sie enthält das Prinzip der sogenannten barometrischen Höhenmessung.

§ 126. Die virtuelle Druckhöhe. Nach dem Boyle-Mariotteschen Gesetz ist das Verhältnis von Druck und spezifischem Gewicht der Luft konstant. Bezeichnen wir also durch p und λ zwei zusammengehörige Werte von Druck und spezifischem Gewicht, so muß der Quotient $\frac{p}{\lambda}$ gleich sein dem entsprechenden Quotienten aus den Werten 1033 und 0,00129, die für die Oberfläche des Meeres gelten, wenn das technische System und Centimeter und g-Gewicht als Einheiten zu Grunde gelegt werden. Wir erhalten so:

$$\frac{p}{\lambda} = \frac{1033}{0{,}00129} = 801\,000,$$

oder bei Benützung genauerer Werte der spezifischen Gewichte von Luft und Quecksilber:

$$\frac{p}{\lambda} = 799\,000.$$

Für den Druck der Luft in g-Gewichten auf das Quadratcentimeter ergiebt sich hieraus:

$$p = 799\,000\,\lambda.$$

Betrachten wir nun 799 000 als die in Centimetern gemessene Höhe einer Luftsäule, so würde der Druck, den sie durch ihr Gewicht auf die Fläche von 1 qcm ausübt, gleich 799 000 λ g-Gewichten sein, also eben gleich jenem Produkt, durch das der Luftdruck p angegeben wird. Die Zahl 799 000 bedeutet also die in Centimetern gemessene Höhe einer Luftsäule, die durch ihr Gewicht den beobachteten Luftdruck p zu erzeugen im stande ist, und die dabei in ihrer ganzen Ausdehnung dasselbe spezifische Gewicht besitzt, wie die gegebene Luftmenge vom Druck p. Man bezeichnet diese Höhe als die virtuelle Druckhöhe der Luft. Das Boyle-Mariottesche Gesetz kann darnach auch in dem Satze ausgesprochen werden: Die virtuelle Druckhöhe der Luft ist konstant.

Mit besonderer Beziehung auf die Atmosphäre bezeichnet man die virtuelle Druckhöhe auch als die scheinbare Höhe der Atmosphäre. Aus dem vorhergehenden ergiebt sich dann, daß diese Höhe (von dem Einfluß der Temperatur abgesehen) für jede beliebige Stelle der Atmosphäre 7,99 km beträgt, d. h. daß eine Grenze der Atmosphäre nicht existiert, daß sie sich vielmehr durch den ganzen Weltraum erstreckt. Es scheint dieses Resultat in Widerspruch zu stehen mit der Thatsache, daß ein Einfluß der Erdatmosphäre auf die Bewegung des Mondes oder der Planeten nicht vorhanden ist, daß ihr Einfluß auf den Weg der Lichtstrahlen in einer Höhe von ca 50 km verschwindet. Dies wird man am ehesten verständlich finden, wenn man die Luft als einen Körper von molekularer Konstitution betrachtet, d. h. als einen Körper, der aus einzelnen, von einander durch große Zwischenräume getrennten Teilchen besteht. Dann folgt aus dem Boyle-Mariotteschen Gesetz, daß diese Zwischenräume in demselben Maße wachsen, in dem der Druck abnimmt. Man kann sich nun leicht vorstellen, daß in gewisser Entfernung von der Oberfläche der Erde die Luftteilchen in einem solchen Maße zerstreut sind, daß sie einen Einfluß auf die Bewegung des Lichtes oder der Weltkörper nicht mehr auszuüben vermögen.

§ 127. Der Heber. Wir gehen im Folgenden über zu der Beschreibung einiger Apparate, bei denen wir vom Luftdruck Anwendung machen. Der erste ist der Heber, eine U-förmig gebogene Glasröhre, die mit einer Flüssigkeit gefüllt und in umgekehrter Stellung mit ihren Enden in zwei mit derselben Flüssigkeit gefüllte Gefäße gesetzt wird (Fig. 116); AB sei das Niveau in dem einen, CD in dem anderen. Den Druck der Flüssigkeit an dem oberen Ende E des einen vertikalen Schenkels erhalten wir, wenn wir von dem Luftdruck den Druck der in der Röhre sich erhebenden Flüssigkeitssäule h abziehen; ebenso den Druck in F, wenn wir den Luftdruck vermindern um den Druck einer Flüssigkeitssäule von der Höhe h'. Ist h' größer als h, steht also das Niveau CD tiefer als AB, so ist der Druck in E größer als in F, die Flüssigkeit wird also aus dem Gefäß zur Linken durch den Heber in das zur Rechten abfließen, bis die Höhe des Niveaus in beiden dieselbe ist.

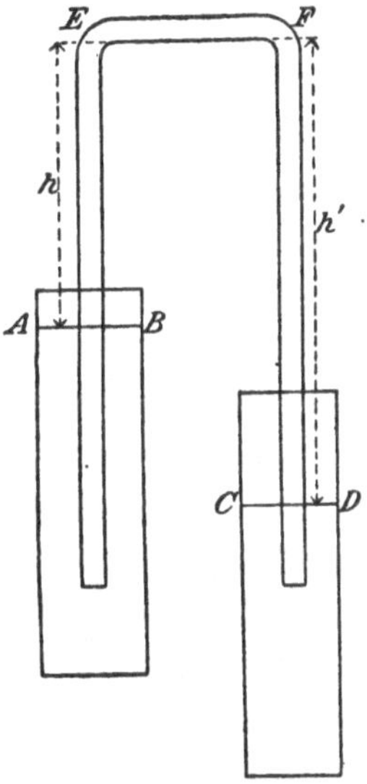

Fig. 116. Heber.

Diese Betrachtuug gilt im wesentlichen auch dann, wenn der eine Schenkel des Hebers, statt in ein mit Flüssigkeit gefülltes Gefäß zu tauchen, in die freie Luft mündet. Der Luftdruck wirkt dann an der unteren Öffnung der Röhre, und die Flüssigkeit fließt aus ihr in einem Strahle aus, wenn sie tiefer steht, als das Niveau des Gefäßes.

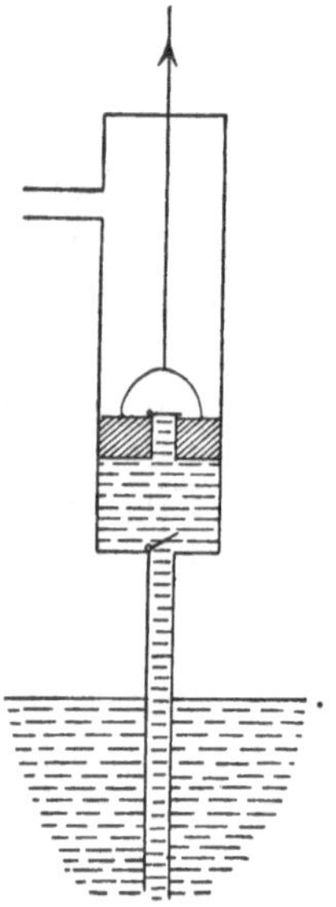
Fig. 117. Saugpumpe.

§ 128. Die Wasserpumpen. Die eine Form der Wasserpumpe, die Saugpumpe (Fig. 117), ist nach dem folgenden Prinzip konstruiert. Der eine Hauptteil besteht aus einem vertikalen Cylinder, dem Pumpenstiefel, in dem ein an einer Stange befestigter Kolben auf und ab bewegt werden kann. Von diesem geht die Saugröhre hinab in ein Wasserreservoir. Zwischen Stiefel und Saugröhre befindet sich ein Ventil, das sich gegen den Stiefel hin öffnet; zieht man den Kolben von dem Boden des Stiefels in die Höhe, so wird die Luft unter ihm verdünnt, und der auf der Oberfläche des Wasserreservoirs lastende Luftdruck treibt das Wasser in die Saugröhre und den Stiefel hinein. Drückt man den Kolben nach unten, so schließt sich das Ventil und verhindert das Zurücksinken des Wassers. Gleichzeitig öffnet sich ein in den Kolben eingelassenes Ventil, und das Wasser gelangt in den Raum oberhalb des Kolbens. Gehen wir mit dem Kolben bis zu dem Boden des Stiefels herab und ziehen wir ihn dann abermals in die Höhe, so wird das Kolbenventil durch den Druck des über ihm stehenden Wassers geschlossen; indem das Bodenventil sich wieder öffnet, dringt von neuem Wasser aus dem Reservoir in den Stiefel ein; gleichzeitig wird die über dem Kolben befindliche Wassersäule gehoben und entleert sich durch eine in der Wand des Pumpencylinders angebrachte Röhre, die Brunnenröhre.

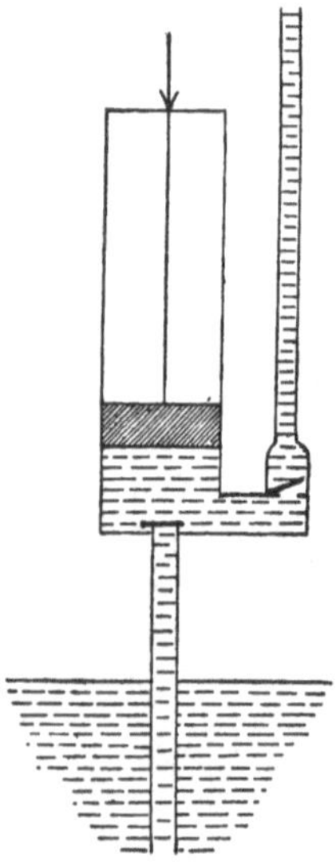
Fig. 118. Druckpumpe.

Bei der Druckpumpe (Fig. 118) ist der Kolben nicht durchbrochen; die bei einem Pumpenzuge gehobene Wassermenge wird beim Niedergang des Kolbens in eine seitlich in dem Boden des Stiefels mündende Röhre, die Steigröhre, hineingepreßt; zwischen dem Stiefel und der Steigröhre befindet sich ein nach der letzteren sich öffnendes Ventil, das beim Aufziehen des Kolbens durch den Druck der im Steigrohre stehenden Wassersäule geschlossen wird.

In der Saugröhre einer Wasserpumpe kann das Wasser höchstens bis zu der Höhe gehoben werden, bei der sein eigener Druck dem Luftdruck das Gleichgewicht hält. In der Steigröhre einer

Druckpumpe hängt die Höhe der Wassersäule lediglich von dem auf den Kolben ausgeübten Druck ab.

§ 129. Die Luftpumpe. Der für physikalische Zwecke wichtigste der hier zu besprechenden Apparate ist die Luftpumpe, die von Otto von Guericke erfunden und auf dem Regensburger Reichstag im Jahre 1654 demonstriert wurde. Ihre einfachste Form wird repräsentiert durch die einstieflige Hahnenluftpumpe (Fig. 119). Den ersten Bestandteil bildet der Rezipient, der Raum, in dem die Luft verdünnt werden soll. Er wird hergestellt durch eine Glasglocke, die mit eben geschliffenem Rande auf einen horizontalen Teller aufgesetzt ist. Der zweite Bestandteil ist die aus Stiefel und Kolben bestehende Pumpe; der dritte die mit einem Hahn versehene Röhre, die den Rezipienten mit dem Pumpenstiefel verbindet. Wir stellen den Hahn zuerst so, daß der Rezipient mit dem Pumpenstiefel kommuniziert, ziehen den Kolben von dem Boden des letzteren zurück und saugen so einen Teil der Luft aus dem Rezipienten in den Raum des Pumpenstiefels hinein. Wenn der Kolben bis zu dem Deckel des letzteren emporgezogen ist, legen wir den Hahn um, so daß der Rezipient abgeschlossen und gleichzeitig der Pumpenraum mit der atmosphärischen Luft durch eine seitliche Durchbohrung des Hahns in Verbindung gesetzt ist. Beim Herabgehen des Kolbens wird die vorher aus dem Kolben herausgezogene Luft in die Atmosphäre entleert. Durch Zurückdrehen des Hahns stellen wir jetzt wieder die Verbindung der Pumpe mit dem Rezipienten her uud können nun von neuem Luft aus dem letzteren herausziehen. Wir sehen, wie durch Wiederholung der Operation die Luft in dem Rezipienten mehr und mehr verdünnt werden kann.

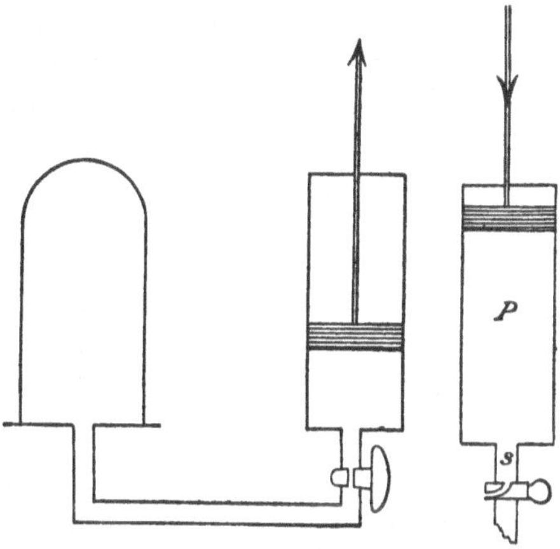

Fig. 119. Hahnenluftpumpe.

Es knüpft sich hieran eine wichtige Bemerkung, aus der hervorgeht, daß die mit der Pumpe zu erreichende Verdünnung eine bestimmte Grenze besitzt. So oft wir durch Umlegen des Hahns den Pumpenraum mit der Atmosphäre in Verbindung setzen, füllt sich der zwischen dem Hahn und der unteren Kolbenfläche vorhandene Raum *s* mit atmosphärischer Luft. Wir wollen nun das Spiel der Pumpe ein wenig abändern. Statt sofort die Kommunikation zwischen dem Rezipienten und der Pumpe herzustellen, drehen wir den Hahn nur so weit, daß alle Verbindungen unterbrochen sind. Ziehen wir dann den Kolben bis zu dem Deckel des Stiefels zurück, so wird die Luft, die zuerst jenen Raum *s* mit atmosphärischem Druck erfüllt hatte, auf den Raum des Pumpenstiefels sich ausbreiten. Bezeichnen wir durch s zugleich das Volumen des Raumes, der zwischen dem Hahn und dem auf dem Boden des Stiefels ruhenden Kolben eingeschlossen ist, das Volumen des Pumpenstiefels durch P, den Barometerstand durch b, so ist der Druck, den die zu Anfang in s befindliche Luft nach ihrer Ausbreitung über den Raum des Stiefels annimmt, gleich $b \cdot \frac{s}{P}$. Legen wir nun den Hahn vollends um, so daß der Rezipient mit der Pumpe kommuniziert, so wird Luft aus dem ersteren nur austreten, wenn der Druck der in ihm enthaltenen Luft größer ist als $b \cdot \frac{s}{P}$; ist dieser Druck erreicht, so ist eine weitere Verdünnung der Luft im Rezipienten nicht möglich. Die zu erreichende Verdünnung ist um so kleiner, je größer der Raum s; man bezeichnet ihn daher als den schädlichen Raum, und bei der Konstruktion der Pumpe wird man also vor allem darauf zu sehen haben, daß der schädliche Raum möglichst verringert wird. Verkleinerung des schädlichen Raumes, größere Bequemlichkeit in der Handhabung der Pumpe hat man zu erreichen gesucht, indem man an Stelle des Hahns Ventile setzte; stärkere Wirkung durch Konstruktion von zweistiefligen Pumpen.

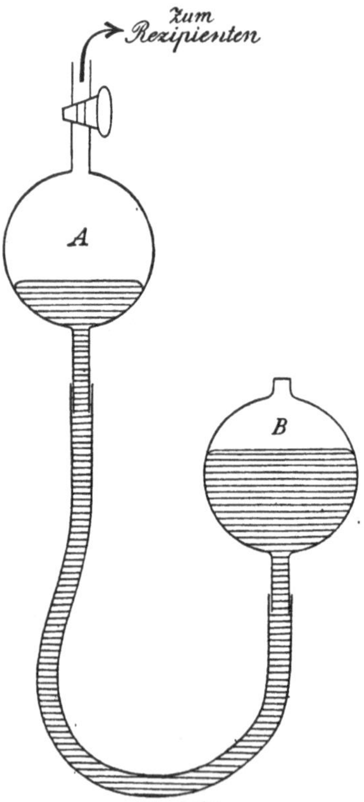

Fig. 120.

§ 130. Die Quecksilberluftpumpe. Den schädlichen Raum, der nach dem vorhergehenden der Verdünnung der Luft im Rezipienten eine bestimmte Grenze setzt, kann man nicht vermeiden, so lange der Kolben der Luftpumpe aus einem festen Körper hergestellt wird; denn ein solcher läßt sich dem Boden der Pumpe nie vollständig anpassen; es bleibt immer, auch bei der tiefsten Stellung des Kolbens, zwischen seiner unteren Fläche und dem Boden des Pumpenstiefels ein gewisser Raum. Dieser wird sich beseitigen lassen, wenn man den Kolben der Pumpe aus einer Flüssigkeit herstellt, die den Wänden des Pumpenstiefels vollkommen, ohne jeden Zwischenraum sich anschmiegen kann. Dieser Gedanke wird verwirklicht durch die Quecksilberluftpumpe. Wir beschreiben im folgenden zunächst die einfache Form derselben, die der einstiefligen Hahnluftpumpe entspricht (Fig. 120). Der Stiefel ist repräsentiert durch einen Glasballon A, der etwa 1 Liter Quecksilber faßt. An dem Ballon ist oben die Glasröhre angeschmolzen, welche die Verbindung mit dem Rezipienten vermittelt. Sie ist mit einem Hahn versehen, der die früher beschriebene doppelte Durchbohrung besitzt. Die Bewegung des den Kolben ersetzenden Quecksilbers geschieht mit Hülfe eines zweiten Gefäßes *B* von gleichem Volumen wie *A*, das mit diesem durch einen biegsamen Kautschukschlauch verbunden ist. Der Hahn wird zuerst so gestellt, daß *A* mit der atmosphärischen Luft kommuniziert. Das Niveau des Quecksilbers stellt sich dann in den Gefäßen *A* und *B* gleich hoch. Wird *B* gehoben, so steigt das Niveau in *A*, und man kann so das ganze Gefäß *A* bis zu dem Hahne mit Quecksilber füllen. Stellt man jetzt durch Drehen des Hahns die Verbindung mit dem Rezipienten her, so wird beim Senken des Gefäßes *B* das Quecksilber in *A* sich zurückziehen, und eine entsprechende Menge Luft aus dem Rezipienten in das Gefäß übertreten. Diese wird durch Zurückdrehen des Hahns in die erste Stellung und abermaliges Heben des Gefäßes *B* in die Atmosphäre entleert. Man sieht, wie der Rezipient ebenso evakuiert werden kann, wie bei der Hahnenluftpumpe, aber der schädliche Raum ist vermieden, und dementsprechend die Grenze der Verdünnung ganz außerordentlich erniedrigt.

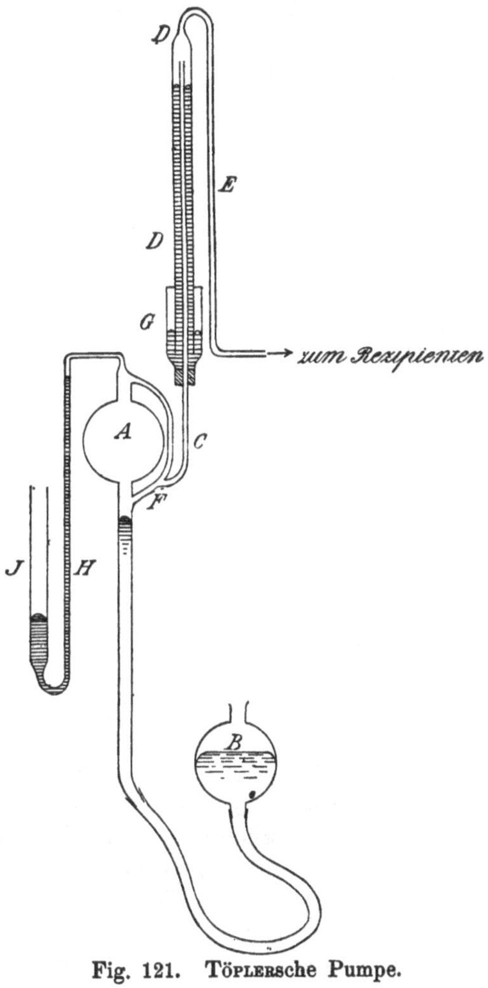

Fig. 121. Töplersche Pumpe.

Eine andere Form der Quecksilberluftpumpe, bei der gar keine Hähne oder anderen Schliffstücke verwandt sind, zeigt Fig. 121, welche dem Zustande einer schon weit fortgeschrittenen Verdünnung entspricht. Der Ballon *A* kommuniziert mit dem Rezipienten durch das Rohr *C*. Dieses ist mit Hilfe eines durchbohrten Korkes in ein mit Quecksilber gefülltes Glas *G* eingesetzt und steigt über das Niveau des Quecksilbers noch um etwa 80 cm in die Höhe. Über das Steigrohr *C* ist der eine weitere Schenkel *D* eines heberförmig gebogenen

Glasrohres gestülpt, so daß der Rand unter das Quecksilber in dem Gefäß *G* taucht und der innere Raum durch das Quecksilber gegen die Luft abgeschlossen wird. Der zweite Schenkel *E* des Heberrohres führt zu dem Rezipienten. Wenn die Verdünnung der Luft in dem Rezipienten fortschreitet, so wird das Quecksilber durch den Druck der äußeren Luft in den Raum zwischen den Röhren *C* und *D* getrieben und bewirkt so stets einen luftdichten Abschluß des Rezipienten und des mit ihm verbundenen Ballons *A*. Will man weiter evakuieren, so hebt man den Ballon *B*; das vordringende Quecksilber verschließt selbst die Mündung *F* der Steigröhre *C* und verhindert so das Zurückströmen der in *A* noch vorhandenen Luft in den Rezipienten. Hebt man die Kugel *B* weiter, so erfüllt das Quecksilber allmählich den Ballon *A* und treibt die Luft in die enge Röhre, welche die Verbindung mit dem Auslaßrohr *HJ* vermittelt. Hebt man so weit, daß etwas Quecksilber in das Rohr *HJ* überfließt, so reißt dieses die kleinsten noch vorhandenen Luftmengen mit sich und treibt sie durch den offenen Schenkel *J* des Auslaßrohres in die Atmosphäre hinaus. Mit einer solchen Pumpe ist es möglich, den Druck der Luft im Rezipienten auf 0,000012 mm zu reduzieren.[1]

§ 131. Die Barometerprobe. Bei der praktischen Anwendung der Luftpumpe ist es vor allem nötig, den Grad der erreichten Verdünnung, den Druck der Luft im Rezipienten zu messen. Man kann zu diesem Zweck mit dem Rezipienten ein Barometer, am bequemsten ein Heberbarometer, verbinden. Das Quecksilber in dem zugeschmolzenen Schenkel wird in dem Maße sinken, in dem der Druck abnimmt. Da es sich aber in der Regel nur um die Bestimmung sehr kleiner Drucke handelt, so hat man nicht nötig, dem geschlossenen Schenkel die dem Atmosphärendruck entsprechende Länge zu geben. Man kürzt ihn ab und erhält so ein Barometer, dessen beide Schenkel gleiche Länge besitzen, dessen zugeschmolzener Schenkel ganz mit Quecksilber gefüllt ist, eine sogenannte Barometerprobe (Fig. 122).

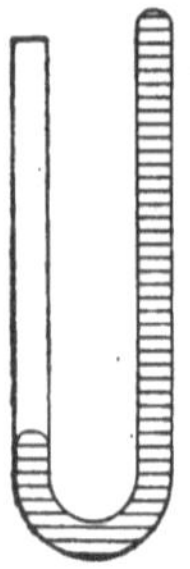

Fig. 122.

§ 132. Spezifisches Gewicht der Gase. Von den mannigfachen Versuchen, die man mit der Luftpumpe anzustellen pflegt, um die Wirkungen des Luftdruckes oder die Eigenschaften der Luft zu demonstrieren, beschränken wir uns auf zwei von allgemeinerer Bedeutung. Wir haben früher das spezifische Gewicht der Luft gemessen nach einer Methode, die im wesentlichen auf dem Satz von den korrespondierenden Höhen beruhte. Die Luftpumpe bietet die Möglichkeit, auch die anderen bei den inkompressibeln Flüssigkeiten besprochenen Methoden zur Anwendung zu bringen. Ein Glasballon wird gewogen luftleer, mit Luft und mit Wasser gefüllt. Man erhält so das Gewicht gleicher Volumina

[1] Bessel-Hagen, Über eine neue Form der Töplerschen Quecksilberluftpumpe und einige mit ihr angestellte Versuche. Wied. Ann. Bd. 12. 1881. p. 425.

von Luft und von Wasser und daraus das spezifische Gewicht der Luft. Die Methode ist natürlich ebenso anwendbar bei anderen Gasen. Betrachtet man das spezifische Gewicht der Luft als gegeben, so hat man dabei nicht nötig, den Ballon luftleer zu wägen, man kann ebenso gut das Gewicht des mit Luft gefüllten Ballons bestimmen. Auf diese Weise ergiebt sich bei einem Druck von 76 cm Quecksilber für Wasserstoff ein spezifisches Gewicht von 0,0000895, für Chlor ein solches von 0,00317, für Kohlensäure von 0,00196. Die Angaben beziehen sich, ebenso wie die früher für Luft gemachte, auf eine Temperatur von 0° Celsius.

Nach dem Boyle-Mariotteschen Gesetz ist der Quotient aus dem Druck und dem spezifischen Gewicht für jedes Gas eine konstante Zahl die wir als virtuelle Druckhöhe bezeichnet haben. Da der Druck von 76 cm Quecksilber 1033 g-Gewichten auf das Quadratcentimeter entspricht, so ist die virtuelle Druckhöhe des Wasserstoffes gleich

$$\frac{1033}{0{,}0000895} = 11\,540\,000 \text{ cm}.$$

Ebenso ergiebt sich für Chlor eine virtuelle Druckhöhe von 326 000 cm, für Kohlensäure eine solche von 527 000 cm.

Da die Gase schwere Flüssigkeiten sind, so üben sie auf Körper, die in ihnen schweben, einen Auftrieb aus, der gleich dem Gewicht des verdrängten Gases ist. Man kann somit auch die auf der Anwendung des Archimedischen Prinzips beruhende Methode der spezifischen Gewichtsbestimmung bei den Gasen anwenden. An den einen Arm einer kleinen empfindlichen Wage, die unter den Rezipienten der Luftpumpe gebracht werden kann, hängt man einen zugeschmolzenen Glasballon und legt auf die am andern Arm hängende Schale so viel Gewichte, daß die Wage in dem evakuierten Rezipienten im Gleichgewicht ist. Wenn man nun den Rezipienten mit einem Gase füllt, so erleidet der Ballon einen Auftrieb gleich dem Gewicht des durch ihn verdrängten Gasvolumens. Hieraus und aus dem Gewichtsverlust in Wasser ergiebt sich das spezifische Gewicht des Gases.

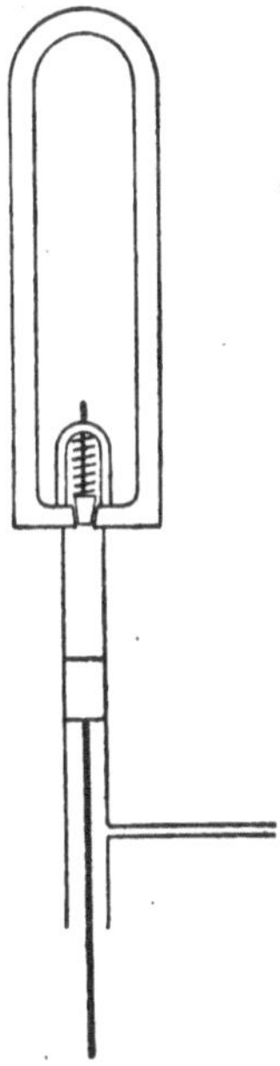
Fig. 123.

§ 133. Die Kompressionspumpe. Jede Hahnluftpumpe kann in eine Kompressionspumpe, durch welche die Luft im Rezipienten verdichtet wird, verwandelt werden, wenn man das Spiel des Hahnes umkehrt. Beim Rückgang des Kolbens wird er so gestellt, daß der Stiefel mit der atmosphärischen Luft kommuniziert; ist der Kolben zurückgezogen, so wird die Verbindung mit dem Rezipienten hergestellt und die in dem Stiefel enthaltene Luft in den Rezipienten hineingepreßt. An Stelle von Teller und Glocke, die fest zusammengepreßt werden müßten, um das Entweichen der verdichteten Luft zu verhindern, benützt man als

Rezipienten eine mit dem Pumpenstiefel luftdicht verschraubte Flasche. Der Hahn kann dann ersetzt werden durch ein in ihren Boden eingesetztes Ventil, das sich nach ihrem Innern öffnet (Fig. 123). Um den Raum des Pumpenstiefels bei jedem Rückgange des Kolbens von neuem mit atmosphärischer Luft zu füllen. setzt man in die Wand des Cylinders eine kleine, nach außen offene Röhre ein, durch welche die Luft einströmt, sobald der Kolben über sie zurückgegangen ist. Eine solche Pumpe kann natürlich ebenso zur Kompression irgend eines anderen Gases gebraucht werden, wenn man die Einströmungsöffnung mit dem Gasometer verbindet.

ZWEITES BUCH.

Zweiter Abschnitt.

Dynamik der Flüssigkeiten und Gase.

I. Kapitel. Strömungen und Wirbel.

§ 134. Bewegungen idealer Flüssigkeiten. In dem vorhergehenden Abschnitt haben wir die Gleichgewichtserscheinungen der Flüssigkeiten und Gase entsprechend ihrer augenfälligen Verschiedenheit gesondert behandelt. Dagegen zeigen die Bewegungserscheinungen der inkompressibeln und kompressibeln Flüssigkeiten, insbesondere die im folgenden zu besprechenden, eine so große Übereinstimmung, daß eine Teilung des Stoffes nach der Art der betrachteten Flüssigkeit durchaus verkehrt wäre. Das durchgreifende Prinzip der Teilung wird hier durch die Art der Bewegung gegeben.

Aus der leichten Verschiebbarkeit, welche die Teilchen einer Flüssigkeit gegen einander besitzen, folgt, daß ihre Bewegungen viel mannigfaltiger sind, als die der starren Körper. Wenn ein starrer Körper nicht rotiert und keine Kräfte auf ihn wirken, so ist er nur einer einzigen Bewegung fähig, einer Verschiebung in gerader Linie mit konstanter Geschwindigkeit. Eine Flüssigkeit dagegen, auf die keine Kräfte wirken und die keine Rotationsbewegung besitzt, kann noch unendlich verschiedene Bewegungen ausführen. Ihre Mannigfaltigkeit ist nur beschränkt durch den zwischen Dichte und Druck bestehenden Zusammenhang, d. h. durch die Inkompressibilität bei den Flüssigkeiten im engeren Sinn, durch das Boyle-Mariottesche Gesetz bei den Gasen.

Wir betrachten in den nächstfolgenden Paragraphen B e w e g u n g e n einer Flüssigkeit, auf die keine Kräfte wirken. Man könnte vermuten, daß das Studium solcher Bewegungen kein praktisches Interesse besitze, weil alle Bewegungen, die wir in Flüssen, Kanälen, Röhren vor sich gehen sehen, zu ihrer Erhaltung einer äußeren Kraft bedürfen, sei es der auf die Teilchen der Flüssigkeit wirkenden Schwere, sei es eines auf ihre Oberfläche ausgeübten äußeren Druckes. Nun verhalten sich aber jene Bewegungen doch in vielen Fällen so, als ob keine Kraft auf die Flüssigkeiten wirkte. In einem Kanal, der von parallelen Wänden begrenzt und nur wenig geneigt ist, fließen die Wasserteilchen mit unveränderter Geschwindigkeit dahin, ebenso in einer Röhre von gleichförmigem Querschnitt, wenn zwischen ihrem Anfang und Ende eine konstante Druckdifferenz herrscht. Dies ist nur dadurch zu erklären, daß die Flüssigkeitsteilchen einer zweiten Wirkung unterliegen, durch welche die beschleunigende Wirkung der äußeren Kraft aufgehoben wird. Eine solche ist gegeben durch die Reibung, welche die Teilchen einer jeden realen Flüssigkeit bei ihrer Bewegung gegen einander und gegen die begrenzende Wand erleiden. Eine Flüssigkeit, wie wir sie im folgenden betrachten, die keine innere Reibung besitzt, die also, ohne daß eine Kraft auf sie wirkt, eine einmal empfangene Bewegung lediglich vermöge ihrer Trägheit fortsetzt, stellt also einen idealen Fall dar, von dem die Flüssigkeiten, die wir in der Natur beobachten, in bestimmter Weise unterschieden sind. Nehmen wir aber bei den vorher benützten Beispielen an, daß der Schwere oder dem äußeren Druck die Widerstände der Reibung gerade das Gleichgewicht halten, so wird die Flüssigkeit sich im wesentlichen so verhalten, als ob keine Kräfte auf sie wirkten. Die Bewegung wird dann wenigstens im allgemeinen nach den für eine reibungslose, ideale Flüssigkeit geltenden Gesetzen sich vollziehen, deren Teilchen äußeren Kräften nicht unterworfen sind. Immerhin muß man bei der Übertragung dieser Gesetze auf reale Flüssigkeiten mit einer gewissen Vorsicht verfahren; wir werden später sehen, daß die Teilchen einer reibenden Flüssigkeit, die unmittelbar an der begrenzenden Wand sich befinden, an dieser haften, sich also überhaupt nicht bewegen. Infolge der zwischen ihnen und den benachbarten Flüssigkeitsteilchen vorhandenen Reibung wird auch die Bewegung dieser mehr oder weniger gehemmt. Die ideale, reibungslose Flüssigkeit dagegen kann längs der Wand mit jeder beliebigen Geschwindigkeit strömen. Hieraus folgt, daß Übereinstimmung zwischen den Bewegungen einer idealen Flüssigkeit und der wirklichen Strömung in Flüssen, Kanälen, Röhren jedenfalls nur in einem gewissen Abstand von den Wänden möglich ist, ein Umstand, der nicht übersehen werden darf, wenn man die bei einer idealen Flüssigkeit möglichen Bewegungen mit den Bewegungen vergleichen will, die man bei realen Flüssigkeiten beobachtet.

§ 135. Strömung. Wenn eine Flüssigkeit sich so bewegt, daß die Geschwindigkeit an jeder bestimmten Stelle der Richtung und Größe nach konstant bleibt, so nennt man dies eine stationäre Strömung; alle Teilchen der Flüssigkeit, die nach einander dieselbe Stelle passieren, gehen mit gleicher Richtung und gleicher Geschwindigkeit durch sie hindurch. Daraus folgt, daß die Flüssigkeit in ganz bestimmten Linien, den Strömungslinien, sich bewegt, die wir durch Beobachtung bestimmen können, wenn wir die Bahnen verfolgen, die von leichten, in der Flüssigkeit suspendierten Körperchen durchlaufen werden. Eine Fläche, welche, senkrecht zu den Strömungslinien, den Kanal durchschneidet, wollen wir als einen Querschnitt des Stromes bezeichnen. Wenn wir in einem solchen Querschnitt eine kleine Fläche abgrenzen, so schließen die durch ihren Rand hindurchgehenden Strömungslinien eine Röhre ein, in der die Flüssigkeit strömt, gerade so, wie wenn ihre Wände undurchdringlich wären; wir nennen die in einer solchen Röhre sich bewegende Flüssigkeit einen Stromfaden. Wenn die Dichte der

Flüssigkeit dieselbe bleibt, so wollen wir unter Stromstärke in einem solchen Faden das Volumen verstehen, das in einer Sekunde durch seinen Querschnitt fließt. Es ist klar, daß bei jeder stationären Bewegung die Stromstärke in einem Faden allenthalben konstant sein muß. Nun ist aber die Stromstärke gleich dem Produkt aus Querschnitt und Geschwindigkeit. Wir erhalten somit den Satz:

Im Falle der stationären Bewegung einer Flüssigkeit von konstanter Dichte verhalten sich an den verschiedenen Stellen eines Stromfadens die Geschwindigkeiten umgekehrt wie seine Querschnitte.

Wir betrachten den Fall eines von parallelen Wänden begrenzten, sehr langen Kanales, der in der Mitte eine Erweiterung besitzt. So lange die Flüssigkeit zwischen parallelen Wänden sich bewegt, sind die Strömungslinien parallele Gerade, die Strömungsgeschwindigkeit ist überall dieselbe. Wenn die Flüssigkeit dem weiteren Becken sich nähert, so divergieren die Strömungslinien in der durch Figur 124 angedeuteten Weise. An der

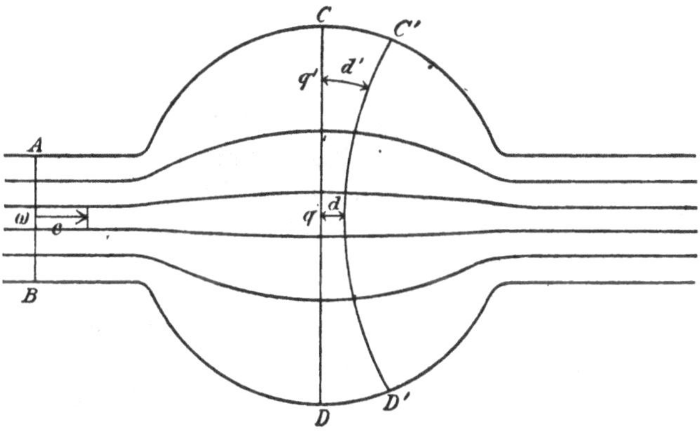

Fig. 124. Strömung.

Stelle AB teilen wir den ebenen Querschnitt des Kanales in gleich große Flächenstücke vom Inhalt ω; in den durch sie bestimmten Stromfäden ist dann auch die Stromstärke, das in einer Sekunde durch ω gehende Flüssigkeitsvolumen, gleich groß, nämlich bei allen gleich ωc, wenn wir durch c die konstante Stromgeschwindigkeit in dem geraden Teile des Kanals bezeichnen. Gehen wir nun über zu dem mittleren Querschnitt CD des erweiterten Beckens; die Figur läßt erkennen, daß der Stromfaden, der unmittelbar an der Axe des ganzen Kanals liegt, einen kleineren Querschnitt besitzt, als ein weiter nach außen liegender. Sind q und q' die beiden Querschnitte, v und v' die Geschwindigkeiten, so ist $vq = v'q' = c\omega$. Wir legen nun einen Querschnitt $C'D'$ durch den Kanal, der dem Querschnitt CD benachbart ist. Zwischen den beiden Querschnitten liegen dann Stücke der durch q und q' gehenden Stromfäden, deren Höhen durch d und d' bezeichnet werden mögen. Man sieht dann, daß dem kleineren Querschnitt auch die kleinere Höhe entspricht; die genauere Untersuchung zeigt, daß in dem Bestehen der Proportion $q:q' = d:d'$ die eigentlich charakteristische Eigenschaft der Strömung liegt. Nun verhalten sich aber die Strömungsgeschwindigkeiten in den Querschnitten q und q' umgekehrt wie diese Querschnitte, also auch umgekehrt wie die Höhen. Man hat somit den Satz:

In dem von zwei Querschnitten des Stromes begrenzten Raum verhalten sich die Geschwindigkeiten an verschiedenen Stellen umgekehrt wie die Abstände der Querschnitte.

Dieser Satz giebt mit dem vorhergehenden zusammen einen vollständigen Überblick über die Geschwindigkeitsverhältnisse der Strömung.

§ 136. Zirkulation. In einer Flüssigkeitsmasse, die nichts nach außen abgiebt und keine Zufuhr von außen empfängt, müssen die Stromfäden alle in sich zurücklaufen. Wir wollen eine solche Strömung einer Flüssigkeit eine Zirkulation nennen. Eine, wenn auch nicht ganz reine, Anschauung von dem Vorgang gewährt die Bewegung des Wassers in einem Becherglase, das unten in der Mitte erwärmt wird. Man sieht, wie die Flüssigkeit in der Mitte aufsteigt, wie sie sich oben ausbreitet und an den Wänden des Glases herabsinkend zur Mitte zurückkehrt. Die großartigsten Zirkulationen vollziehen sich in der Atmosphäre der Erde; der Austausch der warmen und kalten Luftmassen des Äquators und der Pole beruht auf einer Zirkulation; die parallel zu der Erdoberfläche übereinander liegenden Teile der Strömung, welche entgegengesetzte Richtungen haben, sind bekannt als unterer und oberer Passatwind.

§ 137. Wirbelbewegung. Wenn wir ein cylindrisches Gefäß mit einer Flüssigkeit auf die Centrifugalmaschine setzen und um die Axe des Cylinders rotieren lassen, so wird nach einiger Zeit die Flüssigkeit mit dem Gefäß rotieren, wie wenn beide zusammen einen starren Körper bildeten. Wir können leicht zeigen, daß diese Rotation der Flüssigkeit von der im vorhergehenden betrachteten Strömung ganz wesentlich verschieden ist. Zunächst sind die Strömungslinien der Flüssigkeit Kreise, deren Axe mit der Cylinderaxe zusammenfällt (Fig. 125). Legen wir eine Ebene durch die letztere, so schneidet sie die Strömungslinien senkrecht, sie würde also dem entsprechen, was wir früher Querschnitt der Strömung nannten. Nun legen wir durch die Axe zwei einander benachbarte Ebenen M und M'; sie schließen mit einander den Winkel w ein, der gleich der Winkelgeschwindigkeit der Centrifugalmaschine sein möge. Da die Bewegung der Flüssigkeit in einer einfachen Rotation um die Axe besteht, so müssen alle Teilchen, die sich zu einer bestimmten Zeit in der Ebene M

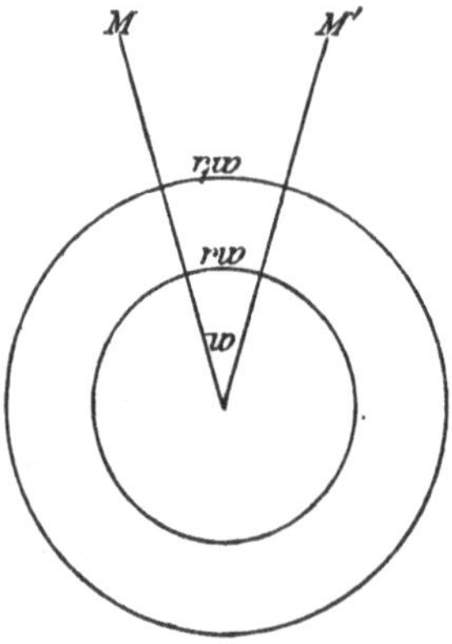

Fig. 125. Rotation.

befinden, nach einer Sekunde in die Ebene M' gelangt sein. Nehmen wir zwei Teilchen in den Entfernungen r und r_1 von der Axe, so sind ihre linearen Geschwindigkeiten gleich wr und wr_1; ebenso groß aber sind die Abstände der Querschnitte M und M'. Während also bei der Strömung einer Flüssigkeit die Geschwindigkeiten in dem Raume zwischen zwei Querschnitten ihren Abständen umgekehrt proportional sind, stehen bei der Rotation die Geschwindigkeiten in dem gleichen Verhältnis wie jene Abstände. Damit ist offenbar ein fundamentaler Unterschied der beiden Bewegungsarten gegeben.

Rotationsbewegungen sind nun auch im Innern ausgedehnter Flüssigkeitsmassen möglich, und von besonderem Interesse ist für uns der spezielle Fall, daß die Rotation auf abgegrenzte Teile der Flüssigkeit von der Form dünner Röhren mit kreisförmigem Querschnitt beschränkt ist. Wir bezeichnen dann den in Rotationsbewegung begriffenen Teil der Flüssigkeit als einen Wirbel. Die Axe, um welche die Teilchen alle mit derselben Winkelgeschwindigkeit rotieren, nennen wir Wirbelaxe. Der Wirbel selbst wird von der die Axe umgebenden Röhre eingehüllt. Wir setzen voraus, daß ihr Querschnitt klein sei gegen ihre Länge, und sprechen mit Bezug hierauf von einem Wirbelfaden. Die Wirbelaxe braucht keineswegs eine gerade Linie zu sein, sie kann jede beliebige Form haben; immer werden die Flüssigkeitsteilchen relativ zu ihr in Kreisen sich bewegen, deren Ebene in einem Querschnitt des Wirbelfadens, deren Mittelpunkt in der Axe liegt. Wenn die Axe des Wirbels selber in Bewegung ist, so werden die Kreisbahnen der rotierenden Flüssigkeitsteilchen von der Axe mitgeführt, wie wenn sie fest mit ihr verbunden wären, der ganze Wirbelfaden schwimmt wie ein biegsamer Schlauch in der Flüssigkeit fort, ohne daß die in ihm enthaltenen Teilchen sich irgendwie mit den anderen vermischen. Im Innern einer Flüssigkeit kann ein Wirbelfaden offenbar nicht aufhören, da sonst die Kontinuität der Bewegung zerstört würde. Die Wirbelaxe muß somit entweder in sich selbst zurückkehren, oder an den die Flüssigkeit begrenzenden Wänden endigen. Wenn der Querschnitt eines Wirbelfadens, sei es mit der Zeit sich ändert, oder räumlich, von einer Stelle der Axe zur andern, wechselt, so ändert sich immer auch die Rotationsgeschwindigkeit, so daß das Produkt aus dem Querschnitt q und der Winkelgeschwindigkeit w dasselbe bleibt. Das Produkt qw stellt also eine unveränderliche und unzerstörbare Eigenschaft des Wirbels dar.

Betrachten wir die Flüssigkeit, die außerhalb des Wirbelfadens sich befindet, so kann auch diese nicht in Ruhe sein; die an den Wirbelfaden unmittelbar angrenzenden Teilchen werden in die rotierende Bewegung mit hineingerissen und übertragen diese auch auf die entfernteren. Die so in der Flüssigkeit außerhalb des Wirbelfadens entstehende Bewegung folgt aber den in § 135 angegebenen Gesetzen der Strömung, sie hat den Charakter einer Zirkulation, bei der die Geschwindigkeit mit der Entfernung von dem Faden immer kleiner wird.

§ 138. Geradlinige Wirbelfäden und Wirbelringe. Wir werden im folgenden die Eigentümlichkeiten der Wirbelbewegung an ein paar speziellen Beispielen noch etwas genauer studieren. In einer idealen Flüssigkeit, die wir uns durch zwei horizontale Ebenen begrenzt denken können, seien zwei parallele vertikale Wirbelfäden von kreisförmigem Querschnitt gegeben. Die Strömungslinien sind dann notwendig horizontal und in allen Horizontalebenen dieselben. Unsere Zeichnung (Fig. 126) stellt die Verhältnisse in irgend einer durch die Flüssigkeit gelegten Horizontalebene dar; die Kreise *A* und *B* sind die Querschnitte der Wirbelfäden; die Rotationsrichtungen seien einander entgegengesetzt und werden durch die eingezeichneten Pfeile gegeben. Man sieht nun, daß jeder Wirbelfaden den andern in einer Richtung fortzutreiben sucht, die übereinstimmt mit der Richtung, in der sich die Flüssigkeitsteilchen auf seiner inneren Seite bewegen. Die Folge dieser von den Wirbeln wechselseitig auf einander ausgeübten Impulse ist eine gleichmäßig fortschreitende Bewegung beider Wirbel senkrecht zu der sie verbindenden Ebene. Durch die eigene Bewegung der Wirbel wird nun die Zirkulation, die ein feststehender Wirbel in der ganzen umgebenden Flüssigkeit erregen würde, in sehr eigentümlicher Weise verändert. Um die beiden geraden Wirbelfäden herum grenzt sich ein vertikaler Cylinder ab von ovalem Querschnitt, der sich mit den

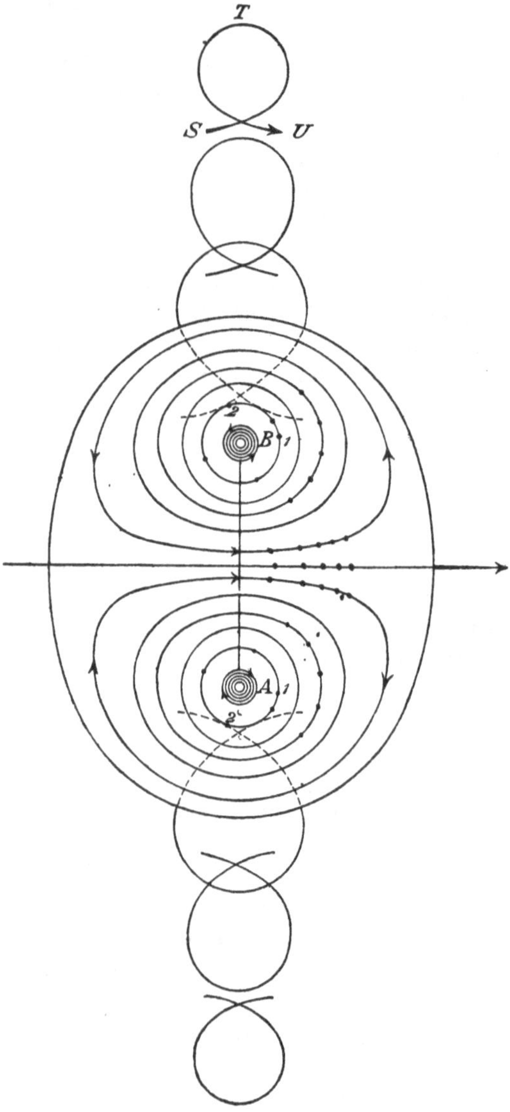

Fig. 126. Zwei geradlinige, parallele Wirbel.

Wirbelfäden weiterbewegt und sie immer in derselben Weise umgiebt. Innerhalb dieses Cylinders zirkuliert die Flüssigkeit um die beiden Wirbelfäden in den aus der Figur ersichtlichen Strömungslinien, so daß der Cylinder immer von denselben Flüssigkeitsteilchen erfüllt bleibt. Da auch seine Mantelfläche eine unveränderte Gestalt bewahrt, so verhält sich der Cylinder mit der in ihm zirkulierenden Flüssigkeit gerade wie ein starrer Körper, der sich mit gleichmäßiger Geschwindigkeit durch die übrige, im ganzen ruhende Flüssigkeit bewegt; wir bezeichnen diesen, um die Wirbelfäden zirkulierenden und mit ihnen fortschreitenden Teil der ganzen Flüssigkeit als den **Wirbelkörper**. Betrachten wir nun ein Teilchen der Flüssigkeit, das seitwärts von dem Wirbel, etwa an der Stelle *S*, sich befindet. Wenn der Wirbelkörper dem betrachteten Teilchen sich nähert, so wird es zuerst nach vorn und außen gedrängt, bewegt sich nachher wieder rückwärts, während die seitliche Bewegung noch andauert; in dem Moment, in dem die Ebene der beiden Wirbelfäden durch das Teilchen geht, hat es seine größte seitliche Abweichung in dem Punkte *T* erreicht; wenn der Wirbelkörper weitergeht, so bewegt es sich auf einer zu der bisherigen symmetrischen Kurve und kommt in dem Punkte *U* zur Ruhe, wenn der Wirbelkörper in großer Ferne verschwunden ist.

Die Zirkulationsbewegung in dem Wirbelkörper giebt noch zu einer Bemerkung Veranlassung, die mit Rücksicht auf gewisse Beobachtungen von Interesse ist. Wir betrachten die Flüssigkeitsteilchen, die sich in einem bestimmten Augenblicke zwischen den beiden Wirbelfäden auf der geraden Linie *AB* befinden. Bei der Zirkulation bewegen sie sich auf den zugehörigen Strömungslinien mit verschieden großen Geschwindigkeiten in der Richtung, in welcher der Wirbelkörper selbst fortschreitet. Für einige der Strömungslinien sind die Punkte markiert, in welche die zu Anfang an der Linie *AB* liegenden Teilchen nach 1, 2, 3, 4 und 5 Sekunden gelangen. Denken wir uns eine dünne Flüssigkeitslamelle zu Anfang in der Ebene der Wirbelfäden *AB* ausgespannt, so wird diese durch die verschiedene Geschwindigkeit der Strömung rasch deformiert; ihre Mitte baucht sich immer weiter aus, während ihre Ränder spiralig um die Wirbel-

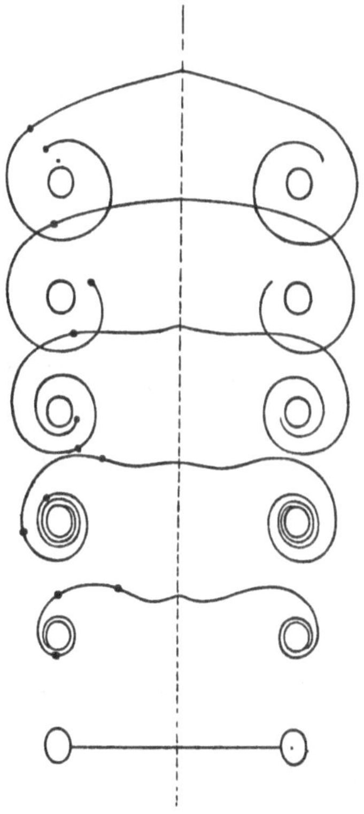

Fig. 127.

fäden herum aufgewunden werden, wie dies durch Fig. 127 anschaulich gemacht wird.[1]

Der Fall geradliniger Wirbelfäden ist von besonderer Bedeutung, weil bei ihm die Berechnung der Bewegung nach den allgemeinen Prinzipien der Mechanik vollständig durchgeführt werden kann. Der Beobachtung dagegen sind Wirbelfäden mit kreisförmigen, überhaupt gekrümmten Axen leichter zugänglich. Wirbel in der Luft mit in sich zurücklaufender kreisförmiger Axe sind z. B. Rauchringe, die durch eine kreisförmige Öffnung erzeugt werden; Wirbel in einer inkompressibeln Flüssigkeit, bei denen zwei Punkte der Oberfläche durch eine gekrümmte Axe verbunden sind, erhält man, wenn man ein Ruder durch die Oberfläche des Wassers, oder wenn man eine halbkreisförmige Scheibe, den unteren Rand eines Löffels eine kurze Strecke längs der Oberfläche einer Flüssigkeit führt und dann schnell herauszieht.

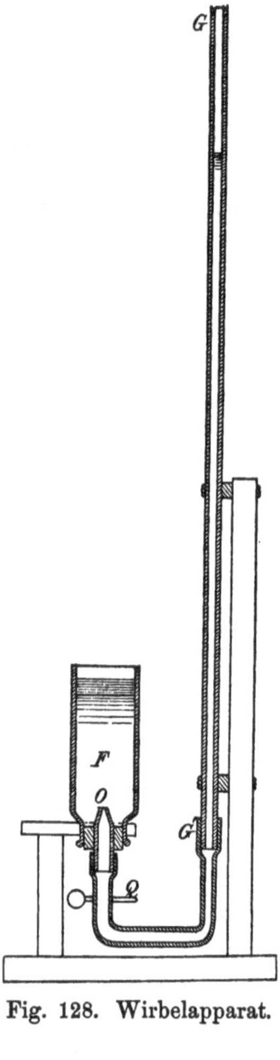

Fig. 128. Wirbelapparat.

Wirbelringe mit kreisförmiger Axe kann man in einer inkompressibeln Flüssigkeit mit dem folgenden Apparate erzeugen (Fig. 128). In den Boden eines cylindrischen Glasgefäßes ist zentral eine Röhre O eingesetzt, die mit einem Hahn Q versehen und durch ein horizontales Verbindungsstück mit dem vertikalen Druckrohre GG' verbunden ist. Der Cylinder wird mit reinem Wasser, das Steigrohr bis zu dem Hahne mit gefärbtem Wasser so hoch gefüllt, daß in ihm ein gewisser Überdruck vorhanden ist. Öffnet man für einen Moment den Hahn, so tritt eine kleine Menge von gefärbtem Wasser aus der Mündung der Röhre O stoßartig aus. Es bildet sich rings um den Rand der Öffnung ein Wirbelfaden, der sich in ähnlicher Weise, wie dies bei zwei parallelen Wirbelfäden der Fall ist, mit einem Wirbelkörper umgiebt und mit diesem zusammen in dem Cylinder sich erhebt. In dem Wirbelkörper zirkuliert die Flüssigkeit um den Wirbelfaden, und dies hat eine Erscheinung zur Folge, die im wesentlichen mit der durch die Fig. 127 dargestellten übereinstimmt. Die gefärbte Flüssigkeit tritt aus der Öffnung zuerst in der Form einer flachen Scheibe. Durch die Zirkulation

[1] Riecke, Beiträge zur Hydrodynamik. Göttinger Nachr. 1888. Nr. 13. Wied. Annal. Bd. 36. 1889. p. 322.

wird diese in der Mitte ausgestülpt, so daß sie dem Hute eines Pilzes ähnlich wird; die Ränder aber werden um den Wirbelfaden herum aufgewunden, so daß in einem Meridianschnitte eine den Querschnitt des Wirbelfadens umziehende farbige Spirale entsteht, deren Windungen durch die ungefärbte Flüssigkeit von einander getrennt sind (Fig. 129).[1] Natürlich führt die immer weitergehende Windung der Spiralen zu einer raschen Vermischung der gefärbten und ungefärbten Flüssigkeit. In dieser Weise tragen auch die Wirbel, welche beim Zusammenrühren verschiedener Flüssigkeiten entstehen, zu ihrer Mischung bei.

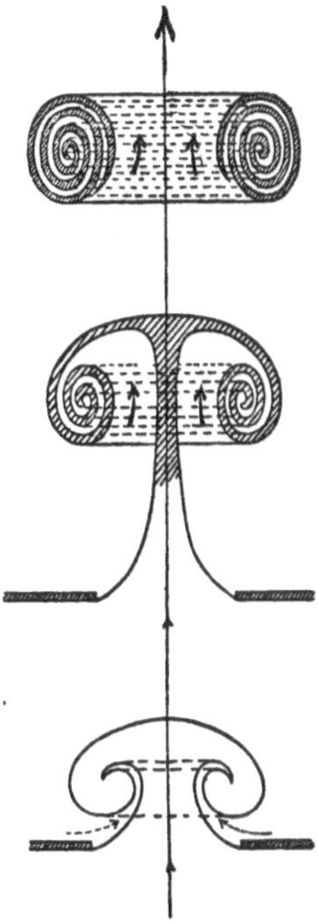
Fig. 129.

Zwei einander diametral gegenüberliegende Teile eines kreisförmigen Wirbelfadens verhalten sich zu einander ebenso, wie zwei parallele geradlinige Wirbelfäden von entgegengesetzter Rotationsrichtung; daraus folgt, daß jeder kreisförmige Wirbelfaden in der Richtung fortschreitet, in der die Flüssigkeitsteilchen auf seiner inneren Seite sich bewegen. — Wenn zwei kreisförmige Wirbelfäden mit gemeinsamer Figurenaxe im selben Sinne rotieren (Fig. 130), so schreiten sie auch in demselben Sinne längs der Figurenaxe fort; der hintere wird dabei durch den von ihm ausgehenden Antrieb *Q* den vorderen erweitern, der vordere den hinteren durch den Antrieb *P* verengern; zugleich nimmt die Translationsgeschwindigkeit des vorderen ab, die des hinteren zu. So kommt es, daß der hintere Ring den vorderen einholt und durch seine Öffnung hindurchschlüpft, worauf dann dasselbe Spiel mit umgekehrten Rollen sich wiederholt; so können dieselben Ringe immer von neuem durch einander hindurchschlüpfen.[2]

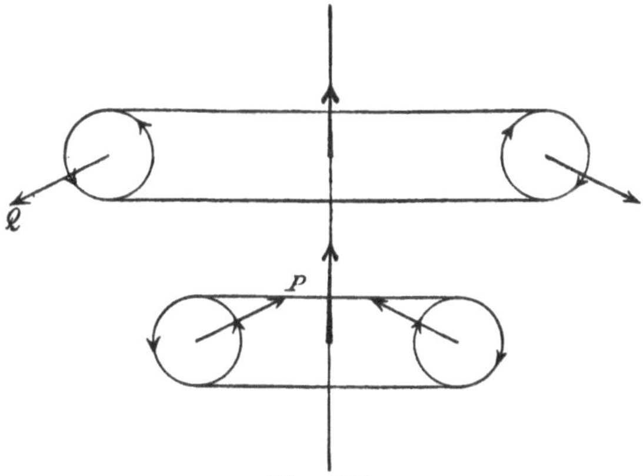

Fig. 130.

Wenn die beiden kreisförmigen Wirbelfäden bei gemeinsamer

[1] Reusch, Über gewisse Strömungsgebilde im Innern von Flüssigkeiten und deren morphologische Bedeutung. Tübingen 1860.

[2] Helmholtz, Über Integrale der hydrodynamischen Gleichungen, welche den Wirbelbewegungen entsprechen. 1858. Wissensch. Abh. I. Bd. p. 101.

Figurenaxe in entgegengesetztem Sinne rotieren, wie in Fig. 131, so daß sie sich einander nähern, so erweitern sie sich gegenseitig durch die Antriebe *P* und *Q*, und zugleich nimmt ihre Geschwindigkeit immer mehr ab. Umgekehrt, wenn sie sich von einander entfernen, wie in Fig. 132, so verengern sie sich wechselseitig, und ihre Geschwindigkeit nimmt zu.

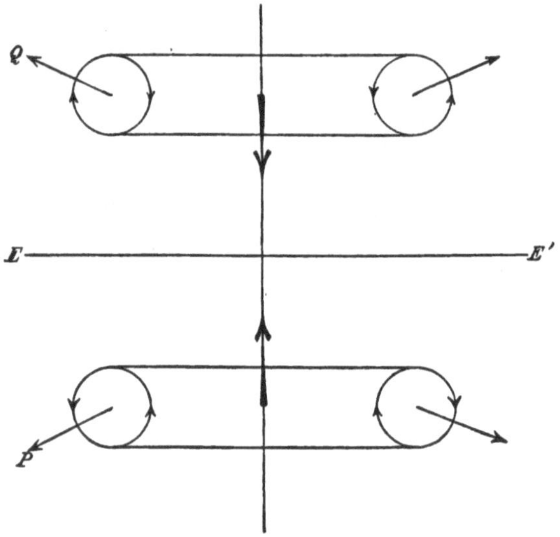

Fig. 131.

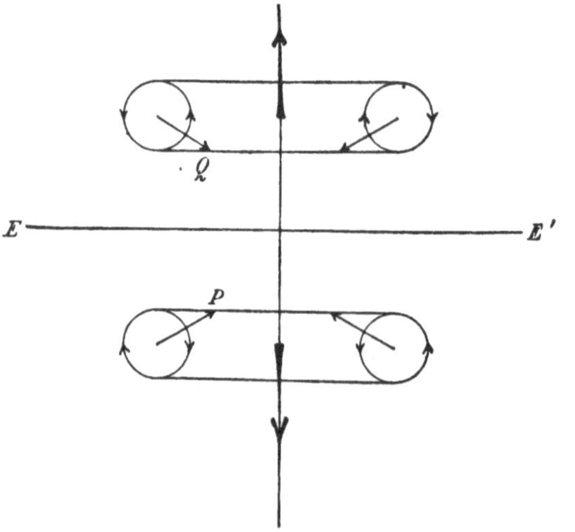

Fig. 132.

In den beiden letzten Fällen haben die in der Symmetrieebene *EE'* der Wirbelfäden liegenden Flüssigkeitsteilchen keine Geschwindigkeit senkrecht zu dieser Ebene; man kann daher an ihrer Stelle eine feste Wand in die Flüssigkeit einsetzen, ohne daß dadurch in der Bewegung irgend etwas geändert wird. So erhalten wir die Bewegung eines kreisförmigen Wirbelfadens in einer durch eine ebene, ihm parallele Wand begrenzten Flüssigkeit. Nehmen wir an, die Flüssigkeit erhebe sich über einer horizontalen Grundfläche; wenn der gleichfalls horizontale Wirbelring so rotiert, daß die infolge der Zirkulation durch ihn strömende Flüssigkeit aufsteigt, so geht der Ring, entsprechend Fig. 132, selbst mit zunehmender Geschwindigkeit in die Höhe und wird enger. Wenn umgekehrt die zirkulierende Flüssigkeit durch den Ring hindurch nach dem Boden absteigt, so bewegt sich der Ring wie in Fig. 131 mit abnehmender Geschwindigkeit nach unten und wird weiter.

Auch in dem Fall zweier paralleler, geradliniger und entgegengesetzt rotierender Wirbelfäden (Fig. 126) kann man die Mittelebene als eine feste Wand einführen, ohne die Bewegung zu ändern. Ein zu der horizontalen Grundfläche einer Flüssigkeit paralleler Wirbelfaden schreitet also parallel der Grundfläche fort, in der Richtung, in der sich die Flüssigkeitsteilchen seiner unteren Seite bewegen.

§ 139. Druck in einer bewegten Flüssigkeit. Verfolgen wir einen bestimmten Stromfaden in einer bewegten Flüssigkeit, so wird nach § 135 die Geschwindigkeit der Flüssigkeitsteilchen kleiner, wenn sie von einem kleineren Querschnitt zu einem größeren fließen. Es muß also eine Kraft vorhanden sein, welche die Verzögerung hervorbringt. Da wir von äußeren Kräften absehen, so kann diese nur daher rühren, daß in dem weiteren Querschnitt, also bei der kleineren Geschwindigkeit, der Druck der Flüssigkeit größer ist, als in dem engeren Querschnitt bei größerer Geschwindigkeit. Nach dem Energieprinzip muß die Abnahme der lebendigen Kraft gleich der Arbeit sein, die von der bewegten Flüssigkeit gegen die Druckkraft geleistet wird. Daraus ergiebt sich, daß in einer bewegten Flüssigkeit die Summe aus der lebendigen Kraft der Volumeinheit und aus dem Druck an allen Stellen der Flüssigkeit denselben Wert besitzt. Bezeichnen wir die Masse der Volumeinheit, nach § 68 die Dichte der Flüssigkeit, durch δ, die Geschwindigkeit durch v, so ist die lebendige Kraft der Volumeinheit gleich $\frac{1}{2}\delta v^2$; ist der Druck in dem betrachteten Teile der Flüssigkeit p, so ist

$$\tfrac{1}{2}\delta v^2 + p = \text{Konstans}.$$

Natürlich müssen dabei lebendige Kraft und Druck in demselben Maßsystem angegeben werden. Wählen wir das absolute System mit cm, g, sec als Einheiten, so muß der Druck in Dynen pro Quadratcentimeter ausgedrückt werden. Gewisse Teile der ganzen Flüssigkeitsmasse mögen so wenig bewegt sein, daß man ihre lebendige Kraft vernachlässigen kann. Der in ihnen herrschende Druck sei p_0, dann findet im ganzen Innern der Flüssigkeit die Gleichung statt:

$$\tfrac{1}{2}\delta v^2 + p = p_0.$$

Aus ihr kann der Druck p, der sogenannte hydrodynamische Druck, berechnet werden, wenn die Geschwindigkeit v gegeben ist.

§ 140. Strahlbildung. Wir nehmen an, in den nur wenig bewegten Teilen einer Flüssigkeit sei der Druck gleich dem Luftdruck, also nach § 124 gleich 1 014 000 Dynen pro qcm. Dann gilt im ganzen Innern der strömenden Flüssigkeit die Gleichung

$$\tfrac{1}{2}\delta v^2 + p = 1\,014\,000.$$

Im Falle des Wassers können wir $\delta = 1$ setzen und erhalten dann für den Druck

$$p = 1\,014\,000 - \tfrac{1}{2}v^2.$$

Daraus folgt, daß der Druck null wird überall, wo die Geschwindigkeit des Wassers den Betrag von 1420 cm · sec^{-1} erreicht. Wird die

Geschwindigkeit größer, so wird der Druck negativ; die Teilchen des Wassers werden nicht mehr zusammengedrückt, sondern auseinandergezogen; und zwar ergiebt sich, daß die hierzu erforderliche Steigerung der Geschwindigkeit eigentlich immer da eintreten würde, wo die kontinuierliche Strömung um eine scharfe Kante herumbiegen müßte. Nun zeigt aber die Erfahrung, daß das Wasser einem Zuge nicht widerstehen kann, sondern unter seiner Wirkung zerreißt. Sobald ein solches Zerreißen eingetreten ist, brauchen benachbarte Teilchen des Wassers, die eben durch die Fläche der Zerreißung von einander getrennt sind, nicht mehr gleiche Geschwindigkeit zu besitzen, es können sogar die auf der einen Seite befindlichen Teilchen in Ruhe

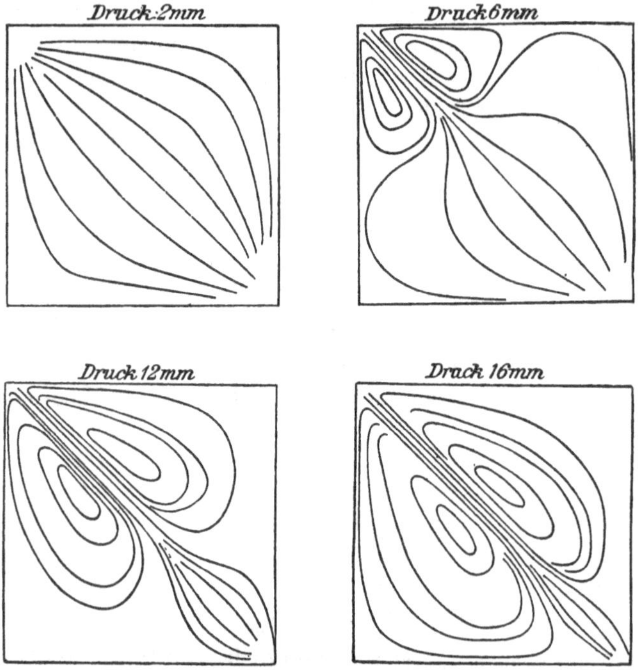

Fig. 133. Strahlbildung.

sein, während die auf der anderen Seite mit großer Geschwindigkeit sich bewegen. Die Zerreißungsfläche kann einen ruhenden Teil der Flüssigkeit von einem anderen trennen, der an der Zerreißungsfläche wie an einer festen Wand dahinströmt. Zu beiden Seiten einer solchen Trennungsfläche muß der Druck derselbe sein; man hat dann auf der einen Seite den einfachen hydrostatischen Druck der ruhenden Flüssigkeit; auf der anderen Seite muß der zu Anfang vorhandene Überdruck durch die Strömung so vermindert sein, daß er dem Druck der ruhenden Flüssigkeit gleich geworden ist. Auf diesen Verhältnissen beruhen die diskontinuierlichen

Bewegungen der Flüssigkeiten, die wir als Strahlen bezeichnen.[1] Luft, die mit nicht zu großer Geschwindigkeit aus einer feinen cylindrischen Öffnung hervordringt, bildet einen solchen Strahl, wie man beobachten kann, wenn man die Luft mit Rauch imprägniert. Man sieht dann, daß die Luft in dem Strahl in der That wie in einer von festen Wänden gebildeten Röhre sich bewegt, während die äußere Luft von dem Strahl kaum beeinflußt wird. Gleiches beobachtet man, wenn man den Strahl gegen eine Flamme richtet; er durchbohrt die Flamme in einem scharf abgegrenzten Loche, während sie im übrigen ungestört bleibt. Die Figuren 133 zeigen die Strahlbildung in einer quadratischen Wasserplatte, wenn Zu- und Abfluß in den Ecken einer Diagonale liegen. Bei dem sehr geringen Druck, unter dem das Wasser anfänglich durch die Platte strömt, ist von Strahlbildung kaum etwas wahrzunehmen, mit wachsendem Druck bildet sich der quer durch die Platte gehende Strahl immer mehr aus. Dabei zeigt sich aber, daß die neben dem Strahle liegenden Teile des Wassers nicht wie bei der Luft in Ruhe bleiben, sondern in Wirbelbewegung geraten. Es ist dies eine Folge der zwischen den Teilchen einer Flüssigkeit vorhandenen Reibung, die bei Wasser um vieles stärker ist als bei der Luft. Die Höhen der Wassersäulen, unter deren Druck die Bewegung stattfindet, sind bei den Figuren in Millimetern angegeben.[2]

§ 141. Ausfluß einer Flüssigkeit aus einem Gefäß. Wir gehen über zu der Betrachtung des durch die Schwere, d. h. durch eine äußere Kraft, veranlaßten Ausflusses einer Flüssigkeit aus einem Gefäß. Die kleine kreisförmige Öffnung befinde sich in dem Boden des Gefäßes in der Tiefe h unter dem freien Niveau (Fig. 134). Der Querschnitt des Gefäßes sei Q; sinkt der Spiegel der Flüssigkeit um die sehr kleine Höhe a, so vermindert sich die potentielle Energie um $g\delta Q a h$, wenn δ die Dichte der Flüssigkeit bezeichnet. Gleichzeitig fließt die Menge $\delta Q a$ aus und gewinnt die lebendige Kraft $\frac{1}{2}\delta Q a v^2$; es ergiebt sich somit nach dem Energieprinzip für die Ausflußgeschwindigkeit v der Wert:

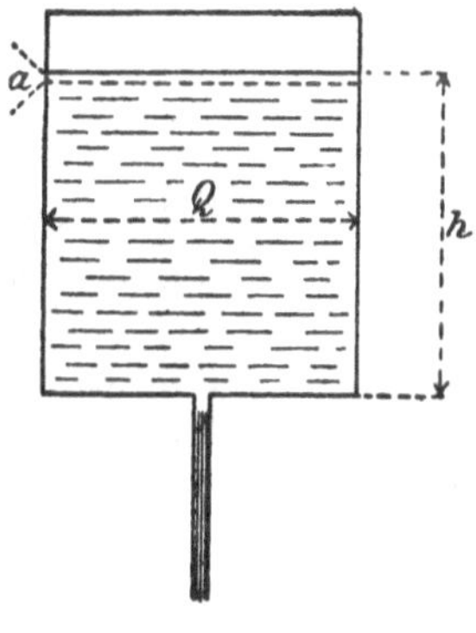

Fig. 134.

$$v = \sqrt{2gh}.$$

Die Ausflußgeschwindigkeit ist hiernach unabhängig von dem spezifischen Gewicht und gleich der Geschwindigkeit eines frei fallenden Körpers, dessen Fallhöhe gleich der Druckhöhe der Flüssigkeit ist. Die Ausflußöffnung kann auch seitlich in der Gefäßwand angebracht werden;

[1] Helmholtz, Über diskontinuierliche Flüssigkeitsbewegungen. 1868. Wiss. Abh. Bd. I. p. 146.

[2] Riecke, Beiträge zur Hydrodynamik. Gött. Nachr. 1888. p. 347. Wied. Ann. Bd. 36. 1889. p. 322.

der Strahl beschreibt dann, entsprechend den Gesetzen des Wurfes, eine Parabel, deren Weite von der Ausflußgeschwindigkeit abhängt. Die Ausmessung der Parabel kann zur Prüfung des gefundenen Gesetzes dienen. Bringt man endlich die Ausflußöffnung in einem seitlichen Ansatze des Gefäßes nach oben hin an, so springt aus ihr ein Strahl in die Höhe, allerdings nicht bis zu dem Niveau der Flüssigkeit, wie dies nach der Formel zu erwarten wäre; der Grund hierfür ist im wesentlichen in den Reibungswiderständen zu suchen, denen die Bewegung unterliegt.

Bei der vorhergehenden Betrachtung ist die Annahme gemacht, daß die Geschwindigkeit der Strömung in dem Gefäße so klein sei, daß nur die lebendige Kraft des aus der Öffnung tretenden Strahles zu berücksichtigen ist; dies ist zulässig, so lange der Querschnitt der Öffnung sehr klein ist gegen den des Gefäßes. Außerdem gilt die Betrachtung nur, wenn zwischen dem Niveau der Flüssigkeit und der Öffnung keine andere Druckdifferenz vorhanden ist, als die von der Schwere der Flüssigkeit selbst herrührende. Im Gegensatz hierzu wird bei Gasen der Ausfluß aus einer feinen Öffnung wesentlich durch ihren Druck bedingt. Aber auch in diesem Falle kann das Energieprinzip zu der Bestimmung der Ausflußgeschwindigkeit dienen. Ein Gasometer sei mit Gas von einem Drucke p gefüllt, der größer ist als der Luftdruck p_0. Die Messung des Druckes p, beziehungsweise der Druckdifferenz $p - p_0$ geschieht mit einem Manometer (Fig. 135). Es ist dies eine U-förmig gebogene Glasröhre, die mit der Öffnung des einen Schenkels in das Gasometer eingesetzt ist; der untere Teil der Röhre ist mit Wasser oder Quecksilber gefüllt; der außerhalb des Gasometers befindliche Schenkel ist meist offen; der Stand der Sperrflüssigkeit giebt dann die Druckdifferenz $p - p_0$. Bei Messung von sehr hohen Drucken wird der äußere Schenkel zugeschmolzen, und der Druck durch das Volumen der in ihm abgeschlossenen Luft bestimmt.

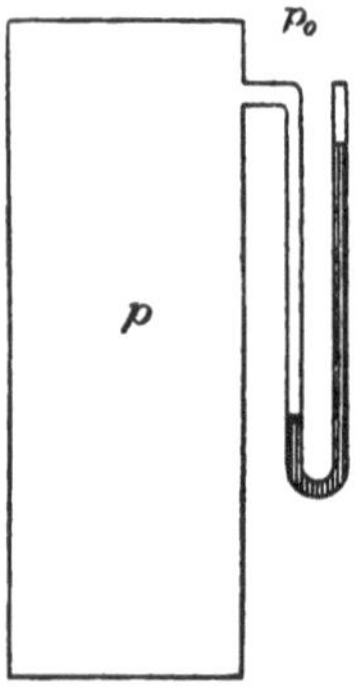

Fig. 135.

Das unter dem Drucke p in dem Gasometer eingeschlossene Gas enthält eine Energie, die gleich ist der Arbeit, die wir aufwenden mußten, um es von dem Druck der Atmosphäre p_0 auf den Druck p zu komprimieren. Bezeichnen wir die in der Volumeinheit des komprimierten Gases erzeugte Energie mit u; sie verwandelt sich bei dem Ausfluß in lebendige Kraft; ist δ die Dichte des Gases, v die Ausflußgeschwindigkeit, so ist $\frac{1}{2}\delta v^2 = u$, und daher

$$v = \sqrt{\frac{2u}{\delta}}.$$

Die Energie u hängt nur von den Drucken p und p_0 ab; es ergiebt sich somit der Satz, daß bei gleichen Druckverhältnissen die Ausflußgeschwindigkeiten verschiedener Gase sich umgekehrt verhalten wie die Quadratwurzeln ihrer Dichten. Es ist dadurch ein Prinzip gegeben, nach dem sich leicht vergleichende Messungen der Dichten oder spezifischen Gewichte verschiedener Gase anstellen lassen; nur muß die nicht ausführbare Beobachtung der Ausflußgeschwindigkeiten durch die Messung der in gleichen Zeiten ausströmenden Gasmengen ersetzt werden.

Die Berechnung der in der Volumeinheit enthaltenen Energie u stößt auf Schwierigkeiten, weil jede Volumenänderung eines Gases mit Änderungen der Temperatur verbunden ist; die Aufgabe liegt daher außerhalb des Gebietes der Mechanik und würde erst in der Wärmelehre gelöst werden können. Sieht man von Temperaturänderungen ab, so kann man die Energie auf der Grundlage des Boyle-Mariotteschen Gesetzes bestimmen und findet

$$u = p \log \text{nat.} \frac{p}{p_0} \cdot$$

Sind die Drucke p und p_0 nur wenig verschieden, so erhält man hierfür:

$$u = p - p_0 \cdot$$

Unter diesen vereinfachten Annahmen stellt also $p - p_0$ die an der Volumeneinheit des komprimierten Gases geleistete Arbeit dar, ein Resultat, das sich durch eine direkte Berechnung leicht bestätigen läßt. Für die Ausflußgeschwindigkeit ergiebt sich dann

$$v = \sqrt{2 \frac{p - p_0}{\delta}} \cdot$$

Bei der praktischen Anwendung der Formel muß man auf die Maaße Rücksicht nehmen, die zu Grunde gelegt werden. Im absoluten cm·g·sec-System ist $p - p_0$ in Dynen pro Quadratcentimeter, δ, die Dichte im Gasometer, in g pro Kubikcentimeter anzugeben. Ist der Druck zunächst durch die Anzahl der g-Stücke bestimmt, die auf das Quadratcentimeter drücken, so erhält man den Druck in Dynen durch Multiplikation mit g. Benutzen wir andererseits das technische Maßsystem, so bezeichnet $p - p_0$ eine gewisse Anzahl von g-Gewichten pro Quadratcentimeter; δ ist die Masse eines Kubikcentimeters in technischen Einheiten. Ist nun das spezifische Gewicht des Gases gleich σ, so giebt σ die Anzahl der g-Gewichte im Kubikcentimeter. Es ist aber nach § 66 die Masse eines g-Gewichtes gleich $\frac{1}{981}$ Einheiten des technischen Systems, somit die Masse von σ g-Gewichten gleich $\frac{\sigma}{981}$ technischen Einheiten; d. h. es ist im technischen Maaßsystem $\delta = \frac{\sigma}{981}$ oder, wenn wir an Stelle von 981 das allgemeine Zeichen der Schwerebeschleunigung benützen, $\delta = \frac{\sigma}{g}$. Setzen wir diesen Wert in die Formel für die Ausflußgeschwindigkeit, so ergiebt sich

$$v = \sqrt{2 g \frac{p - p_0}{\sigma}} \cdot$$

Da g und g-Gewicht, Dichte und spezifisches Gewicht durch dieselben Zahlen gegeben werden, so stimmen die auf den verschiedenen Wegen erhaltenen Formeln mit einander vollkommen überein. Durch dieselbe Betrachtung wie in § 126 zeigen wir, daß $\frac{p - p_0}{\sigma}$ die Bedeutung einer virtuellen Druckhöhe hat; setzen wir diese gleich h, so wird $v = \sqrt{2gh}$, eine Formel, welche der für inkompressibele Flüssigkeiten geltenden analog ist.

Außerdem wollen wir noch hervorheben, daß die Formel

$$v = \sqrt{2g\frac{p - p_0}{\sigma}}$$

auch für inkompressible Flüssigkeiten gilt, wenn sie nicht infolge der Schwere, sondern getrieben von einem darauf wirkenden Drucke ausfließen.

Bei der Berechnung von Ausflußmengen aus den im vorhergehenden entwickelten Formeln muß man auf die Kontraktion Rücksicht nehmen, die der Strahl beim Austritt aus der Öffnung erleidet. Sie rührt daher, daß die an dem Rande der Öffnung vorbeigehenden Flüssigkeitsteilchen sich nicht senkrecht zu ihr, sondern seitlich gegen die Axe des Strahles hin bewegen.

§ 142. Reaktion des ausfließenden Strahles. Wenn wir ein Gefäß (Fig. 136), woraus Wasser durch eine seitliche Öffnung ausfließt, um eine vertikale Axe drehbar machen, so gerät es um diese in Rotation. Es rührt dies daher, daß der Druck in der Öffnung und an der inneren Wand der gebogenen Ausflußröhre durch die größere Stromgeschwindigkeit stärker verringert wird als an der gegenüberliegenden Wand. Auf diese wirkt daher ein Überdruck, der das Gefäß in einem der Richtung des austretenden Strahles entgegengesetzten Sinne in Umdrehung versetzt. Man bezeichnet diese Wirkung, die dem Prinzip der Gleichheit von Aktion und Reaktion, oder noch bestimmter dem von der Erhaltung der Bewegungsgröße (§ 89) untergeordnet werden kann, als Reaktion des ausfließenden Strahles.

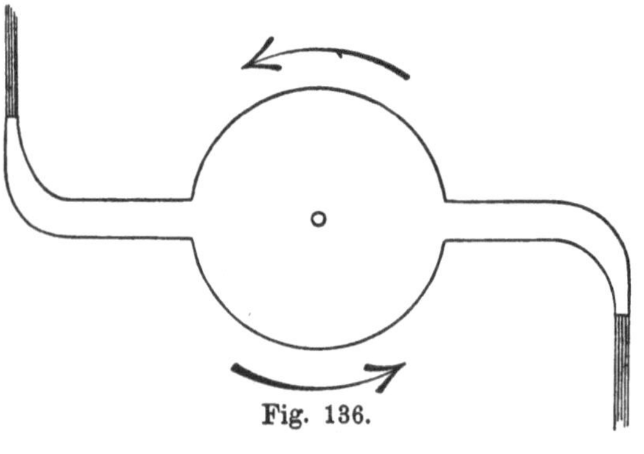

Fig. 136.

§ 143. Verminderter Seitendruck von Flüssigkeitsstrahlen. Versuche und Anwendungen (Luftpumpen). Im Folgenden stellen wir noch einige Versuche zusammen, durch welche der verminderte Druck bewegter Flüssigkeiten anschaulich gemacht wird, sowie einige Anwendungen, die man davon bei der Konstruktion von Apparaten gemacht hat. Der Charakter der Erscheinungen ist allerdings ein komplizierter, da wir nicht mit idealen Flüssigkeiten zu thun haben. Wegen der Reibung zieht jeder Strahl die umgebende Flüssigkeit in die Bewegung hinein; bei der Luft spielt außerdem die mit Verdünnung verbundene Druckabnahme eine wesentliche Rolle.

Wir nehmen eine enge Röhre *ab* (Fig. 137), die bei *b* in eine weitere *bc* einmündet. Von *bc* führe durch die seitliche Öffnung *d* eine Röhre *de* in ein mit Flüssigkeit gefülltes Gefäß *G*. Lassen wir durch *ab* Flüssigkeit unter kleinem Drucke einströmen, so erweitern sich die Stromfäden stetig bei dem Übergang in die weitere Röhre, sie verzweigen sich, indem ein Teil durch *de* nach dem Gefäße, ein Teil in der Hauptröhre nach *c* weiter geht. Wenn wir aber die Geschwindigkeit, mit der die Flüssigkeit strömt, steigern, so zerreißt sie beim Eintritt in die weitere Röhre, und es bildet sich in dieser ein Strahl; infolge der hiermit verbundenen Druckabnahme treibt der auf der Oberfläche der Flüssigkeit in dem Gefäße *G* lastende Luftdruck die Flüssigkeit aus diesem in die Röhre hinein, wo sie dann von dem Strahle mitgerissen wird. Man bezeichnet dies als eine A s p i r a t i o n infolge des verminderten Seitendruckes.

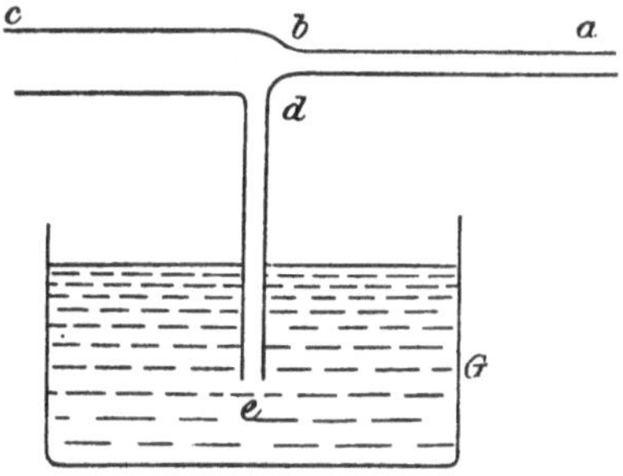

Fig. 137. Aspirator.

Stellt man die Röhre *ab* vertikal und verbindet man die seitliche Röhre *de* mit einem Rezipienten, der mit Luft gefüllt ist, so aspiriert der aus *ab* tretende Wasserstrahl Luft aus dem Rezipienten und man hat damit das Prinzip für die Konstruktion der W a s s e r s t r a h l - l u f t p u m p e gewonnen.

Läßt man die Röhre *de* in die freie Luft münden, so aspiriert der aus *ab* tretende Wasserstrahl fortdauernd Luft und reißt diese in der vertikalen Fallröhre *C* (Fig. 138) mit hinab. Mündet diese in ein Gefäß *G*, so sammelt sich hier die Luft oben, das Wasser unten. Das Wasser fließt durch die Röhre *H* ab, die Luft wird durch *J* herausgeblasen. Hierauf beruht die Konstruktion der W a s s e r s t r a h l g e b l ä s e.

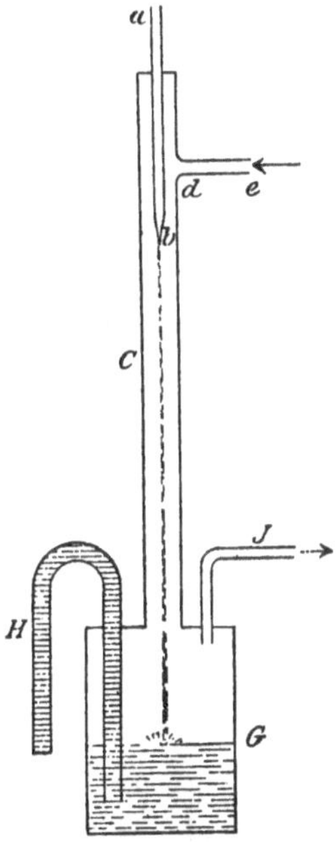

Fig. 138.
Wasserstrahlgebläse.

Lassen wir durch die Röhre *ab*, die wie in Figur 137 in horizontaler Lage zu denken ist, einen Dampfstrahl austreten, während *de* nach einem Flüssigkeitsreservoir geht, so wird Flüssigkeit aspiriert und von dem Dampfstrahl mitgeführt. Auf dieser Wirkung beruht der bekannte Z e r s t ä u b e r, sowie der I n j e k t o r, den man benützt, um bei den Dampfmaschinen dem Kessel neues Wasser zuzuführen. Für die

Aspiration von Luft durch einen Gasstrahl liefert der Bunsenbrenner ein Beispiel.

In sehr hübscher Weise äußert sich der verminderte Seitendruck von Luftstrahlen bei den beiden folgenden Versuchen. Vor eine vertikal gestellte Glasplatte (Fig. 139) setzen wir ein Licht und blasen mit einer Glasröhre gegen das Spiegelbild. Wir sehen dann, daß das Licht senkrecht gegen die Glasplatte getrieben wird. Es erklärt sich dies daraus, daß der gegen die Platte treffende Luftstrahl von ihr nicht reflektiert wird, sondern sich entlang der Glasplatte ausbreitet; die Bewegung des Lichtes ist dann die Folge des geringeren Druckes, den die im Strahle bewegte Luft ausübt.

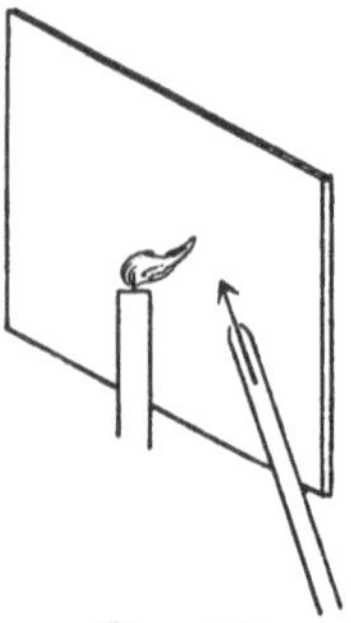
Fig. 139.

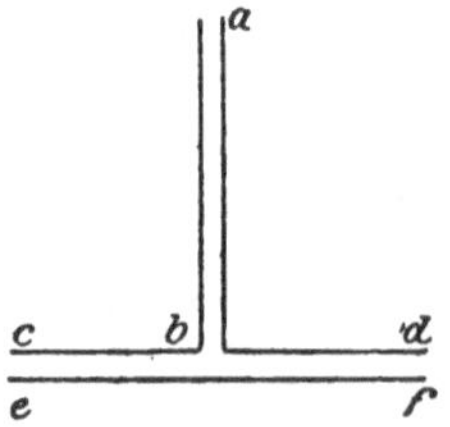

Fig. 140.

Bei dem zweiten Versuche mündet die Röhre *a b* in einer ebenen Platte *cd* (Fig. 140) senkrecht zu ihr; *cd* gegenüber steht eine zweite parallele Platte *ef*, die in der Richtung der Röhrenaxe beweglich ist. Bläst man durch *ab* einen kräftigen Luftstrom, so wird die Platte *ef* entgegen seiner Richtung nach der Platte *cd* gezogen. Zwischen den beiden Platten ist in der rings ausströmenden Luft der Druck erniedrigt, und die Bewegung ist eine Folge des von der ruhenden Luft ausgeübten Überdruckes.

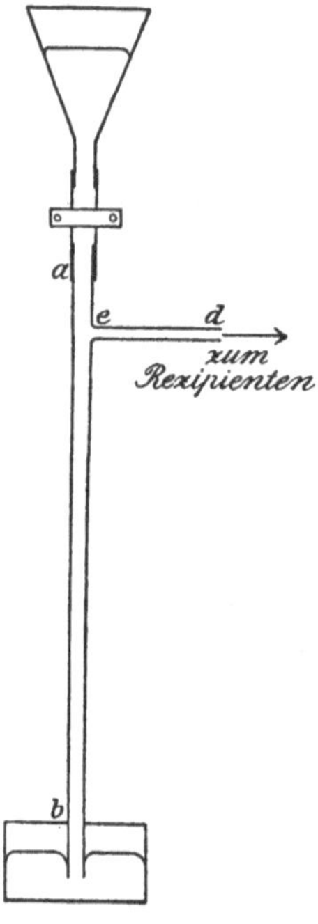

Fig. 141.
Sprengelsche Pumpe.

Mit dem verminderten Drucke einer bewegten Flüssigkeit hängt endlich noch die Wirkung der Sprengelschen Quecksilberluftpumpe zusammen; nur wird dabei nicht ein freier Flüssigkeitsstrahl, sondern eine in einer Glasröhre fallende Quecksilbersäule benützt. Die in ein untergestelltes Gefäß mündende Glasröhre *ab* (Fig. 141) ist mit einem Trichter durch einen Schlauch verbunden, der durch einen Quetschhahn geschlossen werden kann. In die Röhre *ab* mündet seitlich eine Röhre *de*, die mit dem zu evakuierenden Rezipienten verbunden ist. Man füllt den Trichter mit Quecksilber, öffnet den Hahn und läßt das Quecksilber durch die Röhre *ab* herunterfließen. Bei *d* wird dann infolge des verminderten Druckes Luft aspiriert und die Luft im Rezipienten verdünnt. Schließt man den Quetschhahn, so bleibt in der Röhre *ab* eine Quecksilbersäule stehen, die den Grad der erreichten Verdünnung angiebt. Würde das Quecksilber durch *ab* in einer zusammenhängenden Säule fließen, ohne in Tropfen zu zerreißen, so würde sich ergeben, daß der hydrodynamische Druck in *ab* von der Mündung an nach oben ebenso abnimmt, wie der hydrostatische. Wenn die Höhe der Ansatzstelle *e* über der Mündung 76 cm beträgt, so würde bei *e* der hydrodynamische Druck auf Null reduziert sein. Macht man die Fallröhre *ab* etwas länger als 76 cm, so kann man mit der Pumpe die Verdünnung der Luft im Rezipienten ebenso weit treiben, wie mit der gewöhnlichen Quecksilberluftpumpe.

II. Kapitel. Wellenbewegungen.

§ 144. Wellen inkompressibler Flüssigkeiten. Wenn man einen Stein in die ruhige Oberfläche eines Teiches wirft, so sieht man die bekannte Erscheinung der Wellenringe, die sich um den getroffenen Punkt konzentrisch verbreiten. Die Gebrüder Weber erzeugten bei ihren klassischen Untersuchungen über Wellenbewegung ähnliche Wellen in einer von parallelen Glaswänden begrenzten Rinne, indem sie an dem einen Ende eine Säule der Flüssigkeit, mit der die Rinne gefüllt war, in einer Glasröhre aufsaugten und dann fallen ließen. In beiden Fällen besteht die Welle aus einem voranschreitenden Wellenberg und einem darauf folgenden Wellenthal. Beide zusammen geben die ganze Länge der Welle. Wie bei jeder Wellenbewegung, so ist auch hier zu unterscheiden zwischen der scheinbaren Bewegung, welche in dem Fortschreiten der Welle, d. h. der in der angegebenen Weise veränderten Gestalt der Oberfläche, von einer Stelle zu der anderen besteht, und der reellen Bewegung, welche die einzelnen Teilchen der Flüssigkeit selbst dabei ausführen. Wie bei den Seilwellen in § 91, so wird auch hier eine Hauptaufgabe der Forschung in der Ermittelung des zwischen den beiden Bewegungen vorhandenen Zusammenhanges bestehen. Daß die reelle Bewegung der Flüssigkeitsteilchen keine fortschreitende, sondern im wesentlichen eine schwingende ist, erkennen wir, wenn wir irgend einen auf dem Wasser schwimmenden oder in ihm suspendierten Körper beobachten. Die Welle ist also kein Körper, der dauernd aus denselben Teilchen sich zusammensetzte, sondern nur eine Form der Oberfläche und der über einander gelagerten Schichten der Flüssigkeit; im Zustande der Ruhe sind diese eben, bei der Wellenbewegung gekrümmt, so daß sie Erhebungen und Vertiefungen bilden. Das Fortrücken einer Welle ist daher nur ein Fortrücken dieser Form; während die Welle, die durch den in das Wasser geworfenen Stein erzeugt wurde, über einen immer größeren Kreis sich ausdehnt, bleibt das Wasser, aus dem sie jeweils besteht, an seinem Ort.

Für die reelle Bewegung der Füssigkeitsteilchen bei der Wellenbewegung ergeben sich aus den Beobachtungen der Gebrüder Weber die folgenden Sätze:

Die Schwingungsbahnen der in der Nähe der Oberfläche der Flüssigkeiten befindlichen Teilchen sind anscheinend Ellipsen, die sich der Kreisgestalt nähern; mit der Tiefe wird die elliptische Gestalt der Bahnen immer gestreckter und fällt endlich mit einer horizontalen geraden Linie zusammen.

Mit der Tiefe nehmen die Bahnen der daselbst schwingenden Teilchen, sowohl im senkrechten als im horizontalen Durchmesser, an Größe ab.

Die schwingende Bewegung der Teilchen ist selbst in einer Tiefe, welche der 350maligen Höhe der Welle über der Oberfläche gleichkommt, noch wahrnehmbar.

Die scheinbare Bewegung, das Fortschreiten der Welle, ergiebt sich aus der geschilderten reellen Bewegung dadurch, daß die horizontal in der Fortschreitungsrichtung hintereinander liegenden Teilchen successiv in eine schwingende Bewegung geraten, und zwar so, daß sich niemals mehrere derselben, die zu einer Welle gehören, gleichzeitig in entsprechenden Punkten ihrer Schwingungsbahnen befinden, sondern erst successiv in diese entsprechenden Punkte kommen.

Die Punkte der Schwingungsbahnen bezeichnen wir, ebenso wie in § 91, als die Phasen der Schwingung; die Beziehung zwischen den Schwingungen verschiedener Teilchen drückt sich dann dadurch aus, daß sie eine bestimmte Phasendifferenz besitzen.

In die Tiefe der Flüssigkeit hinab bemerkt man weder bei der Erregung noch bei dem Fortgange der Wellen ein allmäliges Fortschreiten derselben, sondern die schwingende Bewegung scheint gleichzeitig in der Tiefe und an der Oberfläche zu geschehen, und die senkrecht untereinander liegenden Teilchen der Flüssigkeit scheinen gleichzeitig in die sich entsprechenden Punkte ihrer Schwingungsbahnen einzutreten.[1]

Daß durch eine solche schwingende Bewegung der einzelnen Teilchen der Flüssigkeit in der That die Formänderung der Oberfläche hervorgebracht wird, die wir bei der Wellenbewegung beobachten, ergiebt sich aus Figur 142. Die Punkte *a*, *b*, *c*, . . . *i* stellen die in gleichen Ab-

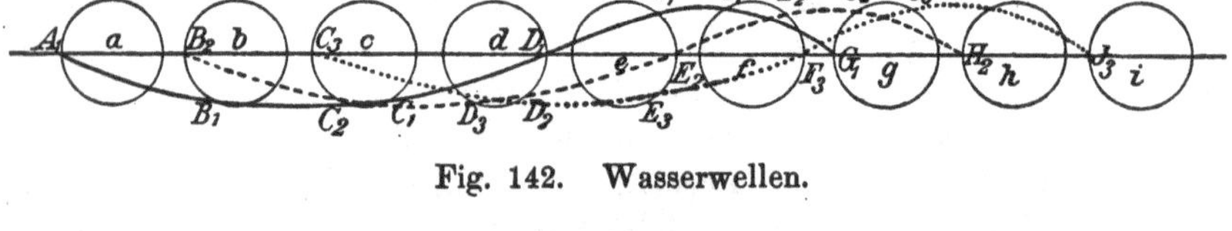

Fig. 142. Wasserwellen.

ständen genommenen Mittelpunkte von vertikalen Kreisen dar, in denen sich die an der Oberfläche befindlichen Teilchen *A*, *B*, *C*, . . . *J* der Flüssigkeit bewegen. Von diesen Teilchen mögen sechs gerade auf die

[1] Ernst Heinrich Weber und Wilhelm Weber, Wellenlehre auf Experimente gegründet. 1825. Wilhelm Webers Werke, Bd. V. p. 90—94.

Länge der Welle kommen. Die Welle schreite von links nach rechts fort, die Teilchen bewegen sich in ihren kreisförmigen Bahnen im Sinne des Uhrzeigers. Die Welle sei mit dem Anfang ihres Berges bis zu dem Teilchen G vorgedrungen, und dieses befinde sich in dem Punkt G_1 eben noch in Ruhe. Das hinter G liegende Teilchen F hat schon $^1/_6$ seines Kreises durchlaufen und befindet sich in F_1, das Teilchen E $^2/_6$ in dem Punkte E_1; D hat schon die Hälfte seiner Bahn zurückgelegt und steht seiner Ruhelage diametral gegenüber in D_1. Die Teilchen C und B haben $^4/_6$ und $^5/_6$ ihrer Bahnen zurückgelegt und sind in den Punkten C_1 und B_1 angelangt; A endlich hat schon seine ganze Bahn vollendet und ist in die Ruhelage A_1 zurückgekehrt; in dieser bleibt es von nun an, es sei denn, daß an die erste Welle sich eine zweite, dritte, oder ein ganzer Zug von zusammenhängenden Wellen anschlösse. Die Gestalt der Welle ist gegeben durch die Linie $A_1 B_1 C_1 D_1 E_1 F_1 G_1$, welche die augenblicklichen Lagen der betrachteten Teilchen verbindet. Suchen wir nun die Formänderung, welche die Oberfläche der Flüssigkeit erleidet, in dem Zeitintervall, in dem die Flüssigkeitsteilchen den sechsten Teil ihrer Bahn durchlaufen. Die betrachteten Teilchen haben sich alle um $^1/_6$ des Kreisumfanges weiterbewegt nach den mit dem Index 2 versehenen Punkten der betreffenden Kreise; der Fuß des Wellenberges ist vorgedrungen bis zu der Ruhelage H_2 des zunächst vor G liegenden Teilchens, das Ende des Wellenthales ist bei B_2. Die Welle selbst ist gegeben durch die Linie $B_2 C_2 D_2 E_2 F_2 G_2 H_2$. Während also die Teilchen $^1/_6$ ihrer Bahn durchliefen, ist die Welle um $^1/_6$ ihrer Länge vorgerückt. In einem folgenden, gleich großen Zeitintervalle gelangen die Teilchen in die mit dem Index 3 versehenen Punkte; die Welle ist dargestellt durch die Linie $C_3 D_3 E_3 F_3 G_3 H_3 I_3$; sie ist in der Zeit, in der die Teilchen $^2/_6$ ihrer Bahn durchliefen, um $^2/_6$ ihrer Länge vorgeschritten. Setzen wir diese Betrachtung weiter fort, so erkennen wir, daß die Wellenbewegung, soweit sie als Formänderung der Oberfläche erscheint, in der That dargestellt werden kann dadurch, daß wir eine unveränderliche aus Berg und Thal zusammengesetzte Wellenlinie über die Oberfläche mit gleichbleibender Geschwindigkeit hinbewegen. Wir sehen aber auch wie diese scheinbare Bewegung aus der kreisförmigen Schwingung der Flüssigkeitsteilchen entsteht, und wir gewinnen den beide Bewegungen verbindenden Satz:

Während ein Teilchen der Flüssigkeit einmal seine Bahn durchläuft, schreitet die Welle, in der sich das Teilchen befindet, um so viel, als ihre Länge beträgt, fort.

Bezeichnen wir die Länge der Welle durch l, ihre Fortpflanzungsgeschwindigkeit durch v, die Umlaufszeit der Teilchen in ihrer kreisförmigen Bahn durch T, so ist:

$$l = v\,T.$$

Wenn durch einen kontinuierlichen Zug von Wellen die Teilchen andauernd in ihrer kreisförmigen Bewegung erhalten werden, ist es zweckmäßig, an Stelle von T die Schwingungszahl n der Teilchen einzuführen, die Anzahl der Umläufe, die sie in einer Sekunde machen. Es wird dann:

$$n = \frac{v}{l}.$$

Die Schwingungszahl der in der Welle befindlichen Teilchen ist gleich der Fortpflanzungsgeschwindigkeit der Welle dividiert durch die Wellenlänge.

Die Kraft, die bei der Wellenbewegung wirksam ist, liegt in den hydrostatischen Druckdifferenzen, die zwischen dem Berge und dem Thale einer Welle und ebenso zwischen beiden und dem Spiegel der ruhenden Flüssigkeit bestehen. Daraus ergiebt sich die Möglichkeit einer theoretischen Untersuchung der Bewegung vom Standpunkt der NEWTONschen Prinzipien aus. Wir beschränken uns auf die Angabe eines Resultates, das sich auf die Fortpflanzungsgeschwindigkeit der Flüssigkeitswellen bezieht. Diese hängt im allgemeinen ab von der Wellenlänge und von der Tiefe der Flüssigkeit. Ist die letztere sehr groß gegenüber der Wellenlänge, so verschwindet ihr Einfluß, und es ergiebt sich für die Fortpflanzungsgeschwindigkeit der Wert

$$v = \sqrt{\frac{g}{2\pi} l}.$$

Die Fortpflanzungsgeschwindigkeit ist proportional der Wurzel aus der Wellenlänge.

§ 145. Das HUYGHENSsche Prinzip. Von der oberflächlichen Ausbreitung einer Welle von einem Erschütterungscentrum aus machen wir uns nach HUYGHENS die folgende Vorstellung. Es sei die von dem Punkte O (Fig. 143) ausgehende Welle zu irgend einer Zeit bis zu dem Kreise $abcde\ldots$ vorgedrungen. Nun denkt sich HUYGHENS, daß die von der Welle erschütterten Teilchen $a, b, c, d, e\ldots$ sich wie neue Wellencentren verhalten, daß von ihnen neue Wellen, Elementarwellen, nach vorwärts sich ausbreiten mit derselben Geschwindigkeit, mit der die Hauptwelle über die Oberfläche der Flüssigkeit hingeht. In der Zeit also, in der die Hauptwelle sich bis zu dem Kreise $ABCDE\ldots$ ausgebreitet hätte, haben die von den Punkten $a, b, c, d, e\ldots$ ausgehenden

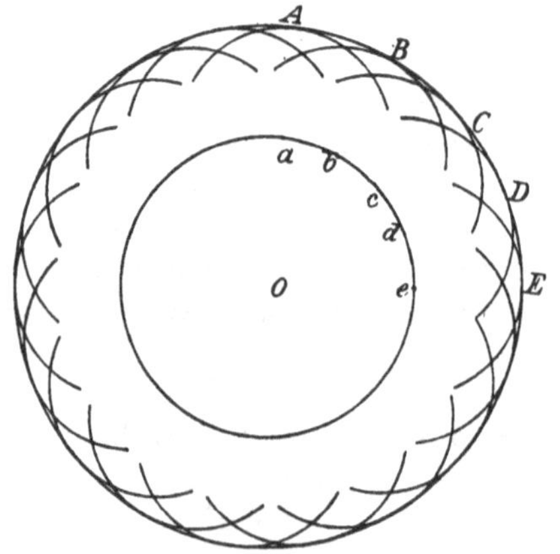

Fig. 143.

Elementarwellen auf Kreise von dem Halbmesser aA, bB, cC, dD, $eE\ldots$ sich erweitert, welche den Wellenkreis $ABCDE\ldots$ als gemeinsame Umhüllungslinie besitzen. Dementsprechend können wir uns den Kreis

ABCDE . . . zusammengesetzt denken aus den ihn berührenden und sich kontinuierlich aneinanderreihenden Segmenten der von den Punkten *a*, *b*, *c*, *d*, *e* . . . ausgehenden Elementarwellen. Wir können also in der That sagen, daß diese nach vorwärts sich zu der neuen Welle *ABCDE* . . . zusammensetzen; wir müssen aber zugleich annehmen, daß im Innern dieses Wellenkreises die Wirkung der sich durchkreuzenden Elementarwellen verschwindet. Für das Verständnis der Ausbreitung einer kreisförmigen Welle von einem Erschütterungscentrum aus erscheint das Huyghenssche Prinzip überflüssig; es wird aber sofort zu einem mächtigen Hilfsmittel für die Untersuchung der Wellenbewegung, wenn wir ihm eine etwas allgemeinere Fassung geben, welche durch die zu Grunde liegende Vorstellung unmittelbar an die Hand gegeben wird.

Auf der Oberfläche der Flüssigkeit, auf welcher eine Welle sich ausbreitet, sei eine beliebige Linie gegeben (Fig. 144).

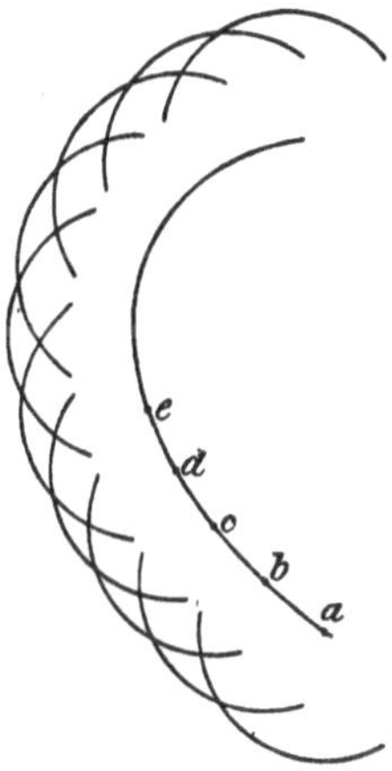

Fig. 144.

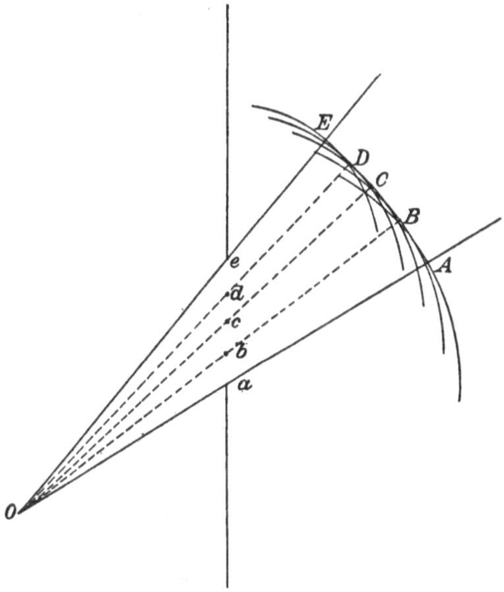

Fig. 145.

Werden ihre Punkte *a*, *b*, *c*, *d*, *e* . . . von der Welle, sei es gleichzeitig (wie in der Figur), sei es successive, getroffen, so breiten sich von ihnen Elementarwellen aus mit derselben Geschwindigkeit, die der gegebenen Welle zukommt; für irgend eine spätere Zeit ist dann die Gestalt der Welle, die Linie, bis zu der die ursprüngliche Wellenbewegung sich ausgebreitet hat, durch die Umhüllende jener Elementarwellen gegeben.

Wir wenden diesen Satz an auf den Durchgang einer von einem Punkt *O* (Fig. 145) ausgehenden Welle durch eine Öffnung, die von zwei in die Flüssigkeit eintauchenden Wänden gebildet wird. Hier werden die in den Punkten *a, b, c, d, e* der Öffnung liegenden Flüssigkeitsteilchen der Reihe nach von der Welle getroffen. Fragen wir nach der Gestalt, welche die Welle zu einer Zeit besitzt, in der bei ungestörter Ausbreitung die von *O* ausgehende Welle bis zu dem Kreise *AE* gelangt wäre. Die von den Teilchen *a, b, c, d, e* erregten Elementarwellen haben sich in dem betrachteten Zeitpunkt zu Kreisen mit den Halbmessern *aA, bB, cC, dD* und *eE* erweitert. Ihre gemeinsame Umhüllungslinie wird durch den Kreisbogen *ABCDE* dargestellt, der von den Verbindungslinien *OA* und *OE* des Wellencentrums mit den Rändern der Öffnung begrenzt wird. Die Welle dringt also von *O* aus in den Raum hinter der Öffnung ein, aber so, daß sie in diesem Raume begrenzt wird durch die nach den Rändern der Öffnung hingehenden Strahlen. Man bezeichnet dies als **geradlinige Ausbreitung der Welle.** Jedoch findet eine solche in Wirklichkeit nur statt, wenn die Wellenlänge klein ist gegen die Breite der Öffnung. Es folgt dies aus einer tiefer eindringenden Untersuchung, die wir der Wellenlehre des Lichtes vorbehalten.

Wir betrachten zweitens mit Hilfe des HUYGHENSschen Prinzips den Vorgang der **Reflexion** einer Welle. In einer Flüssigkeit, die auf einer Seite durch eine ebene Wand begrenzt ist, werde in dem Punkte *O*

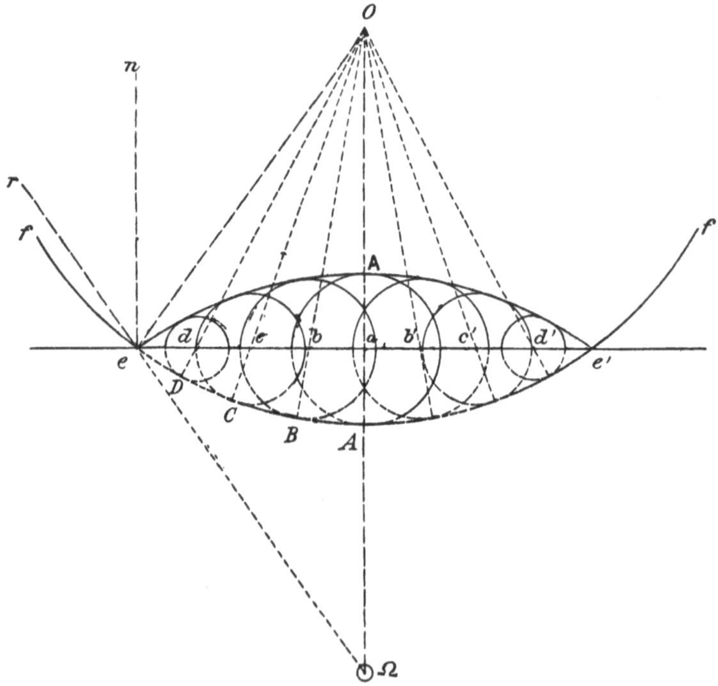

Fig. 146. Reflexion einer Welle.

(Fig. 146) eine Welle erregt; sie breitet sich zunächst kreisförmig aus, bis sie an die Wand stößt. Es entsteht nun die Aufgabe, die weitere

Bewegung zu bestimmen, die Gestalt der Welle für irgend einen späteren Zeitpunkt zu konstruieren. Wir können diesen Zeitpunkt dadurch fixieren, daß wir den Kreis $feAe'f'$ zeichnen, bis zu dem die Welle von O aus sich verbreitet hätte ohne das Dazwischentreten der Wand. Ist a die Mitte der Sehne ee', die jener Kreis aus der Wand ausschneidet, so wird das in a befindliche Flüssigkeitsteilchen zuerst von der Welle getroffen, darauf die Teilchen b, b' — c, c' — d, d' — zuletzt die Teilchen e, e'. In der Zeit, in der die Hauptwelle bis zu dem Kreis eAe' fortschreiten würde, breiten sich die von den Teilchen a, b, b', c, c', d, d' ausgehenden Elementarwellen auf Kreise mit den Halbmessern aA, bB, cC, dD aus. Im Falle der Reflexion können von diesen Kreisen nur die rückwärts gewandten Teile in Betracht kommen, im Gegensatz zu dem Falle der fortschreitenden Welle, in dem wir nur die vorwärts liegenden Teile zu berücksichtigen hatten. Die umhüllende dieser Elementarwellen ist ein Kreisbogen $e\mathsf{A}e'$, der zu dem Bogen eAe' symmetrisch liegt mit Bezug auf die feste Wand. Sein Mittelpunkt liegt in dem zu O symmetrischen Punkte Ω. Hieraus folgt, daß zu der betrachteten Zeit die Welle aus zwei Teilen besteht, dem ungestörten Wellenkreise $fe—f'e'$, der noch nicht mit der Wand in Berührung gekommen ist, und dem von der Wand reflektierten Teil $e\mathsf{A}e'$. Dieser reflektierte Teil besteht aus einem Kreisbogen, dessen Mittelpunkt Ω auf dem von dem Erschütterungscentrum auf die Wand gefällten Lote Oa gerade so weit hinter der Wand liegt, als O vor derselben. Der reflektierte Teil der Welle verhält sich demnach gerade so, als ob er zu einer Welle gehörte, die in einem zu dem Wellencentrum mit Bezug auf die Wand symmetrischen Punkte erregt wäre.

In dem Punkte e ist die Fortschreitungsrichtung der ursprünglichen Welle gegeben durch den Radius Oe, die der reflektierten Welle durch Ωer; wir bezeichnen diese Richtungen als die Wellenstrahlen. Ziehen wir in dem Punkte e die Linie en senkrecht zu der reflektierenden Wand so sind die Winkel Oen und ren gleich. Wir nennen en das Einfallslot; Oen den Einfalls-, ren den Reflexionswinkel und haben dann den Satz:

Trifft eine Welle auf eine ebene Wand, so wird sie so reflektiert, daß der Einfallswinkel gleich dem Reflexionswinkel ist.

§ 146. Stehende Wellen. Wir betrachten den Fall, daß in dem Erschütterungscentrum O eine stetige Folge von gleich langen Wellen erregt wird, die sich zu einem zusammenhängenden Wellenzuge verbinden. Wird dieser an einer geradlinigen Wand reflektiert, so entsteht ein zweiter aus den einzelnen reflektierten Wellen zusammengesetzter Zug. Dieser besteht ebenso wie der ursprüngliche aus kreisförmigen Wellen; das Centrum Ω, von dem sie scheinbar ausgehen, liegt nach dem vorhergehenden symmetrisch mit O zu der reflektierenden Wand. Die gleichzeitige Ausbreitung der beiden Wellenzüge auf der Oberfläche, die damit verbundene Durchkreuzung ihrer Berge und Thäler giebt zu eigentümlichen Erscheinungen Veranlassung, deren Analogie bei den Seilwellen in § 93 behandelt worden ist. Wir bezeichnen diese Erscheinungen mit dem schon damals eingeführten Namen der Interferenz. Das Ergebnis der Durchkreuzung bestimmt sich nach dem Prinzip der Kombination mit Hilfe des in §§ 92 und 93 geschilderten Verfahrens. An jeder Stelle der Flüssigkeitsoberfläche ist die wirkliche Abweichung der Teilchen von ihrer Ruhelage gleich der algebraischen Summe der auf sie fallenden Ordinaten der verschiedenen sich durchkreuzenden Wellen. Wenn die Oberfläche der Flüssigkeit mit feinen Kräuselwellen bedeckt ist, und zugleich größere Wogen über sie hinrollen, so scheinen die letzteren mit einem Netze von feinen Wellen überzogen; diese durch die Erfahrung bestätigte Bemerkung enthält den Grund, weshalb man bei der Wellenbewegung das allgemeine Prinzip der Kombination als das der Superposition bezeichnet.

Kehren wir nun zurück zu der Untersuchung der durch Reflexion eines Wellenzuges bedingten Interferenz. Experimentell läßt sich die

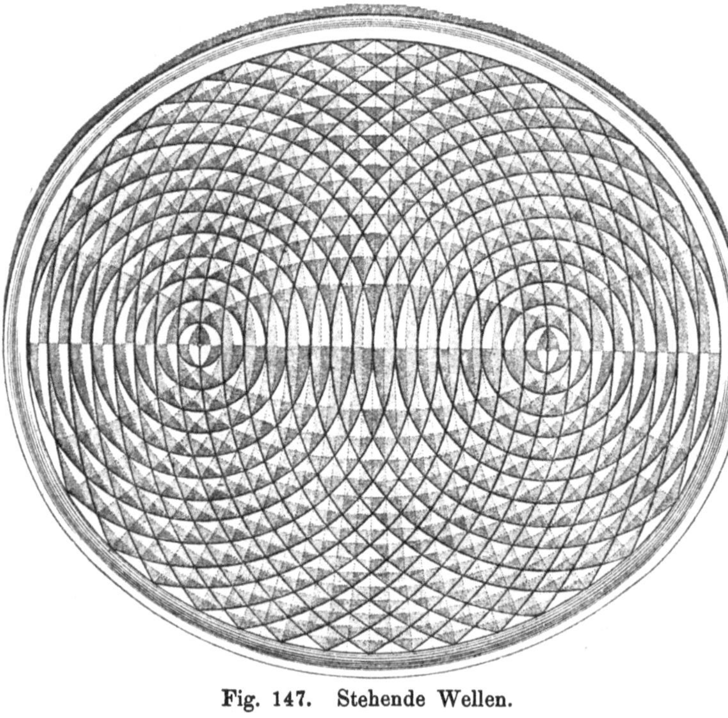

Fig. 147. Stehende Wellen.

Erscheinung am besten mit Quecksilber darstellen, wenn man in *O* aus einem darüberstehenden Trichter einen feinen Strahl von Quecksilber einfließen läßt; es geht dann von *O* ein regelmäßiger Zug von Wellen aus, der, an den Wänden des das Quecksilber enthaltenden Gefäßes reflektiert,

Interferenz erzeugt. Der von uns betrachtete Fall, daß die Flüssigkeitsoberfläche nur einseitig von einer geraden Wand begrenzt ist, kann natürlich nur näherungsweise realisirt werden, wenn man in einem eine große Oberfläche bietenden Gefäße das Erschütterungscentrum O relativ nahe an eine geradlinige Wand verlegt. Man erhält aber sehr regelmäßige Interferenzerscheinungen auch bei allseitig begrenzten Flüssigkeitsoberflächen und hat in dem Huyghensschen Prinzip und dem daraus abgeleiteten Reflexionsgesetz ein Mittel, um den Verlauf der Erscheinung auch bei anscheinend sehr komplizierten Verhältnissen theoretisch zu verfolgen. Besonders einfach und regelmäßig gestaltet sich diese bei elliptischer Begrenzung, wenn das Erschütterungscentrum in den einen Brennpunkt der Ellipse fällt. Eine für diesen Fall von den Brüdern Weber entworfene Zeichnung ist in Fig. 147 reproduziert.

Wir betrachten schließlich ausführlicher nur noch die Verhältnisse, wie sie sich in der Nähe einer geradlinigen reflektierenden Wand in nicht zu großer Entfernung von der die Wellencentren O und Ω (Fig. 146) verbindenden Linie gestalten. Die Wellen selbst können wir dann als parallel mit der Wand betrachten; der ursprüngliche und der reflektierte Wellenzug sind also ebenfalls einander parallel, ihre Wellenlänge ist dieselbe, aber ihre Fortpflanzungsrichtungen sind entgegengesetzt.

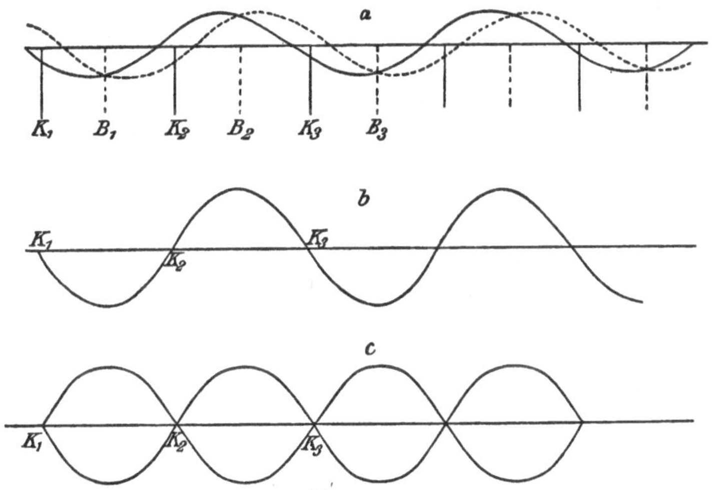

Fig. 148.

Schneiden wir die beiden Wellenzüge durch eine vertikale Ebene nach der Linie $O\,\Omega$, so bieten sie in einem bestimmten Momente das in Fig. 148a dargestellte Bild; der direkte Wellenzug ist ausgezogen, der reflektierte gestrichelt. In den Punkten K_1, K_2, K_3, ... sind die den einzelnen Wellen entsprechenden Ordinaten entgegengesetzt gleich, die in ihnen liegenden Flüssigkeitsteilchen befinden sich somit in ihrer Ruhelage; wir nennen diese Punkte Knotenpunkte; in den mitten zwischen ihnen liegenden Punkten B_1, B_2, B_3, ... summieren sich die nach oben gerichteten Ordinaten der Berge, die nach unten gehenden der Thäler; sie sind am weitesten in dem einen oder anderen Sinne von ihrer Ruhelage entfernt; wir nennen sie Schwingungsbäuche. Die Oberfläche des Wassers hat im Schnitt durch die Vertikalebene $O\Omega$ in dem betrachteten Augenblicke die Gestalt der ausgezogenen Kurve (Fig. 148b). Wenn wir nun die Bewegung der Wellen weiter fortschreiten lassen, so schieben sich die Wellenlinien der Fig. 148a im entgegengesetzten Sinne mit gleicher Geschwindigkeit durcheinander. Man erkennt, daß in den Punkten K stets entgegengesetzte Ordinaten zusammentreffen, daß sie stets den Charakter von Knotenpunkten behalten, in denen die Flüssigkeitsteilchen in Ruhe sind. In den Bäuchen B dagegen schwanken die Teilchen am stärksten auf und ab, indem sie bald zu der doppelten Höhe des Berges einer einzelnen Welle erhoben, bald in die doppelte Tiefe ihres Thales hinabgezogen werden. Die extremen Gestalten, die der Durchschnitt $O\Omega$ dabei annimmt, sind in Fig. 148c gezeichnet. Übertragen wir dies auf den betrachteten Teil der Oberfläche der Flüssigkeit, so entsprechen den Punkten K Knotenlinien, die sich der Wand parallel über die Oberfläche hinziehen, in ihnen bleibt der Spiegel der Flüssigkeit in Ruhe; in den dazwischen liegenden Streifen schwankt der Spiegel auf und ab, so daß benachbarte Streifen sich stets in entgegengesetzten Schwingungsphasen befinden, der eine einen Wellenberg, der andere gleichzeitig ein Wellenthal bildet. Man bezeichnet diese Bewegung als eine stehende Wellenbewegung oder stehende Schwingung. Die Entfernung zweier benachbarter Knoten oder zweier benachbarter Bäuche ist dabei gleich der halben Länge der interferierenden Wellen. Die Periode der Schwingung, die Zeit in der die Flüssigkeit in einem durch zwei Knotenlinien begrenzten Streifen von ihrer größten Erhebung durch das Thal hindurch wieder zu derselben Höhe zurückkehrt, ist gleich der Zeit, in der die Wellen ihre eigene Länge durchlaufen. Bezeichnen wir jene Zeit einer ganzen Schwingung durch T, die Länge der Welle durch l, ihre Fortpflanzungsgeschwindigkeit durch v, so ist:

$$T = \frac{l}{v}.$$

Bezeichnen wir die Anzahl der ganzen Schwingungen, welche der Flüssigkeitsspiegel in einer Sekunde ausführt, durch n, so ist diese Schwingungszahl:

$$n = \frac{v}{l}.$$

Der nahe Zusammenhang dieser Betrachtungen mit denen von § 93 liegt auf der Hand.

§ 147. Wellenbewegung in Gasen. Wenn wir in der Luft an irgend einer Stelle die gleichmäßige Verteilung des Druckes und der

Dichtigkeit stören, indem wir etwa in einem kugelförmigen Bereiche die Luftteilchen nach außen drängen, so daß in ihm die Luft verdünnt, rings herum verdichtet wird, so giebt dies Veranlassung zu einer Luftwelle, die sich kugelförmig von dem Störungspunkte aus verbreitet. Ebenso wie bei den Wasserwellen ist das, was sich in der Luftwelle ausbreitet, nicht ein Körper, sondern eben nur jene veränderte Verteilung der Dichtigkeit und des Druckes. Die Luftteilchen selbst führen eine schwingende Bewegung aus; in dem verdichteten Teil der Welle bewegen sie sich nach vorn, in der Richtung, in der die Welle sich ausbreitet; wenn sie in den verdünnten Teil gelangen, so schwingen sie zurück der Fortpflanzungsrichtung der Welle entgegen. Als charakteristisch für die Wellenbewegung in der Luft erscheint der Umstand, daß die Richtung, in der die Welle fortschreitet, mit der Schwingungsrichtung der Teilchen in dieselbe gerade Linie fällt. Wellenbewegungen von dieser Art nennt man longitudinale Wellen. Zwischen der rellen Bewegung der Luftteilchen und der virtuellen Bewegung der Welle besteht wieder die Beziehung, daß die Welle um ihre eigene Länge fortschreitet in der Zeit einer ganzen Schwingung der Teilchen. Ist T die Dauer einer ganzen Schwingung, n die Schwingungszahl, die Anzahl der Schwingungen in einer Sekunde, l die Wellenlänge und v die Fortpflanzungsgeschwindigkeit, so ist wieder:

$$T = \frac{l}{v} \text{ und } n = \frac{v}{l}.$$

Die Anwendung der Newtonschen Prinzipien auf die Wellenbewegung der Luft oder der Gase überhaupt gelingt am leichtesten, wenn man eine in einer langen cylindrischen Röhre eingeschlossene Luftsäule betrachtet. Schließt man sie an dem einen Ende durch einen beweglichen Stempel ab, so kann man eine Welle in der Röhre erzeugen, indem man den Stempel einmal rasch vorwärts stößt; die vor dem Stempel entstehende Verdichtung bewegt sich dann als Welle in der Röhre weiter; ebenso kann man durch Zurückziehen des Stempels eine Verdünnungswelle, durch rasches Hin- und Zurückschieben eine aus Verdichtung und Verdünnung zusammengesetzte Welle erzeugen. Die Kraft, welche die einzelnen Teile der Luft in Bewegung setzt, resultiert aus den in der Röhre herrschenden Druckdifferenzen. Nehmen wir (Fig. 149) die zwischen den Querschnitten AB und CD der Röhre eingeschlossene Luftsäule, so wird der auf ihre Endflächen wirkende Druck verschieden groß sein, so lange sich der Abschnitt $ABCD$ in der Welle befindet. Bezeichnen wir den auf AB wirkenden Druck durch p, den auf CD ausgeübten durch p', den Querschnitt der Röhre durch q, so wirkt auf

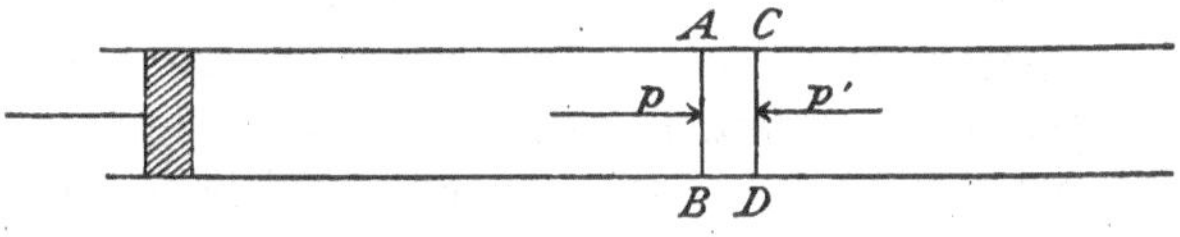

Fig. 149.

die Säule $ABCD$ eine Kraft $q(p-p')$ im Sinne von A nach C. Ist δ die mittlere Dichte der in $ABCD$ enthaltenen Luft, a die von der wirkenden Kraft erzeugte Beschleunigung, so ist nach dem Prinzip der Masse:

$$AC \times q\,\delta \cdot a = q(p-p')$$

oder

$$\delta \cdot a = \frac{p-p'}{AC}.$$

Zu dieser Gleichung kommt noch die zwischen Druck und Dichtigkeit der Luft bestehende Beziehung hinzu. Nimmt man an, daß diese durch das Boyle-Mariottesche Gesetz gegeben sei, so liefert die weitere mathematische Behandlung der Gleichungen für die Fortpflanzungsgeschwindigkeit den Wert:

$$v = \sqrt{\frac{p}{\delta}}.$$

Dabei ist nun unter p der Druck der ruhenden Luft zu verstehen. Die Anwendung der Formel setzt voraus, daß Druck und Dichte in demselben Maßsystem ausgedrückt werden. Benützen wir das absolute System, so ist der Druck p in Dynen pro Quadratcentimeter anzugeben; δ bezeichnet die Masse der Volumeinheit in g. Benützen wir das technische System, so ist der Druck p durch die Anzahl der g-Gewichte auf das Quadratcentimeter gegeben; die Dichte δ ist gleich dem spezifischen Gewichte σ dividiert durch die Beschleunigung der Schwere. Bei Zugrundelegung des technischen Systemes erhalten wir somit:

$$v = \sqrt{g\frac{p}{\sigma}}$$

oder mit Benützung der in § 126 eingeführten virtuellen Druckhöhe:

$$v = \sqrt{gh}$$

eine Formel, die ebenso für irgend ein anderes Gas gilt, wie für Luft.

§ 148. Die Schallgeschwindigkeit. Die im vorhergehenden Paragraphen für die Fortpflanzungsgeschwindigkeit der Luftwellen gegebene Formel kann in sehr einfacher Weise geprüft werden, wenn man beachtet, daß jede Luftwelle, wenn sie zu unserem Ohre gelangt, die Empfindung eines Schalles hervorruft. Die Geschwindigkeit, mit der Wellen in der Luft sich fortpflanzen, ist somit keine andere als die Schallgeschwindigkeit. Diese kann bestimmt werden, wenn man auf zwei Stationen A und B Kanonen abfeuert und sowohl in A als in B die Zeit beobachtet, die zwischen der Wahrnehmung des Blitzes und der des Schalles vergeht; das Mittel aus den Beobachtungen giebt die Zeit, welche der Schall braucht, um die Strecke AB zu durchlaufen, unabhängig von der Geschwindigkeit eines etwa herrschenden Windes. Auf diese Weise ergab sich für die Fortpflanzungsgeschwindigkeit des Schalles oder der Luftwellen der Wert:

$$v = 33\,170 \text{ cm} \cdot \text{sec}^{-1}.$$

Setzen wir dagegen in die im vorhergehenden gegebene Formel die virtuelle Druckhöhe der Luft, 799 000 cm, ein, so ergiebt sich:

$$v = \sqrt{981 \times 799\,000}$$

oder

$$v = 28\,000 \text{ cm}\cdot\text{sec}^{-1}.$$

Zwischen Theorie und Erfahrung besteht hiernach eine sehr bedeutende Differenz. Der Grund davon wurde aufgeklärt durch LAPLACE. Jede Verdichtung der Luft ist mit einer Erwärmung, jede Verdünnung mit einer Abkühlung verbunden; bei der Wellenbewegung der Luft vollziehen sich aber diese Änderungen so schnell, daß ein Ausgleich der Temperaturunterschiede während der Schwingung nicht möglich ist. Das BOYLE-MARIOTTEsche Gesetz ist daher nicht gültig; an seine Stelle tritt eine andere Beziehung, deren Entwickelung eine Aufgabe der Wärmelehre ist. Aus der verbesserten Theorie ergiebt sich dann für die Schallgeschwindigkeit in einem beliebigen Gase der Ausdruck

$$v = \sqrt{k\,\frac{p}{\delta}}\,.$$

Hier bezeichnet bei Zugrundelegung des absoluten Maßes p den Druck in Dynen pro qcm, δ die Dichte und k das Verhältnis der spezifischen Wärmen des Gases bei konstantem Druck und bei konstantem Volumen. Für Luft ist $k = 1{,}411$.

DRITTES BUCH.

MOLEKULARERSCHEINUNGEN.

Einleitung.

§ 149. Molekularkräfte. Wir werden uns in den folgenden Abschnitten mit einer Gruppe von Erscheinungen befassen, die man, von gewissen theoretischen Vorstellungen ausgehend, als Molekularerscheinungen bezeichnet hat. An das NEWTONsche Gesetz hat man zunächst die Vermutung geknüpft, daß außer der Gravitation zwischen zwei Körpern A und B noch andere Wechselwirkungen existieren, die von der Entfernung abhängig sind. Ganz im allgemeinen ergiebt sich dann folgendes. Wenn die Dimensionen von A und B sehr klein sind im Vergleich mit ihrer Entfernung, so kann eine zwischen ihnen vorhandene Wechselwirkung außer von der besonderen Beschaffenheit der Körper nur von ihrer Entfernung und etwa noch von deren zeitlichen Änderungen abhängig sein; die Richtung der Wechselwirkung muß mit der Richtung der Verbindungslinie zusammenfallen, die Körper müssen sich einfach anziehen oder abstoßen, wenigstens so lange, als in ihrem Innern keine ausgezeichneten Richtungen existieren, die außerdem zu Direktionskräften Veranlassung geben. Abhängigkeit der Kraft von der relativen Geschwindigkeit oder Beschleunigung wurde von WILHELM WEBER angenommen, um die Erscheinungen der Elektrizität aus Fernwirkungen zu erklären; schließen wir diese Annahme aus, so kann die zwischen A und B vorhandene Wechselwirkung in eine Reihe entwickelt werden von der Form:

$$K = \frac{b}{r^2} + \frac{c}{r^3} + \frac{d}{r^4} + \cdots,$$

wo r die Entfernung, b, c, d gewisse, von der Beschaffenheit der Körper abhängige Konstanten bedeuten.

Das erste Glied repräsentiert die NEWTONsche Anziehung; die den folgenden entsprechenden Kräfte müssen gegen die Gravitation so klein sein, daß sie ihr gegenüber nicht bloß bei planetarischen Distanzen verschwinden, sondern auch in den kleinen Entfernungen, wie sie bei den Beobachtungen in Betracht kommen, durch welche die Gravitationskonstante bestimmt worden ist. Nun kann man fragen, wie weit muß die Entfernung zweier Körper verkleinert werden, damit außer der NEWTONschen Anziehung noch weitere Glieder der allgemeinen Reihe sich bemerklich machen. Es zeigt sich, daß dies nicht der Fall ist, so lange die Entfernung der Körper mit gewöhnlichen Hilfsmitteln meßbar ist. Erst bei unmittelbarer Berührung treten neue Wirkungen auf, die wir nun als Molekularwirkungen bezeichnen. Die NEWTONsche Vorstellung von fernwirkenden Kräften versagt unter diesen Verhältnissen, so lange man sich die Körper als kontinuierlich den Raum erfüllend denkt. Erst die Annahme der molekularen Konstitution gewährt wieder die Möglichkeit, die bei unmittelbarer Berührung auftretenden Wirkungen auf einzelne Paare von Kräften zu reduzieren. Man hat demnach der ganzen von uns zu betrachtenden Klasse von Erscheinungen die Annahme zu Grunde gelegt, daß die Körper im kleinen ähnlich wie die Weltsysteme im großen aus einzelnen Teilchen, den Molekülen, zusammengesetzt seien, die von einander durch Zwischenräume getrennt sind, im Vergleich mit denen ihre Dimensionen verschwinden. Diese Moleküle wirken auf einander mit Kräften, die mit wachsender Entfernung rasch abnehmen; beschreibt man um den Mittelpunkt eines Moleküls A eine Kugel, deren Halbmesser gleich der größten Distanz ist, bis zu welcher die von ihm auf ein anderes Molekül ausgeübte Molekularkraft noch wirkt, so nennt man sie die Wirkungssphäre von A; jene größte Entfernung bezeichnet man als den Radius der Wirkungssphäre. Wahrscheinlich ist der Radius der Wirkungssphäre kleiner als 8×10^{-6} mm. Mindestens auf eine solche Distanz würden also die Oberflächen zweier Körper einander zu nähern sein, um molekulare Wechselwirkungen zu erhalten. Die Annahme von der molekularen Konstitution und den zwischen den Molekülen wirkenden Kräften ist eine Hypothese, die sich in vielen Fällen als ein nützlicher Leitfaden erwiesen hat; sie enthält aber eine Reihe von willkürlichen Annahmen, deren Berechtigung keineswegs sichergestellt ist, und so sehr sie durch die dem Chemismus nahestehenden Erscheinungen der Lösung, der Absorption, endlich durch die Thatsachen der Chemie selbst gefordert zu werden scheint, darf sie nicht in dogmatischer Weise als eine ausgemachte Sache betrachtet werden. Es ist daher wünschenswert, die Gruppe der Molekularerscheinungen noch unter einem anderen, allgemeineren Gesichtspunkt zusammenzufassen. Ein solcher ergiebt sich aus der Betrachtung der ihnen zu Grunde liegenden Energieformen. Die Energie erscheint bei ihnen gebunden an die einzelnen Volum- oder Oberflächenelemente der Körper und hängt mit direkt meßbaren Änderungen der geometrischen Verhältnisse zusammen. Man kann sagen, daß den Erscheinungen der Gravitation eine Distanzenergie, den Molekularerscheinungen eine Volum- oder Oberflächenenergie zu Grunde liegt,[1] eine Bemerkung, die in der folgenden Darstellung selbst ihre Begründung finden wird.

[1] OSTWALD, Studien zur Energetik. II. Grundlinien der allgemeinen Energetik. Ber. d. Kgl. sächs. Ges. d. Wiss. Math.-Phys. Kl. 1892. p. 211.

I. Kapitel. Molekularerscheinungen fester Körper.

§ 150. Elastizität; spezielle Gesetze. Wenn man einen prismatischen Stab oder einen Draht belastet, so wird er verlängert, gebogen oder gedreht, je nachdem die Last wirkt. Wenn man das angehängte Gewicht wieder entfernt, so kehrt er zu seiner ursprünglichen Form zurück. Man bezeichnet diese Eigenschaft eines Körpers, nach Fortfall der deformierenden Ursache seine ursprüngliche Gestalt wieder anzunehmen, als seine Elastizität. Wir betrachten im folgenden die für gewisse spezielle Formänderungen geltenden Gesetze.

Elastizität der Ausdehnung. Die Länge des Stabes (Fig. 150) sei a; der Querschnitt sei rechteckig mit den Kantenlängen b und c; der Stab sei an seinem oberen Ende festgeklemmt, an seinem unteren belastet; die ganze in der Richtung der Länge a wirkende Zugkraft sei P_1, die auf die Flächeneinheit kommende „Spannung“ $p_1 = \frac{P_1}{bc}$; die Verlängerung der Kante a sei gleich α. Als Dilatation λ bezeichnen wir dann das Verhältnis der Verlängerung zu der ursprünglichen Länge; $\lambda = \frac{\alpha}{a}$. Die Beobachtung führt dann zu folgendem Gesetz für die Verlängerung

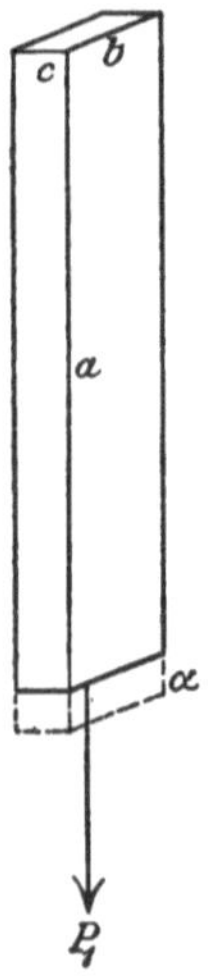

Fig. 150. Ausdehnung.

$$\alpha = \frac{1}{E} \cdot \frac{P_1}{bc} \cdot a.$$

Hier ist E eine der Substanz des Stabes eigentümliche Konstante, der Elastizitätsmodul der Ausdehnung. Zwischen der Spannung und der Dilatation besteht dementsprechend die Beziehung

$$\lambda = \frac{p_1}{E}.$$

Wenn wir auf das Prisma nicht einen Zug, sondern einen Druck in der Richtung a ausüben, so tritt an Stelle der Verlängerung eine Verkürzung, an Stelle der Dilatation eine Kontraktion, aber die Beziehung

$$\lambda = \frac{p_1}{E}$$

bleibt dieselbe, wenn wir jetzt unter λ die Kontraktion, unter p_1 den Druck auf die Flächeneinheit verstehen.

Wird das Prisma durch einen in der Richtung a ausgeübten Zug gedehnt, so ist mit der Verlängerung α eine Verkürzung der Kanten des Querschnittes verbunden, die sogenannte Querkontraktion. Sind β und γ diese Verkürzungen für die Kanten b und c, so sind die Kontraktionen gegeben durch die Verhältnisse

$$\mu = \frac{\beta}{b} \text{ und } \nu = \frac{\gamma}{c}.$$

Sie sind einander gleich, und ihr Verhältnis zu der Längsdilatation

$$\lambda = \frac{\alpha}{a}$$

stellt eine zweite dem Stabe eigentümliche Konstante dar. Bezeichnen wir dieses Verhältnis der Querkontraktion zu der Längsdilatation durch $\varkappa$, so ist

$$\mu = \nu = \varkappa \lambda.$$

Die Abhängigkeit der Querkontraktion von der Spannung in der Richtung der Kante a ist somit durch die Formel gegeben:

$$\frac{\beta}{b} = \frac{\gamma}{c} = \frac{\varkappa}{E} p_1.$$

Diese Gesetze gelten ebenso bei anderen Formen des Stabquerschnittes; die Querkontraktion ist dann allgemeiner gleich dem Verhältnis, in dem die Verkürzungen seiner Querdimensionen zu den ursprünglichen Werten selbst stehen.

Lassen wir gleichzeitig auf alle drei Seitenflächen eines Prismas Spannungen wirken, p_1 auf die Fläche bc, p_2 auf ca und p_3 auf ab, so superponieren sich die den einzelnen entsprechenden Dilatationen und Kontraktionen, und man erhält so zur Berechnung der resultierenden Wirkungen die Formeln:

$$\lambda = \frac{\alpha}{a} = \frac{1}{E} p_1 - \frac{\varkappa}{E} p_2 - \frac{\varkappa}{E} p_3$$

$$\mu = \frac{\beta}{b} = -\frac{\varkappa}{E} p_1 + \frac{1}{E} p_2 - \frac{\varkappa}{E} p_3$$

$$\nu = \frac{\gamma}{c} = -\frac{\varkappa}{E} p_1 - \frac{\varkappa}{E} p_2 + \frac{1}{E} p_3.$$

Hier sind α, β, γ die ganzen Verlängerungen, die durch das Zusammenwirken der drei verschiedenen Züge erzeugt werden; die Spannungen p_1, p_2, p_3 sind, wie immer, berechnet für die Flächeneinheit.

Biegungselastizität. Ein prismatischer Stab von der Breite a und der Höhe b werde an seinen Enden auf zwei feste Schneiden aufgelegt und in der Mitte mit einem Gewichte P belastet; die Mitte senkt sich dadurch um eine Strecke s (Fig. 151). Ist die Entfernung der Schneiden gleich l, so gilt das Gesetz:

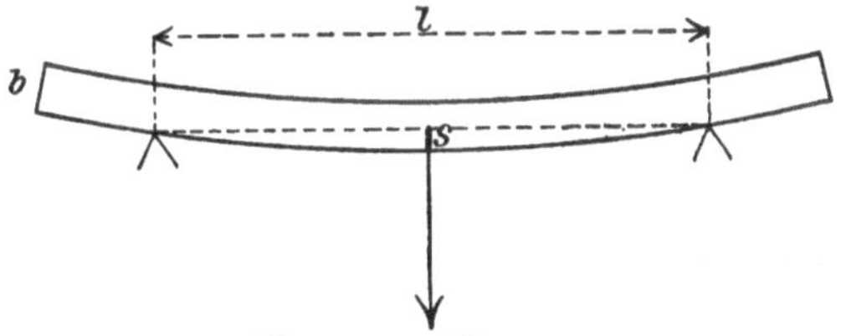

Fig. 151. Biegung.

$$s = \frac{1}{4E} \cdot \frac{l^3}{ab^3} \cdot P.$$

Torsionselastizität. Ein Draht mit kreisförmigem Querschnitt von dem Halbmesser r werde vertikal aufgehängt und an seinem oberen Ende fest eingeklemmt (Fig. 152). Auf das freie untere Ende wirke in horizontalem Sinne das Drehungsmoment D. Der Draht wird dadurch um einen Winkel φ gedrillt, der in Bogenmaß gegeben ist durch die Formel:

$$\varphi = \frac{2}{\pi} \cdot \frac{1}{T} \cdot \frac{l}{r^4} D.$$

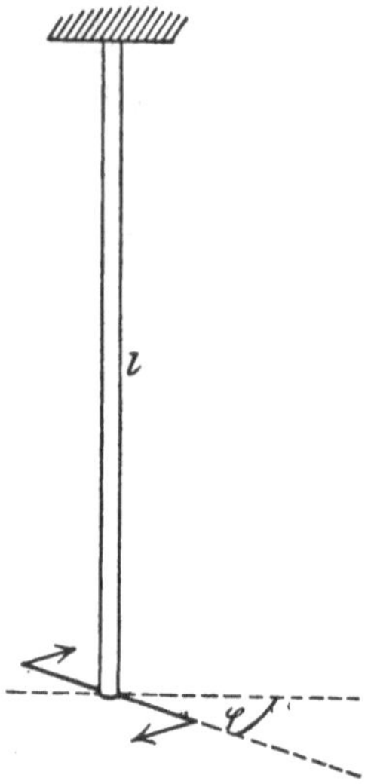

Fig. 152. Torsion.

Hier bezeichnet l die Länge des Drahtes, T eine von seiner Natur abhängende Konstante, den Torsionsmodul. Zwischen diesem und den bei der Ausdehnung eingeführten Konstanten besteht die Beziehung:

$$T = \frac{1}{2} \cdot \frac{E}{1 + \varkappa}.$$

Verbindet man Beobachtungen über Ausdehnung oder Biegung mit solchen über Torsion, so kann man darnach die beiden elastischen Konstanten E und $\varkappa$ bestimmen.

§ 151. Numerische Werte. Bei der Ausdehnungselastizität bestand zwischen der Dilatation und dem Zuge die Beziehung

$$\lambda = \frac{p_1}{E}.$$

Die Dilatation ist das Verhältnis zweier Längen, also eine reine Zahl; es muß somit auch der auf der rechten Seite stehende Bruch eine reine Zahl, in den Einheiten der Länge, Masse und Zeit von der Dimension Null sein. Daraus folgt, daß der Elastizitätsmodul im absoluten Maße die Dimension einer Spannung oder eines Druckes besitzt, seine Dimensionsgleichung somit nach § 114 ist:

$$[E_a] = l^{-1} m t^{-2}.$$

Der Index a ist hier eingefügt, um anzudeuten, daß bei der Berechnung von E die Einheiten des absoluten Systems zu Grunde gelegt werden.

Das Verhältnis der Querkontraktion zu der Längsdilatation ist natürlich eine reine Zahl, somit hat der Torsionsmodul T dieselbe Dimension wie der Elastizitätsmodul der Ausdehnung. Messen wir in der Formel

$$\lambda = \frac{p_1}{E}$$

Spannung oder Druck nach Dynen pro Quadratcentimeter, so erhalten wir den Wert des Elastizitätsmodul E im absoluten cm · g · sec-System. Messen wir in der Formel

$$\varphi = \frac{2}{\pi} \cdot \frac{1}{T} \cdot \frac{l}{r^4} D$$

die in Betracht kommenden linearen Dimensionen nach Centimetern, die das Drehungsmoment D erzeugende Kraft nach Dynen, so ergiebt sich auch der Torsionsmodul T in Einheiten des absoluten cm · g · sec-Systems. Wir bezeichnen die so berechneten Moduln, entsprechend der vorigen Bemerkung, durch E_a und T_a; die Dimensionsgleichungen sind:

$$[E_a] = \mathrm{cm}^{-1} \cdot \mathrm{g} \cdot \mathrm{sec}^{-2}$$
$$[T_a] = \mathrm{cm}^{-1} \cdot \mathrm{g} \cdot \mathrm{sec}^{-2}.$$

In der Technik rechnet man bei der Bestimmung der Elastizitätsmoduln die Spannung nach kg-Gewichten pro Quadratmillimeter. Verstehen wir unter E den in diesem technischen Maße ausgedrückten Elastizitätsmodul der Ausdehnung, so ergiebt sich seine Beziehung zu dem Werte E_a im absoluten System in folgender Weise. Es ist nach § 67 1 Dyne = $\frac{1}{981000}$ kg-Gewichten. Um also die Spannung von Dynen zu reduzieren auf kg-Gewichte, müssen wir den Wert E_a dividieren durch 981 000; wollen wir ferner die Spannung statt auf das Quadratcentimeter auf das Quadratmillimeter beziehen, so müssen wir noch weiter dividieren durch 100; somit ergiebt sich für den Modul in technischem Maße:

$$E = \frac{E_a}{98\,100\,000}, \text{ und umgekehrt } E_a = 98\,100\,000\, E.$$

Daß die Reduktion auch für den Torsionsmodul in derselben Weise sich gestaltet, sieht man leicht, wenn man für das Drehungsmoment D das Produkt aus Kraft P und Hebelarm a einführt und die Gleichung der Drillung so schreibt:

$$\varphi = \frac{2\,l\,a}{r^2} \cdot \frac{1}{T} \cdot \frac{P}{\pi\, r^2}.$$

Die folgende Tabelle enthält für eine Reihe von Metallen die Werte der besprochenen Konstanten:[1]

	$E\ \frac{\text{kg-Gew.}}{\text{mm}^2}$	$T\ \frac{\text{kg-Gew.}}{\text{mm}^2}$	$\varkappa$
Mg	4260	1710	0,24
Al	6570	2580	0,26
Fe	12 800	5210	0,23
Ni	20 300	7820	0,28
Cu	10 800	4780	0,13
Zn	10 300	3880	0,33
Ag	7790	2960	0,31
Cd	7070	2450	0,44
Sn	5410	1730	0,50
Au	7580	2850	0,33
Bi	3190	1240	0,34.

Mit Rücksicht auf ihre vielfache praktische Verwendung fügen wir hinzu:

	E	T	$\varkappa$
Stahl	20 400	8070	0,26
Messing	9220	3700	0,25
Bronze	10 600	4060	0,31.

Man kann die Konstante E bezeichnen als die zur Verdoppelung der Länge dienende Spannung; der Versuch ist natürlich nicht ausführbar, die entsprechende Definition von E aber doch nützlich wegen des anschaulichen Bildes, das sie mit den Zahlen der Tabelle verbindet.

[1] W. Voigt, Bestimmung der Elastizitätskonstanten einiger quasi-isotroper Metalle durch langsame Schwingung von Stäben. Wied. Ann. Bd. 48. 1893. p. 674.

§ 152. Allgemeine Theorie der Elastizität. Auf Grund der speziellen Resultate, mit denen wir uns im ersten Teile von § 150 beschäftigt haben, ist es möglich, zu einer allgemeinen Theorie zu gelangen, mit Hilfe deren die Formänderungen elastischer Körper auch unter komplizierteren Bedingungen im voraus berechnet werden können.

Nehmen wir einen Körper von beliebiger Form, der irgend welchen deformierenden Ursachen unterworfen wird. In seinem Innern herrschen Spannungen oder Drucke, ähnlich wie in einer schweren Flüssigkeit. Um eine unnötige Schwerfälligkeit des Ausdruckes zu vermeiden, werden wir zunächst nur von Drucken sprechen, welche die aneinandergrenzenden Teile des Körpers wechselseitig auf einander ausüben; aber unsere Sätze gelten ebenso für Spannungen und Dilatationen, wie für Drucke und Kontraktionen. Während nun bei einer Flüssigkeit der Druck von der Richtung, in der er wirkt, unabhängig ist, hängt der Druck im Innern eines festen Körpers von der Lage der Fläche ab, auf die er ausgeübt wird. Damit hängt zusammen, daß an einer Stelle A im Innern des Körpers der Druck im allgemeinen nicht senkrecht gegen eine durch A gelegte Fläche F gerichtet ist, sondern schief (Fig. 153); er besitzt eine in der Fläche selbst liegende Komponente, welche die in F aneinandergrenzenden Teile des Körpers gleitend gegen einander zu verschieben sucht. Man bezeichnet eine derartige Kraft als eine scheerende, und wir haben also im allgemeinen in dem Innern der festen Körper nicht bloß mit normalen Drucken, sondern auch mit diesen Scheerkräften zu rechnen.

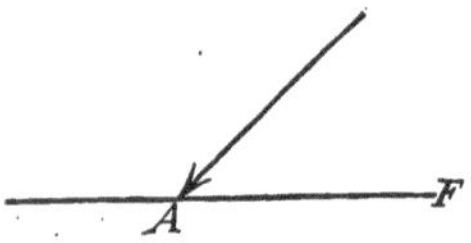

Fig. 153.

Nun ergiebt sich aber, daß an jeder Stelle A drei zu einander senkrechte Flächen F_1, F_2 und F_3 sich finden lassen, so daß auf sie nur normale Drucke, keine Scheerkräfte wirken. Die zu den Flächen F_1, F_2, F_3 senkrechten Richtungen dieser Drucke bezeichnen wir als Hauptdruckaxen, die entsprechenden Drucke p_1, p_2, p_3 selbst als die Hauptdrucke. Bei einem Körper, der beliebigen äußeren Kräften unterworfen ist, ändern die Hauptdruckaxen von einer Stelle zu der andern ihre Richtung. Es existiert daher im allgemeinen im Innern des Körpers ein System von drei sich unter rechten Winkeln kreuzenden Linien, die den Verlauf der Hauptdruckaxen darstellen. Zerschneidet man den Körper in Gedanken in Prismen, deren Kanten durch Kurven der Hauptdrucke gebildet werden, so wirken an keiner Schnittfläche Kräfte, die eine Scheerung, eine gleitende Verschiebung der Prismen gegen einander zu bewirken suchen. Wäre der Körper nach allen Richtungen in der That nur auf Druck in Anspruch genommen, so könnte man ihn in der angegebenen Weise wirklich durchschneiden, ohne daß der Zusammenhang gelockert würde. Dadurch wird verständlich, weshalb die konstruktiven Elemente bei Maschinen, bei den Knochen des menschlichen Körpers den Kurven der Hauptdrucke angepaßt sind.

Zur Erläuterung diene noch Fig. 154. Sie entspricht dem Falle eines ausgedehnteren Körpers, der von einer ebenen Fläche begrenzt ist. Auf diese werde in A von außen her ein normaler Druck ausgeübt. Die Figur zeigt die Kurven der Hauptdrucke in einer durch die Richtung des äußeren Druckes gelegten Ebene. Man sieht an der Richtung der Pfeile, daß die Prismen, in welche der Körper durch jene Kurven zerschnitten wird, in seinem mittleren Teile in der einen Richtung auf Druck, in der dazu senkrechten auf Zug beansprucht werden.[1]

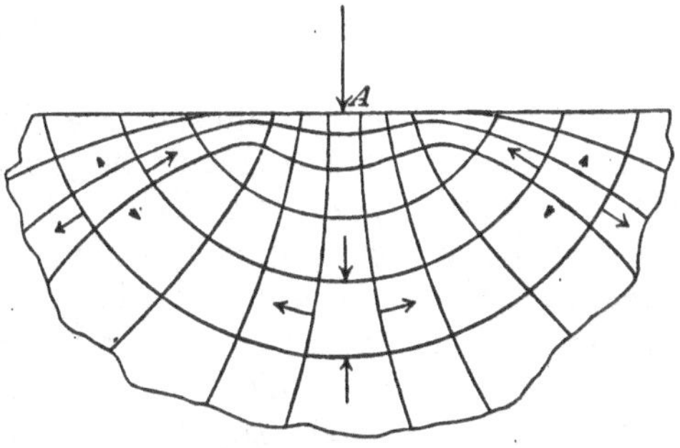

Fig. 154.
Kurven der Hauptdrucke.

Wenden wir uns nun zu der Betrachtung der durch äußere Kräfte im Inneren des Körpers erzeugten Deformationen. Wenn wir einen Streifen von Kautschuck aufhängen und belasten, so wird ein Kreis, den wir vorher auf die Oberfläche gezeichnet hatten, infolge der Längsdilatation und Querkontraktion, zu einer Ellipse verzerrt. Allgemein wird eine Kugel, die wir um einen Punkt A im Inneren eines Körpers konstruieren, in ein dreiaxiges Ellipsoid verwandelt. Damit sind nun wieder drei ausgezeichnete Richtungen an der Stelle A gegeben, die Axen X, Y, Z jenes Ellipsoides, die Hauptdilatationsaxen (Fig. 155). Schneiden wir um den Punkt A ein Prisma aus, dessen, den Hauptdilatationsaxen parallele, Kanten ursprünglich die Längen a, b, c, nach der Deformation die Längen $a + \alpha$, $b + \beta$, $c + \gamma$ besitzen, so nennen wir die Dilatationen

$$\lambda = \frac{\alpha}{a}, \quad \mu = \frac{\beta}{b}, \quad \nu = \frac{\gamma}{c}$$

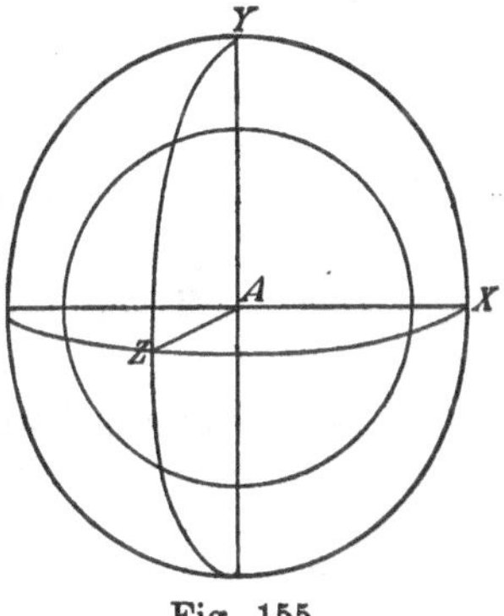

Fig. 155.
Deformationsellipsoid.

die Hauptdilatationen. Nun verhält sich aber ein solches Prisma gerade so wie das in § 150 betrachtete; auf seine Seitenflächen wirken normale Spannungen p_1, p_2, p_3; ihnen müssen die Dilatationen λ, μ, ν entsprechen. Wir werden somit annehmen müssen, daß die Richtungen der Hauptdrucke oder Spannungen, von den besonderen Verhältnissen der Krystalle abgesehen, mit denen der Hauptdilatationen zusammenfallen und daß zwischen ihnen die in § 150 aufgestellten Beziehungen bestehen:

[1] H. Hertz, Über die Berührung fester elastischer Körper und über die Härte. 1882. Ges. Werke Bd. I. p. 174.

$$\lambda = \frac{1}{E} p_1 - \frac{\varkappa}{E} p_2 - \frac{\varkappa}{E} p_3$$

$$\mu = -\frac{\varkappa}{E} p_1 + \frac{1}{E} p_2 - \frac{\varkappa}{E} p_3$$

$$\nu = -\frac{\varkappa}{E} p_1 - \frac{\varkappa}{E} p_2 + \frac{1}{E} p_3 .$$

Auf die weitere mathematische Behandlung dieses Ansatzes und seine Anwendung zu der Lösung allgemeinerer Probleme der Elastizitätslehre gehen wir nicht ein. Nur auf einen aus der Theorie sich ergebenden Zusammenhang wollen wir noch hinweisen. Wenn wir einen elastischen Körper einem allseitig gleichen Drucke p unterwerfen, so wird er zusammengedrückt; die räumliche Kompression messen wir durch das Verhältniß der Volumabnahme ω zu dem ursprünglichen Volumen v; sie ist dem Drucke p proportional und kann daher durch die folgende Formel dargestellt werden

$$\frac{\omega}{v} = \frac{p}{C} .$$

Hier bezeichnen wir die Konstante C als den Kompressionsmodul oder Modul der Volumelastizität. Aus den vorstehenden Formeln folgt, daß sich C durch den Elastizitätsmodul der Ausdehnung und durch das Verhältnis der Querkontraktion zur Längsdilatation in folgender Weise ausdrückt:

$$C = \frac{1}{3} \cdot \frac{E}{1 - 2\varkappa} .$$

Würde $\varkappa = 0{,}5$, so würde die räumliche Kompression 0, für $\varkappa > 0{,}5$ würde sie negativ. Schließt man die Fälle, in denen allseitiger Druck räumliche Dilatation, einseitiger Zug Querdilatation erzeugt, aus, so ergiebt sich, daß der Wert von $\varkappa$ zwischen den Grenzen 0 und 0,5 liegen muß.

§ 153. Energiegehalt eines deformierten elastischen Körpers. Wir wenden uns nun zu der schon in § 149 berührten Frage nach dem Energiegehalt eines elastisch deformirten Körpers. Einen solchen, z. B. einen gebogenen oder tordierten Stab, können wir nach dem vorhergehenden Paragraphen in Prismen zerlegen, deren Kanten von Kurven der Hauptdrucke gebildet werden. Im nicht deformierten Zustand haben wir die Kanten eines solchen Prismas bezeichnet durch a, b, c. Die Deformation wollen wir uns so entstanden denken, daß zuerst auf die Fläche bc eine Spannung ausgeübt wird, die von dem Wert Null allmählich bis zu dem Betrage p_1 steigt. Gleichzeitig findet in der Richtung der zu bc senkrechten Kanten a eine Dilatation λ statt, so daß die Verlängerung der Kanten gleich $a\lambda$ ist. Die Kraft, unter deren Wirkung diese Verlängerung des Prismas entsteht, ist zu Anfang Null, am Schlusse $p_1 \cdot bc$, im Mittel $\frac{1}{2} p_1 \cdot bc$; die von ihr bei der Verlängerung geleistete Arbeit ist $\frac{1}{2} p_1 \cdot bc \cdot \lambda a = \frac{1}{2} p_1 \lambda abc$; wenn auf die anderen Seitenflächen der

Prismen die Spannungen p_2 und p_3 wirken, und die Dilatationen in der Richtung der Kanten b und c wie früher durch μ und ν bezeichnet werden, so ist die ganze von den Druckkräften geleistete Arbeit gleich

$$\tfrac{1}{2}(p_1 \lambda + p_2 \mu + p_3 \nu)\, a b c.$$

Hier kann man für λ, μ, ν die ganzen schließlich vorhandenen Dilatationen setzen; dies folgt daraus, daß die durch einen Zug bedingten Querkontraktionen ohne Arbeitsleistung eintreten. Die geleistete Arbeit hat sich verwandelt in eine in dem Prisma $a b c$ aufgespeicherte Energie, die dem Volumen des Prismas proportional ist. Für die auf die Volumeinheit bezogene Energie ergiebt sich der Wert

$$\Omega = \tfrac{1}{2}(p_1 \lambda + p_2 \mu + p_3 \nu);$$

setzen wir hier für λ, μ, ν die im vorhergehenden Paragraphen gegebenen Werte, so drückt sich die elastische Energie der Volumeinheit aus durch die Formel:

$$\Omega = \frac{1}{2E}(p_1^2 + p_2^2 + p_3^2) - \frac{\varkappa}{E}(p_1 p_2 + p_2 p_3 + p_3 p_1).$$

Man kann aber die früheren Formeln auch nach p_1, p_2, p_3 als unbekannten Größen auflösen und diese durch λ, μ, ν ausdrücken. Dann ergiebt sich die elastische Energie in Übereinstimmung mit einer früheren Bemerkung als Funktion der Deformationen. Ein Beispiel von Rückverwandlung elastischer Energie in Arbeit giebt uns die Feder einer Taschenuhr, welche beim Ablaufen sich entspannt und die Uhr den Reibungswiderständen entgegen im Gange erhält.

§ 154. Zur Molekulartheorie der Elastizität. Die Theorie der molekularen Konstitution der festen Körper setzt voraus, daß ihre kleinsten Teilchen im natürlichen Zustand in ganz bestimmten Punkten im stabilen Gleichgewicht sich befinden. Im natürlichen Zustand wirken aber nur die Wechselkräfte der Moleküle, und diese müssen also bei einer bestimmten Anordnung der Moleküle stabiles Gleichgewicht zur Folge haben. Es scheint dies kaum auf andere Weise möglich, als dadurch, daß jene Wechselwirkungen abstoßende sind, wenn die Entfernung der Moleküle unter eine gewisse Grenze sinkt, anziehende, wenn sie diesen kritischen Wert übertrifft.

Wenn man annimmt, daß die Moleküle nach allen Seiten gleiche Kräfte ausüben, wie homogene Kugeln, so ergiebt sich aus der Molekulartheorie für die Konstante $\varkappa$ der Wert 0,25. Wenn dies der in § 151 gegebenen Tabelle zufolge im allgemeinen nicht der Fall ist, so folgt, daß die Wirkungen der Moleküle einen polaren Charakter besitzen, daß sie nicht blos von der Entfernung, sondern auch von der Orientierung abhängen, die gewisse ausgezeichnete, mit den Molekülen verbundene Axen gegen die Entfernung besitzen.

§ 155. Elastizität der Krystalle. Die in den vorhergehenden Paragraphen aufgestellten Gesetze gelten für sogenannte isotrope Körper, die nach allen Richtungen hin dieselben Eigenschaften zeigen. Bei den Krystallen sind die elastischen Eigenschaften von der Richtung im

Krystall abhängig; die Hauptdilatationen fallen mit den Hauptdrucken im allgemeinen nicht zusammen; die Zahl der elastischen Konstanten ist eine um so größere, je geringer die Symmetrie des Krystalls; die Erscheinungen werden in entsprechendem Maße verwickelt.

Wir beschränken uns auf einige Angaben, welche die elastischen Eigenschaften des Quarzes betreffen; diese sind von einem gewissen Interesse, da man Fäden von geschmolzenem und dann freilich isotropem Quarz vorteilhaft verwendet, um einen Körper so aufzuhängen, daß er um eine vertikale Axe sich drehen kann und nach seiner Gleichgewichtslage mit einer sehr kleinen Direktionskraft zurückgetrieben wird. So hat man, wie wir früher erwähnten, zu der Konstruktion der in § 81 erwähnten Drehwage Quarzfäden benützt. Der Quarz krystallisiert im rhomboëdrischen System; bei allen Krystallen erscheint als eine Grundform eine regelmäßige sechsseitige Säule (Fig. 156); ihre Axe bezeichnen wir als die Axe Z; durch sie gehen senkrecht zu den Seiten der Säule drei Ebenen, mit Bezug auf welche die elastischen Eigenschaften symmetrisch sind. Eine von der Mitte O der Z-Axe in einer dieser Symmetrieebenen senkrecht zu OZ gezogene Linie bezeichnen wir als die Y-Axe; endlich ziehen wir noch die zu OZ und OY senkrechte Linie OX, die X-Axe.

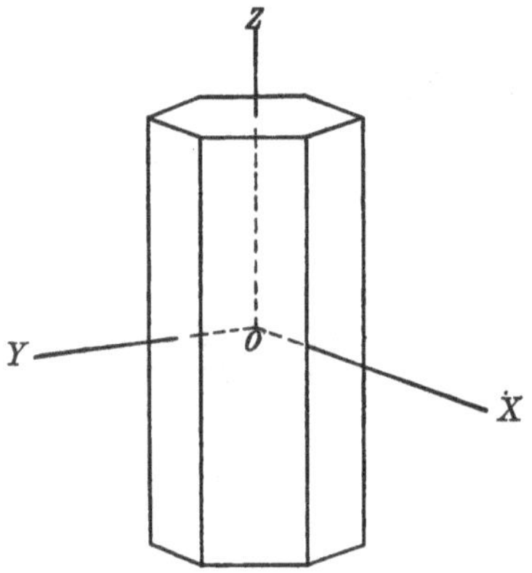

Fig. 156.
Säule des Quarzes.

Schneiden wir aus dem Krystall einen Cylinder, dessen Längsrichtung mit der Z-Axe zusammenfällt, so ist für diesen der Elastizitätsmodul der Ausdehnung

$$E^0 = 10\,300,$$

der Modul der Torsion

$$T^0 = 5\,080.$$

Die Werte beziehen sich auf das technische Maßsystem; es wird also der Druck in kg-Gewichten für das Quadratmillimeter angegeben.

Schneiden wir aus dem Krystall einen Cylinder, dessen Längsrichtung zu der Axe senkrecht steht, also irgendwie in der Ebene XY gelegen ist, so hat der Elastizitätsmodul der Ausdehnung den Wert

$$E' = 7850,$$

der Modul der Torsion den Wert

$$T' = 4130.$$

Wenn man die Längsrichtung des Cylinders durch eine Drehung um die X-Axe allmählich aus der mit der Z-Axe parallelen Stellung in die Richtung der Y-Axe übergehen läßt, so verändert sich der Elastizitätsmodul stetig. Man gewinnt von der Änderung ein anschauliches Bild, wenn man auf den verschiedenen Richtungen der Cylinderaxe

Strecken abträgt, die den entsprechenden Elastizitätsmoduln numerisch gleich sind. Auf diese Weise ergiebt sich für den Ausdehnungsmodul die in Figur 157a gezeichnete, in der Symmetrieebene *ZY* liegende Kurve. Man sieht, daß die Moduln bei gleicher Neigung

Ausdehnungsmoduln Torsionsmoduln
des Quarzes.

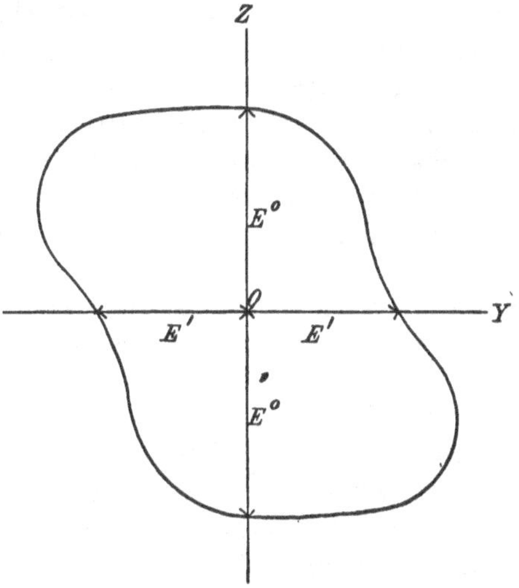

Fig. 157a.

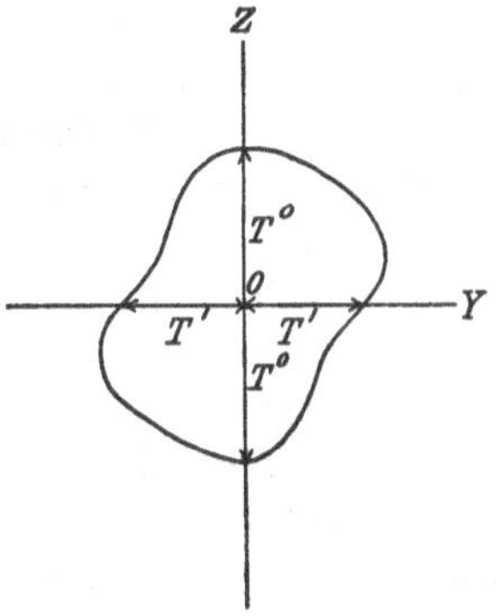

Fig. 158a.

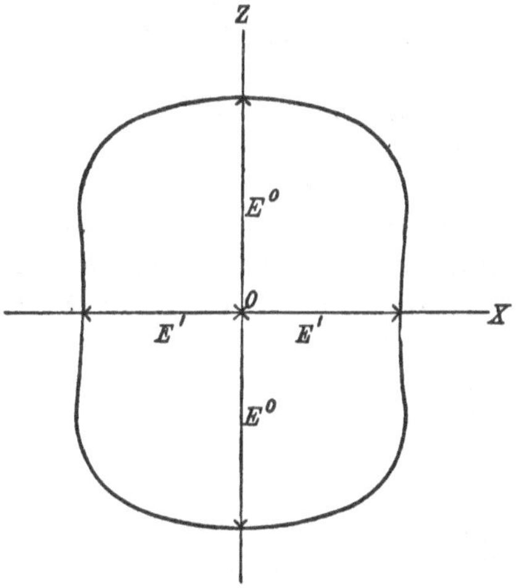

Fig. 157b.

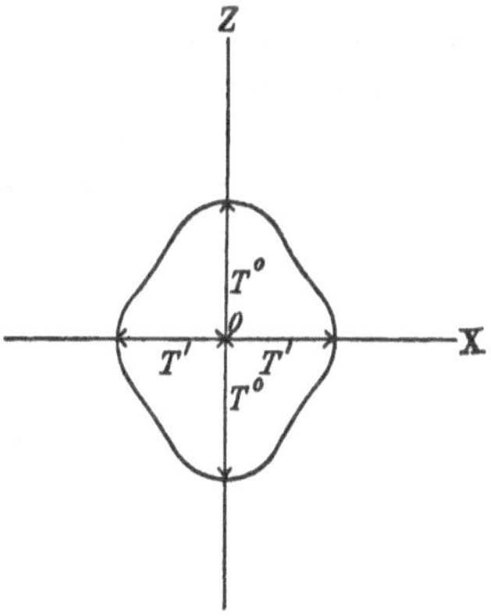

Fig. 158b.

der Cylinderaxe gegen die *Z*-Axe verschieden sind, je nachdem die Längsrichtung des Cylinders in dem vorderen oder hinteren Quadranten liegt. Bei Cylindern, deren Längsrichtung der *XZ*-Ebene angehört, fällt dieser Unterschied weg, hier muß die Kurve, durch welche die Werte der Ausdehnungsmoduln graphisch dargestellt werden, notwendig gegen die beiden Axen Z und X symmetrisch sein; dies wird durch die in Figur 157b gegebene graphische Darstellung bestätigt. Die Figuren 158a und 158b geben die entsprechenden Bilder für die Torsionsmoduln von Cylindern, deren Axe in der Symmetrieebene YZ oder in der dazu senkrechten Ebene XZ beliebig gegen die krystallographische Hauptaxe des Quarzes geneigt sind.[1]

§ 156. Elastische Nachwirkung. Wenn man einen elastischen Körper einer deformierenden Kraft unterwirft, so nimmt die Deformation noch längere Zeit hindurch, bei manchen Körpern mehr, bei anderen weniger, zu. Wenn man die deformierende Kraft aufhebt, so verschwindet die Formänderung nicht sofort vollständig, es bleibt vielmehr zunächst ein Rest, der erst nach längerer Zeit ganz rückgängig wird. Man bezeichnet diese mit großer Regelmäßigkeit verlaufenden Erscheinungen als elastische Nachwirkung.

Wenn nach irgend einer äußeren Einwirkung eine merkliche, dauernde Formänderung eines Körpers zurückbleibt, so sagt man seine Elastizitätsgrenze sei überschritten worden.

§ 157. Innere Reibung. Mit der Erscheinung der elastischen Nachwirkung hängt die der inneren Reibung zusammen. Wenn wir eine gebogene Feder schwingen lassen, oder wenn wir einen vertikal aufgehängten Draht drillen und dann loslassen, so daß er in Torsionsschwingung geräth, so bemerken wir, daß die Weite der Schwingungen immer mehr abnimmt, bis die Bewegung schließlich erlischt. Wir bezeichnen dies als Dämpfung der Schwingungen und den Grund der Erscheinung suchen wir in einer Reibung, welcher die Teile des schwingenden Körpers bei der gegenseitigen Verschiebung unterliegen. Die elastische Energie des deformierten Körpers verwandelt sich infolge der inneren Reibung in Wärme.

§ 158. Festigkeit. Wenn man einen Draht so belastet, daß seine Elastizitätsgrenze überschritten wird, so zerreißt er sehr bald, wenn er aus einem spröden Stoffe besteht; Stoffe, die große Formänderungen erleiden können, ohne daß der Zusammenhang ihrer Teile zerstört wird, nennen wir zähe oder duktile. Unter Zugfestigkeit verstehen wir die auf die Flächeneinheit kommende Spannung, bei der ein Stab oder Draht zerreißt. Um eine Vorstellung von den hier vorliegenden Verhältnissen zu geben, stellen wir in der folgenden Tabelle einige Werte von Zugfestigkeiten zusammen:

Stahl	80	$\frac{\text{kg-Gewicht}}{\text{mm}^2}$
Eisen	60	„
Messing	60	„
Kupfer	40	„
Platin	30	„
Silber	29	„
Zink	13	„
Blei	2	„

[1] W. Voigt, Bestimmung der Elastizitätskonstanten von Beryll und Bergkrystall. Gött. Nachr. 1886. p. 93. 289. — Liebisch, Phys. Krystallographie. Leipzig 1891. p. 545.

Bei Glas erweist sich die Zugfestigkeit in hohem Grade als abhängig von der chemischen Zusammensetzung und der Beschaffenheit der Oberfläche. Sie schwankt zwischen 3,5 und 11,9 kg-Gewichten pro Quadratmillimeter und steigt bei Glasstäben mit geätzter Oberfläche bis auf 17,8.[1]

Rückwirkende Festigkeit nennen wir den Druck, der zum Zertrümmern eines Körpers von prismatischer Form erfordert wird. Biegungsfestigkeit ist die Kraft, welche zum Zerbrechen, Torsionsfestigkeit die, welche zum Abdrehen eines stabförmigen Körpers notwendig ist. Auffallend ist die große Biegungsfestigkeit des Schwanzes der Glasthränen; sie ist gleich der des Stahles; sobald aber der Schwanz zerbricht, so zerfällt die ganze Glasthräne explosionsartig in kleine Splitter.

Sehr merkwürdig sind die Erscheinungen, welche dem Zerreißen eines über die Festigkeitsgrenze hinaus in Anspruch genommenen Stabes vorhergehen. Ein gedehnter Stahlstab schnürt sich an einer Stelle ein, es tritt ein Fließen der Masse ein, bis schließlich an der Stelle der größten Einschnürung der Bruch erfolgt. Im Zusammenhang damit stehen gewisse Veränderungen der Oberfläche; insbesondere tritt beim Beginn des Fließens eine eigentümliche netzartige Zeichnung auf, die sich von dem einen Ende aus über die Oberfläche verbreitet; eine Erscheinung, die man als Überfließen bezeichnet. Charakteristisch für die Natur des Materiales sind die Bruchflächen selbst; es scheint, daß sie bei spröden Körpern senkrecht stehen zu der Richtung der größten linearen Dilatation, während sie bei duktilen der Richtung der größten Scheerkraft folgen; bei den letzteren treten daher in der Regel trichterförmige Bildungen an den Bruchflächen auf. Während des Überfließens ist das Eisen besonders empfänglich für magnetische Erregung; die Stellen eines gedehnten Stabes, an denen das Überfließen eintritt, werden schon unter dem Einflusse des Erdmagnetismus relativ stark magnetisch; es hängt dies mit Thatsachen zusammen, über die wir in der Lehre vom Elektromagnetismus berichten werden. Beim Fließen selbst bis zu dem schließlichen Bruche nimmt die magnetische Erregbarkeit wieder ab.[2]

Um eine Vorstellung von den Deformationen zu erhalten, welche ein mehr oder weniger duktiles Material durch Überlastung erleidet, betrachten wir die Figuren 159 und 160. Die erstere stellt einen bis zum Bruche nach der Linie AB gedehnten Flachstab aus Flußstahl dar. Seine Breite betrug ursprünglich 60 mm, seine Dicke 12 mm, der Querschnitt 7,2 qcm. Auf dem Stab war durch Längs- und Querlinien ein

---

[1] C. Brodmann, Einige Beobachtungen über die Festigkeit von Glasstäben. Gött. Nachr. Math.-Phys. Kl. 1894. p. 44. — Winkelmann und Schott, Über die Elastizität und über die Zug- und Druckfestigkeit verschiedener neuer Gläser in ihrer Abhängigkeit von der chemischen Zusammensetzung, Wied. Ann. Bd. 51. 1894. p. 697.

[2] Kirsch, Beitrag zum Studium des Fließens beim Eisen und Stahl. Mitteilungen aus den Kgl. techn. Versuchsanstalten zu Berlin. 1887 p. 69. 1888 p. 37, 1889 p. 9.

quadratisches Netz von 10 mm Seitenlänge gezeichnet worden. Dieses erfuhr die aus der Figur ersichtliche Deformation. Man sieht, daß vor dem Zerreißen in der That Formänderungen eintreten, die dem Strömen einer flüssigen Masse analog sind. Nach dem Zerreißen betrug der Querschnitt an der Bruchstelle *AB* noch 4,53 qcm, die Bruchbelastung war 37 460 kg-Gewichte; die Dehnung betrug auf 100 mm 27,5 mm.

Figur 160 stellt einen Bleiwürfel dar, der zwischen zwei parallelen Platten zusammengedrückt wurde. Seine Kanten besaßen ursprünglich eine Länge von 80 mm. Auf den Seitenflächen waren quadratische Netze mit 64 Maschen gezeichnet; ihre Deformation zeigt die Figur. Die Höhe des Würfels beträgt nach dem Zusammendrücken noch 65 mm; die Kanten der Druckflächen haben sich um 6 mm, die ihnen parallelen Mittellinien der Seitenflächen um 10 mm verlängert.[1]

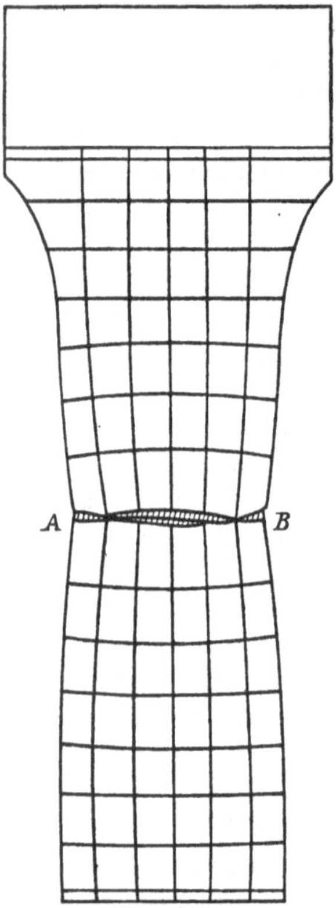

Fig. 159.

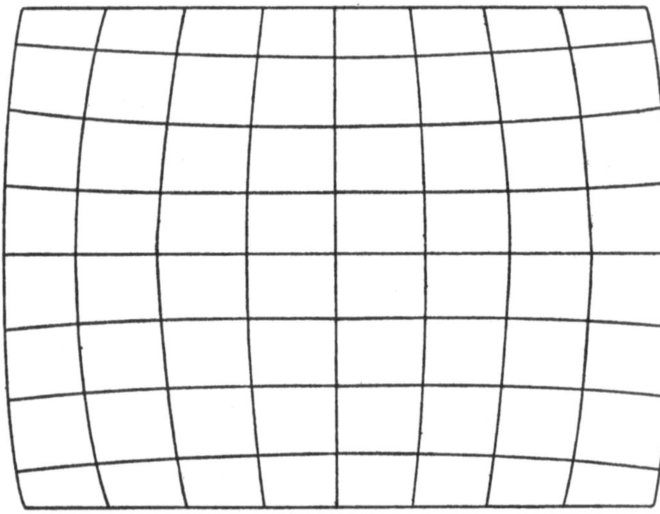

Fig. 160.

§ 159. Adhäsion. Wenn man zwei vollkommen reine, eben geschliffene Glasplatten zusammendrückt, so haften sie fest zusammen. Ist die eine Platte größer als die andere, so kann man sie auf einen horizontalen Ring auflegen, so daß die kleinere an ihrer unteren Fläche hängt. Bringt man die Vorrichtung unter den Rezipienten der Luftpumpe, so haften die Platten unverändert aneinander. Man nimmt gewöhnlich an, daß die Erscheinung durch die molekulare Anziehung der sich berührenden Teile, die A d h ä s i o n bewirkt werde. Aus optischen

[1] Bach, Elastizität und Festigkeit. Berlin 1894. Taf. I und IV.

Beobachtungen ergiebt sich aber, daß die Platten sich dabei nicht zu berühren brauchen, sondern durch einen Zwischenraum von 0,0001 mm Dicke von einander getrennt sein können. Das ist mehr als der Radius der Wirkungssphäre, und es ist daher wahrscheinlich, daß der Zusammenhang der Platten in diesen Fällen durch Luftschichten vermittelt wird, die an ihrer Oberfläche verdichtet sind.[1]

§ 160. Gleitende Reibung. Zwei Körper mögen sich berühren und normal zu der Berührungsfläche mit einer gewissen Kraft N gegen einander gedrückt werden. Sobald man versucht, den einen Körper gegen den anderen gleitend zu verschieben, entsteht in der Berührungsfläche eine Kraft, die jener Verschiebung entgegen gerichtet und dem Drucke N proportional ist. Man bezeichnet diese Kraft als gleitende Reibung. Sie ist unabhängig von der Größe der Berührungsfläche; das Verhältnis der Reibungskraft zu dem Druck N, der Koëffizient der gleitenden Reibung, kann für zwei bestimmte Substanzen als konstant betrachtet werden. Bezeichnen wir ihn durch η, die Kraft der gleitenden Reibung durch F, so ist $F = \eta \cdot N$. Wenn man einen Körper von dem Gewicht P auf eine schiefe Ebene legt, die aus einer beliebigen Substanz hergestellt ist, so hält, wie sich aus Fig. 161 leicht ergiebt, die Reibung der zu jener Ebene parallelen Komponente des Gewichtes eben noch das Gleichgewicht, wenn tg $\varphi = \eta$ ist, unter φ den Neigungswinkel der schiefen Ebene verstanden. Einige der von den Technikern benutzten Reibungskoëffizienten sind folgende:

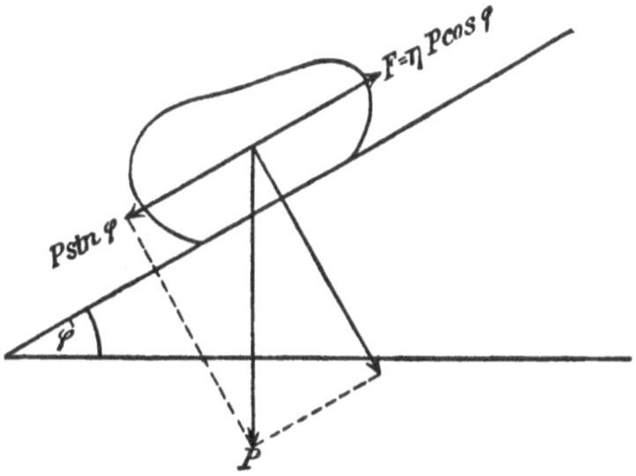

Fig. 161.

	η
Holz auf Holz:	0,2—0,5
Holz auf Stein:	0,4
Eisen auf Stein:	0,3—0,7
Holz auf Metall:	0,2—0,6
Leder auf Metall:	0,56
Metall auf Metall:	0,15—0,25.

Die gleitende Reibung wird vermindert durch Schmiermittel; ihre Wirkung wird in § 170 erläutert werden.

Gleitende Reibung haben wir bei jeder rotierenden Axe in der Berührungsfläche mit dem sie umhüllenden Lager. Wir benützen sie bei der Kraftübertragung durch Riemen und Riemenscheiben.

[1] W. Voigt, Einige Beobachtungen über das Verhalten der an Glasflächen verdichteten Luft. Wied. Ann. 1883. Bd. 19. p. 39.

Auch die Messung des von einer Maschine gelieferten Effektes, der in einer Sekunde geleisteten Arbeit, beruht auf einer Anwendung der gleitenden Reibung.

Man preßt, nach Ausschaltung der Arbeitsmaschinen, die Backen einer Bremse, des sogenannten Pronyschen Zaumes (Fig. 162), gegen den Umfang der rotierenden Maschinenaxe und reduziert dadurch die Umdrehungsgeschwindigkeit auf den Wert, für welchen der Effekt gefunden werden soll. Dabei wird ein mit dem Zaum verbundener Hebel je nach der Rotationsrichtung gegen den Anschlag *a* oder *b* sich legen. Man verschiebt dann an dem Hebel ein Gewicht *G* so lange, bis er frei zwischen den Anschlägen schwebt. Nach dem Hebelgesetz muß das statische Moment der auf den Umfang der Axe wirkenden Reibung dem Moment des Gewichtes *G* gleich sein; man kann also die Reibungskraft berechnen, die in dem Umfange der Welle von dieser auf die Bremsbacken ausgeübt wird. Dieselbe Kraft ist dann umgekehrt von der rotierenden Welle zu überwinden, und eben darin besteht die ganze von der Maschine geleistete Arbeit. Multipliziert man die Kraft mit dem Umfang der Welle und mit der Anzahl der Umdrehungen in einer Sekunde, so hat man den Effekt, wie er der bei dem Versuche vorhandenen Rotationsgeschwindigkeit entspricht.

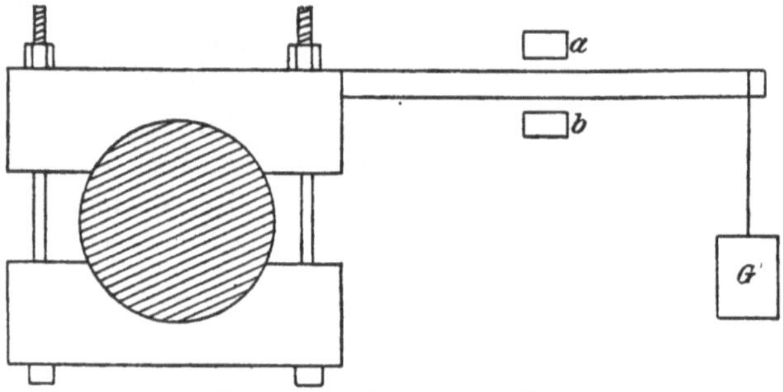

Fig. 162. Pronyscher Zaum.

§ 161. Rollende Reibung. Das Rollen eines Cylinders auf einer ebenen Fläche kann man auffassen als eine Rotationsbewegung, bei der die Drehung in jedem Augenblicke um die Kante erfolgt, in der sich gerade Cylinder und Ebene berühren. Dieser Bewegung setzt sich ein Widerstand entgegen in der Form eines statischen Momentes, das der Drehung um jene Berührungslinie entgegenwirkt; man bezeichnet dieses Moment als das Moment der rollenden Reibung;

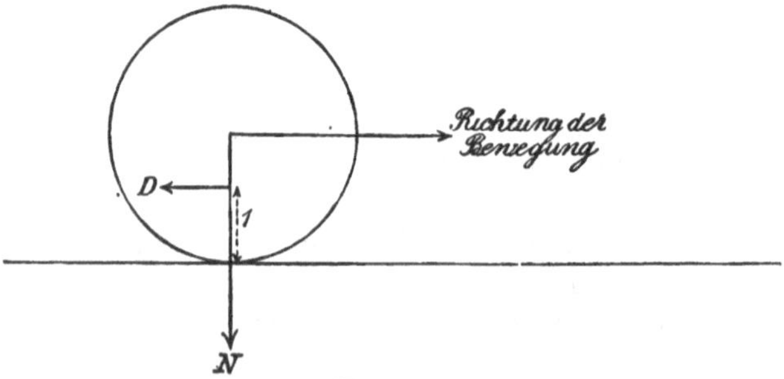

Fig. 163.

dasselbe ist dem zwischen Cylinder und Ebene vorhandenen Drucke proportional; der Koëffizient der rollenden Reibung ist aber sehr viel kleiner, als der der gleitenden. Bezeichnen wir den Normaldruck durch N, das Moment der rollenden Reibung durch D, jenen Koëffizienten durch ζ, so ist

$$D = \zeta N;$$

zur Erläuterung diene Fig. 163. Dabei ist D als eine Kraft eingeführt, die an dem Hebelarm *1* wirkt. Der Reibungskoëffizient selbst hat die Eigenschaft eines Hebelarmes, seine Dimension ist die einer Länge.

Für Eichenholz auf Eichenholz ist ζ gleich 0,018 cm, für Gußeisen auf Gußeisen ζ gleich 0,006 cm.[1]

Um schwere Lasten zu bewegen, setzen wir sie auf Rollen oder Räder; um eine Axe möglichst leicht beweglich zu machen, lassen wir sie auf Friktionsrollen laufen. Bei der Riemscheibe kann man die relative Bewegung zwischen Scheibe und Riemen als ein Abrollen der ersteren auf dem Riemen betrachten; an den Stellen, wo der Riemen die Scheibe verläßt, widersetzt sich dieser Trennung nur die rollende, nicht die gleitende Reibung, während diese letztere das Haften des Riemens an der Peripherie der Scheibe verursacht.

II. Kapitel. Molekularerscheinungen der Flüssigkeiten.

§ 162. Kompressibilität der Flüssigkeiten. Die Flüssigkeiten haben den früheren Betrachtungen zufolge keine Elastizität der Form, wohl aber eine solche des Volumens; sie widerstehen einer Zusammendrückung mit großer Kraft, besitzen eine sehr geringe Kompressibilität. Die Messung der letzteren ist zunächst erschwert durch den Umstand, daß jeder Druck, der auf eine Flüssigkeit wirkt, zugleich das Gefäß deformiert, in dem sie enthalten ist. Die erste Bedingung für genaue Messungen war also die, eine Versuchsanordnung zu finden, bei der die Deformation des Gefäßes klein und leicht zu berücksichtigen ist. Dies ist der Fall bei dem Piëzometer (Fig. 164). Das Gefäß G, welches die zu untersuchende Flüssigkeit enthält, ist in eine Kapillarröhre ausgezogen und durch Quecksilber gegen außen abgeschlossen. Es befindet sich in einem zweiten, weiteren und mit Wasser gefüllten Gefäße, in dem der Druck in geeigneter Weise gesteigert werden kann; er pflanzt sich durch das Wasser hindurch auf das absperrende Quecksilber und die in dem Piëzometer enthaltene Flüssigkeit fort, und die durch ihn erzeugte Kompression kann an der geteilten Kapillare abgelesen werden. Die Größe des Druckes wird mit Hilfe eines Luftmanometers M gemessen.

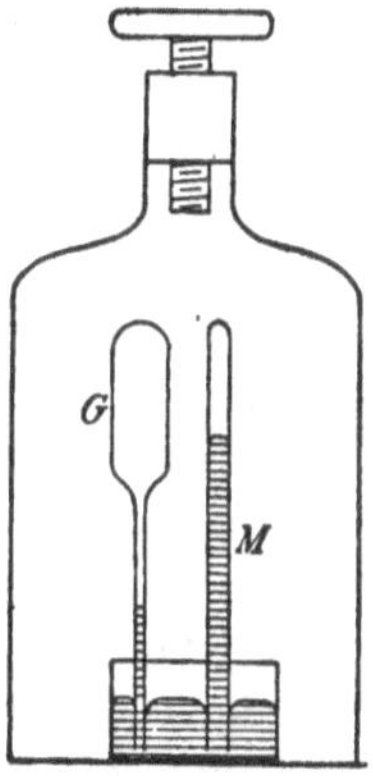

Fig. 164.
Piëzometer.

[1] Rankine, Applied Mechanics. London 1885. p. 619.

Das Piëzometergefäß erleidet keine Änderung der Form, wohl aber eine solche des Volumens, die nach den Elastizitätsgesetzen berechnet und zu der scheinbaren Kompression hinzugefügt werden muß. Als Maß der Kompression benützen wir das Verhältnis der Volumveränderung ω zu dem ursprünglichen Volumen v. Bezeichnen wir durch p die Druckzunahme, so ist

$$\frac{\omega}{v} = \frac{p}{C}.$$

C ist eine der betreffenden Flüssigkeit eigentümliche Konstante, die wir Modul der Volumelastizität oder Kompressionsmodul nennen. Rechnen wir den Druck wie bei der Elastizität der festen Körper nach kg-Gewichten auf das Quadratmillimeter, so ergeben sich für die Konstante C die folgenden Werthe:

	$C \frac{\text{kg-Gew.}}{\text{mm}^2}$	Temperatur
Quecksilber	3503	0° Cels.
Wasser	205	0° „
Äthylalkohol	124	7° „
Methylalkohol	113	13° „

Zum Vergleich fügen wir die nach der Formel von § 152 berechneten Kompressionsmoduln einiger Metalle hinzu:

	C		C		C
Mg	2800	Ni	17000	Ag	7080
Al	4830	Cu	4950	Au	7470
Fe	7900	Zn	10100	Bi	2500

Man könnte, allerdings nur auf Grund einer Fiktion, den Kompressionsmodul definieren als den Druck, der das Volumen eines Körpers auf Null reduzieren würde. Der Vergleich der obigen Zahlen macht dann die viel kleinere Kompressibilität der Metalle dem Wasser und den Alkoholen gegenüber anschaulich.

Bei Vermehrung des Druckes um eine Atmosphäre wird Wasser um 50 Millionstel, Quecksilber um 3 Millionstel seines Volumens komprimiert.

§ 163. Oberflächenspannung der Flüssigkeiten. Flüssige Körper besitzen, ebenso wie die festen, Volumelastizität; d. h. Energie kann durch Kompression in den einzelnen Volumelementen angesammelt werden. Bei den Flüssigkeiten tritt aber noch eine zweite Energie auf, die ihren Sitz in den Elementen der Oberfläche hat. Sie beruht auf einer Spannung der Oberfläche, die wir durch den folgenden Versuch nachweisen können. An den beiden parallelen Schenkeln *a b* und *c d* eines U-förmig gebogenen Drahtes (Fig. 165) sei mit Hilfe zweier Ösen ein vierter Draht *b d* leicht verschiebbar; wir bringen in das Rechteck *a b c d* eine Seifenlamelle und halten die Vorrichtung so, daß die Schenkel *a b* und *c d* vertikal nach unten gerichtet sind. Der bewegliche Draht *b d* wird in die Höhe gezogen und die Lamelle zieht sich zusammen. Wenn wir ein kleines Gewicht an *b d* hängen, so wird an der Erscheinung zunächst nichts verändert; bei vorsichtiger Vermehrung der Belastung gelingt es aber, ein Gewicht zu finden, welches der in der Lamelle vorhandenen Spannung gerade das Gleichgewicht hält. Man kann dann die Lamelle weit ausziehen oder auf einen engen Raum zusammenschieben, ohne das Gleichgewicht zu stören. Wenn man jedoch das Gewicht noch weiter vergrößert, so wird die Lamelle immer mehr gedehnt, bis sie schließlich zerreißt. Um die Beobachtung zu erklären, nehmen wir an, auf den beiden Seiten der Lamelle sei die Oberfläche überzogen mit einer äußerst dünnen Schicht von abweichender Beschaffenheit, und diese sei der Sitz der Spannung, die wir demnach als Oberflächenspannung bezeichnen. Man hat gefunden, daß die Dicke einer Seifenlamelle im Minimum 16×10^{-6} mm beträgt.[1] Die Dicke jener Oberflächenschicht kann darnach zu 8×10^{-6} mm angenommen werden; dies ist der Wert, den wir in § 149 für den Radius der Wirkungssphäre angegeben haben.

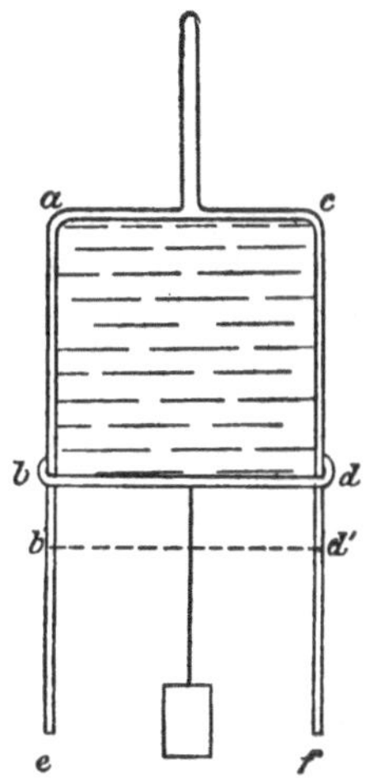

Fig. 165.

Die Oberflächenspannung wirkt senkrecht zum Rande, im Innern der Oberfläche senkrecht gegen die Linie, welche zwei benachbarte Teile derselben scheidet. Wir beziehen die Spannung auf die Längeneinheit; ihre Dimension ist daher gegeben durch einen Bruch, dessen Zähler eine Kraft, dessen Nenner eine Länge ist. Die Dimensionsgleichung im absoluten System ist somit:

$$[T] = m\,t^{-2}.$$

Ziehen wir den Draht bd (Fig. 165) nach unten bis in die Lage $b'd'$, so leisten wir eine Arbeit, die gleich dem Produkte aus der doppelten Spannung $2T$ und aus dem Inhalte des Rechteckes $bb'd'd$ ist; die Oberflächenspannung wirkt ja auf beiden Seiten der Lamelle und die ganze bei der Verschiebung zu überwindende Kraft ist also gleich $2T \times bd$. Die Arbeit verwandelt sich in Oberflächenenergie und diese wächst somit um $2T \times bd \times bb'$. Andererseits ist die Vergrößerung, welche die Oberfläche der Lamelle auf beiden Seiten zusammen erleidet, gleich $2 \times bd \times bb'$. Es ergiebt sich hieraus, daß die Oberflächenspannung gleich der Zunahme der Energie bei einer Vergrößerung der Oberfläche um die Einheit, d. h. gleich der Energie der Flächeneinheit ist.

Aus Versuchen, die wir in § 167 besprechen werden, ergeben sich die folgenden Werte der Oberflächenspannung; dabei sind technische Einheiten und zwar g-Gewichte pro cm zu Grunde gelegt; vorausgesetzt ist ferner, daß die Oberfläche der Flüssigkeiten von Luft begrenzt ist.

---

[1] Drude, Über die Größe der Wirkungssphäre der Molekularkräfte und die Konstitution von Lamellen der Plateauschen Glycerin-Seifenlösung. Gött. Nachr. 1890. p. 482.

	T, g-Gewichte pro cm.
Quecksilber	0,550
Wasser	0,075
Olivenöl	0,035
Chloroform	0,031
Terpentinöl	0,030
Alkohol	0,025
Äther	0,018.

Wenn zwei Flüssigkeiten sich berühren, so hängt die Spannung in der gemeinsamen Grenzfläche von der Natur der beiden Flüssigkeiten ab. Im folgenden sind einige Beispiele solcher Spannungen gegeben.

	T, g-Gewichte pro cm.
Wasser-Quecksilber	0,421
Quecksilber-Olivenöl	0,342
Quecksilber-Chloroform	0,403
Olivenöl-Wasser	0,021
Chloroform-Wasser	0,029.

§ 164. Erscheinungen der Ausbreitung. Wir betrachten den Fall, daß drei Flüssigkeiten gegeben sind, *a*, *b*, *c* (Fig. 166). Die Spannungen an ihren Berührungsflächen seien T_{ab}, T_{bc}, T_{ca}. Stoßen die Flüssigkeiten in einer Linie zusammen, so müssen die Grenzflächen sich so stellen, daß die Spannungen im Gleichgewicht sind. Dies ist nach dem Satz vom Parallelogramm der Fall, wenn ihre geometrischen Repräsentanten sich zu einem Dreieck zusammenfügen lassen. Hiernach sind die Winkel, unter denen die Grenzflächen zusammenstoßen, entsprechend Fig. 166 leicht zu konstruieren.

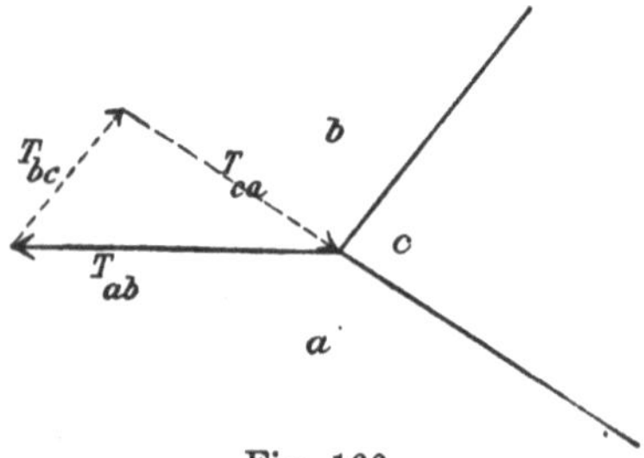

Fig. 166.

Ist die Summe zweier Spannungen kleiner als die dritte, so ist Gleichgewicht nicht möglich; bringt man z. B. einen kleinen Öltropfen auf Wasser, so ist die Spannung an der Oberfläche des Wassers, 0,075, größer als die an der Oberfläche des Öls zusammen mit der an der Berührungsfläche von Öl und Wasser, 0,035 + 0,021. Der Öltropfen wird daher sofort zu einer Haut ausgezogen, die sich über die ganze Oberfläche des Wassers verbreitet (Fig. 167). Da das Wasser eine viel größere Oberflächenspannung hat, als die anderen Flüssigkeiten, so breiten sich alle energisch auf ihm aus, und es ist sehr schwierig, eine wirklich reine Wasseroberfläche herzustellen. Bringt man an einer Stelle Alkohol auf die Oberfläche des Wassers, so wird

Fig. 167.

die Oberflächenspannung verändert, sie ist da, wo noch reiner Alkohol sich findet, auf 0,026 erniedrigt und steigt bis zu dem Werte 0,075 des reinen Wassers. Dieses wird daher lebhaft nach außen getrieben und der Alkohol verbreitet sich mit großer Schnelligkeit über die ganze Oberfläche.

In derselben Weise werden die fetten Öle von Terpentin, Alkohol, Äther verdrängt; davon können wir beim Entfernen von Fettflecken Nutzen ziehen, indem wir das Fett aus dem Zeuge in ein damit zur Berührung gebrachtes Stück Fließpapier hinüberdrängen.

§ 165. Gleichgewichtsfiguren. Wir haben in § 105 gesehen, daß die natürlichen Bewegungen mechanischer Systeme so geschehen, daß ihre potentielle Energie kleiner wird. Dies gilt auch von den durch Oberflächenspannung veranlaßten Bewegungen flüssiger Körper; vermöge ihrer Spannung sucht sich die Oberfläche so weit zu verkleinern, als es unter den gegebenen Bedingungen möglich ist; mit der Oberfläche vermindert sich aber in gleichem Maße die Energie. Wenn die Oberfläche und mit ihr die Energie ein Minimum geworden ist, so ist der Gleichgewichtszustand erreicht.

Am einfachsten gestaltet sich die Anwendung dieses Prinzipes, wenn keine äußere Kraft auf die Flüssigkeit wirkt. Dies ist der Fall bei den Seifenlamellen, welche man zwischen Drähten herstellen kann, die zu einem windschiefen Viereck, einem Polyeder mit einander verlötet oder zu irgend einer zusammenhängenden Kurve gebogen sind. Thatsächlich wirkt zwar auf die Lamellen noch ihre Schwere, bei dünnen Lamellen hat sie aber keinen merklichen Einfluß auf das Gleichgewicht. Dem Einfluß der Schwere völlig entziehen lassen sich Ölmassen, die in einer Mischung von Wasser und Alkohol schweben. Ein freier Tropfen nimmt dabei Kugelform an, da die Kugel der Körper ist, der bei gegebenem Volumen die kleinste Oberfläche hat. Andere Formen erhält man, wenn man den Tropfen an Drahtringen adhärieren läßt oder ihn in Rotation um eine durch seinen Mittelpunkt gehende Axe versetzt.

Einen wesentlichen Einfluß übt dagegen die Schwere auf die Form von Tropfen, die an einer Röhre oder Platte hängen, oder auf horizontaler, nicht benetzter Unterlage liegen, sowie auf die Form von Luftblasen in einer Flüssigkeit.

§ 166. Seifenblasen. Bei einer Seifenblase ist der Überdruck der eingeschlossenen Luft im Gleichgewicht mit der Oberflächenspannung. Bei einer virtuellen Verschiebung muß dann nach § 45 die Summe der Arbeiten gleich Null sein. Bezeichnen wir die Oberfläche der kugelförmigen Blase mit O, jenen Überdruck durch p, so ist der ganze auf die innere Oberfläche wirkende Druck gleich Op; die bei einer kleinen Zunahme ϱ des Halbmessers geleistete Arbeit ist gleich $Op\varrho$ (Fig. 168). Andererseits ist mit dieser Zunahme des Halbmessers eine Vergrößerung ω der Oberfläche verbunden; bezeichnen wir den Halbmesser der Blase durch r, so wird für die innere und äußere Oberfläche zusammengenommen $\omega = 4\,O\frac{\varrho}{r}$; die

Vermehrung der Oberflächenenergie ist also gleich ωT oder $4\,O\frac{\varrho}{r}\,T$. Dieser Energiezuwachs muß aber gleich der von dem Drucke p geleisteten Arbeit sein. Wir haben somit die Gleichung:

$$O p \varrho = 4\,O\frac{\varrho}{r}\,T$$

oder

$$p = 4\frac{T}{r}.$$

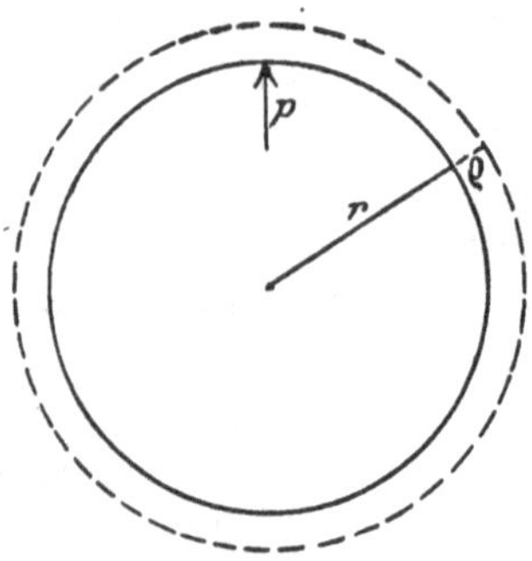

Fig. 168.

Der Druck der in einer Seifenblase eingeschlossenen Luft ist um so größer, je kleiner ihr Halbmesser. Die Messung von p und r kann zu der Bestimmung der Oberflächenspannung dienen.

§ 167. Kapillarität. Wenn man eine enge Glasröhre in eine benetzende schwere Flüssigkeit taucht, so steht diese in ihr höher als außerhalb. Die Flüssigkeit zieht sich an der Wand der Röhre in einer dünnen an ihr haftenden Schicht hinauf. Die Oberfläche bildet angenähert eine hohle die Röhre berührende Halbkugel (Fig. 169). Auf dem ganzen Umfange der Röhre wirkt die Oberflächenspannung T nach oben; ist der Halbmesser der Röhre gleich r, so ergiebt sich hieraus ein nach oben gerichteter Zug von der Größe $2\pi r T$, der dem Gewicht der gehobenen Flüssigkeit das Gleichgewicht halten muß. Ist h die Steighöhe, σ das spezifische Gewicht der Flüssigkeit, so ergiebt sich $2\pi r T = \pi r^2 h \sigma$, somit

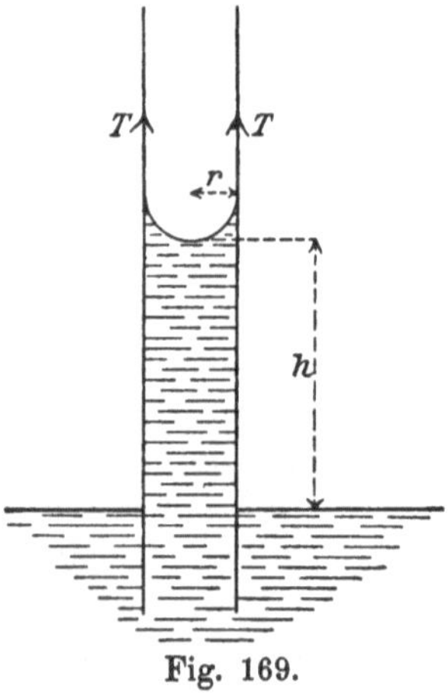

Fig. 169.

$$h = \frac{2T}{r\sigma} \quad \text{und} \quad T = \frac{1}{2} h r \sigma.$$

Die Steighöhe ist dem Halbmesser der Röhre umgekehrt proportional; ihre Beobachtung liefert eine bequeme Methode zu der Bestimmung der Oberflächenspannung.

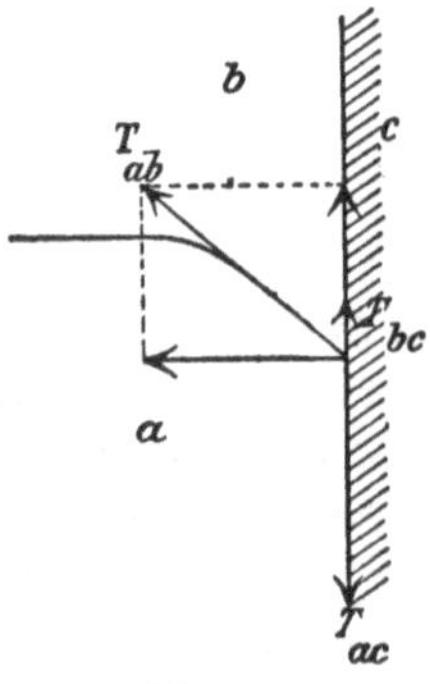

Fig. 170.

§ 168. Randwinkel. Wenn die Grenzfläche zweier Flüssigkeiten a und b (Fig. 170) an eine ebene feste Wand c stößt, so wird die zu der Wand senkrechte Komponente der Spannung T_{ab} in der Berührungsfläche durch die Festigkeit der Wand aufgehoben. Die zu der Wand parallele Komponente muß der Differenz der Spannungen T_{ac} und T_{bc} zwischen den Flüssigkeiten und der festen Wand entgegengesetzt gleich sein. Es bestimmt sich hierdurch der Winkel, unter dem die Berührungsfläche der beiden Flüssigkeiten die Wand trifft, der Randwinkel. Mit Berücksichtigung dieses Winkels kann die Theorie der Kapillarität auch für nicht benetzende Flüssigkeiten entwickelt werden. Bei Quecksilber an Glas ergiebt sich in Übereinstimmung mit der Beobachtung eine kapillare Depression.

§ 169. Zur Molekulartheorie der Kapillarität. Nehmen wir an, daß die Teilchen einer Flüssigkeit mit molekularen Kräften auf einander wirken, so ist klar, daß für ein Teilchen im Innern so lange keine resultierende Wirkung sich ergiebt, als seine Wirkungssphäre ganz in das Innere der Flüssigkeit fällt. Dagegen erleidet das Teilchen, anziehende Wechselwirkung vorausgesetzt, einen nach innen gerichteten Zug, sobald seine Wirkungssphäre die Oberfläche der Flüssigkeit durchschneidet; denn dann ist die allseitige Symmetrie der Wirkungen verschwunden.

Wir betrachten eine Flüssigkeit (Fig. 171), deren Oberfläche durch eine mit dem Halbmesser r aus dem Punkte O beschriebene Kugel begrenzt wird; diese ist im Durchschnitte durch den Kreis ABC dargestellt. Den unterhalb der Kugel liegenden, von Flüssigkeit erfüllten Raum bezeichnen wir mit I. Bei B grenzen wir ein durch Bb bezeichnetes Flächenstück ab, dessen Inhalt wir gleich der Einheit nehmen; errichten wir senkrecht auf Bb einen in das Innere der Flüssigkeit hineingehenden Cylinder, so wird der molekulare Zug oder Druck, dem das Flächenstück Bb unterworfen ist, gleich der Anziehung sein, die der von Flüssigkeit erfüllte Raum I auf jenen Cylinder ausübt.

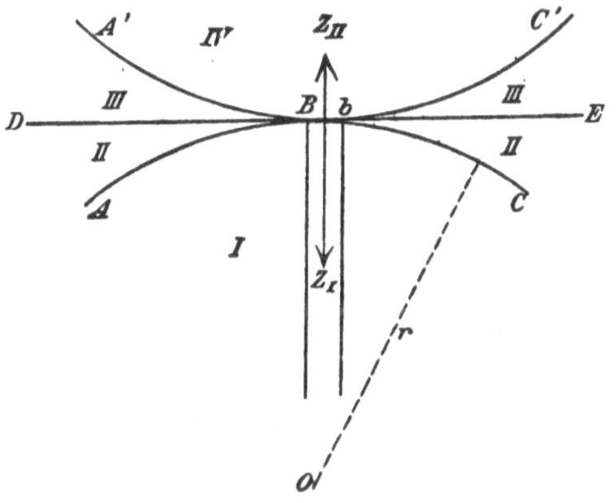

Fig. 171.

Es ergiebt sich, daß dieser Druck aus einem konstanten und einem mit dem Kugelhalbmesser veränderlichen Teile besteht; bezeichnen wir ihn durch Z_I, so besteht eine Gleichung von der Form:

$$Z_I = K + \frac{A}{r}.$$

Für den Fall einer ebenen Grenzfläche wird der Druck somit gleich K. Wir legen in B eine Tangentialebene DBE an die Kugel; den zwischen ihr und der Kugel eingeschlossenen Raum bezeichnen wir durch II; füllen wir ihn mit Flüssigkeit, so übt er auf den Cylinder Bb einen offenbar nach oben gerichteten Zug aus, der durch Z_{II} bezeichnet werden möge. Der von den Räumen I und II zusammengenommen nach unten geübte Druck ist dann gleich $Z_I - Z_{II}$. Aber die Räume I und II

bilden zusammen einen von der Ebene *DBE* begrenzten Flüssigkeitsraum, und der resultierende Druck muß daher gleich K sein. Es ergiebt sich somit:

$$Z_I - Z_{II} = K$$

und mit Rücksicht auf die vorhergehende Gleichung:

$$Z_{II} = \frac{A}{r}.$$

Konstruieren wir eine Kugel $A'BC'$, die zu ABC mit Bezug auf die Tangentialebene *DBE* symmetrisch liegt, und füllen wir den zwischen ihr und jener Ebene liegenden Raum *III* ebenfalls mit Flüssigkeit, so läßt sich zeigen, daß er auf den Cylinder *Bb* einen Zug Z_{III} nach oben ausübt, der ebenso groß ist wie der von dem Meniskus *II* herrührende; es ist somit auch:

$$Z_{III} = \frac{A}{r}.$$

Wenn also die Oberfläche der Flüssigkeit durch die Hohlkugel $A'BC'$ begrenzt ist, so hat der in B herrschende molekulare Druck den Wert

$$Z_I - Z_{II} - Z_{III} = K - \frac{A}{r}.$$

Endlich ergiebt sich noch, daß der von der Kugel $A'BC'$ umschlossene Raum *IV* mit Flüssigkeit erfüllt einen Zug Z_{IV} nach oben auf den Cylinder *Bb* ausübt, der gegeben ist durch

$$Z_{IV} = K - \frac{A}{r}.$$

$Z_{IV} + Z_{III} + Z_{II}$ ist dann wieder gleich $K + \frac{A}{r}$, gleich Z_I, aber umgekehrt gerichtet.

Wir nehmen nun an, daß der Raum *I* von einer Flüssigkeit, der Raum $II + III + IV$ von einer anderen erfüllt sei (Fig. 172). In ähnlicher Weise wie zuvor kann man dann die molekularen Züge berechnen, die an der Stelle B auf den Cylinder *Bb* von der einen und anderen Flüssigkeit ausgeübt werden. Ihre Differenz stellt einen nach dem Innern von *I* gerichteten Druck dar, der gegeben ist durch

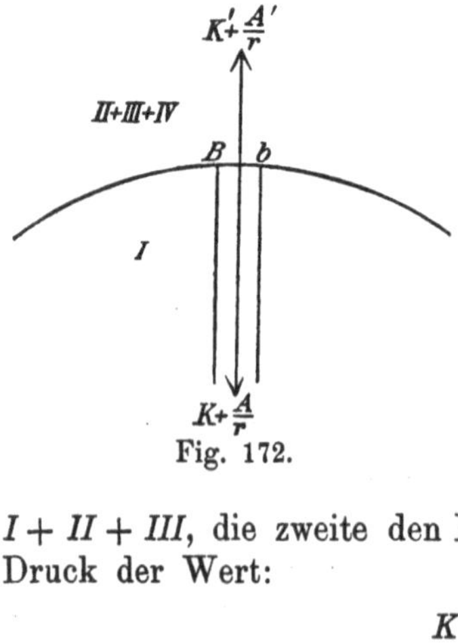

Fig. 172.

$$K - K' + \frac{A - A'}{r},$$

wenn K und A die der ersten, K' und A' die der zweiten Flüssigkeit entsprechenden Werte der Konstanten sind.

Erfüllt die erste Flüssigkeit den Raum $I + II + III$, die zweite den Raum *IV* (Fig. 173), so ergiebt sich für den Druck der Wert:

$$K - K' - \frac{A - A'}{r}.$$

Immer also zerfällt der Molekulardruck in einen konstanten Teil, — dessen Wert nur abhängig sein kann von dem Wirkungsgesetz der Molekularkräfte und von der Zahl der in der Wirkungssphäre enthaltenen Teilchen, d. h. von der Dichte der Flüssigkeit, — und einen variabeln Druck, der dem Krümmungshalbmesser der Oberfläche umgekehrt proportional ist. Mit Hilfe der in § 166 benützten Methode kann man andererseits zeigen, daß eine Oberflächenspannung T einen Druck erzeugt, der gleich $2\frac{T}{r}$, dem Krümmungshalbmesser gleichfalls umgekehrt proportional ist. Der in der molekularen Theorie sich ergebende variabele Druck kann also in der That als das Resultat einer Oberflächenspannung angesehen werden, deren Betrag gegeben ist durch $T = \frac{A - A'}{2}$.

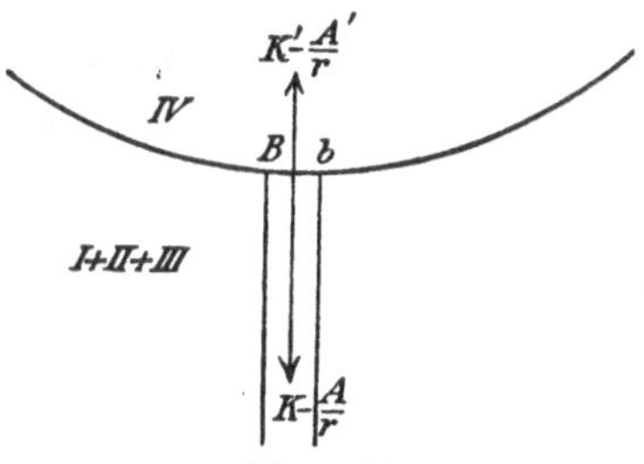

Fig. 173.

§ 170. Innere Reibung der Flüssigkeiten. Gehen wir nun über zu der Betrachtung bewegter Flüssigkeiten, so treten zu den Erscheinungen der Kompressibilität und der Oberflächenspannung noch die der inneren Reibung, von deren Bedeutung wir schon in § 134 gesprochen haben.

Eine Flüssigkeit fließe über einer ruhenden horizontalen Platte (Fig. 174); die unmittelbar an der Platte liegenden untersten Teilchen mögen an dieser haften und sind daher gleichfalls in Ruhe. Proportional der zunehmenden Höhe wachse die Geschwindigkeit der Flüssigkeit und sei in einer Höhe c über der Platte gleich v. Infolge der verschiedenen Geschwindigkeit der übereinander liegenden Flüssigkeitsschichten entsteht zwischen je zweien eine Kraft, welche die schnellere Schichte zu verzögern, die langsamere zu beschleunigen sucht. Wir bezeichnen als ihre Ursache die innere Reibung der Flüssigkeit; sie hat den Charakter eines auf die Grenzflächen der Schichten wirkenden Zuges, dessen Richtung bei der langsamer bewegten mit der Stromrichtung übereinstimmt, während sie bei der schneller bewegten dem Strom entgegengeht. Nehmen wir in der Höhe c an der Grenze zweier Flüssigkeitsschichten eine Fläche s, so ist die in ihr parallel zu der Strömungsrichtung liegende Reibungskraft gegeben durch

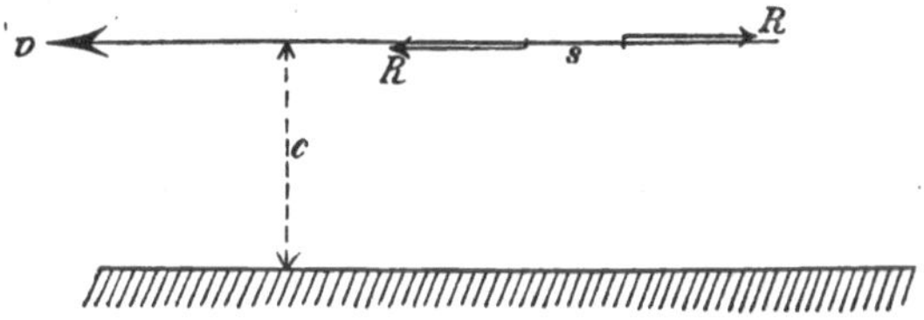

Fig. 174.

$$R = \eta \frac{v}{c} s .$$

Sie hängt nicht ab von der absoluten Geschwindigkeit v, sondern nur von dem Geschwindigkeitsgefälle $\frac{v}{c}$; ϱ ist eine von der Natur der Flüssigkeit abhängende Konstante, die man als Koëffizienten der inneren Reibung bezeichnet. Benützt man die Gleichung zu der Berechnung von ϱ, so ergiebt sich

$$\varrho = \frac{R c}{s v}.$$

Die Dimension der Reibungskonstanten im absoluten Maßsystem ist daher:

$$[\varrho] = l^{-1} m t^{-1}.$$

Wenn wir eine starre Scheibe in einer Flüssigkeit in horizontaler Stellung bifilar aufhängen und in Schwingung versetzen, so teilt sich ihre Bewegung der Flüssigkeit mit, nach einiger Zeit aber kommen Scheibe und Flüssigkeit zur Ruhe; dies ist eine Folge der inneren Reibung, und die Beobachtung der Dämpfung, welche die Schwingung der Scheibe erleidet, kann zu der Bestimmung des Reibungskoëffizienten dienen.

Von großem Einflusse ist die innere Reibung auf den Ausfluß der Flüssigkeiten aus langen Röhren. An der Röhrenwand haftet eine Flüssigkeitsschichte, die ein für allemal in Ruhe bleibt; die Geschwindigkeit nimmt dann gegen die Axe der Röhre hin zu, und so zerfällt die in der Röhre strömende Flüssigkeit in konzentrische Ringe, die mit verschiedener Geschwindigkeit, also unter Reibung, sich gegeneinander bewegen. Die Druckdifferenz zwischen dem Anfang und dem Ende der Röhre sei $p_0 - p$, ihr Halbmesser R, ihre Länge l; dann ist die Geschwindigkeit der Flüssigkeit im Abstand r von der Röhrenaxe gegeben durch:

$$\frac{1}{\varrho} \cdot \frac{p_0 - p}{4 l} (R^2 - r^2);$$

der Druck nimmt auf der Länge l von p_0 bis p stetig ab, kann also graphisch für eine beliebige Stelle der Röhre durch die in Fig. 175 gezeichnete Gerade bestimmt werden. Für das in einer Sekunde ausströmende Volumen V der Flüssigkeit gilt das Gesetz von POISEUILLE, wonach:

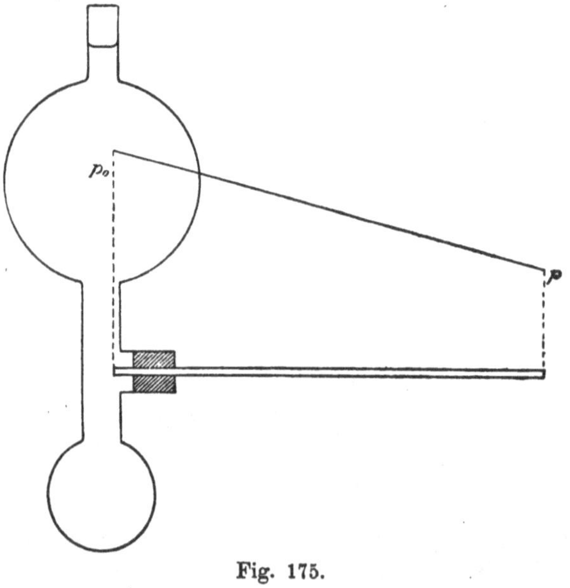

Fig. 175.

$$V = \frac{\pi}{\varrho} \cdot \frac{p_0 - p}{8 l} R^4.$$

Die Messung von V kann daher zu der Bestimmung des Reibungskoëffizienten ϱ dienen.

Diesen kann man, auf Grund der Formel für ϱ auf S. 204, definieren als den Zug, der auf die Flächeneinheit wirkt, wenn die Geschwindigkeit auf die Längeneinheit um die Einheit abnimmt, d. h. wenn das Geschwindigkeitsgefälle $\frac{v}{c} = 1$ ist.

Im folgenden sind die Werte einiger Reibungskoëffizienten im technischen Maße, g-Gewichte pro qcm, und im absoluten Maß, Dynen pro qcm, zusammengestellt.

	Koëffizient der inneren Reibung	
	$\frac{\text{g-Gewichte}}{\text{qcm}}$	absolutes Maß $cm^{-1}\cdot g\cdot sec^{-1}$.
Glycerin (15°)	0,00238	2,34
Olivenöl	0,00100	0,98
Quecksilber	0,0000163	0,0160
Wasser (15°)	0,0000137	0,0134.

Wir erwähnen noch einige Anwendungen, welche die im vorhergehenden enthaltenen Sätze finden.

Auf der Reibung beruht ein großer Teil des Widerstandes, den ein fester Körper, z. B. ein Schiff, bei seiner Bewegung durch das Wasser findet, außerdem tragen dazu noch die von ihm erregten Wellen bei.

Wenn man zwischen eine rotierende Axe und das sie umschließende Lager Schmieröl bringt, so haftet dieses einerseits an der Axe, andererseits an dem Lager; die äußerste Schichte ist in Ruhe, die innerste rotiert mit der Axe. Der Bewegung wirkt die innere Reibung des Öles entgegen. Auf dem viel kleineren Betrage, den sie der gleitenden Reibung fester Körper gegenüber besitzt, beruht die Wirkung des Schmiermittels.

Die Bewegungen von Flüssigkeiten, die eine sehr große innere Reibung besitzen, führen endlich noch hinüber zu den Bewegungen duktiler fester Körper unter sehr großem Druck. Es ist bekannt, daß man aus Natrium mit leichter Mühe Drähte herstellen kann, wenn man das Metall in einem Cylinder zusammenpreßt, in dessen Boden eine kleine Öffnung sich befindet. Ebenso kann man, nur mit Anwendung sehr viel stärkerer Drucke, Blei in Drahtform auspressen. Auch das Schmieden und Walzen des Eisens, das Treiben des Kupfers, das Prägen der Metalle, die Herstellung der nahtlosen Mannesmannschen Röhren sind Prozesse, die zu dieser Kategorie gehören. Die dabei auftretenden Deformationen kann man als ein Fließen der Metalle bei hohem Drucke bezeichnen, wobei die an einander gleitenden Schichten einer sehr starken inneren Reibung unterworfen sind.

§ 171. Relaxation. In einer ruhenden Flüssigkeit ist der Druck nach allen Richtungen derselbe; in einer reibenden Flüssigkeit, die in Bewegung begriffen ist, sind die Drucke in verschiedenen Richtungen verschieden. Nun legt das ganze Verhalten der zähen Flüssigkeiten die Annahme nahe, daß sie einer plötzlich einwirkenden Kraft gegenüber sich im ersten Momente verhalten wie feste Körper; dann würden also auch in der anscheinend ruhenden Flüssigkeit verschiedene Drucke nach verschiedenen Richtungen wirken. Aber diese Verschiedenheit muß sich mehr oder weniger schnell verlieren und man bezeichnet dies als die Relaxation.

MAXWELL hat in seiner dynamischen Theorie der Gase einen auf diesen Vorgang bezüglichen Satz entwickelt. Von dem Momente ab, in dem die äußere Kraft zu wirken begann, sei die Zeit t verflossen; in einer beliebigen Richtung wirkt jetzt der Druck p'. Nach vollendeter Relaxation sei p der Wert des Druckes; dann ist:

$$p' - p = C \cdot e^{-\frac{t}{T}}.$$

Die Differenz $p' - p$ hat zu Anfang den Wert C; sie sinkt in der Zeit T auf den Wert $\frac{C}{2{,}718}$. Diese Zeit T bezeichnet MAXWELL als die Relaxationszeit. Er findet, daß $T = \frac{\varrho}{H}$; hier ist H der Modul der elastischen Reaktion, welche der deformierenden Kraft widerstrebt, ϱ der Koëffizient der inneren Reibung. Bei Luft ist der Modul H identisch mit dem Druck; die innere Reibung ist bekannt und es ist daher möglich die Relaxationszeit der Luft zu berechnen. MAXWELL findet

$$T = 2 \times 10^{-10} \text{ sec.},$$ [1]

ein Resultat, welches im Grunde in das folgende Kapitel zu stellen wäre; wir nehmen es vorweg, da die angegebene Zahl die einzige ist, die wir auf Grund von sicheren experimentellen Daten berechnen können.

§ 172. Diffusion. Wenn man in einem Gefäße über eine wässerige Lösung von Kupfersulfat vorsichtig Wasser gießt, so scheinen die beiden Flüssigkeiten zu Anfang durch eine ziemlich scharfe Grenze geschieden. Bald aber sieht man, wie die blaue Färbung des Kupfersulfates sich nach oben ausbreitet, während nach unten hin die Intensität der Färbung abnimmt. Man bezeichnet diese Erscheinung, die nicht auf einer sichtbaren Strömung, sondern auf einem molekularen Vorgange beruht, als Diffusion. Die Moleküle des gelösten Salzes wandern dabei von den Orten größerer nach denen kleinerer Konzentration. Kann man während der Zeit t das Konzentrationsgefälle, d. h. die Abnahme der Konzentration auf der Längeneinheit, als konstant betrachten, so ist die Menge Salz, die in dieser Zeit durch den Querschnitt q eines Diffusionscylinders wandert, gegeben durch

$$\varrho = D \frac{c - c'}{l} \cdot q\, t.$$

Hier bezeichnen c und c' die Konzentrationen am Anfang und Ende der Strecke l, längs welcher die Konzentration gleichmäßig sinkt, $\frac{c - c'}{l}$ das Konzentrationsgefälle, D eine von der Natur des gelösten Körpers

[1] MAXWELL, On the Dynamical Theory of gases. 1866. The Scientific Papers. Vol. II. p. 69—71. — A. KUNDT, Über die Doppelbrechung des Lichtes in bewegten reibenden Flüssigkeiten. WIED. Ann. 1881. Bd. 13. p. 110.

abhängende Konstante, den Diffusionskoëffizienten. Betrachten wir die in der Volumeinheit enthaltene Masse als Maß der Konzentration, so ergiebt sich für die Dimension des Diffusionskoëffizienten die Gleichung $[D] = l^2 \cdot t^{-1}$. Nehmen wir als Einheit der Zeit den Tag, als Einheit der Länge das Centimeter, so giebt der Diffusionskoëffizient die Anzahl g gelöster Substanz, die an einem Tage durch ein Quadratcentimeter wandern, wenn das Konzentrationsgefälle auf die Länge von 1 cm gleich 1 ist. Die Konzentration wird dabei in g auf das Kubikcentimeter anzugeben sein. Im folgenden sind diese Diffusionskoëffizienten für ein paar Substanzen gegeben:

Salzsäure	2,4	g pro qcm und Tag
Harnstoff	0,81	„ „ „ „ „
Rohrzucker	0,31	„ „ „ „ „
Eiweiß	0,05	„ „ „ „ „

Etwas verwickelter ist der Vorgang, wenn zwei verschiedene, aber mit einander in jedem Verhältnis mischbare Flüssigkeiten, wie Wasser und Alkohol, in einander diffundieren.

Wie sich aus den mitgeteilten Zahlen ergiebt, ist die Diffusion ein sehr langsam verlaufender Vorgang; beschleunigen kann man die Mischung zweier Flüssigkeiten nur durch Vergrößerung der Berührungsfläche, und darauf beruht der Nutzen des Rührens.

§ 173. Osmotischer Druck. Wenn man Kupfersulfatlösung in ein unten mit Pergament verschlossenes Gefäß einfüllt, und dieses in destilliertes Wasser stellt, so tritt Wasser in das Gefäß ein. Läßt man dieses oben in eine engere Röhre ausgehen, so steigt die Kupfersulfatlösung in ihr in die Höhe. Mit der Zeit macht sich auch eine umgekehrte Bewegung, ein Übertritt von Kupfersulfat zum Wasser bemerklich; aber auch wenn das Gefäß nicht in Wasser, sondern in Kupfersulfatlösung gesetzt wird, steigt die Lösung in der Röhre, so lange die Konzentration der Lösung innen größer ist als außen. Man bezeichnet den Vorgang als Osmose, den in dem Gefäß sich einstellenden Druck als osmotischen Druck.

Höchst überraschend gestalten sich die Beziehungen, wenn man eine verdünnte Lösung von dem Lösungsmittel durch eine sogenannte halbdurchlässige Wand trennt, die wohl dem Lösungsmittel, aber nicht dem gelösten Stoffe den Durchgang gestattet. Für Wasser und Rohrzucker besitzt diese Eigenschaft in sehr vollkommener Weise eine auf einer porösen Thonzelle niedergeschlagene Membran von Ferrocyankupfer. Füllt man die Zelle mit Rohrzuckerlösung und setzt man sie in destilliertes Wasser, so dringt Wasser in die Zelle ein; die Lösung steigt in der mit der Zelle verbundenen vertikalen Röhre und vermehrt so den Druck im Innern (Fig. 176). Der osmotische Druck ist gleich dem schließlich

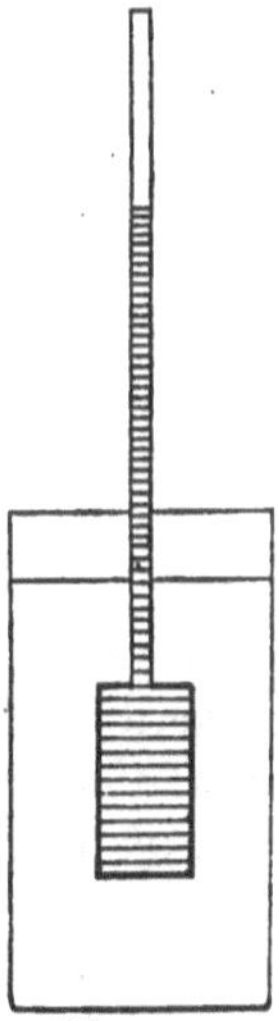
Fig. 176.

erreichten Maximaldruck, der dem weiteren Eindringen von Wasser in die Zelle ein Ziel setzt. Man erhält auf diese Weise eine direkte manometrische Messung des Druckes. Für verschieden konzentrierte Lösungen ergaben sich so die folgenden Werte:

Prozentgehalt der Zuckerlösung	Spezifisches Gewicht der Zuckerlösung	Osmotischer Druck in Centimeter Quecksilber	Dichte des gelösten Zuckers
1 %	1,0026	55,5	0,001003
2 %	1,0066	101,6	0,002013
4 %	1,0144	208,2	0,004057
6 %	1,0223	307,5	0,006134.

Aus den Zahlen der beiden ersten Kolumnen ergiebt sich die Dichte des gelösten Zuckers, d. h. die in 1 ccm davon enthaltene Menge in g: die Zahlen der letzten Kolumne. Dividieren wir den Druck durch die Dichte, so ergeben sich die vier Zahlen:

55 200, 50 470, 51 370, 50 130.

Aus der annähernden Gleichheit derselben ergiebt sich der merkwürdige und wichtige Satz:

Der osmotische Druck ist der Konzentration des gelösten Stoffes, der Anzahl der g im Kubikcentimeter, proportional.

Die Analogie des Satzes mit dem Gesetze von Boyle-Mariotte springt in die Augen. Weitere Untersuchungen, die sich insbesondere auch auf die Abhängigkeit des osmotischen Druckes von der Temperatur richten mußten, haben gezeigt, daß es sich nicht um eine bloße Analogie, sondern um eine vollkommene Identität handelt. Nehmen wir einen Stoff, den wir, wie etwa Äther, als Dampf und in wässeriger Lösung kennen. Bei dem Dampf ist nach dem Boyleschen Gesetz das Verhältnis von Druck und Dichte bei gegebener Temperatur konstant; seine Abhängigkeit von der Temperatur, die wir erst in der Wärmelehre ausführlich studieren werden, läßt sich am einfachsten darstellen mit Hilfe der in § 21 eingeführten absoluten Temperatur T, — Grade Celsius von — 273° an gezählt. Ist p der Druck, δ die Dichte, so gilt die Gleichung

$$\frac{p}{\delta} = R\,T,$$

wo R eine dem Äther eigentümliche Konstante bezeichnet. Dieselbe Gleichung gilt aber auch für den osmotischen Druck p einer verdünnten Ätherlösung, wenn wir unter δ die Konzentration, d. h. wiederum die in der Volumeinheit enthaltene Äthermasse verstehen. Der osmotische Druck einer Lösung ist also genau derselbe wie der Gasdruck, den die gelösten Moleküle ausüben würden, wenn das Lösungsmittel entfernt, und der von ihm eingenommene Raum von jenen Molekülen im Gaszustande erfüllt würde. Auf indirektem Wege kann der osmotische Druck einer verdünnten Lösung aus den in der Wärmelehre zu erwähnenden Erscheinungen der Gefrierpunktserniedrigung und Siedepunktserhöhung berechnet werden.

III. Kapitel. Molekularerscheinungen der Gase.

§ 174. Übersicht über die Erscheinungen. Die Gase zeigen ebenso wie die Flüssigkeiten die Erscheinungen der inneren Reibung; der Ausfluß eines Gases durch eine lange Kapillarröhre folgt daher dem in § 170 angeführten Gesetze. Die Erscheinung der Diffusion tritt bei Gasen in derselben Weise auf, wie bei Flüssigkeiten. Trennt man zwei Gase durch eine poröse Wand, z. B. eine Thonzelle, die keine spezifische Wirkung auf die Gase ausübt, so diffundiert das leichtere Gas rascher durch die Wand, als das schwerere; es entsteht daher eine Druckdifferenz zu beiden Seiten der Wand. So diffundiert Leuchtgas rascher durch eine Thonzelle als Luft, und es steigt daher der Druck auf der Seite der letzteren. In manchen Fällen beruht die Diffusion durch eine Scheidewand auf einer Lösung der Gase in ihrer Substanz. So diffundiert Ammoniak durch eine mit Wasser benetzte Membran, Wasserstoff durch Palladiumbleche.

Der Fall der einfachen Interdiffusion zweier Gase möge noch durch einige weitere Bemerkungen erläutert werden. Wir denken uns einen vertikalen Cylinder, der in seinem unteren Teile mit einem schweren Gase $\mathfrak{G}_1$ gefüllt wird, über dem ein leichteres $\mathfrak{G}_2$ sich befindet. Der Druck sei im ganzen Innern des Cylinders der gleiche und ändere sich auch nicht während der Diffusion. Diese bedingt eine mehr und mehr fortschreitende Vermischung beider Gase; betrachten wir zu irgend einer Zeit zwei Querschnitte, a und b, die in der Entfernung l übereinander sich befinden. Die Dichtigkeit des ersten Gases sei in dem Querschnitt a gleich $\delta_1{}^a$, in b gleich $\delta_1{}^b$, das Gefälle der Dichtigkeit $\frac{\delta_1{}^a - \delta_1{}^b}{l}$. Unter diesen Umständen geht durch einen Querschnitt c, der in der Mitte zwischen a und b liegt, während einer kleinen Zeit τ eine gewisse Menge von $\mathfrak{G}_1$ von unten nach oben hindurch. Ist m_1 die Zahl der hindurchgehenden Gramme, q der Flächeninhalt des Querschnittes, so gilt das Gesetz:

$$m_1 = D_{12} \frac{\delta_1{}^a - \delta_1{}^b}{l} \cdot q \cdot \tau .$$

Hier ist D_{12} eine von der Natur der beiden Gase abhängende Größe, der Diffusionskoëffizient. Er hat ebenso wie der Diffusionskoëffizient der Flüssigkeiten die Dimension $[D_{12}] = l^2 \cdot t^{-1}$. Er ist dem Druck des Gasgemisches umgekehrt proportional und wächst mit steigender Temperatur.

Dem Diffusionsstrom des Gases $\mathfrak{G}_1$ entspricht natürlich ein umgekehrt gerichteter Strom von $\mathfrak{G}_2$, dessen Stärke durch die leicht verständliche Gleichung

$$m_2 = D_{12} \frac{\delta_2{}^b - \delta_2{}^a}{l} \cdot q \cdot \tau$$

bestimmt wird.

Für Centimeter und Sekunden als Einheiten ergeben sich aus den Beobachtungen die folgenden Werte der Diffusionskoëffizienten bei Atmosphärendruck und der Temperatur des schmelzenden Eises.

Wasserstoff-Sauerstoff	0,722	$cm^2 sec^{-1}$
Sauerstoff-Kohlensäure	0,180	„
Kohlensäure-Wasserstoff	0,556	„
Kohlensäure-Luft	0,151	„

Eine andere und wohl etwas anschaulichere Deutung des Diffusionskoëffizienten ergiebt sich aus der Betrachtung des folgenden Vorganges. Zwei große Gasometer 1 und 2 seien mit den Gasen $\mathfrak{G}_1$ und $\mathfrak{G}_2$ bei gleichem Druck gefüllt; die Dichten seien δ_1 und δ_2. Die Gasometer werden mit einander verbunden durch einen Cylinder von der Länge l und dem Querschnitt q. Noch seien in keinen bemerkbare Spuren des anderen Gases eingedrungen, dagegen haben sich diese in der Verbindungsröhre vermischt, so daß die Dichte von $\mathfrak{G}_1$ auf der Länge l von δ_1 abnimmt auf Null, die von $\mathfrak{G}_2$ in umgekehrter Richtung von δ_2 auf Null. Unter diesen Umständen verschwinden infolge der Diffusion in der Zeit τ Teilchen des Gases $\mathfrak{G}_1$ aus dem Gasometer 1; das Volumen v von $\mathfrak{G}_1$, gemessen bei dem Drucke der Gasometer, welches in der Zeit τ durch die Verbindungsröhre nach dem Gasometer 2 übergeht, ist gegeben durch:

$$v = D_{12} \cdot \frac{q}{l} \cdot \tau ;$$

an seine Stelle tritt aus dem zweiten Gasometer ein ebenso großes Volumen des Gases $\mathfrak{G}_2$. Dies gilt so lange, bis durch den wechselseitigen Übergang der Gase die Dichtigkeiten δ_1 und δ_2 merklich verändert worden sind. Die Formel ergiebt sich aus dem zuvor angeführten allgemeinen Gesetz, wenn man $\delta_1{}^b = 0$ setzt und mit $\delta_1{}^a$ dividiert.[1]

Die Absorption eines Gases in einer Flüssigkeit können wir vergleichen mit der wechselseitigen Lösung zweier Flüssigkeiten, die mit einander nicht mischbar, aber bis zu einem gewissen Grade in einander löslich sind, wie z. B. Äther und Wasser. Eine Flüssigkeit absorbiert von einem Gase ein Volumen, welches unter dem Drucke des über ihr stehenden Gases gemessen sich als konstant erweist. Die absorbierte Gasmasse ist darnach dem Absorptionsdrucke proportional. Absorptionskoëffizient ist das bei dem Druck des über der Flüssigkeit stehenden Gases gemessene Volumen, welches von der Volumeinheit der Flüssigkeit aufgenommen ist.

Die Absorptionskoëffizienten einiger Gase in Wasser und Alkohol sind im folgenden zusammengestellt.

[1] Maxwell, On the dynamical Theory of Gases. The scientific papers. Vol. II. p. 26. — O. E. Meyer, Die kinetische Theorie der Gase. Breslau 1877. p. 162. — Maxwell, On Loschmidts Experiments on Diffusion in relation to the kinetic Theory of Gases. l. c. p. 343.

Absorptionskoëffizienten bei 15° Cels.

	Wasser	Alkohol
Stickstoff	0,0148	0,1214
Wasserstoff	0,0193	0,0672
Kohlenoxyd	0,0243	0,2044
Sauerstoff	0,0299	0,2840
Stickoxydul	0,7778	3,2678
Kohlensäure	1,0020	3,1993.

Mit wachsender Temperatur nehmen die Absorptionskoëffizienten stark ab.

An die Erscheinung der Absorption schließt sich zunächst die der Verdichtung von Gasen an der Oberfläche fester Körper, die Adsorption. Die Oberfläche fester Körper ist unter gewöhnlichen Umständen immer mit einer Schichte von verdichteter Luft überzogen. Auf den Eigenschaften dieser adsorbierten Gasschichte beruht das Zustandekommen der sogenannten Moserschen Hauchbilder. Wenn man auf eine Metall- oder Glasplatte einen gravierten Metallstempel setzt, nach einiger Zeit abnimmt und die Platte behaucht, so wird das Bild des Stempels sichtbar. Die Dämpfe schlagen sich an den von ihm berührten Stellen anders nieder als an den nicht berührten infolge einer Veränderung der adsorbierten Gasschicht bei der Berührung zwischen Platte und Stempel.

Besonders stark ist die Adsorption bei poröser Kohle; ein Volumen Buchsbaumkohle adsorbiert die folgenden Volumina verschiedener Gase:

Ammoniak	90	Kohlenoxyd	9,4
Schweflige Säure	65	Sauerstoff	9,2
Stickoxydul	40	Stickstoff	7,5
Kohlensäure	35	Wasserstoff	1,7.

Der Adsorptionsdruck betrug bei den Versuchen, aus denen die Zahlen berechnet sind, 724 mm.

Lösung von Gasen in festen Körpern, wie z. B. von Wasserstoff in Platin und Palladium, bezeichnet man als Okklusion. Ein Volumteil Palladium okkludiert 960 Volumteile elektrolytisch abgeschiedenen Wasserstoffs und dehnt sich dabei um $^1/_{10}$ seines Volumens aus.

§ 175. Kinetische Theorie der Gase. Bei den Gasen ist es gelungen, auf Grund einer hypothetischen Vorstellung von ihrer molekularen Konstitution ein ziemlich vollständiges und zusammenhängendes Bild von ihren physikalischen Eigenschaften zu entwerfen.

Man denkt sich die Gase bestehend aus einzelnen kleinsten Teilchen, den Molekülen, die von einander im allgemeinen durch große Zwischenräume getrennt sind. Wir nehmen an, diese Moleküle haben die Eigenschaften von harten, elastischen Kugeln und fahren, ähnlich den Mücken eines Mückenschwarmes, mit einer gewissen Geschwindigkeit durcheinander. Jedes bewegt sich, dem Prinzipe der Trägheit entsprechend, so lange in gerader Linie fort, bis es mit einem anderen zusammenstößt und aus seiner Bahn abgelenkt wird; in der neuen Richtung bewegt es sich abermals geradlinig bis zu einem neuen Zusammenstoß u. s. f. Die ganze Bahn, die ein bestimmtes Molekül durchläuft, ist somit durch eine Zickzacklinie dargestellt, bei der lauter aufeinanderfolgende geradlinige Strecken unter allen möglichen Winkeln zusammenstoßen. Da man die Bewegungen der einzelnen Gasmoleküle nicht verfolgen kann, so ist man in der Gastheorie angewiesen auf die Methode der Statistik. Anstatt die mannigfach wechselnden Bahngeschwindigkeiten der einzelnen Moleküle zu betrachten, operiert man mit gewissen Durchschnittswerten der molekularen Geschwindigkeit. Ebenso setzt man an Stelle der individuellen veränderlichen Werte, welche die geradlinigen Strecken der zickzackförmigen Molekülbahnen besitzen, einen Durchschnittswert, den man als die mittlere Weglänge bezeichnet. Wir gehen nun zu einer flüchtigen Skizzierung der Theorie über, die auf dem Grunde dieser Vorstellungen sich aufbaut.

Gesetz von Boyle-Mariotte. Der Druck eines Gases gegen die begrenzende Wand rührt her von den Stößen, welche die Moleküle des Gases gegen sie ausüben. Denken wir uns ein Gasmolekül von der Masse μ mit der Geschwindigkeit V senkrecht auf die begrenzende Wand stoßen, so wird es von dieser mit unveränderter Geschwindigkeit, aber entgegengesetzter Bewegungsrichtung reflektiert; die Änderung seiner Bewegungsgröße ist $2\mu V$. Ebenso groß ist nach § 88 der bei dem Zusammenstoße auf die Wand wirkende Impuls. Man gelangt nun am einfachsten zu dem Boyle-Mariotteschen Gesetz, wenn man einen Würfel von 1 ccm Inhalt betrachtet, unter der Annahme, daß die in ihm enthaltenen Gasmoleküle sich in drei Schaaren sondern, von denen jede, ohne durch die anderen irgendwie gestört zu werden, parallel einer Würfelkante hin und herfährt. Nehmen wir (Fig. 177) ein Molekül, das parallel der Kante AB gegen die Wand BC sich bewegt. Die Zeit zwischen zwei aufeinander folgenden Stößen des Moleküls gegen BC ist gleich der Zeit, die es braucht, um zweimal die Länge AB zu durchlaufen, d. h. gleich der Zeit $\frac{2}{V}$, in der es eine Strecke von 2 cm zurücklegt. Das Molekül stößt somit in einer Sekunde $\frac{V}{2}$ mal gegen die Fläche BC; bei jedem Stoße ist der gegen die Wand ausgeübte Impuls gleich $2\mu V$, der Gesamtimpuls während einer Sekunde somit gleich μV^2, entsprechend einer kontinuierlich wirkenden Kraft von gleichem Betrage. Dasselbe gilt aber von den übrigen Molekülen. Ist die ganze Zahl der in dem Kubikcentimeter enthaltenen Gasmoleküle gleich N, so stößt der dritte Teil davon gegen die eine Seitenfläche, der ganze in einer Sekunde ausgeübte Impuls ist somit $\frac{1}{3} N \mu V^2$, entsprechend einem konstanten Drucke von derselben Größe. $N\mu$ ist die Masse des in dem Kubikcentimeter enthaltenen

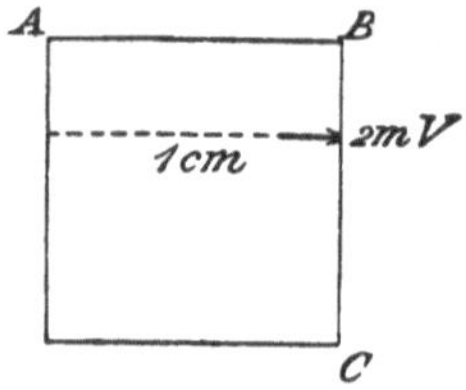

Fig. 177.

Gases, d. h. seine Dichte δ. Wir können somit die gefundene Beziehung auch in der Form schreiben:

$$\frac{p}{\delta} = \frac{1}{3} V^2,$$

in der ihre Übereinstimmung mit dem Gesetz von Boyle-Mariotte in die Augen springt. V^2 würde zunächst den mittleren Wert des Quadrates der molekularen Geschwindigkeit bezeichnen. Wir wollen aber, um unsere Betrachtungen nicht unnötig zu verwickeln, die molekulare Geschwindigkeit als eine konstante behandeln; dann ist V^2 das Quadrat der molekularen Geschwindigkeit, und diese selbst gegeben durch:

$$V = \sqrt{3 \frac{p}{\delta}}\,.$$

Benützen wir hier die in den §§ 126 und 132 eingeführte virtuelle Druckhöhe h des Gases, so wird der in Dynen zu messende Druck $p = g h \delta$ und daher

$$V = \sqrt{3 g h}\,.$$

Hiernach ergeben sich die folgenden molekularen Geschwindigkeiten für die Temperatur 0° Celsius:

Wasserstoff	184 400	cm sec
Stickstoff	49 200	„
Sauerstoff	46 100	„
Kohlensäure	39 200	„

Daltonsches Gesetz. Wenn mehrere Gase in einem und demselben Raume zusammen sind, so verhält sich jedes so, als ob die anderen nicht vorhanden wären. Der Gesamtdruck des Gasgemenges ist gleich der Summe der Partialdrucke der einzelnen Gase, und diese sind für die einzelnen Gase dieselben, wie wenn sie allein den Raum erfüllten. Diese Sätze sind eine unmittelbare Konsequenz der im vorhergehenden gegebenen Ableitung des Boyle-Mariotteschen Gesetzes.

Bei der Absorption eines Gasgemenges in einer Flüssigkeit ist für jedes einzelne Gas der Partialdruck als der maßgebende Absorptionsdruck zu betrachten. Hierdurch und durch die Verschiedenheit der Absorptionskoëffizienten erklärt es sich, daß die in Wasser absorbierte Luft 35 % Sauerstoff enthält, während der Prozentgehalt der freien gleich 21 ist.

Satz von Avogadro. Zwei Gase mögen gleichen Druck und gleiche Temperatur besitzen. Die Molekulargewichte seien μ_1 und μ_2, die molekularen Geschwindigkeiten V_1 und V_2, die Anzahlen der in 1 ccm enthaltenen Moleküle N_1 und N_2. Als Bedingung der Temperaturgleichheit betrachten wir die Gleichheit der lebendigen Kraft der Moleküle. Wir haben dann die Gleichungen:

$$\frac{1}{3} N_1 \mu_1 V_1^2 = \frac{1}{3} N_2 \mu_2 V_2^2,$$

$$\frac{1}{2} \mu_1 V_1^2 = \frac{1}{2} \mu_2 V_2^2.$$

Somit muß $N_1 = N_2$ sein.

Gleiche Volumina zweier verschiedener Gase enthalten bei gleichem Druck und gleicher Temperatur gleiche Anzahlen von Molekülen.

Gesetz von GAY-LUSSAC. Die Konstante des BOYLE-MARIOTTEschen Gesetzes,

$$\frac{p}{\delta} = \frac{1}{3} V^2,$$

ist abhängig von der Temperatur. Benützt man die absolute Temperaturskale, so ist, wie schon in § 173 erwähnt wurde, für die Temperatur T

$$\frac{p}{\delta} = R\,T,$$

wo R eine dem betrachteten Gas individuelle, von der Temperatur unabhängige Konstante bezeichnet. Wir müssen hiernach annehmen, daß die molekulare Geschwindigkeit der Wurzel aus der absoluten Temperatur proportional ist, entsprechend der Gleichung

$$V = \sqrt{3\,R\,T}.$$

Das Gesetz von VAN DER WAALS. Um die in § 120 erwähnten Abweichungen von dem BOYLE-MARIOTTEschen Gesetz zu erklären, kann man die Annahme machen, daß zwischen den Gasmolekülen anziehende Kräfte existieren von der Art, wie wir sie in der Molekulartheorie der Kapillarität betrachtet haben. Aus denselben resultiert dann ein gegen die Oberfläche des Gases wirkender normaler Druck K, der sich zu dem von den begrenzenden Wänden ausgeübten addiert. Nun ist jener konstante Kapillardruck proportional mit dem Quadrat der Dichte, oder umgekehrt proportional dem Quadrat des Volumens; man kann daher setzen: $K = \frac{a}{v^2}$, wo a eine neue, dem Gase eigentümliche Konstante repräsentiert. Der Gesamtdruck, unter dem dieses steht, ist dann:

$$p + \frac{a}{v^2}\,.$$

Will man endlich zum Ausdruck bringen, daß bei unendlich großem Drucke das Volumen des Gases nicht verschwindet, sondern einen bestimmten Grenzwert b erreicht, so muß man in dem BOYLEschen Gesetz an Stelle von b den Wert $v - b$ einsetzen und gelangt so zu der Formel

$$\left(p + \frac{a}{v^2}\right)(v - b) = m\,R\,T,$$

wo nun m die Masse des Gases bezeichnet. Durch diese Gleichung lassen sich die in § 120 hervorgehobenen Abweichungen in befriedigender Weise darstellen.

Innere Reibung und mittlere Weglänge. Wenn ein Gas im ganzen in strömender Bewegung sich befindet, und verschiedene Schichten dabei verschiedene Geschwindigkeit besitzen, so treten infolge der molekularen Bewegung Teilchen mit kleinerer Strömungsgeschwindigkeit in Schichten mit größerer, Teilchen mit größerer Strömungsgeschwindigkeit in Schichten mit kleinerer. Darauf beruht die innere Reibung der Gase. Für den Koëffizienten derselben ergiebt sich der Wert

$$\varrho = \tfrac{1}{3} \delta V L.$$

Hier bezeichnet δ die Dichtigkeit des Gases, V die molekulare Geschwindigkeit, L die mittlere Weglänge. Da man den Koëffizienten der inneren Reibung bei Gasen nach denselben Methoden bestimmen kann, wie bei Flüssigkeiten, so giebt die Gleichung ein Mittel zur Berechnung der mittleren Weglänge. In der folgenden Tabelle sind einige so erhaltene Werte zusammengestellt. Die Reibungskoëffizienten geben wie in § 170 den auf das Quadratcentimeter wirkenden Zug in g-Gewichten, wenn die Geschwindigkeitsdifferenz auf 1 cm gleich 1 cm sec^{-1} ist. Die Temperatur ist zu 15^0 angenommen:

	$\varrho \times 10^8 \frac{\text{g-Gew.}}{\text{cm}^2}$	L mm
Wasserstoff	9,4	0,000172
Kohlensäure	15,5	0,000060
Kohlenoxyd	17,2	0,000087
Stickstoff	18,1	0,000089
Sauerstoff	20,7	0,000095

Die bei der Berechnung von L zu benützenden Werte von ϱ in absolutem Maße, cm^{-1} g sec^{-1}, ergeben sich aus den Zahlen der Tabelle durch Multiplikation mit 981.

Wie die innere Reibung eines Gases von Weglänge und molekularer Geschwindigkeit abhängt, so muß auch die wechselseitige Diffusion zweier Gase durch ihre molekularen Geschwindigkeiten und Weglängen bedingt sein. Es knüpft sich hieran die Möglichkeit, molekulare Weglängen aus den Diffusionskoëffizienten, diese selbst aus den Koëffizienten der inneren Reibung zu berechnen. Die wirkliche Verfolgung dieses Weges stößt auf Schwierigkeiten, vor allem deshalb, weil die molekularen Weglängen der Gase bei ihrer Mischung andere werden.

Molekulardurchmesser und Molekularabstand. Es ist von vornherein zu erwarten, daß die Weglänge abhängt von dem Durchmesser der Moleküle und von ihrer Distanz, oder, was im wesentlichen auf dasselbe hinauskommt, von dem Verhältnis des Raumes v, in dem das Gas im ganzen verbreitet ist, zu dem Raum k, der von der Masse der kugelförmig gedachten Moleküle selbst wirklich ausgefüllt wird. In der That ergiebt sich zunächst eine Beziehung zwischen Weglänge, Molekulardistanz und Molekularhalbmesser.

Wir denken uns die Moleküle des Gases gleichmäßig in den Mittelpunkten eines regelmäßigen, aus lauter gleich großen Würfeln gebildeten Zellensystems verteilt. Die Kante eines ein Molekül umschließenden Würfels entspricht dann der mittleren Entfernung benachbarter Moleküle. Wir bezeichnen diese Entfernung λ als den Molekularabstand, den Würfel vom Inhalt λ^3 als den Molekularwürfel. Der Halbmesser der kugelförmig gedachten Moleküle sei R, die Weglänge L, dann gilt die Proportion:

$$L : \lambda = \lambda^2 : 4\sqrt{2}\,\pi R^2.$$

Das Verhältnis zwischen dem Volumen eines Moleküls, $\frac{4}{3}\pi R^3$, und dem des Molekularwürfels, λ^3, ist offenbar gleich dem Verhältnis zwischen dem Raume k, den die Gesamtheit der Moleküle nach vollständiger Kondensation des Gases einnimmt, und dem ursprünglichen Volumen v im gasförmigon Zustand. Wir haben somit die zweite Gleichung:

$$\tfrac{4}{3}\pi R^3 : \lambda^3 = k : v.$$

Die Verbindung beider Gleichungen giebt für den Molekulardurchmesser die Formel:

$$2R = 8{,}5\, L \frac{k}{v},$$

für die Molekulardistanz:

$$\lambda = L \sqrt[3]{319 \frac{k^2}{v^2}},$$

Da ferner λ^3 den von einem Molekül im gasförmigen Zustand im ganzen okkupierten Raum darstellt, so ist $\frac{1}{\lambda^3} = N$ die Zahl der Moleküle in der Volumeinheit. Das Verhältnis $\frac{k}{v}$ kann aus der Konstanten b des van der Waalsschen Gesetzes berechnet werden. Ist die Weglänge L bekannt, so ergiebt sich die Größe des Molekulardurchmessers, der Molekularabstand und die Zahl der Moleküle in der Volumeinheit. Für Kohlensäure ist bei normalem Druck und normaler Temperatur, d. h. bei 0^0 Celsius

$$\frac{k}{v} = 0{,}0005.$$

Somit wird der Molekulardurchmesser

$$2R = 0{,}25 \times 10^{-6} \text{ mm},$$

die Molekulardistanz bei normalen Verhältnissen von Druck und Temperatur:

$$\lambda = 2{,}6 \times 10^{-6} \text{ mm},$$

die Anzahl der Moleküle im Kubikmillimeter unter derselben Voraussetzung:

$$N = 58000 \times 10^{12}.$$

VIERTES BUCH.

AKUSTIK.

I. Kapitel. Die musikalischen Töne.

§ 176. Entstehung der Töne. Wir haben in § 148 gesehen, daß eine einfache Welle, die sich in der Luft ausbreitet, die Empfindung des Schalles erzeugt, sobald sie unser Ohr trifft. Es fragt sich nun, wie die Tonempfindung zustande kommt. Wenn die Luft an irgend einer Stelle in regelmäßiger Weise andauernd erschüttert wird, so gehen von da Wellenzüge aus, deren einzelne, unter sich gleiche Wellen kontinuierlich aufeinander folgen und mit derselben Geschwindigkeit durch den Luftraum hindurch sich ausbreiten. In unserem Ohre werden sie in regelmäßiger Folge, in genau gleichen Zeitintervallen eintreffen, jedesmal die Schallempfindung hervorrufend. Wenn nun die Zahl der in einer Sekunde sich häufenden Eindrücke eine gewisse Grenze übersteigt, so kommen nicht mehr einzelne Schallstöße zur Empfindung, sondern es tritt eine ganz neue Empfindung auf, der musikalische Ton.

Von der Richtigkeit dieser Anschauung überzeugen wir uns, wenn wir Vorgänge betrachten, bei denen musikalische Töne erzeugt werden; wir erinnern vor allem an die Saiten, bei denen der Ton an ihre Schwingung gebunden ist. Es zeigt sich nun, daß ganz allgemein jede schwingende Bewegung, gleichgültig auf welchem Wege sie hervorgerufen wird, einen Ton erzeugt, wenn sie nur mit genügender Schnelligkeit vor sich geht. Wenn man ein Kartenblatt gegen den Rand eines rasch rotierenden Zahnrades hält, so wird es in Schwingung versetzt und giebt einen Ton, dessen Höhe mit der Rotationsgeschwindigkeit zunimmt. In einer sehr eigentümlichen Weise wird die schwingende Bewegung bei dem sogenannten TREVELYAN-Instrument erzeugt (Fig. 178a). Eine Barre von Kupfer trägt an ihrer unteren Fläche zwei scharfe hervorragende Leisten, so daß sie im Querschnitt die in Fig. 178b gezeichnete Form besitzt. Sie wird in der Flamme eines Bunsenbrenners erhitzt und in schräger Stellung mit dem an ihr befindlichen Griffe auf die Tischplatte, mit der einen Kante gegen den blank geschabten Rand eines Bleiklötzchens gelegt. An der Berührungsstelle zwischen Kupfer und Blei findet eine energische Wärmeströmung von dem ersteren zu dem letzteren statt, und bei der schlechten

Wärmeleitung des Bleis resultiert daraus eine plötzliche starke Erwärmung jener Stelle. Diese hat eine so schnelle Ausdehnung des Bleis zur Folge, daß dadurch die Kupferbarre, wie durch einen Stoß in die

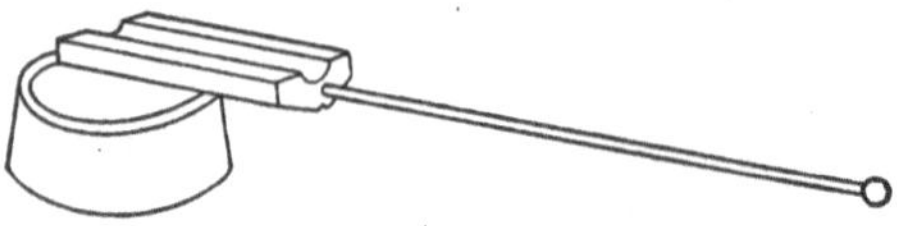

Fig. 178a. TREVELYAN-Instrument.

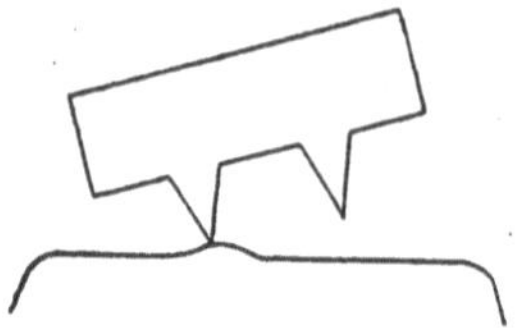

Fig. 178b.

Höhe geworfen wird, um dann auf die andere Kante zurückzufallen. Sobald diese mit dem Blei in Berührung kommt, wiederholt sich bei ihr derselbe Vorgang, und auf diese Weise gerät der kupferne Wieger in eine schwingende, einen Ton erzeugende Bewegung.

Wenn man einen Luftstrahl durch eine feine Öffnung austreten läßt, so entsteht ein Ton; es muß dies auf einer Diskontinuität in der Ausflußbewegung beruhen, die sich in regelmäßiger Periode wiederholt. In der That hat man gezeigt, daß ein aus einem Gasometer unter einem Druck von 48 Atmosphären austretender Strahl, sich in eine Reihe von Lufttropfen auflöst, die in gleichen Intervallen aufeinander folgen (Fig. 179).[1] Es ist darnach wohl möglich, daß Diskontinuitäten in geringerem Maßstab schon bei kleineren Ausflußgeschwindigkeiten sich einstellen. Auf ähnlichen Verhältnissen müssen die Töne beruhen, die entstehen, wenn eine Peitschenschnur oder ein Draht in rascher Bewegung die Luft durchschneiden. Umgekehrt entstehen durch die Strömung der Luft gegen einen an seinen Enden befestigten Draht die Töne, die man bei den Äolsharfen, bei Telegraphendrähten beobachten kann. Die Höhe des Tones steigt mit der Geschwindigkeit der Bewegung; bei gleicher Geschwindigkeit geben dickere Drähte tiefere Töne als dünne.

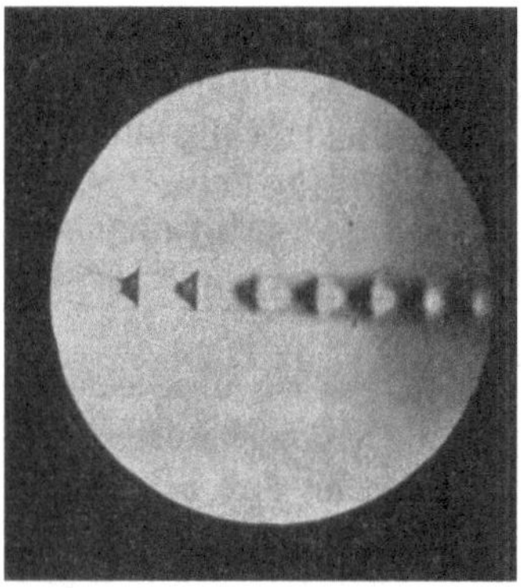

Fig. 179. Luftstrahl.

§ 177. Die Tonhöhe. Die für die Unterscheidung der Töne weitaus wichtigste Eigenschaft ist ihre Höhe. Die Frage, von welchen Eigentümlichkeiten der sie erzeugenden Bewegung die Höhe abhängt, werden wir sicher nur entscheiden können, wenn wir uns nicht auf qualitative Versuche beschränken, sondern zur Erzeugung der Töne Bewegungen von vollkommen bestimmter Periodizität benützen. Wir werden anderer-

[1] E. MACH und P. SALCHER, Optische Untersuchung der Luftstrahlen. WIED. Ann. 1890. Bd. 41. p. 144.

seits auch die auf die Bedingungen ihrer Höhe zu untersuchenden Töne nicht ganz willkürlich, sondern so wählen, daß sie ein bestimmtes musikalisches Intervall, eine Oktave, Quarte u. s. w. bilden.

Beide Bedingungen lassen sich erfüllen mit Benützung von Luftstrahlen, bei denen die Auflösung in eine Reihe von aufeinander folgenden Tropfen auf künstlichem Wege erreicht wird. Auf diesem Gedanken beruht die Konstruktion der Sirene. Eine Scheibe, die um ihre Axe in rasche Rotation versetzt werden kann, trägt an ihrem Umfang eine vierfache Löcherreihe, wie dies in Figur 180 gezeichnet ist. Die Zahl der Löcher betrage in der innersten Reihe 40, in der folgenden 50, in der dritten 60 und in der äußersten 80. In der Figur ist die Zahl der Löcher der Deutlichkeit halber fünfmal kleiner genommen. Bläst man mit einem Glasröhrchen gegen eine Löcherreihe der rotierenden Scheibe, so wird der Luftstrahl unterbrochen, so oft eine massive Stelle der Scheibe vor die Mündung der Röhre kommt; es tritt ein Tropfen Luft in den Raum jenseits der Scheibe hinein, so oft ein Loch der Mündung gegenüber steht. Bezeichnen wir die Tourenzahl der Scheibe, die Anzahl der Umdrehungen in einer Sekunde, durch n, die Anzahl der Löcher in der Reihe durch z, so gehen in einer Sekunde nz Löcher vor der Röhrenmündung vorbei; ebenso viele Lufttropfen werden in den Raum jenseits der Scheibe hinausgeschleudert, von denen jeder eine Welle in der Luft erregt. Von der Stelle A des Raumes, an der sich die Mündung der Röhre befindet, geht somit ein regelmäßiger Zug von Wellen aus; jede Welle besteht, wie dies in Figur 181 durch die verschiedene Entfernung der Kreise anschaulich gemacht wird, aus einem Teil, in dem die Luft verdichtet, aus einem, in dem sie verdünnt ist. Die Zahl der in der Sekunde erregten Wellen ist gleich dem Produkt nz aus Touren- und Löcherzahl. Verfolgen wir diese Wellen auf ihrer Bewegung nach unserem Ohre, die sich mit der Geschwindigkeit des Schalles vollzieht; sie treffen da in denselben Zeitintervallen ein, in denen sie von A ausgehen. Sie setzen mit ihren verdichteten und verdünnten Teilen die Luft in unserem Gehörgang in eine schwingende, abwechselnd nach innen und außen gerichtete Bewegung, deren Periode offenbar gleich ist dem Intervalle zwischen dem Eintreffen zweier aufeinander folgender Wellen. Die Anzahl der in einer Sekunde stattfindenden ganzen Schwingungen der Luft bezeichnen wir als die Schwingungszahl des gehörten Tones.

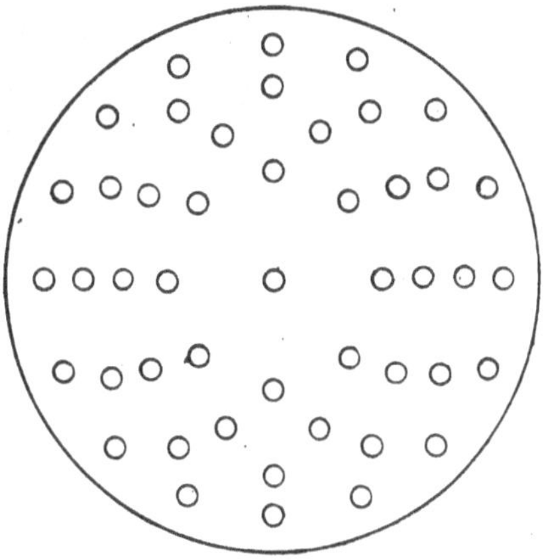

Fig. 180. Sirene.

Wenn wir nun den Luftstrom gegen die innerste und äußerste Löcherreihe unserer Scheibe richten, so hören wir Grundton und Oktave, welches auch die Rotationsgeschwindigkeit sein mag. Für das Intervall

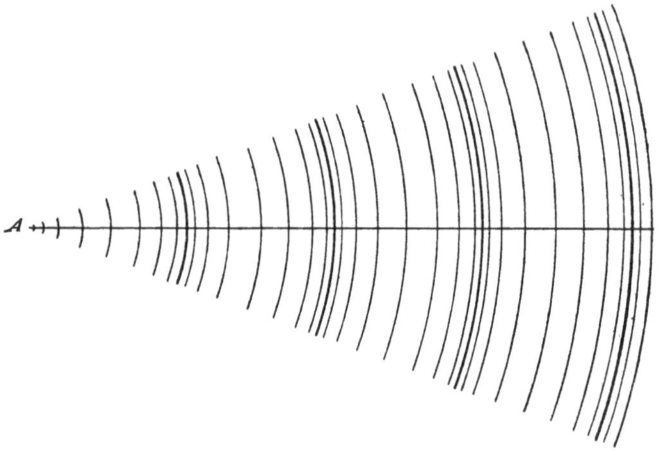

Fig. 181. Tonwellen.

der Oktave ist darnach das Verhältnis der Schwingungszahlen 40 : 80 oder 1 : 2. Die drei inneren Löcherreihen geben die Töne eines Durakkordes. Daraus folgen die Verhältnisse der Schwingungszahlen für die Töne der folgenden musikalischen Intervalle:

Grosse Terz	40:50	oder 4:5
Quinte	40:60	oder 2:3
Kleine Terz	50:60	oder 5:6.

Eine Scheibe mit drei Reihen von 50, 60 und 75 Löchern giebt den Mollakkord. Man kann ferner Sirenenscheiben mit einer größeren Zahl von Löcherreihen herstellen, se daß die von ihnen erzeugten Töne die aufeinanderfolgenden Intervalle einer diatonischen Tonleiter bilden. Nimmt man die Schwingungszahl des Grundtones als Einheit, so ergeben sich so für die relativen Schwingungszahlen der Durtonleiter die Werte:

Grundton	Sekund	gr. Terz	Quart	Quint	gr. Sexte	gr. Septime	Oktave
1	$^9/_8$	$^5/_4$	$^4/_3$	$^3/_2$	$^5/_3$	$^{15}/_8$	2

Ebenso ergiebt sich für die Molltonleiter:

Grundton	Sekund	kl. Terz	Quart	Quint	kl. Sexte	kl. Septime	Oktave
1	$^9/_8$	$^6/_5$	$^4/_3$	$^3/_2$	$^8/_5$	$^9/_5$	2.

Für die Töne der sogenannten gleichmäßig temperierten Stimmung, die Töne eines Klavieres, können die Schwingungszahlen mit der Sirene bestimmt werden, indem man die Umdrehungszahl der Scheibe so reguliert, daß der Ton der Sirene dieselbe Höhe hat, wie der zu untersuchende. Zum Zwecke solcher absoluter Bestimmungen der

Schwingungszahlen hat man die Einrichtung der Sirene in mannigfacher Weise verbessert. Vor allem wird mit der Axe ein Tourenzähler verbunden, der in einem gegebenen Momente in Gang zu setzen oder wieder auszurücken ist. Die Löcher werden in der Peripherie einer dickeren, eben abgedrehten Metallscheibe angebracht; der Luftstrom wird allen Löchern des Kranzes zugleich zugeführt mit Hilfe entsprechender Durchbohrungen einer festen Metallscheibe. Dadurch wird der Ton verstärkt und es wird gleichzeitig die Möglichkeit gewonnen, die rotierende Scheibe durch den Luftstrom selbst zu treiben, indem man sie mit schiefen Durchbohrungen versieht, die alle in demselben Sinne gegen die Löcher der festen Scheibe geneigt sind. Die Resultate der Bestimmungen sind für die verschiedenen Oktaven in der folgenden Tabelle zusammengestellt.

	C_{-2}	C_{-1}	C	c	c_1	c_2	c_3	c_4
C	16.17	32.33	64.66	129.3	258.7	517.3	1035	2069
Cis	17.13	34.25	68.51	137.0	274.0	548.1	1096	2192
D	18.15	36.29	72.58	145.2	290.3	580.7	1161	2323
Dis	19.22	38.45	76.90	153.8	307.6	615.2	1230	2461
E	20.37	40.74	81.47	162.9	325.9	651.8	1304	2607
F	21.58	43.16	86.31	172.6	345.3	690.5	1381	2762
Fis	22.86	45.72	91.45	182.9	365.8	731.6	1463	2926
G	24.22	48.44	96.89	193.8	387.5	775.1	1550	3100
Gis	25.66	51.32	102.65	205.3	410.6	821.2	1642	3285
A	27.19	54.37	108.75	217.5	**435.0**	870.0	1740	3480
Ais	28.80	57.61	115.22	230.4	460.9	921.7	1843	3687
H	30.52	61.03	122.07	244.1	488.3	976.5	1953	3906.

Wenn wir die in dieser Tabelle enthaltenen Zahlen als die Schwingungszahlen der Töne, wie sie z. B. von den Saiten eines Klavieres erzeugt werden, bezeichnen, so liegt darin die Voraussetzung, daß die Höhe eines Tones nur abhängt von der Schwingungszahl, daß Töne von gleicher Höhe immer gleichen Schwingungszahlen entsprechen, unabhängig von der Art wie die Töne erzeugt werden. Die Richtigkeit dieses Satzes wird durch alle weiteren Untersuchungen der Akustik bestätigt werden. Sie leuchtet aber auch a priori ein, wenn wir bemerken, daß die Tonempfindung unmittelbar nur abhängen kann von den Schwingungen der Luft in unserem Gehörgang, nicht davon wie diese Schwingungen zu stande gekommen sind.

§ 178. Die Konsonanz. Aus den vorhergehenden Untersuchungen ergiebt sich, daß die Töne um so höher sind, je größer ihre Schwingungszahl, und zwar verdoppelt sich die Schwingungszahl, so oft wir um das Intervall einer Oktave fortschreiten. Ferner ergiebt sich aus den relativen Schwingungszahlen der Töne der Dreiklänge und der diatonischen Tonleitern, daß konsonante Töne solche sind, deren Schwingungszahlen zu einander im Verhältnisse einfacher ganzer Zahlen stehen, und zwar erscheint die Konsonanz um so vollkommener, je einfacher jene Zahlen sind. Dem scheint nun die Tabelle des vorhergehenden Paragraphen in gewisser Weise zu widersprechen. Zwar finden wir, daß die Schwingungszahlen der Oktaven sich durchaus wie 1 : 2 verhalten. Dagegen ergiebt sich für die große Terz, *c* : *e*, das Verhältnis 4 : 5,039, für die Quarte, *c* : *f*, das Verhältnis 3 : 4,004, und für die Quinte, *c* : *g*, das Verhältnis 2 : 2,997. Daraus folgt also, daß die Stimmung unseres Klavieres nur in den Oktaven rein, dagegen im übrigen eine unreine ist. Es wird dies dadurch bedingt, daß wir uns in der Musik nicht mit einer einfachen Tonreihe begnügen können, wie sie etwa durch die diatonische Tonleiter dargestellt wird; es muß vielmehr möglich sein, von jedem einzelnen Tone der Reihe aus eine neue Reihe mit derselben Folge von Intervallen zu bilden, und zwar bei einer begrenzten Anzahl von Tönen. Die Lösung der Aufgabe ist nur möglich, wenn man sich kleine Abweichungen von den richtigen Verhältnissen der Intervalle gestattet. Eine erste Lösung, bei der aber die Abweichungen für das Ohr nicht unmerklich sind, erreicht man, wenn man 11 Töne zwischen den Grundton und die Oktave einschaltet. Die Oktaven selbst, bei denen eine Abweichung am empfindlichsten sein würde, werden dabei rein erhalten, während die Verhältnisse der anderen konsonierenden Intervalle in der angegebenen Weise verändert sind.

§ 179. Grenzen der Tonempfindung. Wenn die Tonempfindungen nach dem vorhergehenden durch Bewegungen erzeugt werden, die in periodischer Weise mit einer gewissen Geschwindigkeit sich wiederholen, so können wir umgekehrt fragen, ob jede schwingende Bewegung eines Körpers mit einer Tonempfindung verbunden ist. Es ist dies offenbar nicht der Fall, da ja sonst jedes Uhrpendel einen Ton erzeugen müßte. In der That ergiebt die genauere Untersuchung, daß mindestens 16 Schwingungen in der Sekunde erforderlich sind, um eine Tonempfindung zu erzeugen, und daß andererseits kein Ton mehr hörbar ist, wenn die Anzahl der Schwingungen 36 000 übersteigt. Bei der Bestimmung der Grenzen spielt die subjektive Empfänglichkeit des Beobachters eine große Rolle, und es darf daher den angegebenen Zahlen keine absolute Geltung zugesprochen werden.

§ 180. Die Luft als Schallmedium. Wir können der vorhergehenden Bedingung für das Entstehen einer Tonempfindung noch eine weitere hinzufügen. Der schwingende Körper erzeugt zunächst einen regelmäßigen Wellenzug in der Luft; wenn dieser in unser Ohr gelangt, so setzt er hier die Luft in Schwingung; die Tonempfindung wird unmittelbar nur durch diese erzeugt. Wenn wir einen schwingenden Körper, etwa eine Glocke, die wir von außen anschlagen können, in dem evakuierten Rezipienten einer Luftpumpe aufhängen, hören wir keinen Ton, da nun die Schwingungen nicht an die Luft abgegeben werden können. Der Ton tritt auf, sobald wir Luft in den Rezipienten einströmen lassen.

§ 181. Das DOPPLERsche Prinzip. Den vorhergehenden Bemerkungen nach scheint die Tonempfindung vollkommen bestimmt, wenn die sie erzeugenden Schwingungen und ein Schallmedium gegeben sind. Dies ist aber in der That nur der Fall, wenn der tönende Körper und das Ohr ihre Entfernung nicht ändern, also beide in Ruhe sind, oder beide mit derselben Geschwindigkeit bewegt. Wir wollen untersuchen, was für eine Änderung der Tonempfindung eintritt, wenn der tönende Körper mit der Geschwindigkeit c dem Ohr sich nähert, während er in einer Sekunde n ganze Schwingungen macht. Wir nehmen an, er sei bei der ersten Schwingung in dem Punkte A (Fig. 182) 333 m von dem Ohre O entfernt; dann gelangt die von ihm erzeugte Welle nach einer Sekunde ins Ohr; nach Verlauf von einer Sekunde ist der tönende Körper in B vom Ohre um $333 - c$ m entfernt, zugleich macht er die $n$te Schwingung und sendet die $n$te Welle nach dem Ohre; diese hat aber nur die Strecke von $333 - c$ m zu durchlaufen und trifft daher nach $\frac{333-c}{333}$ Sekunden im Ohre ein. Dieses nimmt somit in der Zeit von $\frac{333-c}{333}$ Sekunden n Wellen auf; die im Gehörgange befindliche Luft macht in der Zeit von $\frac{333-c}{333}$ Sekunden n, also in einer Sekunde $\frac{333 \cdot n}{333-c}$ Schwingungen. Da aber die Tonempfindung lediglich von der Schwingung der Luft im Gehörgang abhängig ist, so ist die Schwingungszahl des gehörten Tones gleich

Fig. 182.

$$\frac{333\, n}{333-c},$$

also höher als die des tönenden Körpers. Würde umgekehrt der letztere mit der Geschwindigkeit c sich von dem Ohre entfernen, so wäre die Schwingungszahl des gehörten Tones

$$\frac{333\, n}{333+c},$$

die Tonhöhe schiene erniedrigt.

Man bezeichnet diesen Satz, der insbesondere auch für die Wellenbewegung des Lichtes von Bedeutung ist, als das Dopplersche Prinzip. Von seiner Richtigkeit kann man sich gelegentlich überzeugen, wenn man den Ton beobachtet, den die Pfeife einer vorüberfahrenden Lokomotive giebt.

Durch die vorhergehende Betrachtung wird man leicht weiter geführt werden zu der Frage, was eintritt, wenn der die Luftwellen erzeugende Körper sich mit einer Geschwindigkeit bewegt, welche die des Schalles übertrifft. Der Unterschied dieses Falles gegen den zuvor angenommenen wird durch die Figuren 183 und 184 anschaulich gemacht. Im Anfang der Beobachtung befinde sich der Körper in den mit 0 bezeichneten Punkten; er bewege sich in der Richtung der Pfeile und sende in regelmäßigen Intervallen Wellen aus, welche durch die in den Figuren gezeichneten Kreise dargestellt sind. Bezeichnen wir die Zeit, die zwischen

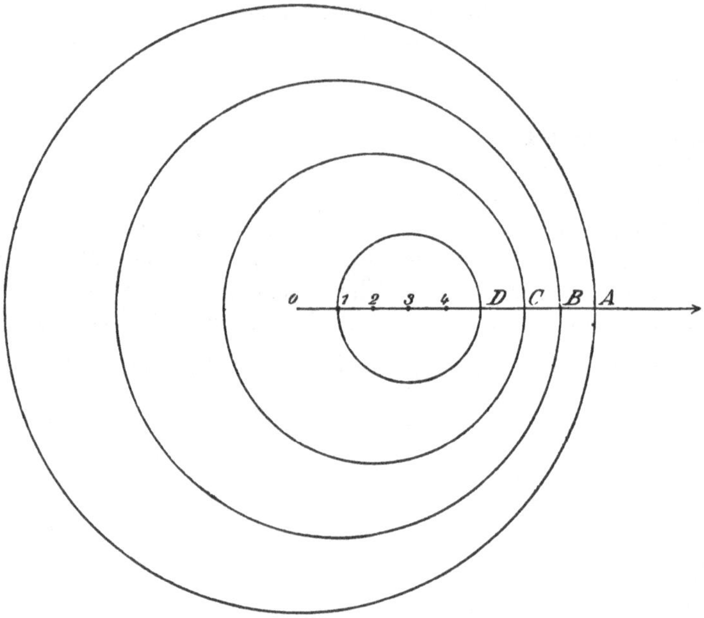

Fig. 183.

der Aussendung zweier aufeinanderfolgender Wellen verfließt, durch T, so gelangt der Körper nach den Zeiten T, $2\,T$, $3\,T$, $4\,T$ in die Punkte

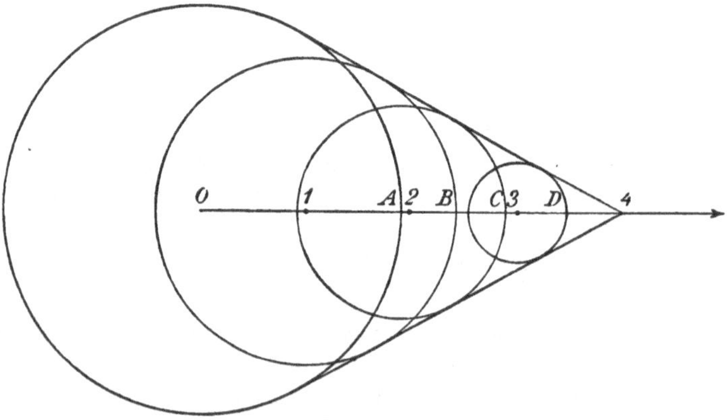

Fig. 184.

1, 2, 3, 4. Bestimmen wir den Zustand der Wellenbewegung für den letzten dieser Momente; die von 0 ausgehende Welle hat dann zu ihrer

Ausbreitung die Zeit $4T$; bezeichnen wir die Schallgeschwindigkeit durch v, so ist der Halbmesser der von dem Punkte 0 ausgehenden Wellenkugel: $0A = 4Tv$; die von 1, 2, 3 ausgehenden Wellen haben sich in dem Momente, in dem der Körper nach 4 gekommen ist, auf Kugeln ausgebreitet, deren Halbmesser $1B$, $2C$, $3D$ beziehungsweise gleich $3Tv$, $2Tv$, Tv sind. Der Anblick der Figuren zeigt, daß die Wellenkugeln ineinander geschachtelt bleiben, so lange die Geschwindigkeit des Körpers kleiner ist, als die des Schalles, sie drängen sich nur nach der einen Richtung zusammen, während sie in der entgegengesetzten ihren Zwischenraum vergrößern. Wenn aber das Verhältnis der Geschwindigkeiten das umgekehrte ist, so überschneiden die später erzeugten Wellen die früheren, wie in Figur 184. Sie besitzen einen gemeinsamen Umhüllungskegel, der durch die von 4 aus gezogenen Tangenten unserer Figur dargestellt ist; die von dem bewegten Körper erzeugten Wellen setzen sich in diesem Falle zu einer kegelförmigen, sogenannten Streckwelle zusammen. Diese entspringt an dem bewegten Körper und schreitet mit ihm durch den Raum fort. Die Spitze des Kegels ist um so schärfer, je größer die Geschwindigkeit des Körpers. Diese Wellen hat man bei Geschossen in der That beobachtet, mit Hilfsmitteln, die wir in der Optik erwähnen werden. Figur 185 zeigt die von einem Mannlicher Projektil mit 8 mm Kaliber und 530 $\frac{\text{m}}{\text{sec}}$ Geschwindigkeit erzeugten Streckwellen.[1]

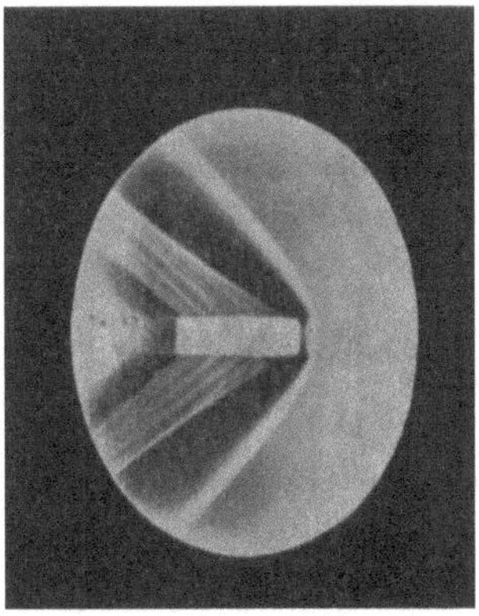

Fig. 185. Streckwellen.

§ 182. **Beziehung der Akustik zur Mechanik.** Wir haben in den vorhergehenden Paragraphen den Satz aufgestellt, daß jede Schwingung eines Körpers, wenn sie sich mit genügender Schnelligkeit vollzieht, einen Ton erzeugt, und daß die Höhe des Tones allein abhängig ist von der Schwingungszahl des Körpers. Dieser Satz kann bestätigt werden durch Beobachtung von Schwingungen solcher Körper, bei denen man die Gesetze der Bewegung aus den allgemeinen Prinzipien der Mechanik zu entwickeln im stande ist. Er kann, seine Richtigkeit vorausgesetzt, auch umgekehrt dienen, die aus der allgemeinen Theorie sich ergebenden Gesetze schwingender Bewegungen durch Beobachtung zu prüfen. In diesem Sinne verwenden wir akustische Beobachtungsmethoden ganz besonders als ein Mittel zur Untersuchung solcher schwingender Bewegungen der Körper, die durch Molekularkräfte hervorgerufen werden. Wenn ein

[1] E. Mach und P. Salcher, Photographische Fixierung der durch Projektile in der Luft eingeleiteten Vorgänge. Wied. Ann. 1887. Bd. 32. p. 277.

elastischer Körper einer Deformation unterworfen und dann losgelassen wird, oder wenn wir durch einen Schlag seinen Teilchen an einer Stelle eine gewisse Geschwindigkeit erteilen, während er an anderen Stellen festgehalten wird, so pflanzt sich die Störung des elastischen Gleichgewichtes wellenförmig in dem Körper fort, und es bildet sich bei geeigneter Begrenzung eine stehende Schwingung aus. Solche Schwingungen vollziehen sich aber in sehr kleinen Räumen und in sehr kurzen Zeiten, so daß ihre direkte Beobachtung mit großen Schwierigkeiten verbunden ist. Aber eben vermöge ihrer Schnelligkeit geben sie Veranlassung zu Tönen, deren Höhe die Zahl der Schwingungen bestimmt. Andererseits aber kann man die Bewegungen der Körper aus den Gesetzen der Elastizität nach den allgemeinen Prinzipien der Mechanik bestimmen, kann also auch ihre Schwingungszahl zum voraus auf theoretischem Wege berechnen. Die Übereinstimmung der berechneten und der beobachteten Zahl liefert dann die Prüfung für die Richtigkeit der aus den allgemeinen Gesetzen der Elastizität gezogenen Folgerungen.

II. Kapitel. Freie Schwingungen tönender Körper.

§ 183. Schwingungen der Saiten. Wir haben uns schon in § 93 mit den stehenden Schwingungen beschäftigt, in die eine Saite versetzt wird, wenn man sie in der Mitte zur Seite zieht und dann losläßt. Bezeichnen wir die Geschwindigkeit, mit der eine Welle längs der Saite fortschreitet, durch v, die Saitenlänge durch l, so ist die Schwingungszahl nach § 93 gegeben durch:

$$n = \frac{v}{2l}.$$

Die Länge der Saite entspricht der halben Wellenlänge. Für die Geschwindigkeit v haben wir in § 91 den Wert gefunden:

$$v = \sqrt{g\frac{M}{m}}.$$

Hier bezeichnet M die Masse des die Saite spannenden Gewichtes, also gM die Spannung selbst; m ist die Masse, welche die Längeneinheit der Saite besitzt. Wir können diese Gesetze, deren Richtigkeit wir schon in § 91 durch Beobachtungen bestätigt haben, zu einer Prüfung der Resultate benützen, die wir in dem vorhergehenden Kapitel mit der Sirene erhielten. Die Saite erzeugt einen Ton, sobald Länge und Spannung so reguliert werden, daß die Schwingungen mit hinreichender Schnelligkeit vor sich gehen. Wenn wir bei gleichbleibender Spannung die Länge der Saite auf die Hälfte, ein Drittel, ein Viertel, ein Fünftel reduzieren, so erhalten wir die Oktave, die Quinte der Oktave, die zweite Oktave, die große Terz der zweiten Oktave. Gleichzeitig stehen aber die Schwingungszahlen der aufeinanderfolgenden Töne in dem Verhältnis der Zahlen

$$1:2:3:4:5.$$

Es ergeben sich daraus für die Schwingungszahlen der genannten musikalischen Intervalle dieselben Zahlen, wie in dem vorhergehenden Kapitel.

Um mit Hilfe einer schwingenden Saite die absolute Schwingungszahl irgend eines musikalischen Tones zu bestimmen, benützen wir das Monochord (Fig. 186). Eine Saite wird in einem festen, gegen eigene Schwingungen möglichst gesicherten Gestelle vertikal aufgehängt und mit einem passenden Gewichte gespannt. Sodann wird mit Hilfe einer verschiebbaren Klemme ein Stück von solcher Länge abgegrenzt, daß der von ihm gegebene Ton genau eben so hoch ist, wie der zu untersuchende. Die Schwingungszahl des Monochordtones kann nach den angeführten Formeln berechnet werden, und damit ist zugleich die Schwingungszahl des zu untersuchenden Tones bestimmt. Die auf diesem Wege gefundenen Resultate stimmen vollkommen mit den früher angeführten überein.

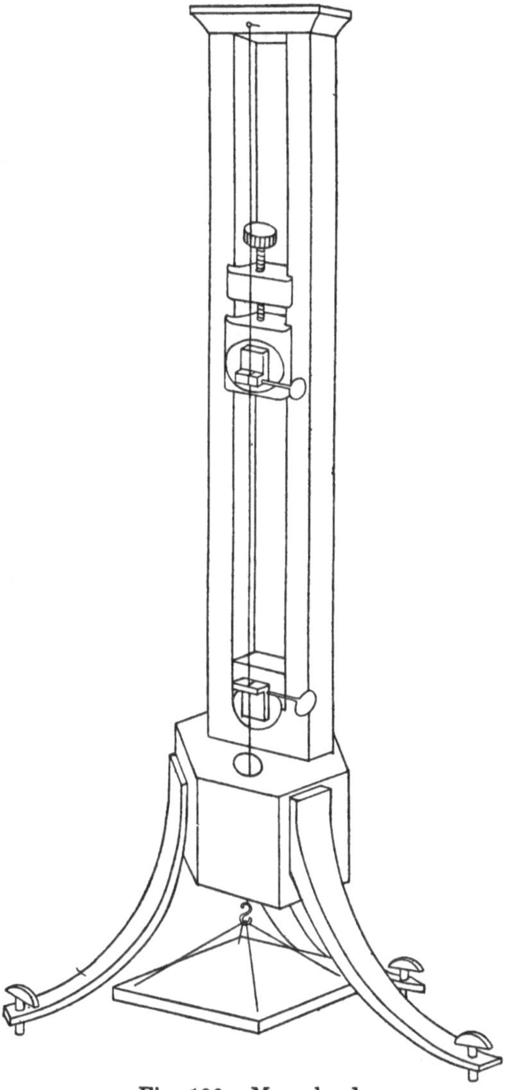

Fig. 186. Monochord.

Bei den durch ihre Spannung bedingten Schwingungen einer Saite stehen die reellen Bewegungen ihrer Teilchen senkrecht zu der Fortpflanzungsrichtung der Welle, der Längsrichtung der Saite. Man bezeichnet eine solche Schwingung, ebenso wie die ihr entsprechende Wellenbewegung, als eine transversale.

§ 184. Obertöne. Die im vorhergehenden betrachtete Schwingung einer Saite bezeichnen wir als ihre Grundschwingung, den dabei auftretenden Ton als den Grundton. Bei demselben sind die Endpunkte der Saite selbstverständlich Punkte ohne Bewegung, Knotenpunkte, der in der Mitte der Saite liegende Punkt ein Punkt größter Bewegung, ein Schwingungsbauch. Außer der Grundschwingung können wir nun noch eine Reihe höherer Schwingungen erzeugen.

Wir berühren die Saite in der Mitte mit dem Finger und zupfen oder streichen sie in ein Viertel ihrer Länge. Sie schwingt dann so, daß in ihrer Mitte sich ein weiterer Knoten bildet, während die beiden Hälften stets in entgegengesetzter Schwingungsphase sich befinden. Die Länge der Saite entspricht jetzt der ganzen Wellenlänge, und die Schwingungszahl ist $\frac{2v}{2l}$, wenn l wieder die Saitenlänge bezeichnet. In derselben Weise können wir erreichen, daß sich zwischen den Enden der Saite 2, 3, 4 ... weitere Knoten bilden, daß die Saite in drei Dritteln, vier Vierteln, fünf Fünfteln ... schwingt. Wenn wir eine Saite der Reihe nach mit der Grundschwingung, mit zwei, drei, vier, fünf ... gleichen Teilen schwingen lassen, so erhalten wir Töne, deren Schwingungszahlen sich verhalten, wie die Zahlen

$$1:2:3:4:5:\ldots$$

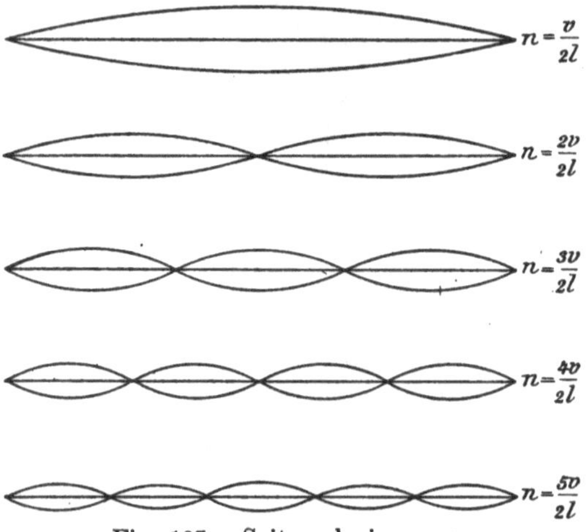

Fig. 187. Saitenschwingungen.

Die entsprechenden Schwingungsformen sind durch Fig. 187 dargestellt.

Die Reihe der Töne, deren Schwingungszahlen durch die ganzen Vielfachen der Schwingungszahl des Grundtones gegeben werden, bezeichnen wir als die **Reihe der harmonischen Obertöne**. Die Saite giebt also durch ihre höheren Schwingungsarten die ganze Reihe dieser Töne.

Von der Existenz der Knotenpunkte bei diesen höheren Schwingungsarten kann man sich leicht überzeugen, wenn man in ihnen kleine Reiterchen aus Papier auf die Saite setzt. Sie bleiben während der Schwingung ruhig liegen, während sie an anderen Stellen durch die Bewegung der Saite sofort abgeschleudert werden. Unmittelbar sichtbar kann man die Knoten und Bäuche bei höheren Schwingungen durch einen verhältnismäßig langsam in weiten Grenzen schwingenden Kautschukschlauch machen. Man befestigt das eine Ende und bewegt das andere taktmäßig mit allmählich steigender Schnelligkeit hin und her. Das in der Hand gehaltene Ende des Schlauches bildet dabei einen Knoten der Schwingung. Daran knüpft sich eine Bemerkung, die auch für die Erklärung anderer Erscheinungen nicht ohne Bedeutung ist. Der

Knotenpunkt ist in unserem Falle nicht ein Punkt ohne Bewegung, sondern nur ein solcher, in dem die Amplitude der Schwingung kleiner ist, als in den Nachbarpunkten. Es gehen von ihm fortwährend kleine Impulse aus, die sich summieren, wenn ihre Periode mit der Eigenschwingung des Schlauches übereinstimmt, und die ihn dann in weite Schwingungen versetzen.

§ 185. Gespannte Membranen. Mit den Schwingungen der Saiten stehen in einer gewissen Analogie die Schwingungen gespannter Membranen, z. B. eines Trommelfelles. Auch bei ihnen rührt die Kraft, mit der ein aus der Gleichgewichtslage herausgebogenes Stück der Membran in diese zurückgezogen wird, her von der Spannung. Untersucht hat man vorzugsweise Membranen von quadratischer und kreisförmiger Gestalt, die an ihrem ganzen Rande fest eingespannt wurden. Bei der einfachsten Schwingungsart bewegen sich alle Punkte der Membran gleichzeitig nach derselben Seite; der erzeugte Ton heißt der Grundton. Zu der Grundschwingung gesellt sich dann aber eine große Zahl von höheren Schwingungen, bei denen die Membran sich in eine allmählich steigende Zahl von schwingenden Abteilungen teilt; dabei sind benachbarte Abteilungen stets in entgegengesetzter Richtung bewegt und von einander getrennt durch Knotenlinien, die ein für allemal in Ruhe bleiben. Die Lage dieser Knotenlinien kann man sehr schön sichtbar machen durch aufgestreuten Sand, der, von den schwingenden Teilen der Membran weggefegt, in den Knotenlinien sich ansammelt.

§ 186. Transversalschwingung von Stäben. Wenn wir einen elastischen Stab, den wir uns nach der einen Seite unbegrenzt denken wollen, horizontal aufhängen und an seinem Ende senkrecht zu der Längsrichtung einen Schlag führen, so biegen wir den Stab, und diese Biegung wird nach Art einer Welle an ihm entlang sich fortpflanzen. Die wirksame Kraft entspringt dabei der Biegungselastizität. Die Bewegung der einzelnen Teilchen des Stabes ist zu seiner Länge, zu der Fortpflanzungsrichtung der Welle senkrecht; die Schwingung ist somit, ebenso wie die einer gespannten Saite, eine transversale. Bei einem begrenzten Stabe entstehen durch einen Schlag stehende Wellen;

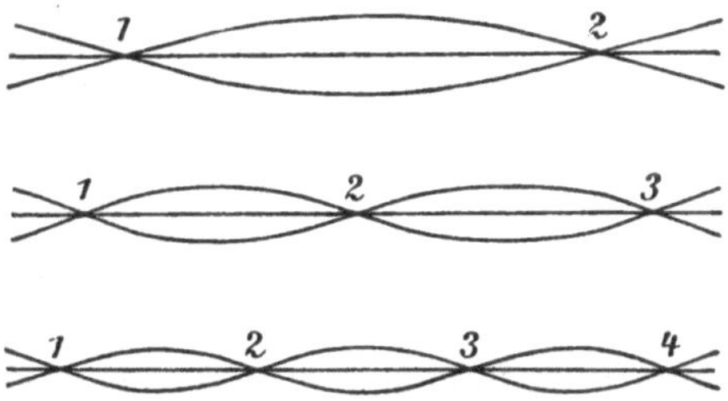

Fig. 188.

ebenso, wenn man den in geeigneten Punkten, Knotenpunkten der entstehenden Schwingung, festgehaltenen Stab an dem einen Ende mit einem Violinbogen streicht. Die Reihe der aufeinanderfolgenden Schwingungen eines an beiden Enden freien Stabes ist durch Figur 188 anschaulich gemacht; man unterscheidet sie am bequemsten durch die Anzahl der Knotenlinien, die auf der Länge des Stabes sich bilden. Ihre Lage kann wieder durch aufgestreuten Sand sichtbar gemacht werden. Bei jeder einzelnen Schwingungsart bezeichnen wir die Gesamtzahl der Knotenlinien durch k. Zählen wir die Knotenlinien von dem einen Ende des Stabes an, so bezeichnen wir die Nummer, welche eine bestimmte Knotenlinie dabei erhält, durch p. Es sei ferner d_p der Abstand der Knotenlinie p von dem freien Ende des Stabes, l seine Länge, dann gilt wenigstens angenähert die Gleichung:

$$\frac{d_p}{l} = \frac{4p-3}{4k-2}.$$

Es ist ferner die zu der Schwingung mit k Knotenlinien gehörende Schwingungszahl:

$$n = \left(\frac{2k-1}{2}\right)^2 \frac{\pi a}{l^2} \sqrt{\frac{4E}{\delta}}.$$

Hier bezeichnet a die Dicke des Stabes, $4E$ den Elastizitätsmodul der Biegung in absolutem Maße, δ die Dichte des Stabes. Wie man sieht, wachsen die Schwingungszahlen im Verhältnis der Zahlen $9:25:49:\ldots$.

§ 187. Stimmgabeln. Wenn man einen Klangstab um seine Mitte biegt, so hat das den Erfolg, daß die Knotenlinien zusammenrücken (Fig. 189). Durch fortgesetzte Biegung erhält man so aus dem Klang-

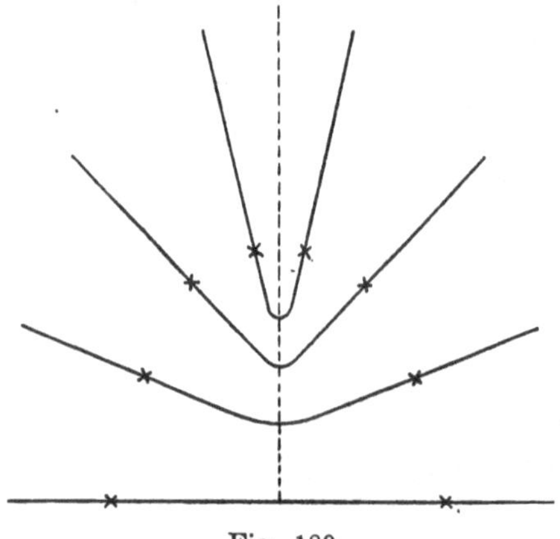

Fig. 189.

Fig. 190.

stabe eine Stimmgabel, bei der die beiden Knotenlinien der ersten Schwingung an dem unteren Ende der Zinken einander ziemlich nahe liegen; die Zinken schwingen gleichzeitig nach innen und gleichzeitig nach außen, das untere Ende der Gabel, an dem der sie tragende Stiel befestigt ist, schwingt nach unten, wenn die Zinken nach innen, nach oben, wenn sie nach außen gehen (Fig. 190). Die höheren Schwingungen einer Stimmgabel sind schwach und werden schnell gedämpft; man hört in der Regel nur den Grundton.

Um die Schwingungszahl einer Stimmgabel zu bestimmen, kann man die Schwingungen sich selbst auf einen berußten Cylinder aufschreiben lassen, der mit bekannter Geschwindigkeit gedreht wird (Fig. 191). Man befestigt an der einen Zinke der Gabel ein Stückchen von einer Feder. Schwingt die Gabel parallel der Axe des rotierenden Cylinders, so schreibt sie ihre Schwingungen in Form einer Sinuslinie auf den Cylinder auf; aus der Anzahl der auf den Umfang des Cylinders gehenden Wellen und der Umdrehungsgeschwindigkeit läßt sich dann die Schwingungszahl der Gabel leicht berechnen.

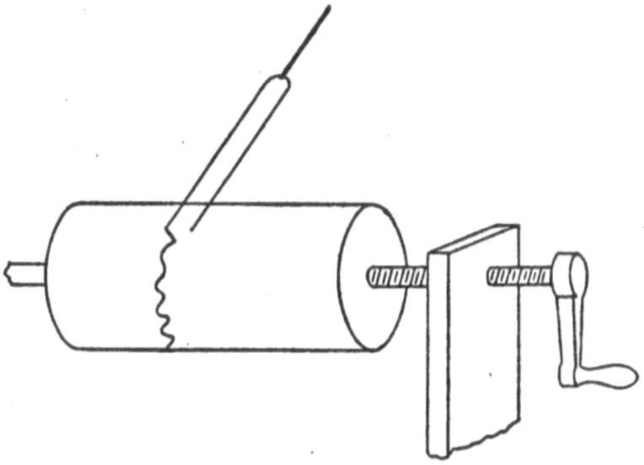

Fig. 191.
Registrierung der Stimmgabelschwingungen.

§ 188. Klangscheiben. Eine quadratische Scheibe von Messing, möglichst homogen, werde durch eine in ihrer Mitte angreifende Klemme in horizontaler Lage gehalten. Wenn man die Scheibe in bestimmten Punkten ihres Randes festhält und an bestimmten anderen mit dem Violinbogen senkrecht zu ihrer Fläche streicht, so kann man eine große Mannigfaltigkeit von Schwingungen erzeugen. Wie die Membranen, so teilen sich auch die Platten bei ihrer Schwingung in eine gewisse Zahl von Abteilungen, von denen immer zwei benachbarte gleichzeitig in entgegengesetzter Richtung schwingen und durch eine Knotenlinie getrennt sind. Diese Linien machen wir ebenso wie bei den Membranen durch aufgestreuten Sand sichtbar, der sich in den Knotenlinien anhäuft. Einige

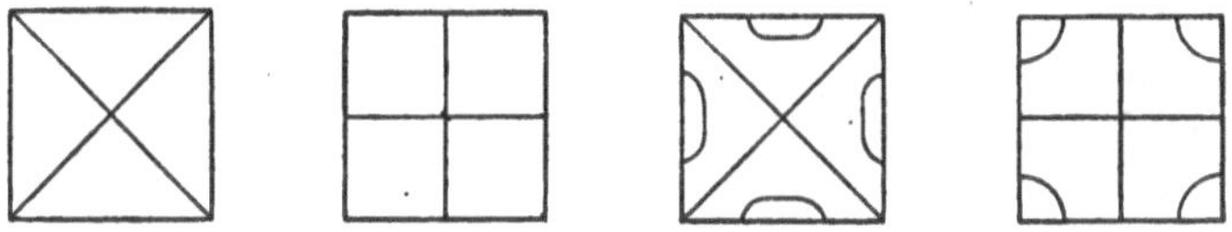

Fig. 192. Chladnische Klangfiguren.

der auf diese Weise zu erzeugenden Figuren sind in Figur 192 dargestellt, man nennt sie nach ihrem Entdecker die Chladnischen Klangfiguren.

Man kann über die Schwingungsarten einer quadratischen Klangplatte eine schematische Übersicht gewinnen auf Grund der folgenden, mit den strengen Bedingungen des Problems allerdings nicht vereinbaren Vorstellung. Eine solche Platte $ABCD$ (Fig. 193) betrachtet man zunächst als einen Klangstab, dessen Längsrichtung mit AB zusammenfällt, der aber in der Richtung AD verbreitert ist, so daß seine Breite seiner Länge gleich geworden ist. Bei der einfachsten Schwingung entstehen dann zwei Knotenlinien EF und GH, deren Lage durch das in

§ 186 angegebene Gesetz bestimmt werden kann. Nun können wir aber mit demselben Rechte die Scheibe *ABCD* als einen Klangstab betrachten, dessen Länge durch *AD* gegeben, der nach *AB* verbreitert ist. Der einfachsten Schwingung würden dann die Knotenlinien *JK* und *LM* entsprechen. Im allgemeinen Falle werden die beiden genannten Schwingungen gleichzeitig vorhanden sein, ihre Ausschläge sich superponieren. Nehmen wir an, die Phase der Schwingungen sei entgegengesetzt, d. h. es schwingen vermöge der ersten Schwingungsart die in dem Streifen *EFGH* befindlichen Teilchen nach oben, während zugleich vermöge der zweiten Schwingungsart die in *JKLM* befindlichen Teilchen nach unten sich bewegen. Es ergiebt sich dann, daß alle in den Diagonalen *AC* und *BD* liegenden Punkte unter der gleichzeitigen Wirkung der beiden Schwingungen in Ruhe bleiben, während die zwischen ihnen eingeschlossenen Dreiecke auf- und abschwingen, so daß je zwei benachbarte gleichzeitig entgegengesetzte Bewegungsrichtungen besitzen. Es ergiebt sich also die erste von den in Figur 192 dargestellten Schwingungen.

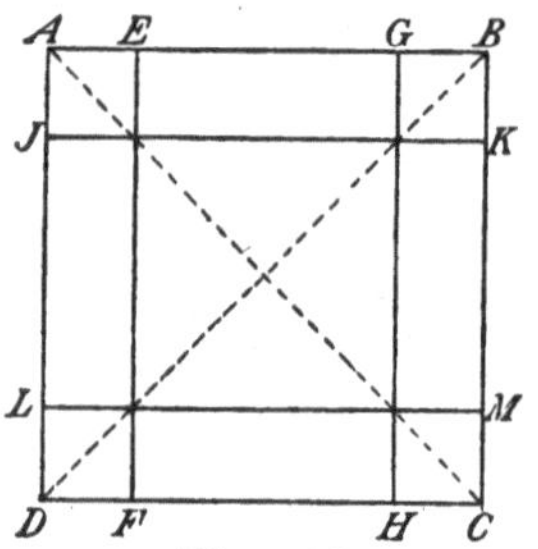

Fig. 193.

Von besonderem Interesse sind noch die Schwingungen **kreisförmiger** Platten. Bei ihnen treten zwei Arten von Knotenlinien auf; einmal Kreis-Halbmesser, die nur in gerader Zahl vorhanden sein können, da ja benachbarte Abteilungen gleichzeitig immer entgegengesetzt schwingen; sodann konzentrische Kreise; diese können für sich allein nur auftreten, wenn die Mitte der Platte frei ist. Wird diese in ihrem Mittelpunkt festgeklemmt, so können Kreise als Knotenlinien nur in Kombination mit Durchmessern vorhanden sein.

§ 189. Glocken. Aus den Schwingungen kreisförmiger Klangplatten können wir die der Glocken durch eine Deformation ableiten, ebenso

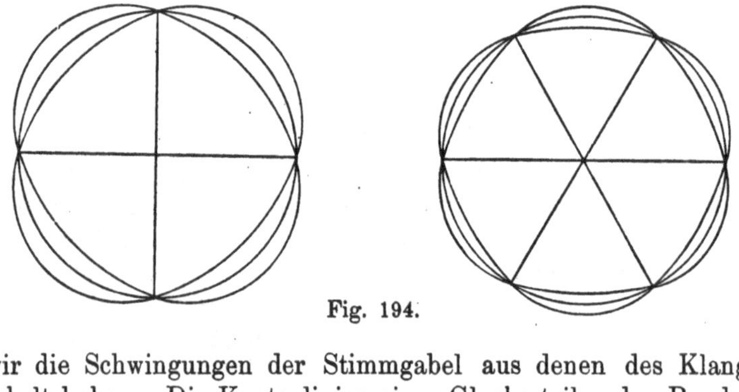
Fig. 194.

wie wir die Schwingungen der Stimmgabel aus denen des Klangstabes entwickelt haben. Die Knotenlinien einer Glocke teilen den Rand in eine gerade Zahl von 4, 6, 8,... Teilen (Fig. 194). Von zwei durch eine Knotenlinie getrennten Segmenten schwingt das eine gleichzeitig nach innen, das andere nach außen. Die Knotenlinien einer Glasglocke kann man sehr schön nachweisen, wenn man sie mit Wasser füllt und den Rand mit einem Violinbogen streicht. Von den Schwingungsbäuchen gehen Kräuselungen der Oberfläche aus, und wenn man kräftig streicht, so erhebt sich das Wasser an den schwingenden Abteilungen in einem Sprühregen feiner Tröpfchen.

§ 190. Longitudinalschwingungen von Saiten und Stäben. Während die bisher betrachteten Schwingungen durch die Spannung oder die Elastizität der Biegung bedingt waren, hängen die im folgenden betrachteten von der Elastizität der Dehnung ab.

Wenn man eine an den beiden Enden festgeklemmte Saite mit einem wollenen Lappen, der etwas mit Kolophonium eingerieben ist, der Länge nach streicht, so hört man einen hohen, schrillen Ton, der durch eine longitudinale Schwingung der Saite erzeugt wird.

An irgend einer Stelle der Saite ist das elastische Gleichgewicht gestört, indem etwa auf der Strecke *AB* eine Dilatation, auf *BC* eine Kompression besteht (Fig. 195). Vermöge der Ausdehnungselastizität suchen sich die auf *AB* von einander entfernten Querschnitte wieder zu nähern, die auf *BC* zusammengedrängten sich wieder von einander zu entfernen.

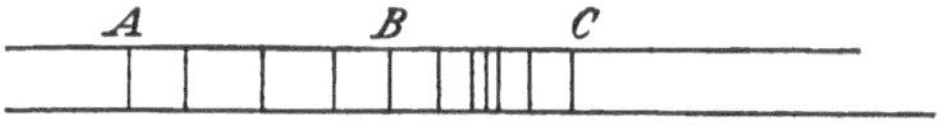

Fig. 195.

Es ergiebt sich daraus eine wellenförmige Ausbreitung der erzeugten Veränderung, welche in ihrem Verlaufe mit der Wellenbewegung an einer gespannten Kette die größte Analogie besitzt. Der wesentliche Unterschied ist der, daß bei der Kette die reelle Bewegung der einzelnen Glieder gegen die Fortpflanzungsrichtung der Welle senkrecht steht, während bei der hier betrachteten Bewegung einer Saite die reelle Bewegung ihrer einzelnen Querschnitte mit der Länge der Saite, der Richtung, in der die Bewegung fortschreitet, zusammenfällt. Die Wellenbewegung einer Kette ist transversal, die auf der Ausdehnungselastizität beruhende einer Saite longitudinal. Für die Fortpflanzungsgeschwindigkeit der longitudinalen Welle ergiebt sich der Ausdruck:

$$v = \sqrt{\frac{E}{\delta}}\,.$$

Hier ist E der Elastizitätsmodul der Ausdehnung in absolutem Maße, δ die Dichte der Saite. Wenn eine Welle an den festen Enden der Saite anlangt, so wird sie reflektiert und durch Interferenz reflektierter Wellen bildet sich eine stehende Schwingung aus, in ähnlicher Weise, wie dies früher bei den transversalen Wellen der Saite gezeigt worden ist.

Für die stehende Longitudinalschwingung einer Saite ist natürlich gleichfalls Bedingung, daß die beiden Enden Knotenpunkte sind. Die einfachste Schwingung ist daher die, bei der alle Querschnitte der Saite zu gleicher Zeit in gleichem Sinne sich bewegen, also alle von dem Ende

A nach *B*, oder nach Verfluß einer halben Schwingung von *B* nach *A* (Fig. 196). Dabei findet in den Knotenpunkten ein Wechsel der Dichte statt; während die Querschnitte von *A* nach *B* schwingen, wird die Saite gegen *B* hin verdichtet, gegen *A* verdünnt; wenn die Schwingungsrichtung sich umkehrt, so gilt gleiches von der Veränderung der Dichtigkeit. Die Mitte der Saite bildet die Grenze zwischen den verdichteten und verdünnten Teilen; sie behält immer die normale Dichte, ist aber gleichzeitig die Stelle, an welcher die Querschnitte der Saite in der lebhaftesten Bewegung sind; die Mitte der Saite ist ein Schwingungsbauch. Die Saitenlänge entspricht der halben Wellenlänge, und daher ist die Schwingungszahl:

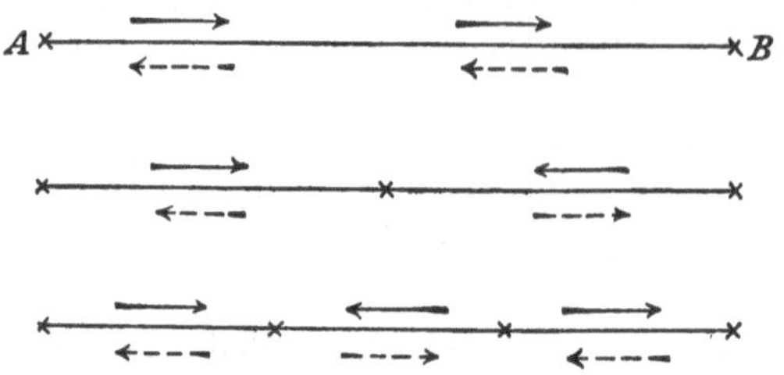

Fig. 196.
Longitudinalschwingung einer Saite.

$$n = \frac{v}{2l}.$$

Höhere Schwingungsarten erhält man, wenn man die Saite in zwei Hälften, drei Dritteln, u. s. w., schwingen läßt; in benachbarten Abteilungen sind die Bewegungsrichtungen einander entgegengesetzt; sie sind von einander getrennt durch Knoten, Stellen ohne Bewegung, aber mit größtem Wechsel der Dichtigkeit. Eine Anschauung von der Reihe der Longitudinalschwingungen einer Saite giebt die Figur 196. Die ausgezogenen Pfeile sollen die im Augenblicke vorhandenen Schwingungsrichtungen darstellen, die gestrichelten, die nach Verlauf einer halben Schwingung eintretenden. Die Schwingungszahlen sind gegeben durch die Reihe:

$$\frac{v}{2l}, \quad \frac{2v}{2l}, \quad \frac{3v}{2l}, \quad \frac{4v}{2l}, \quad \frac{5v}{2l} \cdots$$

Die Saite giebt die g a n z e Reihe der harmonischen Obertöne.

Ein Gegenstück zu den longitudinalen Schwingungen der Saite bilden die eines S t a b e s, der an seinen b e i d e n E n d e n f r e i ist, während er in geeigneten Punkten seiner Länge, Knotenpunkten der zu erzeugenden Schwingung, festgehalten wird; die Töne werden hervorgebracht dadurch, daß man den Stab, ebenso wie zuvor die Saite, mit einem mit Kolophonium eingeriebenen Lappen reibt. Der zuerst festhaftende und plötzlich abreißende Lappen versetzt den Stab in Schwingung. Wenn es aber gelingt, durch fortgesetzte Reibung den Ton des Stabes mehr und mehr zu verstärken, so muß dies darauf beruhen, daß das Anhaften und Abreißen des Lappens eben durch die Schwingung zu einem rhythmischen Vorgange sich gestaltet, dessen Periode mit der der Stabschwingung übereinstimmt, so daß die Kraft der Reibung mit der Bewegung der Stabquerschnitte an der geriebenen Stelle jederzeit gleichgerichtet ist.

Die Bedingung, welche für die Schwingung des Stabes aus der Freiheit seiner Enden folgt, ist die, daß die Enden Stellen ohne Änderung der Dichte, aber von größter Bewegung sein müssen, Schwingungsbäuche. Jede Bewegung, die mit dieser Bedingung übereinstimmt, repräsentiert eine mögliche Schwingungsart des Klangstabes. Bei der einfachsten befindet sich ein Knoten in der Mitte, bei der zweiten zwei Knoten in $^1/_4$ und $^3/_4$ der Stablänge, bei der dritten drei Knoten in $^1/_6$, $^3/_6$, $^5/_6$, ... Diese Schwingungen sind durch die Figur 197 anschaulich gemacht. Die Länge des Stabes entspricht bei ihnen $^1/_2$, $^2/_2$, $^3/_2$, $^4/_2$, ... Wellenlängen. Die Schwingungszahlen verhalten sich wie die Reihe der Zahlen

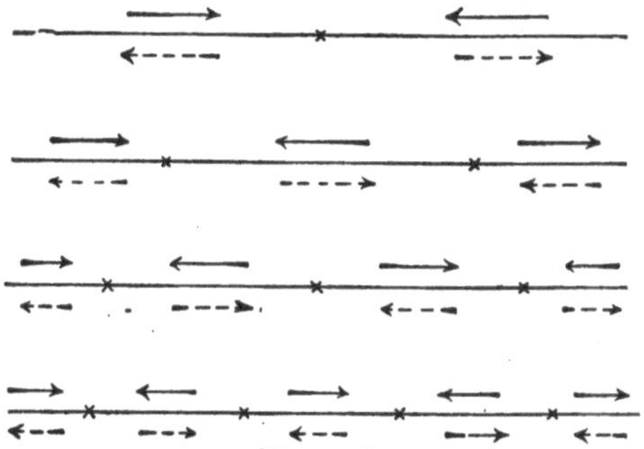

Fig. 197.
An den Enden freier Klangstab.

$$1:2:3:4:5:\ldots$$

Der an beiden Enden freie Klangstab liefert bei Longitudinalschwingungen die ganze Reihe der harmonischen Obertöne.

Wir gehen endlich noch über zu den Schwingungen eines an dem einen Ende eingeklemmten, an dem anderen, freien Stabes. Die Bedingung ist, daß das feste Ende ein Knoten, das freie ein Bauch der Schwingung ist. Am einfachsten wird ihr genügt, wenn alle Querschnitte des Stabes in gleichem Sinne von dem festen Ende weg und wieder zu ihm zurückschwingen. Die Länge des Stabes entspricht dabei dem vierten Teil der Wellenlänge, die Schwingungszahl ist $n = \frac{v}{4\,l}$, wenn l die Stablänge. Die Reihe der möglichen Schwingungen ist durch Figur 198 angedeutet; die Schwingungszahlen verhalten sich wie die Zahlen $1:3:5:7:\ldots$ Jeder an einem Ende eingeklemmte, am anderen freie Stab giebt bei Longitudinalschwingungen nur die Reihe der ungeraden Obertöne.

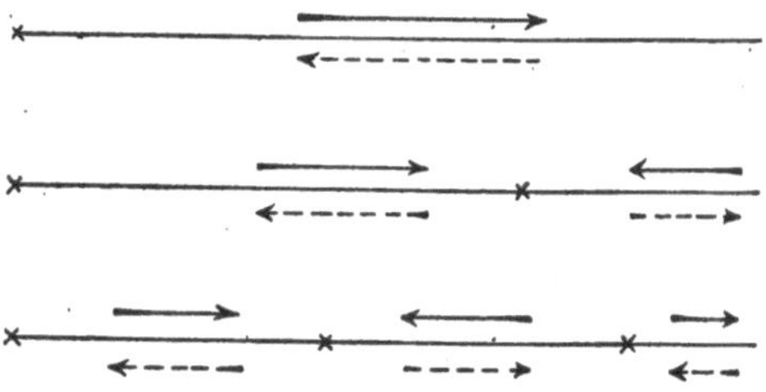

Fig. 198.
An einem Ende fester Klangstab.

§ 191. Schwingungen der Pfeifen. Die größte Analogie mit den Longitudinalschwingungen der Klangstäbe besitzen die Schwingungen der Orgelpfeifen. Nach § 148 pflanzt sich eine Verdichtung oder Verdünnung, die wir in einer von einer Röhre eingeschlossenen Luftsäule erregen, in dieser mit der Geschwindigkeit $v = \sqrt{1{,}41 \frac{p}{\delta}}$ fort, wo p den Druck, δ die

Dichte der Luft bezeichnet. Wenn die Röhre begrenzt ist, so geben die Reflexionen zu der Bildung stehender Wellen Veranlassung, die der Art nach mit den Longitudinalschwingungen der Klangstäbe vollkommen übereinstimmen. Dabei ist zu beachten, daß an einem geschlossenen Ende Verdichtung als Verdichtung, Verdünnung als Verdünnung reflektiert wird; an einem offenen Ende dagegen tritt an Stelle von Verdichtung Verdünnung und umgekehrt.

Die Schwingungen der Luft in einer an beiden Enden offenen Röhre, einer offenen Pfeife, sind dieselben, wie die eines an den Enden freien Klangstabes. Die offenen Enden sind unter allen Umständen Bäuche der Schwingung; die Reihe der möglichen Schwingungsarten ist durch Figur 199 gegeben. Die ausgezogenen und gestrichelten Pfeile geben die Bewegungsrichtungen der Luftquerschnitte zu zwei um eine halbe Schwingung auseinanderliegenden Zeiten, die Querlinien die Knoten der Schwingung. Die Reihe der relativen Schwingungszahlen ist gegeben durch 1 : 2 : 3 : 4 : . . . Die offene Pfeife giebt die ganze Reihe der harmonischen Obertöne.

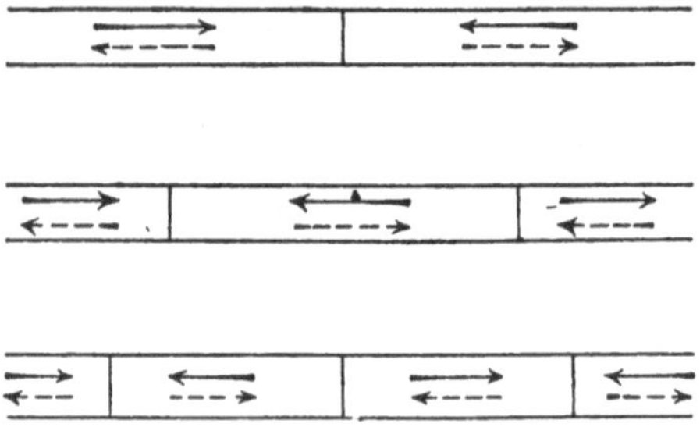

Fig. 199. Offene Pfeife.

Die Schwingungen einer an dem einen Ende offenen, an dem anderen geschlossenen, einer sogenannten gedeckten Pfeife stimmen überein mit den Longitudinalschwingungen eines am einen Ende festen, am anderen Ende freien Stabes. Das gedeckte Ende ist Knoten, das offene Bauch der Schwingung. Die verschiedenen Schwingungsarten sind durch die Figur 200 dargestellt. Die Reihe der relativen Schwingungszahlen ist 1 : 3 : 5 : . . . Die gedeckte Pfeife giebt nur die ungeraden Obertöne.

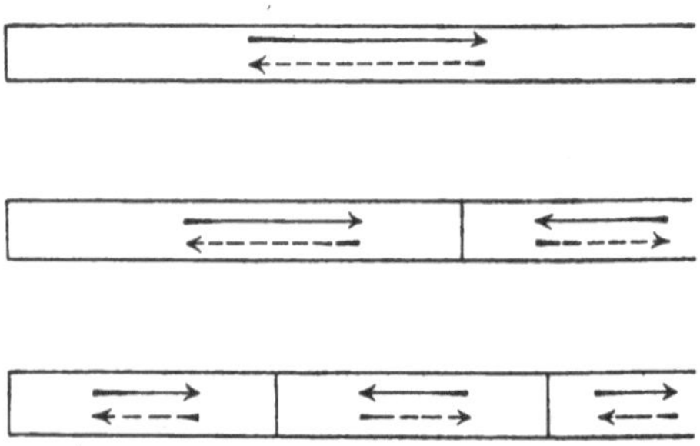

Fig. 200. Gedeckte Pfeife.

Bedeutet l die Pfeifenlänge, v die Geschwindigkeit des Schalles, so hat der Grundton einer offenen Pfeife die Schwingungszahl $n = \frac{v}{2l}$, der einer gedeckten, die Schwingungszahl $n' = \frac{v}{4l}$; bei gleicher Länge giebt die offene Pfeife die Oktave der gedeckten.

Die Knotenstellen tönender Pfeifen lassen sich nachweisen mit Hilfe sogenannter manometrischer Flammen. Aus der Wand der Pfeife (Fig. 201) wird ein kreisförmiges Stück herausgeschnitten und durch eine dünne Kautschukmembran verschlossen. Uber der Membran befindet sich eine luftdichte Kapsel, in die durch ein Rohr *a* Gas geleitet werden kann, das aus einer feinen Öffnung am Ende des Rohres *b* heraustritt und angezündet wird, so daß es mit einer dünnen, spitzen Flamme brennt. Wenn an der Stelle der Membran ein Schwingungsknoten sich befindet, so wird bei jeder Verdichtung die Membran nach außen, bei jeder Verdünnung nach innen getrieben; es wird dadurch das Gas in der Kapsel gleichfalls in schwingende Bewegung versetzt, die sich dem Flämmchen mitteilt und dieses in eine auf- und niederhüpfende Bewegung versetzt. Um diese zu erkennen, betrachtet man das Bild der Flamme in einem Spiegel (Fig. 202), der um eine zu seiner Fläche nahezu senkrechte Axe rotiert. Das Bild der ruhenden Flamme wird durch ihn zu einem Ringe ausgezogen, das Bild der schwingenden erscheint als eine aus einzelnen Flammen gebildete Krone (Fig. 203). — Wenn man die Luft in der Pfeife in sehr starke Schwingung versetzt, so wird die Flamme an einer Knotenstelle unter Umständen völlig ausgeblasen, während sie ruhig weiter brennt, wenn an der Stelle der Membran ein Schwingungsbauch sich befindet.

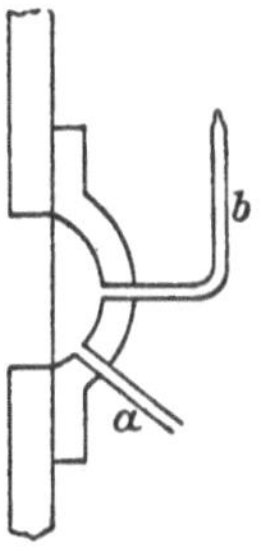

Fig. 201.

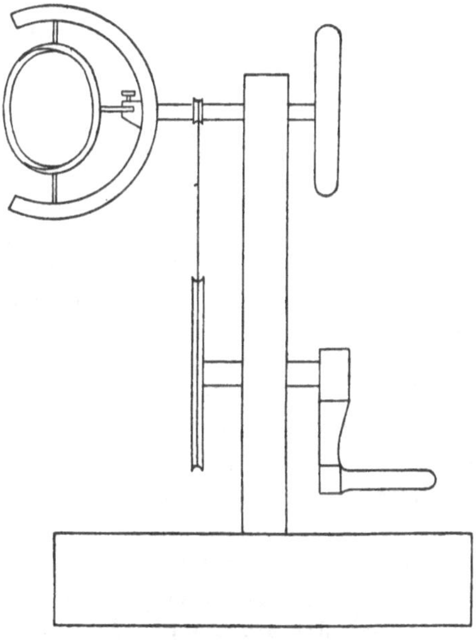

Fig. 202. Rotierender Spiegel.

Fig. 203. Manometrische Flamme.

§ 192. Schallgeschwindigkeit in festen Körpern. Wir haben gesehen, daß die Schwingungen der Pfeifen der Art nach mit den longitudinalen Schwingungen der Klangstäbe übereinstimmen; der Unterschied liegt in der verschiedenen Höhe der Töne, und diese wird durch die verschiedenen Werte der Geschwindigkeiten v bedingt. Bei den Pfeifen ist v die Geschwindigkeit des Schalles.

Ebenso ist auch in einem festen Körper die Geschwindigkeit, mit der sich eine durch Kompression oder Dilatation erzeugte Welle fortpflanzt, keine andere, als die Schallgeschwindigkeit. Es wird dadurch die Frage nahe gelegt, ob v bei festen Körpern sich nicht in ähnlicher Weise bestimmen läßt, wie die Schallgeschwindigkeit in Luft. In der That wurde eine solche direkte Messung der Schallgeschwindigkeit in Gußeisen von Biot ausgeführt. Er benutzte eine eiserne Röhrenleitung von 951 m Länge; an dem einen Ende befestigte er eine Glocke und beobachtete dann an dem anderen Ende den doppelten, durch das Eisen und durch die Luft fortgepflanzten Schall der angeschlagenen Glocke. Aus der Zeit, die zwischen der ersten und zweiten Wahrnehmung verfloß, konnte die Schallgeschwindigkeit im Eisen berechnet werden. Es ergab sich ein Wert von 3500 m in der Sekunde. Dieser muß nun übereinstimmen mit dem aus der Elastizitätstheorie sich ergebenden $v = \sqrt{\frac{E}{\delta}}\cdot$ Der Elastizitätsmodul des Eisens in absolutem Maße ist nach § 151:

$$E = 12\,800 \times 98\,100\,000 \ \mathrm{cm}^{-1}\cdot \mathrm{g}\cdot \mathrm{sec}^{-2}.$$

Die Dichte des Eisens setzen wir gleich 7,8, dann ergiebt sich der allerdings erheblich abweichende Wert $v = 4030 \ \frac{\mathrm{m}}{\mathrm{sec}}\cdot$ Man muß aber bedenken, daß eine wirkliche Vergleichung der Zahlen nur möglich wäre, wenn die für Elastizität und Dichte angenommenen Werte mit denen jenes Röhrensystems übereinstimmten. Da beide Eigenschaften von der spezifischen Beschaffenheit des Eisens in erheblicher Weise abhängig sind, so kann eine genaue Vergleichung der beobachteten Schallgeschwindigkeit mit der berechneten durch das vorstehende nicht gegeben werden. Man kann aber die Schallgeschwindigkeit in einem Metallstabe auch aus der Höhe der bei Longitudinalschwingungen auftretenden Töne bestimmen. Auf diesem Wege hat man für eine Reihe von Metallen die Schallgeschwindigkeit gemessen, und die gefundenen Werte stehen mit den aus der Elastizität berechneten in einer durchaus befriedigenden Übereinstimmung.

§ 193. Schallgeschwindigkeit in Flüssigkeiten. Vermöge der Volumelastizität einer Flüssigkeit muß eine an irgend einer Stelle erzeugte Kompression zu einer Welle Veranlassung geben, ebenso wie in einem Gase oder einem festen Körper. Für die Fortpflanzungsgeschwindigkeit einer solchen Welle ergiebt sich auf Grund der allgemeinen Prinzipien der Mechanik der Ausdruck

$$v = \sqrt{\frac{C}{\delta}}\cdot$$

Hier bezeichnet C den Kompressionsmodul der Flüssigkeit in absolutem Maße, δ ihre Dichtigkeit. Der Wert von C folgt aus dem Werte dieses Modul in dem technischen Maße des § 162 durch Multiplikation mit 98 100 000; es ergiebt sich dies in derselben Weise wie in § 151, wenn der Druck in Dynen pro qcm, statt in kg-Gewichten pro qmm ausgedrückt wird. Eine direkte Bestimmung der Schallgeschwindigkeit in Wasser wurde im Genfer See ausgeführt; an einer Stelle war eine Glocke in das Wasser versenkt, an einer anderen ein Hörrohr. Aus der Zeitdifferenz zwischen dem Anschlag der Glocke und der Ankunft des Schalles an der entfernten Stelle ergab sich die Schallgeschwindigkeit zu 1435 $\frac{\mathrm{m}}{\mathrm{sec}}$. Setzen wir die Dichte des Wassers gleich 1, den Kompressionsmodul in absolutem Maße $C = 205 \times 98\,100\,000$ $\mathrm{cm}^{-1} \cdot \mathrm{g} \cdot \mathrm{sec}^{-2}$, so ergiebt sich als theoretischer Wert der Schallgeschwindigkeit in Wasser $v = 1410 \frac{\mathrm{m}}{\mathrm{sec}}$, ein Resultat, das mit der Beobachtung in befriedigender Weise übereinstimmt.

In Röhren eingeschlossene Flüssigkeitssäulen kann man ebenso in stehende longitudinale Schwingungen versetzen, wie Luftsäulen; die Gesetze sind im wesentlichen dieselben, wie die in § 191 für lufterfüllte Pfeifen entwickelten.

§ 194. Energie einer schwingenden Saite. Von den speziellen Untersuchungen der vorhergehenden Paragraphen wenden wir uns zu Betrachtungen von allgemeiner Bedeutung, Anwendungen des Energieprinzips auf Wellenbewegungen; wir beginnen mit der Schwingung der Saiten. Um die in einer schwingenden Saite enthaltene Energie zu bestimmen, zerlegen wir sie in einzelne Stücke, deren Länge der Längeneinheit gleich, deren Masse m sei. Wenn wir die Masse jedes Stückes in seinem Mittelpunkt konzentriert denken, so zerfällt die Saite in eine Reihe von Massenpunkten, die wie kleine Pendel hin- und herschwingen. Die größte Entfernung, die ein solches Pendel von seiner Ruhelage, von der durch die ruhende Saite gegebenen geraden Linie, erreicht, nennen wir die Amplitude seiner Schwingung. Wir bezeichnen sie durch a, die zu irgend einer anderen Zeit vorhandene Abweichung durch x; ist die Schwingungszahl der Saite gleich n, so ist die Dauer einer halben Schwingung, die Schwingungsdauer im Sinne des Pendelgesetzes, gleich $\frac{1}{2n}$. Nach § 71 ist dann die Geschwindigkeit, mit der sich das betrachtete Element der Saite im Abstand x von seiner Ruhelage bewegt, gegeben durch:

$$2\,n\,\pi\sqrt{a^2 - x^2}\,.$$

Die lebendige Kraft ist somit:

$$2\,n^2\,\pi^2\,m\,(a^2 - x^2)\,.$$

Für die Kraft, mit der ein Pendel im Abstande x von seiner Ruhelage nach dieser zurückgezogen wird, ergiebt sich nach § 71 der Ausdruck:

$$4\,n^2\,\pi^2\,m\,x\,.$$

Wenn das Pendel von der Ruhelage bis zu der Entfernung x bewegt wird, so ist die von jener Kraft geleistete Arbeit gleich $2\,\pi^2\,n^2\,m\,x^2$. Diese hat sich verwandelt in die potentielle Energie oder Spannkraft des aus der Ruhelage entfernten Pendels. Der gefundene Ausdruck gilt ebenso für das betrachtete Element der Saite. Es ergiebt sich somit, daß für jedes einzelne Stück der Saite die Summe der lebendigen Kraft und der Spannkraft einen konstanten Wert besitzt:

$$2\pi^2 n^2 m(a^2 - x^2) + 2\pi^2 n^2 m x^2 = 2\pi^2 n^2 m a^2.$$

Während der Schwingung wechselt die Energie fortwährend ihre Form; in dem Moment, in dem die Saite durch ihre Ruhelage geht, existiert sie nur in der Form von kinetischer, wenn die Saite ihre größte Schwingungsweite erreicht hat, nur in der Form von potentieller Energie. Man kann die Mittelwerte der beiden Energieformen während einer ganzen Schwingung bestimmen; man findet, daß der Mittelwert der kinetischen Energie ebenso groß ist, wie der der potentiellen, so daß also beide Mittelwerte durch den Ausdruck

$$\pi^2 n^2 m a^2$$

gegeben sind. Wollen wir den Mittelwert der kinetischen oder potentiellen Energie für die ganze Saite bestimmen, so müssen wir für jeden Abschnitt derselben den obigen Ausdruck mit Rücksicht auf die Veränderung der Amplitude a bilden und alle den einzelnen Abschnitten entsprechenden Energiewerte summieren. Die mittlere kinetische und ebenso die mittlere potentielle Energie der ganzen Saite wird somit durch eine Summe von der Form

$$\sum \pi^2 n^2 m a^2$$

repräsentiert.

Die Saite hat, wie sich aus der in § 91 und 92 angedeuteten Theorie ergiebt, bei ihrer Grundschwingung die Form von Berg oder Thal einer Wellenlinie. Betrachten wir sie im Momente der größten Abweichung von der Ruhelage, so sind die Ordinaten der Welle zugleich die Amplituden a der Pendelschwingungen, die von den einzelnen Elementen der Saite ausgeführt werden. Bezeichnen wir also durch s den Abstand eines der Stücke, in die wir die Saite geteilt hatten, von ihrem Anfangspunkt, durch l die Länge der Saite, so können wir

$$a = A \sin \pi \frac{s}{l}$$

setzen. Alle die einzelnen von uns betrachteten Amplituden a sind somit der Amplitude A proportional, die der Mitte der Saite entspricht. Ihre ganze Energie kann durch den Ausdruck

$$U = 2\pi^2 n^2 m A^2 \sum \sin^2 \pi \frac{s}{l}$$

dargestellt werden; sie ist proportional mit A^2. Bezeichnen wir A, den maximalen Ausschlag in der Mitte der Saite, als Amplitude der Schwingung schlechtweg, so ist die Energie dem Quadrat der Amplitude proportional.

Nun betrachten wir aber die Energie als Maß für die Intensität einer Schwingung. Aus dem vorhergehenden ergiebt sich dann, daß die Intensität der Schwingung dem Quadrat ihrer Amplitude proportional ist.

§ 195. Zerstreuung der Energie. Wenn eine Saite im Luftraume schwingt, so geht von ihr ein ununterbrochener Zug von Wellen aus; die Saite überträgt dabei Energie auf die umgebende Luft und in dem Maße, in dem die Wellen im Luftraume fortschreiten, breitet sich diese Energie über eine immer größere Luftmasse aus. Nach dem Satz von der Erhaltung der Energie muß die Energie der schwingenden Saite um den Betrag der abgegebenen Energie sinken, die Amplitude der Schwingung, mit deren Quadrat die Energie der Saite proportional ist, muß abnehmen. Man bezeichnet den Vorgang als eine Zerstreuung der Energie; die Verbreitung der Energie durch die von der schwingenden Saite ausgehenden Tonwellen als Strahlung. Die allmähliche Abnahme der Saitenschwingungen, ihre Dämpfung, ist daher nicht bloß eine Folge der inneren Reibung, sondern auch der Ausstrahlung ihrer Energie.

§ 196. Tonstärke. Nach denselben Prinzipien, die wir im vorhergehenden angewandt haben, um die Energie einer schwingenden Saite zu bestimmen, wird es möglich sein, die Energie einer in der Luft fortschreitenden longitudinalen Welle zu ermitteln. Nur wird dabei nicht allein die Länge der Welle in Betracht kommen, wie bei der nur nach einer Dimension sich erstreckenden Saite. Eine Luftwelle erfüllt im allgemeinen das Innere einer Kugelschale, ihre ganze Energie wird durch die Summe der kinetischen und potentiellen Energieen all der Teilchen dargestellt, die sich im Inneren der Kugelschale befinden. Wir beschränken uns nun auf die Betrachtung eines von der Tonquelle ausgehenden Schallstrahles. In einer größeren Entfernung von der Tonquelle legen wir senkrecht zu ihm eine Fläche f von 1 qcm Inhalt. Wenn die Schwingungszahl des Tones gleich n ist, so gehen in 1 sec n Wellen durch die Fläche, die dann einen abgestumpften, nach außen sich erweiternden Kegel erfüllen, dessen Basis gleich 1, dessen Länge gleich der Schallgeschwindigkeit ist. Jede von diesen Wellen führt, wenn sie die Fläche f durchdringt, eine gewisse Energie durch sie hindurch. Die ganze Energie, die auf diese Weise in einer Sekunde durch die Fläche f hindurchgeführt wird, nennen wir das mechanische Maß der Tonstärke an der Stelle von f. Die Länge einer kugelförmigen Luftwelle ändert sich nun nicht bei ihrer Ausbreitung; die Räume der Kugelschalen, die von der Welle der Reihe nach erfüllt werden, verhalten sich daher wie die Quadrate ihrer Radien; da aber die Gesamtenergie der Welle konstant bleibt, so nimmt der Energiegehalt gleicher Volumina ab, entsprechend dem umgekehrten Quadrat der Entfernung von der Tonquelle. Somit ist auch die Energie, welche von jeder einzelnen Welle durch die Fläche f geführt wird, dem Quadrat des Abstandes zwischen f und der Tonquelle umgekehrt proportional, und man erhält daher den Satz: Die Tonstärke ist dem Quadrate des Abstandes von der Tonquelle umgekehrt proportional.

Aus Betrachtungen ähnlich denen von § 194 folgt, daß die Energie einer Luftwelle, bei gleichem Inhalt des von ihr erfüllten Raumes, dem Quadrat der Schwingungsamplitude proportional ist. Wir werden ferner annehmen, daß die Amplitude der Schwingung, in welche die Luftteilchen durch einen tönenden Körper versetzt werden, der Schwingungsamplitude des letzteren selbst proportional ist. Darnach wächst die Intensität eines Tones proportional mit dem Quadrate der Schwingungsamplitude des tönenden Körpers.

Durch die im vorhergehenden gemachte Festsetzung ist ein mechanisches Maß für die Tonstärke gegeben. Wir müssen davon unterscheiden die Stärke der subjektiven Empfindung, das physiologische Maß, welches von der Einrichtung des Ohres abhängt.

§ 197. Die Klangfarbe. Wir haben uns im folgenden mit einer merkwürdigen Eigenschaft der Töne unserer Musikinstrumente zu beschäftigen, die man als ihren Klang bezeichnet. Es scheint zweckmäßig, die hierher gehörenden Verhältnisse zunächst an dem Beispiele der Saiten zu erläutern. Wenn wir eine Saite an einer beliebigen Stelle, etwa nahe ihrem Ende, zupfen oder streichen, so werden wir zunächst ihren Grundton hören. Wenn wir nun die Saite in ihrer Mitte leicht mit dem Finger berühren, so wird die Grundschwingung zerstört, der Grundton verschwindet, aber wir hören jetzt die Oktave. Berühren wir die Saite ganz leise in einem Drittel ihrer Länge, so erklingt die Quinte der Oktave, in einem Viertel, die zweite Oktave u. s. f. Diese höheren Schwingungsarten können nicht erst durch das Anlegen des Fingers erzeugt sein, sie müssen schon vorher vorhanden gewesen sein. Es ergiebt sich also, daß die Saite durch eine beliebige Art der Anregung in einen komplizierten Schwingungszustand versetzt wird, den man als eine Superposition der verschiedenen einfachen Schwingungsarten ansehen kann, die wir in § 184 betrachtet haben. In der That gelingt es nun bei gesteigerter Aufmerksamkeit, bei einer beliebigen Erregung der Saite neben dem Grundton und zugleich mit ihm auch die harmonischen Obertöne zu hören. Wir müssen also dem Ohre die Fähigkeit zuschreiben, daß es die komplizierte Schwingung, wie sie durch die Superposition der einfachen Schwingungsarten entsteht, in die letzteren aufzulösen, die ihnen entsprechende Reihe von Tönen aus der komplizierten Bewegung der Luft herauszuhören vermag. Die Klangfarbe eines Tones würde dann eben darauf beruhen, daß zu dem Grundtone harmonische Obertöne treten, deren Intensitätsverhältnisse im Vergleich mit der Stärke des Grundtones, je nach der Art der Erregung, je nach der Befestigung der Saite, in der mannigfachsten Weise variieren können.

Ebenso beruht dann auch der Klang anderer tönender Körper darauf, daß sie bei willkürlicher Erregung in einen komplizierten Schwingungszustand geraten, der als eine Superposition von einfachen Schwingungen mit bestimmten Intensitätsverhältnissen aufgefaßt werden kann. Dementsprechend empfindet das Ohr neben dem Grundton eine Reihe von Obertönen, und ihre Vermischung mit dem Grundton bedingt den Klang. Vergleichen wir von diesem Gesichtspunkt aus die Töne der offenen und der gedeckten Pfeifen, so sehen wir, daß bei den letzteren alle geraden Obertöne fehlen, während die offenen Pfeifen alle Obertöne besitzen. Der Klang der gedeckten Pfeife ist weicher, aber auch weniger voll als der der offenen.

Beim Klavier pflegt man die Anschlagstelle des Hammers auf $^1/_7$ der Saitenlänge zu richten, es wird so ein Oberton ausgeschlossen, dessen Schwingungszahl das siebenfache von der des Grundtons ist, und der dem Klang der Saite eine gewisse Schärfe geben würde.

Die im vorhergehenden entwickelte Theorie der Klangfarbe steht in einer sehr merkwürdigen Beziehung zu einem von Fourier aufgestellten mathematischen Satze. Auf einer Linie (vergl. z. B. Fig. 204) sei eine wellenartige Kurve gezeichnet, die sich in Intervallen von der Länge λ immer in derselben Weise wiederholt; man bezeichnet λ, die Länge der kongruenten, sich wiederholenden Stücke als die Periode der Kurve. Diese kann dann

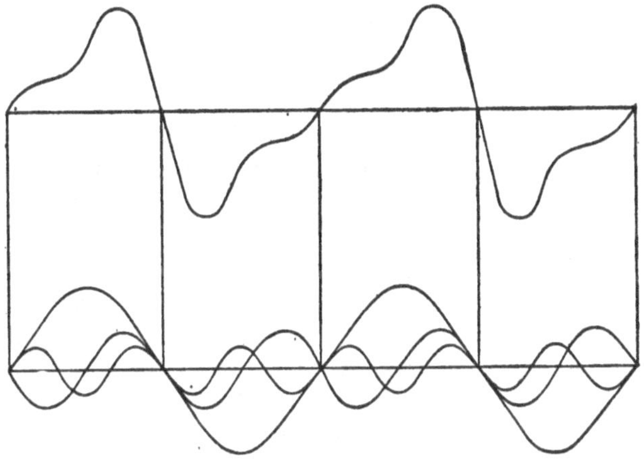

Fig. 204. Harmonische Zerlegung.

durch eine Superposition von einfachen Wellenlinien dargestellt werden, deren erste die Wellenlänge λ, deren zweite die Wellenlänge $^1/_2\,\lambda$, deren folgende der Reihe nach die Wellenlängen $^1/_3\,\lambda$, $^1/_4\,\lambda$ . . . besitzen. Jede beliebige Kurve von der Periode λ kann also gewissermaßen in eine Reihe einfacher Wellen aufgelöst werden, für deren Amplitudenverhältnisse die Gestalt der ursprünglich gegebenen Kurve maßgebend ist. Hiernach kann man auch die komplizierte Schwingungsform, die eine Saite bei einer beliebigen Art der Erregung annimmt, nach rein mathematischen Gesichtspunkten zerlegen in übereinandergelagerte Wellen, deren Länge gleich der doppelten, der einfachen Saitenlänge, gleich $^2/_3$, $^2/_4$, $^2/_5$ . . . davon ist.

In vollkommener Übereinstimmung hiermit übt das Ohr den komplizierten Bewegungen der Luft gegenüber die Funktion eines harmonischen Analysators, indem es genau die Töne heraushört, welche den bei der geometrischen Zerlegung auftretenden einfachen Wellen entsprechen. Aber in unserem Bewußtsein, in unserem geistigen Ohre, verschmelzen die verschiedenen Töne, die das körperliche Ohr zu gleicher Zeit empfindet, wieder zu einem einheitlichen Ganzen, dem Klang.

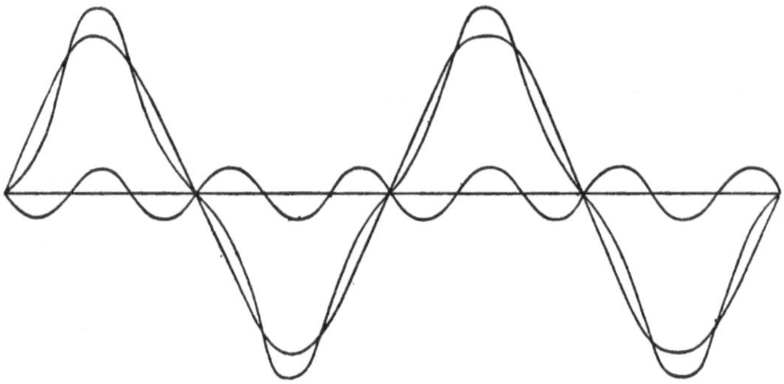

Fig. 205.

Beispiele sogenannter harmonischer Zerlegungen komplizierterer Kurven sind in den Figuren 204 und 205 gegeben.

§ 198. Die Vokalklänge und der Phonograph. Für die Untersuchung der Vokalklänge besitzen wir ein ausgezeichnetes Hilfsmittel in dem Phonographen von Edison. Denken wir uns eine mit Paraffin überzogene vollkommen cylindrische Walze, deren Axe durch eine Schraubenspindel gebildet wird, so daß sie bei der Drehung gleichzeitig in der Richtung der Axe sich verschiebt. Vor der Walze befindet sich in einer Fassung, zwischen Kautschukringen eingepreßt, eine Glasmembran von $^1/_8$ mm Dicke (Fig. 206a). Sie trägt in ihrer Mitte ein Metallplättchen, das durch Scharniere mit einem kleinen Meißel verbunden ist, der sich gegen die Oberfläche der Walze leicht anlegt. Wenn man gegen die Membran singt oder spricht, während die Walze gedreht wird, so gräbt das Meißelchen eine Furche in die Paraffinoberfläche, deren Berge und Thäler den Schwingungen der Membran auf das treueste entsprechen. Wenn man einen bestimmten Vokal gegen die Membran singt oder spricht, so erhält man eine Furche, welche die für den Vokalklang charakteristischen Schwingungen durch ihre Höhen und Tiefen genau wiedergiebt. Man kann nun das gegen die Membran Gesungene oder Gesprochene reproduzieren. Zu diesem Zweck dient eine ähnliche, nur noch etwas dünnere Glasmembran (Fig. 206 b); ihre Mitte ist durch Scharniere wieder mit einem Hebel verbunden, der aber an seinem Ende eine kleine Kugel trägt, die sich genau in die von dem Schreibmeißel gegrabene Furche

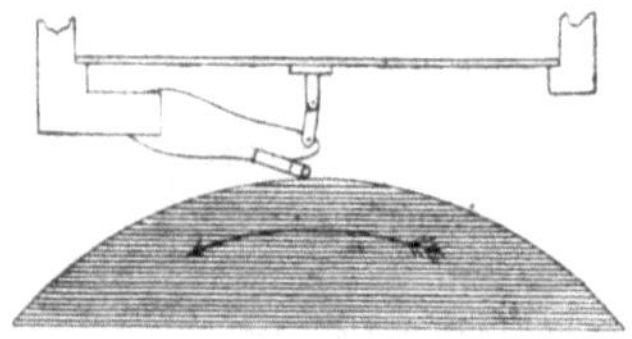

Fig. 206a.

einlegt. Wenn man die Kugel an den Anfang der Furche legt und nun die Walze dreht, so gleitet sie über all die Höhen und Tiefen der Furche weg; infolge der Hebelverbindung bringt sie die Membran in eine Bewegung, identisch mit der, durch welche die Furche erzeugt wurde. Die Membran ihrerseits wird die Luft wieder in dieselben Bewegungen versetzen, durch welche sie früher erschüttert wurde, d. h. sie wird das reproduzieren, was zuvor gesprochen oder gesungen ward.

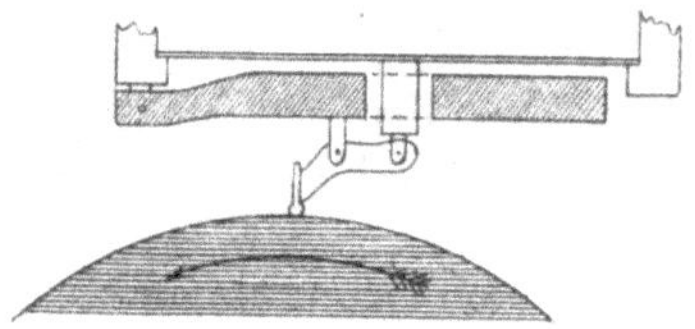

Fig. 206b.

Will man nun die in die Paraffinfläche gegrabenen Furchen benützen, um die Eigenschaften der Vokalklänge zu untersuchen, so muß man vor allem von ihren Höhen und Tiefen, von ihrem ganzen Verlaufe ein vergrößertes Bild herstellen, das in all seinen Einzelheiten ausgemessen werden kann. Man hat ein solches Bild auf photographischem Wege erhalten; den die schleifende Kugel tragenden Hebel verband man mit einem Spiegel, der den Hebungen und Senkungen der Kugel entsprechend nach oben oder unten sich drehte. Von dem Spiegel wurde der Strahl einer elektrischen Lampe reflektiert; dieser zeichnete dann auf einem mit photographischem Papier überzogenen, gleichmäßig rotierenden Cylinder die Bewegungen der Kugel in vergrößertem Maßstabe. Einige so erhaltene Kurven sind in Figur 207 dargestellt; die Vokale sind dabei auf den Ton *a* gesungen. Die Ausmessung der Kurven hat zu den folgenden Resultaten geführt.

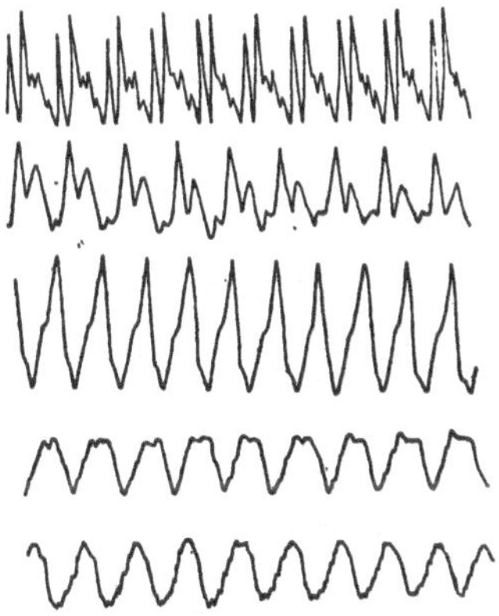

Fig. 207. Phonographische Kurven.

Die Vokale sind dadurch charakterisiert, daß die Obertöne an bestimmten Stellen der musikalischen Skala in ganz besonderem Maße verstärkt werden. Die Grenzen, zwischen denen die für die Vokalklänge charakteristischen Obertöne liegen, sind in der folgenden Tabelle zusammengestellt.[1]

	1. Oktave	2. Oktave	3. Oktave	4. Oktave
U	$c_1 - f_1$	$d_2 - e_2$		
O		$c_2 - dis_2$		
A		$e_2 - gis_2$		
E		$d_2 - e_2$	$ais_3 - h_3$	
J				$e_4 - f_4$.

[1] L. Hermann, Phonophotographische Untersuchungen. Arch. f. d. ges. Phys. Bd. 53. 1892. — F. Auerbach, Die physikalischen Grundlagen der Phonetik. Zeitschr. f. franz. Spr. u. Litt. 16. 1894. p. 117.

III. Kapitel. Erzwungene Schwingungen und Resonanz.

§ 199. Freie und erzwungene Schwingung. Wenn wir irgend einen Körper aus seiner Gleichgewichtslage entfernen und dann loslassen, oder wenn wir ihm, während er sich im Gleichgewicht befindet, durch einen Schlag eine gewisse Geschwindigkeit erteilen, so schwingt er unter der Wirkung seiner inneren Kräfte um die Gleichgewichtslage. Eine solche Schwingung nennen wir eine freie Schwingung. Ein Körper kann aber auch dadurch in Schwingung gebracht werden, daß man von außen her eine periodische Kraft auf ihn wirken läßt. Der Körper schwingt dann nicht mit der vermöge seiner inneren Kräfte ihm eigentümlichen Periode, sondern mit der Periode der äußeren Kraft. Eine solche Schwingung nennen wir eine erzwungene.

Eine erzwungene Schwingung einer Saite erhalten wir, wenn wir ihr Ende mit der einen Zinke einer Stimmgabel verbinden, deren Schwingungen bei ihrer überwiegenden Masse durch die Verbindung nicht wesentlich verändert werden.

Ein Beispiel für eine erzwungene Schwingung einer Membran infolge von periodischer Änderung des Luftdruckes haben wir in der Membran des Phonographen, ebenso in der Platte des Telephons oder dem Trommelfell des Ohres.

§ 200. Mittönen von Körpern bei synchroner Schwingung. Wir lassen auf einen Körper, der eine bestimmte eigene Schwingung besitzt, eine periodische Kraft von außen wirken, wie sie etwa durch die von einem tönenden Körper ausgehenden Luftwellen erzeugt wird. Der von ihnen getroffene Körper, wir nennen ihn den Resonator, wird in eine erzwungene Schwingung versetzt, deren Periode mit der des tönenden Körpers übereinstimmt. Wir nehmen an, der Eigenton des Resonators läge höher als der des tönenden Körpers. Die Periode der äußeren Kraft ist dann eine längere, als die der Eigenschwingung. Nun wollen wir die Periode der Kraft verkürzen, so daß sie sich der der Eigenschwingung nähert. Wir finden, daß zugleich die Schwingungsamplitude des Resonators wächst; sie erreicht ein sehr deutliches Maximum in dem Momente, in dem die Periode der Kraft mit der Periode der Eigenschwingung übereinstimmt, in dem die Schwingungen des Resonators mit denen des tönenden Körpers synchron sind. Wird die Periode der Kraft noch mehr verkürzt, so nimmt die Schwingungsamplitude des Resonators wieder ab. Dieses Ergebnis der Beobachtung wird in einer anscheinend übertriebenen Weise durch das Resultat der theoretischen Untersuchung bestätigt.

Bezeichnen wir die Amplitude der periodisch wirkenden Kraft mit F, ihre Schwingungszahl durch p, die des Resonators mit n, so ergiebt sich, daß die Amplitude der erzwungenen Schwingung mit $\frac{F}{n^2 - p^2}$ proportional ist. Im Fall der synchronen Schwingung, für $n = p$, würde die Amplitude unendlich groß, während sie in Wirklichkeit nur ein

Maximum erreicht. Der Widerspruch lößt sich dadurch, daß in der Theorie auf die Wirkung der Reibung keine Rücksicht genommen ist, daß außerdem bei sehr großen Entfernungen von der Ruhelage nicht mehr die einfachen Beziehungen zwischen den Deformationen und den entsprechenden Reaktionen gelten, die in der Theorie vorausgesetzt sind.

Ein schönes Beispiel von Mittönen bei synchroner Schwingung liefern zwei Stimmgabeln mit genau gleichem Tone. Wenn man sie in einiger Entfernung einander gegenüberstellt und die eine streicht, so hört man nach wenigen Sekunden die zweite mit erklingen. Es ist dies die Folge von Druckkräften der Luftwellen, die von der gestrichenen Gabel ausgesandt werden. So schwach auch der von einer einzelnen Welle ausgeübte Impuls im Verhältnis zu der großen Masse der resonierenden Stimmgabel sein mag, bei synchroner Schwingung wird die von jedem erzeugte Wirkung durch die nachfolgende im rechten Augenblick eintreffende Welle verstärkt und so kommt allmählich eine Schwingung von solcher Amplitude zu stande, daß sie einen deutlichen Ton erzeugt. Ebenso vermag ein Knabe, wenn er taktmäßig an dem Seile einer Glocke zieht, die zu Anfang kaum merkbaren Schwingungen immer mehr zu verstärken, bis der Klöppel anschlägt und die Glocke tönt. Ein einzelner Mann ist im stande, die enorme Masse einer Gitterbrücke durch taktmäßiges Treten in Schwingung zu bringen.

Um zu zeigen, daß bei synchroner Schwingung die Resonanz ein Maximum besitzt, ist es bequemer, bei ungeänderter Tonquelle die Stimmung des Resonators zu ändern. Dies kann man in einfacher Weise erreichen, wenn man gedeckte Pfeifen aus Glascylindern herstellt, die mehr oder weniger hoch mit Wasser gefüllt sind. Als Tonquelle benützt man Stimmgabeln und verändert nun durch Zugießen oder Herausnehmen von Wasser die Länge der Pfeifen so lange bis das Maximum der Resonanz erreicht ist. So finden wir, daß die gedeckten Pfeifen, die auf die Stimmgabeln c_1, e_1, g_1, a_1 im Maximum resonieren, die Länge von 32 — 25,4 — 21,4 — 19 cm besitzen. Dies sind aber eben die Längen der Pfeifen, welche die Töne c_1, e_1, g_1, a_1 bei ihrer Grundschwingung geben. Die experimentelle Bestätigung des angeführten Gesetzes ist damit geliefert. Es ist nun aber auch nicht schwer, von dem Grund der Erscheinung eine anschauliche Vorstellung zu gewinnen. Betrachten wir die Stimmgabel a_1, so berechnet sich die Länge der von ihr ausgesandten Wellen in der Luft nach der Formel $\lambda = \frac{v}{n}$ zu 76 cm. Trifft der Wellenzug auf eine feste Wand, so wird er ähnlich wie ein Zug von Wasserwellen reflektiert; die Interferenz der direkten und der reflektierten Wellen erzeugt eine stehende Schwingung, deren Schwingungsknoten voneinander um die halbe Wellenlänge, d. h. um 38 cm entfernt sind; dabei wird ein erster Schwingungsknoten jedenfalls in der reflektierenden Fläche selber liegen, der erste Schwingungsbauch also um 19 cm von der Wand entfernt sein. Wenn nun die reflektierende Wand durch das geschlossene Ende einer gedeckten Pfeife dargestellt wird, so findet im allgemeinen zwischen der Eigenschwingung der Pfeife, die einen Bauch am freien Ende fordert, und der durch die Reflexion erzeugten stehenden Schwingung eine Differenz statt; beide Schwingungen haben verschiedene Perioden und wirken sich bis zu einem gewissen Grad entgegen. Wenn aber die Pfeife selber den Ton a_1 giebt, so fällt der erste Bauch der durch Reflexion erzeugten stehenden Schwingung auf das freie Ende der Pfeife, und beide Schwingungen stehen nun in vollkommener Übereinstimmung.

Zu einer graphischen Darstellung des Vorganges gelangen wir auf dem folgenden Wege. Wir halten den von der Stimmgabel ausgesandten Wellenzug in einem bestimmten Moment fest, etwa in dem Augenblick der größten gegenseitigen Entfernung der Zinken; wir ziehen den Schallstrahl, der von der Stimmgabel nach der Pfeife hingeht. Senkrecht zu diesem tragen wir die Entfernungen auf, welche die Luftteilchen in den aufeinanderfolgenden Querschnitten des Strahles gerade von ihren Ruhelagen besitzen, nach oben, wenn die Verschiebung im Sinne der fortschreitenden Welle erfolgt, nach unten im entgegengesetzten Falle. Der augenblickliche Zustand der Luft auf dem Schallstrahl wird dann durch eine ihm folgende Wellenlinie anschaulich gemacht (Fig. 208); seine zeitliche Änderung durch die Fortbewegung der Linie im Sinne des ausgezogenen Pfeiles mit der Geschwindigkeit des Schalls. Die reflektierende Wand befinde sich bei K. Den Vorgang der Reflexion können wir konstruieren mit Hilfe der zweiten gestrichelten Wellenlinie, die wir der ankommenden entgegen im Sinne des gestrichelten Pfeiles sich bewegen lassen. Man

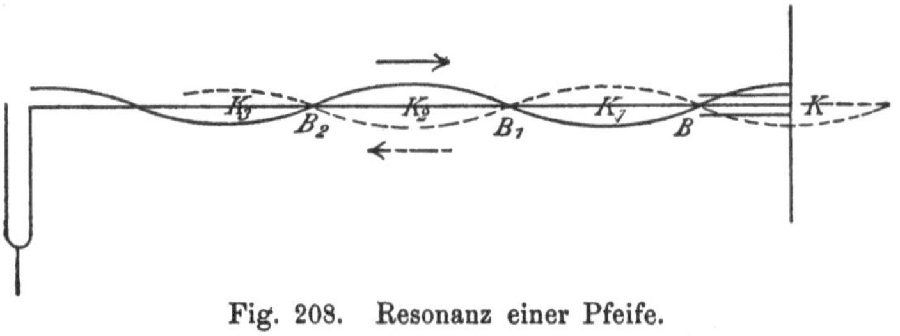

Fig. 208. Resonanz einer Pfeife.

sieht, daß bei K, K_1, K_2, K_3 die entgegengesetzten Elongationen der beiden Wellen sich jederzeit kompensieren, weil die Wellen symmetrisch sind zu der reflektierenden Wand; es sind dies Knoten der Bewegung. Bei B, B_1, B_2 dagegen werden bei der Weiterbewegung der Wellen die beiden Ordinaten sich abwechselnd nach unten und oben summieren; wir haben hier die Stellen größter Amplitude der Bewegung, die Schwingungsbäuche. Ist bei K das geschlossene Ende einer gedeckten Pfeife, so findet zwischen der durch Reflexion erzeugten stehenden Schwingung und der Eigenschwingung der Pfeife Übereinstimmung statt, wenn ihre Länge gleich KB; die Pfeife resoniert mit ihrem Grundton. Dasselbe würde aber der Fall, wenn die Länge der Pfeife gleich KB_1 oder KB_2 gemacht würde. Die durch Reflexion erzeugte Schwingung würde dann mit der ersten oder zweiten von den höheren Schwingungsarten der Pfeife übereinstimmen, diese resonierte mit ihrem ersten oder zweiten Obertone.

Die Resonanz einer Luftsäule auf einen Stimmgabelton benützt man zur Verstärkung des letzteren. Man setzt die Stimmgabel auf einen hölzernen Resonanzkasten, dessen Luftraum auf ihren Ton abgestimmt ist.

§ 201. Gleichmäßig resonierende Körper. Saiten, wie überhaupt Körper von kleiner Oberfläche und Masse, geben, in schwingende Bewegung versetzt, nur wenig Energie an die umgebende Luft ab, erzeugen also für sich genommen nur schwache Töne. Man verbindet sie bei den musikalischen Instrumenten mit Resonanzkörpern von größerer Oberfläche, die infolge hiervon geeigneter sind, ihre Schwingungen der Luft mitzuteilen. Diese Körper müssen natürlich alle Töne des Instrumentes gleichmäßig verstärken, die Resonanz darf von ihrer Eigenschwingung nicht abhängig sein. Bei der Violine und dem Klavier sind die Resonanzkörper durch elastische Holzplatten dargestellt, bei denen infolge der Dämpfung der Einfluß der eigenen Schwingungen nicht merklich wird.

Aus demselben Grunde wird das Trommelfell des Ohres durch jeden Ton in einem seiner Stärke entsprechendem Maße erregt, ohne daß bestimmte Töne bevorzugt werden.

Bei den Membranen des Telephons und des Phonographen sind die Schwingungszahlen der Eigentöne sehr hoch; auch sie geben für Töne von erheblich geringerer Schwingungszahl eine gleichmäßige Resonanz.

§ 202. Zungenpfeifen und Lippenpfeifen. Von den vorhergehenden Betrachtungen machen wir zunächst eine Anwendung auf die Theorie der Pfeifen. Nach der Art der Erregung unterscheidet man Zungenpfeifen (Fig. 209) und Lippenpfeifen (Fig. 210). Bei den ersteren wird durch den in die Pfeife geleiteten Luftstrom zuerst eine metallene Zunge in Schwingung versetzt, die Pfeife resoniert auf den Ton der Zunge. Nach dem vorhergehenden ist es nicht gerade nötig, daß die Pfeife genau auf den Eigenton der Zunge abgestimmt ist; wenn dies nicht der Fall ist, so beobachtet man eine eigentümliche Rückwirkung der Schwingung der Pfeife auf die der Zunge. Wenn z. B. der Eigenton der Zunge tiefer ist als der der Pfeife, so wird er erhöht; Zunge und Pfeife schwingen vollkommen unisono, aber keine mit ihrer eigenen Periode, vielmehr nähern sie sich von entgegengesetzen Seiten her einer gewissen mittleren Schwingung. Als Zungenpfeife können wir auch den Kehlkopf mit den Stimmbändern und den mit ihm zusammenhängenden Lufträumen betrachten.

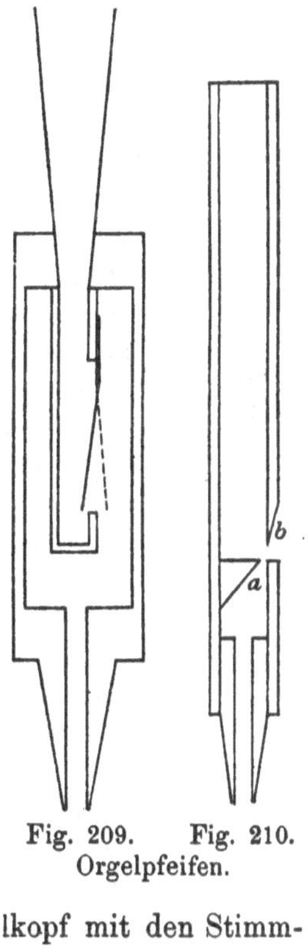

Fig. 209. Fig. 210.
Orgelpfeifen.

Bei den Lippenpfeifen (Fig. 210) dringt aus der Spalte *a* ein Luftstrahl gegen die Lippe *b*; an dieser bricht sich der Strahl, und es würde nun ohne die Pfeife ein schwirrendes Geräusch entstehen. Wir können dieses als die Folge von komplizierten Schwingungen des Luftstrahles betrachten, deren Perioden einem unregelmäßigen Wechsel unterworfen sind. Die Pfeife wählt nun aus den mannigfachen Bewegungen diejenige heraus, die mit ihrer eigenen Schwingung übereinstimmt, sie resoniert auf diese. Sie wirkt aber durch ihre Schwingung zurück auf die Schwingungen des Luftstrahles, verstärkt die mit ihr harmonierende, schwächt die anderen, bis zuletzt Pfeife und Luftstrahl in vollkommen übereinstimmender Weise ihre Schwingungen vollziehen.

§ 203. Singende Flammen. Von der übereinstimmenden Schwingung eines Gasstromes und einer Pfeife kann man sich eine unmittelbare Anschauung verschaffen bei den singenden Flammen.

In eine lange aus einer Blechröhre hergestellte Pfeife werde von unten ein Bunsenbrenner mit ziemlich weiter Mündung geschoben; er gerät in unruhiges Flackern und erregt bei passender Regulierung des Gaszuflusses einen mächtigen Ton in der Pfeife; zugleich sieht man in einem rotierenden Spiegel an Stelle des zusammenhängenden Lichtkreises, der bei ruhig brennender Flamme erscheint, eine Reihe von einzelnen durch Zwischenräume getrennten Flammenbildern, ähnlich wie bei Figur 203. Bei der Schwingung der Luft in der Pfeife wird die Flamme durch jede Verdichtung in das Innere des Brenners zurückgedrängt und ausgelöscht. Sobald die Verdichtung der Welle vorüber ist, bricht der Gasstrom wieder hervor; man kann bewirken, daß er sich selbst von neuem entzündet, wenn man in die Öffnung des Brenners ein Netz von Platindraht einlegt. Die Flamme erregt jetzt einen anhaltenden, starken Ton in der Pfeife, der ausgezeichnet ist durch die Fülle der mit dem Grundton verbundenen Obertöne.

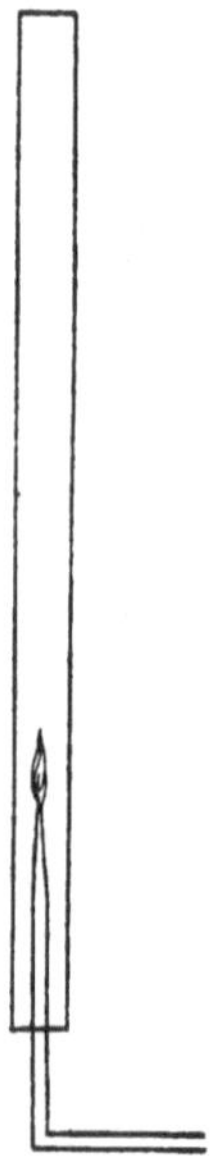
Fig. 211.

Kürzere Glasröhren bringt man zum Tönen durch spitze Flammen, die durch Brenner mit einer feinen kreisförmigen Öffnung erzeugt werden (Fig. 211). Der Ton tritt in der Regel erst auf, wenn man die Flamme durch Drehen des Gashahnes auf eine gewisse Höhe herunterdrückt. Wenn aber die Flamme nicht von selbst zu singen beginnt, so resoniert sie sobald der Ton der Pfeife gesungen oder in anderer Weise angegeben wird, und die einmal erregte Schwingung hört nicht wieder auf, auch wenn der erregende Ton verschwindet.

Im Anschluß an das vorhergehende möge noch der freien sensitiven Flammen gedacht werden, bei denen in sehr eigentümlicher Weise hervortritt, wie leicht die Bewegung eines Strahles durch äußere Einwirkungen verändert werden kann. Es sind Gasflammen, die aus cylindrischen Röhren mit feiner Öffnung unter erheblichem Drucke hervorströmen, so daß sie eine Länge von etwa einem halben Meter erreichen. Wir haben sie zu betrachten als Gasstrahlen, die von der umgebenden, ruhenden Luft durch eine cylindrische Mantelfläche getrennt sind, jenseits deren ein plötzlicher Abfall der Geschwindigkeit eintritt. Die Umhüllungsfläche des Strahles befindet sich in einem Zustand, der sehr nahe an ein labiles Gleichgewicht grenzt. Wenn an irgend einer Stelle eine Unregelmäßigkeit sich bildet, so giebt dies zu der Entstehung von Wirbeln Veranlassung, und von diesen muß das völlige Aufrollen des Strahles, das plötzliche Zusammensinken herrühren, das eintritt, wenn man zischt oder gewisse hohe Töne erklingen läßt.[1]

§ **204. Resonatoren.** Von der Resonanz machen wir eine wichtige Anwendung, um aus einem komplizierten Klang die einzelnen Obertöne zu isolieren und zur Wahrnehmung zu bringen. Es geschieht dies mit Hilfe der Helmholtzschen Resonatoren (Fig. 212), kugelförmiger Pfeifen, mit zwei einander diametral gegenüberliegenden Öffnungen. Von letzteren wird die eine an das Ohr gelegt, während durch die andere die Verbindung des inneren kugelförmigen Luftraumes mit der äußeren Luft unterhalten wird. Wenn in dem zu untersuchenden Klang der Eigenton des Resonators enthalten ist, so wird dieser deutlich ertönen, und mit einer Reihe von abgestimmten Resonatoren kann man daher eine vollständige Analyse des Klanges ausführen.

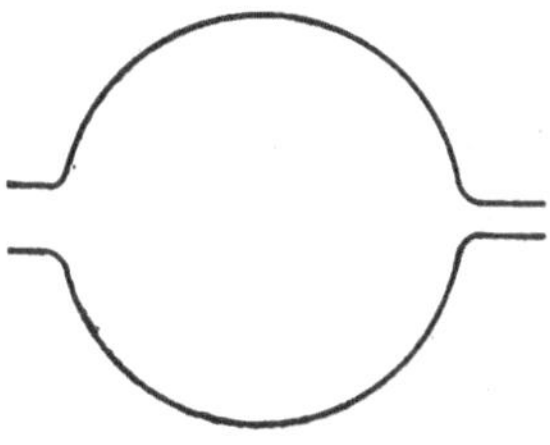

Fig. 212.

§ **205. Kundtsche Staubfiguren.** Auf der Resonanz beruht noch eine von Kundt eingeführte Messungsmethode, die einer ungemein vielseitigen Anwendung fähig ist. Ein Klangstab (Fig. 213) werde in den Punkten

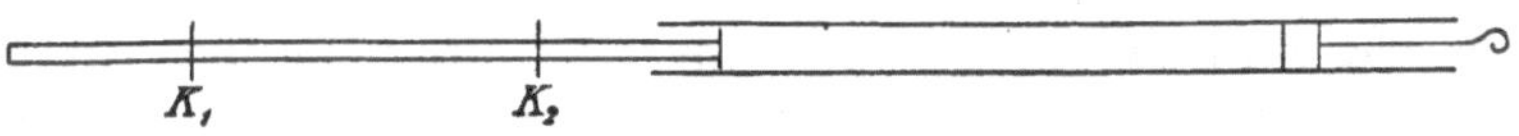

Fig. 213.

K_1 und K_2, in $^1/_4$ und $^3/_4$ seiner Länge in horizontaler Lage eingeklemmt, so daß er, wenn man ihn in der Mitte reibt, seinen ersten Oberton erklingen läßt. Das Ende des Klangstabes reicht in eine Glasröhre hinein, die an dem anderen Ende durch einen verschiebbaren Kork verschlossen ist. Wenn die Länge der Röhre so reguliert wird, daß irgend einer ihrer Obertöne mit dem Tone des Klangstabes übereinstimmt, so resoniert sie kräftig; die in ihr enthaltene Luft gerät also in eine stehende Schwingung, deren Schwingungszahl dieselbe ist, wie die des Klangstabes. Diese

[1] Helmholtz, Über diskontinuierliche Flüssigkeitsbewegungen. Wiss. Abhandl. Bd. I. p. 146. — Über atmosphärische Bewegungen. III. Bd. p. 289.

stehende Schwingung kann man dann sichtbar machen, wenn man etwas Korkstaub in die Röhre bringt; dieser bildet, wenn sie resoniert, eigentümliche quer durch die Röhre sich legende Rippen (Fig. 214); wenn die Länge der Röhre ein ganzes Vielfaches einer halben Wellenlänge des vom Klangstab erzeugten Tones ist, so wird der Staub von den in Schwingung begriffenen Abteilungen ganz weggefegt, so daß er sich in Häufchen an den Knoten sammelt (Fig. 215).

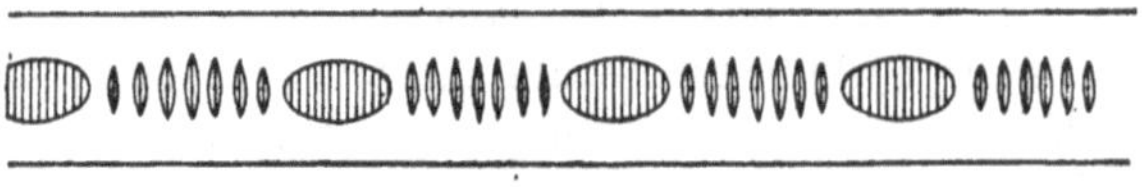

Fig. 214.

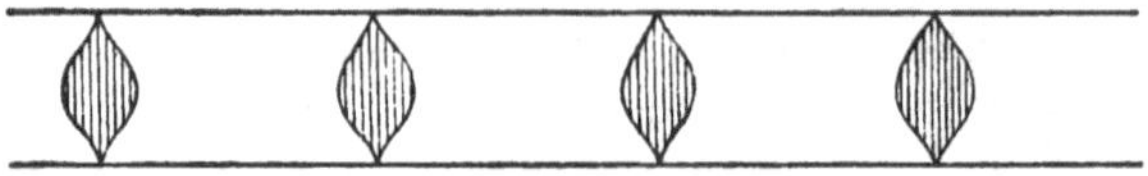

Fig. 215.
KUNDTsche Staubfiguren.

Immer ist es möglich, durch Messung die Abstände der Bäuche oder Knoten, und hieraus die Wellenlänge des betreffenden Tones in der Röhre zu bestimmen. Bezeichnen wir die Geschwindigkeit des Schalles im Klangstab durch c, seine Länge durch l, so ist seine Schwingungszahl $n = \frac{c}{l}$; ist λ die Wellenlänge in der von Luft erfüllten Resonanzröhre, v die Schallgeschwindigkeit, so ist die Schwingungszahl auf der anderen Seite gegeben durch $n = \frac{v}{\lambda}$. Wir haben also die Beziehung

$$\frac{c}{l} = \frac{v}{\lambda}.$$

Betrachten wir die Schallgeschwindigkeit v in Luft als bekannt, so ergiebt sich aus der Messung von l und λ der Wert von c, die Schallgeschwindigkeit in dem Klangstabe. Aus dieser aber kann nach der in § 192 angeführten Formel die Ausdehnungselastizität des Stabes bestimmt werden.

Füllen wir die Röhre mit einem anderen Gase, in dem die Geschwindigkeit des Schalles gleich v' sein möge, so wird die dem Tone des Klangstabes entsprechende Wellenlänge eine andere sein, λ'. Wir haben dann die Gleichung:

$$\frac{c}{l} = \frac{v'}{\lambda'},$$

und daher auch:

$$\frac{v}{\lambda} = \frac{v'}{\lambda'}.$$

Die Schallgeschwindigkeiten in den beiden Gasen verhalten sich wie die Wellenlängen, die einem und demselben Tone in beiden entsprechen.

Wieder können wir die Geschwindigkeit v' berechnen, wenn wir die Schallgeschwindigkeit in Luft als gegeben betrachten. Aus der Schallgeschwindigkeit eines Gases kann aber weiter nach der in § 148 angeführten Formel das Verhältnis k der beiden spezifischen Wärmen bei konstantem Druck und konstantem Volumen berechnet werden.

Endlich möge noch erwähnt werden, daß die Schallgeschwindigkeit in Luft bei engen Röhren nach Kundts Versuchen kleiner ist als im freien Raum, wesentlich infolge der Reibung.[1]

§ 206. Das Cortische Organ. Eine letzte Anwendung machen wir von den Gesetzen der Resonanz auf die Lehre von der Tonempfindung. Im Ohre befinden sich überaus zahlreiche, mikroskopisch kleine, schwingungsfähige Plättchen, die wie die Tasten eines Klavieres nebeneinanderliegen. Am einen Ende sind sie mit den Fasern des Hörnerven verbunden. Helmholtz nimmt an, daß jedes dieser Plättchen auf einen bestimmten Ton abgestimmt sei, so daß es nur, wenn dieser erklingt, schwingen und die zugehörige Nervenfaser erregen kann. Bei einem aus den mannigfachsten Tönen zusammengesetzten Klang wird jeder Ton das auf ihn abgestimmte Gebilde in Schwingung versetzen; man sieht, wie auf diese Weise das Ohr im Stande ist, die komplizierteste Luftbewegung in ihre einzelnen Teile, in ihre einfachen harmonischen Schwingungen zu zerlegen.

IV. Kapitel. Erscheinungen der Interferenz und Schwebung.

§ 207. Nörrembergs Interferenzversuch. Wenn zwei tönende Körper, etwa zwei Stimmgabeln, von genau gleicher Tonhöhe gegeben sind, so haben die von ihnen ausgehenden Wellen dieselbe Länge. Wenn nun an irgend einer Stelle *A* des Raumes von der einen Gabel her eine Verdichtung, von der anderen zugleich eine Verdünnung eintrifft, so werden die entgegengesetzten Wirkungen sich aufheben, die Luft an der betreffenden Stelle wird weder verdichtet, noch verdünnt werden, und damit fällt auch die Tonempfindung weg. Man sieht aber leicht, daß, wenn die Wirkungen der beiden Wellenzüge an der Stelle *A* sich einmal zerstören, dies auch in der Folge der Fall sein muß; denn nach einer halben Schwingung der tönenden Körper haben sich die von ihnen ausgehenden Wellenzüge um eine halbe Wellenlänge verschoben; an derselben Stelle, wo vorher eine Verdichtung war, ist jetzt eine Verdünnung und umgekehrt, nach einer ganzen Schwingung aber haben die Verdichtungen und Verdünnungen wieder ganz dieselbe Lage wie zu Anfang. Hiernach würde also zu erwarten sein, daß in der Umgebung zweier gleichschwingender Stimmgabeln gewisse Stellen vorhanden sind, in denen kein Ton zu hören ist. Übrigens ergiebt sich aus Betrachtungen, die wir bei der analogen Interferenzerscheinung der Optik anstellen werden, daß die Schwingungen zweier einfacher Tonquellen nur dann vollständig sich aufheben können, wenn die letzteren von einander um mindestens eine halbe Wellenlänge entfernt sind. In Wirklichkeit gelingt der Versuch, auch bei Berücksichtigung dieser Bedingung, nur unvollkommen wegen der störenden Wirkung der Reflexionen, die an den Wänden des Beobachtungsraumes stattfinden. Dazu kommt, daß Stimmgabeln im Grunde nicht als einfache Tonquellen zu betrachten sind, was deutlich bei dem in § 208 zu beschreibenden Versuch hervortritt.

[1] Rayleigh, Theorie des Schalls, übers. von Neesen. II. Bd. p. 372.

Viel sicherer läßt sich die Interferenz zweier Wellenzüge und das dadurch bedingte Verschwinden des Tones nach einem zuerst von Nörremberg angegebenen Verfahren zeigen (Fig. 216). Man benützt dabei nur eine einzige Stimmgabel und läßt den von ihr ausgehenden Wellenzug in eine Röhre eintreten, die sich an der Stelle *a* in zwei Zweige gabelt; die Länge des einen Zweiges *acd* von *a* bis zu der Stelle *d* der Wiedervereinigung macht man um eine halbe Wellenlänge größer als die des anderen Zweiges *abd*. Der durch den längeren Zweig gehende Wellenzug wird dadurch um eine halbe Wellenlänge verzögert; wenn an der Stelle *d* durch *abd* gerade eine Verdichtung anlangt, so kommt gleichzeitig durch *acd* eine Verdünnung, und die entgegengesetzten Wirkungen zerstören sich, so daß an der Öffnung *e* kein Ton zu hören ist. Sobald wir aber die eine oder die andere Zweigröhre schließen, so daß nur ein Wellenzug zum Ohre gelangen kann, tritt der Ton hervor.

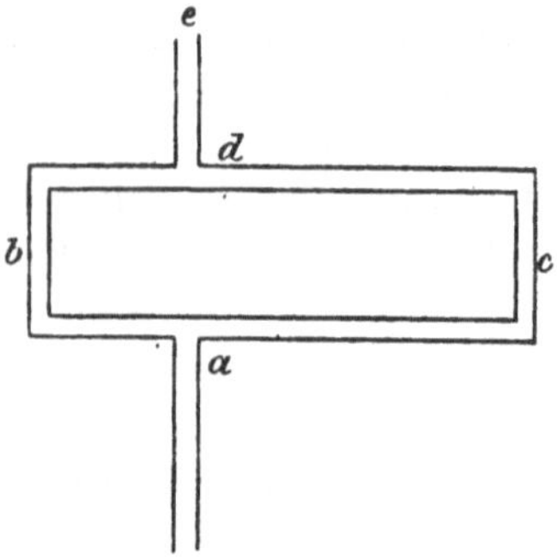

Fig. 216.
Interferenzröhre.

§ 208. Flächen der Stille bei einer Stimmgabel. Wilhelm Weber hat eine sehr eigentümliche Interferenzerscheinung bei e i n e r Stimmgabel beobachtet.[1] Wenn man eine angeschlagene Gabel über der Öffnung eines Resonators dreht, so bemerkt man, daß der Ton in vier Stellungen derselben vollkommen verschwindet. Es gehen von den Zinken vier Flächen aus, in denen weder Verdichtung noch Verdünnung der Luft durch die Schwingung erzeugt wird. Jede dieser vier Interferenzflächen bildet einen Teil eines hyperbolischen Cylinders; die vier Brennlinien der Cylinder liegen in den vier äußeren Kanten der Stimmgabelzinken und die Flächen selbst divergieren in der durch die Linien der Figur 217 angedeuteten Weise; die Stimmgabel ist dabei auf eine zu ihrer Länge senkrechte Ebene projiziert.

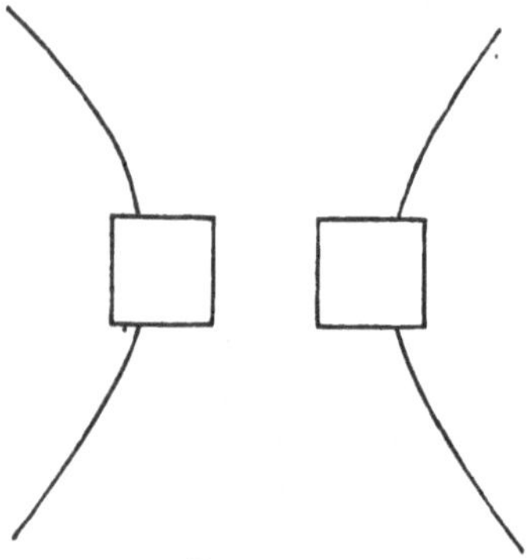
Fig. 217.

Die Erklärung der Erscheinung muß jedenfalls in dem Umstand gesucht werden, daß bei jeder Zinke die Luft auf der vorderen und hinteren Seite gleichzeitig in entgegengesetztem Zustande sich befindet; immer wird auf der Seite, nach welcher die Zinken sich bewegen, Verdichtung, auf der entgegengesetzten Verdünnung entstehen; die Flächen,

[1] Wilhelm Weber, Über Unterbrechungen der Schallschichten in der, transversal schwingende Stäbe und Gabeln umgebenden, Luft. Werke Bd. I. p. 64.

in denen diese verschiedenen Zustände sich ausgleichen, müssen Webers hyperbolische Interferenzflächen sein.

§ 209. Schwebungen. Wenn zwei Stimmgabeln genau gleiche Tonhöhe haben, so werden sich ihre Töne entweder fortdauernd verstärken oder fortdauernd schwächen, je nachdem von Anfang an Verdichtung mit Verdichtung oder Verdichtung mit Verdünnung zusammenfiel; immer erhalten wir den Eindruck eines vollkommen gleich dahinfließenden Tones. Nun wollen wir die eine Gabel nur ganz wenig verstimmen; wir hören jetzt den Ton abwechselnd anschwellen und wieder schwächer werden und dies bezeichnen wir als Schwebungen oder Stöße des Tones.

Die Schwingungszahl des höheren Tones sei n_1, die des tieferen n_2; in einer Sekunde sendet der erstere n_1, der zweite n_2 Wellen aus, die sich in dieser Zeit über eine Strecke von 332 m ausbreiten. Betrachten wir den Strahl, der die Verbindungslinie der beiden Gabeln nach außen verlängert, und grenzen wir auf ihm eine Strecke von 332 m ab, so daß in ihrem Anfangspunkt *A* (Fig. 218) eine Verdichtung der einen Gabel mit einer Verdichtung der anderen zusammenfällt. Nun ist die Wellenlänge l_1 des höheren Tones in Metern gegeben durch $l_1 = \frac{332}{n_1}$, die des tieferen durch $l_2 = \frac{332}{n_2}$. Gehen wir auf dem Strahle vorwärts, so treffen wir also zuerst in dem Abstande l_1 auf die nächste Verdichtung des höheren Tones, dann im Abstande l_2 auf die des tieferen; gehen wir weiter, so folgt in dem Abstande $2\,l_1$ die dritte Verdichtung des höheren, im Ab-

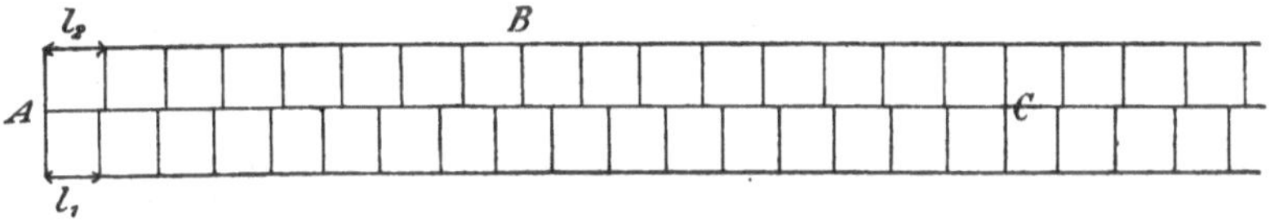

Fig. 218. Schwebungen.

stande $2\,l_2$ die entsprechende des tieferen Tones. Wir sehen, daß die Verdichtung des tieferen Tones immer mehr der entsprechenden des höheren voraneilt; ist die Entfernung der beiden Verdichtungen gerade auf eine halbe Wellenlänge des höheren Tones angewachsen, wie bei *B*, so fällt die Verdichtung des tieferen Tones gerade mit einer Verdünnung des höheren zusammen, und die entgegengesetzten Wirkungen heben sich auf; wir haben dann weder Verdichtung, noch Verdünnung, also auch keine Tonempfindung. Weiterhin entfernt sich die Verdichtung des tieferen Tones um mehr als eine halbe Wellenlänge von der entsprechenden des höheren, sie nähert sich einer Verdichtung des letzteren, deren Ordnungszahl um eins höher ist; schließlich fällt wieder eine Verdichtung des tieferen Tones mit einer des höheren zusammen. Ist *C* der Punkt, in dem dies der Fall ist, so ist die auf der Strecke *A C* liegende Wellenzahl des höheren Tones offenbar um eins größer als die des tieferen; gehen von dem tieferen Ton x Wellenlängen auf die Strecke AC, so ist sie gleich $x + 1$ Wellenlängen des höheren; wir haben somit:

$$AC = (x + 1)\, l_1 = x\, l_2 = \frac{332}{n_1 - n_2}.$$

Tragen wir (Fig. 219) von A aus die Strecken $AC = CE = EG = GJ \ldots = \frac{332}{n_1 - n_2}$ der Reihe nach ab, so werden in all den Punkten C, E, G, $J \ldots$ zwei Verdichtungen zusammenfallen, in den zwischen ihnen in der Mitte liegenden eine Verdichtung mit einer Verdünnung. Auf einer Strecke von 332 m fällt somit $(n_1 - n_2)$ mal Verdichtung mit Verdichtung und $(n_1 - n_2)$ mal Verdichtung mit Verdünnung zusammen, das

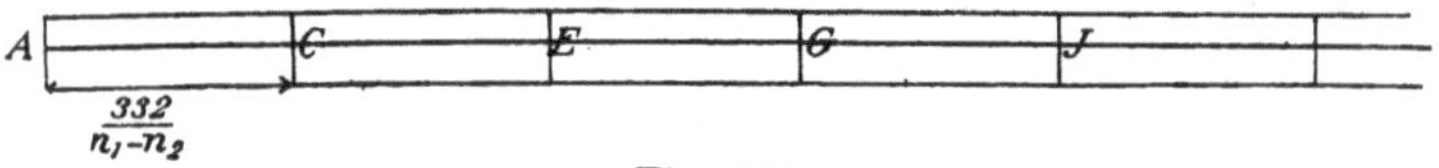

Fig. 219.

erstere bedingt eine Verstärkung, das letztere eine Schwächung der Schwingung. Da aber alle auf der Länge von 332 m liegenden Wellen in einer Sekunde in unser Ohr gelangen, so werden auch hier die Schwingungen der Luft in einer Sekunde $(n_1 - n_2)$ mal eine Verstärkung, und damit abwechselnd $(n_1 - n_2)$ mal eine Schwächung erfahren. Es ergiebt sich somit, daß die Anzahl der in einer Sekunde erfolgenden Stöße oder Schwebungen gleich der Differenz der Schwingungszahlen der zusammenklingenden Töne ist. Dies kann man leicht durch den Versuch bestätigen, wenn man zwei a_1-Gabeln, von denen die eine, nach SCHEIBLERS Vorschlag, auf 440, die andere, nach der Pariser Stimmung, auf 435 Schwingungen in der Sekunde justiert ist, zusammenklingen läßt.

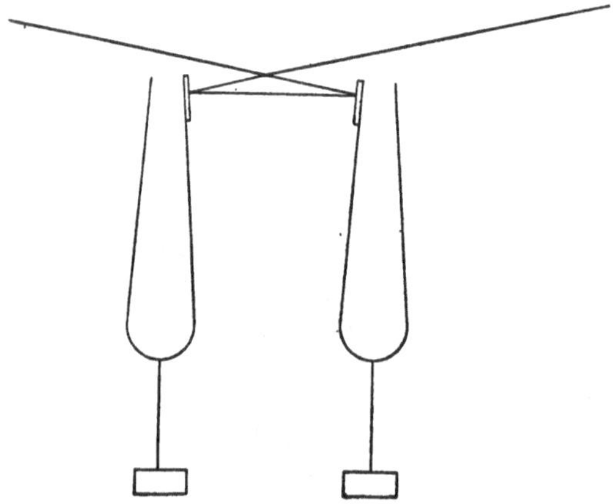

Fig. 220. Objektive Darstellung der Schwebungen.

Man kann von den Schwebungen zweier Stimmgabeln ein sehr anschauliches und schönes Bild in der folgenden Weise entwerfen. Wir befestigen an den äußeren Flächen der Zinken beider Gabeln leichte Spiegel, die mit den Zinken zusammen schwingen (Fig. 220). Wenn wir auf den Spiegel der einen Gabel einen Lichtstrahl fallen lassen, so wird er reflektiert und zeichnet, so lange der Spiegel in Ruhe ist, auf einem in geeigneter Weise aufgestellten Schirm einen hellen Punkt. Versetzen wir die Stimmgabel in Schwingung, so wird durch die Bewegung des Spiegels der Punkt in eine Lichtlinie ausgezogen. Nun stellen wir die zweite Gabel mit ihrer Längsrichtung und der durch die Mitten ihrer Zinken gehenden Ebene der ersten parallel und so, daß der von dieser reflektierte Lichtstrahl auf den Spiegel der zweiten Gabel fällt; er wird hier, entsprechend der Zeichnung von Figur 220, abermals reflektiert und erzeugt auf dem Schirm, der nun auf die andere Seite der Gabeln zu stellen ist, wieder einen hellen Punkt, so lange beide Gabeln in Ruhe

Fig. 221. Objektive Darstellung der Schwebungen.

sind. Wenn aber beide Gabeln schwingen, so geschieht dies infolge der Verschiedenheit ihrer Schwingungszahlen bald im gleichen, bald im entgegengesetzten Sinne. Demzufolge werden die durch die Reflexion erzeugten Ablenkungen des Lichtstrahls sich abwechselnd summieren und kompensieren; die Lichtlinie auf dem Schirm wird bald sich in die Länge dehnen, bald zu einem Punkt zusammenschrumpfen. Noch anschaulicher wird das Bild, wenn wir die zweite Gabel leicht hin- und herdrehen, so daß der von ihr reflektierte Strahl abwechselnd auf verschiedene nebeneinanderliegende Stellen des Schirmes fällt; es entsteht dann eine aus einer wellenartigen Linie gebildete, leuchtende Spindel (Fig. 221), die an den Stellen der Kompensation sich einschnürt, an denen der Summation der Wirkungen sich erweitert, und die durch den Wechsel der Amplitude, welchen die sie bildenden Einzelwellen zeigen, das Anschwellen und Schwächerwerden des Tones anschaulich macht.

Man kann die zweite Stimmgabel auch so befestigen, daß ihre Längsrichtung horizontal wird, wenn die erste Gabel vertikal aufgestellt ist (Fig. 222). Wenn man dann den von der ersten Gabel reflektierten Lichtstrahl auf den Spiegel der zweiten fallen läßt, so macht sie ihn in horizontalem Sinne hin- und herschwingen, sobald sie selbst in Schwingung versetzt wird. Wenn beide Gabeln zusammentönen, so ent-

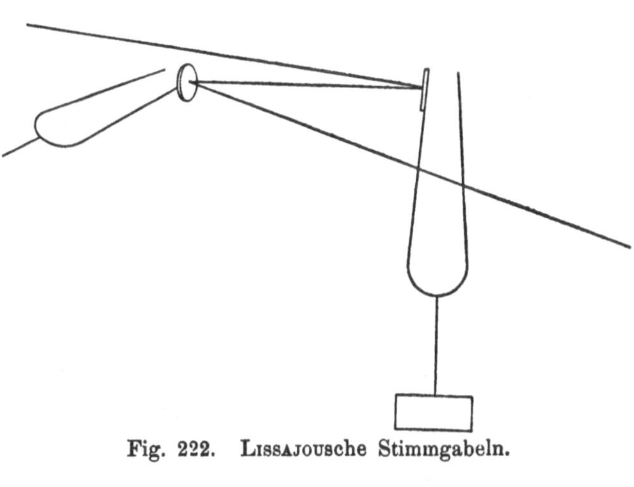

Fig. 222. Lissajousche Stimmgabeln.

stehen aus der Kombination der vertikalen und horizontalen Bewegungen des Strahles eigentümliche Lichtkurven, die sogenannten LISSAJOUschen Kurven. Man kann ihre verschiedenen Formen konstruieren, wenn man zwei zu einander senkrechte Pendelschwingungen von verschiedenem Phasen- und Periodenverhältnis nach dem Prinzip der Kombination zu einer resultierenden Bewegung vereinigt.

Schwingen die beiden Gabeln vollkommen unisono, so ergeben sich je nach der Phasendifferenz die in Figur 223 gezeichneten Kurven. Sind die Schwingungszahlen etwas verschieden, so ändert sich die Phasendifferenz stetig mit der Zeit; die von den Gabeln erzeugte LISSAJOUsche Figur durchläuft der Reihe nach vor- und wieder rückwärts die Formen der Figur 223; die gerade Linie erweitert sich zu einer Ellipse, diese verwandelt sich in einen Kreis, der Kreis geht über in eine Ellipse mit umgekehrter Lage der großen und kleinen Axe, die Ellipse in eine gerade Linie u. s. w. Der Wechsel wird um so schneller, je größer die Differenz der Schwingungszahlen, je größer die Zahl der in einer Sekunde erzeugten Schwebungen.

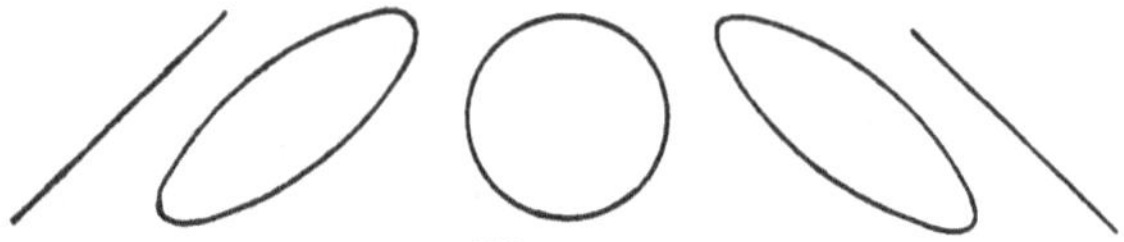

Fig. 223.

Ebenso wie bei Stimmgabeln treten Schwebungen und Stöße natürlich auch auf bei Saiten und Orgelpfeifen, überhaupt immer da, wo zwei Töne von wenig verschiedener Schwingungszahl zusammen erklingen.

§ 210. Kombinationstöne. Die Schwebungen scheinen eine einfache Erklärung zu geben für die Thatsache, daß bei dem Zusammenklange zweier Töne noch ein dritter gehört wird, dessen Schwingungszahl gleich der Differenz ihrer Schwingungszahlen ist. Man muß dann dem Ohre die Fähigkeit zuschreiben, durch Schwebungen in ähnlicher Weise affiziert zu werden, wie durch einzelne Schallwellen; auch Schwebungen müßten eine Tonempfindung erzeugen, wenn sie mit solcher Schnelligkeit aufeinander folgen, daß sie einzeln nicht mehr wahrzunehmen sind.

Daß die Erscheinung nicht in so einfacher Weise zu erledigen ist, ergiebt sich aus dem Umstand, daß bei dem Zusammenklang zweier Töne nicht bloß der angeführte Differenzton, sondern noch ein zweiter Ton erklingt, dessen Schwingungszahl gleich der Summe der Schwingungszahlen der Grundtöne ist. Durch den Umstand, daß die beiden Kombinationstöne besonders deutlich werden, wenn die Grundtöne stark sind, wurde HELMHOLTZ auf die Vermutung geführt, daß Schwingungen von großer Amplitude nicht mehr dem einfachen Prinzip der Superposition gehorchen, sondern einen komplizierteren Schwingungszustand erzeugen; dieser muß sich dann nach der Theorie in vier einfache Schwingungen zerlegen, von denen zwei mit den Schwingungen der Grundtöne übereinstimmen, während die Schwingungszahlen der beiden anderen gleich der Summe und Differenz der Schwingungszahlen der Grundtöne sind.

§ 211. Konsonanz und Dissonanz. Wir haben gesehen, daß der Zusammenklang zweier Stimmgabeln von etwas verschiedener Schwingungszahl Schwebungen erzeugt. Diese haben zunächst, so lange sie nur ein langsames Auf- und Abwogen des Tones, ein leichtes Beben oder Erzittern mit sich bringen, durchaus nichts unangenehmes. Wenn aber die Zahl der Schwebungen wächst, so nehmen sie bald den Charakter unangenehmer Stöße oder Schläge an, die dem Tone eine gewisse Rauhigkeit erteilen; die zusammenklingenden Töne beginnen zu dissonieren. Helmholtz nimmt an, daß die größte Dissonanz eintritt, wenn in einer Sekunde 33 Stöße erfolgen. Wenn nun die beiden Stimmgabeln noch weiter gegeneinander verstimmt werden, so nimmt die Dissonanz allmählich ab; sie hört gänzlich auf, wenn die Zahl der Stöße auf mehr als 132 in der Sekunde steigt. Zwei reine, von Obertönen freie Schwingungen, wie sie mit Stimmgabeln zu erzeugen sind, fließen glatt und ohne Dissonanz nebeneinander her, wenn die Differenz ihrer Schwingungszahlen größer als 132 ist; sinkt die Differenz unter diesen Betrag, so tritt Dissonanz ein, die bei einer Differenz von 33 ihr Maximum erreicht.

Die Richtigkeit dieser Sätze kann man auch mit Hilfe von zwei Pfeifen nachweisen, die den Grundton möglichst frei von Obertönen geben. Wenn man die Röhre der einen nach Art eines Ausziehfernrohres einrichtet, so kann man, vom vollkommensten Zusammenklang ausgehend, durch allmähliches Ausziehen die schreiendste Dissonanz erzeugen; man wird finden, daß bei noch weiterem Ausziehen die Dissonanz schwächer wird und schließlich verschwindet, immer vorausgesetzt, daß sich die Obertöne nicht in störender Weise geltend machen.

Vom Standpunkt der in § 206 entwickelten Lehre von den Tonempfindungen aus, wird die Erscheinung der Stöße in folgender Weise zu erklären sein. Damit Schwebungen oder Stöße empfunden werden, müssen die beiden zusammenklingenden Töne ein und dieselbe Cortische Faser erregen. Wir müssen also den Cortischen Gebilden die Fähigkeit zuschreiben, nicht bloß durch einen einzigen Ton von ganz bestimmter Schwingungszahl erregt zu werden, sondern durch ein gewisses Intervall von Tönen mit erst wachsender und dann wieder abnehmender Stärke. Zwei benachbarte Töne würden eine bestimmte Faser in intermittierender Weise erregen, da ihre Wirkungen sich bald unterstützen, bald aufheben, und dies würde die Empfindung der Schwebungen oder Stöße erzeugen. Nehmen wir nun zwei Töne, deren Schwingungszahlen um mehr als 132 differieren. Eine von den Cortischen Fasern ist genau gleich gestimmt mit dem einen, etwa dem höheren Tone, und besitzt für ihn maximale Resonanz; sie resoniert weniger auf tiefere Töne, um so weniger, je größer die Differenz der Schwingungszahlen wird. Bei einer Differenz von 132 Schwingungen in der Sekunde müßte die Wirkung des tieferen Tones auf die betrachtete Faser so gering sein, daß sie vom Ohre nicht mehr empfunden wird, daß Stöße und Dissonanz verschwinden.

Wenn wir nun auf Grund der vorhergehenden Sätze ein Urteil über Konsonanz oder Dissonanz der gewöhnlichen musikalischen Intervalle gewinnen wollen, so müssen wir Rücksicht nehmen auf die ganze Reihe der Obertöne, die zu den Grundtönen hinzutreten. Selbst wenn die letzteren konsonieren, können durch die Obertöne Dissonanzen hervorgerufen werden, die den ganzen Zusammenklang der beiden Töne doch zu einem rauhen machen. In den folgenden Tabellen sind für verschiedene musikalische Intervalle die Schwingungszahlen der Grundtöne und die ihrer Obertöne zusammengestellt; gleichzeitig ist die Differenz der Schwingungszahlen der Grundtöne angegeben und hinzugefügt, wie oft diese Differenz in der ganzen Tonreihe auftritt. Die Tabellen geben, wie man sieht, zugleich Aufschluß über Konsonanz oder Dissonanz von Tönen, die in verschiedenen Oktaven angeschlagen werden, und bei denen die Grundtöne an sich nach der HELMHOLTZschen Theorie keine Dissonanz erzeugen würden. Die Schwingungszahl des a_1 ist zu 440 angenommen; die Intervalle sind die der diatonischen Tonleiter.

Oktave:

Grundton	264	528
1. Oberton	528	1056
2. „	792	1584
3. „	1056	2112.

Differenz der Schwingungszahlen der Grundtöne 264. Kleinste vorkommende Differenz 264.

Quinte:

Grundton	264	396
1. Oberton	528	792
2. „	792	1188
3. „	1056	1584
4. „	1320	1980
5. „	1584	2376
6. „	1848	
7. „	2112.	

Differenz der Schwingungszahlen der Grundtöne gleich 132; die kleinste vorkommende Differenz ist 132 und tritt im ganzen sechsmal auf.

Quarte:

Grundton	264	352
1. Oberton	528	704
2. „	792	1056
3. „	1056	1408
4. „	1320	1760
5. „	1584	2112
6. „	1848	2464
7. „	2112	
8. „	2376.	

Die Differenz der Schwingungszahlen der Grundtöne ist 88 und diese Differenz wiederholt sich in der ganzen Tonreihe noch viermal.

Große Terz:

Grundton	264	330
1. Oberton	528	660
2. „	792	990
3. „	1056	1320
4. „	1320	1650
5. „	1584	1980
6. „	1848	2310
7. „	2112	
8. „	2376 .	

Die Differenz der Schwingungszahlen der Grundtöne ist 66 und sie kommt in der ganzen Reihe noch dreimal vor.

Kleine Terz:

Grundton	264	316.8
1. Oberton	528	633.6
2. „	792	950.4
3. „	1056	1267.2
4. „	1320	1584.0
5. „	1584	1900.8
6. „	1848	2217.6
7. „	2112	
8. „	2376 .	

Die Differenz der Grundtöne beträgt 52,8 Schwingungen in der Sekunde und diese tritt zwischen den Obertönen noch zweimal auf.

Wir sehen, daß die Ergebnisse dieser Analyse vollkommen mit der Theorie übereinstimmen, nach der die Dissonanz beginnt, wenn die Differenz der Schwingungszahlen kleiner ist als 132, und um so empfindlicher wird, je mehr sich die Differenz der Zahl 33 nähert.

Wenn wir an Stelle der Töne der diatonischen Tonleiter, die der temperierten Skala setzen, so gestaltet sich das Resultat ganz ähnlich. Nur können infolge der unreinen Stimmung schon bei den Quinten Stöße auftreten, die dem Zusammenklang eine gewisse Rauhigkeit geben.

ZWEITER TEIL.

OPTIK.

Einleitung.

§ 212. Allgemeine Aufgaben der Optik. Der ganze Inhalt der Physik beruht auf Beobachtungen, und diese geben uns Nachricht von Vorgängen, welche an mehr oder weniger entfernten Stellen des Raumes sich abspielen. Wir werden daher unwillkürlich zu der Frage gedrängt, wie die sinnlichen Empfindungen von jenen Punkten aus erregt, durch welche Veränderungen der zwischenliegenden Medien die Wirkungen vermittelt werden. Für die Empfindungen des Ohres haben wir die Frage in dem vorhergehenden Buche beantwortet. Die analogen Untersuchungen für die Wirkungen des Lichtes bilden einen wesentlichen Teil der Optik. Man kann zunächst unbekümmert darum, welches die Natur des Lichtes ist, die Gesetze ermitteln, nach denen seine Wirkungen durch den Raum hindurch sich verbreiten; ihre Gesamtheit bildet den Inhalt der geometrischen Optik. Einen zweiten Teil der Optik bildet die Untersuchung des Zusammenhanges, der zwischen der physikalischen und chemischen Natur der Körper und der Art des von ihnen ausgestrahlten Lichtes besteht, die Erforschung der besonderen Wirkungen, welche die Körper auf von außen kommende Lichtstrahlen ausüben, und welche sie umgekehrt von ihnen erleiden. Einen dritten Teil bilden die Untersuchungen, die das eigentliche Wesen des Lichtes, den inneren Mechanismus seiner Ausbreitung zu enthüllen suchen; sie führen zu der alle Gebiete gleichmäßig beherrschenden Wellentheorie des Lichtes.

Lichtwirkungen empfängt das Auge zunächst von den selbstleuchtenden Körpern, der Sonne, den Fixsternen, glühenden Körpern. Die in einem verdunkelten Zimmer befindlichen Gegenstände sehen wir nicht; sie werden erst sichtbar, wenn sie beleuchtet, von dem Lichte der Sonne, dem Tageslichte, oder von den Strahlen einer künstlichen Lichtquelle getroffen werden. Der Mond, die Planeten sind an sich dunkel, sie leuchten nur, wenn das Licht der Sonne auf sie fällt. Das von einem selbstleuchtenden Körper ausgehende Licht wirkt also nicht nur auf das Auge, sondern auch auf andere Körper und bewirkt, daß auch diese Licht aussenden. Die Beobachtungen der Optik beziehen sich ebenso auf das von selbstleuchtenden, wie auf das von beleuchteten Körpern ausgehende Licht.

Die Frage, wodurch die Wirkungen der leuchtenden Körper auf unser Auge oder auf andere Körper zustande kommen, ist vorerst nicht Gegenstand der Untersuchung. Nur das möge schon jetzt hervorgehoben werden, daß diese Wirkung jedenfalls keine unmittelbare ist. Es folgt dies aus der Thatsache, daß viele Körper die Lichtwirkungen aufheben, wenn sie zwischen den leuchtenden Körper und den bis dahin beleuchteten treten. Wir nennen solche Körper undurchsichtig, den hinter ihnen entstehenden dunkeln Raum ihren Schatten.

ERSTES BUCH.

GERADLINIGE AUSBREITUNG, REFLEXION, BRECHUNG UND FARBENZERSTREUUNG.

I. Kapitel. Erscheinungen der geradlinigen Ausbreitung.

§ 213. Geradlinige Ausbreitung des Lichtes. Die Linien, längs deren die Lichtwirkungen sich ausbreiten, nennen wir Lichtstrahlen. Aus den geometrischen Verhältnissen des Schattens folgt, daß die Lichtstrahlen gerade Linien sind. Nehmen wir die Lichtquelle als einen leuchtenden Punkt L (Fig. 224), so ist der Schatten, den eine in ihrer Nähe befindliche Kugel auf einen weißen Schirm wirft, ein Kreis, oder bei schiefer Stellung des Schirmes, eine Ellipse. Allgemein stellt sich der Schatten als Durchschnitt eines Kegels dar, dessen Spitze in dem leuchtenden Punkte L liegt, dessen Mantellinien durch die von L aus an die Kugel gezogenen Tangenten gebildet werden. Die den Schattenkegel begrenzenden Linien können aber keine anderen sein, als die den Rand der Kugel streifenden Lichtstrahlen; sind die Grenzlinien gerade, so gilt gleiches von den Strahlen.

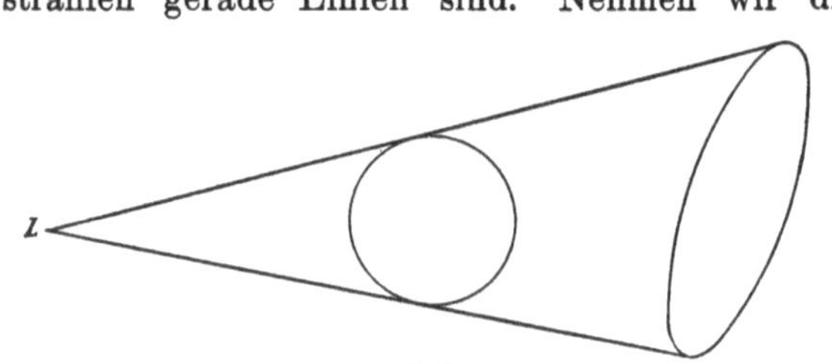

Fig. 224. Schlagschatten.

Etwas komplizierter sind die Verhältnisse des Schattens, wenn die Lichtquelle nicht ein Punkt, sondern eine ausgedehnte Fläche ist. Für jeden ihrer Punkte erzeugt dann die Kugel einen besonderen Schattenkegel. Aus der Durchkreuzung dieser Kegel entstehen in dem Raume hinter der Kugel eigentümliche Beleuchtungsverhältnisse, die wir etwas genauer zu untersuchen haben. Wir halten uns dabei an das spezielle Beispiel von Sonne und Mond. An die beiden Körper legen wir die gemeinsamen Berührungskegel BAC und DJE, die nach ihren Scheitelpunkten als die Kegel A und J bezeichnet werden mögen (Fig. 225). Für die Punkte einer hinter dem Monde verlaufenden Linie KL, etwa einer Strecke der Erdbahn, ergeben sich dann die folgenden Verhältnisse. In allen Punkten von K bis α, bis zu dem Mantel des Kegels J, ist die Sonne vollständig sichtbar, diese Punkte werden also von dem Licht der ganzen Sonne getroffen. Tritt der Beobachter in den Kegel J bei α ein, so verschwindet ein Teil der Sonnenscheibe und dementsprechend wird auch die Beleuchtung schwächer. In dem Momente, in dem der Beobachter bei β in den Kegel A gelangt, verschwindet die Sonne vollständig und es tritt Dunkelheit ein, bis bei β' der Rand des Kegels A wieder erreicht wird; bei weiterem Fortschreiten nimmt die Helligkeit zu, bei

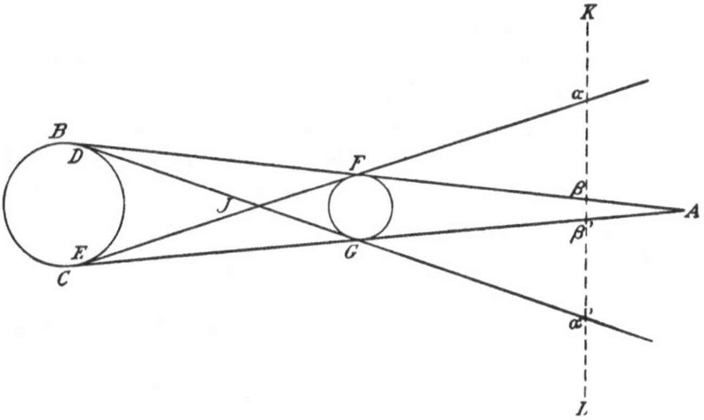

Fig. 225. Kernschatten und Halbschatten.

α' am Rande des Kegels J leuchtet wieder die ganze Scheibe der Sonne. Den kegelförmigen Raum FAG, in den gar kein Licht eindringt, nennt man den Kernschatten des Mondes; er ist umgeben von dem Halbschatten $AF\alpha$ und $AG\alpha'$, in dem von außen nach innen ein allmählicher Übergang von vollkommener Helligkeit zu völligem Dunkel sich vollzieht.

Die vorhergehende Betrachtung enthält zugleich die Grundlage der Theorie der Sonnenfinsternisse; die Übereinstimmung der berechneten Eintrittszeiten mit den beobachteten liefert einen weiteren Beweis für die geradlinige Ausbreitung des Lichtes.

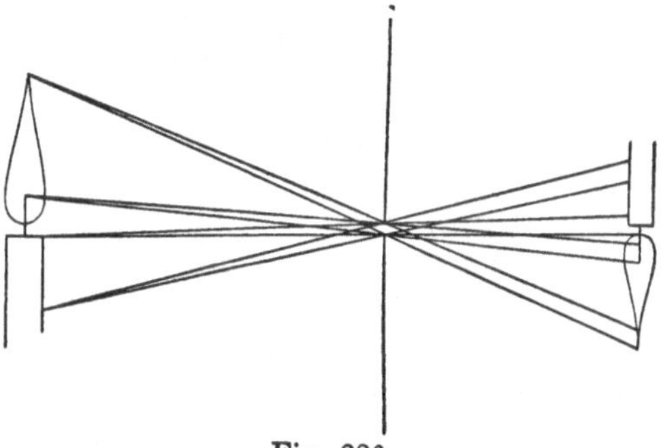
Fig. 226.

Von anderen Erscheinungen und Beobachtungen, die auf der geradlinigen Ausbreitung des Lichtes beruhen, betrachten wir noch die Entstehung optischer Bilder durch kleine Öffnungen. In der Wand eines verdunkelten Raumes (Fig. 226) befinde sich eine kleine quadratische Öffnung. Jeder Punkt eines außerhalb befindlichen Gegenstandes sendet durch die Öffnung einen dünnen Lichtkegel in den Raum hinein und beleuchtet auf der gegenüberliegenden Wand einen kleinen quadratischen Fleck, ein vergrößertes Abbild der Öffnung. Die so erleuchteten Quadrate müssen sich an der Wand notwendig in derselben Weise aneinander reihen, wie die Licht aussendenden Punkte an der Oberfläche des Gegenstandes. Sie entwerfen also in ihrer Gesamtheit ein Bild des Gegenstandes, das aber kein scharfes sein kann, da jeder Punkt des

Objektes im Bilde zu einer kleinen quadratischen Scheibe ausgedehnt erscheint. Überdies ist, wie man leicht sieht, in dem Bilde oben und unten vertauscht, dasselbe ist ein umgekehrtes.

§ 214. Fortpflanzungsgeschwindigkeit des Lichtes. Die Entdeckung, daß das Licht mit einer gewissen endlichen Geschwindigkeit sich fortpflanzt, machte der Astronom RÖMER um das Jahr 1675 bei Gelegenheit einer Untersuchung über die Umlaufszeiten der Jupitermonde; diese lassen sich sehr einfach bestimmen, wenn man die aufeinanderfolgenden Zeiten beobachtet, zu denen die Monde in den Schatten des Jupiter eintauchen (Fig. 227). Aus einer großen Menge von Beobachtungen, die in den verschiedensten Positionen der Erde und des Jupiter angestellt worden waren, hatte CASSINI jene Umlaufszeiten bestimmt; für den ersten der Monde fand er eine solche von $1^3/_4$ Tagen. Nun beobachtete RÖMER eine gewisse Unregelmäßigkeit der Umlaufszeit, die mit der Bewegung der Erde zusammenzuhängen schien. Er fand die Umlaufszeit zu groß, wenn die Erde sich von dem Jupiter entfernte, also an der Stelle *A*, zu klein, wenn sie sich ihm näherte, d. h. in *B*. Nur in den Stellungen der Opposition und Konjunktion, in denen eine merkliche Änderung in der Entfernung der Planeten während eines Mondumlaufes nicht eintritt, ergab sich die Umlaufszeit in Übereinstimmung mit dem von CASSINI bestimmten mittleren Werte. RÖMER erklärte diese Verschiedenheiten durch die Annahme einer endlichen Fortpflanzungsgeschwindigkeit des Lichtes. In der That, wenn das Licht eine bestimmte Zeit braucht, um von dem Jupiter nach der Erde zu gelangen, so sehen wir in einem bestimmten Augenblicke nicht das, was gleichzeitig auf dem Jupiter geschieht, sondern das, was sich eine gewisse Zeit früher dort ereignet hatte; wir sehen also die Immersion des Mondes in den Schattenkegel nicht in dem Augenblick, in dem sie wirklich stattfindet, sondern später und zwar um so mehr, je weiter die Erde von dem Jupiter entfernt ist, je längere Zeit das Licht gebraucht, um von dem Jupiter auf die Erde zu gelangen. In der einen Quadratur, an der Stelle *A* ihrer Bahn, entfernt sich die Erde von einer Immersion des Mondes zu der anderen um 630 000 Meilen vom Jupiter; die Beobachtung der zweiten Immersion muß dadurch verzögert werden um die Zeit, die das Licht zu der Durchlaufung jener 630 000 Meilen nötig hat. Umgekehrt nähert sich die Erde an der Stelle *B* während eines Mondumlaufes dem Jupiter um 630 000 Meilen; die Beobachtung der zweiten Immersion wird dadurch verfrüht, und die Zwischenzeit zwischen beiden Beobachtungen, die scheinbare Umlaufszeit des Mondes, wird verkürzt. Es ergiebt sich so, daß die von RÖMER beobachteten Abweichungen in der That durch die Annahme einer endlichen Fortpflanzungsgeschwindigkeit des Lichtes ihre Erklärung finden.

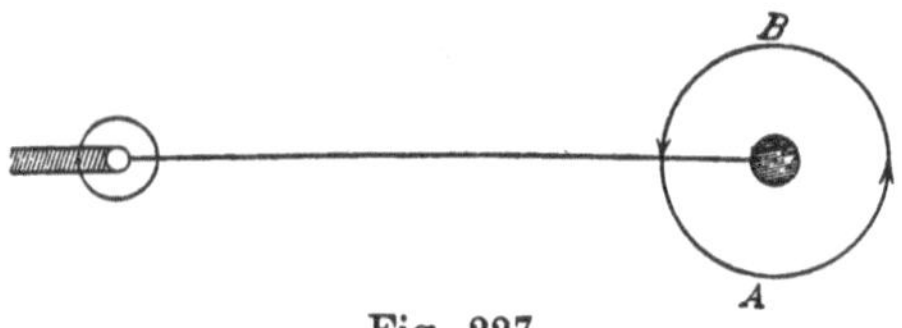

Fig. 227.

Zu einer Beobachtungsmethode, die eine genauere Bestimmung der Lichtgeschwindigkeit ermöglicht, führt die folgende Überlegung (Fig. 228). Wir lassen Sonne und Jupiter zunächst in Opposition treten, die Stellung in der Erde und Jupiter auf demselben von der Sonne ausgehenden Radius Vektor sich befinden. Die bezüglichen Positionen der beiden Planeten in ihren als Kreise gezeichneten Bahnen mögen durch E_1 und J_1 bezeichnet werden. Bei dieser relativen Lage beobachten wir den Zeitpunkt einer ersten Immersion des Mondes in den Jupiterschatten. Wir warten dann ab, bis Sonne und Jupiter in Konjunktion treten, bis also Erde und Jupiter in entgegengesetzten Punkten E_2 und J_2 eines durch die Sonne gezogenen Radius Vektors sich befinden. Da die Umlaufszeit des Jupiter nahezu 12 Jahre beträgt, so hat die Erde von E_1 bis E_2 $^{12}/_{22}$ ihrer Bahn, der Jupiter von J_1 bis J_2 $^{1}/_{22}$ seiner Bahn zurückgelegt. Gleichzeitig hat der Mond 112 Umläufe um den Jupiter vollzogen. Wir beobachten die Zeit, wenn er nun zum 113-ten Male in den Schatten des Jupiter eintaucht. Bei dieser Beobachtung ist aber die Erde um den ganzen Durchmesser der Erdbahn weiter von dem Jupiter entfernt; der Augenblick des Eintritts erscheint also verzögert um die Zeit, die das Licht gebraucht, um jenen Durchmesser zu durchlaufen. Die Zwischenzeit zwischen der Beobachtung der ersten Immersion in E_1 und der 113-ten in E_2 ist gleich der Zeit von 112 Mondumläufen vergrößert um die Zeit, die das Licht zu der Durchlaufung des Durchmessers der Erdbahn gebraucht. Wir warten nun weiter, bis Jupiter und Erde die mit $J_1 J_2$ und $E_1 E_2$ gleichen Bogen $J_2 J_3$ und $E_2 E_3$ zurückgelegt haben, Sonne und Jupiter wieder in Opposition sich befinden. In der Zwischenzeit haben abermals 112 Mondumläufe stattgefunden und wir beobachten nun den Zeitpunkt der 225-sten Immersion; dieser erscheint verfrüht, weil die Erde dem Jupiter um den ganzen Durchmesser der Erdbahn näher gerückt ist. Die Zwischenzeit zwischen der Beobachtung der 113-ten Immersion in E_2 und der 225-sten in E_3 ist gleich der Zeit von 112 Mondumläufen vermindert um die Zeit, die das Licht zum Durchlaufen des Erdbahndurchmessers gebraucht. Thatsächlich zeigt sich nun, daß die Zeit zwischen der Beobachtung der ersten und 113-ten Immersion um 33,2 Minuten größer ist, als die Zeit zwischen der Beobachtung der 113-ten und 225-sten. Die Hälfte der Differenz, 16,6 Minuten, muß die Zeit sein, die das Licht zu der Durchlaufung des Erdbahndurchmessers gebraucht. Setzen wir den letzteren gleich 40 000 000 Meilen, so ergiebt sich die Lichtgeschwindigkeit gleich $\frac{40\,000\,000}{996}$, also nahezu gleich 40 000 geographischen Meilen oder gleich 298 000 km in der Sekunde.

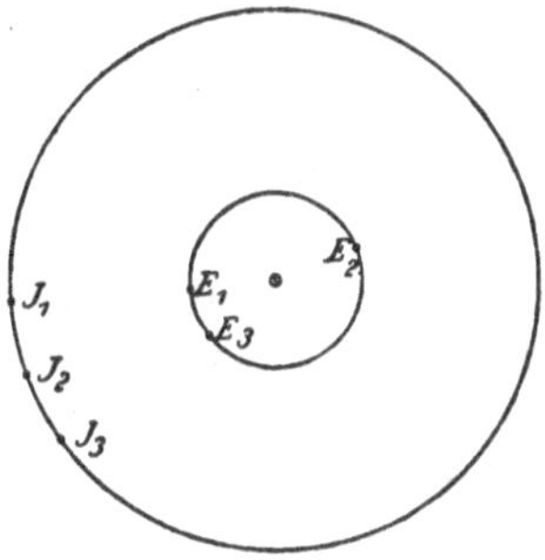

Fig. 228.

Eine zweite Bestimmung der Lichtgeschwindigkeit ergiebt sich aus der von Bradley im Jahre 1726 entdeckten Aberration der Fixsterne. Bradley ging aus von einer Bemerkung, die mit der Frage nach der Entfernung der Fixsterne von der Erde auf das engste zusammenhängt. Bei der Erläuterung seines Gedankenganges sehen wir der Einfachheit halber von der Rotation der Erde ab; wir denken uns, daß sie einfach parallel mit sich selber die Sonne umlaufe. Wenn nun ein Fernrohr dauernd auf einen bestimmten Fixstern eingestellt bleiben soll, so muß die Richtung seiner Axe offenbar in dem Maße geändert werden, in dem die Erde in ihrer kreisförmigen Bahn fortschreitet. Betrachten wir, dem unmittelbaren Gefühle folgend, den Raum, in dem das Fernrohr aufgestellt ist, als ruhend, so wird umgekehrt der Stern im Laufe eines Jahres scheinbar eine geschlossene Bahn beschreiben, deren Durchmesser um so größer ist, je kleiner seine Entfernung von unserem Sonnensystem, um so kleiner, je größer jene Entfernung. Wenn der Durchmesser der Erdbahn der Entfernung des Sternes gegenüber verschwindet, so bleibt die Richtung des Fernrohrs stets dieselbe, und es ist keine scheinbare Bewegung des Sterns zu beobachten. In der That hat Bradley von der gesuchten Bewegung keine Spur entdeckt. Die große Mehrzahl der Sterne ist so weit entfernt, daß die Unterschiede in der Richtung des Fernrohres, welche durch die jährliche Bewegung der Erde bedingt werden, vollkommen verschwindende sind. Nur bei wenigen Sternen ist es mit den vollkommeneren Hilfsmitteln einer späteren Zeit gelungen, die Divergenz zu messen. Sie erreicht in einem Falle nahezu den Betrag von $1''$, in den übrigen ist sie höchstens gleich $^1/_2''$.

Bradley fand nun aber eine andere scheinbare Bewegung der Fixsterne, die abhängig ist von der Fortpflanzungsgeschwindigkeit des Lichtes, und die man als Aberration bezeichnet.

Das Verständnis der Erscheinung wird erleichtert, wenn man sich den Lichtstrahl in eine Reihe einzelner Elemente aufgelößt denkt, die mit der Geschwindigkeit des Lichtes in der geraden Richtung des Strahles sich bewegen. Welches die Natur dieser Elemente sei, lassen wir vorerst ganz unentschieden; man kann an materielle Teilchen denken, die von den leuchtenden Körpern ausgeschleudert werden, oder an Wellen, die sich in der Richtung der Strahlen fortpflanzen. Es soll nun das Fernrohr so gestellt sein, daß ein Fixstern gerade in seiner Mitte erscheint, daß seine Axe die Sehlinie nach dem Sterne bildet. Betrachten wir unter diesen Umständen den Strahl, der das Ende der Fernrohraxe trifft; in einem bestimmten Augenblicke liegt eines von den Elementen, die dem Strahl entlang sich bewegen, gerade in dem Endpunkte der Axe; es bleibt dann auch bei seiner weiteren Bewegung auf der Axe; denn die Richtung, in der es zum Auge gelangt, ist die Richtung, in der wir den Stern sehen, die Richtung der Fernrohraxe. Würde die Erde in Ruhe sein, so würde die hierin liegende Bedingung erfüllt, wenn die Fernrohraxe mit der nach dem Stern gehenden Geraden zusammenfiele; anders, wenn die Erde sich bewegt. Um das Verbleiben des in der Strahlrichtung weitereilenden Elementes auf der Fernrohraxe zu ermöglichen, müssen wir diese gegen den Strahl neigen. Wenn wir für den Augenblick die Vorstellung adoptieren, daß die Elemente der Strahlen durch materielle, in geradliniger Wurfbewegung begriffene Teilchen repräsentiert seien, können wir dies leicht durch eine Analogie beweisen. Wir setzen an Stelle des Sterns eine Regenwolke, aus der bei windstillem Wetter die Tropfen senkrecht herabfallen; der Beobachter in einem mit voller Geschwindigkeit fahrenden Eisenbahnzuge sieht dann die Tropfen in einer gegen die vertikalen Fensterrahmen geneigten Richtung sich bewegen. Wollte er mit dem Wagen eine Röhre so verbinden, daß die Tropfen durch sie hindurchfielen, ohne die Wände zu berühren, so dürfte er sie nicht in vertikaler Stellung befestigen, sondern müßte sie, im Sinne der Bewegung, nach vorwärts neigen, ebenso wie bei unserer astronomischen Beobachtung die Axe des Fernrohrs.

Die Größe der Neigung kann in der folgenden Weise durch Konstruktion bestimmt werden (Fig. 229). Es sei AE die Bewegungsrichtung der Erde, FA die Richtung des von dem Sterne auf das Fernrohr fallenden Strahles; GH sei die gegen die Strahlrichtung geneigte Fernrohraxe. Das Lichtelement, das in einem bestimmten Augenblick in H eintrifft, bewegt sich mit Lichtgeschwindigkeit längs HA weiter. Soll dasselbe stets auf der Fernrohraxe HG bleiben, so muß diese durch die Erdbewegung in demselben Maße vorgeschoben werden, in dem jenes Element längs HA vorwärts eilt. Es sei das Lichtelement gelangt bis α; ziehen wir $\alpha\gamma$ parallel zu AE, so ist γ der Punkt der Fernrohraxe, der durch die Erdbewegung nach α geführt wird; er kommt in demselben Augenblicke nach α, wie das Element des Lichtstrahls, wenn der Weg $H\alpha$ vom Licht in derselben Zeit durchlaufen wird, wie der Weg $\gamma\alpha$ von der Erde, wenn sich also $H\alpha$ verhält zu $\gamma\alpha$, wie Lichtgeschwindigkeit zu Erdgeschwindigkeit. Nun verhalten sich auch die Strecken HA und GA wie $H\alpha$ und $\gamma\alpha$. Auch die Wege HA und GA werden somit vom Licht und von der Erde in gleichen Zeiten zurückgelegt, das Ende G der Fernrohraxe trifft in A zugleich mit dem Lichtelement ein, und dieses bleibt während seiner ganzen Bewegung auf der Axe des Fernrohrs. Die erforderliche Neigung selbst aber wird gefunden durch Konstruktion eines Dreieckes, das ähnlich ist dem Dreieck GAH. Von diesem ist gegeben der Winkel GAH zwischen der Erdbahn und der Richtung des Lichtstrahles und das Verhältnis der Seiten HA und GA gleich dem Verhältnis von Lichtgeschwindigkeit zu Erdgeschwindigkeit. Das hiernach konstruierte Dreieck enthält an seiner Spitze H den gesuchten Neigungswinkel. Er ist am größten dann, wenn der Winkel FAE ein rechter ist, er ist gleich Null, wenn der Stern in der Richtung der Erdbahn liegt.

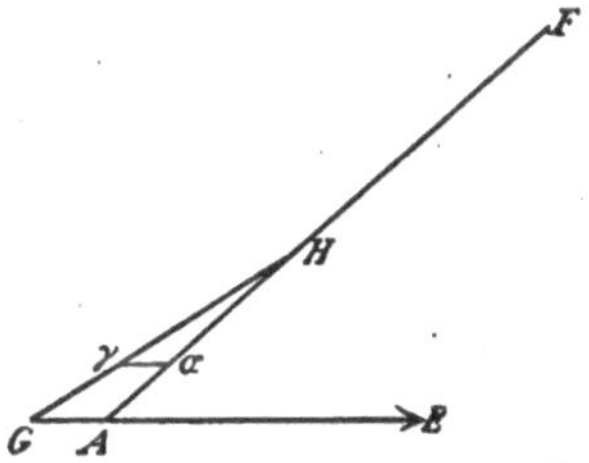

Fig. 229.

Wenn aber die Axe eines Fernrohrs, das auf einen bestimmten Stern eingestellt wird, im Sinne der augenblicklichen Bahngeschwindigkeit der Erde gegen die Verbindungslinie zwischen Erde und Stern gedreht ist, so ändert sich seine Richtung mit der Richtung der Erdbahn. Es entsteht so der Schein, als ob der Stern selbst am Himmel sich bewegte, und diese Bewegung ist es, die wir als **Aberration** bezeichnen. Die Art der Bewegung ergiebt sich leicht mit Hilfe der schematischen Figur 230. Es sei S die Sonne, die Ellipse gebe eine perspektivische Ansicht der kreisförmig gedachten Erdbahn; F sei ein Fixstern, A der ihm nächste, C der entfernteste Punkt der Erdbahn, BD der zu SF senkrechte Durchmesser. Der Wirklichkeit entsprechend würde die Erdbahn durch einen mikroskopisch kleinen Kreis um S darzustellen sein, die Differenz von CF und AF würde den Entfernungen selbst gegenüber verschwinden. Der Stern erscheint stets verschoben in der Richtung der Bewegung, also in der Richtung der Tangente der Erdbahn. Für die betrachteten Stellen ergeben sich danach die Visierlinien $A\alpha$, $B\beta$, $C\gamma$ und $D\delta$. Die Sache verhält sich so, als ob der Stern in einer der Ekliptik parallelen Ebene einen Kreis $\alpha\beta\gamma\delta$ durchliefe. Aus der im vorhergehenden gegebenen Konstruktion des Neigungswinkels ergiebt sich, daß der Winkel, unter dem der zu SF senkrechte Durchmesser $\alpha\gamma$ erscheint, für alle Sterne derselbe ist. Dagegen wechselt die scheinbare Größe des Durchmessers $\beta\delta$ mit der Höhe des Sterns über der Ekliptik. Für einen Stern im Pole der Ekliptik bleiben die beiden Durchmesser gleich; für einen in der Ekliptik selbst auf SA liegenden Stern fällt der Durchmesser $\beta\delta$ in die Richtung SA; der Winkel, unter dem er von A oder C aus erscheint, ist Null, und an Stelle des von dem Fernrohr im allgemeinen beschriebenen elliptischen Kegels tritt der von den Richtungen $A\alpha$ und $C\gamma$ gebildete Winkel.

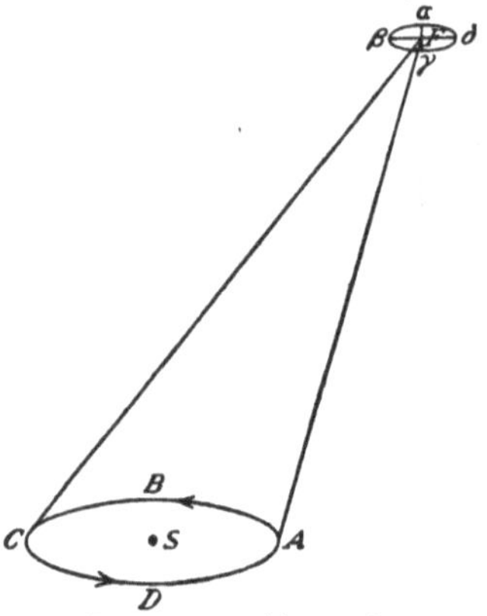

Fig. 230. Aberration.

Wir haben so die Erscheinungen der Aberration aus der gegebenen Geschwindigkeit des Lichtes entwickelt; man kann natürlich auch umgekehrt die Messung der Aberration zu einer Bestimmung der Lichtgeschwindigkeit benützen. Betrachten wir der Einfachheit halber einen in der Ekliptik liegenden Stern (Fig. 231). Das auf ihn eingestellte Fernrohr wird an der ihm nächsten Stelle A die Richtung $A\alpha$, an der fernsten Stelle C die Richtung $C\gamma$ besitzen. Nach den Beobachtungen von

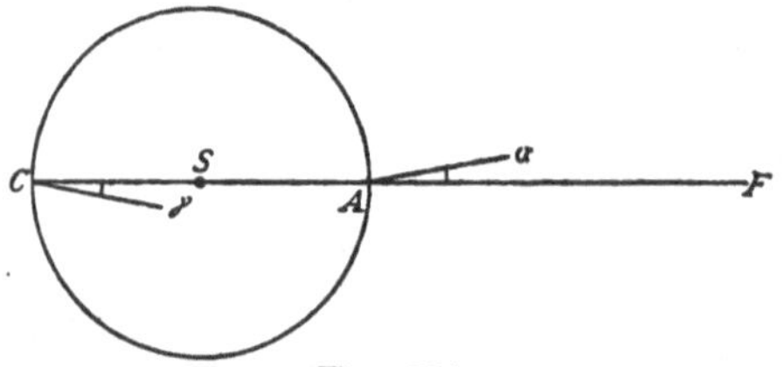

Fig. 231.

Bradley schließen die Richtungen einen Winkel von 40,9″, jede derselben mit *SF* einen Winkel von 20,45″ ein. Wenden wir dies an auf die Konstruktion des Dreiecks *GAH* (Fig. 232); dasselbe besitzt bei *A* einen rechten Winkel. Der Winkel an der Spitze *H* ist gleich 20,45″; daraus folgt, daß die Seite *AH* 10 090 mal größer ist wie *GH*. Die Seiten *AH* und *GH* verhalten sich aber wie Lichtgeschwindigkeit und Bahngeschwindigkeit der Erde. Die erstere ist somit gleich 10 090 × 29,61, d. h. gleich 298 800 Kilometer in der Sekunde, ein Wert, der sich genau in derselben Weise aus der Aberration irgend eines anderen Fixsternes ergeben würde. Das Licht aller Fixsterne verbreitet sich also mit derselben Geschwindigkeit durch den Raum. Die nahe Übereinstimmung des gefundenen Wertes mit dem aus der Verfinsterung des Jupitermondes abgeleiteten zeigt, daß dieselbe Geschwindigkeit auch dem von seiner Oberfläche reflektierten Sonnenlichte zukommt.

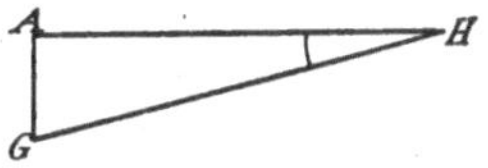

Fig. 232.

Ihre Ergänzung finden diese Ergebnisse in einer Untersuchung von Fizeau, dem es gelang, die Lichtgeschwindigkeit durch Beobachtungen an der Oberfläche der Erde zu bestimmen. Das Prinzip, auf dem seine Versuche beruhten, war folgendes: Durch die Lücke zwischen zwei Zähnen eines gezahnten Rades hindurch wird ein Lichtstrahl gesandt, der nach Durchlaufung eines nahezu 9 km langen Weges durch einen Spiegel in sich selbst reflektiert wird. Bei ruhendem Rade geht der Strahl wieder durch die Lücke durch. Man kann ihn von dem ausgesandten Strahle trennen, wenn man hinter der Lücke eine planparallele Glasplatte unter einem Winkel von 45° gegen die Strahlrichtung aufstellt; der zurückkehrende Strahl wird dann von ihr seitlich reflektiert. Nun werde das Rad gedreht und zwar mit einer solchen Geschwindigkeit, daß der zurückkehrende Strahl gerade den der Lücke folgenden Zahn auf seinem Wege findet. Er gelangt dann nicht mehr zu der reflektierenden Glasplatte, und das zuvor helle Gesichtsfeld wird dunkel. Mißt man die hierzu erforderliche Rotationsgeschwindigkeit, kennt man den vom Lichte durchlaufenen Weg, sowie die Breite der Zähne und Lücken, so kann man die Lichtgeschwindigkeit berechnen. Die von Cornu nach der geschilderten Methode wiederholten Messungen haben für die Lichtgeschwindigkeit den Wert von 300 000 km in der Sekunde ergeben.

§ 215. Beleuchtungsstärke und Lichtstärke. Denken wir uns einen leuchtenden Punkt umhüllt von einer Kugel, deren Halbmesser gleich 1 m ist, so wird eine auf ihr befindliche Fläche von 1 qcm Inhalt eine bestimmte Menge von Lichtstrahlen auffangen. Vergrößern wir den Halbmesser der Kugel auf 2 m, so werden dieselben Lichtstrahlen nun auf eine viermal größere Oberfläche sich verteilen, die Zahl der auf 1 qcm fallenden Strahlen ist also viermal kleiner als in der Entfernung von 1 m. Bezeichnen wir als Beleuchtungsstärke die Strahlenmenge, die auf 1 qcm fällt, so ist diese Stärke in der doppelten Entfernung viermal kleiner; allgemein ist sie dem Quadrat der Entfernung umgekehrt proportional, wobei vorausgesetzt ist, daß die Beleuchtung selbst eine senkrechte ist.

Stellen wir eine beliebige Fläche AB (Fig. 233) so, daß sie in schiefer Richtung von den Strahlen eines leuchtenden Punktes L getroffen wird, so sind sämtliche auf die Fläche fallenden Strahlen eingeschlossen in dem Kegel ALB, der den leuchtenden Punkt mit dem Rande der Fläche verbindet. Konstruieren wir einen senkrechten Durchschnitt CD dieses Kegels, indem wir von L aus eine Kugelfläche beschreiben, deren Halbmesser gleich ist der mittleren Entfernung der Fläche AB von L, so hat CD notwendig einen kleineren Flächeninhalt als AB. Auf ein Quadratcentimeter von AB fällt somit eine kleinere Menge von Lichtstrahlen als auf 1 qcm von CD, die Beleuchtungsstärke ist für eine gegen die Strahlenrichtung geneigte Fläche kleiner als für die senkrecht getroffene.

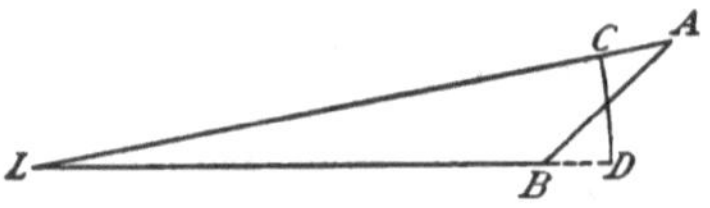

Fig. 233.

Auf den vorhergehenden Sätzen beruht die Photometrie, die Vergleichung der Lichtstärken verschiedener Lichtquellen, wobei wir als Maß der Lichtstärke die in der Entfernung von 1 m entwickelte Beleuchtungsstärke betrachten. Um die Vergleichungen in einheitlicher Weise durchführen zu können, wählt man die Lichtstärke einer bestimmten Lichtquelle als Einheit; hierzu dient die Normalkerze aus Paraffin mit einem Durchmesser von 2 cm und einer Flammenhöhe von 5 cm oder die Amylacetatlampe bei einer Flammenhöhe von 4 cm; ihre Lichtstärke verhält sich zu der der Normalkerze wie 1 : 1,2. Die Stärke einer beliebigen Lichtquelle drückt man aus durch die Zahl der Normalkerzen, die an ihre Stelle gesetzt werden müssen, um eine Beleuchtung von gleicher Stärke zu erzeugen. Das Prinzip, nach dem eine Intensitätsvergleichung praktisch ausgeführt werden kann, ergiebt sich aus der folgenden Betrachtung. Die Lichtstärke der Normalkerze sei J_n, der zu untersuchenden Lichtquelle J. Wir suchen zwei Abstände r_n und r der beiden Lichtquellen von einer und derselben Fläche so zu bestimmen, daß sie von beiden gleich hell senkrecht beleuchtet wird. Dann haben wir nach dem ersten Gesetze:

$$\frac{J}{r^2} = \frac{J_n}{r_n^2}, \text{ also } J = J_n \frac{r^2}{r_n^2}.$$

In der Entfernung von 1 m erzeugt somit das gegebene Licht dieselbe Beleuchtung wie eine Zahl von $\frac{r^2}{r_n^2}$ Normalkerzen, allgemein erzeugen diese letzteren dieselbe Helligkeit wie das zu untersuchende Licht, wenn sie an seine Stelle gesetzt werden. Die zu bestimmende Lichtstärke beträgt $\frac{r^2}{r_n^2}$ Normalkerzen.

Hinsichtlich der praktischen Ausführung der Messungen begnügen wir uns mit der Erwähnung der Apparate von RUMFORD und von BUNSEN. Bei dem Photometer von RUMFORD (Fig. 234) ist vor einen weißen Schirm ein undurchsichtiger Stab gestellt. In einige Entfernung von dem Schirm setzt man die zu untersuchende Lichtquelle und die Normalkerze; dann beleuchtet die erstere den der Normalkerze, diese den dem Lichte entsprechenden Schatten des Stabes. Werden die Entfernungen der Lichtquellen von dem Schirme so reguliert, daß die Schatten gleich dunkel erscheinen, so ergiebt sich die gesuchte Lichtstärke nach der vorhergehenden Formel.

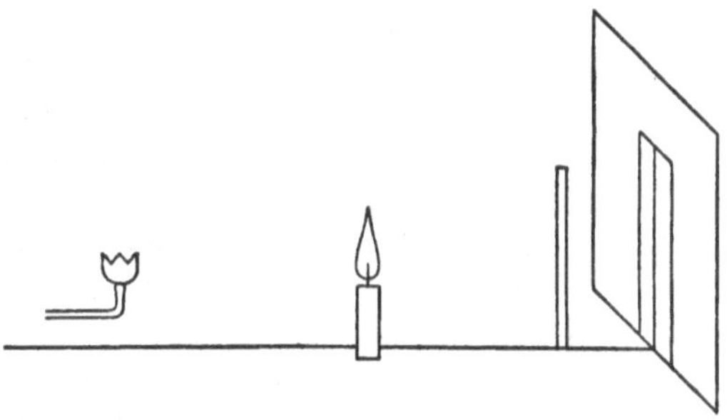

Fig. 234. RUMFORDS Photometer.

Das Photometer von BUNSEN beruht auf der folgenden Beobachtung. Auf ein Stück weißen Papiers macht man in der Mitte einen Stearinfleck. Stellt man ein Licht hinter das Papier, so erscheint der Fleck hell auf dunklerem Grunde, stellt man das Licht vor das Papier, so erscheint der Fleck dunkel auf hellem Grunde. Brennt hinter dem Papier ein Licht von beliebiger aber konstanter Stärke, so bringt man das Licht, dessen Stärke gemessen werden soll, vor das Papier in eine solche Entfernung r, daß der Fleck eben verschwindet. Nach Wegnahme des zu untersuchenden Lichtes führt man denselben Versuch mit einer Normalkerze aus. Hat man den Fleck bei der neuen Entfernung r_n abermals zum Verschwinden gebracht, so ist das Papier jetzt ebenso hell beleuchtet wie vorher durch das Licht. Die Stärke des letzteren ist wieder gegeben durch den Bruch $\frac{r^2}{r_n^2}$.

Wir haben gesehen, daß die Beleuchtungsstärke abhängt von dem Winkel, unter dem die beleuchtete Fläche von den Strahlen getroffen wird. Ein ähnliches Gesetz scheint in vielen Fällen für die Emission des Lichtes durch eine leuchtende Fläche zu gelten. Die Sonne erscheint wenigstens der oberflächlichen Beobachtung als eine gleichmäßig helle Scheibe. Würden die einzelnen Teile ihrer Oberfläche nach allen Richtungen hin gleichviel Strahlen aussenden, so müßten von dem Rande verhältnismäßig mehr Strahlen ins Auge dringen, als von der Mitte, der Rand müßte heller erscheinen. Da eine solche Zunahme der Helligkeit mit bloßem Auge nicht wahrzunehmen ist,[1] so müssen die am Rande liegenden Teile der Sonnenoberfläche bei gleicher Fläche weniger Strahlen aussenden, als die in der Mitte liegenden. Die Intensität der Strahlen muß kleiner sein, wenn sie in schiefer Richtung die leuchtende Fläche

[1] Vgl. A. M. CLERKE, Geschichte der Astronomie während des 19. Jahrhunderts. Berlin 1889. p. 281.

verlassen, denn unter der Voraussetzung einer homogenen Beschaffenheit der Sonnenoberfläche ist der Unterschied der Richtung der einzige, der zwischen dem Rande und der Mitte besteht.

Die Sonne, wie jeder zum Glühen erhitzte Körper, sendet nicht bloß Licht, sondern auch Wärme aus. Die Untersuchungen über Wärmestrahlung haben zu der Erkenntnis geführt, daß Wärme- und Lichtstrahlen ihrer Natur nach identisch sind, daß der Unterschied nur auf der verschiedenen Empfindlichkeit unserer Nerven beruht. Wärme haben wir als eine Form der Energie kennen gelernt, gleiches gilt darnach vom Lichte, und ein leuchtender Körper giebt ebenso Energie an den umgebenden Raum ab, wie ein tönender. Auf Grund dieser Bemerkungen können die im vorhergehenden angeführten Sätze schärfer formuliert, es kann auf ihnen eine allgemeinere Theorie der Strahlung aufgebaut werden, von der wir in späteren Abschnitten noch einzelne Sätze besprechen werden.

II. Kapitel. Reflexion des Lichtes.

§ 216. Diffuse und regelmäßige Reflexion. Ein nicht selbst leuchtender Körper wird sichtbar, wenn er beleuchtet wird. Er sendet dann nach allen Richtungen des Raumes Lichtstrahlen aus, die aber mit dem auffallenden Lichte nicht mehr identisch sind, sondern modifiziert durch die Natur des Körpers. Wir bezeichnen diese Strahlen als die diffus reflektierten; sie machen uns den Körper in seiner eigentümlichen Gestalt und Farbe von allen Seiten sichtbar, wenn weißes oder gleichfarbiges Licht auf ihn fällt; dagegen reflektiert ein Körper kein diffuses Licht, er erscheint schwarz, wenn er von Strahlen getroffen wird, deren Farbe von seiner eigenen verschieden ist, z. B. ein roter Körper von gelben Strahlen.

Ein hiervon wohl unterschiedener Vorgang ist die regelmäßige Reflexion, die um so mehr hervortritt, je glatter die Oberfläche des von den Lichtstrahlen getroffenen Körpers ist. Sie ist aber auch bei matten Flächen, z. B. bei mattgeschliffenem Glase, zu beobachten, wenn die Lichtstrahlen nahezu streifend auf die Fläche fallen. Bei der regelmäßigen Reflexion werden die Strahlen nur nach einer Richtung zurückgeworfen, ohne daß ihre Beschaffenheit eine Veränderung erleidet; lassen wir Sonnenlicht auf einen horizontal gehaltenen Spiegel fallen, so erzeugen die regelmäßig reflektierten Strahlen einen hellen Fleck an der Decke oder der Wand des Zimmers; sie zeigen im Spiegel den leuchtenden Körper selbst, nur in einer durch die Reflexion veränderten Richtung.

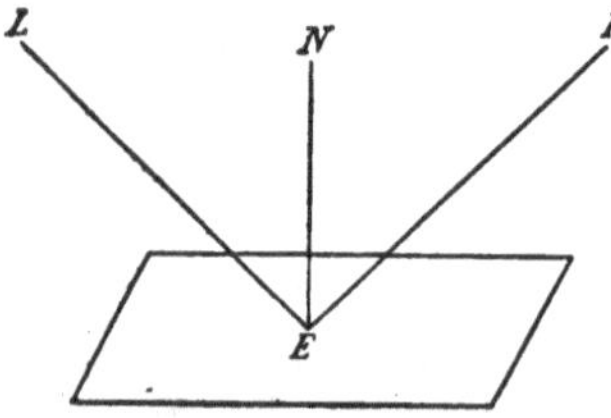

Fig. 235.

§ 217. Das Reflexionsgesetz. Um das Gesetz, nach dem die Richtungsänderung der Strahlen bei der regelmäßigen Reflexion erfolgt, bequem ausdrücken zu können, hat man die folgenden Definitionen eingeführt. Dabei ist vorausgesetzt, daß die reflektierende Grenzfläche eine Ebene sei. Den Punkt E (Fig. 235), in dem sie von dem einfallenden Lichtstrahl *LE* getroffen wird, nennt man den Einfallspunkt, eine in diesem auf der Ebene errichtete senkrechte *EN* das Einfallslot, die durch einfallenden Strahl und Einfallslot gelegte Ebene die Einfallsebene, den Winkel des einfallenden Strahles mit dem Einfallslote den Einfallswinkel, den Winkel des reflektierten Strahles *ER* mit dem Lote den Reflexionswinkel. Für die Richtung des reflektierten Strahles ergiebt sich nun das Gesetz:

1. Der reflektierte Strahl liegt in der Einfallsebene auf der entgegengesetzten Seite des Einfallslotes, wie der einfallende Strahl.

2. Der Reflexionswinkel ist gleich dem Einfallswinkel.

Den schärfsten Beweis für die Richtigkeit des Gesetzes kann man mit Benützung eines Quecksilberhorizontes geben (Fig. 236). Ein um eine horizontale Axe *A* drehbares Fernrohr wird auf einen beliebigen Fixstern gerichtet, in passendem Abstand wird eine flache mit Quecksilber gefüllte Schale aufgestellt; bei einer Drehung nach unten erscheint dann das von dem Quecksilberhorizonte reflektierte Bild des Sterns im Gesichtsfeld. Der direkt in das Fernrohr fallende Strahl *SA* liegt somit in einer vertikalen Ebene mit dem reflektierten Strahl *EA*. Der auf den Horizont fallende Strahl *SE* ist aber parallel mit *SA* und liegt somit gleichfalls in der durch *EA* gehenden Vertikalebene, d. h. in der Einfallsebene; der erste Teil des Satzes ist damit bewiesen. Ziehen wir weiter durch *A* eine vertikale Linie *UV*, wie sie in praxi durch die Normale eines Quecksilberhorizontes gegeben ist, so ist der Winkel *SAV* gleich dem Einfallswinkel *SEN*, der Winkel *EAU* gleich dem Reflexionswinkel *AEN*. Die Gleichheit der Winkel *VAS* und *UAE* ist mit Hilfe eines vertikalen von der Axe *A* getragenen Teilkreises leicht zu prüfen, aus ihr folgt aber dann unmittelbar die Gleichheit von Einfallswinkel und Reflexionswinkel.

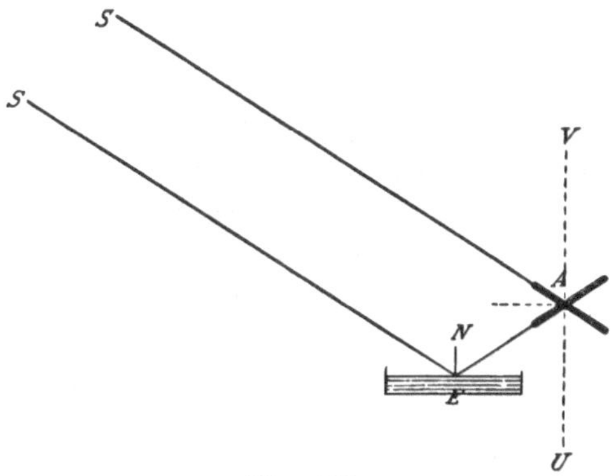

Fig. 236.

§ 218. Der ebene Spiegel. Unter den mannigfachen Folgerungen und Anwendungen, zu denen das Reflexionsgesetz Veranlassung giebt, heben wir zuerst hervor die Theorie des ebenen Spiegels (Fig. 237). Die Lichtstrahlen, die von einem vor ihm befindlichen leuchtenden Punkte *A* auf den Spiegel fallen, werden so reflektiert, daß ihre Rückverlängerungen sich in einem Punkt schneiden, der symmetrisch zu *A* hinter der Ebene des Spiegels gelegen ist. Wenn die reflektierten Strahlen ins Auge gelangen, so erwecken sie durch ihre Richtung den Anschein, als ob der leuchtende Punkt in A' sich befände. Wir nennen daher A' das Bild des Punktes A. Wenn der letztere einem ausgedehnten Gegenstande, etwa dem Pfeile AB angehört, so wiederholt sich dasselbe bei den Strahlen, die von den übrigen Punkten von AB ausgehen; die ihnen entsprechenden Bildpunkte werden sich zu einem Bilde $A'B'$ des Pfeiles aneinander reihen, das hinter der Ebene des Spiegels symmetrisch zu diesem gelegen ist. Die Punkte von $A'B'$ sind nicht wirkliche Ausgangspunkte von Lichtstrahlen, sondern nur Schnittpunkte ihrer geometrischen Rückverlängerungen; wir bezeichnen daher das Bild $A'B'$ als ein **scheinbares** oder **virtuelles**, im Gegensatz zu den **reellen** optischen Bildern, deren einzelne Punkte Durchkreuzungspunkte wirklicher Lichtstrahlen sind.

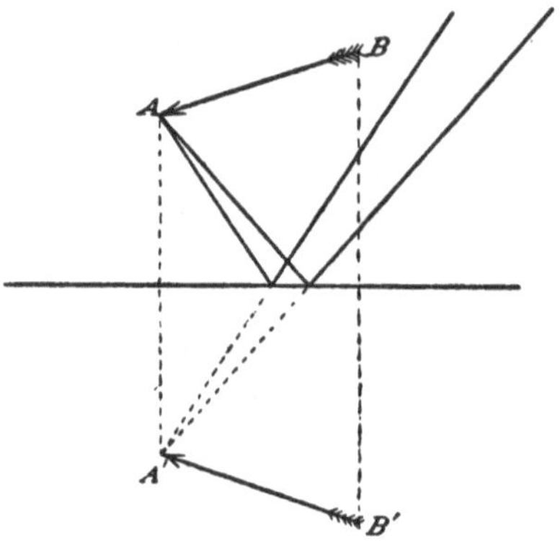

Fig. 237. Ebener Spiegel.

§ 219. Messung eines Prismenwinkels. Eine wichtige Anwendung findet das Reflexionsgesetz bei der Messung eines Prismenwinkels. Wir verstehen in der Optik unter einem Prisma ein Stück eines durchsichtigen Körpers, das zwei eben geschliffene Flächen besitzt. Die Linie, in der sich diese Flächen schneiden, nennt man die **Kante**, den Winkel, den sie miteinander bilden, den **Winkel des Prismas**. Um diesen Winkel zu bestimmen, stellt man das Prisma auf ein horizontales Tischchen so, daß die Kante vertikal steht. In großer Entfernung befinde sich in der Höhe des Prismas ein leuchtender Punkt L. Sind LM und LN zwei Strahlen, die horizontal auf die Seitenflächen AB und CB des in Figur 238 in einem Horizontalschnitt gezeichneten Prismas fallen, so findet man, daß der Winkel RDS, den die reflektierten Strahlen RM und SN miteinander bilden, gleich dem doppelten Prismenwinkel ist. Die Richtungen RM und SN sind aber diejenigen, in denen das Bild des leuchtenden Punktes in den beiden Prismenflächen erscheint. Ver-

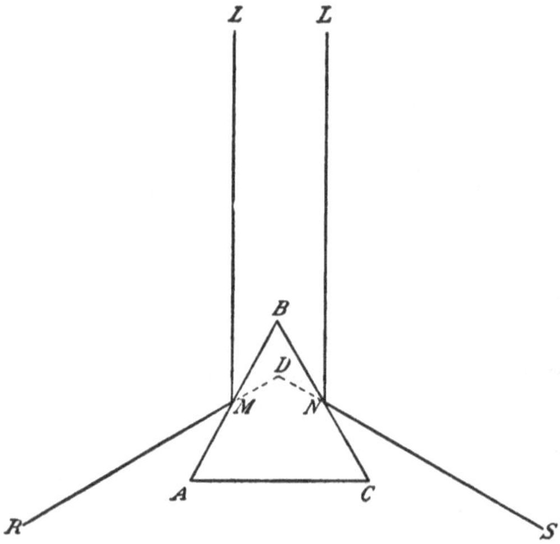

Fig. 238.

bindet man das Tischchen mit einem um die vertikale Axe desselben drehbaren Fernrohr, so kann man dieses zuerst auf das in *AB*, dann auf das in *CB* reflektierte Bild einstellen; der Winkel, um den dabei gedreht wird, ist das Doppelte des Prismenwinkels.

§ 220. Winkelmessung mit Spiegel und Skale. Eine dritte Anwendung, die in der messenden Physik eine große Rolle spielt, besteht in der Messung kleiner Drehungen durch die Ablenkung eines reflektierten Lichtstrahls. Der Punkt *A* (Fig. 239) stelle eine zu der Ebene der Zeichnung senkrechte Axe vor, die infolge irgend welcher Umstände kleinen Drehungen unterworfen ist. Um diese zu beobachten, verbinden wir die Axe mit einem Spiegel *ST*, dessen Ebene durch die Axe hindurchgeht oder ihr wenigstens sehr nahe liegt. Lassen wir auf den Spiegel einen Lichtstrahl *LA* von unveränderlicher Richtung fallen, so wird er bei der gegebenen Lage des Spiegels reflektiert nach *AB*; dreht sich die Axe und der mit ihr verbundene Spiegel um den Winkel α, so dreht sich die Spiegelnormale um denselben Winkel $NAN' = \alpha$; der Einfallswinkel wächst um α, der Winkel zwischen dem einfallenden und reflektierten Strahl um $BAB' = 2\alpha$. Der reflektierte Strahl dreht sich in demselben Sinne, aber in doppeltem Maße, wie die reflektierende Fläche. Die Drehung des reflektierten Strahles wird gemessen, indem man ihn auf einen Maßstab fallen läßt und die Teilstriche *B* und *B'* beobachtet, die vor und nach der Drehung von ihm beleuchtet werden. Stellt man den Maßstab so, daß er in *B* senkrecht steht zu der anfänglichen Reflexionsrichtung *AB*, so wird das rechtwinkelige Dreieck *ABB'* vollständig bestimmt durch die Seiten *AB* und *BB'*; der Winkel *BAB'* ist dann der doppelte Drehungswinkel. Soll bei einer Drehung des Spiegels umgekehrt der reflektierte Strahl seine Richtung behalten, so muß der einfallende um den doppelten Winkel sich drehen. Darauf beruht die Winkelmessung mit Fernrohr, Spiegel und Skale (Fig. 240). Senkrecht zu der Drehungsaxe *A* des Spiegels wird ein Maßstab aufgestellt, so daß ein von dem Spiegel auf ihn gefälltes Lot gerade seinen mittleren Teilstrich *B* trifft. Das Spiegelbild des Maßstabes wird mit einem Fernrohr beobachtet, das so gerichtet ist, daß in der anfänglichen Lage des Spiegels gerade der Teilstrich *B* in der Mitte des Gesichtsfeldes erscheint. Dreht sich der Spiegel, so kommt ein anderer

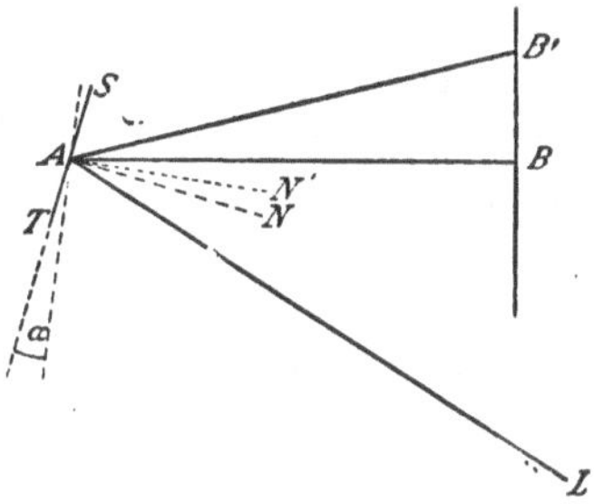

Fig. 239.

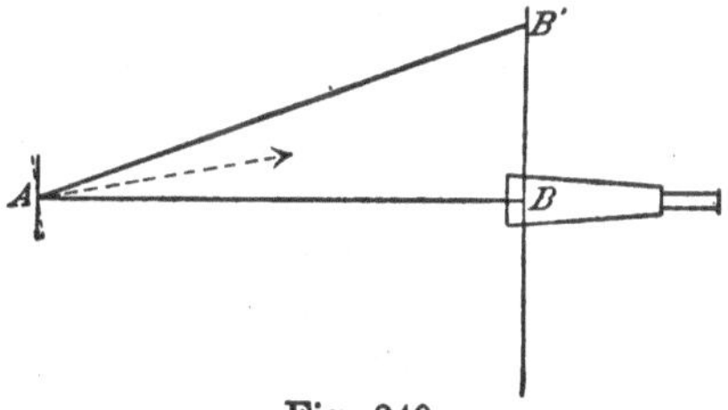

Fig. 240.

Skalenteil B' in die Mitte, und der Winkel $B'AB$ ist dann gleich dem doppelten Drehungswinkel; der Winkel $B'AB$ ergiebt sich aber wieder aus dem rechtwinkeligen Dreieck $B'AB$, wenn die Seiten BB' und AB bekannt sind. Die Empfindlichkeit der Methode kann durch die Angabe erläutert werden, daß bei einer Entfernung zwischen Spiegel und Skale von 1,72 m eine Drehung um 1 Minute eine Verschiebung BB' von 1 mm erzeugt.

§ 221. Der Heliostat. Bei einer großen Zahl von optischen Untersuchungen benützen wir das Licht der Sonne. Die unmittelbare Verwendung der Sonnenstrahlen ist aber unbequem, einmal wegen der schiefen Richtung, dann wegen der fortwährenden Änderung dieser Richtung durch die Bewegung der Sonne. Die Schwierigkeiten werden beseitigt, wenn es gelingt, den Sonnenstrahlen zunächst eine bestimmte, unveränderliche Richtung zu erteilen, die dann durch Reflexion an einem Spiegel leicht in eine beliebige andere verwandelt werden kann. Eine solche unveränderliche Richtung, die man den Sonnenstrahlen durch Reflexion an einem bewegten Spiegel geben kann, ist die Richtung der Erdaxe. Diese sei dargestellt durch EA (Fig. 241); SE sei die Richtung eines in E einfallenden Sonnenstrahles. Soll dieser von einem in E aufgestellten Spiegel nach EA reflektiert werden, so muß die Spiegelnormale EN den Winkel SEA halbieren. Nun bewegt sich aber die Sonne am Himmelsgewölbe so, als ob sie um die Axe EA in 24 Stunden einmal mit gleichförmiger Geschwindigkeit rotierte. Drehen wir in derselben Zeit durch ein mit der Axe EA verbundenes Uhrwerk auch den Spiegel herum, so bleibt die gegenseitige Stellung von Sonne, Spiegel und Axe dieselbe, die Sonnenstrahlen werden immer in der Richtung der Erdaxe reflektiert. Mit Hilfe eines zweiten Spiegels kann dann diese Richtung in eine beliebige andere verwandelt werden.

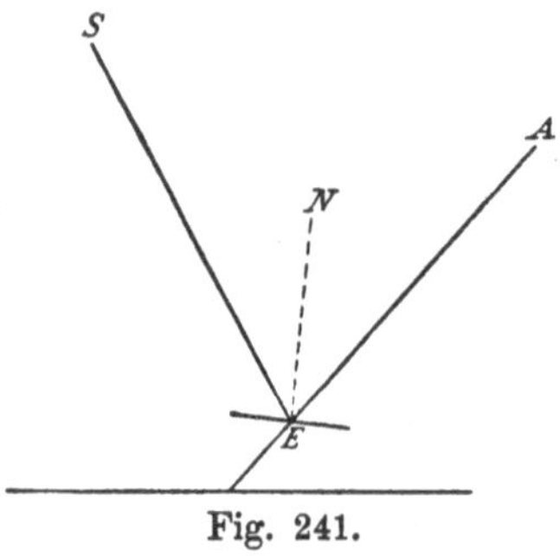

Fig. 241.

§ 222. Die sphärischen Spiegel. Wir wenden uns zu der Reflexion an sphärisch gekrümmten Flächen. Die Anwendbarkeit des Reflexionsgesetzes auf krumme Oberflächen ergiebt sich daraus, daß wir das Flächenelement in der Umgebung des Einfallspunktes als eine kleine ebene Fläche betrachten können. Das Einfallslot ist durch die Normale der Fläche im Einfallspunkte gegeben, die Konstruktion des reflektierten Strahles ist im übrigen dieselbe wie bei einer ebenen Fläche. Wir beschränken uns im folgenden auf die Betrachtung kugelförmig gekrümmter Flächen, der sogenannten sphärischen Spiegel. Dieselben können das Licht entweder auf der inneren hohlen oder auf der äußeren konvexen Seite reflektieren, und wir unterscheiden darnach Konkav- oder Hohlspiegel und Konvexspiegel. Wir werden uns mit der Theorie des Hohlspiegels etwas ausführlicher beschäftigen, einmal, weil er in der praktischen Optik mannigfache Anwendungen findet, dann auch, weil wir dabei gewisse Betrachtungen und Beziehungen kennen lernen, die für eine Reihe analoger Probleme eine typische Bedeutung besitzen.

Wir beginnen mit einigen Betrachtungen von mehr geometrischem Charakter. Der Hohlspiegel werde begrenzt von einem Kreise; die Linie, die den sphärischen, auf der Kugelfläche liegenden Mittelpunkt des Kreises mit dem Kugelmittelpunkt verbindet, wird als die Axe des Spiegels bezeichnet. Figur 242 stellt einen Durchschnitt des Spiegels nach seiner Axe dar; *M* ist der sphärische Mittelpunkt, *C* das Centrum der Kugel, der Krümmungsmittelpunkt des Spiegels.

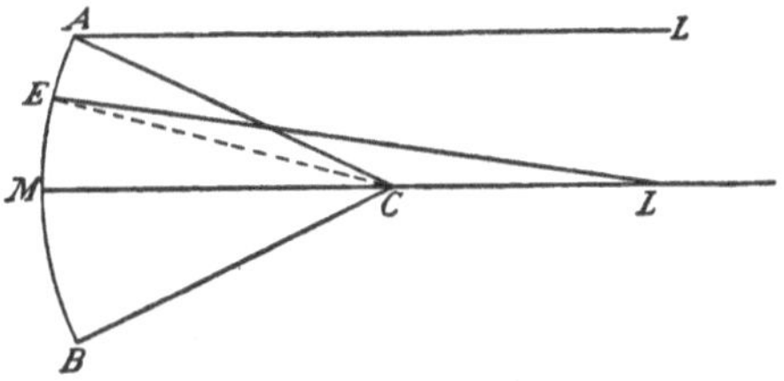

Fig. 242. Hohlspiegel.

Wir behandeln die Theorie des Hohlspiegels nicht allgemein, sondern nur unter der speziellen Voraussetzung, daß alle in Betracht zu ziehenden Lichtstrahlen sehr kleine Einfallswinkel besitzen. Um zu untersuchen, was aus dieser Bedingung für die Gestalt des Spiegels folgt, ziehen wir von einem, außerhalb *CM* angenommenen Punkt *L* der Axe den einfallenden Strahl *LE*; das Einfallslot ist gegeben durch die Verbindungslinie des Punktes *E* mit dem Krümmungsmittelpunkt *C*; der Einfallswinkel *LEC* ist Null, wenn *L* in den Krümmungsmittelpunkt fällt, er wird um so größer, je weiter entfernt *L* auf der Axe liegt. Rückt *L* in unendliche Entfernung, so wird der einfallende Strahl der Axe parallel. Unter allen von der Axe ausgehenden und in *E* einfallenden Strahlen, von dem Centralstrahl *CE* nach außen hin gerechnet, besitzt also der Parallelstrahl den größten Einfallswinkel. Andererseits aber wächst dieser Winkel mit der Entfernung des Punktes *E* von der Axe; den am Rande des Spiegels einfallenden Parallelstrahlen entspricht daher der größte Winkel *LAC*; dieser ist gleich dem Winkel *ACM*, den der nach *A* gehende Kugelradius mit der Axe bildet, oder gleich der Hälfte des Winkels *BCA*, den zwei nach diametral gegenüberliegenden Randpunkten gehende Radien mit einander einschließen. Diesen Winkel nennen wir die Öffnung des Spiegels; der größte in Betracht kommende Einfallswinkel ist somit gleich der halben Spiegelöffnung. Die Bedingung kleiner Einfallswinkel ist erfülllt, wenn der Spiegel eine kleine Öffnung besitzt. Übrigens müssen wir bemerken, daß auch bei Spiegeln von kleiner Öffnung noch Strahlen denkbar sind, die einen großen Einfallswinkel besitzen. Es sind solche, welche die Axe in einem dem sphärischen Mittelpunkt *M* naheliegenden Punkte schneiden; auch diese Strahlen müssen also bei unseren Untersuchungen ausgeschlossen werden.

Die Beschränkung, die wir mit dem vorhergehenden unserer Untersuchung auferlegt haben, hat zur Folge, daß in einer naturgetreuen Darstellung des Spiegels die Entfernung der Randpunkte A und B von dem sphärischen Mittelpunkt M sehr klein wird im Vergleich mit den Abständen LM oder CM, daß die in Betracht kommenden Strahlen die Axe unter einem sehr spitzen Winkel schneiden. Alle bei der geometrischen Konstruktion zu ziehenden Linien werden sich daher in einem ganz schmalen Streifen zu beiden Seiten der Axe zusammenhäufen, sie werden nicht mehr deutlich voneinander zu unterscheiden, ihre Schnittpunkte werden nicht mehr scharf zu bestimmen sein. Die Möglichkeit einer graphischen Entwickelung der Theorie würde dadurch aufgehoben werden. Um diese Schwierigkeit zu umgehen, benützt man den Kunstgriff, alle zur Spiegelaxe senkrechten Dimensionen in einem viel größeren Maßstabe zu zeichnen, als die Entfernungen längs der Axe.

Wir gehen nach diesen Vorbereitungen über zu der Untersuchung der optischen Eigenschaften des Hohlspiegels. Schon im vorhergehenden wurden die Strahlen, die mit der Axe des Spiegels parallel auf ihn fallen, als Parallelstrahlen bezeichnet; mit Bezug auf diese gilt der Satz:

Parallelstrahlen gehen nach der Reflexion am Spiegel durch einen und denselben Punkt seiner Axe, den Brennpunkt des Spiegels.

Der Brennpunkt F liegt in der Mitte zwischen dem sphärischen Mittelpunkt und dem Krümmungsmittelpunkt des Spiegels. Die Entfernung des sphärischen Mittelpunktes vom Brennpunkt bezeichnen wir als Brennweite (Fig. 243).

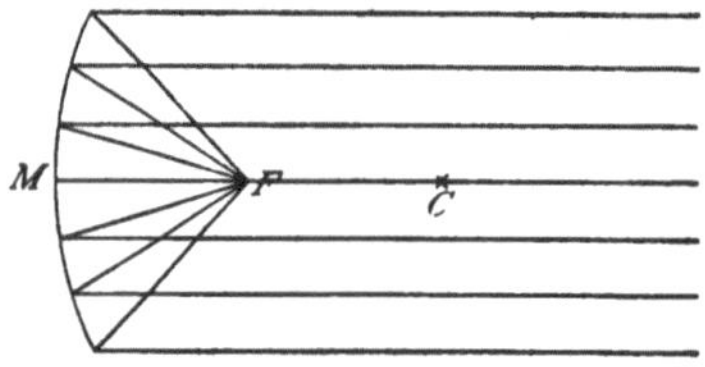

Fig. 243.

Der vorhergehende Satz läßt eine wichtige Verallgemeinerung zu. Parallelstrahlen können wir uns ausgehend denken von einem auf der Axe des Spiegels in unendlicher Entfernung liegenden Punkte; alle von diesem ausgesandten Strahlen vereinigen sich nach der Reflexion in einem einzigen Punkte der Axe, dem Brennpunkte; ebenso durchkreuzen sich die von einem beliebigen anderen Punkte P der Axe ausgehenden Strahlen nach der Reflexion in einem einzigen Punkte der Axe P_1 (Fig. 244).

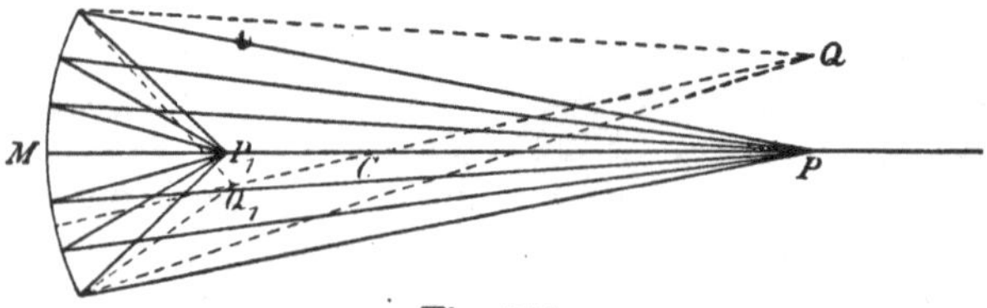

Fig. 244.

Nach der Reflexion kommen die von P ausgesandten Strahlen her von P_1, es ist also dieser letztere Punkt das Bild von P. Ist umgekehrt P_1 ein leuchtender Punkt, so durchkreuzen sich die von ihm ausgehenden Strahlen nach der Reflexion in P; die Beziehung zwischen den Punkten P und P_1 ist eine umkehrbare, jeder kann als leuchtender Punkt, jeder als Bildpunkt auftreten; die sie verbindenden Strahlenwege können vom Lichte ebenso gut in der einen, wie in der anderen Richtung durchlaufen werden. Punkte, welche in dieser Beziehung zu einander stehen, bezeichnet man allgemein als konjugierte Punkte. In unserem Falle stehen die Entfernungen der konjugierten Punkte P und P_1 von dem sphärischen Mittelpunkt in einfacher Beziehung zur Brennweite; es gilt nämlich der Satz:

Die Summe der reziproken Spiegelabstände zweier konjugierter Punkte ist gleich der reziproken Brennweite.

Bezeichnen wir die Brennweite durch f, die Entfernungen MP und MP_1 durch p und p_1, so ist:

$$\frac{1}{f} = \frac{1}{p} + \frac{1}{p_1}.$$

Ebenso wie die Strahlen des Axenpunktes P werden auch die Strahlen eines seitlich von der Axe liegenden Punktes Q nach der Reflexion in einem Punkte Q_1 sich durchkreuzen, der auf dem durch Q gehenden Radius QC liegt (Fig. 244). Es folgt dies daraus, daß für den Punkt Q der Radius QC dieselbe Bedeutung besitzt, wie für P die Axe.

Außer den Parallelstrahlen existiert noch eine zweite Strahlengattung, für welche die Reflexion in sehr einfacher Weise sich gestaltet. Es sind dies die durch den Krümmungsmittelpunkt des Spiegels hindurchgehenden Strahlen, die Centralstrahlen. Wie man unmittelbar sieht, gilt für diese der Satz:

Centralstrahlen werden in sich selbst reflektiert.

Die vorhergehenden Sätze enthalten alles, was notwendig ist, um die Verhältnisse der von einem Hohlspiegel entworfenen optischen Bilder zu studieren.

Das Objekt sei dargestellt durch einen auf der Axe stehenden Pfeil PQ (Fig. 245); von der Spitze Q ziehen wir einen Parallelstrahl, der durch die Reflexion in einen Brennstrahl verwandelt wird. Außerdem ziehen wir den in sich selbst reflektierten Centralstrahl QC. Die reflektierten Strahlen kreuzen sich in Q_1. Durch denselben Punkt müssen nach dem vorhergehenden auch alle anderen von Q ausgehenden Strahlen nach der Reflexion hindurchgehen, es ist Q_1 das Bild der Pfeilspitze Q. Konstruieren wir in derselben Weise die Bilder der übrigen Punkte des Pfeiles, so setzen sie sich zusammen zu einem Bildpfeile, $P_1 Q_1$, der

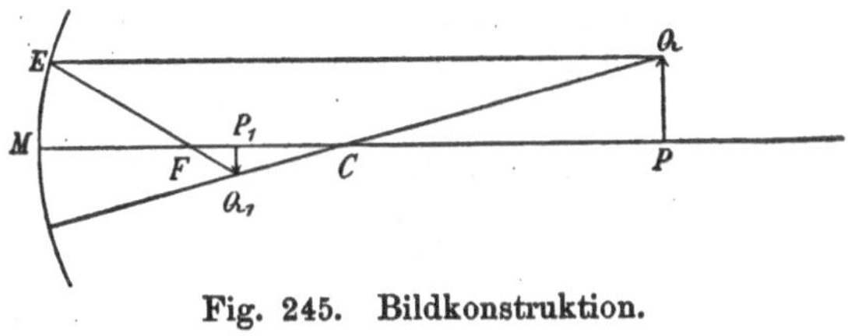

Fig. 245. Bildkonstruktion.

gleichfalls zu der Spiegelaxe senkrecht steht. Das Bild ist ein reelles, da sämtliche Punkte desselben Durchkreuzungspunkte wirklicher Lichtstrahlen sind; es kann daher auf einem Schirm oder einer Tafel von mattem Glase aufgefangen werden. Das Bild ist ferner ein umgekehrtes; seine Größe verhält sich zu der Größe des Objektes wie der Bildabstand vom Spiegel zum Objektabstand; es ist also:

$$\frac{P_1 Q_1}{P Q} = \frac{p_1}{p},$$

während zwischen p und p_1 die früher erwähnte Relation besteht:

$$\frac{1}{p} + \frac{1}{p_1} = \frac{1}{f}.$$

Für ein Objekt, das in unendlicher Entfernung von dem Spiegel auf der Axe liegt, fällt das Bild in den Brennpunkt. In dem Maße, in dem das Objekt dem Spiegel sich nähert, entfernt sich das Bild von demselben. Liegt das Objekt an der Stelle des Krümmungsmittelpunktes, so fällt das Bild an dieselbe Stelle, und die Bildgröße ist gleich der Objektgröße. Wird das Objekt dem Spiegel noch weiter genähert, so entfernt sich das mehr und mehr vergrößerte Bild immer weiter von dem Spiegel, um schließlich in unendlicher Entfernung zu verschwinden, wenn das Objekt in den Brennpunkt fällt. Es bleibt also schließlich die Frage übrig, welches die Wirkung des Spiegels ist, wenn das Objekt in dem Zwischenraum zwischen Brennpunkt und sphärischem Mittelpunkt, **innerhalb der Brennweite** liegt (Fig. 246). Ziehen wir ebenso wie vorher von der Spitze des Pfeiles aus den Parallelstrahl QE und den Centralstrahl QC, so sehen wir, daß die reflektierten Strahlen selbst sich jetzt überhaupt nicht mehr schneiden; nur für ihre geometrischen Rückverlängerungen existiert ein Schnittpunkt Q_1 hinter der Fläche des Spiegels. Alle Strahlen, die von dem Punkte Q ausgehen, werden so reflektiert,

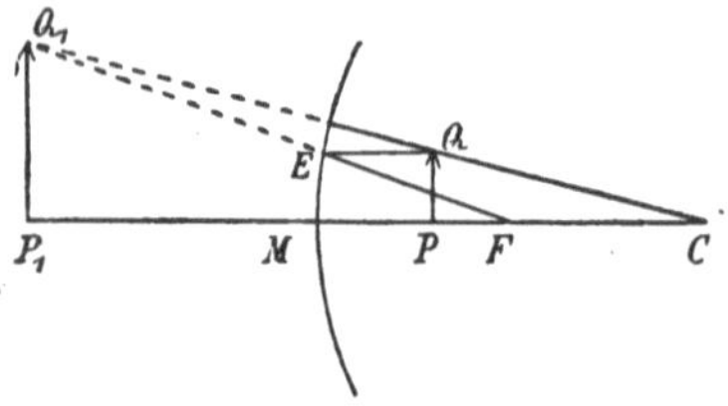

Fig. 246. Virtuelles Bild.

daß ihre Verlängerungen sich in dem Punkte Q_1 schneiden. Sie scheinen nach der Reflexion von dem Punkte Q_1 herzukommen, und dieser stellt demnach ein virtuelles Bild des Punktes Q dar; in derselben Weise erhalten wir die virtuellen Bilder der übrigen Punkte des Pfeiles, und diese reihen sich dann zu einem Bildpfeile $P_1 Q_1$ aneinander, der ebenso wie PQ aufrecht und senkrecht auf der Axe des Spiegels steht. Dabei ist zu beachten, daß die Bedingung kleiner Einfallswinkel um so weniger erfüllt bleibt, je weiter das Objekt von dem Brennpunkt weg dem Spiegel zu rückt. Nehmen wir auf der Axe innerhalb der Brennweite einen leuchtenden Punkt P, so werden die Einfallswinkel um so größer, je näher wir der Oberfläche des Spiegels kommen, und die im vorhergehenden aufgestellten Sätze sind dann nicht mehr streng richtig.

Fassen wir die wesentlichen Resultate der Untersuchung zusammen, so erhalten wir den Satz:

Der Hohlspiegel entwirft von einem außerhalb der Brennweite befindlichen Objekte ein reelles und umgekehrtes Bild vor der Spiegelfläche. Die Bildgröße verhält sich zur Objektgröße wie der Bildabstand vom Spiegel zum Objektabstand. Das Bild eines innerhalb der Brennweite liegenden Objektes ist ein virtuelles, aufrechtes und vergrößertes, und liegt hinter dem Spiegel.

In ganz analoger Weise ist auch die Theorie des Konvexspiegels zu entwickeln. Wir beschränken uns auf die folgenden Bemerkungen; haben wir ebenso wie beim Hohlspiegel durch Verbindung des sphärischen Mittelpunktes mit dem Krümmungsmittelpunkt die Axe MC des Spiegels konstruiert (Fig. 247), so ergiebt sich, daß die einfallenden Parallelstrahlen durch die Reflexion zerstreut werden; nur ihre geometrischen Rückverlängerungen konvergieren in einem Punkt F der Axe, dem vir-

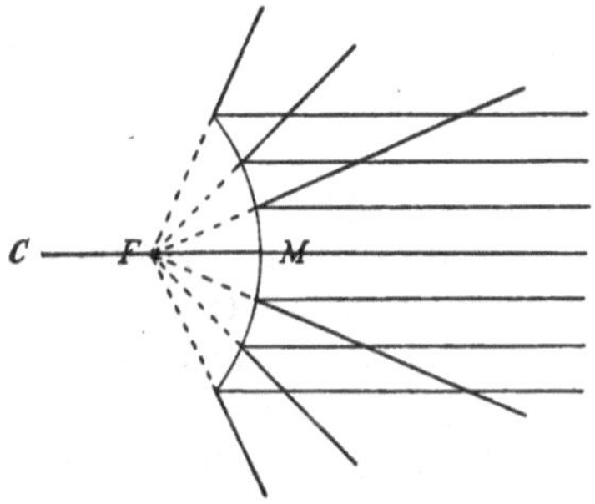

Fig. 247. Konvexspiegel.

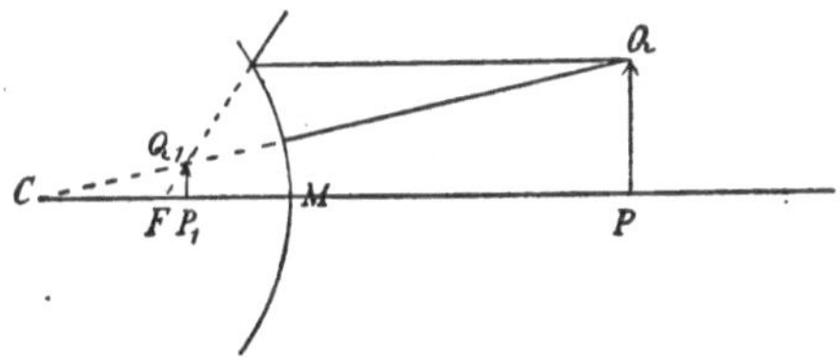

Fig. 248. Bildkonstruktion.

tuellen Brennpunkt des Spiegels, der wiederum in der Mitte zwischen dem sphärischen Mittelpunkt und dem Krümmungsmittelpunkt gelegen ist. Centralstrahlen, die nach dem Krümmungsmittelpunkt hin gerichtet sind, werden in sich selbst reflektiert. Die Konstruktion des Bildes für einen vor dem Spiegel befindlichen Gegenstand erfolgt ebenso wie beim Hohlspiegel durch Benützung des Parallel- und Centralstrahles; das Bild ist unter allen Umständen ein virtuelles, aufrechtes und verkleinertes (Fig. 248).

III. Kapitel. Brechung des Lichtes.

§ 223. Das Brechungsgesetz. Fallen Lichtstrahlen, die sich in Luft, Wasser, Glas oder einem anderen Körper bewegen, auf die Grenzfläche eines zweiten durchsichtigen Körpers, so wird ihre Bewegung in doppelter Weise geändert. Ein Teil wird reflektiert; ein anderer Teil dringt in das zweite durchsichtige Mittel ein, aber so, daß die Lichtstrahlen in der Grenze gebrochen erscheinen. Um die Richtung des gebrochenen Strahles zu fixieren, gebrauchen wir dieselben geometrischen Hilfsmittel, wie bei der Reflexion. Das Einfallslot wird in das Innere des zweiten Mittels hinein verlängert; der Winkel des gebrochenen Strahls mit dem Einfallslot wird bezeichnet als der Brechungswinkel. Das Gesetz, das die Richtung des gebrochenen Strahles mit der des einfallenden verbindet, das Brechungsgesetz, ist in den folgenden Sätzen enthalten.

Der gebrochene Strahl liegt in der Einfallsebene auf der entgegengesetzten Seite des Einfallslotes, wie der einfallende Strahl.

Der Sinus des Einfallswinkels steht zu dem Sinus des Brechungswinkels in demselben Verhältnis, welches auch die Neigung des einfallenden Strahles gegen die brechende Oberfläche sein mag.

Dieses Verhältnis, das nur abhängt von der Natur der Mittel, zwischen denen der Übergang des Lichtes sich vollzieht, heißt das Brechungsverhältnis.

Der Charakter der Brechung oder Refraktion ist hiernach ein wesentlich anderer als der der Reflexion. Die letztere erfolgt an der Oberfläche der verschiedenartigsten Körper in genau derselben Weise; das Brechungsverhältnis, die Richtungsänderung der Strahlen bei ihrem Übergang von einem Mittel zum anderen, hängt ab von der besonderen Natur der beiden Mittel. Jedem einzelnen Paar von Körpern entspricht ein besonderes Brechungsverhältnis und daher auch ein besonderes Maß der Richtungsänderung. Daß das Brechungsverhältnis auch abhängt von der Farbe der Strahlen, sei nur vorläufig erwähnt; ausführlich werden wir hierüber im folgenden Kapitel berichten.

Zu einer oberflächlichen Prüfung des Gesetzes kann man einen halbkreisförmigen, mit Wasser gefüllten Glastrog (Fig. 249) benützen, dessen gerade Seitenfläche mit schwarzem Papier so bedeckt ist, daß nur in der Axe E der cylindrischen Mantelfläche ein schmaler vertikaler Spalt frei bleibt. Auf diesen wirft man in horizontaler Richtung die Strahlen einer intensiven Lichtquelle, etwa einer elektrischen Lampe. Fallen die Strahlen senkrecht in der Richtung NE auf die ebene Grenzfläche des Wassers, so findet keine Brechung statt, und es wird durch die in das Wasser eindringenden Strahlen eine Stelle in der Mitte der halbkreisförmigen Hinterwand beleuchtet, dem Spalte gerade gegenüber. Wenn man nun den Trog dreht, so daß die Strahlen in der schiefen Richtung LE in den Spalt einfallen, so sieht man die Brechung des in das Wasser eindringenden Strahles. Füllt man den Trog bis zu einer solchen Höhe, daß gerade die Hälfte des Spaltes unter Wasser sich befindet, so wird

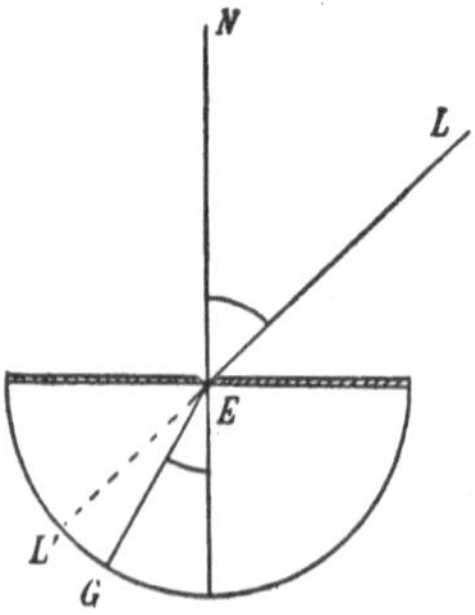

Fig. 249. Brechung.

man auf der Rückseite zwei hell beleuchtete Linien haben. Die eine bei L' entspricht der oberen Hälfte des Spaltes; sie wird erzeugt von den über den Wasserspiegel weggehenden Strahlen, die keine Ablenkung erlitten haben; die untere bei G rührt von den im Wasser gebrochenen Strahlen her. Trägt die Rückwand des Troges, von der Mitte des Halbkreises ausgehend, eine Gradteilung, so kann man den Einfalls- und Brechungswinkel unmittelbar ablesen und so eine, wenn auch nur rohe, Berechnung des Brechungsverhältnisses und eine Prüfung seiner Konstanz ausführen. Seine wahre Bestätigung findet das Brechungsgesetz darin, daß all die Folgerungen, die sich aus ihm ziehen lassen, durch die Erfahrung bestätigt werden, daß die feinen Messungsmethoden, die sich auf dasselbe gründen, noch nie zu widersprechenden Resultaten geführt haben. Indessen ist es notwendig, schon hier darauf aufmerksam zu machen, daß das Brechungsgesetz in der angegebenen Form nur für solche Körper gilt, die in optischer Beziehung nach allen Richtungen hin sich gleich verhalten, für die sogenannten isotropen Körper.

§ 224. Konstruktion des gebrochenen Strahls. An das Brechungsgesetz knüpft sich zunächst die Aufgabe, zu irgend einem einfallenden Strahl den gebrochenen zu finden. Betrachten wir zuerst das spezielle Beispiel von Luft und Wasser, für welche das Brechungsverhältnis gleich $^4/_3$ ist, so wird die Aufgabe durch folgende Konstruktion gelöst (Fig. 250). Es sei F die Grenzfläche der beiden Mittel, E der Einfallspunkt, LE der in der Luft sich bewegende Strahl; wir nehmen auf dem einfallenden Strahl einen beliebigen Punkt C und machen $EA = {}^4/_3\,EC$; mit EA als Halbmesser beschreiben wir einen Kreisbogen, ziehen durch C eine Parallele zu dem Einfallslot, bis sie den Bogen in B trifft. Die Linie BE giebt verlängert den gebrochenen Strahl EG. Ist das zweite Mittel nicht Wasser, sondern Glas, so ist das Brechungsverhältnis gleich $^3/_2$ und wir haben nun $EA = {}^3/_2\,EC$ zu machen; allgemein ist EA gleich EC multipliziert mit dem Brechungsverhältnis; bezeichnen wir dieses durch n, so ist $EA = n \times EC$.

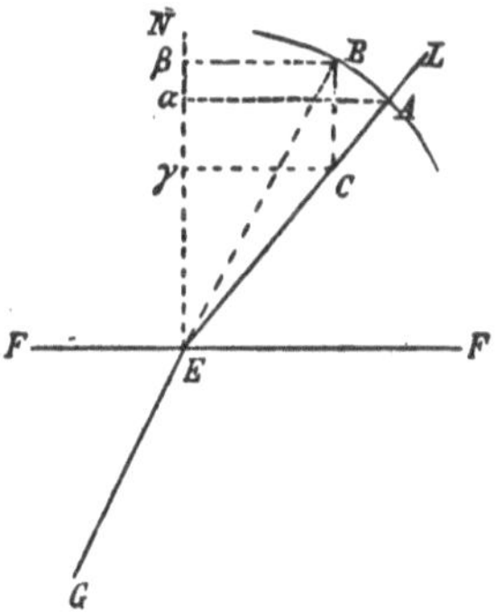

Fig. 250.

Die Richtigkeit der Konstruktion ergiebt sich leicht, wenn wir durch E das Einfallslot EN ziehen und auf dieses die Senkrechten $A\alpha$, $B\beta$, $C\gamma$ fällen. Es ist dann: $A\alpha : C\gamma = n : 1$, ebenso $A\alpha : B\beta = n : 1$ oder auch:

$$\frac{A\alpha}{AE} : \frac{B\beta}{BE} = n : 1 .$$

Die links stehenden Brüche sind aber nichts anderes als der Sinus des Einfalls- und der des Brechungswinkels.

§ 225. Umkehr und Kombination von Brechungsverhältnissen. Die Übersicht über die bei der Kombination verschiedener durchsichtiger Mittel auftretenden Brechungsverhältnisse wird sehr erleichtert durch zwei allgemeine Sätze, die sich aus den optischen Eigenschaften planparalleler Platten ergeben.

Wir richten ein Fernrohr auf ein sehr entferntes Objekt, einen leuchtenden Punkt an der Erdoberfläche oder einen Stern. Bringen wir vor das Objektiv eine planparallele Platte aus irgend einem durchsichtigen Mittel, so wird dadurch die Einstellung in keiner Weise geändert. Daraus folgt, daß die Lichtstrahlen beim Durchgang durch eine planparallele Platte keine Richtungsänderung erleiden. Die Parallelen FF und HH (Fig. 251) stellen die Grenzflächen der Platte vor; das Mittel, aus dem sie hergestellt ist, werde bezeichnet durch den Buchstaben b, das beiderseits an die Platte anstoßende Mittel durch a. Zur Bezeichnung von Brechungsverhältnissen bedient man sich des Buchstabens n; um auszudrücken, daß er sich auf den Übergang aus dem Mittel a in das Mittel b bezieht, benützen wir das Symbol $n(a, b)$. Das Brechungsverhältnis für den umgekehrten Übergang von b zu a ist dann repräsentiert durch $n(b, a)$.

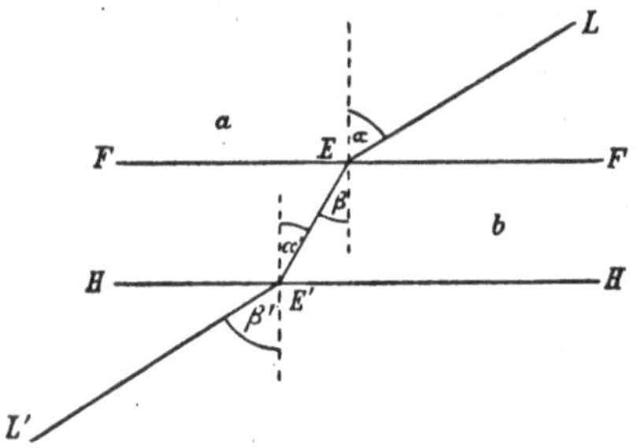

Fig. 251. Planparallele Platte.

LE sei der auf die obere Grenzfläche einfallende Strahl, EE' der gebrochene und $E'L'$ der parallel mit LE in das Mittel a wieder austretende. Bezeichnen wir mit α und β den Einfalls- und Brechungswinkel bei E, mit α' und β' dieselben Winkel bei E', so ist:

$$\alpha = \beta' \quad \text{und} \quad \beta = \alpha' \cdot$$

Somit:

$$n(a, b) = \frac{\sin \alpha}{\sin \beta} = \frac{\sin \beta'}{\sin \alpha'} = \frac{1}{n(b, a)} \cdot$$

Ist das Brechungsverhältnis von einem Mittel a zu einem Mittel b gleich $n(a, b)$, so ist das Brechungsverhältnis für den umgekehrten Übergang des Lichtes von b zu a gleich $\frac{1}{n(a, b)}$.

Aus der Gleichheit der Winkel α und β', β und α' folgt, daß das Licht den Weg $LEE'L'$ auch in umgekehrter Richtung durchlaufen kann. Stellen wir die Lichtquelle auf in L', und ist $L'E'$ der auf die untere Grenzfläche der Platte fallende Strahl, so geht er in der Richtung $E'E$ durch sie hindurch, um in der Richtung EL in das Mittel a wieder auszutreten. Ebenso, wie dem Strahl LE als dem einfallenden der Strahl EE' als der gebrochene entspricht, so gehört zu dem Strahl $E'E$ als dem in dem Mittel *b* einfallenden der Strahl *EL* als der in *a* gebrochene. Ebenso wie bei der Reflexion gilt auch bei der Brechung der Satz:

Ein Strahlenweg kann vom Lichte ebenso in der einen, wie in der entgegengesetzten Richtung durchlaufen werden.

Wir haben schon bemerkt, daß das Brechungsverhältnis von Luft zu Glas $^3/_2$ ist; es ist also $\frac{\sin\alpha}{\sin\beta} = \frac{3}{2}$. Kehren wir die Bewegungsrichtung des Lichtes um, so wird β Einfallswinkel, α Brechungswinkel, und wir erhalten für den umgekehrten Übergang das Brechungsverhältnis $\frac{\sin\beta}{\sin\alpha} = \frac{2}{3}$ in Übereinstimmung mit dem allgemeinen Satze.

Der im vorhergehenden abgeleitete Satz läßt eine Verallgemeinerung zu, die sich auf die Thatsache stützt, daß zwei verschiedene planparallele Platten zusammengelegt die Richtung eines Lichtstrahles ebenso wenig ändern, wie eine einzige. Bezeichnen wir das Mittel, von dem die zusammengesetzte Platte umgeben ist, durch *a*, die eine planparallele Platte durch *b*, die andere durch *c*, so wird ein Lichtstrahl, der in *E* (Fig. 252) auf die obere Fläche der Platte einfällt, in derselben den gebrochenen Weg EE_1E_2 zurücklegen und in E_2 parallel mit seiner ursprünglichen Richtung nach E_2L_2 austreten. Für die bei den verschiedenen Übergängen auftretenden Brechungsverhältnisse ergiebt sich die Beziehung

$$n(a,b) \times n(b,c) \times n(c,a) = 1$$

oder

$$n(a,b) \times n(b,c) = n(a,c).$$

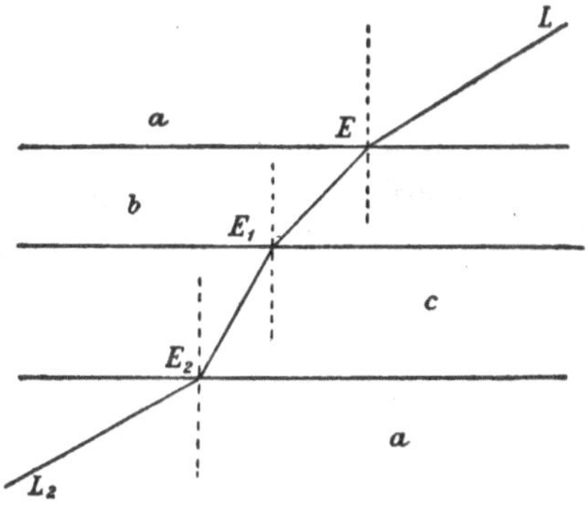

Fig. 252.
Zusammengesetzte planparallele Platte.

Kennt man hiernach die Brechungsverhältnisse für die Kombination zweier Stoffe *a* und *c* mit einem und demselben dritten *b*, so kann man das Brechungsverhältnis für die Kombination von *a* mit *c* aus jenen berechnen. Es ist z. B. das Brechungsverhältnis von Luft zu Wasser gleich $^4/_3$, von Luft zu Glas gleich $^3/_2$, somit das Brechungsverhältnis von Wasser zu Glas gleich $\frac{3}{4} \times \frac{3}{2} = \frac{9}{8}$.

§ 226. Optisch dichtere und dünnere Mittel. Mit Rücksicht auf gewisse theoretische Vorstellungen über die Natur der Lichtbewegung hat man dasjenige von zwei Mitteln, in dem der Strahl mit dem Einfallslote den kleineren Winkel einschließt, das optisch dichtere, das, in dem jener Winkel der größere ist, das optisch dünnere genannt. So ist Glas optisch dichter als Luft, Alkohol dichter als Wasser.

§ 227. Brechung des Lichtes durch ein Prisma. Eine ungemein vielseitige Verwendung findet bei optischen Versuchen und bei der Konstruktion optischer Instrumente die Brechung durch ein Prisma; wir werden sie daher im folgenden einer etwas eingehenderen Betrachtung unterziehen. Wir nehmen an, das Prisma sei auf einen horizontalen Tisch so gestellt, daß seine Kante (vergl. § 219) — die sogenannte **brechende Kante** — vertikal steht. Wir betrachten die Brechung eines in horizontaler Richtung senkrecht zu der Kante auf das Prisma fallenden Strahles. Ist das Prisma optisch dichter als Luft, was in der Regel der Fall sein wird, so wird der Strahl an der ersten Prismenfläche dem Einfallslot zu, an der zweiten Fläche von ihm weg gebrochen (Fig. 253). Die hierdurch bedingte Richtungsänderung hängt nur ab von dem Winkel, unter dem der Strahl die Prismenfläche trifft, sie ist unabhängig von der speziellen Lage des Einfallspunktes; wenn es sich also nur darum handelt, die Richtung zu bestimmen, nach der ein auf das Prisma fallender Strahl gebrochen wird, so kann man den Strahl parallel mit sich selbst so verlegen, daß er unendlich nahe an der Prismenkante durchgeht. Die Richtungsänderung bleibt dieselbe, aber die Konstruktion des gebrochenen Strahls wird wesentlich vereinfacht.

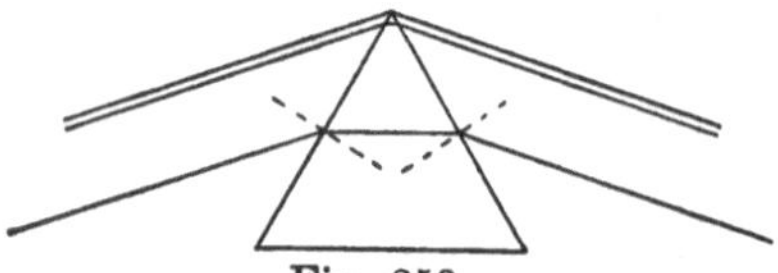
Fig. 253.

Es sei SOU (Fig. 254) ein Normalschnitt des Prismas; um den Punkt O, die Projektion der brechenden Kante, konstruieren wir zwei Kreise, deren Halbmesser OS und Os sich verhalten wie $1 : n$, wenn n das Brechungsverhältnis des Prismas gegen Luft ist. Wir bezeichnen den ersteren als den

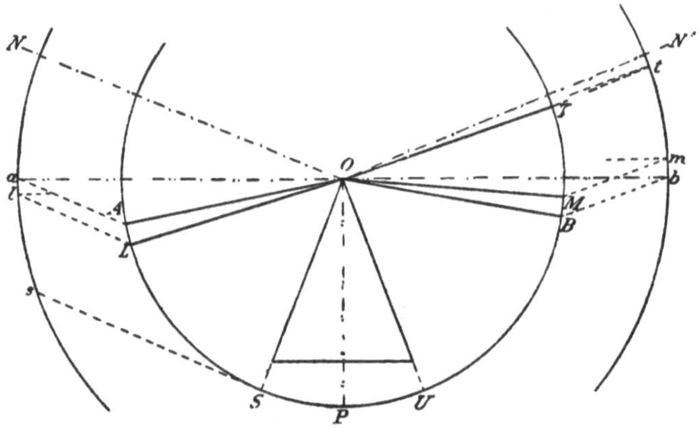

Fig. 254. Brechung durch ein Prisma.

Kreis 1, den zweiten als den Kreis n. Es sei LO ein in dem Normalschnitt sich bewegender Lichtstrahl, der in O unendlich nahe der Kante einfällt. Wir ziehen Ll parallel zu der Normale ON der ersten Prismenfläche, dann ist lO nach der Konstruktion von § 224 der in das Prisma eintretende gebrochene Strahl. Schneidet lO den Kreis n auf der anderen Seite in *m*, so ziehen wir durch *m* die Parallele *mM* zu der Normale *ON'* der zweiten Prismenfläche; *OM* ist dann der zu *LO* gehörende, aus dem Prisma wieder austretende Strahl. Der äußerste von den in *O* einfallenden Strahlen ist der Strahl *SO*, der streifend an der Oberfläche des Prismas hingleitet, bis er sie in *O* trifft. Um den ihm entsprechenden gebrochenen Strahl zu finden, ziehen wir *Ss* parallel zu *ON*; verlängern *sO* bis zu dem Schnitt *t* mit dem Kreise *n*, ziehen *tT* parallel zu *ON'*; dann ist *OT* der gebrochene Strahl, welcher dem streifend einfallenden entspricht. Fällt umgekehrt ein Strahl in der Richtung *TO* auf das Prisma, so tritt er längs *OS* streifend aus; die jenseits *TO* liegenden Strahlen gehen nicht mehr durch das Prisma hindurch.

Ziehen wir den Durchmesser *aOb* senkrecht zu der Halbierungslinie *OP* des Prismenwinkels und die Linien *aA* und *bB* parallel zu den Normalen *ON* und *ON'*, so gehört *OB* als austretender Strahl zu *OA* als einfallendem; es sind ferner *OA* und *OB* symmetrisch zu *OP*; der Einfallswinkel *AON* ist gleich dem Austrittswinkel *BON'*; ebenso der Brechungswinkel *aON* gleich dem Einfallswinkel *bON'*. Der den Strahlenwinkel *AOB* messende Bogen *APB* ist für diese Incidenz größer als für jede andere, die Ablenkung, die der Strahl durch das Prisma erleidet, kleiner als für jede andere Incidenz. Man bezeichnet daher den bei gleichwinkeligem Ein- und Austritt auftretenden Ablenkungswinkel, das Supplement des Winkels *AOB*, als den Winkel der kleinsten Ablenkung.[1]

§ 228. Bestimmung des Brechungsverhältnisses. Um das Brechungsverhältnis eines Körpers gegen Luft zu bestimmen, schneiden wir aus ihm ein Prisma und befestigen dieses so auf einem horizontalen drehbaren Tischchen, daß die Kante vertikal steht. Wir lassen parallele Lichtstrahlen in horizontaler Richtung durch das Prisma fallen und drehen dieses, bis das Minimum der Ablenkung erreicht ist. Bezeichnen wir unter diesen Umständen den Winkel der direkten und gebrochenen Strahlen, den Winkel der kleinsten Ablenkung, durch δ, den brechenden Winkel des Prismas, den Winkel, den seine beiden Flächen miteinander bilden, durch φ (Fig. 255), so ist das Brechungsverhältnis:

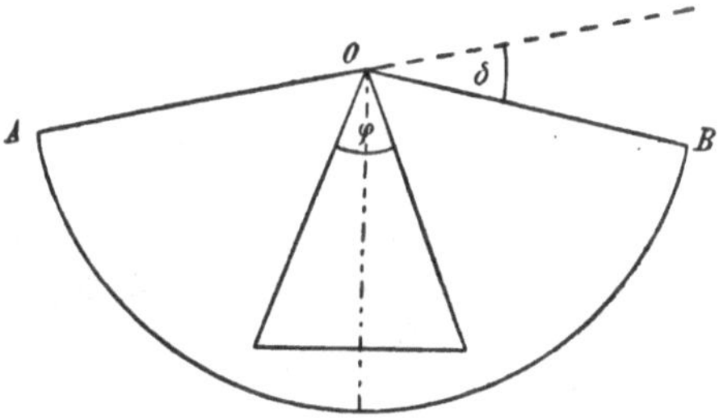

Fig. 255.

$$n = \frac{\sin\frac{\delta+\varphi}{2}}{\sin\frac{\varphi}{2}}.$$

[1] E. Reusch, Die Lehre von der Brechung und Farbenzerstreuung des Lichtes an ebenen Flächen und in Prismen, in mehr synthetischer Form dargestellt. Pogg. Ann. 1862. Bd. 116. p. 241.

§ 229. Absolutes Brechungsverhältnis und atmosphärische Strahlenbrechung. Die im vorhergehenden angedeutete Methode liefert die Brechungsverhältnisse für den Übergang des Lichtes von Luft zu irgend einem anderen Körper. Für die Zwecke der praktischen Optik ist ihre Kenntnis genügend; wenn man aber darauf ausgeht, den Zusammenhang der Lichtbrechung mit anderen Eigenschaften der Körper zu untersuchen, so erscheint der spezifische Einfluß, den die Luft auf den Wert jener Verhältnisse ausübt, als ein störendes Element. Von diesem Standpunkt aus erscheint es richtiger, die Brechungsverhältnisse der Körper gegen den leeren Raum zu bestimmen; diese bezeichnet man als absolute Brechungsverhältnisse oder Brechungsverhältnisse schlechtweg.

Die absoluten Brechungsverhältnisse der Körper erhält man nach § 218, wenn man die gegen Luft mit dem absoluten Brechungsverhältnis der Luft multipliziert.

Das absolute Brechungsverhältnis der Luft ergiebt sich aus der atmosphärischen Strahlenbrechung, vermöge deren die von einem Sterne kommenden Lichtstrahlen nach der Vertikalen abgelenkt werden. Aus astronomischen Beobachtungen über die scheinbaren, durch die Brechung veränderten Zenithdistanzen der Fixsterne ergiebt sich für das absolute Brechungsverhältnis der Luft bei Normal-Druck und -Temperatur der Wert 1,00 029.

Die Bestimmung der atmosphärischen Strahlenbrechung, des Weges, den ein Lichtstrahl in der Atmosphäre der Erde zurücklegt, wenn er entweder von außen her in sie eindringt, oder, von einem irdischen Objekte ausgehend, Luftschichten von verschiedener Dichte durchdringt, bildet einen speziellen Fall eines Problems von nicht geringem Interesse. Denken wir uns einen Körper, der aus parallelen Schichten von verschiedenem Brechungsverhältnis besteht. Wenn ein Lichtstrahl sich in ihm bewegt, so wird er an jeder Grenzfläche zweier Schichten eine Brechung erleiden; sein Weg besteht aus einer Reihe von geradlinigen Strecken, die sich zu einem polygonalen Zuge aneinander reihen. Wenn die Schichten mit ihren verschiedenen optischen Eigenschaften kontinuierlich ineinander übergehen, wenn das Brechungsverhältnis im Innern des Körpers von Ort zu Ort in irgend einer Weise stetig sich ändert, so tritt an Stelle des gebrochenen Zuges ein stetig gekrümmter Lichtstrahl. Das Studium dieser gekrümmten Strahlen hat insbesondere für die Physik der Sonne zu wichtigen Ergebnissen geführt; es gelang, das Vorhandensein eines scheinbar scharfen Sonnenrandes durch die Strahlenbrechung in einer Atmosphäre von abnehmender Dichte zu erklären; die Annahme einer bestimmten Grenze zwischen einem Sonnenkörper und einer Sonnenatmosphäre wird dadurch überflüssig gemacht.[1]

[1] Dr. A. Schmidt, Die Strahlenbrechung auf der Sonne, ein geometrischer Beitrag zur Sonnenphysik. Stuttgart 1891. — Erklärung der Sonnenprotuberanzen als Wirkungen der Refraktion in einer hochverdünnten Atmosphäre der Sonne. Stuttgart 1895.

§ 230. Brechungsvermögen und Molekularrefraktion. Untersuchungen, die mit der sogenannten elektromagnetischen Theorie des Lichtes zusammenhängen, und von denen wir später berichten werden, machen es wahrscheinlich, daß das Brechungsverhältnis n in einer gewissen Beziehung zu der Körperdichte d steht. Es ergiebt sich, daß der Ausdruck

$$R = \frac{1}{d} \cdot \frac{n^2 - 1}{n^2 + 2}$$

eine von Temperatur und Druck, sogar von dem Aggregatzustand unabhängige Konstante sein muß; eine Folgerung der Theorie, die durch die Erfahrung in bemerkenswerter Weise bestätigt worden ist. Man bezeichnet die Konstante R als das spezifische Brechungsvermögen.

Die Formel für R kann man auch so schreiben:

$$R = \frac{n - 1}{d} \cdot \frac{n + 1}{n^2 + 2}.$$

Die in Betracht kommenden Werte von n schwanken, so lange Änderungen des Aggregatzustandes ausgeschlossen werden, innerhalb enger Grenzen. In noch höherem Grade ist dies der Fall bei dem Bruche $\frac{n+1}{n^2+2}$. Es erweist sich daher auch $\frac{n-1}{d}$ in den meisten Fällen als konstant, und in der That ist es dieser Ausdruck, der zuerst auf Grund der empirischen Daten als spezifisches Brechungsvermögen eingeführt wurde.

Der Satz von der Konstanz des spezifischen Brechungsvermögens kann benützt werden zu einer Berechnung des absoluten Brechungsverhältnisses der Luft, indem man durch Beobachtung die Brechungsverhältnisse beim Übergange des Lichtes zwischen Luftschichten von verschiedener Dichte bestimmt.

Das Produkt aus dem spezifischen Brechungsvermögen und dem Molekulargewicht eines Stoffes nennt man seine Molekularrefraktion. Es knüpft sich an die Einführung dieses Begriffes die Aufgabe, den Zusammenhang zu ermitteln, der zwischen der Molekularrefraktion einer chemischen Verbindung und den Molekular- oder Atomrefraktionen ihrer Bestandteile vorhanden ist.

§ 231. Totalreflexion. Wir kehren nun zurück zu der in § 224 gegebenen Konstruktion des gebrochenen Strahles. Es handle sich um den Übergang des Lichtes von einem optisch dünneren zu einem dichteren Mittel. Wir konstruieren (Fig. 256) um den Einfallspunkt E als Mittelpunkt einen Kreis mit dem Halbmesser EN und einen zweiten mit dem Halbmesser $En = n \times EN$, wo n das Brechungsverhältnis für den betrachteten Übergang ist. Wir bezeichnen, wie in § 227, den ersten Kreis mit 1, den zweiten mit n. Ein Strahl, der längs der Normale NE einfällt, erleidet keine Brechung, dagegen eine allmählich zunehmende, wenn der Einfallswinkel wächst. Der letzte in Betracht kommende Strahl ist der, welcher längs der Grenzfläche hingleitend streifend in dem Punkt E einfällt; ziehen wir Ss parallel zu dem Einfallslote, so giebt sE die Richtung des gebrochenen Strahles. Nehmen wir den von der anderen Seite her streifend einfallenden Strahl, so ist der ihm zugehörende gebrochene durch die Linie tE gegeben. Die Strahlen sE und tE sind darnach die äußersten der gebrochenen Strahlen; den Winkel, den sie mit dem Einfallslote bilden, nennt man den Grenzbrechungswinkel. Der Strahlenfächer, der in dem dünneren Mittel, in einem Winkelraum von 180° von allen Seiten her gegen den Punkt E einfällt, zieht sich somit beim Eindringen in das dichtere Mittel auf einen Fächer zusammen, dessen Winkel gleich dem doppelten des Grenzbrechungswinkels ist. Für Luft und Glas ist das Brechungsverhältnis gleich $^3/_2$, der Grenzbrechungswinkel ergiebt sich daher aus der Gleichung:

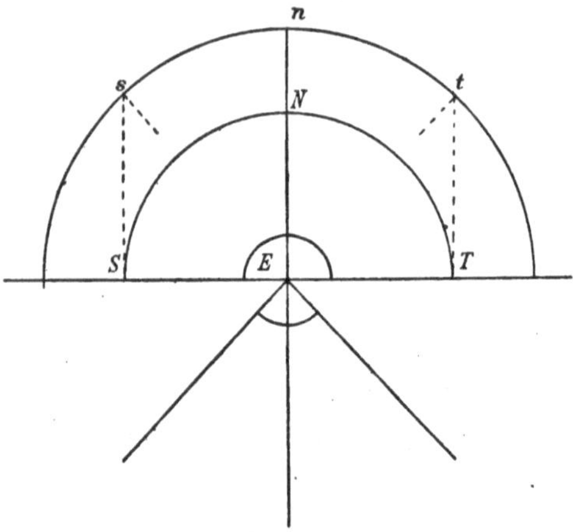

Fig. 256.

$$\frac{1}{\sin\beta} = \frac{3}{2} \text{ zu } \beta = 42^{0}.$$

Der Winkel des in das Glas eindringenden Strahlenfächers beträgt 84°.

Die Wege der Strahlen sind umkehrbar; wenn wir also jenen Strahlenfächer, mit seiner Öffnung von 84°, als einen betrachten, der in Glas in dem Punkte E der Grenzfläche einfällt, so breitet er sich in Luft zu einem Fächer aus, dessen Strahlen den ganzen vor E liegenden Winkelraum von 180° erfüllen. Lassen wir nun in Glas einen Strahl gegen E sich bewegen, dessen Einfallswinkel größer ist, als der zuvor berechnete Grenzbrechungswinkel, so wird dieser nicht mehr in die Luft austreten können. Während im allgemeinen ein Strahl, der die Grenzfläche zweier Mittel trifft, in zwei sich teilt, den reflektierten und den gebrochenen, fällt für Strahlen, deren Einfallswinkel größer ist, als der Grenzbrechungswinkel, der gebrochene Strahl weg, sie werden, wie man sagt, total reflektiert. Der Grenzbrechungswinkel bestimmt also die Grenze zwischen den Strahlen, die, in dem optisch dichteren Mittel die Grenzfläche treffend, die gewöhnliche mit Brechung verbundene und denen, welche die totale Reflexion erleiden; man bezeichnet daher den Grenzbrechungswinkel auch als den Winkel der Totalreflexion.

Wir haben in § 215 die Vorstellung gestreift, daß ein Lichtstrahl eine bestimmte Menge von Energie mit sich führe; diese kann durch eine Teilung des Strahles nicht vermehrt werden, und daraus folgt, daß die bei der Reflexion und Brechung auftretenden Teilstrahlen eine kleinere Menge von Energie enthalten, als der ursprüngliche; sie besitzen dementsprechend auch geringere Lichtstärken. Bei den total reflektierten Strahlen aber findet ein Energieverlust nicht statt, sie haben dieselbe Intensität, wie die einfallenden. Eine total reflektierende Fläche hat daher die Eigenschaften eines vollkommenen Spiegels. Als solcher wird in vielen Fällen die Hypotenusenfläche eines rechtwinkligen Glasprismas benützt. Läßt man einen Lichtstrahl LE (Fig. 257) senkrecht auf die eine Kathete auffallen, so trifft er die Hypotenusenfläche in E unter einem Einfallswinkel von 45°, der größer ist, als der Winkel der Totalreflexion; der Strahl wird somit an der Hypotenuse total reflektiert und tritt durch die andere Kathetenfläche senkrecht wieder aus. Von dem Helligkeitsunterschied, der total und der partiell reflektierten Strahlen kann man sich leicht überzeugen, wenn man zwei rechtwinklige Prismen in der in Figur 257 angegebenen Weise zusammenstellt. Man kann dann von einem und demselben Gegenstand in der einen Hypotenusenfläche ein durch gewöhnliche, in der anderen ein durch Totalreflexion erzeugtes Spiegelbild beobachten; das letztere ist das ungleich hellere.

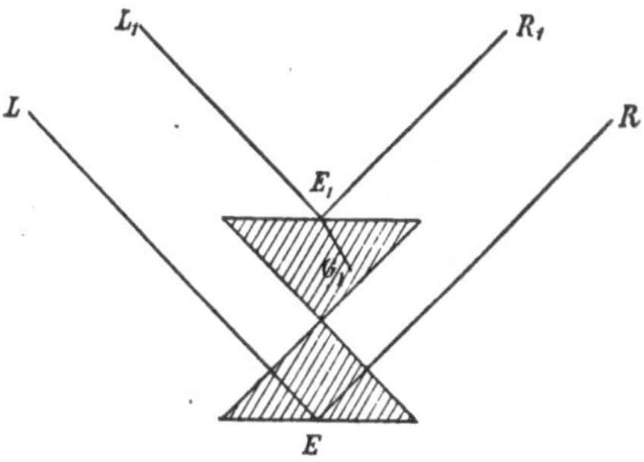

Fig. 257.
Totale und gewöhnliche Reflexion.

Da der Winkel der Totalreflexion mit dem Brechungsverhältnis durch die Gleichung:

$$\frac{1}{\sin\beta} = n$$

zusammenhängt, so kann seine Beobachtung zur Bestimmung des Brechungsverhältnisses dienen.

§ 232. Brechung an einer sphärischen Fläche. Bisher bezogen sich unsere Untersuchungen auf den Fall, daß die verschiedenen Medien in ebenen Flächen aneinander grenzen. Daß unsere Konstruktion des gebrochenen Strahles auch bei gekrümmten Flächen anwendbar bleibt, ergiebt sich, wie bei den sphärischen Spiegeln, daraus, daß die Oberfläche in der Nähe des Einfallspunktes als eine kleine ebene Fläche betrachtet werden kann. Wir beschränken uns im folgenden auf den Fall der kugelförmigen Begrenzung, sowie auf die Betrachtung von Strahlen mit kleinem Einfallswinkel. Der Charakter der Untersuchungen ist ein ausgesprochen geometrischer; wir gehen daher im Einzelnen ebenso wenig auf die Beweisführung ein, wie bei den Hohlspiegeln, sondern begnügen uns mit einem mehr historischen Bericht über das physikalisch Wichtige.

Es sei r (Fig. 258) Krümmungsmittelpunkt der sphärischen Grenzfläche zweier verschiedener Medien; ihr Rand sei gegeben durch einen Kugelkreis, dessen sphärischen Mittelpunkt O wir als Scheitelpunkt bezeichnen. Die Linie $r\,O$ ist die Axe des von den beiden Mitteln gebildeten brechenden Systems. Ein Lichtstrahl, der nach dem Krümmungsmittelpunkt r gerichtet ist, geht ungeändert durch die Grenzfläche hindurch. Bezeichnen wir den Raum vor der Fläche als den Raum I, so gehen axenparallele Strahlen in I nach der Brechung in dem hinter der Fläche liegenden Raum II durch einen und denselben Punkt φ_2 der Axe. Ebenso gehen axenparallele Strahlen im Raume II nach der Brechung in dem Raume I durch einen und denselben Punkt φ_1. Die Punkte φ_1 und φ_2 heißen die Brennpunkte der Kombination, die Abstände $O\varphi_1 = \varphi_1$ und $O\varphi_2 = \varphi_2$ die Brennweiten. Bezeichnen wir das Brechungsverhältnis von I gegen II durch n, so ist:

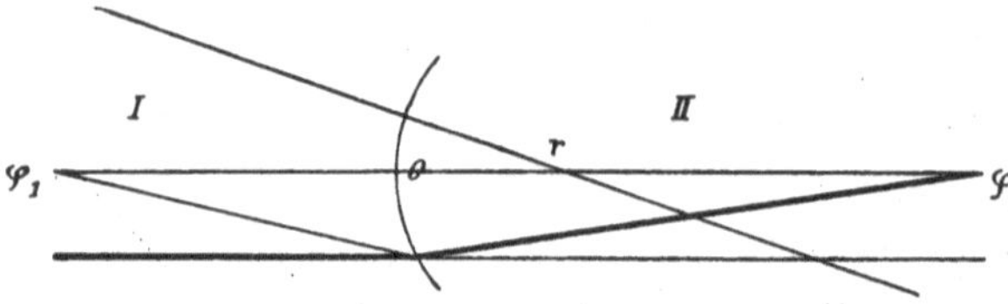

Fig. 258. Brechung an sphärischer Grenzfläche.

$$\varphi_1 = \frac{r}{n-1}, \quad \varphi_2 = \frac{n\,r}{n-1}.$$

Diese Sätze gelten unter der Voraussetzung, daß die Öffnung der Grenzfläche, die wir ebenso bestimmen, wie in § 222, klein ist, daß immer nur kleine Einfallswinkel in Frage kommen. In der Figur ist überdies angenommen, daß der Raum I von dem optisch dünneren Mittel erfüllt sei. Der umgekehrte Fall führt zu analogen Sätzen, nur verlieren die Brennpunkte die Eigenschaft wirkliche Durchkreuzungspunkte von Lichtstrahlen zu sein und werden zu virtuellen Punkten.

§ 233. Theorie der Linsen. Linse nennen wir einen aus einem durchsichtigen Mittel hergestellten Körper, der von zwei Kugelflächen begrenzt ist. Die Linie, welche die Mittelpunkte r_1 und r_2 der beiden Kugeln verbindet, bezeichnen wir als die Axe der Linse, die Punkte, in denen die Axe die Kugelflächen schneidet, als die Scheitelpunkte der Linsenflächen; in der Regel werden diese letzteren durch Kreise begrenzt, deren sphärische Mittelpunkte in den Scheitelpunkten liegen; zu der vollständigen Begrenzung des Linsenkörpers gehört dann noch eine die beiden Kreise verbindende Cylinderfläche. Von der so entstehenden Linsenform giebt Figur 259 eine Vorstellung. Die Theorie der Linsen führt nun zu einfachen und übersichtlichen Resultaten nur dann, wenn

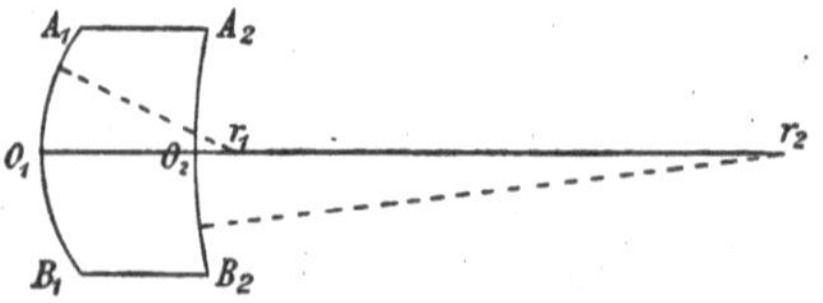

Fig. 259.

die Einfallswinkel der in Betracht kommenden Lichtstrahlen sehr klein sind. Es folgt daraus, ebenso wie bei dem Hohlspiegel, die Bedingung, daß die Öffnungswinkel der begrenzenden Kugelflächen, $A_1 r_1 B_1$ und $A_2 r_2 B_2$ klein sein sollen. Wir fügen dieser Bedingung noch die weitere hinzu, daß die Dicke der Linse, der Abstand ihrer Scheitelpunkte, sehr klein sein soll gegen die Krümmungshalbmesser der Linsenflächen. Die im folgenden zu entwickelnden Gesetze stellen dann die Lichtbrechung der Linsen um so genauer dar, je dünner diese sind, und wir drücken dies in kurzem so aus, daß wir sagen, sie gelten für unendlich dünne Linsen. Unter den gemachten Voraussetzungen sind nun sechs Linsenformen denkbar, deren Axenschnitte durch die Figur 260 dargestellt sind. Die Formen *a, b, c* besitzen einen scharfen Rand, sie sind in der Mitte dicker als am Rande, die Formen *d, e, f* sind in der Mitte dünner, wie am Rand. Man überzeugt sich nun leicht, daß dies einen fundamentalen Unterschied in der Wirkungsweise der Linsen bedingt. Lassen wir auf eine Linse von der ersteren Gattung ein Bündel von Strahlen fallen, die der Axe parallel sind, so verhalten sich die von den einzelnen Strahlen getroffenen Stellen der Linse wie Prismen, deren brechende Kanten nach außen gewandt sind. Die Strahlen werden durch die Brechung gesammelt, ihre vorher parallelen Richtungen werden in konvergierende verwandelt. Man nennt daher Linsen, die in der Mitte dicker sind als am Rande, Sammellinsen und unterscheidet bikonvexe, plankonvexe und konkavkonvexe Sammellinsen entsprechend den Figuren *a, b, c.* Lassen wir umgekehrt auf eine Linse der zweiten Gattung, bei der die Mitte dünner ist als der Rand, ein Bündel von Strahlen parallel zu der Axe fallen, so verhalten sich die getroffenen Stellen der Linse, wie Prismen mit nach innen gewandter Kante. Die Strahlen werden nach außen gebrochen und zerstreut. Linsen der zweiten Gattung nennt man daher Zerstreuungslinsen und unterscheidet bikonkave, plankonkave, konvexkonkave Zerstreuungslinsen entsprechend den Figuren *d, e, f.*

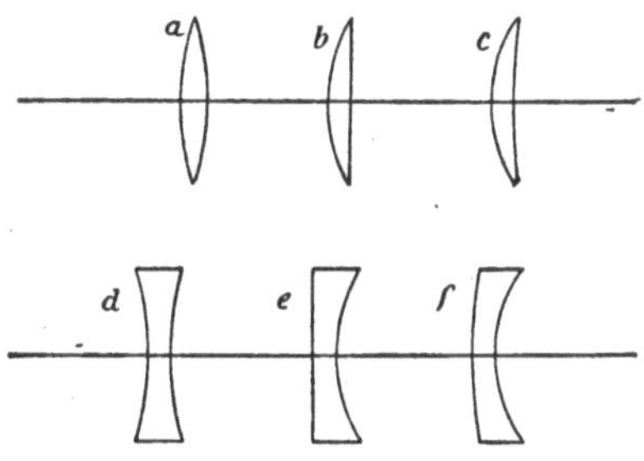

Fig. 260. Linsenformen.

Wir behandeln im folgenden etwas ausführlicher die Theorie der Sammellinse. Für die Figuren gilt die Bemerkung, die wir bei den Hohlspiegeln gemacht haben; die zu der Axe senkrechten Dimensionen sind in einem sehr vergrößerten Maßstabe gezeichnet. Die Linse selbst repräsentieren wir, der Voraussetzung einer sehr geringen Dicke entsprechend, in der Regel durch einen einfachen zu der Axe senkrechten Strich, der dann ein Symbol zugleich für die vordere und hintere Linsenfläche ist. Der Punkt, in dem dieser Strich die Axe schneidet, entspricht ebenso den beiden Scheitelpunkten. Wir führen ihn in vorläufiger

Weise als das Centrum der Linse ein, bemerken aber zugleich, daß sich bald Gelegenheit zu einer schärferen Bestimmung dieses Punktes ergeben wird. Auf der Axe selbst müssen natürlich die Krümmungsmittelpunkte r_1 und r_2 der vorderen und hinteren Linsenfläche angegeben sein. Der Körper der Linsen selbst wird in der Regel aus Glas bestehen, und dann ist das Brechungsverhältnis nahe gleich $^3/_2$. Damit sind dann alle Voraussetzungen gegeben, um mit den in § 224 und § 232 entwickelten Hilfsmitteln die Wege der Lichtstrahlen durch die Linse hindurch zu verfolgen und so die Theorie der Linse zu entwickeln. Wir beschränken uns darauf, die Resultate der Untersuchung mitzuteilen.

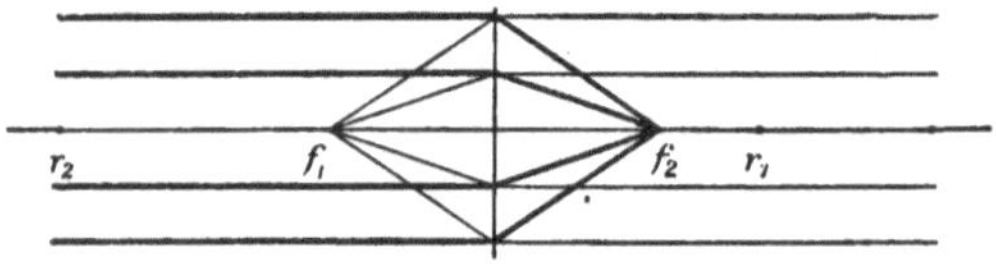

Fig. 261.

Axenparallele Strahlen und Brennpunkte. Ein Bündel von axenparallelen Strahlen wird von der Linse so gebrochen, daß die Strahlen hinter der Linse durch einen Punkt der Axe, den Brennpunkt, hindurchgehen (Fig. 261).

Axenparallele Strahlen verwandeln sich beim Durchgang durch die Linse in Brennstrahlen.

Die Entfernung des Brennpunktes von dem Centrum nennen wir die Brennweite; da wir Parallelstrahlen von beiden Seiten auf die Linse fallen lassen können, so erhalten wir zwei Brennpunkte; die entsprechenden Brennweiten sind aber gleich, sobald die vordere und hintere Linsenfläche an dasselbe Mittel, z. B. beide an Luft grenzen. Bei einer bikonvexen Linse bestimmt sich dann die Brennweite aus dem Brechungsverhältnis n gegen Luft und aus den Krümmungshalbmessern r_1 und r_2 der vorderen und hinteren Linsenfläche nach der Formel:

$$\frac{1}{f} = (n - 1)\left(\frac{1}{r_1} + \frac{1}{r_2}\right).$$

Bei einer konvexkonkaven Linse tritt an Stelle der Summe der reziproken Krümmungshalbmesser ihre Differenz.

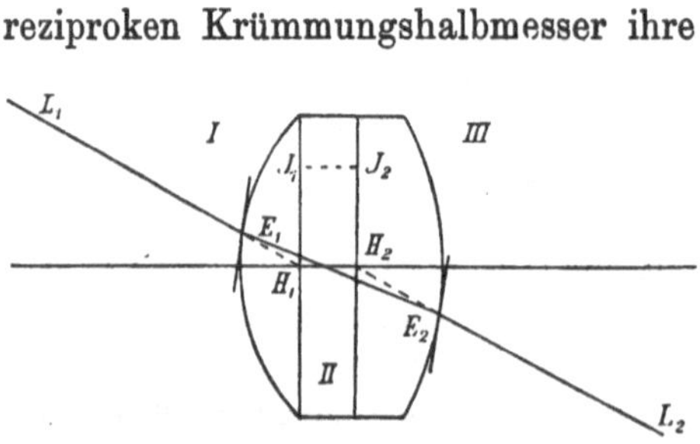

Fig. 262. Hauptpunkte.

Centralstrahlen. Für das folgende müssen wir den Rahmen unserer Betrachtung etwas erweitern, indem wir zunächst von dem allgemeinen Falle einer sogenannten Stablinse von größerer Dicke ausgehen; legen wir (Fig. 262) an die beiden Grenzflächen in E_1 und E_2 zwei parallele Tangentialebenen, so verhält sich die Linse für einen Strahl, der in ihrem Inneren die Richtung $E_1 E_2$ besitzt, wie eine planparallele Platte; die Richtungen $L_1 E_1$

und $E_2 L_2$ der zu $E_1 E_2$ gehörenden einfallenden und austretenden Strahlen sind somit parallel; verlängern wir die Strahlen $L_1 E_1$ und $L_2 E_2$ bis zu ihrem Schnitt mit der Axe, so erhalten wir auf dieser zwei Punkte H_1 und H_2, die Hauptpunkte, mit sehr bemerkenswerten Eigenschaften. Bezeichnen wir den Raum vor der Linse als den Raum *I*, den von der Linse selbst erfüllten als *II*, den Raum hinter der Linse als *III*; es ergeben sich dann die folgenden Sätze, die in derselben Weise für eine beliebige Kombination von brechenden Flächen gelten, so lange nur ihre Krümmungsmittelpunkte auf derselben Axe liegen, und das erste Mittel mit dem letzten identisch ist.

Zu jedem Strahl, der in dem Raume *I* nach dem Punkte H_1 zielt, gehört in dem Raume *III* ein paralleler, der durch den Punkt H_2 geht.

Legen wir durch die Punkte H_1 und H_2 Ebenen senkrecht zu der Axe, die sogenannten **Hauptebenen**, und nehmen wir in diesen die Punkte J_1 und J_2 auf einer Parallelen zur Axe, so entspricht einem Strahl, der im Raume *I* nach J_1 zielt, ein Strahl in *III*, der rückwärts verlängert durch J_2 geht; die Punkte J_1 und J_2 sind **konjugiert.**

Bei der unendlich dünnen Linse, deren Theorie den eigentlichen Gegenstand unserer Betrachtung bildet, fallen die Punkte H_1 und H_2 und die durch sie gelegten Ebenen zusammen. In schärferer Weise als früher können wir nun das Centrum einer unendlich dünnen Linse als den Vereinigungspunkt von H_1 und H_2 definieren; wir erhalten dann zugleich den Satz:

Bei einer unendlich dünnen Linse gehen Centralstrahlen, d. h. solche, die nach ihrem Centrum gerichtet sind, ungebrochen durch.

Bei der Untersuchung der Parallelstrahlen und Brennpunkte haben wir die Linse durch einen einfachen zu der Axe senkrechten Strich repräsentiert; nach dem vorhergehenden ist es richtiger, wenn wir uns diesen Strich durch das Zusammenfallen der beiden Hauptebenen $H_1 J_1$ und $H_2 J_2$ entstanden denken.

Brennebenen. Die Ebenen, die wir durch die Brennpunkte F_1 und F_2 einer Linse senkrecht zu ihrer Axe legen, nennen wir Brennebenen. Nehmen wir in der ersten Brennebene (Fig. 263) den Punkt G_1, so geht der Centralstrahl $G_1 C$ ungeändert durch die Linse hindurch, der Parallelstrahl $G_1 M$ verwandelt sich in den Brennstrahl MF_2; die Linien $G_1 C$ und MF_2 sind aber parallel, und daraus folgt, daß der von G_1 ausgehende Strahlenkegel

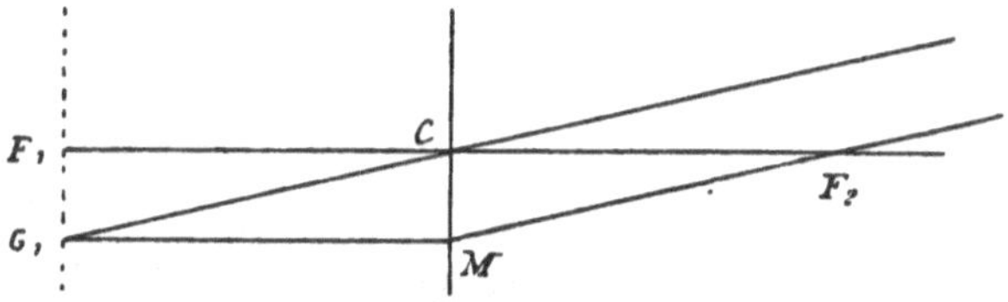

Fig. 263.

beim Durchgang durch die Linse in ein Bündel von Parallelstrahlen sich verwandelt, deren Richtung durch den Centralstrahl $G_1 C$ gegeben wird.

Bildkonstruktionen. Vor der Linse, außerhalb ihrer Brennweite, sei ein Objekt in Gestalt eines zur Axe senkrechten Pfeiles $P_1 Q_1$ aufgestellt (Fig. 264). Von der Spitze Q_1 ziehen wir den Parallelstrahl $Q_1 M$, der sich in den Brennstrahl $M F_2$ verwandelt; der Centralstrahl $Q_1 C$ geht ungeändert durch; beide schneiden sich in Q_2; ziehen wir $Q_2 P_2$ senkrecht zur Axe, so ist dieses das reelle umgekehrte Bild von $Q_1 P_1$. Bezeichnen wir die Abstände $P_1 C$ und $P_2 C$ des Gegenstandes und des Bildes von der Linse durch p_1 und p_2, so gilt die Beziehung:

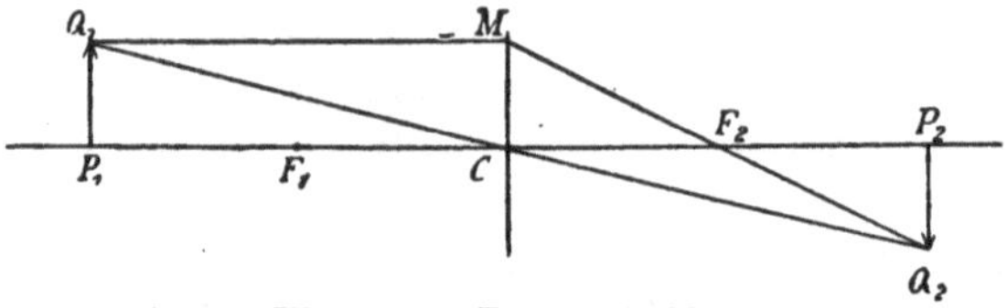

Fig. 264. Reelles Bild.

$$\frac{1}{p_1} + \frac{1}{p_2} = \frac{1}{f}.$$

Die Summe der reziproken Abstände des Bildes und des Objektes von der Linse ist gleich der reziproken Brennweite.

Ferner ergiebt sich der Satz:

Die Bildgröße verhält sich zur Objektgröße, wie der Bildabstand zum Objektabstand.

$$\frac{P_2 Q_2}{P_1 Q_1} = \frac{p_2}{p_1}.$$

Wir bezeichnen dieses Verhältnis als die Vergrößerung m der Linse und erhalten dafür die weiteren Ausdrücke:

$$m = \frac{f}{p_1 - f} = \frac{p_2 - f}{f}.$$

Liegt das Objekt unendlich fern auf der Axe, so fällt das Bild in den hinteren Brennpunkt; nähert sich das Objekt dem vorderen Brennpunkt, so entfernt sich das Bild von dem hinteren; fällt das Objekt in den vorderen Brennpunkt, so verschwindet das Bild im Unendlichen.

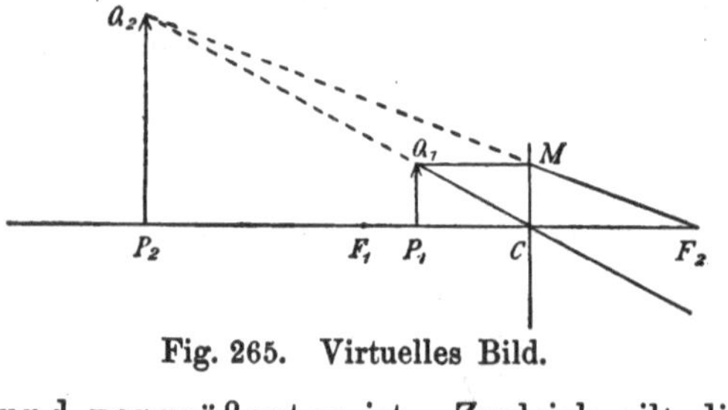

Fig. 265. Virtuelles Bild.

Wenn das Objekt innerhalb der Brennweite liegt, so giebt die Konstruktion der Figur 265 das zugehörige Bild; man sieht, daß dieses ein virtuelles, aufrechtes und vergrößertes ist. Zugleich gilt die Beziehung:

$$\frac{1}{p_1} - \frac{1}{p_2} = \frac{1}{f}.$$

Fassen wir die Resultate zusammen, so erhalten wir den Satz:

Eine Sammellinse entwirft von einem außerhalb der Brennweite gelegenen Objekte ein reelles, umgekehrtes Bild auf ihrer anderen Seite, vergrößert oder verkleinert je nach dem Verhältnis des Bildabstandes von der Linse zum Objektabstand. Das Bild eines innerhalb der Brennweite gelegenen Objektes ist ein virtuelles, aufrechtes und vergrößertes auf derselben Seite wie das Objekt.

Sphärische Abweichung. Die Bedürfnisse der praktischen Optik nötigen in gewissen Fällen zu der Verwendung von Linsen mit größerer Öffnung und einer im Vergleich mit den Krümmungshalbmessern größeren Dicke. So folgt aus den für die Vergrößerung gegebenen Formeln, daß starke Vergrößerung mit kleiner Brennweite verbunden ist; diese aber erfordert Linsen mit kleinen Krümmungshalbmessern und solche erhalten aus praktischen Gründen große Öffnung und Dicke. Mit Bezug hierauf ist es wichtig, sich über die Abweichungen zu orientieren, die unter diesen Verhältnissen den vorhergehenden Gesetzen gegenüber sich geltend machen. Die wichtigste Veränderung ist die, daß einem leuchtenden Punkte P_1 der Axe nicht mehr ein einziger Bildpunkt P_2 entspricht, sondern eine Linie, die dadurch entsteht, daß die am Rande der Linse durchgehenden Strahlen sich in einem näherliegenden Punkte vereinigen, als die in der Nähe des Centrums durchgehenden (Fig. 266). Man kann sich hiervon leicht überzeugen, wenn man das reelle Bild betrachtet, das eine solche Linse von einem Gegenstande, etwa einer Flamme, auf einem hinter der Linse befindlichen Schirme entwirft; dasselbe ist zunächst undeutlich; wenn man aber durch eine Blende mit kreisförmiger Öffnung die Randstrahlen abhält, so gelingt es leicht, durch Verschiebung des Schirmes ein scharfes Bild zu erhalten. Wenn man jetzt umgekehrt durch eine volle Kreisscheibe die in der Umgebung des Centrums einfallenden Strahlen abhält, so muß man den Schirm gegen die Linse zu verschieben, um abermals ein deutliches Bild zu erhalten. Entfernt man nun die Blende, so erzeugen die von der Mitte der Linse kommenden Strahlen um jeden Punkt des Bildes einen Kreis zerstreuten Lichtes, der das verwaschene Aussehen des Bildes bedingt. Der Durchmesser dieses Kreises, die größere oder geringere Undeutlichkeit des Bildes hängt von der Lage des Punktes P_1 und von den geometrischen Eigenschaften der Linse ab. Um ein bestimmtes Maß für diese Verhältnisse zu gewinnen, betrachten wir Parallelstrahlen; ihnen entspricht nun nicht mehr ein einzelner Brennpunkt, sondern eine Brennlinie, deren Länge wir als die sphärische Abweichung bezeichnen. Für Linsen von

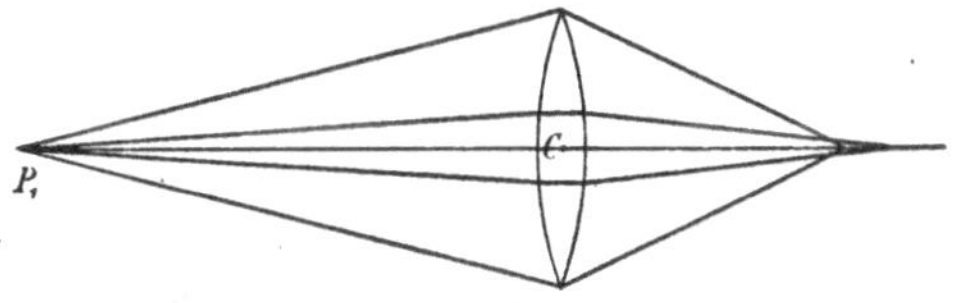

Fig. 266.

gleicher Brennweite kann die sphärische Abweichung sehr verschiedene Werte haben, und man kann sich daher die Aufgabe stellen, eine Linse von kleinster Abweichung bei vorgeschriebener Brennweite zu konstruieren. Wir gehen hierauf nicht näher ein, sondern beschränken uns darauf, das Gesagte an dem Beispiel einer plankonvexen Linse zu erläutern. Wir können bei ihr die Parallelstrahlen entweder auf die plane oder auf die konvexe Seite fallen lassen (Fig. 267a und 267b); die sphärische Abweichung ist in dem ersteren Falle viermal so groß, wie im letzteren. Will man also mit einer plankonvexen Linse von einem entfernten Gegenstand ein deutliches Bild entwerfen, so muß man die konvexe Seite dem Objekte zuwenden. Soll umgekehrt die plankonvexe Linse von einem außerhalb der Brennweite, aber nahe dem Brennpunkt liegenden Objekt ein stark vergrößertes reelles Bild geben, so muß ihre plane Seite nach dem Objekt gerichtet sein.

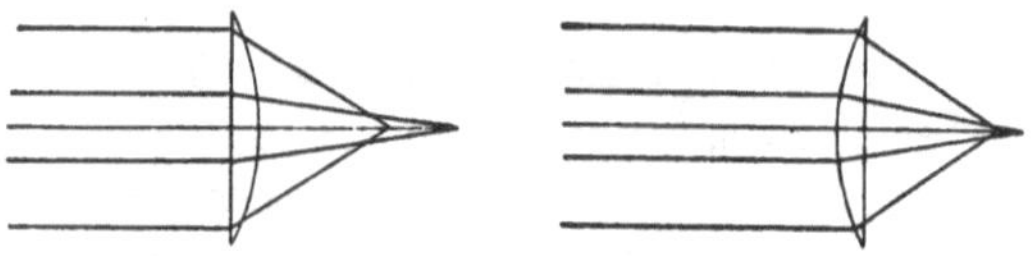

Fig. 267a. Fig. 267b.
Sphärische Abweichung.

Ein anderes Mittel, die störende Wirkung der sphärischen Abweichung zu verringern, besteht in der Ersetzung einer Linse von kleiner Brennweite durch zwei Linsen mit größeren Brennweiten f_1 und f_2; hintereinander geschaltet wirken diese wie eine Linse, deren Brennweite φ gegeben ist durch:

$$\frac{1}{\varphi} = \frac{1}{f_1} + \frac{1}{f_2}.$$

Zerstreuungslinsen. Um die Theorie der Zerstreuungslinsen zu entwickeln, benützen wir einen geometrischen Apparat, der mit dem bei den Sammellinsen eingeführten im wesentlichen übereinstimmt; die Definitionen der Axe, der axenparallelen Strahlen, des Centrums, der Brennweite sind dieselben wie dort.

Parallelstrahlen werden durch eine Zerstreuungslinse divergierend gebrochen; die Brennpunkte der Linse sind virtuell, d. h. nur die Rückverlängerungen der gebrochenen Parallelstrahlen gehen durch sie hindurch.

Centralstrahlen gehen ungeändert durch die Linse.

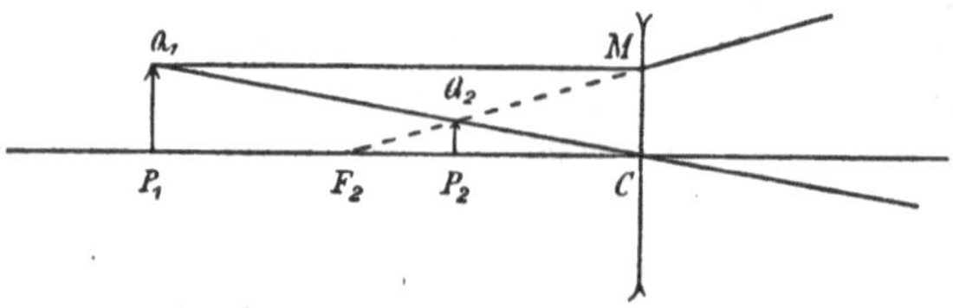

Fig. 268. Zerstreuungslinse.

Die Bildkonstruktion ergiebt sich aus Figur 268. Dem Objekte $P_1 Q_1$ entspricht unter allen Umständen ein virtuelles, aufrechtes und verkleinertes Bild $P_2 Q_2$. Die Beziehung zwischen Objektabstand p_1, Bildabstand p_2 und Brennweite f ist:

$$\frac{1}{p_2} - \frac{1}{p_1} = \frac{1}{f}.$$

§ 234. Doppelbrechung. Ehe wir die Lehre von der Brechung verlassen, scheint es zweckmäßig, die am Schlusse von § 223 gemachte Bemerkung über die beschränkte Gültigkeit des Brechungsgesetzes noch etwas weiter auszuführen. Das in § 223 aufgestellte Gesetz gilt danach nur für isotrope Körper, deren optische Eigenschaften nach allen Richtungen dieselben sind. Zu diesen gehören vor allen die Flüssigkeiten, ferner glasartige Körper und die Krystalle des regulären Systems. Wesentlich komplizierter gestalten sich die Erscheinungen bei den Krystallen der übrigen Systeme, wie überhaupt bei Körpern, deren optische Eigenschaften von der Richtung abhängig sind, in der sich die Lichtstrahlen in ihrem Inneren bewegen. Wir bezeichnen solche Körper als anisotrope. Zu ihnen gehört auch die Mehrzahl der organisierten Substanzen; ihr Verhalten ist aber noch weiter dadurch kompliziert, daß sie inhomogen sind, daß sie höchstens innerhalb mikroskopisch kleiner Bereiche konstante Eigenschaften besitzen, während diese im allgemeinen von Ort zu Ort sich ändern.

Um uns über die eigentümlichen Erscheinungen der Brechung in nichtregulären Krystallen in vorläufiger Weise zu orientieren, untersuchen wir im folgenden die optischen Eigenschaften des isländischen Kalkspats.

Der Kalkspat gehört der sogenannten rhomboëdrisch-hemiëdrischen Gruppe des hexagonalen Krystallsystems an; er spaltet in ausgezeichneter Weise nach den drei Flächen eines Rhomboëders, und man kann daher leicht Spaltstücke von beliebigen Verhältnissen erhalten. Sie stellen sich dar als Parallelepipeda; aber die sechs sie begrenzenden Parallelogramme sind dadurch ausgezeichnet, daß sie gleich große stumpfe und natürlich auch gleiche spitze Winkel besitzen. Lassen wir nun auf eine Kalkspatplatte von einem leuchtenden Punkt L aus einen Strahl oder ein Strahlenbündel senkrecht auffallen (Fig. 269 und 270), so bemerken wir, daß sie durch die Kalkspatplatte in zwei zerlegt, doppelt gebrochen werden. Stellen wir hinter die Platte einen Schirm, so erhalten wir auf diesem zwei beleuchtete Flecke G_o und G_a. Von diesen liegt G_o in der geraden Fortsetzung der einfallenden Strahlen, dagegen entspricht G_a seitlich abgelenkten Strahlen. Drehen wir die Platte um den einfallenden Strahl, so bleibt der Fleck G_o an seiner Stelle, während G_a einen Kreis um G_o beschreibt. Der dem ersteren entsprechende Strahl EG_o wird

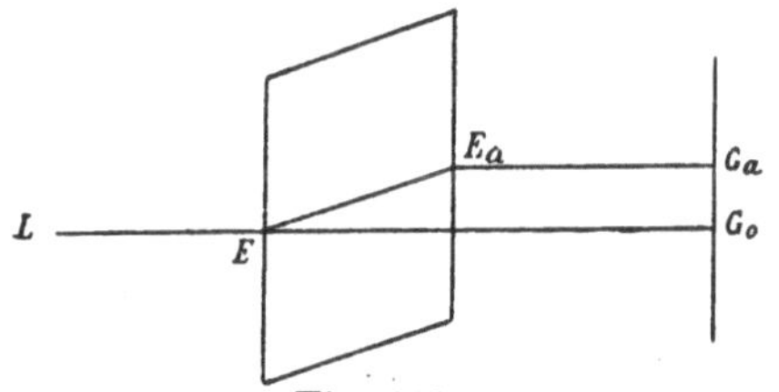

Fig. 269.

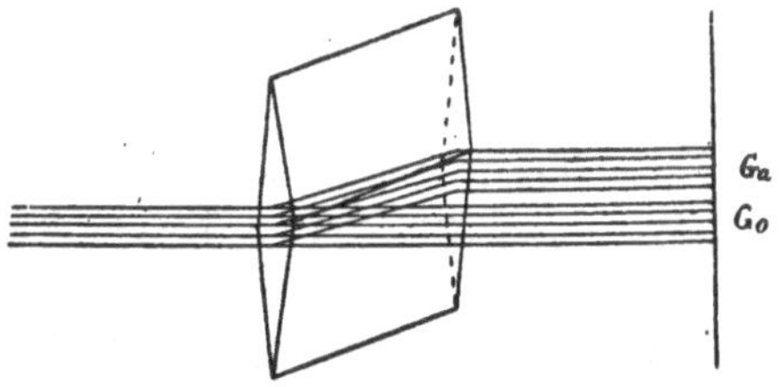

Fig. 270. Brechung im Kalkspat.

somit durch die Kalkspatplatte ebensowenig von seiner senkrechten Einfallsrichtung abgelenkt wie durch eine Glasplatte, er folgt dem gewöhnlichen Brechungsgesetz und wird daher als der ordentliche bezeichnet; den zweiten Strahl, der in der Kalkspatplatte die dem gewöhnlichen Brechungsgesetz durchaus widersprechende Richtung EE_a verfolgt, nennt man den außerordentlichen.

Um die gegenseitige Lage der beiden Strahlen etwas genauer angeben zu können, müssen wir auf die krystallographischen Eigenschaften des Kalkspats noch etwas genauer eingehen. Ein durch Spalten hergestelltes Rhomboëder ist, wie schon erwähnt wurde, begrenzt von sechs Parallelogrammen, die paarweise kongruent und gleichgerichtet sind. Ihre Winkel sind dieselben, und es stoßen in zwei gegenüberliegenden Ecken des Rhomboëders je drei gleich große stumpfe Winkel von 101° 53′ zusammen. Bei der Figur 271 ist angenommen, daß das Rhomboëder mit einer Fläche auf das Zeichenblatt gelegt sei und nun von oben betrachtet werde. O und O' sind die stumpfen Ecken. In den sechs übrigen Ecken, die wie im Kranze zwischen den beiden stumpfen liegen, trifft immer ein stumpfer mit zwei spitzen Winkeln zusammen, von denen jeder gleich dem Supplemente des stumpfen ist. Ziehen wir durch die stumpfe Ecke O eine Linie OA, die mit den drei in ihr zusammenstoßenden Kanten gleiche Winkel einschließt, so giebt sie die Richtung der krystallographischen Hauptaxe des Kalkspats. Eine durch die Axe OA senkrecht zu einer der Flächen des Rhomboëders gelegte Ebene nennen wir einen Hauptschnitt. In sehr einfacher Weise gestalten sich diese Konstruktionen, wenn wir, wie in Figur 271, die Kanten des Rhomboëders alle gleich lang machen, so daß seine Form wirklich die eines Rhomboëders im geometrischen Sinne wird. Die Verbindungslinie OO' der beiden stumpfen Ecken giebt dann die Richtung der Hauptaxe; die Diagonalebene $OBO'B'$ ist der auf der Fläche $OCB'D$ senkrecht stehende Hauptschnitt.

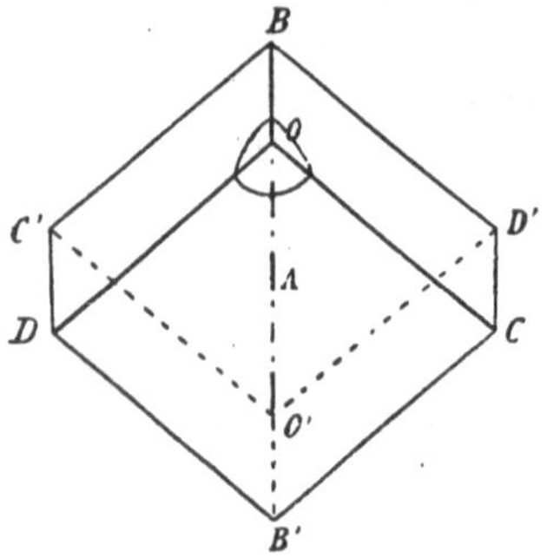

Fig. 271.
Kalkspatrhomboëder.

Es falle nun auf die obere Fläche des Rhomboëders ein Strahl LE (Fig. 272) in einem Punkt der Diagonale OB' senkrecht ein. Der ordentliche Strahl geht ungeändert durch, der außerordentliche bleibt im Hauptschnitt $OBO'B'$, wird aber im Sinne der Richtung von OB abgelenkt und tritt in E_a parallel mit dem einfallenden Strahl wieder aus dem Rhomboëder aus. Verschieben wir den Einfallspunkt nach irgend einem anderen Punkt der Grenzfläche E', so wird in den Richtungen der gebrochenen Strahlen nichts geändert. Die charakteristische Eigentümlichkeit der Krystalle besteht ja überhaupt darin, daß Eigenschaften, die sich auf Vorgänge von bestimmter Richtung beziehen, auch nur von der Richtung abhängen, also längs aller paralleler Geraden die gleichen sind. Ziehen wir durch E' (Fig. 273) eine Linie $E'A'$ parallel zu OO', so

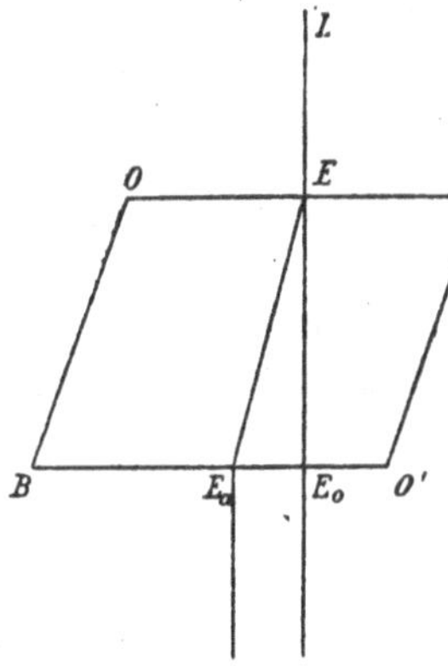

Fig. 272.

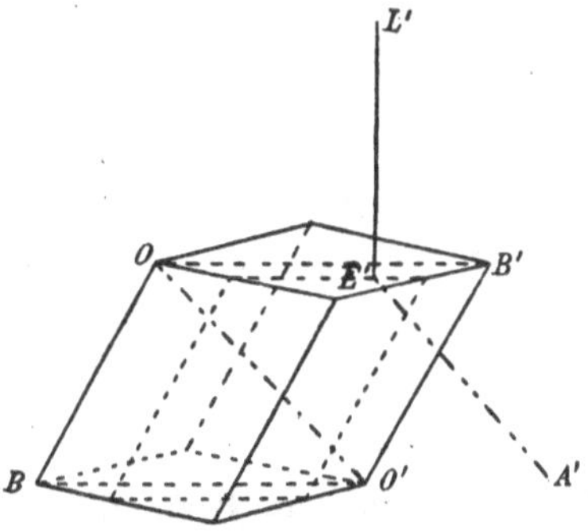

Fig. 273.

können wir sie mit demselben Recht als Hauptaxe benützen wie OO', und eine durch $E'A'$ zu der Rhomboëderfläche senkrecht gelegte Ebene ist ebenso gut ein Hauptschnitt, wie die Diagonalebene $OBO'B'$. In jener Ebene liegen die zu $L'E'$ gehörenden gebrochenen Strahlen ebenso wie die Strahlen EE_0 und EE_a in der Ebene $OBO'B'$.

Wir ergänzen die im vorhergehenden geschilderte Erscheinung noch durch einige weitere Beobachtungen. Schneidet man aus einem Kalkspat eine Platte (Fig. 274), deren Flächen senkrecht stehen zu der Hauptaxe OA, so erzeugt ein senkrecht auffallender Lichtstrahl LE auf einem hinter der Platte aufgestellten Schirm nur einen einzigen Lichtpunkt G in der Verlängerung von LE. Längs der Hauptaxe findet somit nur einfache Brechung statt.

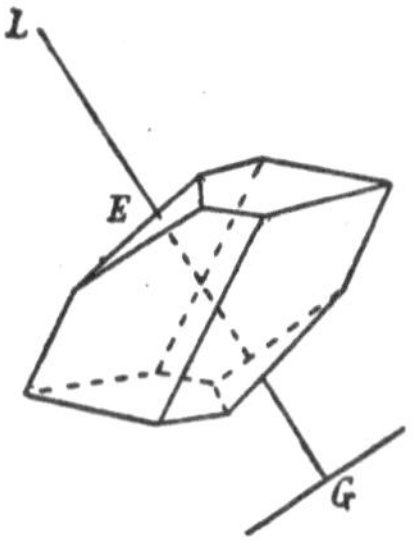

Fig. 274.

Aus einem Kalkspat schneiden wir ein Prisma ABC (Fig. 275), dessen Kante B senkrecht zu der Hauptaxe AC steht, und dessen Flächen gegen diese gleich geneigt sind; bringen wir das Prisma in die Stellung der kleinsten Ablenkung, so wird ein durch dasselbe gehender Lichtstrahl im Inneren in der Richtung der Hauptaxe sich bewegen. Man kann also nach der in § 228 angegebenen Methode das Brechungsverhältnis n_0 eines solchen Strahles bestimmen.

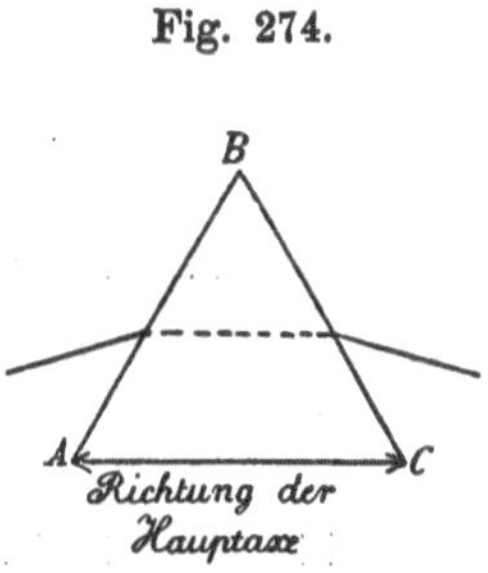

Fig. 275.

Endlich betrachten wir noch ein Kalkspatprisma, dessen Kante der Hauptaxe des Krystalls parallel ist (Fig. 276); in einem solchen findet Doppelbrechung statt; für beide Strahlen kann aber nach der Methode des § 228 das Brechungsverhältnis bestimmt werden. Für den stärker abgelenkten $E_o G_o$ ergiebt sich derselbe Wert n_o, wie in der Richtung der Axe; er entspricht dem ordentlichen, dem gewöhnlichen Brechungsgesetze folgenden Strahl. Der weniger stark abgelenkte Strahl $E_a G_a$ dagegen liefert ein anderes Brechungsverhältnis n_a, das kleiner als n_o ist. Es entspricht n_a einem senkrecht zu der Hauptaxe sich bewegenden außerordentlichen Strahl.

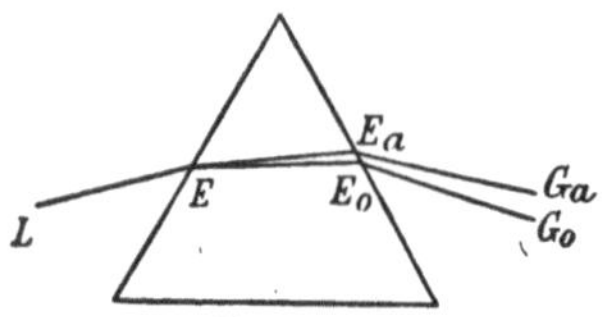

Fig. 276.

IV. Kapitel. Farbenzerstreuung des Lichtes.

§ 235. Newtons Fundamentalversuche. Bald nachdem das Gesetz der Brechung entdeckt war, suchte man es zur Erklärung einer Erscheinung zu benützen, die von Alters her die Phantasie und das Nachdenken des Menschen beschäftigt hatte, der Erscheinung des Regenbogens. Allein erst Newton gelang es, durch eine Reihe von planmäßig angestellten Versuchen die Gesetze zu enthüllen, auf denen die Farbenerscheinung des Bogens beruht. Das wesentliche Resultat seiner Untersuchung besteht in dem Satze:

Das weiße Licht ist zusammengesetzt aus vielen farbigen Strahlen, die sich durch ihre verschiedene Brechbarkeit von einander unterscheiden.

Die Richtigkeit des Satzes ergiebt sich aus den folgenden Beobachtungen.

In den geschlossenen Fensterladen eines Zimmers schneidet man einen kleinen vertikalen Spalt und läßt durch diesen mit Hilfe eines Heliostaten ein Band von horizontalen Sonnenstrahlen fallen (Fig. 277). Auf der gegenüberliegenden Wand entsteht ein weißes Bild *S* des Spaltes; bringt man nun in den Weg der Lichtstrahlen ein Prisma *A* mit vertikaler Kante, so entsteht da, wo das gebrochene Bild zu erwarten ist, ein horizontaler Streifen, der von dem einen zu dem anderen Ende die Regenbogenfarben, rot, orange, gelb, grün, blau, indigo, violett, zeigt: ein Spektrum.

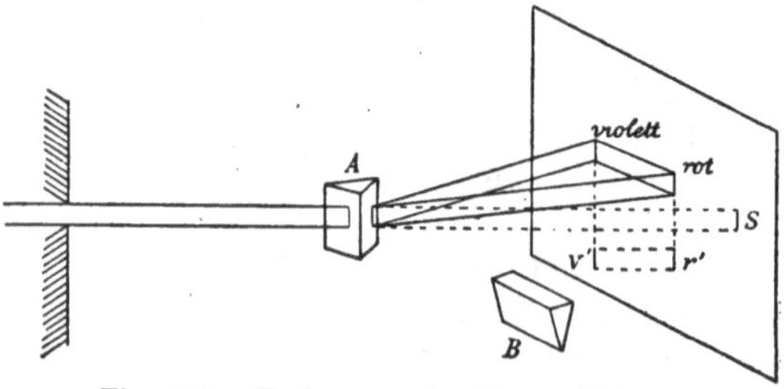

Fig. 277. Zerlegung des Sonnenlichtes.

Daß die farbigen Strahlen durch die Substanz des Prismas erst erzeugt werden, ist nicht wahrscheinlich, da sie bei den verschiedensten Prismen im wesentlichen in derselben Weise auftreten. Es bietet sich also in der That als das Einfachste die Annahme Newtons, daß jene Strahlen schon in dem weißen Lichte enthalten waren und durch das Prisma nur infolge ihrer verschiedenen Brechbarkeit von einander getrennt wurden. Da das rote Ende des Spektrums, von besonderen, später zu erwähnenden Fällen abgesehen, das am wenigsten, das violette das am meisten abgelenkte ist, so muß den roten Strahlen die kleinste, den violetten die größte Brechbarkeit zukommen.

Eine direkte Prüfung dieser Anschauung ergiebt sich, wenn man das von einem vertikalen Spalt entworfene Spektrum durch ein zweites Prisma *B* mit horizontaler Kante betrachtet. Das horizontale Band des Spektrums erscheint dann als ein schiefes Parallelogramm, *r'v'*, welches von dem einen nach dem anderen Ende hin von den vertikalen Streifen der Spektralfarben durchzogen wird. Das rote Ende *r'* ist dabei am wenigsten, das violette *v'* am meisten von der ursprünglichen Lage abgelenkt, entsprechend den Verhältnissen der Figur 277. Das schiefe Spektrum gewährt danach eine unmittelbare Anschauung von den Brechungsverhältnissen der verschiedenen Strahlen, der Dispersion der Farben, auf seiner Erzeugung beruht eine wichtige Methode ihrer Untersuchung, die Methode der gekreuzten Prismen.

Mit Benützung des elektrischen Lichtes können wir den Fundamentalversuch Newtons in folgender Weise wiederholen. Wir werfen die Strahlen der elektrischen Lampe auf einen vertikalen Spalt und entwerfen von diesem mit einer Linse *C* ein deutliches, scharfes Bild *S* (Fig. 278). Wenn wir nun auf den Weg der Strahlen hinter der Linse ein Prisma *P* mit vertikaler Kante stellen, so erscheint in abgelenkter Richtung, aber in derselben Entfernung vom Prisma, das Spektrum in Gestalt eines rechteckigen Bandes, in dem die Regenbogenfarben in vertikalen Streifen von rot bis violett nebeneinander gereiht sind. Bei

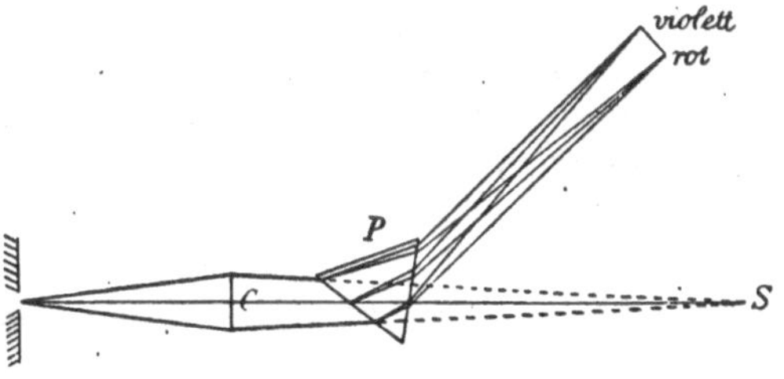

Fig. 278. Objektive Darstellung des Spektrums.

dieser Versuchsanordnung wird es besonders deutlich, daß das Spektrum aus einer Reihe von verschiedenfarbigen Spaltbildern besteht, die sich nach der Brechbarkeit der erzeugenden Strahlen ordnen. Es ergiebt sich gleichzeitig, daß die verschiedenen Farben um so besser voneinander getrennt werden, daß das Spektrum um so reiner ist, je enger der Spalt gemacht wird. Wenn man umgekehrt den Spalt erweitert, so überlagern sich die verschiedenfarbigen Bilder, wie Stufen einer Treppe, in immer größerer Ausdehnung, das Spektrum wird immer mehr verwaschen. Bei sehr weitem Spalt erscheint die Mitte des vom Spektrum bedeckten Rechteckes weiß und nur die Ränder sind rot und blau gefärbt. Diese Beobachtung steht mit der NEWTONschen Annahme in vollkommener Übereinstimmung; wenn in der Mitte des Rechtecks die von allen Farben erzeugten Spaltbilder sich überdecken, so kommen von dort aus auch alle möglichen Strahlen ins Auge und müssen dann wieder die Empfindung des Weiß erzeugen.

Die Synthese des weißen Lichtes aus den farbigen Strahlen des Spektrums können wir noch durch den folgenden Versuch nachweisen. Da der Weg, den die aus einem weißen entstehenden, farbigen Strahlen im Inneren des Prismas zurückzulegen haben, ein verhältnismäßig kleiner ist, so trennen sie sich hier nur wenig und treten nahezu an derselben Stelle *A* der zweiten Prismenfläche aus (Fig. 279). Wenn wir von dieser Stelle mit einem Hohlspiegel ein reelles Bild *B* entwerfen, so sehen wir ein weißes Bild, das durch die Wiedervereinigung der verschiedenfarbigen Strahlen erzeugt wird.

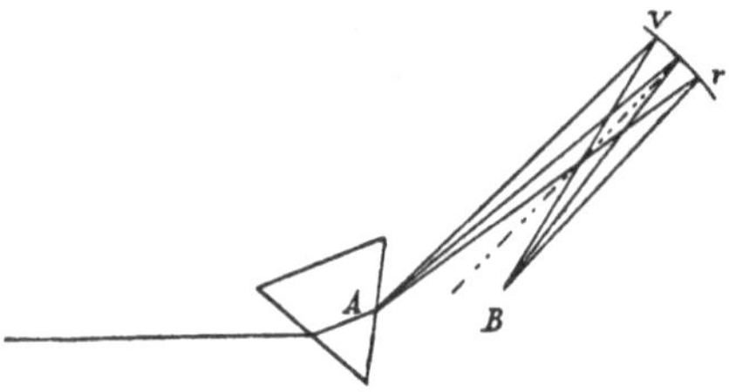

Fig. 279.

Endlich kann man auch Pigmentfarben zu weißem Lichte vereinigen. Es geschieht dies mit dem sogenannten Farbenkreisel; auf einer kreisförmigen Scheibe werden sieben Sektoren von bestimmter Größe mit Farben bemalt, die den sieben Spektralfarben möglichst ähnlich sind; wird die Scheibe in rasche Umdrehung versetzt, so vermischen sich im Auge die von den verschiedenen Sektoren herrührenden Eindrücke und erzeugen die Empfindung des Weiß.

§ 236. Die FRAUNHOFERschen Linien. Wenn man ein reines Spektrum der Sonne entwirft, so bemerkt man feine schwarze Linien, die an einzelnen Stellen, parallel der Richtung des Spaltes, die Farben durchziehen; man bezeichnet sie nach ihrem Entdecker als FRAUNHOFERsche Linien. In dem Lichte der Sonne fehlen hiernach gewisse Farben von der Brechbarkeit, wie sie der Lage jener schwarzen Linien entspricht. Auf die Erklärung der Erscheinung werden wir später eingehen, vorläufig sind die Linien für uns überaus wertvoll als Mittel zur Orientierung im Spektrum. Figur 280 giebt die wichtigsten Linien in ihrer Lage zu den fünf hauptsächlichsten Farben des Sonnenspektrums. Die Linien werden nach FRAUNHOFER durch die beigesetzten Buchstaben bezeichnet. Bei

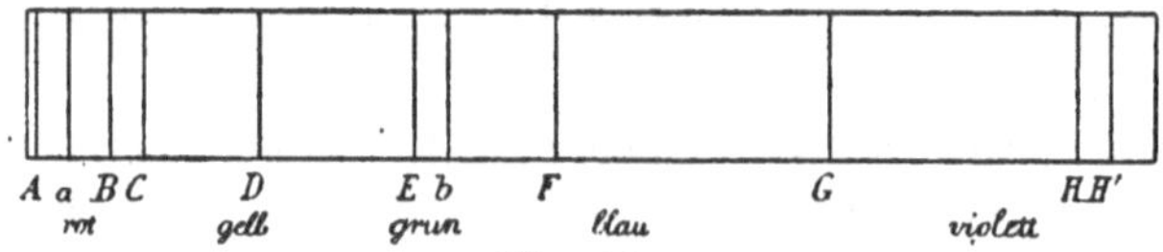

Fig. 280.

der Entwickelung der NEWTONschen Theorie haben wir von der verschiedenen Brechbarkeit des Rot, des Gelb u. s. w. gesprochen; diese Begriffe sind sehr unbestimmter Natur, da die verschiedenen Farben im Spektrum einen mehr oder weniger breiten Raum einnehmen; dagegen ist das Rot an der Stelle der Linie *A*, das Gelb an der von *D* ein ganz bestimmtes. Ihre Brechungsverhältnisse können auf das schärfste bestimmt werden aus der Ablenkung, welche die Linien *A* und *D* bei der Minimalstellung des Prismas erleiden. Dies ist der Grund, weshalb die Brechungsverhältnisse der verschiedenen Stoffe bei jeder exakteren Untersuchung auf die FRAUNHOFERschen Linien des Sonnenspektrums bezogen werden.

§ 237. Numerische Werte von Brechungsverhältnissen. In dem Abschnitt über Brechung haben wir uns mit einer ganz rohen Angabe einiger weniger Brechungsverhältnisse begnügt. In der That sind genauere Angaben nur möglich mit Berücksichtigung der Zerstreuung; das Brechungsverhältnis hat einen bestimmten Wert immer nur für eine bestimmte Stelle des Spektrums, für eine FRAUNHOFERsche Linie. Die folgende Tabelle enthält eine Zusammenstellung von Brechungsverhältnissen dieser Linien für einige wichtigere Stoffe.

		A	*B*	*C*	*D*	*E*	*F*	*G*	*H*
Wasser 17,5°		1,3291	1,3306	1,3314	1,3332	1,3353	1,3374	1,3407	1,3436
Alkohol 15,0°		1,3598	1,3611	1,3618	1,3635	1,3658	1,3679	1,3716	1,3748
Schwefelkohlenstoff 16°		1,6118	1,6181	1,6214	1,6308	1,6438	1,6555	1,6794	1,7032
Kronglas	leicht	1,5100	1,5118	1,5127	1,5153	1,5186	1,5214	1,5267	1,5312
	schwer	1,6097	1,6117	1,6126	1,6152	1,6185	1,6213	1,6265	1,6308
Flintglas	leicht	1,5986	1,6020	1,6038	1,6085	1,6145	1,6200	1,6308	1,6404
	schwer	1,7350	1,7405	1,7434	1,7515	1,7623	1,7723	1,7922	1,811
Steinsalz		1,538	1,540	1,541	1,545	1,550	1,554	1,562	1,569
Kalkspat	ordentlich	1,6500	1,6530	1,6545	1,6585	1,6635	1,6679	1,6762	1,6833
	außerordentlich	1,4828	1,4840	1,4847	1,4864	1,4888	1,4908	1,4946	1,4978.

§ 238. Totale Dispersion. Unter totaler Dispersion eines Stoffes versteht man die Differenz seiner Brechungsverhältnisse im äußersten Rot und äußersten Violett, also für die Linien *A* und *H*. In der folgenden Tabelle sind diese Dispersionen zusammengestellt mit dem mittleren Werte des Brechungsverhältnisses, der etwa mit dem Brechungsverhältnis der Linie *E* übereinstimmt. Die Brechungsverhältnisse der Linien *A* und *H* sind mit n_r und n_v, das von *E* mit n bezeichnet.

		$n_r - n_v$	n
Wasser		0,0145	1,3353
Alkohol		0,0150	1,3658
Schwefelkohlenstoff		0,0914	1,6438
Kronglas	leicht	0,0212	1,5186
	schwer	0,0211	1,6185
Flintglas	leicht	0,0418	1,6145
	schwer	0,076	1,7623
Steinsalz		0,031	1,550
Kalkspat	ordentlich	0,0333	1,6635
	außerordentlich	0,0150	1,4888.

In § 228 haben wir eine Formel angegeben, durch die das Brechungsverhältnis mit dem Winkel der kleinsten Ablenkung in Beziehung gebracht wird. Wenn der Prismenwinkel φ, und mit ihm auch der Ablenkungswinkel δ klein ist, so können wir an Stelle der Sinus die Winkel selber setzen und erhalten dann:

$$\delta = (n - 1)\varphi \cdot$$

Bezeichnen wir durch δ_r den Ablenkungswinkel der Linie A, durch δ_v den von H, so ergiebt sich:

$$\delta_v - \delta_r = (n_v - n_r)\varphi \cdot$$

Der von dem Fächer der austretenden Farbenstrahlen erfüllte Winkel, und mit ihm die Ausdehnung des Spektrums ist somit bei gleichem Prismenwinkel der totalen Dispersion proportional; bei gleichem Winkel giebt ein mit Schwefelkohlenstoff gefüllter prismatischer Glastrog ein Spektrum, das viermal so ausgedehnt ist, wie das eines Kronglas-, zweimal so ausgedehnt, wie das eines Flintglasprismas. Diese für Prismen von kleinem Winkel geltenden Beziehungen können bei größeren Winkeln wenigstens für eine oberflächliche Vergleichung als Maßstab dienen.

§ 239. Achromatische Prismen und Linsen. Aus den im vorhergehenden Paragraphen angeführten totalen Dispersionen von leichtem Flint- und von Kronglas folgt, daß ein scharfes Prisma von Kronglas mit dem brechenden Winkel 2φ, dieselbe Farbenzerstreuung giebt, wie ein Flintglasprisma mit dem Winkel φ. Dagegen ist die mittlere Brechung des Kronglasprismas noch immer beinahe doppelt so groß, wie die des Flintglasprismas. Wenn man also zwei solche Prismen C und F (Fig. 281) kombiniert, so daß sie ihre brechenden Kanten nach entgegengesetzten Seiten hin wenden, so stellen sie ein einziges Prisma dar, bei dem die Ablenkung der roten Strahlen dieselbe ist, wie die der violetten, ein Prisma, das also keine merkliche Farbenzerstreuung, wohl aber eine Brechung der Lichtstrahlen erzeugt. Man bezeichnet solche Prismen als achromatische.

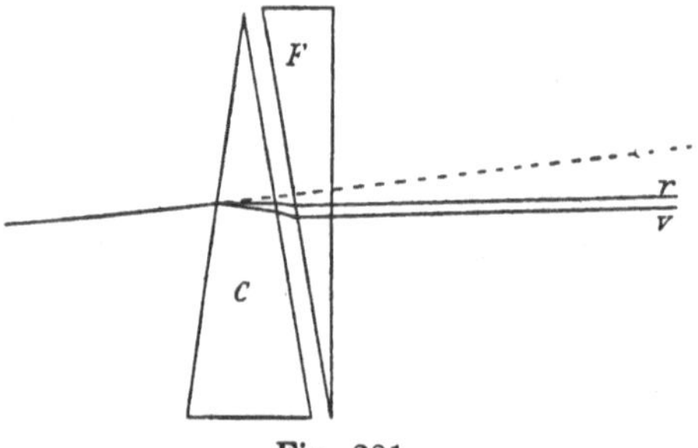

Fig. 281.

Farbenzerstreuung oder Dispersion tritt natürlich auch ein bei den Linsen; aus den Brechungsverhältnissen der roten und violetten Strahlen folgt, daß der Brennpunkt der ersteren weiter von der Linse abliegt, als der der violetten. Läßt man weißes Licht auf eine Sammellinse fallen, so erscheint auf einem hinter der Linse aufgestellten Schirm der Brennpunkt der violetten Strahlen von einem roten, der Brennpunkt der roten von einem violetten Kreise umgeben. Ähnliche Farbenhöfe umgeben auch die einzelnen Punkte des Bildes, das die Linse von einem auf ihrer Axe aufgestellten Gegenstande entwirft. Man bezeichnet dies als die chromatische Abweichung der Linse. Aus der zwischen Linsen und Prismen bestehenden Beziehung folgt, daß es möglich ist, eine bikonvexe Sammellinse von Kronglas mit einer plankonkaven oder konvexkonkaven Zerstreuungslinse von Flintglas so zu kombinieren, daß sie in ihrer Vereinigung eine von Dispersion freie Sammellinse repräsentieren. Man bezeichnet diese für die Konstruktion optischer Instrumente sehr wichtigen Linsen als achromatische.

§ 240. Geradsichtprismen. Die Betrachtungen der vorhergehenden Paragraphen zeigen, daß auch die umgekehrte Aufgabe lösbar ist, Prismen zu konstruieren, die das Licht zerstreuen, aber die Strahlen von mittlerer Brechbarkeit nicht ablenken. Man wird dazu Kombinationen von Kron- und Flintglasprismen verwenden, bei denen etwa für die FRAUNHOFERsche Linie *E* die Brechung des Kronglases durch die entgegengesetzte des Flintglases aufgehoben wird. Die Zerstreuung des Flintglases wird aber gerade dann beiläufig doppelt so groß, wie die des Kronglases, die Zerstreuung der ganzen Kombination der des Kronglases ähnlich sein. Man bezeichnet solche Prismen als Geradsichtprismen. Steigerung der Dispersion kann man durch eine Kombination von mehreren Flint- und Kronglasprismen erzielen.

§ 241. Der Farbenkreisel. Das Spektrum des weißen Lichtes besteht aus einer unendlichen Mannigfaltigkeit von Farben, die sich kontinuierlich aneinander anschließen und stetig ineinander übergehen. Es ist offenbar willkürlich, wenn wir im Spektrum sieben verschiedene Farben unterscheiden; wir können ebenso gut Orange und Indigo weglassen und nur Rot, Gelb, Grün, Blau, Violett unterscheiden. Nun wissen wir, daß durch Mischung von Pigmenten die mannigfachsten Farben hergestellt werden, und es ist wahrscheinlich, daß ebenso durch Mischung von Spektralfarben neue Farbentöne entstehen, wie ja in der That das Weiß durch die Vereinigung sämtlicher Spektralfarben erzeugt wird. YOUNG hat zuerst die Ansicht aufgestellt, daß alle Farbenempfindungen durch die Mischung dreier Grundfarben sich bilden, des Rot, Grün und Violett. Die hieraus folgenden Beziehungen der verschiedenen Farben lassen sich durch ein einfaches geometrisches Bild darstellen, wenn man die drei Farben Rot, Grün und Violett durch drei Punkte *r*, *gr* und *v* einer Ebene repräsentiert (Fig. 282). Nimmt man weiter an, daß für die Intensitäten des Rot, Grün und Violett, die in einer bestimmten Mischfarbe enthalten sind, irgend ein gemeinsames Maß gefunden sei, so kann auch der Mischfarbe ein bestimmter Punkt der Zeichenebene zugeordnet werden. Zu diesem Zwecke denkt man sich in den Punkten *r*, *gr*, *v* Gewichte wirkend, die jenen Intensitäten numerisch gleich sind, und sucht nach den hierfür geltenden Regeln ihren Schwerpunkt. Dieser

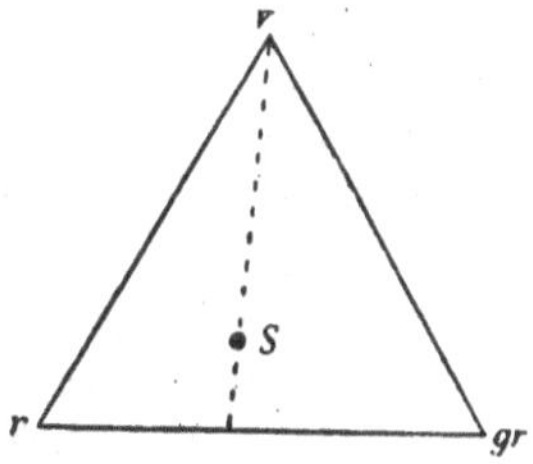

Fig. 282.

repräsentiert die gegebene Farbe, während ihre Intensität gleich der Summe der drei Teilintensitäten ist. Verhalten sich z. B. die Intensitäten des *r*, *gr* und *v* wie 4 : 3 : 2, so ergiebt sich die Zeichnung von Figur 282. Der Punkt *S* stellt die resultierende Mischfarbe dar. Es ergiebt sich dann die weitere Folgerung, daß dieselbe Konstruktion, durch welche der Ort einer beliebigen Mischfarbe gegen die drei Grundfarben festgelegt wird, auch gilt, wenn man an ihrer Stelle drei beliebige zusammengesetzte Farben benützt, um durch ihre Mischung andere Farbentöne zu erzeugen. Damit ist dann die Möglichkeit einer Prüfung der Theorie der zusammengesetzen Farben gegeben. Man sieht aber zugleich, daß diese Theorie unabhängig ist von der Annahme, daß alle Farbenempfindungen aus denen des Rot, Grün und Violett sich zusammensetzen. Die Bestätigung jener Theorie entscheidet daher noch nicht über die Frage nach den Grundempfindungen; ihre weitere Verfolgung aber bildet einen Gegenstand der physiologischen, nicht der physikalischen Forschung.

Zu den Versuchen, durch welche Maxwell die erste quantitative Bestätigung der Theorie der Mischfarben geliefert hat, dienten Pigmentfarben; ihre Mischung wurde durch den sogenannten Farbenkreisel bewirkt. Farbige Scheiben, bei denen die einzelnen Farben wechselnde Sektoren des ganzen Kreises erfüllten, werden mit einem rasch rotierenden Kreisel verbunden; die Eindrücke der einzelnen verschiedenfarbigen Sektoren vermischen sich und erzeugen eine neue Empfindung, die Mischfarbe. Die aus verschiedenen Kombinationen resultierenden Farbentöne werden verglichen, indem auf demselben Kreisel zwei verschiedene Farbenscheiben mit größerem und kleinerem Durchmesser befestigt werden (vgl. Fig. 283). Es bildet dann die eine Scheibe einen konzentrischen Ring um die andere, und es entsteht die Aufgabe, die Verhältnisse der Sektoren so zu wählen, daß der Farbenton des inneren und äußeren Ringes derselbe ist. Wir wollen dies durch Mitteilung eines bestimmten Versuches erläutern. Die als Grundfarben benützten Pigmente waren: Zinnoberrot *Z*, Ultramarin *U*, Smaragdgrün *SG*. Der Umfang der Farbenscheiben wurde gleich 1 gesetzt, und die Intensität der Grundfarben in einer beliebigen Mischung durch die Länge des ihnen zugehörenden Sektorbogens in Hundertteilen des Umfanges gemessen. Zuerst wurde diejenige Mischung der drei Grundfarben bestimmt, die dasselbe Weiß erzeugte, wie es andererseits durch die Kombination eines schneeweißen mit einem elfenbeinschwarzen Sektor hergestellt werden konnte. Das Ergebnis des Versuches ist dargestellt durch Figur 283 und wird ausgedrückt durch die Farbengleichung:

$$0{,}37\,Z + 0{,}27\,U + 0{,}36\,SG = 0{,}28\,SW + 0{,}72\,ES,$$

in der *SW* das Schneeweiß, *ES* das Elfenbeinschwarz bezeichnet.

Legen wir die drei Grundfarben in die Ecken eines gleichseitigen Dreieckes nach *Z*, *U*, *SG*, so ergiebt sich der dem Weiß entsprechende Punkt *W* als Schwerpunkt dreier in *Z*, *U* und *SG* wirkender Gewichte, die beziehungsweise gleich 0,37, gleich 0,27 und gleich 0,36 Einheiten sind (Fig. 284). Es ist ferner die Intensität des weißen Sektors gleich der Summe der Intensitäten der das Weiß erzeugenden Grundfarben;

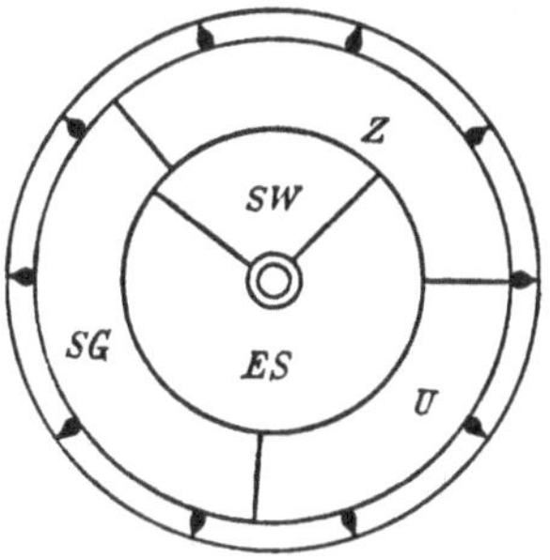

Fig. 283. Farbenkreisel.

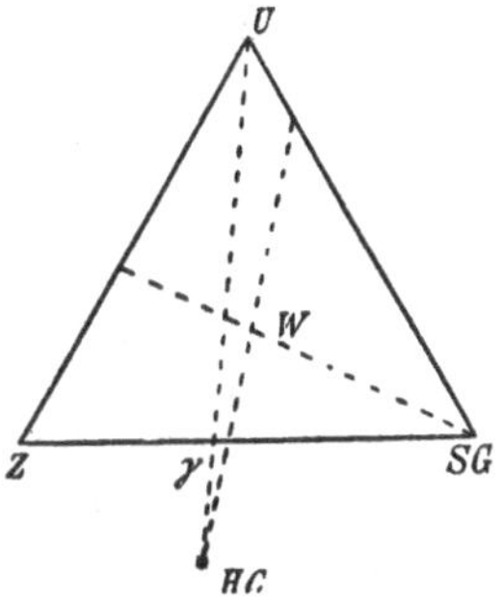

Fig. 284. Farbendiagramm.

die letzteren aber sind der eingeführten Maßbestimmung zufolge zusammengenommen gleich 0,37 + 0,27 + 0,36, d. h. gleich 1; somit ist auch die Intensität eines schneeweißen Sektors von der Bogenlänge 0,28 gleich 1, und die Intensität der vollen weißen Kreisscheibe würde danach gleich $\frac{1}{0{,}28} = 3{,}57$ zu setzen sein.

Bei einem zweiten Versuche wurde an Stelle des Zinnobers ein helles Chromgelb *HC* benützt, und damit die folgende Gleichung erhalten:

$$0{,}33\,HC + 0{,}55\,U + 0{,}12\,SG = 0{,}37\,SW + 0{,}63\,ES.$$

Nun ist die Intensität eines weißen Sektors von der Bogenlänge 0,37 nach dem vorhergehenden gleich $0{,}37 \times 3{,}57 = 1{,}32$; die Gesamtintensität der auf der linken Seite der Gleichung stehenden Farben muß somit ebenfalls 1,32 Einheiten betragen; daraus folgt weiter, daß der Sektor mit Chromgelb bei einer Bogenlänge von 0,33 die Intensität 0,65 besitzen muß. Wir erhalten so die korrigierte Gleichung:

$$0{,}65\,hc + 0{,}55\,U + 0{,}12\,SG = 1{,}32\,w.$$

Mit Hilfe dieser Gleichung kann man den Ort *HC* des Chromgelb in der Ebene des Dreiecks *Z, U, SG* bestimmen. Man muß zu diesem Zweck einen Punkt *HC* suchen, so daß der zuvor schon gefundene Punkt *W* der Schwerpunkt der mit den Gewichten 0,65, beziehungsweise 0,55 und 0,12 belasteten Punkte *HC, U* und *SG* ist. Man findet, daß *HC* zwischen *Z* und *SG*, aber außerhalb des Dreieckes *Z, U, SG* liegt (Fig. 284); daher kann *HC* auf keine Weise durch Mischung von *Z, U* und *SG* erzeugt werden. Sobald nun in dieser Weise vier Farbenpunkte in der Ebene der Zeichnung gegeben sind, ist die Möglichkeit zu einer Prüfung der Theorie gewonnen. Man verbindet die Farben über Kreuz so, daß derselbe Mischton herauskommt; die hierzu nötigen Intensitäten kann man einerseits experimentell ermitteln, andererseits der graphischen

Darstellung entnehmen. So ergab die Beobachtung mit dem Farbenkreisel

$$0{,}39\,HC + 0{,}21\,U + 0{,}40\,ES = 0{,}59\,Z + 0{,}41\,SG,$$

wo ES wieder das Elfenbeinschwarz bezeichnet.

Bestimmt man nun auf der anderen Seite den Punkt γ, in dem die Linie U, HC die Dreiecksseite Z, SG durchschneidet, so repräsentiert dieser die erzeugte Mischfarbe. Die ihr entsprechenden Intensitäten von Zinnober und Smaragdgrün verhalten sich umgekehrt wie die Entfernungen γ, Z und γ, SG, also wie 0,58 : 0,42 Es ergiebt sich ferner aus der Zeichnung das Verhältnis der Strecken $\gamma, U : \gamma, HC = 0{,}78 : 0{,}22$. Die Intensitäten des Ultramarin und des Chromgelb in der Mischung verhalten sich somit wie 0,22 : 0,78. Nach den vorhergehenden Messungen hat aber ein Sektor von Chromgelb von der Bogenlänge 0,33 die Intensität 0,65; die Intensität 0,78 wird daher erreicht bei einem Sektor von der Länge 0,39. Der graphischen Darstellung der beiden vorhergehenden Versuche zufolge müßte also die Farbengleichung lauten:

$$0{,}39\,HC + 0{,}22\,U + 0{,}39\,ES = 0{,}58\,Z + 0{,}42\,SG.$$

Die Übereinstimmung mit der durch direkte Beobachtung gewonnenen ist, wie man sieht, eine recht gute.

Mit Hilfe von sinnreich konstruierten Apparaten zur Mischung der Spektralfarben wurde auch ihre Stellung im Farbendiagramme bestimmt. Als wesentliches Resultat der Untersuchung ergab sich, daß die Spektralfarben vom Scharlach bis zum Grün der Linie E auf einer geraden Linie liegen; daß ebenso die Strahlen von einem bläulichen Grün bis zu einem Blau, das etwas jenseits der Linie F liegt, einer geraden Linie angehören; eine dritte gerade Linie enthält die purpurnen Farbentöne, welche durch Mischung von Rot und Violett entstehen. Die abgerundeten Ecken des Dreieckes enthalten in der durch Figur 285 anschaulich gemachten Weise Rot, Grün und Violett, die Mitten der beiden zuerst erwähnten Seiten Gelb und Blau. Der im Inneren des Dreieckes gezeichnete Kreis W entspricht dem Weiß. Ziehen wir durch W irgend eine Linie, so treffen wir auf gegenüberliegenden Punkten des Farbendreieckes zwei Farben, die sich zu Weiß ergänzen, sogenannte Komplementärfarben. Solche sind z. B. Gelb und Blau, Rot und Grün.[1]

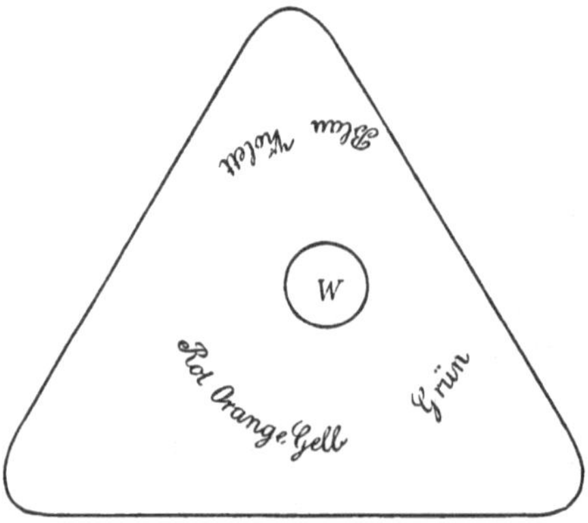

Fig. 285.
Die Spektralfarben im Farbendiagramm.

[1] Maxwell, On the Theory of Compound Colours and the Relations of the Colours of the Spectrum. The Scientific Papers. Vol. I. p. 410.

Die empirischen Gesetze, welche durch die geschilderten Untersuchungen gewonnen worden sind, bilden das Fundament für die tiefer gehenden Forschungen, die das Wesen der Farbenempfindung selbst zu erklären suchen. Die auf dieses Ziel gerichteten Theorieen liegen aber dem Gebiete der Physik zu fern, und wir verzichten darauf, über sie zu berichten.

V. Kapitel. Das Auge und die optischen Instrumente.

§ 242. Das Auge. Das Auge entspricht im ganzen genommen der Camera obscura eines Photographen. Diese besteht bekanntlich aus einem innen geschwärzten Kasten, der vorn in einer verstellbaren Röhre eine Sammellinse, beziehungsweise ein damit äquivalentes Linsensystem trägt. Diese Linse entwirft von einem vor der Kammer befindlichen Gegenstande, einer Person, einer Landschaft, ein reelles, umgekehrtes, verkleinertes Bild; dieses wird auf der lichtempfindlichen Platte aufgefangen und nachher auf ihr fixiert.

Beim Auge tritt an Stelle der Linse des Photographen eine Reihe verschiedener brechender Medien, unter welchen die Krystalllinse besonders ausgezeichnet ist. An Stelle der Platte tritt die lichtempfindliche Netzhaut; das reelle Bild, welches die brechenden Medien des Auges von einem äußeren Gegenstande entwerfen, muß auf die Netzhaut fallen, wenn jener deutlich gesehen werden soll. Der Unterschied zwischen dem Auge und der Camera obscura beruht vor allem darauf, daß bei dieser vor und hinter dem brechenden System dasselbe Medium, Luft, sich befindet, bei dem Auge dagegen verschiedene Medien, vorn Luft, hinten der sogenannte Glaskörper. Hiernach repräsentiert das Auge einen optischen Apparat, der von den früher untersuchten Linsen prinzipiell verschieden ist, und es entsteht die Frage, inwieweit die früher entwickelten Gesetze beim Auge Anwendung finden können. Um sie zu beantworten, müssen wir etwas genauer auf den Bau des Auges eingehen. Nach vorn ist dasselbe begrenzt von der kugelförmig hervorragenden Hornhaut, deren Scheitelpunkt in O, deren Krümmungsmittelpunkt in r gelegen sei (Fig. 286); die Linie Or ist dann die Axe des Auges. Der Raum zwischen der Hornhaut und der Krystalllinse ist erfüllt von einer wasserhellen Flüssigkeit; die beiden Scheitelpunkte der Krystalllinse seien O_1 und O_2, die Krümmungsmittelpunkte der vorderen und hinteren Linsenfläche r_1 und r_2. Der Raum hinter der Linse ist, wie schon erwähnt, von dem Glaskörper erfüllt. Die

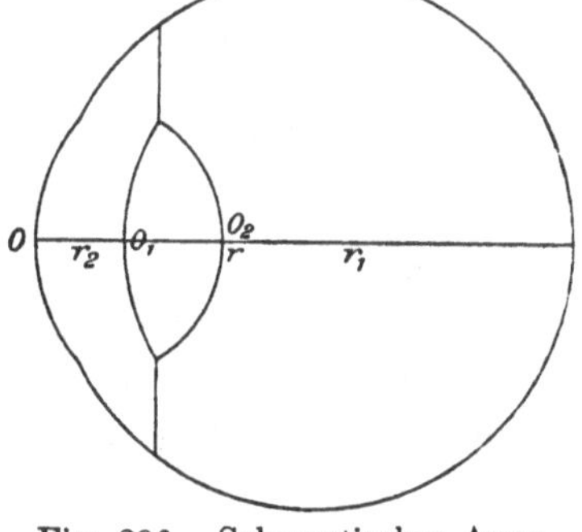

Fig. 286. Schematisches Auge.

Krümmungshalbmesser der verschiedenen brechenden Flächen haben die Werte:

$$Or = 7{,}8 \text{ mm}, \quad O_1 r_1 = 9{,}51 \text{ mm}, \quad O_2 r_2 = 5{,}87 \text{ mm}.$$

Ferner sind die Abstände:

$$O O_1 = 3{,}78 \text{ mm}, \quad O_1 O_2 = 4{,}00 \text{ mm}.$$

Dabei ist angenommen, daß das Auge auf ein sehr fernes Objekt gerichtet sei, denn, wie wir sehen werden, hängt die Krümmung der Krystalllinse von der Weite der Einstellung ab. Die Brechungsverhältnisse n, n_1 und n_2 an den Grenzflächen O, O_1 und O_2 haben die Werte:

$$n = 1{,}346, \quad n_1 = 1{,}080, \quad n_2 = \frac{1}{n_1} = 0{,}926.$$

Für eine brechende Kombination von der Art des Auges gelten nun die folgenden Sätze, deren Analogie mit den in § 233 für die Stablinse aufgestellten in die Augen fällt. Wir bezeichnen dabei den Raum vor dem Auge mit A, den Raum des Glaskörpers mit U (Fig. 287).

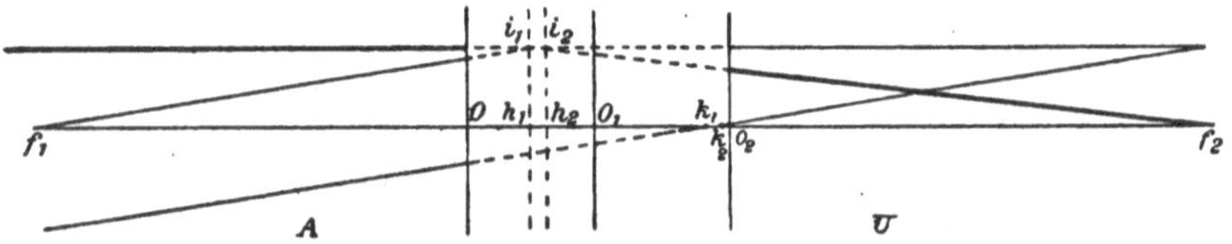

Fig. 287. Optik des Auges.

A x e n p a r a l l e l e S t r a h l e n i n A g e h e n i n U d u r c h e i n e n u n d d e n s e l b e n P u n k t d e r A x e, d e n z w e i t e n B r e n n p u n k t f_2.

A x e n p a r a l l e l e S t r a h l e n i n U g e h e n i n A d u r c h e i n e n u n d d e n s e l b e n P u n k t d e r A x e, d e n e r s t e n B r e n n p u n k t f_1.

Es existieren zwei in den Punkten h_1 und h_2 zur Axe senkrechte Ebenen, deren Punkte paarweise so konjugiert sind, daß die Verbindungslinien konjugierter Punkte der Axe parallel sind. Man bezeichnet diese Ebenen als die H a u p t e b e n e n, die Punkte h_1 und h_2 als die H a u p t p u n k t e. Wenn also in A ein Bündel von Strahlen nach dem Punkt i_1 der ersten Hauptebene hinzielt, so divergiert dasselbe in U von dem gegenüberliegenden Punkt i_2 der zweiten Hauptebene.

Auf der Axe des Systems liegen außerdem zwei Punkte k_1 und k_2 so, daß ein Strahl, der in A hinzielt nach k_1, in U mit sich selber parallel verschoben ist nach k_2. Diese Punkte nennen wir die K n o t e n p u n k t e.

Hiernach besteht der wesentliche Unterschied zwischen einem System, in welchem das vordere Mittel mit dem hinteren identisch ist, und einem solchen, in dem diese beiden Mittel verschieden sind, darin, daß im ersteren Falle, z. B. bei einer Stablinse, die Haupt- und Knotenpunkte zusammenfallen, im letzteren, z. B. beim Auge, verschieden sind. Immer aber folgen sich die beiden Knotenpunkte k_1 und k_2 in derselben Ordnung und in derselben Distanz wie die Hauptpunkte h_1 und h_2.

Sind bei einem beliebigen System die Haupt- und Brennpunkte gegeben, so ergiebt sich die Konstruktion des Bildes in leicht verständlicher Weise nach Figur 288. Ist nur der hintere Brennpunkt gegeben, außer-

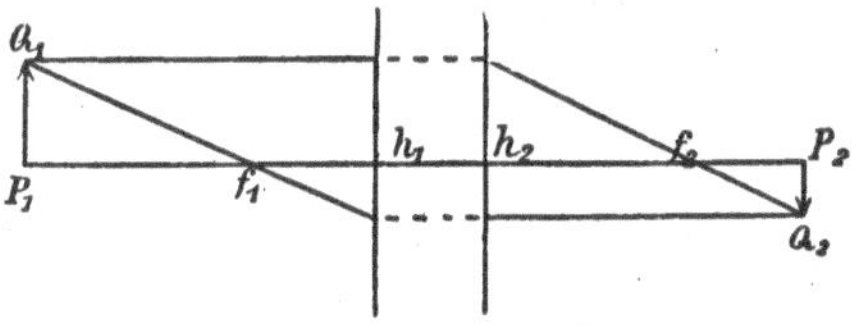

Fig. 288.

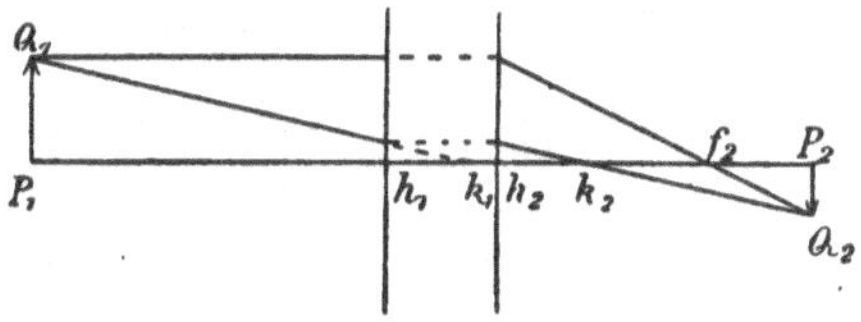

Fig. 289.

Bildkonstruktionen.

dem aber die Haupt- und Knotenpunkte, so erhält man die in Figur 289 dargestellte Konstruktion des Bildes.

Für ein auf ein entferntes Objekt gerichtetes Auge sind die erwähnten Fundamentalpunkte gegeben durch die folgenden Entfernungen:

$$O h_1 = 1{,}93 \text{ mm}, \; h_1 f_1 = 14{,}77 \text{ mm}, \; h_1 h_2 = k_1 k_2 = 0{,}40 \text{ mm};$$

$$O h_2 = 2{,}33 \text{ mm}, \; h_2 f_2 = 19{,}88 \text{ mm}, \; h_1 k_1 = 5{,}12 \text{ mm}.$$

Hiernach ist die Zeichnung der Figur 287 im dreifachen Maßstabe entworfen.

Das Bild eines sehr entfernten Objektes entsteht an der Stelle des Brennpunktes f_2; hier muß die Netzhaut des Auges sich befinden, wenn jenes Objekt deutlich wahrgenommen wird. Für einen dem Auge näher liegenden Gegenstand muß dann das von dem brechenden Apparate entworfene Bild hinter die Netzhaut fallen, d. h. wenn das Auge bei den angegebenen Abmessungen ein weit entferntes Objekt deutlich sieht, so sind die Bilder aller näher liegenden verschwommen. Um auch ihre Bilder auf die Netzhaut zu werfen, muß der brechende Apparat des Auges irgendwie verändert, das Auge auf die kleinere Entfernung akkomodiert werden. Dies geschieht so, daß durch einen eigentümlichen Muskel die Flächen der Krystalllinse stärker gewölbt, ihre Brechung vergrößert wird. Die Akkomodationsfähigkeit des Auges ist aber keine unbegrenzte; wenn man das Objekt dem Auge nähert, so findet man einen Punkt, den Nahpunkt, über den hinaus man nicht gehen kann, ohne die Deutlichkeit der Wahrnehmung zu verlieren; die Entfernung des Nahpunktes vom Auge, die Sehweite, ist für ein normalsichtiges Auge etwa gleich 25 cm. Zugleich vermag das normale Auge axenparallele Strahlen noch auf der Netzhaut zu vereinigen, sein Fernpunkt liegt im Unendlichen. Bei dem Auge des Kurzsichtigen liegen beide Punkte dem Auge näher.

Aus der Betrachtung der Figur 287 ergiebt sich, daß beim Auge die beiden Hauptpunkte und die beiden Knotenpunkte sehr nahe zusammenfallen. Man kann daher ohne Bedenken diese Punkte durch je einen Punkt h und k ersetzen (Fig. 290). Den aus der Vereinigung der

Knotenpunkte entstehenden, *k*, nennen wir den **Kreuzungspunkt** des Auges. Nach ihm gerichtete Strahlen gehen ganz unverändert bis zu der Netzhaut durch. Wenn die Hauptpunkte zusammenfallen, so gilt gleiches von den Hauptebenen, und die so entstehende zu der Axe senkrechte Ebene *h* verhält sich dann wie eine sphärische brechende Fläche

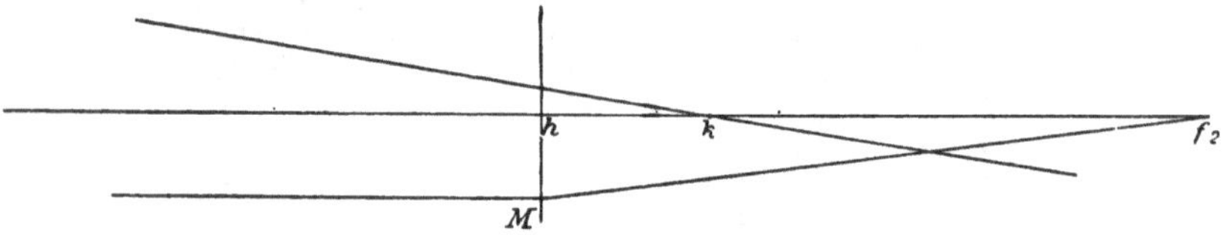

Fig. 290. Reduziertes Auge.

mit dem Krümmungsmittelpunkt *k*; ein in *M* einfallender Parallelstrahl wird gebrochen nach Mf_2. Man kann also sagen, daß das Auge sich so verhält, als ob es gegen die Luft durch eine einzige brechende Kugelfläche abgegrenzt wäre, deren Scheitel in *h*, deren Mittelpunkt in *k* sich befindet; das Brechungsverhältnis an der Fläche *h* muß dann so bemessen werden, daß die Brennpunkte der auf sie fallenden axenparallelen Strahlen nach f_1 und f_2 fallen.[1]

Wir schließen unsere Betrachtung der optischen Eigenschaften des Auges, indem wir noch eine **zweite Bedingung** hervorheben, an die das deutliche Sehen eines Gegenstandes gebunden ist. Stellen wir auf die Axe des Auges einen Gegenstand, etwa den Pfeil *AB* (Fig. 291), so gehen die von *A* und *B* nach dem Kreuzungspunkt zielenden Strahlen ungeändert durch das Auge und bestimmen auf der Netzhaut die Bilder *a* und *b*, die um so näher beisammen liegen, je kleiner der Winkel *AkB* ist, unter dem die Strahlen im Kreuzungspunkte sich treffen, der **Sehwinkel**. Wenn dieser kleiner als eine Minute ist, so erzeugen die Punkte *A* und *B* nicht mehr zwei gesonderte Lichteindrücke. Der Pfeil kann daher nicht mehr als solcher wahrgenommen werden.

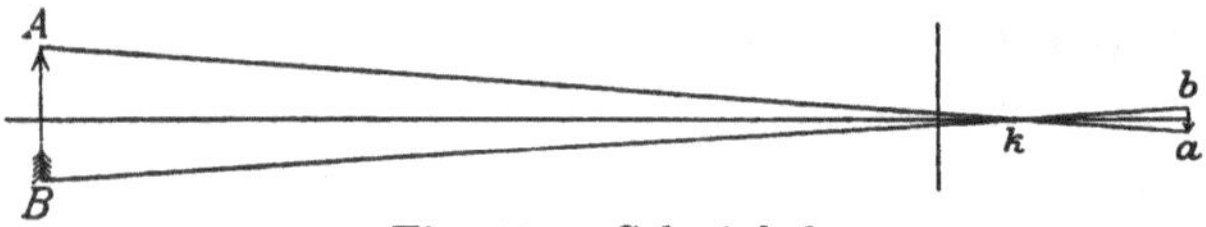

Fig. 291. Sehwinkel.

§ 243. Die Lupe. Wenn wir einen Gegenstand möglichst deutlich in all seinen Einzelheiten sehen wollen, so können wir ihn bis in den Nahpunkt des Auges bringen; gehen wir über diesen hinaus, so vergrößern wir zwar den Sehwinkel, aber wir verlieren die Möglichkeit der Akkomodation. In diesem Fall bringen wir zwischen Auge und Objekt eine Sammellinse, die Lupe, so daß das Objekt innerhalb der Brennweite

---

[1] Reusch, Konstruktionen zur Lehre von den Haupt- und Brennpunkten eines Linsensystems. Leipzig 1870.

liegt. Das von der Linse entworfene virtuelle, aufrechte und vergrößerte Bild muß dann im Nahpunkt des Auges liegen. Figur 292 zeigt die schon früher besprochene Konstruktion. Die durch die Lupe erzielte Vergrößerung ergiebt sich aus der folgenden Überlegung. Ist A der Punkt, in dem das Auge sich befindet, so erscheint das virtuelle Bild des Objektes unter dem Winkel $P_2 A Q_2$; wollten wir das Objekt selbst

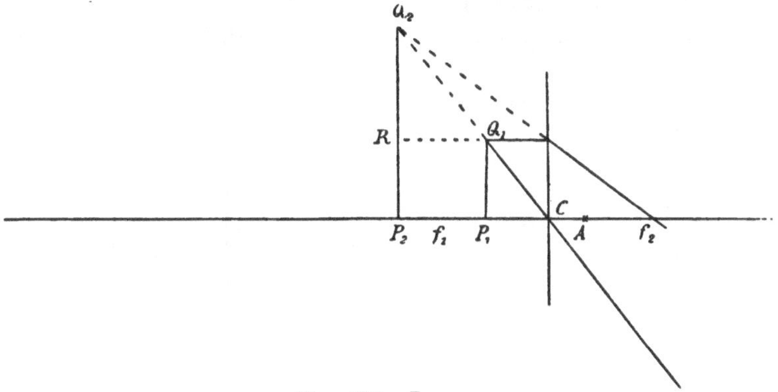

Fig. 292. Lupe.

ohne Lupe deutlich sehen, so müßten wir dasselbe in den Nahpunkt nach $P_2 R$ zurückschieben, und der Sehwinkel wäre $P_2 A R$. Die Vergrößerung m ist gleich dem Verhältnis der beiden Winkel. Da aber nach den allgemeinen Voraussetzungen unserer Theorie die Winkel klein sind, so verhalten sie sich wie die Längen $P_2 Q_2$ und $P_2 R$ oder $P_1 Q_1$. Somit ergiebt sich für die Vergrößerung der Wert:

$$m = \frac{P_2 Q_2}{P_1 Q_1} = \frac{p_2}{p_1},$$

wo $p_2 = C P_2$ und $p_1 = C P_1$; nun ist nach § 233:

$$\frac{1}{p_1} = \frac{1}{p_2} + \frac{1}{f},$$

also auch:

$$m = 1 + \frac{p_2}{f} \cdot$$

Bezeichnen wir endlich noch die Sehweite $A P_2$ mit w, den Abstand des Auges von der Lupe $A C$ mit a, so wird:

$$m = \frac{w - a}{f} + 1 \cdot$$

Die Vergrößerung der Lupe ist um so stärker, je kleiner ihre Brennweite ist, je mehr das Auge ihr genähert wird.

§ 244. Fernrohr und Mikroskop. Das Keplersche oder astronomische Fernrohr und das Mikroskop bestehen beide aus mindestens zwei Linsen, dem Objektiv und dem Okular. Bei beiden Instrumenten entwirft das Objektiv von dem Gegenstande ein reelles, umgekehrtes Bild; das Okular ist nichts anderes als eine Lupe, mit der jenes Bild betrachtet wird. Der Unterschied der Instrumente liegt nur darin, daß bei dem Mikroskop das Objekt in unserer Hand ist, so daß wir schon mit dem Objektive ein stark vergrößertes Bild erzeugen können, während beim Fernrohr das zunächst erzeugte Bild notwendig ein sehr verkleinertes, dem Brennpunkt nahe liegendes ist.

Bei dem Galileischen Fernrohr dient als Okular eine Zerstreuungslinse. Die Wirkung wird durch Figur 293 erläutert. Das von dem

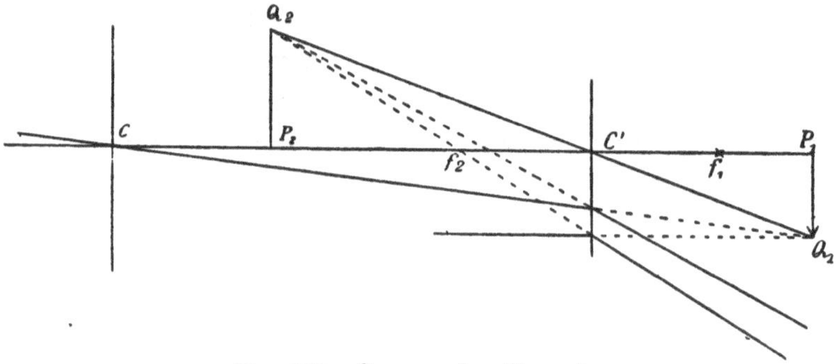

Fig. 293. Galileisches Fernrohr.

Objektiv C entworfene reelle Bild $P_1 Q_1$ kommt nicht zu stande; da die nach $P_1 Q_1$ gehenden Strahlen auf die in C' aufgestellte Zerstreuungslinse fallen. Liegt $P_1 Q_1$ außerhalb ihrer Brennweite $C' f_1$, so entsteht ein virtuelles, aufrechtes, vergrößertes Bild, $P_2 Q_2$.

Wenn man das Keplersche Fernrohr auf ein unendlich entferntes Objekt richtet und für ein auf unendliche Entfernung akkomodiertes Auge einstellt, so fällt der Brennpunkt des Objektivs zusammen mit dem vorderen Brennpunkt des Okulars, die Entfernung der Linsen ist gleich der Summe ihrer Brennweiten. Unter denselben Verhältnissen fällt bei dem Galileischen Fernrohr das Bild $P_1 Q_1$ in die Brennebene des Objektivs; zugleich muß aber dieses Bild auch in der hinteren Brennebene des Okulars liegen, damit das virtuelle Bild $P_2 Q_2$ in unendliche Entfernung rückt; die Distanz der Linsen ist daher gleich der Differenz ihrer Brennweiten. Das Galileische Fernrohr ist erheblich kürzer als das Keplersche, jenes giebt ein aufrechtes, dieses ein umgekehrtes Bild. Das terrestrische Fernrohr unterscheidet sich von dem astronomischen dadurch, daß zwischen Objektiv und Okular noch eine weitere Sammellinse eingeschaltet ist, die das von dem Objektiv erzeugte umgekehrte Bild wieder zu einem aufrechten macht; von diesem entwirft dann die Okularlinse ein virtuelles, vergrößertes und gleichfalls aufrechtes Bild.

Bei dem Spiegelteleskop wird das erste reelle Bild des fernen Objektes durch einen Hohlspiegel entworfen; das Okular wirkt wieder wie eine Lupe.

§ 245. Elektrische Lampe und Projektionsapparat. Die weißglühenden Kohlenspitzen der elektrischen Lampe sind in einem innen geschwärzten Kasten eingeschlossen; dieser trägt in einem Rohransatz ein verschiebbares Linsensystem, den Kollimator, dessen horizontale Axe mit dem Lichtpunkt in gleicher Höhe sich befindet. Stellt man den Kollimator so, daß die Kohlenspitzen an der Stelle des Brennpunktes liegen, so werden die von ihnen ausgehenden Strahlenkegel in Bündel von Parallelstrahlen verwandelt; entfernt man die Linsen von den Spitzen, so treten die Strahlen konvergent aus.

Will man die elektrische Lampe zu Projektionszwecken benützen, so konzentriert man das von den Kohlenspitzen ausgehende Licht durch den Kollimator auf den zu projizierenden Gegenstand. Von diesem entwirft eine Sammellinse ein reelles, umgekehrtes, vergrößertes Bild auf dem Projektionsschirm. Zur Erläuterung diene die Figur 294. Der

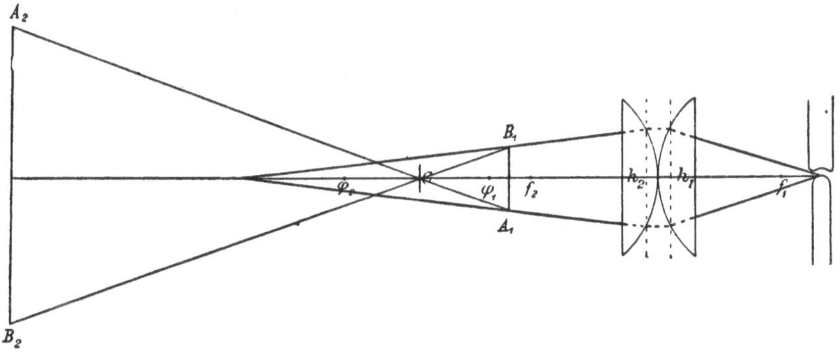

Fig. 294. Projektionsapparat.

Kollimator besteht aus zwei kombinierten plankonvexen Linsen; h_1 und h_2 sind die Hauptpunkte, f_1 und f_2 die Brennpunkte der Kombination. $A_1 B_1$ ist das beleuchtete Objekt, C das Centrum der Projektionslinse, φ_1 und φ_2 ihre Brennpunkte, $A_2 B_2$ das vergrößerte Bild.

§ 246. Die Schlierenmethode. Von den Anwendungen, die wir von den Gesetzen der Lichtbrechung machen, möge endlich noch die Methode

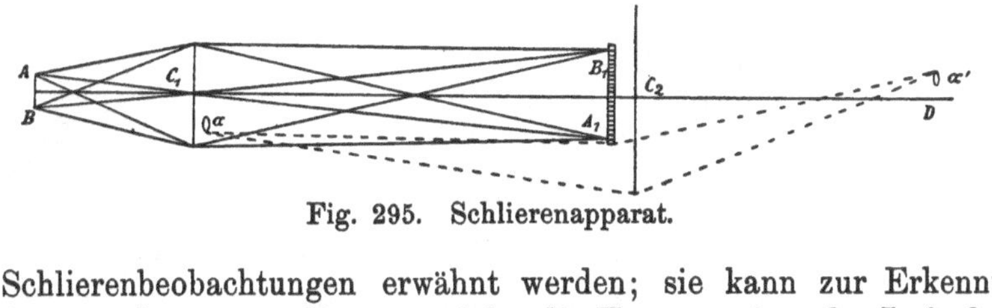

Fig. 295. Schlierenapparat.

der Schlierenbeobachtungen erwähnt werden; sie kann zur Erkennung der feinsten Störungen dienen, welche die Homogeneität der Luft durch Strömungen oder Wellenbewegungen erleidet. AB (Fig. 295) sei eine quadratische von einem intensiven Lichte gleichmäßig beleuchtete Öffnung: C_1 das Centrum einer Sammellinse, welche von der Öffnung AB ein reelles Bild in $A_1 B_1$ entwirft. Wir stellen nun an der Stelle, wo das Bild $A_1 B_1$ entsteht, einen quadratischen, undurchsichtigen Schirm auf, der das Bild $A_1 B_1$ vollständig auffängt, so daß von all den Strahlen, die von AB aus durch die Linse C_1 gehen, unter normalen Verhältnissen keiner in den Raum hinter den Schirm gelangen kann. Hinter dem Schirme befinde sich eine zweite Linse, C_2, die von der Oberfläche der Linse C_1 in D ein reelles Bild entwerfen würde. Nun werde an der Stelle α, nahe der Oberfläche der Linse C_1, die Homogeneität der Luft gestört; es steige etwa ein Strom von heißer Luft, ein Gasstrahl auf; dann werden alle durch α gehenden Strahlen von dem ursprünglichen Wege abgelenkt. Sie gehen jetzt am Rande des undurchsichtigen Schirmes vorbei und erzeugen in der Ebene, die durch D senkrecht zu der Axe der Linsen hindurchgeht, ein Bild α'. Dieses entspricht genau dem Gebiete, in dem die optische Dichtigkeit verändert ist; die gebrochenen Strahlen erzeugen also in den erwähnten Beispielen ein genaues Bild des aufsteigenden Strahles. Wenn man in die Ebene D eine photographische Platte bringt, so kann man eine Photographie des Strahles erhalten. In der That hat man auf diesem Wege bei Strahlen, die unter hohem Druck austreten, die in § 176 erwähnte Tropfenbildung beobachtet; es ist mit Benützung dieses Prinzips gelungen, die in § 181 erwähnten Streckwellen, die Explosionswellen des elektrischen Funkens zu photographieren.[1]

[1] Töpler, Methode der Schlierenbeobachtung als mikroskopisches Hilfsmittel nebst Bemerkungen zur Theorie der schiefen Beleuchtung. Pogg. Ann. 1866. Bd. 127. p. 556. — Optische Studien nach der Methode der Schlierenbeobachtung. Pogg. Ann. 1867. Bd. 131. p. 33.

ZWEITES BUCH.

EMISSION UND ABSORPTION DES LICHTES UND DIE SIE BEGLEITENDEN ERSCHEINUNGEN.

I. Kapitel. Emission und Absorption.

§ 247. Spektralanalyse. Die zuerst von KEPLER[1] in seiner Dioptrik beschriebene Zerlegung des weißen Lichtes durch ein Prisma enthält offenbar ein Prinzip, nach dem wir bei einem beliebigen leuchtenden Körper die Natur der von ihm ausgehenden Strahlen, die Zusammensetzung seines Lichtes, bestimmen können. Der von NEWTON aufgestellte Satz, daß Licht von verschiedener Farbe sich objektiv unterscheidet durch seine verschiedene Brechbarkeit, beseitigt auch die Unsicherheit, die nicht zu vermeiden ist, so lange wir die Strahlen nur durch die ihnen entsprechende Farbenempfindung charakterisieren. Die Resultate der Untersuchungen über die Zusammensetzung des von verschiedenen Lichtquellen ausgesandten Lichtes bilden den Inhalt der Spektralanalyse.

§ 248. Der Spektralapparat. Wenn ein leuchtender Körper Licht von solcher Intensität aussendet, wie die Sonne oder eine elektrische Lampe, so kann man das Spektrum leicht auf einem Schirme entwerfen, wie dies in § 235 angegeben wurde. Im allgemeinen empfiehlt sich, namentlich wenn es sich um eine genaue Lagenbestimmung der ausgesandten Lichtstrahlen handelt, eine unmittelbare Beobachtung der gebrochenen Strahlen mit dem von KIRCHHOFF und BUNSEN konstruierten Spektralapparat (Fig. 296). Dieser besteht aus dem Prisma, das auf ein horizontales, drehbares Tischchen gestellt ist, so daß seine Kante vertikal steht; dem Spaltrohre, S, das an seinem einen Ende den von der Lichtquelle beleuchteten vertikalen Spalt, an seinem anderen eine Sammellinse trägt. Der Spalt befindet sich in der Brennebene der Linse, so daß die von seinen Punkten ausgehenden Strahlen die Linse in paralleler Richtung verlassen. Das Spektrum wird beobachtet mit einem auf unendliche Entfernung eingestellten Fernrohr; dieses vereinigt die aus dem Prisma parallel austretenden gebrochenen Strahlen in der Brenn-

[1] IOANNIS KEPLERI opera omnia ed. Dr. CH. FRISCH. Bd. II. p. 530.

ebene des Objektivs und erzeugt hier reelle Farbenbilder des Spaltes, die sich nach der Brechbarkeit der Strahlen zu dem Spektrum der Lichtquelle aneinanderreihen. Auf dieses in der Brennebene des Objektivs

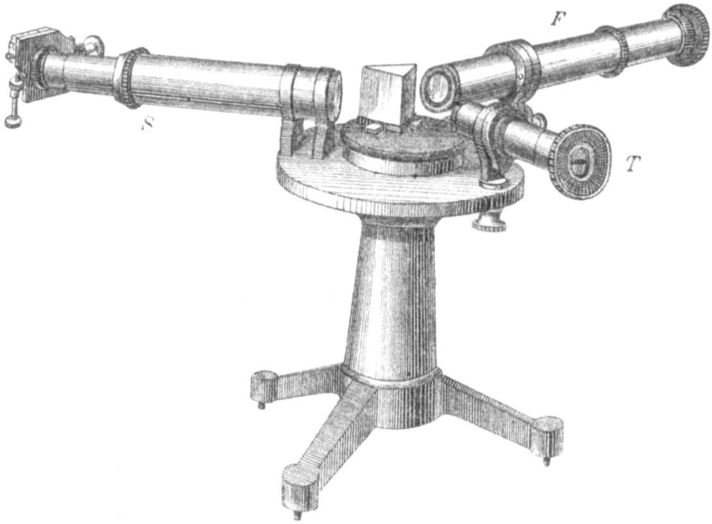

Fig. 296. Spektralapparat.

entstehende Spektrum wirkt das Okular nach dem in § 243 und 244 angegebenen Prinzip wie eine Lupe.

Sollen die zu verschiedenen Zeiten mit dem Spektralapparat angestellten Beobachtungen mit einander vergleichbar sein, so muß bei allen

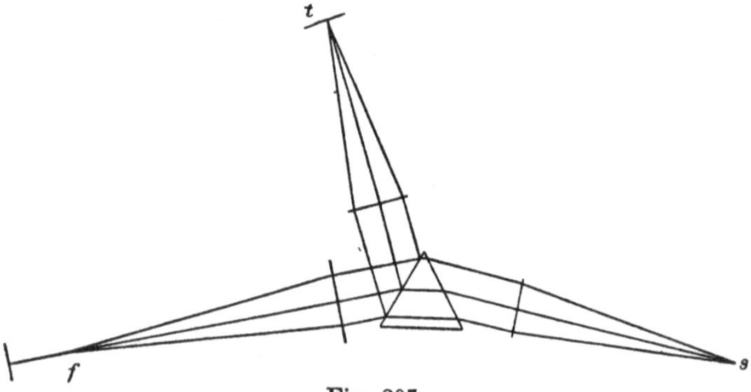

Fig. 297.

die Stellung des Prismas gegen das Spaltrohr dieselbe sein. Man erreicht dies am einfachsten dadurch, daß man das Prisma immer so stellt, daß die Ablenkung der D-Linie des Sonnenspektrums die minimale ist. Einen letzten Teil des Spektralapparates bildet endlich das

Skalenrohr *T*, das an dem einen Ende eine horizontale, auf Glas photographierte Skale, an dem anderen, dem Prisma zugewandt, eine Sammellinse trägt, in deren Brennebene die Skale sich befindet. Das Skalenrohr wird so gestellt, daß die aus der Linse austretenden Strahlen von der Vorderfläche des Prismas nach dem Fernrohr reflektiert werden. Wenn man dann die Skale von hinten beleuchtet, so erscheint das Spektrum über dem hellen Bilde der Teilung, und die Orientierung im Spektrum wird auf diese Weise wesentlich erleichtert. Der Gang der Strahlen wird anschaulich gemacht durch Figur 297; *s* bezeichnet den Spalt, *t* die Skale, *f* den Brennpunkt des Fernrohrobjektivs.

§ 249. Spektra fester und flüssiger Körper. Wenn man einen festen Körper, z. B. Metall, Kalk, Kohle, erhitzt, so beginnt er bei einer Temperatur von 525° zu glühen, und im Spektrum tritt das äußerste Rot auf; bei 1000° hat sich auch der gelbe Teil des Spektrums entwickelt, und zugleich der rote an Intensität gewonnen, bei 1600° endlich haben wir intensive Weißglut, und nun hat sich das ganze Spektrum von rot bis violett ausgebildet; dabei reihen sich die einzelnen Farben in vollkommener Kontinuität aneinander ohne irgend eine Trennung, wie sie beim Sonnenspektrum durch die Fraunhoferschen Linien bedingt wird; das Spektrum eines glühenden festen oder flüssigen Körpers ist ein kontinuierliches. Ausnahmen hiervon machen nur die Oxyde des Cer, Didym und Erbium; sie zeigen eigentümlich streifenartige Spektren, namentlich wenn sie nicht für sich, sondern mit Thonerde und anderen Oxyden vermischt zum Glühen gebracht werden.

§ 250. Spektra von Metalldämpfen. Die Spektra von Flammen, die durch Metallsalze gefärbt waren, wurden zuerst von Kirchhoff und Bunsen einer systematischen Untersuchung unterworfen. Sie zeigen eine von dem Spektrum glühender fester oder flüssiger Körper völlig verschiedene Natur; sie bestehen aus einzelnen hellen, durch lichtlose Zwischenräume voneinander getrennten Linien, und man bezeichnet sie daher als Linienspektren. Die Metalle, auf die sich die Untersuchungen von Kirchhoff und Bunsen bezogen, waren K, Na, Li, Sr, Ca, Ba. Sie brachten zunächst die Metallchloride in die nicht leuchtende Flamme des Bunsenschen Brenners und bestimmten die Lage der einzelnen Linien. Nun erhob sich die Frage, woher rühren diese Linien? Gehören sie dem Metall als solchem an, sind sie abhängig von den besonderen, in der Flamme stattfindenden chemischen Prozessen, von der Temperatur, der Dichte der in die Flamme eingeführten Metalldämpfe? Zur Entscheidung der Frage wurde eine doppelte Reihe von Versuchen angestellt; einmal wurden die Chloride vertauscht mit den Bromiden, Jodiden, Oxydhydraten, Sulfaten und Karbonaten, sodann wurden an Stelle der Bunsenflamme andere gesetzt, und es wurde so eine Skale von verschiedenen Temperaturen hergestellt, über welche die folgende Zusammenstellung eine Übersicht giebt:

Schwefelflamme	1820°	Cels.
Schwefelkohlenstoffflamme	2190°	„
Leuchtgasflamme	2350°	„
Kohlenoxydflamme	3040°	„
Wasserstoffflamme in Luft	3260°	„
Knallgasflamme	8060°	„

Endlich wurde zu der Erzeugung der Spektren auch noch ein kräftiger elektrischer Funken angewandt, der zwischen Elektroden aus dem zu untersuchenden Metall übersprang. Über das Resultat ihrer Beobachtungen berichten KIRCHHOFF und BUNSEN mit den folgenden Worten:

„Bei dieser umfassenden und zeitraubenden Untersuchung, deren Einzelheiten wir übergehen zu dürfen glauben, hat sich herausgestellt, daß die Verschiedenheit der Verbindungen, in denen die Metalle angewandt wurden, die Mannigfaltigkeit der chemischen Prozesse in den einzelnen Flammen und der ungeheuere Temperaturunterschied dieser letzteren keinen Einfluß auf die Lage der den einzelnen Metallen entsprechenden Spektrallinien ausübt.“[1]

Wenn hiernach die Lage der hellen Linien in den Spektren der Metalldämpfe unabhängig ist von ihrer Temperatur und Dichte, so ist damit keineswegs gesagt, daß diese Spektren absolut unveränderliche sind. Vielmehr zeigte es sich, daß bei Steigerung der Temperatur in mehreren Spektren neue Linien auftraten, daß die Intensitätsverhältnisse vorhandener Linien andere wurden. Das Ba besitzt zwei Linien im Grünen, von KIRCHHOFF und BUNSEN mit den Buchstaben η und γ bezeichnet. Bei niedriger Temperatur ist die weniger brechbare γ sehr deutlich, η nicht sichtbar, bei hoher Temperatur ist η heller als γ. Das Ca besitzt zwei scheinbar ganz verschiedene Spektra; in der Flamme des Bunsenbrenners erhält man ein Spektrum, das breite Streifen in rot, gelb, grün enthält, mit dem elektrischen Funken ein aus feinen Linien bestehendes. Schaltet man in die Entladungsstrecke des Funkens eine nasse Schnur ein, so wird seine Temperatur erheblich herabgesetzt, und das Spektrum ist dasselbe wie in der BUNSENschen Flamme.

Aus den Untersuchungen von KIRCHHOFF und BUNSEN folgt mit großer Wahrscheinlichkeit, daß die hellen Linien der Metallspektren durch die gasförmigen Moleküle der Metalle selbst erzeugt werden; denn nur dadurch wird die Übereinstimmung der unter sehr verschiedenen Umständen erhaltenen Spektren begreiflich. Man wird anzunehmen haben, daß die in die Flamme eingeführten Salze in dieser sich dissoziieren, und daß die das Spektrum erzeugenden Strahlen von den durch Dissoziation entstandenen Metallmolekülen ausgehen. Je leichter die Dissoziation eintritt, um so leichter, d. h. bei um so niedrigerer Temperatur ist das Spektrum zu erhalten. Bei den sehr beständigen Salzen der schweren

[1] KIRCHHOFF und R. BUNSEN, Chemische Analyse durch Spektralbeobachtungen. G. KIRCHHOFF, Gesammelte Abhandlungen. p. 598.

Metalle genügt daher der Bunsenbrenner nicht zur Erzeugung des Spektrums, es muß hier der elektrische Funken oder der Lichtbogen zwischen Elektroden aus dem betreffenden Metall benützt werden. Mit den Dissoziationsverhältnissen können außerdem die Veränderungen des Spektrums in Zusammenhang gebracht werden, wie sie bei Ba und Ca erwähnt wurden. Das kompliziertere Spektrum, das der tieferen Temperatur entspricht, kann seinen Grund in einer noch unvollständigen Dissoziation der Metallsalze haben. Endlich muß aber aus den Beobachtungen von Kirchhoff und Bunsen noch der Schluß gezogen werden, daß auch bei den von den dissoziierten Molekülen ausgesandten Strahlen die Intensitätsverhältnisse von der Temperatur und der Dichte der metallischen Dämpfe abhängig sind. Ihre Bestätigung finden diese Anschauungen durch Untersuchungen, über die wir in den nächsten Paragraphen zu berichten haben.

Die Spektren der Alkalimetalle sind durch Figur 298 dargestellt. Die Linien ordnen sich zu gewissen Gruppen oder Serien, die durch die Art der gezeichneten Striche (stark oder schwach ausgezogen, oder gestrichelt) kenntlich gemacht sind. Viele der Linien erweisen sich als doppelt;

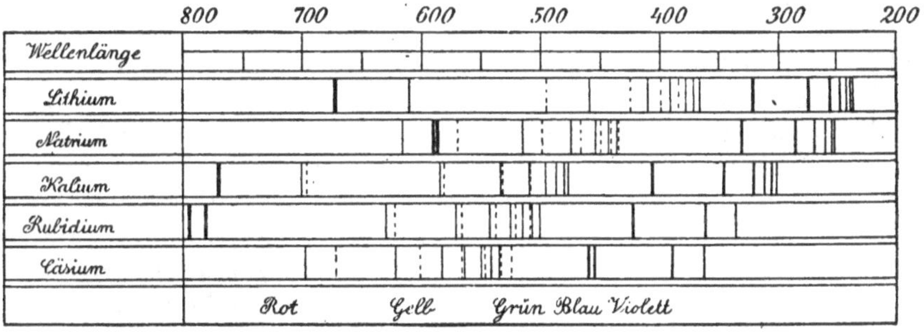

Fig. 298. Spektren der Alkalimetalle.

so die erste der stark ausgezogenen Linien des Natriums, die bekannte gelbe Natriumlinie. Unten ist die Farbe der betreffenden Spektralbezirke angegeben; über den Spektren befindet sich mit Rücksicht auf spätere Betrachtungen eine Skale der Wellenlängen, deren Bestimmung uns in der Undulationstheorie des Lichtes beschäftigen wird, in Milliontel-Millimetern ($\mu\mu$). Die Spektren selbst sind nicht so gezeichnet, wie sie im Prisma erscheinen, sondern so, daß jene Skale nach gleichen Intervallen fortschreitet; eine Anordnung, deren Bedeutung und deren Vorteil freilich erst in der Wellenlehre des Lichtes verständlich werden wird.[1]

§ 251. Spektra Geisslerscher Röhren. Schon vor Kirchhoff und Bunsen hatte sich Plücker mit spektralanalytischen Untersuchungen beschäftigt, zu denen er durch die Erscheinungen der elektrischen Ent-

[1] H. Kayser und C. Runge, Über die Spektren der Elemente. III. Abschnitt. Über die Linienspektren der Alkalien. Abhandl. d. Königl. Preuß. Akad. d. Wiss. zu Berlin vom Jahre 1890.

ladung in verdünnten Gasen angeregt wurde. Verdünnte Gase sind Leiter der Elektrizität, aber der Durchgang des Stromes ist mit eigentümlichen Lichtwirkungen verbunden. Zu ihrer Beobachtung benützte Plücker Glasröhren mit eingeschmolzenen Platinelektroden, die von dem Mechaniker Geissler in Bonn in mannigfachster Form hergestellt wurden, sogenannte Geisslersche Röhren (Fig. 299). Um das von der Entladung erzeugte Licht spektralanalytisch zu untersuchen, wurden die Röhren in ihrem mittleren Teile mit Kapillaren von etwa 0,6 mm Durchmesser versehen; werden die mit verschiedenen Gasen in sehr verdünntem Zustande gefüllten Röhren mit den Polen eines Induktionsapparates verbunden, so konzentriert sich der Entladungsstrom in dem kapillaren Teile und entwickelt in diesem ein verhältnismäßig intensives Licht. Röhren, die dasselbe Gas enthalten, zeigen im allgemeinen dasselbe Spektrum; doch ändert sich das Intensitätsverhältnis der einzelnen Strahlen, so daß die durch ihre Mischung erzeugte Färbung auch bei demselben Gas eine verschiedene sein kann. Plücker untersuchte in dieser Weise, zum Teil in Verbindung mit Hittorf, die Spektren von H, N, O, Cl, Br, J, P, S, Se und C. Durch die Resultate der Untersuchung werden die Sätze von Kirchhoff und Bunsen nach mehreren Seiten erweitert und ergänzt. Vor allem ergab sich, daß außer den kontinuierlichen und Linienspektren noch eine dritte Art von Spektren existiert, die wir als Bandenspektren bezeichnen. Plücker beobachtete ein solches Spektrum beim Stickstoff; auch das Spektrum des Lichtbogens zwischen den Kohlenspitzen einer elektrischen Lampe hat den Charakter eines Bandenspektrums. In einem solchen treten vor allem helle, scharfe Kanten hervor, die durch lichtstarke Linien erzeugt werden, an jede Kante schließt sich dem violetten Ende des Spektrums zu eine Serie heller Linien von allmählich abnehmender Intensität an. Die Abstände dieser oft doppelten oder dreifachen Linien nehmen anfangs rasch, dann langsamer zu und scheinen schließlich konstant zu werden. Auf die erste Kante folgt in einigem Abstand eine zweite mit einer ähnlichen Serie von Linien, auf die zweite Kante eine dritte, und man hat so unter Umständen bis zu sechs Kanten beobachtet, die dann mit den zugehörenden Linienreihen eben das ausmachen, was wir eine Bande nennen; dabei entsteht durch die Übereinanderlagerung der verschiedenen Serien ein schwer zu übersehendes Gewirr von Linien. Es kommt hinzu, daß das Spektrum eines glühenden Gases aus mehreren Banden bestehen kann; da, wo die verschiedenartigen Linien sich häufen, eine Bande die andere überdeckt, scheint es dann unmöglich, das Spektrum in die einzelnen Bestandteile aufzulösen. Der allgemeine Anblick eines Bandenspektrums erinnert durch das scharfe Hervortreten der hellen Kanten, die allmähliche Abnahme der Helligkeit von einer Kante bis zu der nächsten an den einer kannelierten Säule.

Fig. 299.

Aus den Untersuchungen von Plücker und anderen geht hervor, daß Bandenspektren in Geisslerschen Röhren vornehmlich bei niedriger Temperatur, Linienspektren bei hoher Temperatur, bei starken Entladungen, auftreten. So gelang es bei Stickstoff, Schwefel, Selen, Jod Bandenspektren und Linienspektren zu erzeugen. Der Wasserstoff giebt bei niedriger Temperatur ein ungemein linienreiches Spektrum, bei höherer eines, das verhältnismäßig wenige Linien, aber von wunderbarer Regelmäßigkeit der Anordnung enthält. Die im Spektrum des elektrischen Bogenlichtes auftretenden Banden gehören sehr wahrscheinlich zum Teil dem Kohlenstoff, zum Teil dem Kohlenstickstoff an.

Die Figuren 300 und 301 geben eine Anschauung von den Banden des Kohlenspektrums. In Figur 300 sieht man fünf aufeinanderfolgende

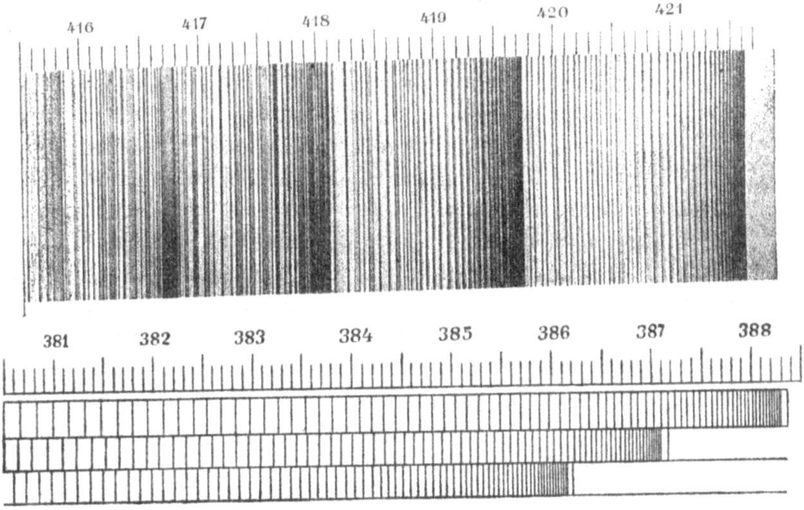

Fig. 300. und 301. Banden des Kohlenspektrums.

Kanten mit den daran sich schließenden Serien von Linien. In Figur 301 sind für einen anderen Teil des Spektrums die Serien auseinander gerückt, die sich an drei aufeinanderfolgende Kanten anschließen. Dabei sind die leuchtenden Linien des Spektrums in der Zeichnung durch schwarze Linien wiedergegeben; die Skalen beziehen sich wie bei Fig. 298 auf Wellenlängen.[1]

§ 252. Spektren chemischer Verbindungen. Schon die Untersuchung der Gasspektren Geisslerscher Röhren hat gezeigt, daß zusammengesetzte Gase, wie z. B. das Cyan, ein eigentümliches, von der Kombination der Elementarspektra verschiedenes Spektrum besitzen. In systematischer Weise wurde die Frage nach den Verbindungsspektren von

[1] H. Kayser und C. Runge, Über die Spektren der Elemente. II. Abschnitt. Über die im galvanischen Lichtbogen auftretenden Bandenspektren der Kohle. Abhandl. der Königl. Preuß. Akad. d. Wiss. zu Berlin vom Jahre 1889.

Mitscherlich behandelt.[1] Er ging aus von der Untersuchung der Chloride, und drängte ihre Dissoziation dadurch zurück, daß er in die Flamme eines Bunsenbrenners oder in eine Wasserstoffflamme freies Chlor einführte. Bei Ba, Sr, Ca, Bi, Pb, Cu, Au wurden Spektren erhalten, die, von den Metallspektren ganz verschieden, als Spektra der Chloride anzusehen waren. Dagegen gelang es bei K, Na, Li, Mg, Zn, Cd, Ag und Hg nicht, andere als die Metallspektren zu erhalten, ohne Zweifel infolge der leichteren Dissoziation der entsprechenden Chloride. Weiterhin wurde die Untersuchung ausgedehnt auf die Bromide, Jodide und Fluoride, sowie auf die Oxyde. Die Spektren der letzteren wurden in der Flamme eines Leuchtgassauerstoffgebläses erzeugt, in deren oxydierenden Teil die Metalle gebracht wurden. Bei all den zuerst genannten Metallen wurden eigentümliche, den Verbindungen angehörende Spektren gefunden. Besonders bemerkenswert ist es, daß diese Spektren den Charakter von Bandenspektren besitzen; es spricht dies für die Vermutung, daß Bandenspektren einem komplizierteren Bau der Moleküle entsprechen, als Linienspektren. Allein die Frage ist noch keineswegs entschieden; denn wir kennen eine merkwürdige Thatsache, die mit jener Annahme unvereinbar scheint. Das Quecksilber, dessen Moleküle als einatomig zu betrachten sind, besitzt nicht nur ein Linienspektrum, in dem 600 Linien gemessen sind, sondern noch ein hiervon völlig verschiedenes und ziemlich kompliziertes Bandenspektrum.[2] An die Untersuchungen von Mitscherlich knüpft sich noch die Bemerkung, daß die in den Spektren von Ba, Sr, Ca in der Bunsenflamme sich zeigenden Banden den Oxyden dieser Metalle angehören.

§ 253. Spektrum und Dampfdichte. Der Einfluß der Temperatur auf das Spektrum erweist sich als ein individueller, er ändert in einer den einzelnen Dämpfen eigentümlichen Weise die Intensitätsverhältnisse der Linien, er verwandelt Bandenspektren in Linienspektren. Da nun die Eigenschaften der Gase überhaupt außer von der Temperatur noch von dem Druck oder der Dichte abhängen, so ist auch bei dem Spektrum ein Einfluß der Dichte von vornherein zu erwarten. Nach den vorliegenden Beobachtungen äußert er sich aber bei den Spektren der verschiedenen Dämpfe in übereinstimmender Weise. Mit zunehmender Dichte werden die Linien des Spektrums breiter. Dies wurde zuerst von Plücker und Hittorf bei einer mit N gefüllten Röhre beobachtet, die bei einem Drucke von 250 mm gefüllt war. Sehr auffallend ist die Erscheinung bei H; in dem einfachen Linienspektrum des H treten besonders drei Linien in violett, blau und rot hervor, die mit den Buchstaben $H\gamma$, $H\beta$ und $H\alpha$ bezeichnet werden. Bei zunehmendem Druck wird zuerst $H\gamma$,

[1] A. Mitscherlich, Beitrag zur Spektralanalyse. Pogg. Ann. 1862. Bd. 116. p. 499. — Über die Spektren der Verbindungen und der einfachen Körper. Ibid. 1864. Bd. 121. p. 459.

[2] Eder und Valenta, Die verschiedenen Spektren des Quecksilbers. Wied. Ann. 1895. Bd. 55. p. 479.

darauf $H\beta$ breiter, während $H\alpha$ sich am wenigsten ändert. Bei einem Druck von 60 mm Quecksilber verwandelt sich das Spektrum in ein nahezu kontinuierliches, an dessen Ende nur noch die rote Linie sichtbar ist; bei einem Druck von 360 mm tritt ein glänzendes, kontinuierliches Spektrum auf, von dem die in ein breites Band ausgedehnte Linie $H\alpha$ kaum mehr sich abhebt.[1] Ähnliche Beobachtungen wurden mit Na gemacht, bei dem die Verbreiterung der Linien schon mit sehr einfachen Mitteln zu zeigen ist.

§ 254. Chemische Spektralanalyse. Nach den Untersuchungen von Kirchhoff und Bunsen repräsentiert die Stellung, welche die Linien der Metallspektren einnehmen, eine chemische Eigenschaft, die von ebenso unwandelbarer und fundamentaler Natur ist, wie das Atomgewicht. Dazu kann ihre Lage im Spektrum mit einer beinahe astronomischen Genauigkeit bestimmt werden. Wo immer in einem Spektrum die Linien eines Metalles auftreten, kann mit absoluter Sicherheit auf seine Anwesenheit in der Lichtquelle geschlossen werden. Die Spektrallinien können daher als Reaktionsmittel dienen, durch welche die Metalle schärfer, schneller und in geringerer Menge sich nachweisen lassen, als durch irgend ein anderes analytisches Hilfsmittel.

Voraussetzung der hierdurch gegebenen chemischen Spektralanalyse ist natürlich, daß die den verschiedenen Metallen angehörenden Spektren einmal genau untersucht, die Linien in Tabellen registriert, oder durch eine Zeichnung des Spektrums anschaulich gemacht werden. Über die Ergebnisse dieser zuerst von Kirchhoff und Bunsen unternommenen Arbeit mögen wenige Bemerkungen genügen.

Beim Na tritt in der Regel nur eine einzige Linie, oder vielmehr eine Doppellinie im Gelb hervor, welche man als Natriumlinie schlechtweg zu bezeichnen pflegt. Die auf das Erscheinen derselben gegründete Reaktion ist so empfindlich, daß man mit ihr noch $\frac{1}{3\,000\,000}$ Milligramm Na mit der größten Deutlichkeit erkennen kann.

Das Li zeigt stets eine rote glänzende, scharf begrenzte Linie und eine sehr schwache gelbe. Na- und Li-Flammen sind infolge dieser Beschaffenheit ihrer Spektren hervorragend geeignet zur Erzeugung eines homogenen, einfarbigen Lichtes, und man macht hiervon bei optischen Beobachtungen in ausgedehntem Maße Gebrauch. Ausgezeichnet durch die ungeheure Menge seiner Linien ist das Spektrum des Eisens; man hat deren ca. 4500 beobachtet und gemessen.

Wenn die Linien aller bekannten Metalle beobachtet, ihrer Lage nach genau bestimmt und gezeichnet sind, so kann das Auftauchen neuer Linien durch die Anwesenheit bis dahin unbekannter Metalle bedingt sein. In der That gelang auf diese Weise Bunsen selbst die Entdeckung des Rubidiums und Cäsiums, und später wurden auf demselben

[1] Frankland, On the combustion of hydrogen and carbonic oxyde in oxygen under great pressure. Proc. of the Roy. Soc. London 1868. V. 16. p. 419.

Wege das Thallium, Indium, Gallium, Germanium, Scandium, Samarium und Helium gefunden.

§ 255. Absorption des Lichtes. Wenn weißes Licht auf die Oberfläche eines Körpers fällt, so wird es zum Teil reflektiert, zum Teil dringt es in denselben ein, es wird gebrochen. Aber mit dem gebrochenen Teile geht nun noch eine andere wichtige Veränderung vor sich, die wir als Absorption bezeichnen. Während das Licht im Inneren des Körpers sich bewegt, verliert es mehr oder weniger an Intensität. Nun trifft aber im allgemeinen die Absorption die verschiedenen Strahlen des Spektrums in verschiedenem Maße; das aus dem Körper wieder austretende Licht hat daher nicht mehr die Zusammensetzung des weißen auffallenden Lichtes, sondern ist gefärbt. Wenn ein mit Kupferoxydul zusammengeschmolzenes Glas alle Strahlen, mit Ausnahme der roten, sehr stark absorbiert, so muß das Glas im durchscheinenden Lichte rot sein; ebenso absorbiert ein Kobaltglas die mittleren Strahlen des Spektrums sehr stark und erscheint daher im durchgehenden Lichte blau.

Hiernach hängt also die Farbe, welche die Körper im durchfallenden Lichte zeigen, ab von der auswählenden Absorption, die sie üben. Wir können aber einen Schritt weiter gehen und nachweisen, daß auch die Farbe im diffus reflektierten Lichte in vielen Fällen durch Absorption bedingt wird. Zu diesem Zweck wollen wir zuerst fragen, wie es kommt, daß gewisse Körper uns im auffallenden Lichte weiß erscheinen, wie Kreide, Marmor, gemahlener Gyps, eine weiße Lilie, Schnee, hochschwebende vom Sonnenlicht getroffene Wolken, Strahlen von kondensiertem Wasserdampf. All diesen Körpern ist gemeinsam, daß sie aus einzelnen an sich farblosen und durchsichtigen Teilchen bestehen, die durch sehr kleine Zwischenräume voneinander getrennt sind. Fällt weißes Licht auf einen solchen Körper, so dringen seine verschiedenen Strahlen in das Innere des Körpers ein, bis sie auf die Grenzfläche eines der Teilchen treffen, aus denen der Körper besteht; von diesem reflektiert, gehen sie nach der Oberfläche zurück. Wenn wir diese betrachten, so erhalten wir also Licht, das aus verschiedenen Tiefen und von Flächen der verschiedensten Orientierung reflektiert wurde, Licht, das nach dem Austritt aus dem Körper die verschiedensten Richtungen verfolgt, und das alle Strahlen des weißen Lichtes enthält, da ja die Körperteilchen selbst farblos sind und keine dieser Strahlen absorbieren. Das auf diese Weise reflektierte Licht ist das diffuse weiße Licht, in dem wir den Körper sehen, und das seine weiße Farbe bedingt. Nehmen wir nun an, die Teilchen, aus denen der Körper zusammengesetzt ist, seien nicht farblos, sondern absorbieren Strahlen von bestimmter Farbe, so werden in dem aus dem Inneren reflektierten Lichte diese Strahlen fehlen oder eine verminderte Intensität besitzen, und der Körper erscheint dann in dem diffus reflektierten Lichte ebenso gefärbt, wie in dem durchgelassenen. Denken wir uns die Räume zwischen den Zellwänden einer Lilie mit einer roten Lösung gefüllt, so sind auch die aus dem Inneren reflektierten

Strahlen rot, das weiße Blatt wird rot wie das einer Tulpe. Zugleich sehen wir, daß ein Körper schwarz erscheinen muß, wenn in dem auffallenden Lichte die Farben fehlen, für welche er durchsichtig ist.

§ 256. Absorptionsspektren. Auf der spektralanalytischen Methode beruht nicht bloß unsere Kenntnis von der Lichtemission der Körper; sie führt auch zu einer sehr einfachen und übersichtlichen Bestimmung ihrer Absorptionsverhältnisse. Man hat nichts nötig, als das kontinuierliche Spektrum eines weißglühenden festen Körpers durch eine aus der zu untersuchenden Substanz hergestellte planparallele Platte zu betrachten; man sieht dann unmittelbar, welche Teile des Spektrums ausgelöscht, welche mehr oder weniger geschwächt erscheinen, und welche mit ungeänderter Intensität durchgehen. Man kann so auch den Einfluß, den die Dicke der durchstrahlten Schichten, die Konzentration der in Lösung befindlichen Farbstoffe auf die Größe der Absorption ausübt, bestimmen. Man findet, daß Schichten von gleichem Gehalt an absorbierender Substanz von den auffallenden Strahlen immer denselben Bruchteil absorbieren. Die Absorption nimmt daher mit der Dicke der durchstrahlten Körper in starkem Verhältnis zu; Wasser, in dünnen Schichten farblos, erscheint in Schichten von einigen Metern Dicke schwach blau. Auf Grund derselben Ursache muß auch die Farbe des von einem Körper durchgelassenen Lichtes sich mit der Dicke ändern, indem zuerst die Strahlen verschwinden, die am meisten absorbiert werden, allmählich auch solche von etwas schwächerer Absorption, bis zuletzt nur die nicht oder nur sehr wenig absorbierten übrig bleiben. Manche Lösungen, wie die des Blutes, des Chlorophylls, des übermangansauren Kalis zeigen sehr eigentümliche streifenartige Absorptionen, die besonders überraschend bei den vollkommen farblosen Lösungen der Didymsalze sind. Ausgezeichnet durch eine Fülle von Absorptionslinien sind endlich gewisse Gase, wie Stickstoffdioxyd und Joddampf.

§ 257. Die Umkehrung der Spektrallinien. Wir kommen nun zu dem Hauptsatze der Strahlungslehre, dessen Entdeckung sich an die Absorptionserscheinungen der Gase knüpft. Das Spektrum eines elektrischen Bogenlichtes sei auf einem Schirm nach der in § 235 geschilderten Weise dargestellt. Bringt man nun vor den von den Strahlen der Lampe getroffenen Spalt eine intensiv durch Natrium gefärbte Gasflamme, so bildet sich im Gelb des Spektrums ein scharfer schwarzer Streifen aus, und zwar befindet er sich genau an derselben Stelle, wo der leuchtende Natriumdampf für sich die helle gelbe Linie erzeugen würde. Wir werden daraus schließen, daß der Natriumdampf die Eigenschaft hat, dieselben Strahlen, die er aussendet, auch zu absorbieren. In der That können wir dann annehmen, daß die Stelle des Spektrums, an der Licht von der Brechbarkeit der Natriumlinie sich befindet, wesentlich nur von dem Natriumdampf der Gasflamme beleuchtet wird, während die gleich brechbaren, aber viel intensiveren Strahlen des elektrischen Lichtes in dem Dampfe absorbiert werden. Die schwarze Linie entsteht somit durch eine Kontrastwirkung; die unmittelbar neben ihr liegenden Teile des Spektrums sind beleuchtet von dem vollen Licht der elektrischen Lampe, die Natriumlinie selbst wesentlich nur von dem Licht der Flamme; dieses aber ist so viel schwächer als das elektrische Licht, daß die von ihm allein getroffene Stelle völlig dunkel erscheint. Man bezeichnet diese Erscheinung als die Umkehrung der Natriumlinie. Eine eigentümliche, auch mit dem gewöhnlichen Spektralapparat leicht zu beobachtende Erscheinung ist die Selbstumkehrung der Linie. Wenn man in die Bunsenflamme metallisches Natrium einführt, so füllt sie sich mit sehr dichten Dämpfen des Metalls und erzeugt eine stark verbreiterte Linie; in ihrer Mitte erscheint dann eine schwarze Linie, die ihren Ursprung der Absorption in den kälteren äußeren Teilen der Flamme verdankt. Sehr häufig wurden solche Selbstumkehrungen beobachtet, wenn Metalle im galvanischen Lichtbogen verdampft wurden. Auch der zuerst beschriebene Versuch wurde schon von Kirchhoff und Bunsen mit Li, Ka, Sr, Ca, Ba wiederholt, wobei sie nur an Stelle des elektrischen Lichtes das der Sonne benützten. Man wird also allgemein annehmen dürfen, daß leuchtende Dämpfe dieselben Strahlen, die sie aussenden, auch in besonderem Maße absorbieren, daß ihr Absorptionsvermögen für Strahlen von bestimmter Brechbarkeit ihrem Emissionsvermögen für dieselben Strahlen proportional sei, wenigstens wenn die Temperatur bei beiden Vorgängen dieselbe ist. Die weitere Ausführung dieses Satzes, seine Ausdehnung auf Körper von beliebigem Aggregatzustand müssen wir der Lehre von der strahlenden Wärme vorbehalten.

§ 258. Das Sonnenspektrum als Absorptionsspektrum. Eine große Zahl der hellen Linien der Metalldämpfe befindet sich genau an denselben Stellen des Spektrums wie entsprechende Fraunhofersche Linien des Sonnenspektrums, so z. B. die Doppellinie des Na genau an der Stelle der gleichfalls doppelten D-Linie Fraunhofers; daß es sich dabei nicht um einen Zufall handeln kann, ergiebt sich einmal daraus, daß diese Koinzidenzen sich auch bei der stärksten Vergrößerung des Spektrums unverändert erhalten haben. Wie weit man nach dieser Richtung gegangen ist, wird anschaulich, wenn man bemerkt, daß in der Fraunhoferschen Zeichnung des Sonnenspektrums die beiden D-Linien einen Abstand von 0,3 mm, in der Kirchhoffschen einen solchen von 4 mm besitzen. In der von Kayser und Runge aufgenommenen Photographie des Eisenspektrums entspricht der Abstand der D-Linien einer Länge von 6 mm, endlich in der Rowlandschen Photographie des Sonnenspektrums einer Länge von 18 mm. Ein Zufall ist aber auch durch die Anzahl der Koinzidenzen ausgeschlossen, die beim Eisen bei etwa zweitausend Linien konstatiert worden sind. Hiernach ist das Spektrum der Sonne als ein Absorptionsspektrum zu betrachten. Der dichte Kern derselben muß ein kontinuierliches Spektrum erzeugen, von dem Strahlen von bestimmter Brechbarkeit durch die in der äußeren Atmosphäre enthaltenen Dämpfe absorbiert werden. Die Untersuchung des Sonnenspektrums liefert danach eine Analyse der chemischen Zusammensetzung ihrer Atmosphäre. Folgende Elemente sind auf diesem Wege in der Sonne nachgewiesen: Na, Mg, Ca, Sr, Ba, Fe, Co, Ni, Cr, Mn, H, Ti und Helium. Für einige von diesen Stoffen ist Koinzidenz nur bei einem Teil der Linien vorhanden, und die Frage daher noch nicht als ganz entschieden zu betrachten.

§ 259. Anomale Dispersion. An die Absorption knüpft sich zunächst noch eine Erscheinung, durch die unsere Anschauungen über die Natur der Brechung eine nicht unwesentliche Erweiterung erfahren. Körper, die im Spektrum Absorptionsstreifen erzeugen, brechen die in der Nähe der Streifen liegenden Strahlen in einer von der gewöhnlichen abweichenden Weise. Wenn wir ein Spektrum, das von einem Prisma aus farblosem Glase mit vertikaler brechender Kante erzeugt ist, durch ein eben solches Prisma mit horizontaler Kante betrachten, so erscheint das abgeleitete Spektrum als ein ziemlich gleichmäßig schief gezogener Streifen, in dem die einzelnen Farben umsomehr abgelenkt sind, je mehr sie sich dem violetten Ende des Spektrums nähern. Es ist dies die Methode der gekreuzten Prismen, die wir schon in § 235 erwähnt haben. Benützen wir nun bei dieser Methode als zweites Prisma ein solches mit ausgesprochenen Absorptionsstreifen, z. B. ein Prisma von Fuchsin, Cyanin, übermangansaurem Kali, so zeigt das abgeleitete Spektrum Formen, wie sie in Figur 302 dargestellt sind. Wenn man vom roten Ende des Spektrums ausgeht, so nimmt, wenn mehrere Absorptionsstreifen vorhanden sind, die Brechung bis zu dem ersten stark zu, um hinter ihm auf einen kleineren Betrag zurückzugehen, sie steigt dann wieder an, bis zu dem zweiten Streifen, ist hinter diesem wiederum kleiner, und dieses Verhalten wiederholt sich bei jedem Absorptionsstreifen bis zu dem violetten Ende des Spektrums. Diese Verschiebung der Brechbarkeit geht bei einer Fuchsinlösung, die das grüne Licht vollständig absorbiert, so weit, daß das Rot und Gelb des Spektrums stärker abgelenkt wird, als das Blau und Violett; die Brechungsverhältnisse einer solchen Lösung sind im folgenden zusammengestellt:

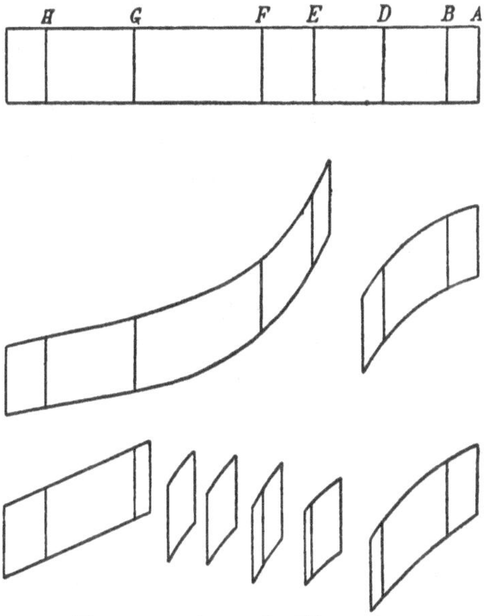

Fig. 302. Anomale Dispersion.

Fraunhofersche Linie	*B*	*C*	*D*	*F*	*G*	*H*
n	1,387	1,392	1,398	1,361	1,367	1,376.

Die hierdurch charakterisierte Art der Farbenzerstreuung bezeichnet man als anomale Dispersion. Sie hängt nach dem vorhergehenden eng zusammen mit der Absorption der Strahlen und findet sich daher auch bei Gasen, die ausgesprochene Absorptionsstreifen besitzen; so ist bei Joddampf für rotes Licht $n = 1,00205$, für violettes $n = 1,00192$.

§ 260. Oberflächenfarben und Metallglanz. Wir haben in § 255 die Farbe, welche die Körper im diffusen Lichte uns zeigen, als ein Absorptionsphänomen betrachtet. Im Anschluß an die vorhergehenden Untersuchungen möge noch bemerkt werden, daß auch die regelmäßig reflektierten Strahlen unter Umständen in eigentümlicher Weise gefärbt erscheinen. Es ist dies der Fall bei allen Körpern, die starke Absorption besitzen. Gerade die Farben, die stark absorbiert werden, haben dann in dem regelmäßig reflektierten Licht eine besonders große Intensität. So erklärt sich die lebhafte Färbung der Oberfläche bei Anilinfarben, bei übermangansaurem Kali. Die Farbe dieser Körper im regelmäßig reflektierten Lichte ist komplementär zu der im durchgelassenen. Diese Bemerkung gilt auch für Metalle, z. B. für Gold. Dieses ist im durchgelassenen Lichte in dünner Schicht grün, es absorbiert die gelben Strahlen und wirft sie demzufolge auch besonders stark zurück; das Gold ist daher auch im regelmäßig reflektierten Lichte gelb gefärbt. Endlich aber zeichnen sich die Metalle überhaupt aus durch die starke Absorption, die sie für alle Strahlen des Spektrums besitzen. Es hängt damit zusammen, daß auch ihre regelmäßige Reflexion eine besonders intensive ist, und hierin liegt die Ursache des Metallglanzes. Stoffe mit ausgezeichneten Absorptionsstreifen besitzen wenigstens für die ihnen entsprechenden Strahlen eine Reflexion von ähnlicher Stärke, man spricht daher auch bei ihnen von metallischem Glanze der Oberfläche.

Durch die Stärke ihrer Reflexion nähern sich die Metalle den Verhältnissen der totalen Reflexion, und es ist in der That leicht zu sehen, daß total reflektierende Flächen im Tageslichte den hellsten Silberglanz besitzen.

II. Kapitel. Fluorescenz und chemische Wirkung des Lichtes.

§ 261. Die Fundamentalerscheinung der Fluorescenz. Mit der Absorption hängen weitere merkwürdige Lichtwirkungen zusammen, mit denen wir uns im folgenden zu beschäftigen haben. Eine Lösung von Chlorophyll ist im durchgehenden Lichte grün gefärbt. Läßt man mit Hilfe einer Sammellinse einen Kegel von Sonnenlicht in die Lösung eindringen (Fig. 303), so geht von diesem nach allen Seiten ein rotes Licht aus. Eine ganz analoge Erscheinung wurde an den Flußspaten von Cumberland beobachtet, die im durchfallenden Lichte hellgrün sind. Der Weg eines kondensierten Lichtstrahles in dem Krystall erscheint dunkelblau. Der Flußspat ist es, welcher der ganzen Erscheinung den

Namen der Fluorescenz gegeben hat. Sie tritt außerdem in ausgezeichneter Weise bei dem Uranglas auf, das, im durchscheinenden Licht gelb, ein intensiv grünes Fluorescenzlicht entwickelt; ebenso zeichnen sich durch ihre prachtvolle grüne Fluorescenz die Farbstoffe der Eosingruppe, Eosin, Fluorescëin, aus. Wenn man auf ein mit gelbem Platincyanbaryum beschriebenes Papier Sonnen- oder Tageslicht durch ein blaues Glas fallen läßt, so leuchten die Schriftzüge in einem intensiven, grünlichen Lichte; beleuchtet man dagegen durch gelbes oder rotes Glas, so verschwindet die Fluorescenz. Ebenso fluoresciert ein Uranglaswürfel, wenn man das Sonnenlicht durch ein blaues Glas auf ihn fallen läßt, die Erscheinung verschwindet bei der Anwendung von rotem Lichte. Die Versuche zeigen, daß es sich bei der Fluorescenz um eine Verwandelung des in den Körper eindringenden Lichtes handelt; dieses wird nicht einfach absorbiert, und hierbei in eine andere Energieform übergeführt, sondern es erregt wieder Licht, aber Licht von anderer Farbe und Brechbarkeit. Nach einer von Stokes aufgestellten Regel, welche jedenfalls dem allgemeinen Charakter der Erscheinungen entspricht, handelt es sich um eine Verwandlung von Strahlen von höherer Brechbarkeit in solche von geringerer, z. B. von blauen in grüne. Wenn aber die Fluorescenz in einer Verwandlung von gewissen in den Körper eindringenden Strahlen in zerstreutes Licht von anderer Farbe besteht, so müssen in dem durch einen fluorescierenden Körper durchgelassenen Lichte eben diese verwandelten Strahlen fehlen; es kann also dieses Licht nicht mehr die Fähigkeit besitzen, in einem zweiten Körper von derselben Art Fluorescenz zu erregen; eine Folgerung, die durch die Erfahrung in vollem Umfange bestätigt worden ist.

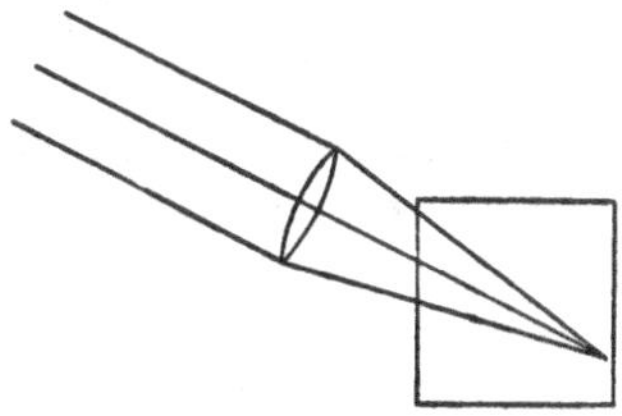

Fig. 303. Fluorescenz.

§ 262. Fluorescenzspektren. Sehr viel genauer sind die im vorhergehenden aufgestellten Sätze zu beweisen mit Hilfe der spektralanalytischen Methoden. Man bestreiche einen Papierstreifen zur Hälfte mit Platincyanbaryum oder mit einer Chininlösung. Man entwerfe das Spektrum des elektrischen Lichtbogens oder der Sonne mit Hilfe eines vertikalen Spaltes, und lasse die Strahlen auf das präparierte Papier fallen, so daß die eine Hälfte des Spektrums auf die obere freie, die andere auf die untere, von der fluorescierenden Substanz bedeckte Hälfte des Streifens fällt. Man sieht dann (vgl. Fig. 304) oben das gewöhnliche Spektrum; unten aber leuchtet der Streifen in grünlichem Fluorescenzlicht, das sich noch weit über die violette Grenze des gewöhnlichen Spektrums hinaus erstreckt. Diese Beobachtung spricht einmal für die

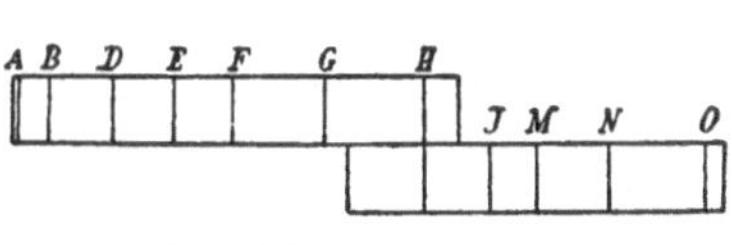

Fig. 304. Fluorescenzspektrum.

Richtigkeit der STOKESschen Regel, da sie unmittelbar die Umwandlung violetter und blauer Strahlen in grüne und gelbe zur Anschauung bringt. Sie enthält aber außerdem die neue, höchst überraschende Thatsache, daß die Strahlung eines glühenden Körpers mit dem Violett des Spektrums keineswegs zu Ende ist, daß vielmehr darüberhinaus noch ein ausgedehntes Feld von brechbareren Strahlen existiert, die sich für gewöhnlich unserer Wahrnehmung entziehen, die aber sichtbar werden, weil sie in der fluorescierenden Substanz in Strahlen von geringerer Brechbarkeit sich verwandeln. Die Fluorescenz bildet danach ein Mittel zu der Untersuchung dieses ultravioletten Teiles des Spektrums, und es ist von großem Interesse, zu sehen, daß seine Beschaffenheit derjenigen des sichtbaren Spektrums durchaus analog ist. Das Spektrum der Sonne zeigt sich in seinem ultravioletten Teile durchzogen von sehr zahlreichen, sich immer dichter zusammendrängenden FRAUNHOFERschen Linien; das Spektrum der Metalle, des elektrischen Lichtbogens weist dementsprechend eine Menge von Linien im Ultravioletten auf.

Zur Untersuchung des Fluorescenzlichtes selbst wird man zweckmäßig die Methode der gekreuzten Prismen verwenden. Man entwirft das Spektrum eines vertikalen Spaltes auf einer fluorescierenden Substanz und beobachtet es durch ein Prisma mit horizontaler Kante; dabei ergiebt sich, daß das Fluorescenzlicht keineswegs homogen ist, sondern aus Strahlen von sehr verschiedener Brechbarkeit besteht.

Endlich kann man noch das Absorptionsspektrum fluorescierender Körper untersuchen; man findet dann in der That Absorption der Strahlen, die Fluorescenzlicht erzeugen. Aber diese Absorption ist eine von der gewöhnlichen sehr verschiedene. Bei der letzteren verwandelt sich die Energie der absorbierten Strahlen im allgemeinen in Wärme; bei der Absorption der Fluorescenz erregenden Strahlen bewahrt die Energie die Form der strahlenden Energie, nur die Brechbarkeit des Lichtes wird eine andere.

§ 263. Phosphorescenz. Manche Körper, zu denen insbesondere die Schwefelverbindungen der Erdalkalimetalle gehören, zeigen die Eigenschaft, nach der Bestrahlung durch Sonnen- oder elektrisches Licht längere oder kürzere Zeit zu phosphorescieren, d. h. ein sanftes Licht auszustrahlen, dessen Farbe bei verschiedenen Körpern eine verschiedene ist. Dabei zeigen die Körper keine Erhöhung der Temperatur und keine nachweisbare chemische Veränderung. Ohne Zweifel ist die Phosphorescenz nichts anderes, als eine nachwirkende Fluorescenz; denn man kann eine ganze Stufenfolge von Körpern aufstellen, von solchen an, die nur Fluorescenz, aber keine merkliche Phosphorescenz besitzen, oder bei denen die letztere nur wenige Sekunden dauert, bis zu solchen, bei denen das Phosphorescenzlicht viele Stunden hindurch ausgesandt wird.

§ 264. Chemische Wirkungen des Lichtes. Licht, das in einem Körper absorbiert wird, wandelt sich im allgemeinen um in Wärme; in fluorescierenden und phosphorescierenden Substanzen in Licht von anderer Brechbarkeit. Von großem Interesse ist eine dritte Wirkung, die mit Lichtabsorption verbunden sein kann, die Leistung von chemischer Arbeit. Die chemische Wirkung des Lichtes ist von Bunsen mit besonderer Ausführlichkeit beim Chlorknallgas untersucht worden. Es zeigte sich, daß sie der Intensität des Lichtes proportional ist. Bunsen untersuchte dabei auch die photochemische Wirkung in den verschiedenen Teilen des Sonnenspektrums; zu seiner Erzeugung wurden Quarz-Prismen und Linsen benützt, da Glas die ultravioletten Strahlen viel zu stark absorbiert. Es ergab sich, daß die Wirkung gleich breiter Streifen des prismatischen Spektrums im Roten und Gelben bis zum Grünen hin sehr schwach ist, dann aber im Blau rasch zu einem Maximum zwischen *G* und *H* ansteigt; sie sinkt dann wieder, erreicht im ultravioletten bei der Fraunhoferschen Linie *J* ein zweites Maximum und wird zwischen den Linien *T* und *U* unmerklich. Graphisch sind diese Verhältnisse in Figur 305 dargestellt.

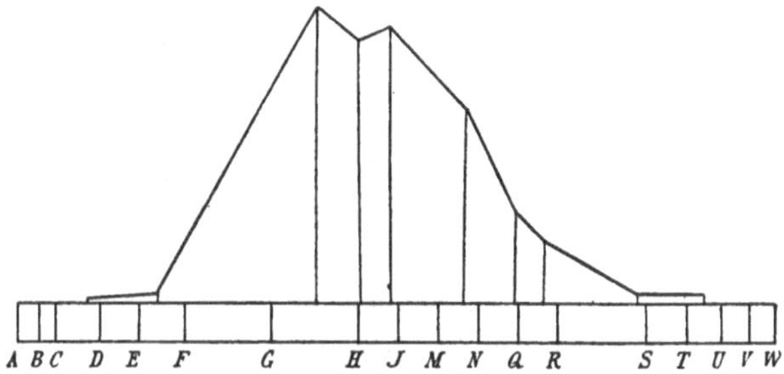

Fig. 305. Chemische Wirkung des Spektrums.

Bemerkenswert ist dabei die Thatsache, daß die Lichtwirkung nicht mit der Bestrahlung zugleich in voller Stärke einsetzt, sondern erst nach einiger Zeit. Diese Erscheinung, die photochemische Induktion, wird durch die folgende Tabelle anschaulich gemacht; *t* bedeutet die Zeit nach Beginn der Belichtung in Minuten, *S* die während einer Minute gebildeten Mengen von Salzsäure.

t	*S*	*t*	*S*
1	0,0	6	2,1
2	1,6	7	14,6
3	0,5	8	29,2
4	0,0	9	31,1
5	0,5	10	30,4.

Es deutet diese Erscheinung vielleicht darauf hin, daß das Licht nicht direkt die Vereinigung von H und Cl bewirkt, sondern zunächst die Entstehung von Zwischenverbindungen veranlaßt. Die Bildung von Chlorwasserstoff würde erst dann beginnen, wenn eine gewisse Menge jener Zwischenprodukte vorhanden wäre Diese Vermutung wird unterstützt durch die Bemerkung, daß die Verbindung der trockenen Gase sich nur schwer vollzieht, daß die Anwesenheit von Wasserdampf für den Verlauf der Reaktion wesentlich zu sein scheint.

§ 265. Photographie. Von eminenter praktischer Bedeutung ist die Empfindlichkeit, welche die Haloidsalze des Silbers dem Lichte gegenüber besitzen; denn auf ihr beruht die Herstellung der Photographieen. Auf eine bromsilberhaltige, trockene Gelatineplatte lassen wir in der Camera obscura das reelle Bild des aufzunehmenden Gegenstandes kurze Zeit hindurch wirken. Es wird hierdurch eine sichtbare chemische Zersetzung nicht erzielt. Wenn wir aber nun die Platte mit einer reduzierenden Substanz, z. B. einer Lösung von Eisenoxalat, oder Hydrochinon behandeln, so vollzieht sich die Ausscheidung des Silbers an einer bestimmten Stelle der Platte um so schneller, je stärker sie zuvor beleuchtet war. Wenn die Reduktion rechtzeitig unterbrochen wird, so erhält man durch diesen Prozeß der „Entwickelung" ein Negativ, in dem die hellen Stellen des Objektes durch das ausgeschiedene Silber dunkel erscheinen. Um dieses Bild zu fixieren, die Verdunkelung durch eine allmählich weiter schreitende Zersetzung des Bromsilbers zu verhindern, muß das letztere entfernt werden, was durch Ausziehen der Platte mit einer wässerigen Lösung von unterschwefligsaurem Natron geschieht. Um ein positives Bild zu erhalten, belichtet man eine empfindliche Platte durch das Negativ hindurch. Die Verbindungen des Silbers sind gegen die violetten und blauen Strahlen ungleich empfindlicher, als gegen die gelben und roten; daher kommt es, daß in dem positiven Bild die roten und gelben Farben gegen die blauen und violetten bei gleicher Expositionsdauer dunkel erscheinen. Diesen für eine treue Wiedergabe der Objekte störenden Umstand hat man zu vermeiden gelernt durch die optische Sensibilierung. Man mischt den lichtempfindlichen Platten geringe Mengen von Substanzen bei, welche die gelben oder die roten Strahlen absorbieren; besonders wirksam haben sich erwiesen Azalin, Erythrosin, Dijodfluoresceïn. Die so präparierten Platten erweisen sich dann auch für die gelben und roten Strahlen als empfindlich.

§ 266. Photographieen des Spektrums. Die Photographie bildet gegenwärtig das wichtigste Hilfsmittel für die Untersuchung der Spektren. Die hohe Lichtempfindlichkeit der Silbersalze für die violetten und ultravioletten Strahlen legte den Gedanken, sie zur photographischen Aufnahme des ultravioletten Spektrums zu benützen, von vornherein nahe. Es zeigte sich aber zugleich die schon erwähnte starke Absorption der ultravioletten Strahlen durch Glas; um den entsprechenden Teil des Spektrums in seiner ganzen Ausdehnung zu erhalten, ist es daher notwendig, zur Erzeugung der Spektren Linsen und Prismen aus Quarz oder Kalkspat, oder die später zu besprechenden Beugungsgitter zu verwenden. Aber schon die Luft übt auf den äußersten Teil des Ultravioletten eine starke Absorption aus; man hat daher in neuerer Zeit Metallspektren im Vakuum photographiert, um sie möglichst weit nach dem Ultravioletten zu verfolgen. Die sichtbaren Teile des Spektrums erfordern zunächst eine um so längere Expositionsdauer, je weniger wirksam ihre Strahlen sind; man wird also namentlich bei der Aufnahme des Gelben und Roten die Platten sensibilieren; auf diesem Wege ist es dann möglich, auch im Ultraroten einen unsichtbaren Teil des Spektrums zu photographieren, dessen Existenz schon früher durch seine Wärmewirkungen angezeigt worden war. Das Sonnenspektrum besitzt in seinem ultraroten Teile, ebenso wie in seinem ultravioletten, zahlreiche FRAUNHOFERsche Linien; wir schließen daraus, daß auch die Strahlung der die Sonnenatmosphäre erfüllenden Metalldämpfe in das Ultrarote sich erstreckt, und daß ihre Spektren dort ebenso aus einzelnen Linien zusammengesetzt sind, wie im sichtbaren oder im ultravioletten Teile des Spektrums.

§ 267. Farbenphotographie. Als eine Unvollkommenheit der Photographie empfinden wir es, daß sie die aufgenommenen Gegenstände alle in denselben grauen oder braunen Tönen wiedergiebt, daß ihr die Farbe fehlt. Die Möglichkeit, durch ein photographisches Verfahren auch die Farbe des auffallenden Lichtes wieder zu erzeugen, erhellt aus der folgenden Betrachtung. Es sei ein lichtempfindlicher Stoff gegeben, der alle Strahlen absorbiert; infolge einer durch das absorbierte Licht bewirkten Zersetzung möge er drei verschiedene Stoffe liefern, von denen der eine die roten, der zweite die grünen, der dritte die violetten Strahlen in diffuser Weise reflektiert; andersfarbige Strahlen sollen in jedem der Stoffe absorbiert werden und ihn zugleich zerstören. Wird nun jener Grundstoff von rotem Lichte getroffen, so entstehen zwar zunächst die drei Zersetzungsstoffe; aber nur der erste, das rote Licht reflektierende bleibt, die beiden anderen werden von rotem Licht wieder zersetzt. Der lichtempfindliche Stoff wird also im roten Licht in der That rot. Ebenso wird er bei grüner Beleuchtung grün, bei violetter violett. Eine Erweiterung der Betrachtung zeigt, daß auch Mischfarben richtig abgebildet werden. Ist der Grundstoff schwarz, so bleibt er es bei fehlender Belichtung; wenn er aber im weißen Lichte weiß werden soll, so muß bei der Lichtzersetzung außer den drei farbigen noch ein vierter, weißer Stoff entstehen. Eine weitere Frage ist natürlich die nach der Fixierung der erzeugten Farben; auf sie können wir zur Zeit noch keine Antwort geben.[1]

Von einem ganz anderen Prinzip, mit Hilfe dessen man einer lichtempfindlichen Schichte gleichfalls die Farbe des auffallenden Lichtes erteilen kann, wird später die Rede sein.

§ 268. Sichtbarkeit der ultravioletten Strahlen. Wenn die ultravioletten Strahlen für gewöhnlich der Beobachtung entzogen sind, so kann das daran liegen, daß sie nicht mehr auf das Auge wirken, oder daran, daß sie in den Apparaten, die wir gewöhnlich zu der Darstellung der Spektren benützen, zu stark absorbiert werden. HELMHOLTZ hat gezeigt, daß der wahre Grund in der That der letztere ist, daß in einem Spektrum, das mit Quarz-Linsen und Prismen erzeugt ist, das Auge auch die ultravioletten Strahlen zu sehen vermag, wenn alles andere Licht sorgfältig abgeblendet ist.

[1] OTTO WIENER, Farbenphotographie durch Körperfarben und mechanische Farbenanpassung in der Natur. WIED. Ann. 1895. Bd. 55. p. 225.

DRITTES BUCH.

DAS LICHT ALS WELLENBEWEGUNG.

I. Kapitel. Emissions- und Undulationstheorie des Lichtes.

§ 269. Die Emissionstheorie. In der im Jahre 1698 erschienenen Optik erklärte NEWTON die Wirkung des Lichtes durch kleine Partikelchen, die, von den leuchtenden Körpern ausgeworfen, dem Prinzip der Trägheit entsprechend in gerader Linie mit konstanter Geschwindigkeit den Raum durcheilen. Diese Teilchen sollten, wenn sie das Auge treffen, die Lichtempfindung erregen, sie sollten an der Oberfläche und im Inneren der ponderabeln Körper alle die Wirkungen leiden und üben, die wir beim Lichte beobachten. Die Geschwindigkeit, mit der sie sich bewegen, muß die des Lichtes sein; sie müssen also von allen leuchtenden Körpern mit derselben Geschwindigkeit ausgestoßen werden.

Das Gesetz der Reflexion leitete NEWTON aus der Annahme ab, daß die Moleküle der Körper mit Kräften auf die Lichtteilchen wirken, die nur in unmeßbar kleiner Entfernung wirken. Sind diese Kräfte abstoßender Art, so setzen sie sich zu einer Resultante zusammen, die von der Oberfläche der Körper weg und senkrecht gegen sie gerichtet ist. Zerlegt man die Geschwindigkeit der Lichtteilchen in zwei Komponenten, die zur Oberfläche senkrecht und mit ihr parallel sind, so wird die erste durch die Wirkung der Resultante umgekehrt, die zweite bleibt ungeändert; nach dem Anprall an die Oberfläche bewegen sich dann die Lichtteilchen in der durch das Reflexionsgesetz bestimmten Richtung. Um in analoger Weise die Brechung des Lichtes zu erklären, mußte NEWTON annehmen, daß die Lichtteilchen periodischen Anwandelungen unterworfen sind, so daß sie von den Körpermolekülen bald abgestoßen, bald angezogen werden. In der That führt die Annahme anziehender Molekularkräfte zu dem Brechungsgesetz; sie führt aber gleichzeitig zu dem Resultate, daß das Brechungsverhältnis $n(a, b)$ zwischen zwei Körpern a und b gleich ist dem Verhältnis der Lichtgeschwindigkeit in b zu der Lichtgeschwindigkeit in a. Wenn also das Brechungsverhältnis für Luft und Wasser $^4/_3$ ist, so heißt das nach NEWTONS Theorie, daß die Lichtgeschwindigkeit in Wasser größer ist, als in Luft, im Verhältnis 4 : 3. Auf die künstlichen Annahmen, die man nach der NEWTONschen Theorie zu machen hat, um auch die Farbenzerstreuung des Lichtes zu erklären, werden wir um so weniger eingehen, als schon das zuletzt erwähnte Resultat geeignet ist, die Unzulässigkeit der ganzen Theorie zu beweisen.

§ 270. Die Undulationstheorie. Schon im Jahre 1678 hatte Huyghens der Pariser Akademie eine Abhandlung vorgelegt, in der er die Theorie entwickelte, daß das Licht, ähnlich wie der Schall, auf einer Wellenbewegung der zwischen dem leuchtenden Körper und dem Auge befindlichen Materie beruhe. Man sieht, daß für diese Annahme manche Schwierigkeiten, die der Emissionstheorie entgegenstehen, kaum vorhanden sind. Die Fortpflanzungsgeschwindigkeit des Lichtes kann nach ihr nur von den Eigenschaften des Mediums abhängen, in dem die Wellen fortschreiten und möglicherweise von der Länge der Wellen selbst; es wird so verständlich, daß das von den verschiedensten Sternen ausgesandte Licht den Weltraum mit derselben Geschwindigkeit durcheilt.

Auch die ungeheure Geschwindigkeit des Lichtes wird begreiflicher erscheinen, wenn sie sich nicht auf die fortschreitende Bewegung von materiellen Teilchen, sondern auf die Fortpflanzung einer Welle bezieht. Wenden wir auf die Lichtbewegung die Resultate an, die sich früher bei Schallwellen ergeben haben, so kann die Lichtgeschwindigkeit v ausgedrückt werden durch die Elastizität E und die Dichtigkeit δ des Stoffes, in dem die Wellenbewegung sich vollzieht; wir haben nach Analogie der früheren Formeln:

$$v = \sqrt{\frac{E}{\delta}} \,.$$

Bedenken wir nun, daß $v = 300\,000$ km sec^{-1} ist, daß dagegen die Schallgeschwindigkeit in Luft nur 0,33 km, in Wasser 1,43 km, in Eisen und Glas 5,0 km in der Sekunde beträgt, so kommen wir mit Notwendigkeit zu der Annahme, daß der Stoff, in dem die Lichtwellen sich fortpflanzen, ein von den ponderabeln Körpern verschiedener ist. Wir bezeichnen diesen sonst nicht wahrnehmbaren Stoff als den Lichtäther. Seine Elastizität muß ohne Vergleich größer, oder seine Dichte ebenso geringer sein, als die der ponderabeln Körper; auch kann natürlich ein großer Wert von E mit einem kleinen von δ zusammentreffen. Der Äther muß durch den ganzen Weltraum ausgebreitet sein und das Innere aller Körper durchdringen.

Die fundamentale Beziehung zwischen Fortpflanzungsgeschwindigkeit v, Wellenlänge λ und Schwingungszahl N,

$$\frac{v}{\lambda} = N,$$

die allen Wellenbewegungen gemeinsam ist, muß nun natürlich auch für das Licht gelten. Wenn ferner beim Schall die Qualität der Tonempfindung durch die Schwingungszahl bestimmt wird, so werden wir dementsprechend beim Lichte die Schwingungszahl der von der Wellenbewegung ergriffenen Ätherteilchen als das Element betrachten, von dem die Qualität der Lichtempfindung, die Farbe, abhängt. Einfarbiges, homogenes Licht ist solches von einer bestimmten Schwingungszahl. Die verschiedenfarbigen Strahlen unterscheiden sich in erster Linie durch die ihnen entsprechenden Schwingungszahlen, die verschiedene Brechbarkeit würde erst als eine Folge hiervon zu betrachten sein. Ändert sich die Geschwindigkeit eines Strahles von bestimmter Farbe, so muß sich die ihm entsprechende Wellenlänge in demselben Maße ändern, so daß das Verhältnis $\frac{v}{\lambda} = N$ unverändert bleibt. Den experimentellen Beweis für die Richtigkeit dieses wichtigen Satzes werden wir später mit Hilfe der Farbenerscheinungen dünner Blättchen liefern.

In einem isotropen Mittel pflanzt sich die von einem leuchtenden Punkt ausgehende Welle nach allen Seiten mit gleicher Geschwindigkeit fort. Die Welle hat die Gestalt einer Kugel, so lange ihre Ausbreitung eine ungestörte ist. Allgemein folgt aus dem HUYGHENSschen Prinzip, daß die Richtung, in der ein kleines, als eben zu betrachtendes Element einer Welle fortschreitet, zu der Wellenfläche senkrecht steht; nun nennen wir aber die Richtungen, in denen die Elemente einer Lichtwelle sich fortbewegen, Lichtstrahlen. In einem isotropen Mittel stehen daher die Strahlen senkrecht auf der Wellenfläche.

Die Frage, ob bei dem Lichte die Schwingungsrichtung der Ätherteilchen zu der Fortpflanzungsrichtung der Wellen, zum Strahle, senkrecht steht, oder mit ihr parallel ist, wird erst durch die später zu besprechenden Erscheinungen der Polarisation entschieden. Danach haben wir die Wellen des Äthers als transversale zu betrachten, und wir wollen diese Anschauung von vornherein festhalten, obwohl die zunächst zu besprechenden Erscheinungen ebenso gut durch die Annahme longitudinaler Wellen zu erklären sein würden.

Bei transversaler Richtung der Schwingungen werden die auf einem Lichtstrahl liegenden Ätherteilchen in einem bestimmten Momente einer Wellenlinie angehören, vorausgesetzt, daß sich alle Teilchen in einer Ebene bewegen. Die Schwingung der einzelnen Teilchen ergiebt sich, wenn man jene Wellenlinie längs dem Strahle mit der Geschwindigkeit des Lichtes verschiebt. Die größte Abweichung der Teilchen von ihrer Ruhelage ist durch die Höhe der Wellenberge oder die Tiefe der Wellenthäler gegeben. Man bezeichnet sie als die Amplitude der Wellen. Von dieser wird die Intensität des Lichtes ebenso abhängen, wie die des Schalles von der Amplitude der Schallschwingungen.

Die weitere Entwickelung der Wellentheorie vollzieht sich mit den Hilfsmitteln, die wir schon bei der Betrachtung der Wasserwellen eingeführt haben, dem HUYGHENSschen Prinzip und dem Prinzip der Superposition. Es erscheint um so angemessener, diese Sätze noch einmal auszusprechen, als wir sie in der Hydrodynamik nur auf die Bewegung in einer Ebene angewandt haben, während beim Lichte stets die räumlich sich ausbreitenden Wellen zu betrachten sind.

HUYGHENSsches Prinzip. In einem isotropen Mittel sei ein leuchtender Punkt gegeben (Fig. 306); er werde umschlossen von einer beliebigen Fläche *s*. Jeden Punkt von *s* betrachten wir in dem Moment, in dem er durch die von *L* ausgehende Kugelwelle getroffen wird, als Ausgangspunkt einer neuen Welle, einer Elementarwelle; die Hauptwelle für irgend einen späteren Zeitpunkt erhalten wir, wenn wir die von *s* ausgehenden kugelförmigen Elementarwellen für jene Zeit konstruieren und an sie die gemeinsame Berührungsfläche legen. Die letztere giebt die Gestalt der Hauptwelle für die betrachtete Zeit; in einem isotropen Mittel erhalten wir natürlich wieder eine Kugel.

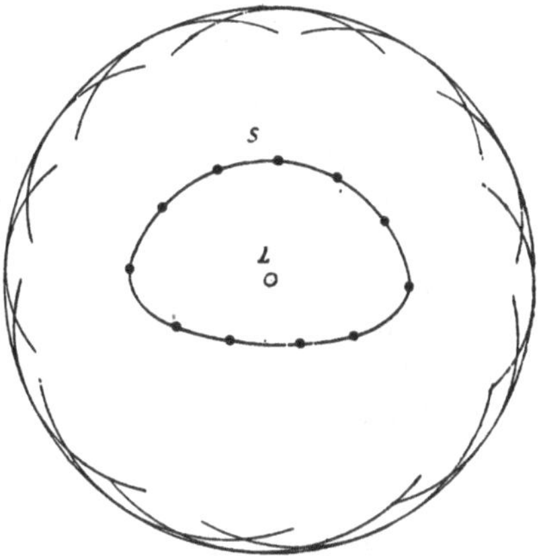

Fig. 306. Zum Huyghensschen Prinzip

Wir haben schon erwähnt, daß die Ausbreitungsrichtung einer Welle, der Lichtstrahl, zu der Wellenfläche senkrecht steht, so lange die Elementarwellen Kugelform haben. Nun möge der leuchtende Punkt *L* in großer Entfernung liegen. Die Wellen, die in einem begrenzten Raume zur Wirkung gelangen, sind dann als ebene zu betrachten. Ihre Fortpflanzungsrichtung ist in allen Punkten dieselbe, die ihnen entsprechenden Lichtstrahlen sind parallel. Umgekehrt ist ein Bündel paralleler Lichtstrahlen durch eine Schar von aufeinander folgenden ebenen Wellen zu ersetzen, die sich als senkrechte Querschnitte des Strahlenbündels darstellen. Die Fortpflanzung der Lichtbewegung in einem solchen Bündel ergiebt sich aus dem Huyghensschen Prinzip durch die leichtverständliche Konstruktion von Figur 307.

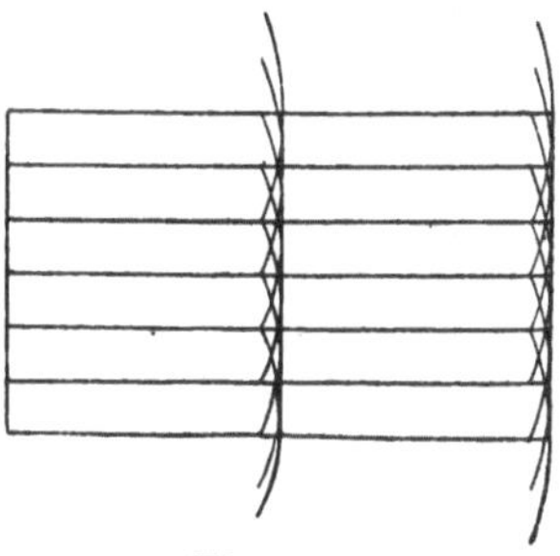
Fig. 307.

Prinzip der Superposition. Wenn in irgend einem Punkte mehrere Wellen zusammentreffen, so bestimmt sich der Ausschlag des daselbst befindlichen Ätherteilchens nach dem Prinzip der Kombination; bei übereinstimmender Ausschlagsrichtung ist er (wie in § 92, 93 und 146) gleich der algebraischen Summe der Ordinaten, die den einzelnen Wellen entsprechen.

Die Anwendung des Huyghensschen Prinzips führt zunächst mit Hilfe von Betrachtungen, die denen von § 145 vollkommen analog sind, zu den Gesetzen der Reflexion und Brechung. Für den Fall der ersteren würden wir in der That die früheren Betrachtungen einfach zu wiederholen haben; für die letztere bietet sich Gelegenheit zu einer weiteren Ausführung in § 279. Um die Brechung zu erklären, muß man danach annehmen, daß die von den Punkten der Grenzfläche zweier Mittel ausgehenden Elementarwellen in dem optisch dichteren Mittel sich mit geringerer Geschwindigkeit fortpflanzen. Die Untersuchung giebt dann für das Brechungsverhältnis $n(a,b)$ zweier Mittel die anschauliche Deutung, daß es gleich dem Verhältnis der Lichtgeschwindigkeiten v_a und v_b in a und b ist:

$$n(a, b) = \frac{v_a}{v_b}.$$

Mit einigen Schwierigkeiten ist die Erklärung der Farbenzerstreuung verbunden. Wenn nämlich in den ponderabeln Körpern das Brechungsverhältnis der violetten Strahlen der Regel nach ein größeres ist, als das der roten, so folgt daraus auf Grund der vorhergehenden Beziehung, daß die roten Strahlen sich schneller ausbreiten, als die violetten. Dieses Verhalten widerspricht dem, was man nach Analogie mit den Wellen der Akustik erwarten möchte. Hohe und tiefe Töne, kurze und lange Wellen pflanzen sich in der Luft mit gleicher Geschwindigkeit fort; beim Lichte dagegen muß angenommen werden, daß die Fortpflanzungsgeschwindigkeit abhängig ist von Oscillationsdauer oder Wellenlänge. Nun wird man bemerken, daß die Änderung der Geschwindigkeit mit der Farbe immerhin keine sehr große ist; sie entspricht den in § 238 angegebenen totalen Dispersionen, sie bleibt in einer Reihe von Fällen unter $^1/_{50}$, steigt höchstens auf $^1/_{10}$; man findet ferner, daß in den Gasen die Dispersion eine äußerst geringe, daß im leeren Raume die Geschwindigkeit aller Strahlen dieselbe ist. Denn würde auch im Weltraum das rote Licht sich schneller fortpflanzen, als das violette, so müßte bei jedem Verschwinden und jedem Wiederauftauchen der Jupitermonde ein Farbenwechsel beobachtet werden, was nicht der Fall ist. Diese Überlegungen machen es wahrscheinlich, daß die Farbenzerstreuung nicht durch die Natur des freien Äthers, sondern durch ponderable Moleküle, den Einfluß, den sie auf die Wellenbewegung üben, bedingt ist.

§ 271. Foucaults Bestimmung der Lichtgeschwindigkeit. Nach dem vorhergehenden hat das Brechungsverhältnis in den Theorieen von Newton und Huyghens genau entgegengesetzte Bedeutung. Nach der ersteren ist die Fortpflanzungsgeschwindigkeit des Lichtes im dichteren Mittel größer, nach der letzteren umgekehrt. Wenn das Brechungsverhältnis von Luft zu Wasser $^4/_3$ ist, so verhält sich nach Newton die Lichtgeschwindigkeit in Luft zu der in Wasser wie 3 : 4, nach Huyghens ist das Verhältnis das umgekehrte. Hierdurch ist die Möglichkeit zu einer experimentellen Entscheidung zwischen den beiden Theorieen gegeben, und diese wird in der That durch einen von Foucault ausgeführten Versuch herbeigeführt.

Zur Bestimmung der Lichtgeschwindigkeit benützte Foucault eine Einrichtung, die in Figur 308 schematisch dargestellt ist. AB ist ein Spalt, von Sonnenstrahlen beleuchtet, die mit Hilfe eines Heliostaten in horizontaler Richtung auf ihn geworfen werden. Die Strahlen fallen zunächst auf einen ebenen, vertikal aufgestellten Spiegel S und werden von ihm so reflektiert, als ob sie von dem Spiegelbild des Spaltes, $A_1 B_1$, herkämen. Die Sammellinse C entwirft dann das reelle Spaltbild $A_2 B_2$. An der Stelle dieses Bildes befindet sich ein Hohlspiegel, dessen Krümmungsmittelpunkt mit dem Mittelpunkt der Linse zusammenfällt. Die Centralstrahlen CA_2 und CB_2 werden dann in sich selber reflektiert und kommen, denselben Weg noch einmal durchlaufend, schließlich nach A und B zurück. Ebenso aber vereinigen sich auch die übrigen Strahlen, die, von A und B ausgehend, gegen A_2 und B_2 konvergieren, nach der Reflexion am Hohlspiegel und der zweiten Reflexion an dem ebenen Spiegel wieder in den Ausgangspunkten A und B. Schaltet man zwischen AB und S eine planparallele Platte P ein, so werden die zurückkehrenden Strahlen von ihr zum Teil reflektiert, so daß sie, anstatt nach A und B zu gelangen, in $A_3 B_3$ ein reelles Bild des Spaltes von gleicher Größe mit diesem selbst erzeugen. Wenn nun der Spiegel S in sehr schnelle Rotation versetzt wird, so finden die von dem Hohlspiegel zurückkehrenden Strahlen ihn nicht mehr in derselben Stellung, wie bei der ersten Reflexion; er hat sich vielmehr in der Zwischenzeit um einen kleinen Winkel gedreht und wirft die Strahlen in einer von der früheren verschiedenen Richtung zurück. Das reelle, von der Platte P reflektierte Bild entsteht jetzt nicht mehr an der Stelle $A_3 B_3$, wie bei ruhendem Spiegel, sondern wird entgegen dem Sinne der Rotation seitlich verschoben, etwa nach $A_3' B_3'$. Die Größe dieser Verschiebung hängt ab von der Rotationsgeschwindigkeit des Spiegels S und der Zeit, die das Licht braucht, um die Distanz zwischen S und H zweimal zu durchlaufen. Mißt man die Verschiebung und die Tourenzahl des Spiegels, so kann man jene Zeit und damit auch die Geschwindigkeit des Lichtes bestimmen. Foucault erhielt so einen Wert von 298 000 km sec^{-1}. Wurde nun zwischen Linse und Hohlspiegel eine mit Wasser gefüllte Röhre eingeschaltet, so wuchs die Verschiebung des Spaltbildes. Die Lichtgeschwindigkeit erwies sich in Wasser kleiner als in Luft, in Übereinstimmung mit der Undulationstheorie, und im Widerspruch mit der Annahme Newtons, die dadurch als unhaltbar erwiesen wird.

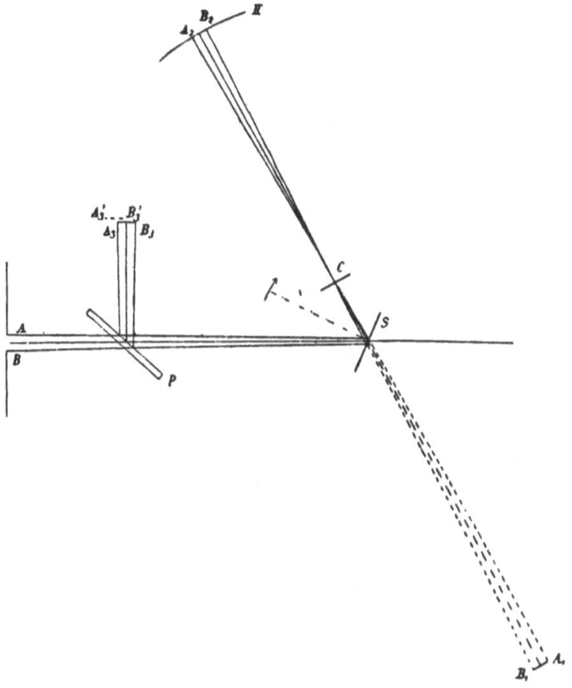

Fig. 308.
Foucaults Bestimmung der Lichtgeschwindigkeit.

II. Kapitel. Interferenz und Beugung.

§ 272. Fresnels Spiegelversuch. Wir haben schon in der Akustik von den Interferenzerscheinungen gesprochen, die auftreten, wenn zwei Wellenzüge von gleicher Schwingungszahl in einem Punkte zusammentreffen. Wenn die Wellen mit einer Phasenverschiebung von einer halben Wellenlänge in dem betrachteten Punkt ankommen, so heben sich die entgegengesetzten Bewegungen auf, es findet weder Verdichtung noch Verdünnung der Luft daselbst statt und ebensowenig die Empfindung eines Schalles oder Tones. Wenn es gelingt, eine analoge Erscheinung auf dem Gebiete des Lichtes aufzufinden, zu zeigen, daß Licht zu Licht hinzukommend, unter Umständen Dunkelheit erzeugt, so ist damit der stärkste Beweis für die Richtigkeit der Wellentheorie gegeben.

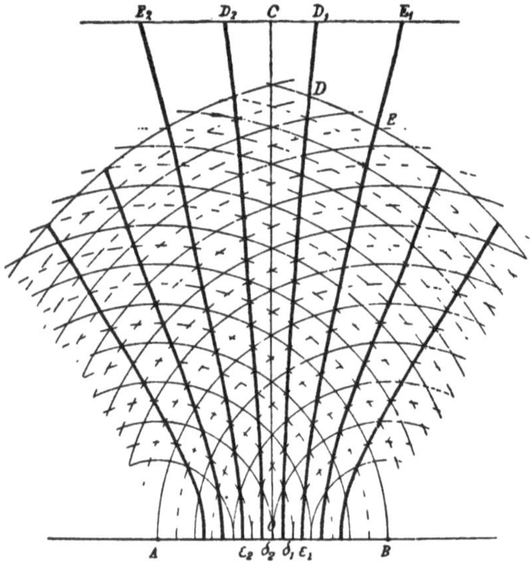

Fig. 309.
Interferenzkurven bei zwei leuchtenden Punkten.

Das Verständnis der von Fresnel ersonnenen sinnreichen Versuchsanordnung wird durch eine theoretische Vorbetrachtung wesentlich erleichtert werden. Es seien A und B (Fig. 309) zwei Punkte, von denen Wellen von vollkommen gleicher Länge und Amplitude ausgehen; es seien auch die Schwingungsrichtungen der Ätherteilchen in den von A und von B herrührenden Wellen dieselben und ebenso die Phasen der Schwingungen in A und B; diese Bedingung, nach der nie eine wechselseitige Verschiebung der Phasen im Verlaufe der Erscheinungen eintreten darf, bezeichnet man als die Bedingung der Kohärenz der Schwingungen. Wir legen nun durch AB eine horizontale Ebene und untersuchen die Beleuchtungsverhältnisse, die in dieser aus der Interferenz der Wellen sich ergeben. Zunächst ist klar, daß in allen Punkten, die, in der Mittellinie OC von AB gelegen, von A und B gleichweit entfernt sind, die Wellen sich unterstützen; wir haben in allen Punkten dieser Linie Helligkeit. Gehen wir etwas zur Seite, so wird es leicht sein, einen Punkt D zu finden, dessen Entfernungen von A und B um eine halbe Wellenlänge verschieden sind. In ihm werden gleichzeitig Strahlen eintreffen, die eine Phasendifferenz von einer halben Wellenlänge haben; stehen die Schwingungen des Äthers senkrecht auf der Ebene der Zeichnung, so zerstören sich die in D zusammentreffenden Strahlen, andernfalls schwächen sie sich wenigstens. In allen Punkten D, für welche $AD - BD = \pm \frac{\lambda}{2}$, ist also der Äther in Ruhe oder in kleinster Bewegung, es herrscht daselbst Dunkelheit. Diese Punkte liegen aber auf einer Hyperbel, deren Brennpunkte A und B, deren Axe $\delta_1 \delta_2 = \frac{\lambda}{2}$ ist. Seitlich von den beiden Ästen dieser Hyperbel finden wir Punkte, deren Wegdifferenzen eine ganze Wellenlänge betragen, in denen die Wellen wieder mit gleicher Phase ankommen, und wo Helligkeit herrscht. Dann folgen Punkte E, deren Entfernungen von A und B um $^3/_2$ Wellenlängen sich unterscheiden; in ihnen findet eine Phasenverschiebung von $^3/_2\,\lambda$ und demzufolge Ruhe oder kleinste Bewegung des Äthers statt. Wir erhalten also eine zweite Hyperbel, auf der Dunkelheit herrscht, mit der Axenlänge $\varepsilon_1 \varepsilon_2 = {^3/_2}\,\lambda$ u. s. w. Wir erkennen, daß in der betrachteten Ebene unter der gleichzeitigen Wirkung der von A und B herkommenden Wellen eine Art von stehender Schwingung des Äthers sich herstellt. Die Ebene wird durch Knotenlinien in einzelne hyperbolische Streifen geteilt, in deren Mitte Maxima der Helligkeit liegen; nach beiden Seiten nimmt diese ab, bis auf den Hyperbeln $\delta_1 \delta_2$, $\varepsilon_1 \varepsilon_2$, . . . Dunkelheit eintritt. Von einer wahren stehenden Schwingung unterscheidet sich der Zustand dadurch, daß die Phasen der Schwingung der Länge der Hyperbeln nach nicht konstant, sondern von Stelle zu Stelle andere sind. Wollen wir die für die Ebene gefundenen Resultate auf den ganzen Raum übertragen, so haben wir nur zu bedenken, daß in jeder durch AB gelegten Ebene dieselben Verhältnisse sich wiederholen. In der ganzen Mittelebene der beiden Punkte A und B haben wir daher ein Maximum von Helligkeit; an Stelle der dunkeln Hyperbeln treten zweischalige Rotationshyperboloide, deren Axe die Linie AB ist; diese teilen den Raum in hyperbolische Schalen, in denen dieselben Verhältnisse der Helligkeit herrschen, wie in den zuvor betrachteten Streifen. Um endlich noch von der Breite der hellen Streifen eine bestimmtere Vorstellung zu gewinnen, legen wir in der zuerst betrachteten Ebene die Linie $E_1 D_1 C D_2 E_2$ parallel zu AB. Die halbe Breite CD_1 des mittleren Streifens ergiebt sich dann aus der Gleichung der ersten Hyperbel:

$$\frac{CD_1^2}{O\delta_1^2} - \frac{OC^2}{OA^2 - C\delta_1^2} = 1.$$

Wir setzen $AB = a$, $OC = c$, die Wellenlänge wie früher gleich λ; unter der Voraussetzung, daß c groß gegen a und λ, ergiebt sich dann für die Breite, die der mittlere helle Streifen in der Entfernung OC besitzt, die Näherungsformel:

$$D_1 D_2 = \lambda \frac{2c}{\sqrt{4a^2 - \lambda^2}}.$$

Die Streifenbreite wächst natürlich mit dem Abstand c; sie ist um so größer, je größer die Wellenlänge und je kleiner a. Für $\frac{\lambda}{2} = a$

wird $D_1 D_2$ unendlich groß; von allen Knotenlinien bleibt nur eine einzige übrig, welche durch die beiden von A und B aus ins Unendliche laufenden Äste der Linie AB gebildet wird. Ist endlich $\frac{\lambda}{2} > a$, so wird $D_1 D_2$ imaginär, es existiert im ganzen Raum kein Punkt mehr, in dem die von A und B ausgehenden Wellen sich zerstörten, in dem also Dunkelheit herrschte.

Wir gehen nun über zu der Frage, wie die im vorhergehenden vorausgesetzten Verhältnisse sich realisieren lassen. Wenn der in § 270 ausgesprochene Satz richtig ist, daß die Farbe des Lichtes abhängt von der Wellenlänge, die es in einem bestimmten Mittel besitzt, so können wir Lichtquellen von gleicher Wellenlänge leicht erhalten; wir brauchen nur zwei Natriumflammen zu nehmen. Anders aber steht es mit den Bedingungen der gleichen Schwingungsrichtung und der Kohärenz. In einer Flamme sind es fort und fort neue Teilchen, die sich an der Emission des Lichtes beteiligen; bei zwei verschiedenen Flammen beginnen die Teilchen ganz unabhängig voneinander zu leuchten, zwischen den von ihnen erregten Schwingungsrichtungen besteht nicht die geringste Beziehung. Daraus folgt, daß jene beiden Bedingungen unmöglich erfüllt werden können, so lange man mit zwei verschiedenen Flammen operiert. FRESNEL kam nun auf die glückliche Idee, als Lichtquellen die Spiegelbilder einer und derselben Flamme zu benützen. Diese stellen dann ein Aggregat von leuchtenden Punkten dar, die paarweise die Bedingungen der übereinstimmenden Schwingungsrichtung und der Kohärenz in vollkommenster Weise erfüllen. Hiernach können wir den FRESNELschen Versuch in folgender Weise ausführen. Mit dem Lichte einer Natriumflamme beleuchten wir einen vertikalen Spalt S (vgl. Fig. 310, die eine Horizontalprojektion der Versuchsanordnung darstellt); mit Hilfe von zwei in einer vertikalen Kante K zusammenstoßenden, unter sehr kleinem Winkel gegeneinander geneigten Spiegeln entwerfen wir von dem Spalte zwei nahe bei einander liegende Bilder A und B. Der von beiden gleichzeitig erleuchtete Raum HKJ müßte dann, der Figur 309 entsprechend, abwechselnd von hellen und dunkeln Zonen erfüllt sein. Stellen wir in diesen Raum einen Schirm $E_1 D_1 C E_2 D_2$, so sollte dieser nicht gleichmäßig hell erscheinen, sondern von vertikalen dunkeln Streifen, E_1, D_1, D_2, E_2, durchzogen sein. In Wirklichkeit wird das bloße Auge hiervon nichts erkennen; wohl aber erscheinen die Streifen, wenn man das Auge mit einer Lupe bewaffnet; es ist dann nicht nötig, die von A und B ausgehenden Strahlen erst auf einem Schirme aufzufangen; betrachten wir ja auch beim Mikroskope das von dem Objektiv entworfene

Fig. 310.
FRESNELS Spiegel.

reelle Bild mit dem Okular, ohne es vorher auf einen Schirm zu entwerfen. Die Lupe zeigt uns die Verteilung der Helligkeit in der Ebene, auf die sie eingestellt ist. Damit der Versuch gelingt, ist es notwendig, den Neigungswinkel der Spiegel, die Entfernung $AB = a$ sehr klein, die Distanz $OC = c$ groß zu machen; daraus ergiebt sich schon, daß die Wellenlänge λ des Lichtes eine sehr kleine Größe ist. Man übersieht ferner, daß die Wellenlänge aus der Breite des mittleren Streifens $D_1 D_2$ und den Entfernungen a und c bestimmt werden kann. Wendet man an Stelle von homogenem Lichte weißes Licht an, so treten an Stelle der hellen und dunkeln Streifen farbige Fransen. Es wird dadurch die Annahme bestätigt, daß der Unterschied der Farbe durch die Verschiedenheit der Wellenlänge, beziehungsweise durch die der Oscillationsdauer bedingt sei. Zugleich ergiebt sich aus der Reihenfolge der Farben, daß das rote Licht die größte, das violette die kleinste Wellenlänge besitzt.

§ 273. Zonenteilung der Wellenfläche und Beleuchtung eines Punktes. Mit dem Huyghensschen Prinzip ist der Satz, daß das von einem leuchtenden Punkt ausgehende, einen undurchsichtigen Körper treffende Licht nicht in den geometrischen Schatten eindringt, nicht vereinbar. Denkt man sich in der Wand eines verdunkelten Zimmers eine von Sonnenstrahlen erleuchtete Öffnung, so ist nach dem Huyghensschen Prinzip jeder Punkt derselben Ausgangspunkt einer Elementarwelle, und es muß daher thatsächlich Wellenbewegung auch in dem seitlich von der Öffnung befindlichen Raum vorhanden, auch dieser muß wenigstens in gewissem Grade erleuchtet sein. Da nun auf einem der Öffnung gegenüber befindlichen Schirme scheinbar nur das einfache runde Sonnenbildchen vorhanden ist, so scheint die Undulationstheorie hierdurch widerlegt zu sein; es war dies in der That der Grund, den Newton gegen sie geltend machte. Eine genauere Beobachtung zeigt aber, daß der Einwand Newtons auf einer falschen Voraussetzung beruht. Es werden bei dem erwähnten Versuche wirklich auch solche Teile des Schirmes erleuchtet, die in dem geometrischen Schatten, wenn auch sehr nahe an dessen Grenze, liegen, die Lichtstrahlen werden gewissermaßen um den Rand der Öffnung herumgebogen, so daß sie in den Raum des geometrischen Schattens hineindringen. Man hat daher diese Erscheinungen, die zuerst von Lionardo da Vinci und Grimaldi beobachtet wurden, als Beugungserscheinungen bezeichnet.

Die Erklärung der später von Thomas Young und Fresnel eingehender untersuchten Erscheinungen wird erleichtert durch eine Vorbetrachtung, die sich auf die Beleuchtung eines Punktes P durch die von einem leuchtenden Punkte L ausgehenden Wellen bezieht. Die Wellenbewegung habe sich in einem bestimmten Augenblick bis zu der Kugel $K_1 K_2$ (Fig. 311) ausgebreitet, deren auf dem Strahl LP gelegener Scheitel durch S bezeichnet ist. Um S ziehen wir auf der Kugeloberfläche eine Reihe von Parallelkreisen, die in dem von uns gezeichneten Meridianschnitt der Kugel durch die Punkte $a_1 a_2$, $b_1 b_2$, $c_1 c_2$, $d_1 d_2$, $e_1 e_2$ ...

sich markieren. Die Punkte a_1, b_1, c_1, d_1, e_1 ... sind so zu bestimmen, daß zwischen den Entfernungen PS, Pa_1, Pb_1, Pc_1, Pd_1, Pe_1 ... ein Unterschied von je einer halben Wellenlänge ist. Nehmen wir an, die Wellenlänge sei klein gegen den Halbmesser der Wellenkugel und gegen ihren Abstand von dem beleuchteten Punkt, so gilt dasselbe von der Breite der auf der Oberfläche der Kugel gebildeten Zonen; diese Breite nimmt überdies mit der Entfernung vom Scheitelpunkt S rasch ab. Man kann ferner zeigen, daß der Flächeninhalt jeder Zone gleich ist dem arithmetischen Mittel der Inhalte ihrer Nachbarzonen; die Zoneninhalte bilden eine arithmetische Progression. Nun kann aber zu jedem Strahl einer Zone ein entsprechender einer Nachbarzone gefunden werden, dessen Entfernung von dem Punkte P um eine halbe Wellenlänge größer oder kleiner ist, der also die Wirkung des ersten Strahles auf P gerade kompensiert. Es ergiebt sich somit, daß die Wirkung der II. Zone $a_1 b_1 a_2 b_2$

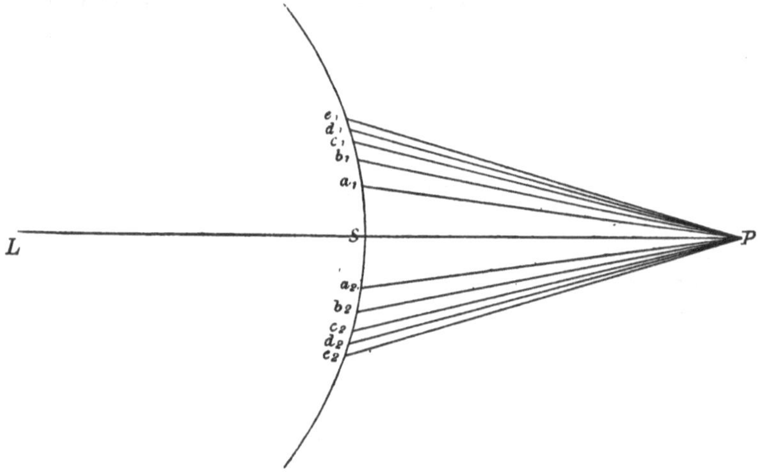

Fig. 311. Zonenteilung der Wellenfläche.

auf P aufgehoben wird durch die entgegengesetzte Wirkung der Strahlen, die von der halben I. Zone $a_1 S a_2$ und der halben III. Zone $b_1 c_1 b_2 c_2$ ausgehen; ebenso wird die Wirkung der IV. Zone $b_1 d_1 b_2 d_2$ aufgehoben durch die Wirkung der halben III. $b_1 c_1 b_2 c_2$ und der halben V. $d_1 e_1 d_2 e_2$, die Wirkung der VI. Zone durch die Wirkungen der halben V. und halben VII. u. s. w. Dabei kommt noch in Betracht, daß die Wirkungen der weiter von dem Scheitel S abliegenden Zonen überhaupt gering sind wegen ihrer kleinen Fläche. Im ganzen ergiebt sich das Resultat, daß die Beleuchtung des Punktes P gerade so ist, wie wenn er nur von der Hälfte der Mittelzone $a_1 S a_2$ Licht erhielte.

§ 274. Fresnelsche Beugungserscheinungen. Die Art und Weise, in der Fresnel seine Beugungserscheinungen herstellte und beobachtete, war folgende. Durch eine Öffnung in der Wand eines verdunkelten Zimmers ließ er ein Bündel von Sonnenstrahlen auf eine Linse von kleiner Brennweite fallen und erzeugte so einen sehr intensiven Lichtpunkt. In den von ihm ausgehenden Lichtkegel stellte er dann die beugenden Körper: einen undurchsichtigen Schirm mit scharfem, geradem Rande, einen Spalt oder Draht. Die Erscheinung selbst beobachtete er mit einer hinter dem beugenden Körper in einiger Entfernung aufgestellten Lupe; er untersuchte also die Verteilung der Helligkeit in einer diesseits des beugenden Körpers befindlichen Ebene, derjenigen, auf welche die Lupe eingestellt war. Es zeigte sich, daß bei der beugenden Kante eines Schirmes nahe der Grenze des geometrischen Schattens eine Reihe von helleren und dunkleren Streifen auftrat, daß die Helligkeit selbst nicht auf der Grenze des geometrischen Schattens verschwand, sondern, allmählich abnehmend, noch in diesen hinein sich ausdehnte. Bei einer beugenden Spalte wird je nach dem Abstand von der Lichtquelle die Mitte hell oder dunkel erscheinen, zu beiden Seiten der Mitte, bis in den Raum des geometrischen Schattens hinein, zeigen sich farbige Fransen. Analoge Erscheinungen treten auf, wenn wir in den Weg der Strahlen einen schmalen Schirm, einen dünnen Draht stellen.

Die Theorie dieser Erscheinungen wollen wir nicht in strenger Weise entwickeln, sondern nur symbolisch an einem Beispiele anschaulich machen, wie solche Erscheinungen zu stande kommen. Wir machen zu diesem Zwecke die Fiktion, daß die von dem leuchtenden Punkt L ausgehende Welle nur in einer Ebene sich verbreite und in einem bestimmten Momente bis zu dem Kreise $K_1 K_2$ (Fig. 312)

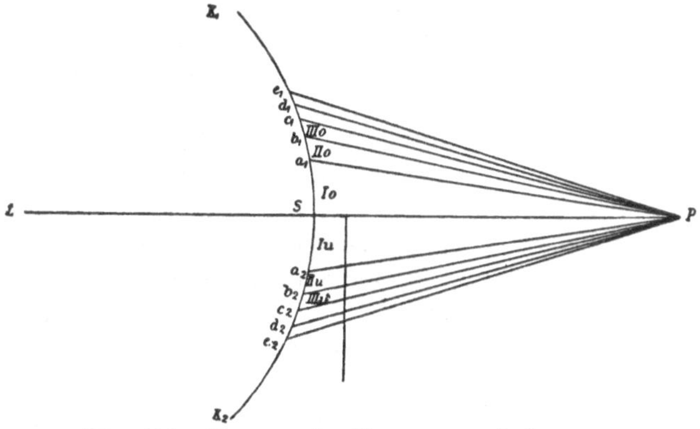

Fig. 312. Fresnelsche Beugungserscheinungen.

vorgedrungen sei. Den Punkt S, in dem er von dem nach dem beleuchteten Punkte gehenden Strahl LP getroffen wird, bezeichnen wir als den Scheitelpunkt. Von ihm aus stellen wir nun nach beiden Seiten hin eine Teilung her, wie wir sie in dem vorhergehenden Paragraphen bei der Kugelwelle betrachtet haben. Der Unterschied ist zunächst der, daß die oberen und unteren Segmente des Kreises von einander völlig getrennt sind, während in Figur 311 die oberen und unteren Abschnitte einer und derselben Kugelzone angehörten. Außerdem aber nehmen die

Segmente des Kreises in einem stärkeren Verhältnis ab, als die Zonen der Kugel, so daß die Kompensation der Wirkungen nicht ebenso stattfindet, wie bei dieser. Wir bezeichnen die oberen Kreissegmente $S a_1$, $a_1 b_1$, $b_1 c_1$ ... mit I_o, II_o, III_o ..., die unteren Segmente $S a_2$, $a_2 b_2$, $b_2 c_2$ ... mit I_u, II_u, III_u ... Wenn die Beleuchtung des Punktes P eine ungestörte ist, so zeigt sich ähnlich wie in dem vorhergehenden Paragraphen, daß nur ein Teil des mittleren Segmentes $a_1 a_2$ als wirksam zu betrachten ist. Schieben wir nun zwischen den leuchtenden Punkt L und den beleuchteten P einen Schirm ein, dessen Kante eben den Strahl LP berührt, so fällt die Wirkung all der unteren Zonen weg; die Lichtintensität in P sinkt offenbar auf die Hälfte. Ziehen wir den Schirm zurück, so daß allmählich die Zone I_u frei wird, so steigt die Helligkeit in P über das ohne Schirm vorhandene Maß. Überschreitet die Kante des Schirmes den das Segment II_u begrenzenden Strahl $a_2 P$, so nimmt die Helligkeit ab, weil die entgegengesetzt wirkenden Strahlen von II_u hinzutreten; die Helligkeit ist im Minimum, wenn die Kante des Schirmes den Strahl $b_2 P$ erreicht hat und steigt wieder, wenn die Strahlen des Segmentes III_u frei werden. Daraus folgt, daß in dem beleuchteten Teile des Raumes, nahe der Grenze des geometrischen Schattens, ein Wechsel von helleren und weniger hellen Stellen vorhanden ist. Verschieben wir den Schirm von der zuerst angenommenen Mittelstellung nach oben, so daß er die ganze Mittelzone bedeckt, so erhält der Punkt P Licht von dem größeren Teil der Zone II_o; da diese aber kleiner ist als I_o, so ist auch die Beleuchtungsstärke in dem Punkte P kleiner. Schieben wir den Schirm so weit vor, daß er die Zonen I_o und II_o bedeckt, so bleibt die Wirkung des größeren Teiles von III_o übrig, und es ergiebt sich eine abermalige Verminderung der Helligkeit. Geht man so von Zone zu Zone weiter, so findet man, übereinstimmend mit der Beobachtung, eine rasche Abnahme der Helligkeit in dem geometrischen Schatten. Stellungen des Schirmes, die zwischen den betrachteten liegen, machen eine ausführlichere Untersuchung nötig, die wir übergehen. In ihrem Resultate kommt sie auf eine andere Anordnung der Zonenteilung hinaus, sobald der direkte Strahlenweg LSP unterbrochen ist. Man benützt dann als Anfangspunkt der Teilung den ersten Punkt des Kreises, von dem aus an der Kante des Schirmes vorbei ein Strahl nach dem Punkte P gezogen werden kann. Es zeigt sich, daß die Helligkeit in dem geometrischen Schatten stetig abnimmt, entsprechend der Beobachtung an dem Rande eines Schirmes.[1]

§ 275. Fraunhofersche Beugungserscheinungen. Fresnel betrachtet die Beugungserscheinungen mit der Lupe, er beobachtet die Gesamtwirkung von Strahlen, die von der Wellenfläche her konvergierend in einem hinter dem beugenden Körper liegenden Punkt zusammentreffen. Fraunhofer hat an Stelle der Lupe ein auf unendliche Entfernung eingestelltes, parallele Strahlen zur Konvergenz bringendes Fernrohr ge-

[1] Vgl. die III. Anmerkung am Schlusse des Bandes. S. 414.

setzt und dadurch eine außerordentliche Vereinfachung der theoretischen Beziehungen erreicht. Die neuen Beugungserscheinungen, die FRAUNHOFERschen, verhalten sich so, als ob sie auf einem von dem beugenden Körper unendlich weit entfernten Schirme aufgefangen würden.

Wir betrachten zuerst die FRAUNHOFERsche Beugungserscheinung eines Spaltes. Die Lichtstrahlen mögen senkrecht auf seine Fläche fallen, so daß alle seine Punkte gleichzeitig Ausgangspunkte von Elementarwellen werden, also die ihnen entsprechenden, nach allen Seiten divergierenden Strahlen in dem Spalte selbst alle die gleiche Phase besitzen. AB (Fig. 313) sei der Querschnitt des Spaltes, O die Mitte von

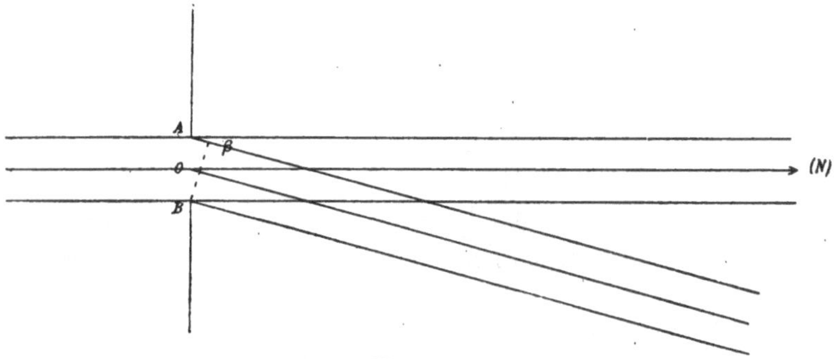

Fig. 313.

AB, N der unendlich ferne Punkt der in O auf AB errichteten Normale; die Wege der einzelnen Strahlen nach N sind alle gleich groß, sie kommen also in N mit derselben Phase an, sich wechselseitig verstärkend; auf dem unendlich fernen, parallel zu dem Spalt aufgestellten Schirm wäre die Mitte hell, und gleiches gilt daher von der Mitte des Gesichtsfeldes in einem senkrecht gegen den Spalt gerichteten Fernrohr. Wir gehen nun über zu der Betrachtung schiefer Parallelstrahlen. Den Grad ihrer Neigung gegen die Normale ON können wir in folgender Weise bestimmen. Wir fällen von B die Senkrechte $B\beta$ auf den durch A gehenden Strahl, die Projektion $A\beta$ wächst dann wie der Sinus des Neigungswinkels und möge als Maß der Neigung dienen. Nehmen wir nun an, es sei $A\beta$ gleich der Wellenlänge λ; wir können dann das ganze Bündel von Parallelstrahlen in eine obere und untere Hälfte teilen, und jedem Strahl oben entspricht ein Strahl unten, dessen Länge bis zu dem unendlich fernen Vereinigungspunkt um eine halbe Welle größer oder kleiner ist als die des ersten. Die Gesamtheit der Strahlen der oberen Hälfte wird durch die der unteren aufgehoben, in der durch den Wert $A\beta = \lambda$ bestimmten Richtung findet Dunkelheit statt. Für $A\beta = \frac{3}{2}\lambda$ ergiebt sich wieder ein Maximum der Helligkeit, aber man überzeugt sich leicht, daß nur noch $^1/_3$ der von den Punkten der Öffnung ausgehenden Strahlen wirksam, die Beleuchtungsstärke daher um das Neunfache kleiner ist, als in der direkten Richtung ON; für $A\beta = 2\lambda$ erhalten wir wieder

Dunkelheit u. s. f. Wir können ein graphisches Bild der Verhältnisse entwerfen, indem wir von dem Punkt O (Fig. 314) aus auf einer geraden Axe nach rechts und links die Werte von $A\beta$ abtragen und senkrecht dazu die entsprechenden Werte der Helligkeit. Wir erhalten eine wellenförmige Linie mit rasch abnehmender Gipfelhöhe. Die Gipfelpunkte liegen bei $A\beta = 0, = \frac{3}{2}\lambda, = \frac{5}{2}\lambda \ldots$; in den Punkten $A\beta = \lambda, = 2\lambda, = \ldots$ berührt die Linie die Axe.

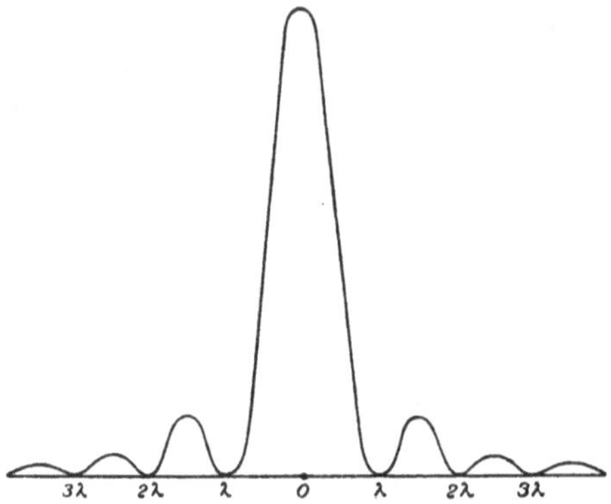

Fig. 314. Beugung durch einen Spalt.

Wir gehen über zu der Beugungserscheinung von zwei Spalten, die durch einen Zwischenraum von gleicher Breite getrennt sind. AB und A_1B_1 (Fig. 315) seien die Querschnitte der beiden Spalten; O die Mitte von BA_1, N der unendlich ferne Punkt der in O auf der Ebene der Spalten errichteten Normale. Die Strahlen fallen senkrecht auf die Ebene der Spalten ein, so daß die Punkte der letzteren derselben Wellenfläche angehören. Den von den Punkten der Spalten ausgehenden Elementarwellen entsprechen Elementarstrahlen, die nach allen Richtungen hin in den vor den Spalten befindlichen Raum eindringen; wir haben zu untersuchen, was aus der Vereinigung der parallelen Strahlen resultiert. In dem unendlich fernen Punkt der Normalen, in der Mitte des Gesichtsfeldes, haben wir ebenso wie bei **einem** Spalt Helligkeit. Gehen wir über zu schiefen Parallelstrahlen, so wollen wir als Maß ihrer Neigung wie zuvor die Länge der Projektion $A\beta$ betrachten. Ist $A\beta = \frac{1}{4}\lambda$, so ist die Projektion von AA_1 gleich $\frac{1}{2}\lambda$. Jedem Strahl des oberen Spaltes entspricht einer des unteren, dessen Weg bis zur Vereinigung um $\frac{1}{2}\lambda$ länger oder kürzer ist, je nachdem die Strahlen, wie in der Figur, nach unten oder nach oben geneigt sind. Es treffen dann in dem unendlich fernen Punkt je zwei Strahlen mit einer Phasendifferenz von $\frac{1}{2}\lambda$ ein und die Vereinigung der Strahlen erzeugt Dunkel-

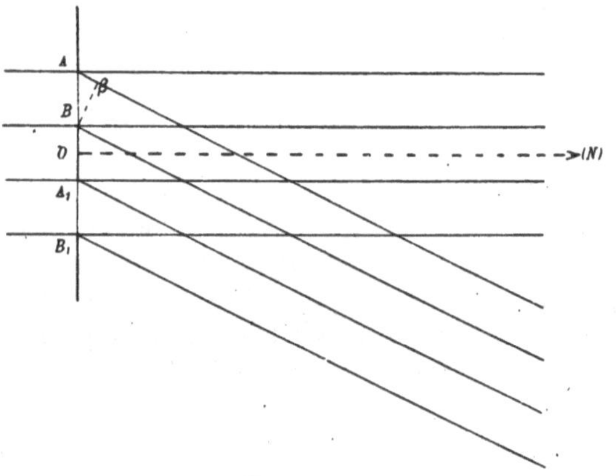

Fig. 315.

heit. Dasselbe ist der Fall, wenn $A\beta = \frac{3}{4}\lambda$. Endlich aber findet Dunkelheit auch statt, wenn $A\beta = \lambda$, weil dann die Strahlen der einzeln genommenen Spalten sich zerstören. Entwerfen wir in derselben Weise wie zuvor ein graphisches Bild der Erscheinung, so ergiebt sich für den mittleren Teil die Figur 316. Wir sehen, daß bei zwei gleichen, um ihre eigene Breite voneinander abstehenden Spalten die helle Mitte von vier dunkeln Streifen durchzogen ist.

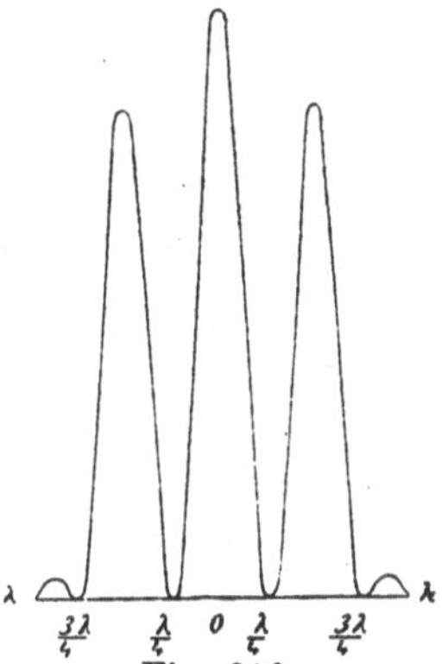

Fig. 316.
Beugung durch zwei Spalten.

Bei den im vorhergehenden betrachteten Erscheinungen hängt die Ausbreitung des gebeugten Lichtes von dem Verhältnis der Spaltbreite zu der Wellenlänge ab; nehmen wir den Fall eines einzigen Spaltes; ist er weit, so ist schon bei einer geringen Neigung der Strahlen $A\beta$ (Fig. 313) gleich der Wellenlänge; der Winkel, für den zum ersten Male Dunkelheit eintritt, ist somit ein kleiner, und der mittlere helle Streifen nur schmal. Wird der Spalt enger, so vergrößert sich der Winkel, für den $A\beta = \lambda$; wenn die Spaltbreite gleich der doppelten Wellenlänge ist, so wird Dunkelheit zuerst bei einer Neigung von 60° eintreten, der mittlere helle Streifen breitet sich dementsprechend über einen Winkelraum von 120° aus. Wäre die Spaltbreite gleich der Wellenlänge, so würde Dunkelheit erst bei einer Neigung der Strahlen von 90° sich einstellen; der ganze vor dem Spalte liegende Raum wäre also von Licht erfüllt, mit einer von der Mitte zum Rande abnehmenden Helligkeit.

Es mag im Anschluß hieran bemerkt werden, daß ganz analoge Betrachtungen sich auch bei Schallwellen anstellen lassen. Es ergiebt sich dann, daß bei der Größe der Schallwellen Beugungserscheinungen in der Akustik eine ganz hervorragende Rolle spielen, so sehr, daß die Erscheinungen der geradlinigen Ausbreitung und der Brechung in der Regel vollständig durch sie verdeckt werden.

§ 276. Verschiebung der Interferenzstreifen. Wir wollen bei der im vorhergehenden Paragraphen beschriebenen Versuchsanordnung mit zwei Spalten vor den einen eine planparallele Glasplatte setzen. Der physischen Bedeutung des Brechungsverhältnisses zufolge ist die Lichtgeschwindigkeit in Glas nur $^2/_3$ von der in Luft, somit kann bei homogenem Licht, etwa dem der Natriumflamme, wegen der Konstanz der Schwingungszahl, auch die Wellenlänge in Glas nur $^2/_3$ von der in Luft sein. Auf einem Wege von derselben Länge liegt im Glas eine größere Anzahl von Wellen als in Luft, und es würden daher die Strahlen in dem von dem Glase bedeckten Spalt nicht mit derselben Phase ankommen, wie in dem freien. Das aber hat zur Folge, daß die Stelle der größten Helligkeit nicht mehr in der Mitte des Gesichtsfeldes liegt, sondern etwas nach der Seite des bedeckten Spaltes hin verschoben wird.

Gleiches ist bei den schwarzen Streifen der Fall, die zur Seite des Maximums der Helligkeit das Gesichtsfeld durchziehen. Man übersieht, daß es möglich sein muß, aus der Größe der durch die Glasplatte erzeugten Verschiebung die Phasendifferenz, aus dieser die Wellenlänge und Lichtgeschwindigkeit im Glase zu bestimmen.

Von der hierdurch gegebenen Methode hat FIZEAU eine interessante Anwendung gemacht; er setzte vor die beiden Spalten zwei mit Wasser gefüllte Röhren von gleicher Länge und beobachtete die Lage der Interferenzstreifen, das eine Mal, wenn das Wasser in Ruhe war, das andere Mal, wenn es beide Röhren in entgegengesetzter Richtung durchströmte. Die Streifen zeigten eine Verschiebung in dem Sinne, wie wenn die Ätherwellen von dem bewegten Wasser mit fortgetragen würden, ähnlich wie Schallwellen durch den Wind. Will man aber auf diese Weise auch quantitativ die beobachtete Erscheinung richtig wiedergeben, so muß man annehmen, daß der Äther von dem mit der Geschwindigkeit Ω bewegten Wasser nur eine kleinere Geschwindigkeit

$$\omega = \frac{n^2 - 1}{n^2} \Omega$$

annimmt, unter n das Brechungsverhältnis des Wassers verstanden.

§ 277. **Beugungsgitter und Gitterspektren.** Von großer praktischer Bedeutung für spektralanalytische Untersuchungen und für die Messung der Wellenlängen sind FRAUNHOFERsche Beugungserscheinungen, die durch eine große Zahl paralleler Spalten, sogenannte Beugungsgitter, erhalten werden. Die Spalten befinden sich in einem Schirme in sehr kleinem Abstande nebeneinander. Wir nehmen an, daß die Breite der Spalten klein sei gegen ihren Abstand, so daß wir in einem Durchschnitt des Gitters die Spalten durch Punkte darstellen können, die durch gleiche Zwischenräume von einander getrennt sind (Fig. 317). Die von den Spalten ausgehenden Strahlenbündel ersetzen wir dementsprechend je durch einen einzigen Mittelstrahl. Die von der Lichtquelle kommenden einfarbigen Strahlen mögen senkrecht auf das von den Spalten gebildete Gitter fallen, so daß die von den Öffnungen aus nach allen Richtungen zerstreuten Elementarstrahlen in ihrem Ursprung alle

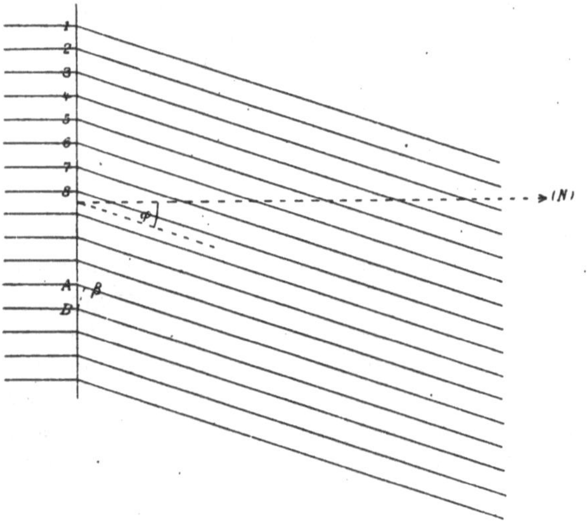

Fig. 317.

dieselbe Phase besitzen. Bezeichnen wir die Mitte des Gitters durch O, durch N den unendlich fernen Punkt der in O errichteten Normale, so haben wir in N aus denselben Gründen wie bei einem oder bei zwei Spalten Helligkeit. Betrachten wir schiefe Parallelstrahlen, so werden wir zu der Bestimmung ihrer Neigung abermals von dem früheren Mittel Anwendung machen. Es seien A und B zwei benachbarte Öffnungen; auf den schief aus A austretenden, die Richtung des ganzen Bündels bestimmenden Strahl fällen wir die Senkrechte $B\beta$ und benützen nun $A\beta$ als Maßstab der Schiefe. Man sieht dann leicht, daß jedenfalls Maxima der Helligkeit auftreten, wenn

$$A\beta = 0, \ = \lambda, \ = 2\lambda, \ = 3\lambda, \ldots$$

Betrachten wir nun das Intervall zwischen dem mittleren Maximum, das der direkten Strahlenrichtung entspricht, und dem ersten durch Beugung entstandenen Maximum etwas genauer. Wir wollen uns zu diesem Zweck die Spalten durchnumeriert denken und bemerken dann folgendes. Setzen wir $A\beta = \frac{\lambda}{2}$, so vernichten sich die Strahlen je zweier Nachbarspalten; in der entsprechenden Richtung findet also Dunkelheit statt; es sei $A\beta = \frac{1}{4}\lambda$; dann besitzen die Strahlen 1 und 3, 2 und 4, 5 und 7, 6 und 8 ... Phasendifferenzen von $\frac{1}{2}\lambda$, es tritt abermals Aufhebung der Bewegung ein. Setzen wir $A\beta = \frac{3}{4}\lambda$, so haben die Strahlen 1 und 3, 2 und 4 ... Phasendifferenzen von $\frac{3}{2}\lambda$; der Erfolg ist derselbe. Ebenso wenn $A\beta = \frac{1}{6}\lambda$, $\frac{5}{6}\lambda$ oder $A\beta = \frac{1}{8}\lambda$, $\frac{3}{8}\lambda$, $\frac{5}{8}\lambda$, $\frac{7}{8}\lambda$; es zerstören sich dann die Strahlen der Spalten 1 und 4, 2 und 5 ... oder 1 und 5, 2 und 6 ... Die Betrachtung zeigt, daß der ganze Zwischenraum zwischen dem mittleren Helligkeitsmaximum und dem ersten durch Beugung entstehenden von einer unendlichen Menge dicht gedrängter schwarzer Streifen durchfurcht ist, so daß das Licht hier völlig ausgelöscht erscheint. Gleiches gilt aber auch von dem Zwischenraum zwischen dem ersten und zweiten Beugungsmaximum u.s.f. Wenn man ein Fernrohr gegen das Gitter richtet, senkrecht gegen seine Fläche, so sieht man in der Richtung der direkt einfallenden Strahlen das Bild der Lichtquelle, denn die von ihren einzelnen Punkten direkt durch die Gitterspalten gehenden Strahlen verhalten sich gerade so, wie wenn kein Gitter vorhanden wäre. Als Lichtquelle benützt man in der Regel einen feinen beleuchteten Spalt, der in dem Brennpunkt einer Linse angebracht ist, um die von ihm ausgehenden Strahlen parallel zu machen. Von dem Spaltbild getrennt durch einen dunkeln Zwischenraum, folgt dann das erste durch Beugung entstandene Helligkeitsmaximum, eine dem Spalte parallele helle Linie, das **erste Beugungsbild** des Spaltes, weiterhin ein zweites, drittes ... solches Bild. Bezeichnet man den Winkel, um den man das Fernrohr nach rechts oder links aus der normalen Stellung drehen muß, um das erste, zweite, dritte ... Beugungsbild in die Mitte des Gesichtsfeldes zu bekommen, durch φ_1, φ_3, φ_2 ..., den Abstand AB zweier benachbarter Spalten durch d, so gelten die Gleichungen:

$$\lambda = d \sin\varphi_1, \quad 2\lambda = d \sin\varphi_2, \quad 3\lambda = d \sin\varphi_3 \ \ldots$$

Man kann also die Wellenlänge aus der Entfernung der Spalten und der Ablenkung der Beugungsbilder in sehr einfacher Weise bestimmen.

Wenn der Spalt mit weißem Lichte beleuchtet wird, so erzeugt jede Farbe, der Verschiedenheit der Wellenlänge entsprechend, ihre eigenen Beugungsbilder; ebenso wie wir durch Brechung des weißen Lichtes ein Spektrum erhalten, so auch durch Beugung; die so entstehenden Beugungsspektren haben vor den durch Dispersion erhaltenen den Vorzug, daß ihre Anordnung in sehr einfacher Weise von der Wellenlänge bestimmt wird. Ist die Ablenkung eine so kleine, daß der Sinus des Winkels diesem selbst gleich gesetzt werden kann, so ist bei dem Beugungsspektrum die Ablenkung einfach der Wellenlänge proportional. Bei dem durch Brechung erzeugten Spektrum dagegen ist die Anordnung bedingt durch die Dispersion des Prismas; da diese im allgemeinen mit zunehmender Brechbarkeit wächst, so erscheint in dem Dispersionsspektrum der rote Teil unverhältnismäßig kurz, der violette und ultraviolette über die Gebühr ausgedehnt. Demgegenüber bezeichnet man dann die durch Beugung erhaltenen Spektren, in denen die Ablenkung nach dem Maße der Wellenlänge zunimmt, als normale. Die Beugungsspektren unterscheiden sich von den Dispersionsspektren noch ganz besonders dadurch, daß bei ihnen das violette Ende am wenigsten, das rote am meisten abgelenkt erscheint, weil, wie wir schon erwähnt haben, das violette Licht die kleinste, das rote die größte Wellenlänge besitzt. Um sich hiervon zu überzeugen, braucht man nur einen beleuchteten Spalt durch ein Beugungsgitter zu betrachten; man kann auch zum Zwecke objektiver Darstellung mit einer Linse ein reelles Bild des Spaltes auf einem Schirme entwerfen. Stellt man das Beugungsgitter hinter der Linse auf, so erhält man auf dem Schirme zur Seite des direkten Spaltbildes Beugungsspektren, deren violette Enden jenem Bilde zugewandt sind.

Dies wird durch Figur 318 erläutert. Das schmale Rechteck in der Mitte stellt das direkte Bild des Spaltes vor, zu beiden Seiten sieht man je zwei Beugungsspektren von der Linie A bis zu H.

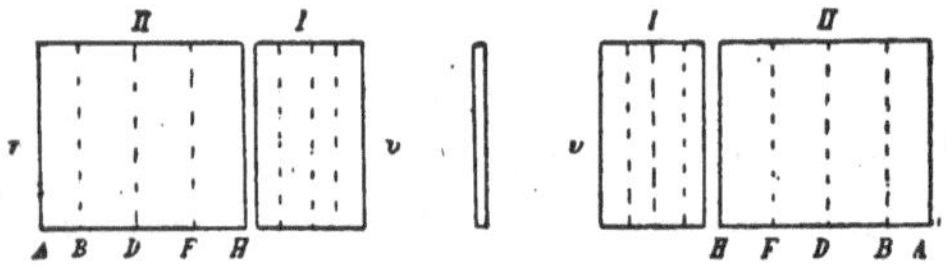

Fig. 318. Beugungsspektren.

Beugungsgitter werden hergestellt, indem man Glasplatten versilbert und in den Belag mit einer Spitze feine parallele Risse macht; man kann auch auf der Glasplatte direkt mit einem Diamant parallele, feine Risse ziehen; die unverletzten Teile der Oberfläche repräsentieren dann die Spalten des Gitters.

Beugungserscheinungen erhält man von einem Gitter ebenso im reflektierten wie im durchgehenden Licht; in der That, betrachten wir ein Glasgitter, so breiten sich nach dem Huyghensschen Prinzip Elementarwellen ebenso gut rückwärts in den diesseits des Gitters liegenden Raum, als vorwärts aus. Nur sind bei einem Glasgitter die Intensitäten der reflektierten Strahlen sehr gering, die Erscheinungen im reflektierten

Lichte daher zu schwach. Wenn man aber Gitter auf eine Metalloberfläche einritzt, so haben die Wellen eine große Intensität, und man erhält daher sehr helle Beugungsspektren im reflektierten Lichte. ROWLAND hat damit noch einen weiteren Vorteil verbunden, indem er die Gitter auf der Oberfläche von Hohlspiegeln einritzt. Solche Gitter erzeugen dann, ohne daß Linsen zu Hilfe genommen werden müssen, ein reelles Bild des Spaltes und auf seinen beiden Seiten reelle Beugungsbilder oder Beugungsspektren, wenn der Spalt selbst weißes Licht aussendet. Gleichzeitig gelang es ihm, die Teilung so zu verfeinern, daß 1700 Linien auf das Millimeter kamen, und er konnte so Spektren von ungemeiner Ausdehnung erzeugen.

Durch eine Beugung des reflektierten Lichtes von derselben Art wie bei Metallgittern kommen, wie noch hinzugefügt werden möge, auch die Farben der Perlmutter und ähnliche Erscheinungen zu stande.

§ 278. Wellenlängen des Lichtes. Die folgende Tabelle enthält für einige der wichtigsten Linien der Metalle und des Sonnenspektrums die Wellenlängen in Luft in Milliontel Millimetern, $\mu\mu$.

Kalium α	768	$\mu\mu$	Wasserstoff H_δ	410,2	$\mu\mu$
A	760,4	„	H_1	396,6	„
B	687,0	„	H_2	393,4	„
Lithium α	670,8	„			
C (H_α)	656,3	„	L	382,0	„
D_1	589,61	„	M	372,7	„
D_2	589,01	„	N	358,1	„
Thallium	534,9	„	O	344,1	„
E	527,0	„	P	336,2	„
F (H_β)	486,1	„	Q	328,7	„
Wasserstoff H_γ	434,0	„	R	318,0	„
G	430,7	„			

Die hier angeführten ultravioletten Linien gehören mit Ausnahme von *P* dem Eisenspektrum, diese selbst dem Calcium an. Im ultraroten Teile des Spektrums hat ABNEY mit photographischen Mitteln die FRAUNHOFERschen Linien bis zu einer Wellenlänge von 980 $\mu\mu$ verfolgt. Bei Aluminium hat CORNU noch eine Linie im Ultravioletten mit der Wellenlänge 185,2 $\mu\mu$ erhalten, SCHUMANN im Vakuum Teile des Spektrums mit noch kleinerer Wellenlänge photographiert.

§ 279. Zur teleskopischen Beobachtung der Beugungserscheinungen. Wir haben die Theorie der FRAUNHOFERschen Beugungserscheinungen so entwickelt, als ob die von den Spalten ausgehenden Strahlen sich in Punkten eines unendlich weit entfernten Schirmes vereinigten. Thatsächlich werden sie durch die Linsen des Fernrohres oder die Medien des Auges gebrochen, durch die Objektivlinse des Fernrohres in den Punkten ihrer Brennebene, durch das Auge in Punkten der Netzhaut vereinigt. Man kann zweifeln, ob nicht dadurch neue Phasendifferenzen herbeigeführt, Korrektionen der früheren Theorie erfordert werden. Die Frage wird beantwortet durch den allgemeinen Satz:

Auf Strahlenwegen, die zwei verschiedene Lagen einer Wellenfläche miteinander verbinden, liegen gleichviel einzelne Wellen.

So lange die Welle in einem homogenen Mittel sich ausbreitet, ist der Satz selbstverständlich. Im übrigen beweisen wir ihn nur für den speziellen Fall der Brechung einer von einem leuchtenden Punkt ausgehenden Welle durch eine ebene Fläche. Man wird von da aus leicht auch kompliziertere Fälle — gekrümmte Grenzflächen, eine größere Zahl brechender Medien — erledigen können.

Der leuchtende Punkt (Fig. 319) sei O; das vor der Grenzfläche liegende Medium bezeichnen wir durch I, das hinter ihr befindliche

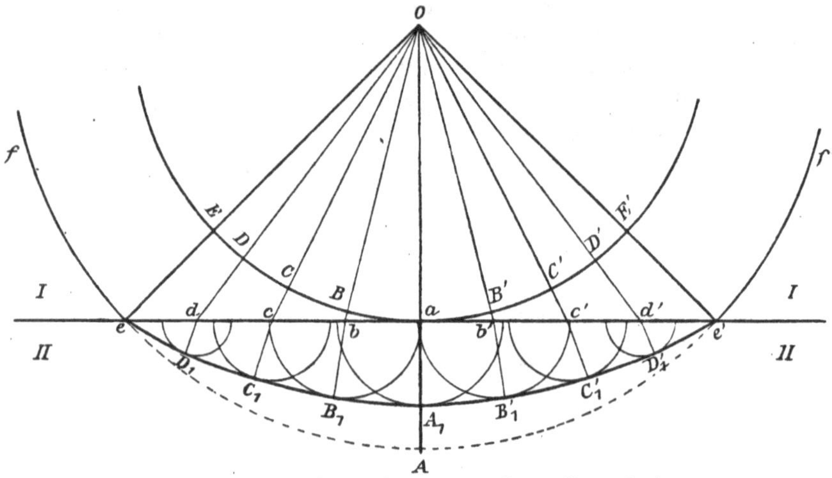

Fig. 319. Brechung durch eine ebene Grenzfläche.

durch II. Lichtgeschwindigkeit und Wellenlänge in dem ersteren haben die Werte v_1 und λ_1, in dem zweiten v_2 und λ_2. Bezeichnen wir Lichtgeschwindigkeit und Wellenlänge im leeren Raum durch v_0 und λ_0, so ist nach der in § 270 eingeführten Voraussetzung:

$$\frac{\lambda_1}{v_1} = \frac{\lambda_2}{v_2} = \frac{\lambda_0}{v_0}.$$

Wir konstruieren zuerst eine der von O aus in das Medium II eindringenden Wellen. Der ungestörte, noch in dem Medium I liegende Teil derselben sei, in einer durch O senkrecht zu der Grenzfläche gelegten Ebene, durch die Kreisbogen fe und $f'e'$ dargestellt. Um den gebrochenen Teil zu finden, haben wir die von den Punkten a, b, c, d, b', c', d' ausgehenden Elementarwellen zu suchen und ihre gemeinsame Umhüllungsfläche zu konstruieren. Man wird zu diesem Zweck zunächst den Kreisbogen eAe' ziehen, bis zu dem die Welle von O vorgedrungen sein würde, wenn das Medium II mit I identisch wäre. Für denselben Fall würden dann die aus a, b, c, d, b', c', d' an den Bogen eAe' gezogenen Berührungskreise die gesuchten Elementarwellen darstellen. Ist nun der Brechungsquotient für den Übergang des Lichtes von *I* zu *II* gleich n, so besteht zwischen den Lichtgeschwindigkeiten in den beiden Medien die Beziehung $v_2 = \frac{v_1}{n}$. In dem Medium *II* werden also die von den Punkten der Grenzebene ausgehenden Elementarwellen in gleicher Zeit auf Kugeln sich ausbreiten, deren Halbmesser n mal kleiner sind als die Halbmesser der den Bogen eAe' berührenden. So ist es nun leicht, die Elementarwellen in dem Medium *II* und ihre Umhüllende, die gebrochene Welle zu konstruieren. Sie wird in dem Schnitt unserer Zeichenebene durch die Kurve $e D_1 C_1 B_1 A_1 B_1' C_1' D_1' e'$ dargestellt, die von einem Kreisbogen nicht allzusehr verschieden ist. Die Linien $b B_1$, $c C_1, \ldots$, welche die Punkte der Grenzfläche mit den Berührungspunkten zwischen Hauptwelle und Elementarwellen verbinden, sind die gebrochenen Strahlen; es ist im Anschluß an die Figur nicht schwer zu zeigen, daß für sie in der That das Gesetz der Brechung gilt.

Die zweite Wellenfläche, die wir betrachten, sei die letzte der ganz in *I* liegenden, die von *O* aus an die Grenzfläche gelegte Berührungskugel, welche in unserer Figur durch den Kreis EaE' dargestellt ist. Die Zeit, in der die Welle aus der Lage EaE' in die Lage eA_1e' übergeht, sei τ, dann ist $Ee = v_1\tau$, $aA_1 = v_2\tau$; die Zahl der auf Ee liegenden Wellen $\frac{v_1\tau}{\lambda_1}$, der auf aA_1 liegenden $\frac{v_2\tau}{\lambda_2}$; ihre Zahl ist somit in der That für die beiden Wege dieselbe, nämlich gleich $\frac{v_0}{\lambda_0}\cdot\tau$. Betrachten wir noch einen der gebrochenen Strahlenwege, etwa CcC_1. Die Zeit, die zur Durchlaufung von Cc erforderlich ist, sei τ_1; von c bis C_1 brauche die Welle die Zeit τ_2, so daß $\tau_1 + \tau_2 = \tau$. Es ist dann $Cc = v_1\tau_1$, die Zahl der auf Cc liegenden Wellen $\frac{v_1}{\lambda_1}\tau_1 = \frac{v_0}{\lambda_0}\tau_1$; ebenso die Zahl der auf cC_1 liegenden $\frac{v_0}{\lambda_0}\tau_2$; die Gesamtzahl der Wellen auf dem Wege CcC_1 wird: $\frac{v_0}{\lambda_0}(\tau_1 + \tau_2) = \frac{v_0}{\lambda_0}\tau$, ebenso groß wie auf den Wegen Ee und aA_1.

Der zu Anfang ausgesprochene Satz ist damit bewiesen; er gilt ebenso beim Durchgang des Lichtes durch eine Reihe brechender Flächen, da man durch wiederholte Übergänge der durch Figur 319 gegebenen Art von einer beliebigen Anfangslage der Wellenfläche zu einer beliebigen Endlage kommen kann. Figur 320 stellt in diesem Sinne den Durchgang axenparalleler Strahlen durch eine bikonvexe Linse dar; φ ist der Brennpunkt der vorderen Linsenfläche, f der der ganzen Linse; beim Übergang der ursprünglich ebenen Welle in die Linse treten Knickungen der Wellenfläche auf, ebenso wie in Figur 319. Setzen wir voraus, daß hinter der Linse alle Strahlen genau durch f hindurchgehen, so ist die Wellenfläche hier ein Kugelabschnitt, dessen Mittelpunkt in f liegt. Sie zieht sich schließlich auf eine den Punkt f unendlich nahe umschließende Kugel zusammen, und wir können daher f selbst als eine Lage der Wellenfläche betrachten. Nach dem vorhergehenden Satze müssen dann auf allen Strahlen, die von der ebenen Welle vor der Linse bis zu dem Brennpunkt f gehen, gleichviel einzelne Wellen liegen. Die Strahlen kommen also in f mit denselben Phasenverhältnissen an, die sie in der ebenen

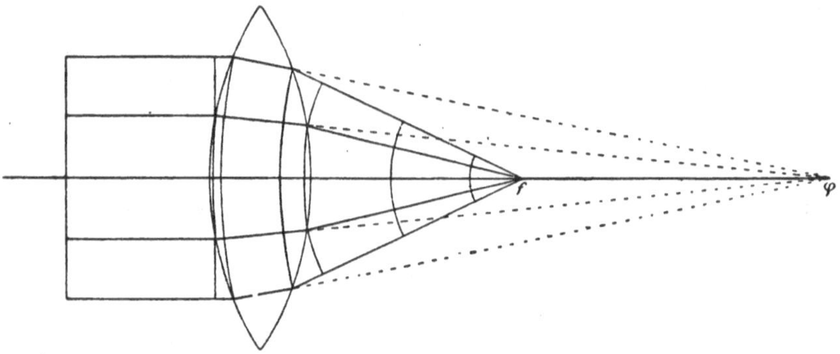

Fig. 320. Durchgang einer ebenen Welle durch eine Linse.

Welle hatten. Daraus ergiebt sich aber, daß die Beugungserscheinungen bei der FRAUNHOFERschen Art der Beobachtung in der That dieselben sind, wie auf einem unendlich fernen Schirme.

§ 280. Farben dünner Blättchen. Seifenblasen, Ölschichten, die auf Wasser schwimmen, Oxydschichten an der Oberfläche der Metalle, z. B. an angelaufenem Stahl, dünne Luftschichten in den Sprüngen durchsichtiger Körper zeigen Farben, die unter Umständen überaus glänzend und schön sind, und die man als Farben dünner Blättchen bezeichnet. Es ist nicht schwer, auf Grund der Wellentheorie eine Vorstellung von ihrer Entstehung zu gewinnen; O und U (Fig. 321) seien die mit einander parallelen Grenzflächen eines solchen Blättchens. Wir lassen auf dieses parallele Lichtstrahlen nahe senkrecht von oben fallen. SE sei ein einfallender, ER der zugehörige reflektierte Strahl. Nun finden wir leicht einen zweiten Strahl, der nach einer Reflexion an der unteren Seite des Blättchens auf dem Wege $S_1 E_1 F_1 E$ ebenfalls zum Austritt in der Richtung ER gelangt. Die beiden längs ER sich bewegenden Strahlen haben nun eine gewisse Wegdifferenz $E_1 F_1 E$, die wir gleich der doppelten Dicke des Blättchens setzen können. Wenn infolge hiervon eine Phasenverschiebung der Strahlen um eine halbe Wellenlänge entsteht, so werden sie sich gegenseitig vernichten. Wenn weißes Licht auf das Blättchen fällt, so fehlen, wie man auf spektralanalytischem Wege direkt nachweisen kann, in dem reflektierten Lichte die Strahlen von der betreffenden Wellenlänge; man darf überdies annehmen, daß Strahlen von wenig abweichender Wellenlänge stark geschwächt werden; so erklärt

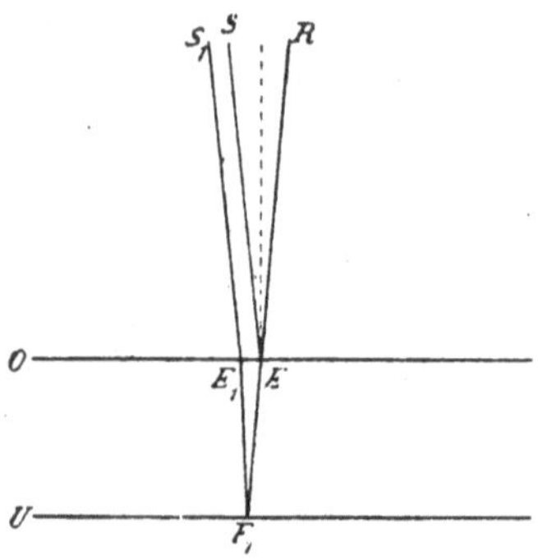

Fig. 321.

sich die Färbung des reflektierten Lichtes. Für eine genauere Theorie der Erscheinungen ist die Thatsache von großer Wichtigkeit, daß Blättchen, deren Dicke im Vergleich mit der Wellenlänge des Lichtes klein ist, vollkommen schwarz erscheinen. Eine nennenswerte Wegdifferenz zwischen den Strahlen ist hier offenbar nicht vorhanden, es muß also noch eine andere Ursache zu einer Phasenverschiebung vorhanden sein. Eine solche liegt in der That in dem Vorgange der Reflexion. Aus späteren Untersuchungen ergiebt sich, daß jeder Strahl, der an einem optisch dichteren Mittel reflektiert wird, eine Verzögerung von einer halben Wellenlänge erleidet, während bei der Reflexion am dünneren Mittel dies nicht eintritt. Nun ist klar, daß bei dem dünnen Blättchen, einerlei ob seine Substanz die optisch dichtere oder dünnere ist, immer der eine der interferierenden Strahlen an dem optisch dichteren, der andere an dem optisch dünneren Mittel reflektiert wird; zu der Wegdifferenz $E_1 F_1 E$ tritt also immer noch infolge der Reflexionen eine Phasendifferenz von einer halben Wellenlänge hinzu.

Über die Erscheinung selbst werden wir am leichtesten einen Überblick gewinnen, wenn wir ein keilförmiges Blättchen betrachten, das von oben her in nahezu senkrechter Richtung mit homogenem Licht von der Wellenlänge λ beleuchtet wird. An der scharfen Kante des Keils herrscht Dunkelheit, denn dort entsteht durch die Reflexion ein Phasenunterschied von $\frac{1}{2}\lambda$; weitere dunkle Stellen erhalten wir da, wo die doppelte Dicke $2d$ des Keiles $= \lambda, = 2\lambda, = 3\lambda \ldots$; dazwischen treten Maxima der Helligkeit auf an den Stellen, wo $2d = \frac{\lambda}{2}, = \frac{3}{2}\lambda, = \frac{5}{2}\lambda \ldots$ Wenn wir den Keil im reflektierten Lichte betrachten, so sehen wir auf ihm eine Reihe von dunkeln und hellen Streifen parallel zu seiner Kante. Die Stellen der aufeinanderfolgenden Lichtmaxima, der hellsten Stellen der Streifen, sind in Figur 322 durch die der jeweiligen Keildicke entsprechenden Linien a_1, b_1, c_1, d_1, e_1, f_1 dargestellt.

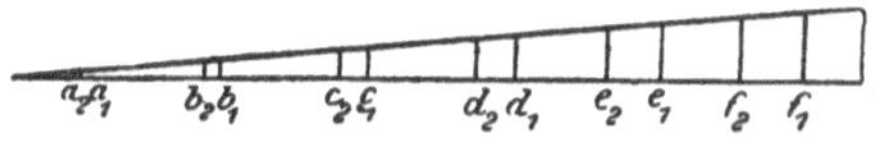

Fig. 322. Interferenzstreifen eines Keils.

Wir wollen sehen, wie sich die Sache gestaltet, wenn das Licht nicht völlig homogen ist, etwa wie das Natriumlicht aus zwei Strahlen, S_1 und S_2, von wenig verschiedener Brechbarkeit besteht. Wir erhalten dann das erste Helligkeitsmaximum für den brechbareren Strahl S_2 bei a_2, für den weniger brechbaren S_1 bei a_1; das zweite Maximum für S_2 bei b_2, für S_1 bei b_1; und man sieht leicht, daß $b_1 b_2 = 3\, a_1 a_2$. Die dritten Maxima liegen bei c_2 und c_1, und es ist $c_1 c_2 = 5\, a_1 a_2$ u. s. w. Ebenso wie die Maxima rücken auch die Stellen, wo die Strahlen S_1 und S_2 für sich genommen Dunkelheit erzeugen würden, um so weiter auseinander, je mehr wir uns von der Kante des Keiles entfernen. Es ergiebt sich hieraus, daß zunächst nur die scharfe Schneide des Keiles eine Stelle vollkommener Dunkelheit ist; gehen wir von ihr weg zu Stellen von wachsender Dicke, so giebt es Stellen von minimaler Helligkeit, aber nirgends mehr ein vollständiges Fehlen des Lichtes. Wenn die Helligkeitsmaxima von S_2 mit den dunkeln Stellen von S_1 zusammenfallen, so ergiebt sich eine gleichmäßige Helligkeit, die Streifen sind verschwunden. Nun aber nähern sich die Helligkeitsmaxima von S_2 den hellsten Stellen von S_1, deren Ordnungszahl um 1 niedriger ist. In dem Maße, in dem dies geschieht, treten die hellen und dunkeln Streifen wieder hervor. Man sieht also, daß bei der Entfernung von der Kante die Streifen abwechselnd verschwinden und wieder hervortreten, eine Erscheinung, die auf dem Gebiete der Optik den Schwebungen der Akustik analog ist.

Eine sehr elegante Methode, die Farbe dünner Blättchen in ihrer Abhängigkeit von der Dicke zu untersuchen, rührt von Newton her. Auf eine ebene Glasplatte wird eine sehr schwach gekrümmte Konvexlinse gelegt. Zwischen beiden entsteht dann um den Berührungspunkt herum eine Luftschicht von allmählich zunehmender Dicke. In homogenem Lichte erscheint die dunkle Mitte von hellen und dunkeln Ringen umgeben, in weißem Lichte treten farbige Ringe auf. Fizeau hat mit Na-Licht die Ringe bis zu einer Dicke der Luftschichte von 14,7 mm verfolgt; dabei wurde der Wechsel von scharfen und verschwindenden Ringen, die Schwebung, 52 mal beobachtet.

Figur 323 erläutert die Bildung und Erscheinung der Ringe. Der obere Teil giebt einen Durchschnitt durch Linse und Platte. In 1, 2, 3 . . . befinden sich die Stellen, an denen im homogenen Lichte die Mitten des ersten, zweiten, dritten . . . hellen Ringes erscheinen, wo also die Dicke der Luftschicht $^1/_4$, $^3/_4$, $^5/_4$ . . . Wellenlängen beträgt. Man wird dann leicht übersehen, daß aus dem Durchmesser der Ringe und dem Krümmungshalbmesser der Linse die Wellenlänge berechnet werden kann. Wenn man den Zwischenraum zwischen Linse und Platte statt mit Luft mit einer Flüssigkeit von größerem Brechungsverhältnis füllt, so ziehen sich wegen der kleineren Wellenlänge die Ringe zusammen. Eine geometrische Betrachtung, die wir nicht weiter ausführen wollen, zeigt, daß bei zwei verschiedenen, den Zwischenraum füllenden Flüssigkeiten a und b die Quadrate der Halbmesser bei entsprechenden Ringen

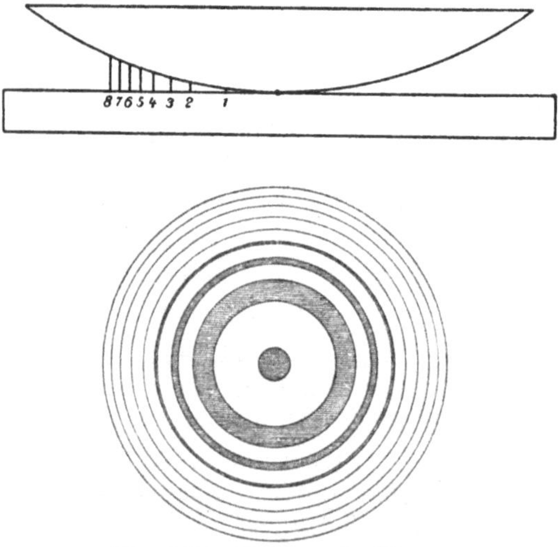

Fig. 323. Newtonsche Ringe.

sich verhalten wie die Wellenlängen λ_a und λ_b in *a* und *b*. Hiernach bietet die Beobachtung der Newtonschen Ringe ein bequemes Mittel, um zu zeigen, daß in der That, der in § 270 gemachten Annahme entsprechend,

$$\frac{\lambda_a}{\lambda_b} = \frac{v_a}{v_b},$$

das Verhältnis der Wellenlängen gleich dem der Lichtgeschwindigkeit, d. h. gleich dem Brechungsverhältnis $n(a, b)$ ist.

Schließlich möge noch darauf hingewiesen werden, daß die von uns gegebene Erklärung der Interferenzerscheinung eines dünnen Blättchens nicht ganz vollständig ist. In dem Punkte *E* der Figur 321 treten außer dem von uns gezeichneten Strahl $S_1 E_1 F_1 E$ noch andere aus, die im Inneren des Blättchens wiederholte Reflexionen an der unteren und oberen Grenzfläche erlitten haben. An den Resultaten wird durch die Mitberücksichtigung dieser Strahlen nichts Wesentliches geändert, und wir haben uns daher im Interesse der Einfachheit auf die Betrachtung des ersten beschränkt.

§ 281. Der Interferentialrefraktor. Wir erwähnen zum Schluß noch eine Interferenzerscheinung, die durch eine Kombination von zwei dicken Glasplatten erzeugt wird. Es seien G_1 und G_2 (Fig. 324) zwei planparallele Glasplatten, die unter einem sehr kleinen Winkel gegeneinander geneigt sind. Auf G_1 falle von einem leuchtenden Punkte aus ein Lichtstrahl; man sieht, daß er durch Reflexion und Brechung an den Flächen der Glasplatten schließlich in vier zerlegt werden muß. Wir beobachten die Interferenz der beiden in der Figur gezeichneten Strahlen; ihre Phasendifferenz ist durch die Verschiedenheit der Wege $A_1 A_2 A_3$ und $B_1 B_2 B_3$ bedingt. Nun falle auf die Platte G_1 einfarbiges Licht von einer ausgedehnteren Lichtquelle, etwa einer Natriumflamme. Die Strahlen treffen dann die Oberfläche der ersten Platte unter verschieden großen Winkeln, sie werden ebenso unter verschiedenen Winkeln reflektiert und gebrochen. Es zeigt sich, daß eine Reihe von Winkeln existiert, für welche die Wegdifferenz $A_1 A_2 A_3 - B_1 B_2 B_3$ ein

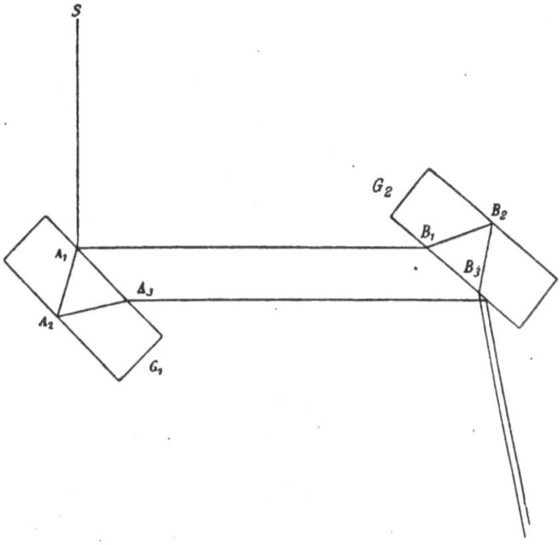

Fig. 324.

ungerades Vielfaches einer halben Wellenlänge beträgt. Für alle diese tritt Auslöschung der Strahlen ein. In der Platte G_2 erscheint daher das Gesichtsfeld von einer Reihe von dunkeln Streifen durchzogen.

Die interferierenden Strahlen laufen zwischen den beiden Platten in großer Länge und in ziemlichem Abstande nebeneinander her. Bringt man in den Weg des einen einen Körper, dessen optische Dichte von der der Luft etwas verschieden ist, erwärmt man z. B. die Luft auf dem Wege des einen Strahles, so verschieben sich die Interferenzstreifen. Aus der Größe der Verschiebung kann das Verhältnis berechnet werden, in dem die Wellenlänge des Lichtes in dem eingeschalteten Körper zu der Wellenlänge in Luft steht. Es ist damit das Prinzip für die Konstruktion des Interferentialrefraktors gegeben, der häufig mit Vorteil an Stelle der in § 276 besprochenen Einrichtung benützt wird. Bei der Anwendung von weißem Lichte zerlegt man die von der zweiten Platte reflektierten Strahlen mit dem Prisma und beobachtet dann die im Spektrum erscheinenden schwarzen Interferenzstreifen.

III. Kapitel. Polarisation und Doppelbrechung.

§ 282. Turmalinplatten. Aus den Erscheinungen der Interferenz und Beugung folgt mit Notwendigkeit, daß das Licht auf einer Wellenbewegung beruht. Unentschieden bleibt, ob diese Bewegung transversal oder longitudinal ist, ob die Schwingungen senkrecht zu der Fortpflanzungsrichtung stehen, oder ihr parallel sind. Aufschluß hierüber giebt eine Erscheinung, die wir bei einer Kombination zweier Turmalinplatten beobachten.

Der Turmalin ist ein Krystall des hexagonalen Systems, der in der Regel eine sechsseitige Säule zeigt, deren abwechselnde Kanten durch

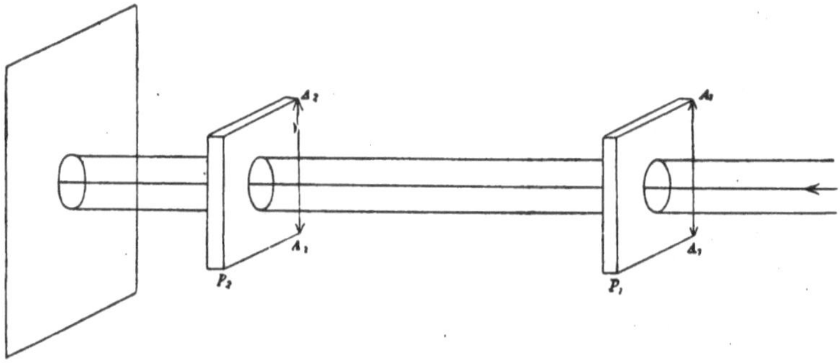

Fig. 325. Parallele Turmaline.

die Flächen einer dreiseitigen Säule abgestumpft sind. Die Axe dieser Säulen ist die Hauptaxe des Turmalins. Wir schneiden aus einem Krystall zwei planparallele Platten P_1 und P_2 parallel zu der Hauptaxe und markieren bei beiden die Axenrichtung A_1, beziehungsweise A_2 (Fig. 325). Durch eine runde Öffnung lassen wir ein Bündel paralleler

Strahlen fallen, so daß auf einem ihr gegenüberstehenden Schirme ein heller Fleck beleuchtet wird. In den Weg der Strahlen, senkrecht zu ihnen, stellen wir nun die Turmalinplatten. Halten wir sie so, daß die Axen A_1 und A_2 parallel sind, so bleibt das Bild der Öffnung hell, wenn auch infolge der Absorption des Turmalins grünlich oder bräunlich gefärbt; wenn aber die Axen der Turmaline senkrecht zu einander gestellt, gekreuzt werden, so wird das Bild dunkel. Halten wir die beiden aufeinandergelegten Turmalinplatten vor das Auge, so sehen wir hindurch, wenn die Axen parallel sind, das Gesichtsfeld ist dunkel, wenn die Axen senkrecht zu einander stehen (Fig. 326).

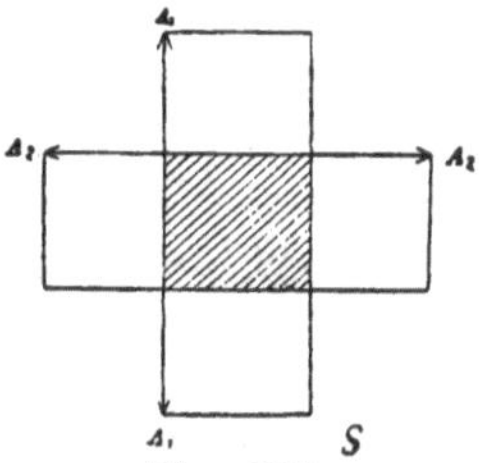

Fig. 326.
Gekreuzte Turmaline.

Diese Erscheinung ist nun in der That nur verständlich, wenn wir annehmen, daß die Wellenbewegung des Lichtes eine transversale ist. Wir können uns dann die Vorstellung bilden, eine Turmalinplatte lasse Lichtstrahlen, die senkrecht zu ihr auffallen, nur hindurch, wenn die Schwingungsrichtungen der auf ihnen liegenden Ätherteilchen ihrer Axe parallel sind. Bei dieser Annahme, deren Berechtigung wir später noch genauer prüfen werden, können aus der Platte P_1 nur solche Strahlen austreten, deren Schwingungsrichtung parallel A_1 ist. Fallen diese auf die Platte P_2, so werden sie durchgelassen, wenn ihre Schwingungsrichtung parallel ist mit A_2, wenn also die Axen der beiden Platten parallel sind; sie können nicht durch die zweite Platte gehen, wenn ihre Axenrichtung senkrecht zu der Schwingungsrichtung, d. h. senkrecht zu A_1 steht.

Lichtstrahlen, die durch eine Turmalinplatte hindurchgegangen sind, haben nach dem vorhergehenden die Eigenschaft, daß die auf ihnen liegenden Ätherteilchen nur noch in einer bestimmten, zu der Richtung des Strahles senkrechten Richtung hin- und herschwingen. Wir bezeichnen solche Lichtstrahlen als geradlinig polarisierte oder polarisierte schlechtweg, die durch den Strahl gehende Ebene, auf der die Schwingungsrichtung senkrecht steht, als die Polarisationsebene. Wenn wir sagen, ein Lichtstrahl sei nach einer bestimmten Ebene polarisiert, so heißt das, seine Schwingungen stehen auf der Ebene senkrecht, diese sei seine Polarisationsebene. Bei einer Turmalinplatte ist eine zur Axe senkrechte Ebene die Polarisationsebene, die Schwingungsrichtung der Strahlen parallel der Axe (Fig. 327).

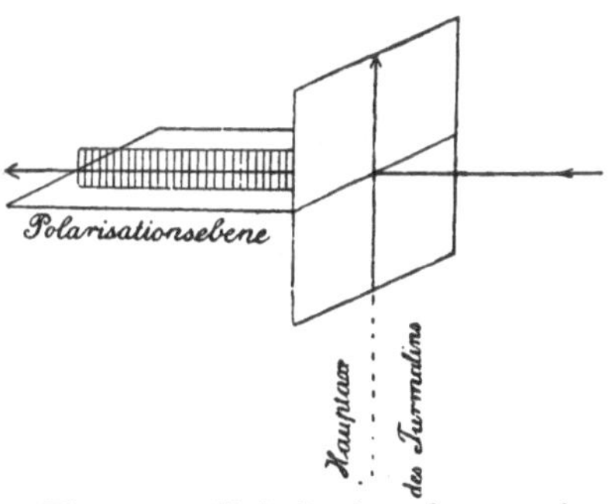

Fig. 327. Polarisationsebene und Schwingungsrichtung.

§ 283. Zusammensetzung und Zerlegung polarisierter Strahlen. Wenn auf einer und derselben Geraden zwei Strahlen homogenen Lichtes von gleicher Wellenlänge und Polarisationsebene sich fortpflanzen, so gilt für die von ihnen erzeugte Bewegung des Äthers das Prinzip der Superposition. Wenn die Phasendifferenz der Strahlen gleich Null, gleich einer ganzen Wellenlänge oder einem Vielfachen einer solchen ist, so verstärken sich ihre Wirkungen; wenn dagegen ihre Phasendifferenz eine halbe Wellenlänge oder ein ungerades Vielfaches einer solchen beträgt, und ihre Amplituden gleich sind, so vernichten sich die Strahlen.

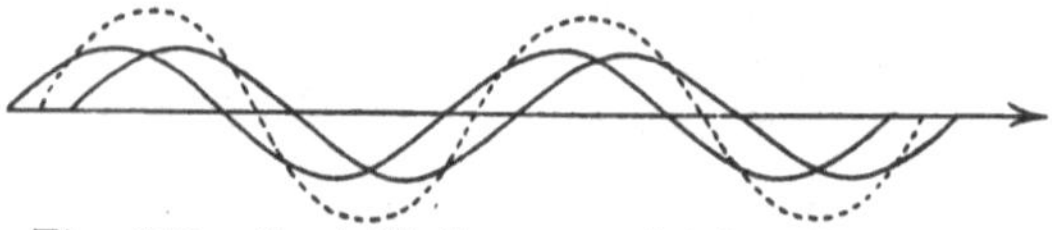

Fig. 328. Zwei Wellen von gleicher Farbe und Schwingungsrichtung.

Strahlen von beliebiger Phasendifferenz setzen sich zusammen zu einem Strahl von gleicher Wellenlänge, aber anderer Amplitude und Phase, wie dies durch Figur 328 gezeigt wird.

Wenn dagegen die Schwingungsrichtungen der beiden Strahlen und ihre Polarisationsebenen aufeinander senkrecht stehen, so können ihre Bewegungen sich nicht aufheben, auch wenn ihre Wellenlänge die gleiche ist. Je nach dem Phasenunterschied der beiden Strahlen kommen dann verschiedene Bewegungen zu stande, die wir im folgenden beschreiben wollen.

Wir betrachten zuerst den Fall, daß die Phasendifferenz der senkrecht zu einander polarisierten Strahlen gleich Null ist. In einem bestimmten Momente werden die beiden von den Ätherteilchen gebildeten Wellen das in Figur 329 gezeichnete Bild darstellen. Bezeichnen wir die Ruhelage irgend eines Ätherteilchens durch C, so würde

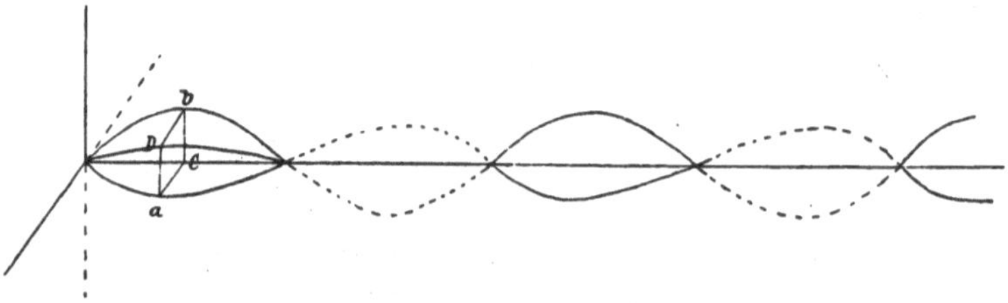

Fig. 329. Zwei Wellen von gleicher Farbe senkrecht zu einander polarisiert.

es in dem betrachteten Augenblick von der einen Welle nach a, von der anderen nach b verschoben. Der Ort, den es unter dem gleichzeitigen Einfluß der beiden Bewegungen einnimmt, ist die Ecke D des aus Ca und Cb konstruierten Rechteckes. Da die Wellenlinien gleiche Wellenlänge haben, so ist das Verhältnis $Ca : Cb$ für alle Ätherteilchen das gleiche; die resultierenden Verschiebungen CD liegen somit in einer und derselben Ebene. Zwei geradlinig polarisierte Strahlen, deren Schwingungsrichtungen zu einander senkrecht stehen, und deren Phasendifferenz Null ist, setzen sich somit wieder zu einem geradlinig polarisierten Strahle zusammen. Dasselbe ist, wie man aus der Figur unmittelbar ersieht, der Fall bei einer Phasendifferenz von $\frac{\lambda}{2}$, λ, $\frac{3}{2}\lambda$ . . .

Umgekehrt kann man einen geradlinig polarisierten Lichtstrahl in zwei andere zerlegen, deren Schwingungsrichtungen auf einander senkrecht stehen. Wir bezeichnen diese als die Komponenten des gegebenen Strahles; die Amplituden der ihnen entsprechenden Schwingungen werden gefunden, wenn man die Amplitude des gegebenen Strahles *CD* auf die zu einander senkrechten Schwingungsrichtungen nach *Ca* und *Cb* projiziert.

Wir kommen nun zu dem Falle, daß die beiden senkrecht zu einander polarisierten Strahlen eine beliebige Phasendifferenz besitzen. Dabei machen wir im allgemeinen die beschränkende Annahme, daß die Amplitude der Strahlen, die maximale Abweichung der Ätherteilchen von ihrer Ruhelage, die gleiche sei. Die Wellenlinien, welche die Ätherteilchen unter der Wirkung des einen und des anderen Strahles bilden würden, sind dann kongruent. Die hier auftretenden Erscheinungen werden leichter zu verstehen sein, wenn wir einen synthetischen Gang befolgen.

Wir betrachten einen sogenannten zirkularpolarisierten Lichtstrahl. Bei einem solchen liegen die Ätherteilchen in einem bestimmten Momente auf einer um den Strahl als Axe gewundenen Schraubenlinie. Ihre Bewegung ergiebt sich dadurch, daß wir die Schraubenlinie längs der Axe mit der Geschwindigkeit des Lichtes verschieben.

Die Schraube sei eine von links nach rechts ansteigende, eine rechts gewundene (Fig. 330a), $A_1 A_1' = \lambda$ ihre Ganghöhe. Wir betrachten nun die Bewegung von vier Ätherteilchen *A, B, C, D*, die in dem betrachteten Moment in den Punkten A_1, B_4, C_3, D_2 der Schraubenlinie so verteilt sind, daß sie den Bogen $A_1 A_1'$ der Schraube in vier gleiche Teile teilen. Mit Rücksicht auf die transversale Natur der Lichtschwingungen setzen wir voraus, daß der von der Ruhelage der Ätherteilchen nach ihrer jeweiligen Lage gezogene Radius Vektor zu der Strahlrichtung senkrecht stehe. Wir denken uns nun die Schraubenlinie $A_1 B_4 C_3 D_2 A_1'$ auf der Oberfläche des durch sie gelegten Cylinders gezeichnet; dieser wird von jeder Ebene, die zu seiner Axe senkrecht steht, in einem Kreise geschnitten. Zeichnen wir also auf der Oberfläche des Cylinders die durch A_1, B_4, C_3 und D_2 gehenden Kreise, so entsprechen ihre Mittelpunkte den Ruhelagen, die Punkte der Peripherieen möglichen Lagen der Ätherteilchen. Wenn wir nun die Schraubenlinie um $\frac{1}{4}\lambda$ verschieben, so kommt das Ätherteilchen *A* nach A_2, *B* nach B_1, *C* nach C_4 und *D* nach D_3; jedes legt $\frac{1}{4}$ seines Kreises zurück. Nach einer Verschiebung um $\frac{1}{2}\lambda$ kommt *A* nach A_3, *B* nach B_2 u. s. w.; nach einer Verschiebung um $\frac{3}{4}\lambda$ kommt *A* nach A_4, nach einer Verschiebung der Schraubenlinie um die ganze Ganghöhe $\lambda = A_1 A_1'$ kommen sämtliche Teilchen in die ursprüngliche Lage zurück. Die einzelnen Ätherteilchen bewegen sich somit in Kreisen;

sehen wir der Fortpflanzungsrichtung $A_1 A_1'$ des Strahles entgegen, so folgt die Bewegung dem Sinne des Uhrzeigers. Lichtstrahlen von dieser Art bezeichnen wir als rechts zirkular polarisierte.

Wir legen nun durch die Punkte $A_1 A_1'$ und den Strahl eine Ebene; die Verhältnisse mögen so gewählt sein, daß sie horizontal liegt; in ihr befindet sich dann außerdem der Punkt C_3. Legen wir durch den Strahl noch eine zweite, vertikale Ebene, so enthält diese die Punkte B_4 und D_2. Nun verbinden wir die Punkte A_1, C_3, A_1' durch eine Wellenlinie in der horizontalen, die Punkte B_4 und D_2 durch eine solche in der vertikalen Ebene, so daß diese Punkte die größten Elongationen bezeichnen; wir erhalten dann das in Figur 330b gesondert gezeichnete Bild, zwei zu einander senkrechte Wellenlinien, die um $\frac{1}{4}\lambda$ gegeneinander verschoben sind. Wenn wir die ihnen einzeln entsprechenden Verschiebungen nach dem Prinzip der Kombination zusammensetzen, so überzeugen wir uns, daß wir die Schraubenlinie der Figur 330a wieder erhalten, dabei ist die Wellenlänge identisch mit der Höhe des Schraubenganges. Es ergiebt sich somit der Satz: Zwei geradlinig, senkrecht zu einander polarisierte Strahlen, die um eine Viertelwellenlänge in der durch Figur 330b angegebenen Weise gegeneinander verschoben sind, setzen sich zusammen zu einem rechts zirkular polarisierten Strahle.

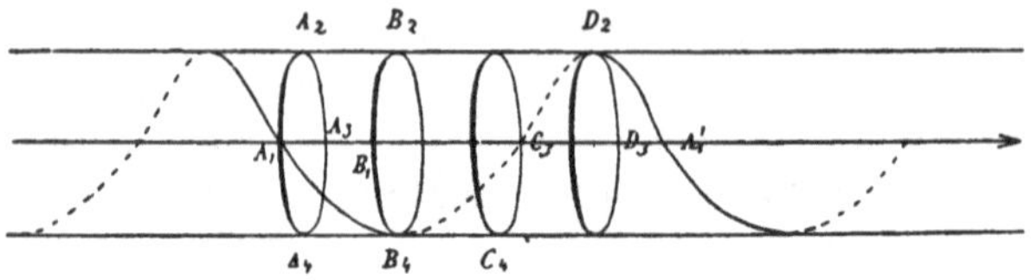

Fig. 330a.

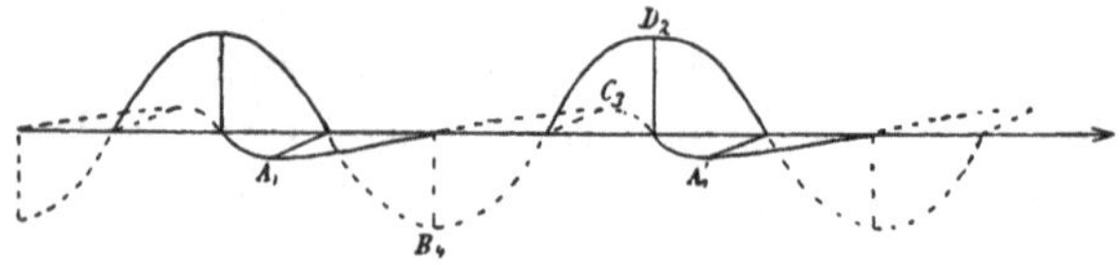

Fig. 330b.
Zerlegung eines rechts zirkular polarisierten Strahles.

Gehen wir ebenso aus von dem Falle einer linksgewundenen Schraubenlinie (Fig. 331a), so finden wir, daß die Ätherteilchen für ein gegen den Strahl blickendes Auge in dem entgegengesetzten Sinne des Uhrzeigers rotieren, wir erhalten einen links zirkular polarisierten Strahl. Ein solcher kann ebenfalls

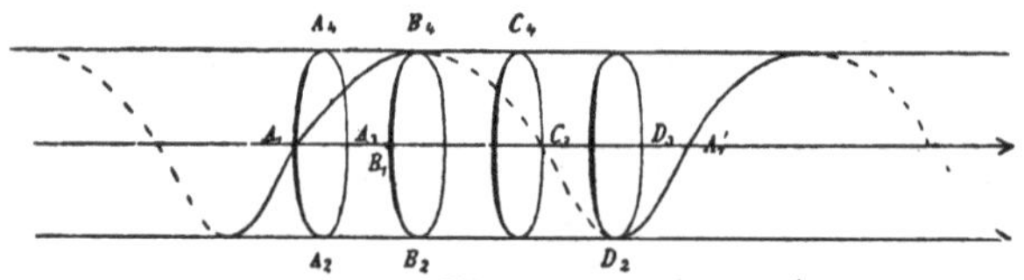

Fig. 331a.

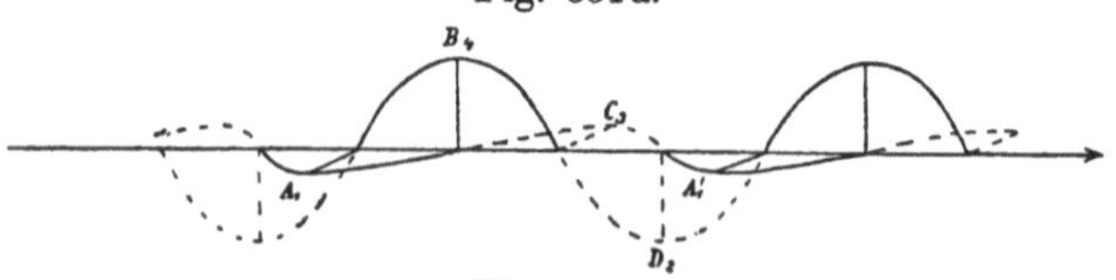

Fig. 331b.
Zerlegung eines links zirkular polarisierten Strahles.

zusammengesetzt werden aus zwei geradlinig, senkrecht zu einander polarisierten mit einer Phasendifferenz von einer Viertelwellenlänge, wie dies durch die Figuren 331a und 331b anschaulich gemacht wird; der Sinn der Verschiebung ist der entgegengesetzte, wie im Falle des rechts zirkular polarisierten Strahles.

Unsere Betrachtung zeigt natürlich auch umgekehrt, daß jeder zirkular polarisierte Strahl zerlegt werden kann in zwei geradlinig, senkrecht zu einander polarisierte von gleicher Amplitude und einer Phasendifferenz von einer Viertelwellenlänge. Dabei bleibt die Amplitude der Komponenten dieselbe, wie auch die beiden zu einander senkrechten Projektionsebenen durch den Strahl gelegt werden.

Wir wollen endlich noch zeigen, daß zwei entgegengesetzt zirkular polarisierte Strahlen von gleicher Wellenlänge, Amplitude und Fortpflanzungsrichtung sich wieder zu einem geradlinig polarisierten Strahl zusammensetzen. Zu diesem Zweck ziehen wir auf der Oberfläche eines um den Strahl als Axe beschriebenen Cylinders zwei entgegengesetzt laufende in den Punkten A_1, C_3 und A_1' sich durchkreuzende Schraubenlinien (Fig. 332). Sie mögen die augenblickliche Lage der Ätherteilchen in den beiden zirkularpolarisierten Strahlen repräsentieren. Legen wir durch den Strahl und die Punkte A_1, C_3, A_1' eine Ebene, so sind die Schraubenlinien zu ihr symmetrisch.

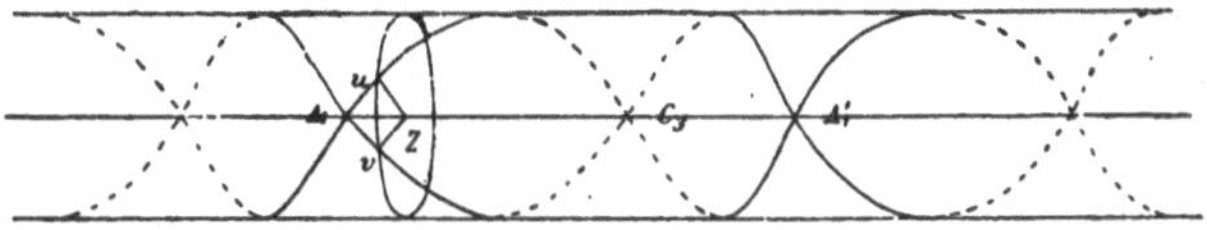

Fig. 332.
Zusammensetzung zweier zirkular polarisierter Strahlen.

Die Bewegung eines beliebigen Ätherteilchens Z ist, der früheren Voraussetzung zufolge, an die Ebene des Kreises gebunden, in dem eine durch Z senkrecht zum Strahl gelegte Ebene den Cylinder schneidet; die Punkte u und v, welche dieser Kreis mit den beiden Schrauben gemeinsam hat, repräsentieren die Lagen des Ätherteilchens Z, je nachdem nur der eine oder nur der andere der zirkularen Strahlen vorhanden ist. Die durch beide zugleich bewirkte Lage ergiebt sich aus den Verschiebungen Zu und Zv nach dem Satz von der Kombination. Infolge der Symmetrie liegt aber die Diagonale des aus Zu und Zv konstruierten Parallelogramms immer in der Ebene $A_1 C_3 A_1'$.

Die Betrachtung gilt, gleichgültig an welcher Stelle des Strahles Z gelegen ist. Macht man die Konstruktion für die verschiedenen Teilchen Z des Strahls, so findet man, daß sie auf eine Wellenlinie in der Ebene $A_1 C_3 A_1'$ zu liegen kommen. Zwei entgegengesetzt zirkularpolarisierte Strahlen erzeugen also in der That durch ihr Zusammenschwingen einen geradlinig polarisierten.

Wenn die Phasendifferenz zweier senkrecht zu einander polarisierter

Strahlen zwischen Null und $\frac{\lambda}{4}$ liegt, so erzeugen sie Schwingungen der Ätherteilchen in elliptischen Bahnen, elliptisch polarisiertes Licht. Je nach der Richtung, in der die Strahlen gegeneinander verschoben sind, werden die Ellipsen bei der Bewegung im Sinne des Uhrzeigers oder in dem entgegengesetzten Sinne durchlaufen; das Licht ist rechts oder links elliptisch polarisiert. Elliptische Schwingungen entstehen aber auch bei einer Phasendifferenz von $\frac{\lambda}{4}$, wenn die Amplituden der Strahlen verschieden sind.

§ 284. Natürliches Licht. Wenn man eine Turmalinplatte um ein Bündel von Strahlen, das von der Sonne oder irgend einer irdischen Lichtquelle ausgeht, dreht, so findet nicht der mindeste Wechsel der Helligkeit statt. Fresnel hat sich daher von der Natur dieses sogenannten natürlichen Lichtes die Vorstellung gebildet, daß seine Strahlen zwar in jedem Augenblick geradlinig polarisiert seien, daß aber die Richtung der Schwingungen einem fortwährenden raschen Wechsel unterliegt, so daß keine Richtung vor der anderen bevorzugt ist. Diese Vorstellung wird noch weiter präzisiert durch die in § 280 erwähnten Beobachtungen von Fizeau, der, wie wir sahen, mit Anwendung von Natriumlicht das Phänomen der Newtonschen Ringe bis zu einer Dicke der Luftschichte von 14,7 mm verfolgte; dem entspricht bei den an der oberen und unteren Grenze reflektierten Strahlen ein Gangunterschied von 50 000 Wellenlängen. Über eine diese Größe mehrfach übertreffende Länge müssen die Schwingungsrichtungen der Strahlen im wesentlichen unverändert sich erhalten. Daraus würde folgen, daß die leuchtenden Natriumteilchen wenigstens während Perioden von 10^{-10} Sekunden Strahlen von gleichbleibender Schwingungsrichtung aussenden.

Aus der Anschauung, die wir von der Beschaffenheit des natürlichen Lichtes gewonnen haben, folgt, daß man auch den natürlichen Lichtstrahl zerlegen kann in zwei senkrecht zu einander polarisierte Komponenten. Von einer Turmalinplatte wird nur die Komponente durchgelassen, deren Schwingungsrichtung der Axe des Turmalins parallel ist. Da aber in dem natürlichen Lichte die Schwingungsrichtungen so schnell wechseln, daß schon in äußerst kleinen Zeiträumen alle gleich vertreten sind, so wird die Turmalinplatte stets gleichviel Licht durchlassen, wie auch ihre Polarisationsebene gegen den Strahl gedreht werde.

Die Fresnelsche Vorstellung von dem natürlichen Lichte kann noch verallgemeinert werden, wenn wir an Stelle einer linearen Polarisation eine elliptische setzen, die natürlich ebenso wechseln muß, wie vorher die lineare. Für die Zerlegung des Strahles in zwei zu einander senkrechte Komponenten hat dies zur Folge, daß ihre Phasen und Amplituden sprungweisen Änderungen unterliegen, die bei beiden unabhängig eintreten. Mit Benützung einer früheren Ausdrucksweise können wir sagen, daß die Schwingungen der beiden zu einander senkrechten Komponenten nicht kohärent sind. Ihre mittleren Intensitäten aber müssen natürlich gleich sein und dieselben, wie auch die beiden Projektionsebenen durch den Strahl gelegt werden.

§ 285. Polarisation durch Reflexion. Erscheinungen, die auf der Polarisation des Lichtes beruhen, waren schon im Jahre 1678 von Huyghens beim Kalkspat beschrieben worden, aber ohne daß er im Stande war, eine befriedigende Erklärung dafür zu geben. Erst im Jahre 1808 folgte eine neue, fundamentale Entdeckung, die Beobachtung von Malus, daß die von Huyghens bemerkte eigentümliche Modifikation des Lichtes, die „Polarisation", auch durch Reflexion erzeugt werden könne. An sie knüpft sich dann die von Fresnel und Arago gegebene Erklärung der Erscheinungen durch die Annahme transversaler Schwingungen der Ätherteilchen. Auf eine Glasplatte (Fig. 333) falle ein Strahl *LE* natürlichen Lichtes unter einem Einfallswinkel von 56°. Lassen wir den reflektierten Strahl senkrecht auf eine Turmalinplatte fallen, so zeigt das Gesichtsfeld ein Maximum von Helligkeit, wenn die Polarisationsebene des Turmalins mit der Einfallsebene zusammenfällt, es wird dunkel, wenn sie auf der letzteren senkrecht steht. Daraus folgt, daß der unter dem Polarisationswinkel von 56° reflektierte Strahl geradlinig polarisiert ist, so daß seine Polarisationsebene mit der Einfallsebene zusammenfällt; seine Schwingungen würden dann nach der in § 282 gemachten Annahme zu der Einfallsebene senkrecht, zu der reflektierenden Fläche parallel sein.

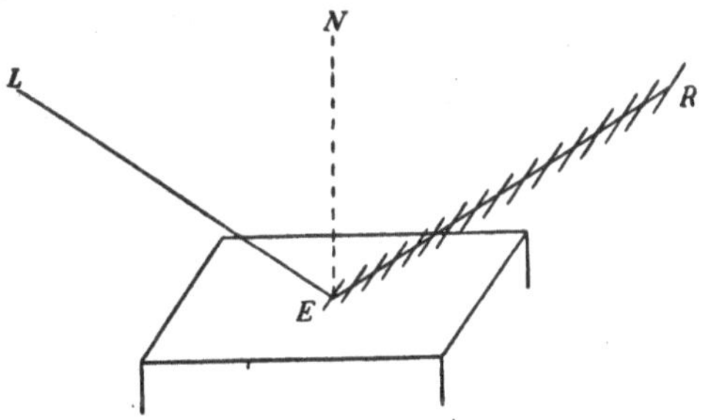

Fig. 333. Polarisation durch Reflexion.

Lassen wir auf eine Glasplatte unter dem Winkel von 56° einen Strahl fallen, der schon geradlinig polarisiert ist, so wird er nicht reflektiert, wenn seine Polarisationsebene zu der Einfallsebene senkrecht steht, seine Schwingungen in diese Ebene fallen. Der Strahl wird dann nur gebrochen, und die Intensität des gebrochenen Strahles ist gleich der des einfallenden. Hat die Polarisationsebene des einfallenden Strahles irgend eine andere Lage, so zerlegen wir ihn in zwei, von denen der eine in der Einfallsebene, der andere senkrecht zu ihr schwingt; der erste wird nur gebrochen, nicht reflektiert, der zweite reflektiert und gebrochen. Das reflektierte Licht ist nach der Einfallsebene vollständig polarisiert; das gebrochene besteht aus zwei Komponenten, senkrecht und parallel zu der Einfallsebene schwingend. Da aber ihr Amplitudenverhältnis ein anderes ist, als bei dem einfallenden Lichte, so ist die Polarisationsebene des gebrochenen Strahls gegen die des einfallenden gedreht.

§ 286. Allgemeine Gesetze der Reflexion und Brechung. Wir betrachten den Fall, daß ein polarisierter Lichtstrahl 𝔈 unter einem beliebigen Winkel α auf die ebene Oberfläche eines Glasstückes fällt. Welches auch die Lage seiner Polarisationsebene sein mag, immer können wir ihn zerlegen in zwei Strahlen $\mathfrak{E}_p$ und $\mathfrak{E}_s$, von denen $\mathfrak{E}_p$ die Einfallsebene zur Polarisationsebene hat, während die Polarisationsebene von $\mathfrak{E}_s$ senkrecht dazu steht. Nach der Annahme von Fresnel, mit der wir uns schon in den vorhergehenden Paragraphen in Übereinstimmung gesetzt haben, sind die Ätherschwingungen von $\mathfrak{E}_p$ senkrecht zu der Einfallsebene, parallel zu der reflektierenden Fläche, die von $\mathfrak{E}_s$ liegen in jener Ebene. Kennt man nun das Gesetz, nach dem Strahlen, die parallel oder senkrecht zu der Einfallsebene polarisiert sind, reflektiert und gebrochen werden, so kann man zunächst die reflektierten Strahlen $\mathfrak{R}_p$ und $\mathfrak{R}_s$, und ebenso die gebrochenen $\mathfrak{G}_p$ und $\mathfrak{G}_s$ bestimmen, die aus $\mathfrak{E}_p$ und $\mathfrak{E}_s$ entstehen. Endlich kann man $\mathfrak{R}_p$ und $\mathfrak{R}_s$ wieder zu einem einzigen Strahl $\mathfrak{R}$, $\mathfrak{G}_p$ und $\mathfrak{G}_s$ zu einem Strahle $\mathfrak{G}$ zusammensetzen; das Problem der Reflexion und Brechung ist dann für den gegebenen Strahl $\mathfrak{E}$ vollkommen gelöst, d. h. es ist, außer den durch die geometrische Optik gegebenen Fortpflanzungsrichtungen, auch Polarisationsebene und Schwingungsamplitude gefunden. Die in den angeführten Spezialfällen geltenden von Fresnel aufgestellten Gesetze sind aber folgende.

I. Polarisationsebene parallel der Einfallsebene; Schwingungsrichtung senkrecht zur Einfallsebene. Die Amplitude des einfallenden Strahles sei E_p, die Amplitude des reflektierten R_p; die des gebrochenen G_p; α sei der Einfalls-, β der Brechungswinkel; es gelten die Formeln:

$$R_p = - E_p \frac{\sin(\alpha - \beta)}{\sin(\alpha + \beta)};$$

$$G_p = E_p \frac{2 \cos\alpha \sin\beta}{\sin(\alpha + \beta)}.$$

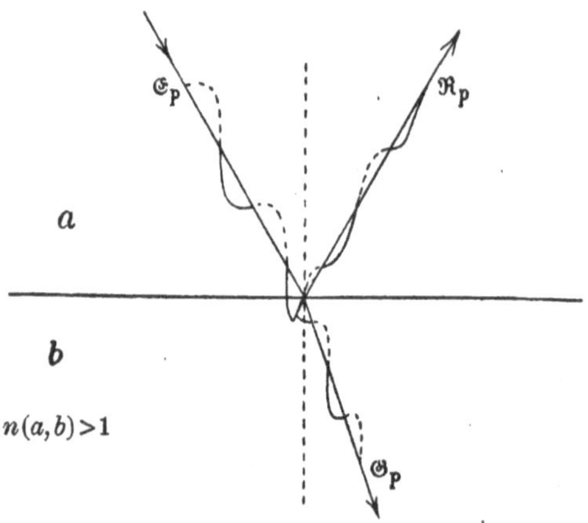

Fig. 334. Reflexion am dichteren Mittel.

Wenn $\alpha > \beta$, $n(a,b) > 1$, d. h. wenn die Reflexion an dem optisch dichteren Mittel stattfindet, so ist R_p negativ; die Amplituden haben in der Nähe des Einfallspunktes die durch Figur 334 anschaulich gemachten relativen Richtungen; der reflektierte Strahl ist dem einfallenden gegenüber um eine halbe Wellenlänge verschoben. Für den Fall, daß $\alpha < \beta$, d. h. bei der Reflexion an dem dünneren Mittel, sind die relativen Richtungen der Amplituden durch die Figur 335 gegeben; zwischen dem einfallenden und reflektierten Strahl findet keine Phasendifferenz statt.

II. Polarisationsebene senkrecht zu der Einfallsebene; Schwingungsrichtung in der Einfallsebene. Amplitude des einfallenden

Strahles E_s, Amplitude des reflektierten R_s, des gebrochenen G_s. Die Formeln sind:

$$R_s = E_s \frac{\operatorname{tg}(\alpha - \beta)}{\operatorname{tg}(\alpha + \beta)}; \quad G_s = E_s \frac{2 \cos\alpha \sin\beta}{\sin(\alpha + \beta)\cos(\alpha - \beta)}.$$

Wenn $\alpha > \beta$, $n(a, b) > 1$, und außerdem der Einfallswinkel kleiner als der Polarisationswinkel ist, so sind die relativen Richtungen der

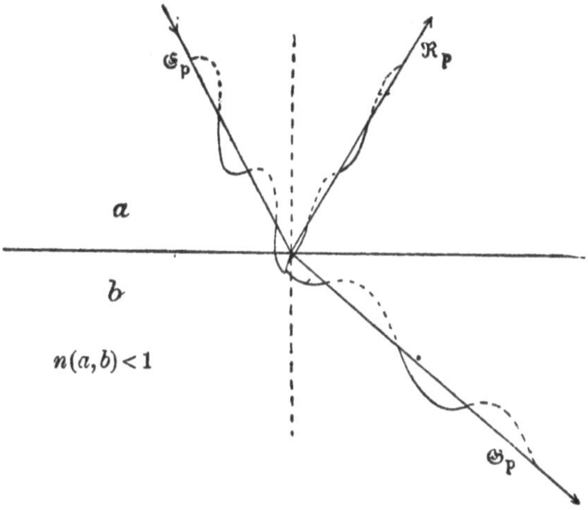

Fig. 335.
Reflexion am dünneren Mittel.

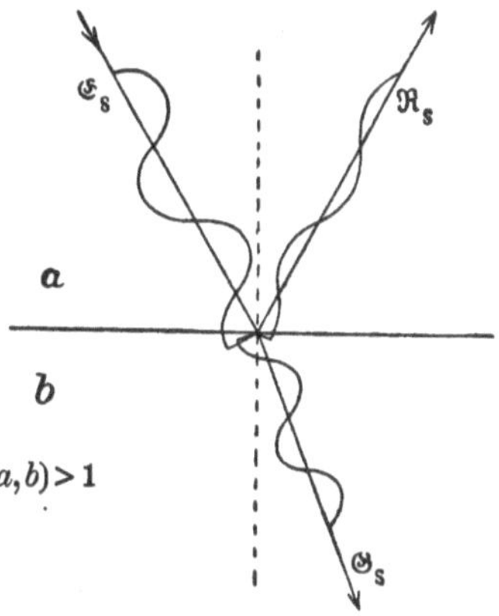

Fig. 336.
Reflexion am dichteren Mittel.

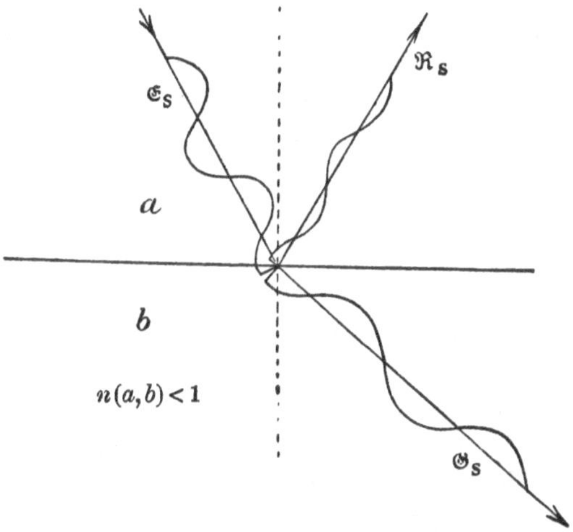

Fig. 337. Reflexion am dünneren Mittel.

Amplituden durch Figur 336 gegeben; daraus ergiebt sich für den reflektierten Strahl wieder eine Phasendifferenz von einer halben Wellenlänge gegen den einfallenden.

R_s wird gleich Null, wenn $\alpha + \beta = \frac{\pi}{2}$. Der hierdurch bestimmte Einfallswinkel ist kein anderer als der Polarisationswinkel; wir kommen auf diesem Wege zu dem von Brewster entdeckten Gesetz: Reflektiertes Licht ist vollständig polarisiert, wenn der reflektierte Strahl mit dem gebrochenen einen rechten Winkel einschließt.

Wenn der Einfallswinkel größer ist als der Polarisationswinkel, so ist $\alpha + \beta > \frac{\pi}{2}$; $\operatorname{tg}(\alpha + \beta)$ und R_s werden negativ. Die relativen Lagen der Amplituden sind dann dieselben, wie in Fig. 337, und es ergiebt sich somit auch für streifende Incidenz eine Phasenverschiebung von einer halben Wellenlänge bei der Reflexion am dichteren Mittel.

Die Verhältnisse bei der Reflexion an dem optisch dünneren Mittel sind durch Figur 337 gegeben, wenn der Einfallswinkel kleiner ist, als der Polarisationswinkel; andernfalls würden die Verhältnisse der Figur 336 Platz greifen. Eine Phasenverschiebung zwischen dem einfallenden und dem reflektierten Strahl findet hier nicht statt.

Wir ziehen aus den vorhergehenden Formeln noch einige weitere Konsequenzen.

1. Zuerst behandeln wir den Fall eines sehr kleinen Einfalls- und Brechungswinkels; in diesem wird (nach § 10):

$$R_p = E_p \frac{\alpha - \beta}{\alpha + \beta}; \quad R_s = E_s \frac{\alpha - \beta}{\alpha + \beta}.$$

Nun ist für kleine Werte der Winkel α und β das Brechungsverhältnis $n = \frac{\alpha}{\beta}$, somit:

$$R_p = E_p \frac{n-1}{n+1}, \quad R_s = E_s \frac{n-1}{n+1}.$$

Lassen wir den Strahl normal einfallen, so verschwindet hiernach der Unterschied von E_p und E_s. Bezeichnen wir unter diesen Umständen die Amplitude des einfallenden Strahles einfach durch E, die des reflektierten durch R, so ist:

$$R = E \frac{n-1}{n+1}.$$

Nun gelten die Betrachtungen, die wir über die Energie tönender Schwingungen angestellt haben, im wesentlichen auch für die Schwingungen des Lichtes; die Energie der Lichtwellen ist daher proportional mit dem Quadrat der Schwingungsamplitude, und da wir die Energie als das Maß der Lichtintensität betrachten können, so gilt gleiches von dieser. Bei senkrechter Incidenz verhält sich somit die Intensität des reflektierten Lichtes zu der des einfallenden wie:

$$R^2 : E^2 \text{ oder wie } (n-1)^2 : (n+1)^2.$$

Da für Glas $n = \frac{3}{2}$, so ergiebt sich, daß von senkrecht auffallendem Lichte $\frac{1}{25}$ reflektiert wird, während $\frac{24}{25}$ eindringen.

2. Aus den für R_p und R_s aufgestellten Formeln ergiebt sich, daß die Amplitude R_s des in der Einfallsebene schwingenden Lichtes stärker geschwächt wird, als die Amplitude R_p des senkrecht dazu schwingenden. Bei der Reflexion wird daher die Schwingungsrichtung eines nach einer beliebigen Ebene polarisierten Strahles von der Einfallsebene weggedreht, die Polarisationsebene der Einfallsebene genähert.

3. Die Amplituden der gebrochenen Strahlen

$$G_p = E_p \frac{2 \cos \alpha \sin \beta}{\sin(\alpha + \beta)}, \quad G_s = E_s \frac{2 \cos \alpha \sin \beta}{\sin(\alpha + \beta) \cos(\alpha - \beta)}$$

verschwinden nur, wenn E_p oder E_s gleich Null sind; daraus ergiebt sich, daß wir bei einmaliger Brechung natürlichen Lichtes nie vollständige Polarisation erhalten können. Man sieht aber, daß die Amplitude G_s der in der Einfallsebene schwingenden Komponente immer relativ größer bleibt, als die Amplitude G_p der zu jener Ebene senkrecht schwingenden. Welches auch die Schwingungsrichtung des einfallenden Strahles sein mag, die des gebrochenen wird immer der Einfallsebene etwas weiter zugedreht. Lassen wir natürliches Licht einfallen, so gewinnen in dem gebrochenen Strahl die in der Einfallsebene liegenden Komponenten der Schwingung ein gewisses Übergewicht, der Strahl wird nach einer zu der Einfallsebene senkrechten Ebene teilweise polarisiert. Auf dieser Bemerkung beruht die Möglichkeit, durch wiederholte Brechung den Anteil des polarisierten Lichtes mehr und mehr zu verstärken, und in der That wird das natürliche Licht beim Durchgang durch eine Reihe übereinander geschichteter Glasplatten so gut wie vollständig polarisiert.

§ 287. Totale Reflexion. Auf den Fall der totalen Reflexion finden die vorhergehenden Formeln natürlich keine Anwendung, da ja ein Brechungswinkel dabei gar nicht existiert. Man wird zunächst, wie vorher, die Strahlen $\mathfrak{E}_p$, deren Schwingungen zu der Einfallsebene senkrecht stehen, gesondert untersuchen von den Strahlen $\mathfrak{E}_s$, deren Schwingungen in der Einfallsebene liegen. Es ergiebt sich, daß in beiden Fällen auch die reflektierten Strahlen $\mathfrak{R}_p$ und $\mathfrak{R}_s$ in derselben Weise geradlinig polarisiert sind. Dagegen ist bei einem einfallenden Strahl, dessen Schwingungen gegen die Einfallsebene beliebig geneigt sind, der reflektierte nicht mehr geradlinig, sondern elliptisch polarisiert. Dies beweist, entsprechend den Sätzen von § 283, daß die Strahlen $\mathfrak{R}_p$ und $\mathfrak{R}_s$ eine gewisse Phasendifferenz besitzen, daß sie bei der totalen Reflexion gegen die Komponenten $\mathfrak{E}_p$ und $\mathfrak{E}_s$ des entsprechenden einfallenden Strahles in verschiedenem Maße verzögert werden. Diese Eigentümlichkeit der totalen Reflexion hat Fresnel weiter durch die Annahme zu erklären versucht, daß ein Teil des einfallenden Lichtes in das jenseits der Grenzfläche liegende Mittel bis zu einer gewissen Tiefe eindringe, um erst hier reflektiert zu werden. In jedem der reflektierten Strahlen $\mathfrak{R}_p$ und $\mathfrak{R}_s$ superponieren sich dann zwei Strahlen von gleicher Schwingungsrichtung, die aber gegeneinander um eine gewisse Strecke verschoben sind. Bezeichnen wir die beiden senkrecht zu der Einfallsebene schwingenden Strahlen durch $\mathfrak{R}_p^1$ und $\mathfrak{R}_p^2$; sie setzen sich, wie in Figur 328, zu einem Strahl von gleicher Schwingungsrichtung und Wellenlänge, aber anderer Phase und Amplitude zusammen; gleiches gilt von den in der Einfallsebene schwingenden Strahlen $\mathfrak{R}_s^1$ und $\mathfrak{R}_s^2$. Dem einfallenden Strahl gegenüber besitzen aber die aus $\mathfrak{R}_p^1$ und $\mathfrak{R}_p^2$ einerseits, aus $\mathfrak{R}_s^1$ und $\mathfrak{R}_s^2$ andererseits resultierenden Strahlen $\mathfrak{R}_p$ und $\mathfrak{R}_s$ eine verschieden große Phasendifferenz. Sie sind also auch gegeneinander in der Phase verschoben und setzen sich daher zu einem elliptisch polarisierten Strahl zusammen. Daß das Licht bei der totalen Reflexion in das optisch dünnere Mittel wirklich eindringt, ist schon von NEWTON und FRESNEL beobachtet und später durch QUINCKE bestätigt worden.[1]

Wenn ein geradlinig polarisierter Lichtstrahl an der Grenze von Glas und Luft eine mehrfache totale Reflexion erleidet, so wird er zu einem zirkularpolarisierten, sobald die Summe der Phasenverschiebungen, die seine Komponenten bei jeder einzelnen Reflexion erleiden, eine Viertelwellenlänge beträgt; dazu aber ist mindestens eine zweimalige Reflexion nötig. Läßt man nun den Strahl auf eine Turmalinplatte fallen, so bleibt das Gesichtsfeld gleich hell, wie man auch die Platte um ihn drehen mag; er verhält sich wie ein Strahl natürlichen Lichtes. Daß er aber doch von dem letzteren wesentlich verschieden ist, ergiebt sich daraus, daß er durch abermalige Totalreflexion in einen geradlinig polarisierten zurückverwandelt werden kann, während natürliches Licht auf diesem Wege nie zu polarisieren ist.

§ 288. Die Metallreflexion. Die optischen Eigenschaften der Metalle erscheinen vor allem dadurch bedingt, daß diese Körper eine sehr starke Absorption ausüben. Wir wollen an einem speziellen Beispiel zeigen, was wir, vom Standpunkt der Wellenlehre aus, uns hierunter zu denken haben. Auf die Oberfläche eines Metalles falle ein geradlinig polarisierter Lichtstrahl senkrecht auf; er dringt dann bis zu einer gewissen Tiefe ein, aber die Amplitude der Schwingungen nimmt dabei sehr schnell ab. Wenn wir die im Metalle fortschreitende Wellenlinie in irgend einem Moment fixieren, so bietet sie ein von der gewöhnlichen Wellenlinie verschiedenes Bild, von dem Figur 338 eine Vorstellung giebt. Die zwischen der Wellenlinie im absorbierenden Mittel und zwischen der normalen Wellenlinie bestehende Beziehung ergiebt sich in folgender Weise. Auf dem in das Metall eindringenden Strahl zeichnen wir zuerst eine gewöhnliche Wellenlinie; einen beliebigen Punkt des Strahles bestimmen wir durch seinen Abstand z von der Grenzfläche. Ist $A\alpha$ die über dem betrachteten Punkte liegende Ordinate der normalen Wellenlinie, so ist die Ordinate der Wellenlinie im Metall für denselben Punkt gegeben durch:

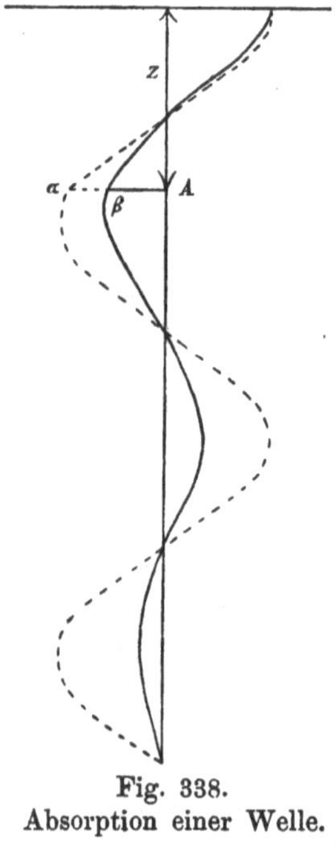

Fig. 338.
Absorption einer Welle.

$$A\beta = A\alpha \times e^{-kz}.$$

Hier ist e die Basis der natürlichen Logarithmen, also nahezu gleich 2,72. Für $z = 0$, an der Oberfläche des Metalles, wird $A\beta = A\alpha$, in der

[1] QUINCKE, Optische Experimentaluntersuchungen. POGG. Ann. 1866. Bd. 127. p. 1.

Tiefe $x = \frac{1}{k}$ ist $A\beta = \frac{A\alpha}{2{,}72}$. Wir bezeichnen k als den Absorptionskoëffizienten des Metalles. Seine Dimension ist offenbar reziprok mit einer Länge: $[k] = l^{-1}$.

Für die von der Metalloberfläche reflektierten Strahlen gelten nun die folgenden Gesetze.

1. Die Amplitude eines von einer Metallfläche reflektierten geradlinig polarisierten Lichtstrahles ist bei demselben Einfallswinkel verschieden, je nachdem seine Polarisationsebene in der Einfallsebene liegt oder senkrecht zu ihr steht.

Lassen wir auf eine Metallfläche einen polarisierten Strahl fallen, dessen Schwingungsrichtung unter 45^0 gegen die Einfallsebene geneigt ist. Zerlegen wir ihn in zwei Komponenten $\mathfrak{E}_p$ und $\mathfrak{E}_s$, die erste senkrecht zur Einfallsebene, die andere in ihr schwingend, so sind ihre Amplituden, $\mathfrak{E}_p$ und $\mathfrak{E}_s$, gleich. Es gilt dies aber nicht mehr für die Strahlen $\mathfrak{R}_p$ und $\mathfrak{R}_s$, welche durch Reflexion aus $\mathfrak{E}_p$ und $\mathfrak{E}_s$ entstehen. Bezeichnen wir, ebenso wie bei der Reflexion an Glas, mit R_p die Amplitude von $\mathfrak{R}_p$, dem senkrecht zur Einfallsebene schwingenden Strahle, mit R_s die von $\mathfrak{R}_s$, dem in der Einfallsebene schwingenden, so hängt das Verhältnis $\frac{R_s}{R_p}$ von dem Einfallswinkel ab. Bei Glas gab es einen bestimmten Winkel, bei dem R_s gleich Null wurde, den Polarisationswinkel. Dies tritt bei der Metallreflexion nicht mehr ein, wohl aber giebt es einen Winkel, bei dem das Verhältnis $\frac{R_s}{R_p}$ zu einem Minimum wird. Diesen Winkel nennen wir den Haupteinfallswinkel.

2. Zwei von einer Metallfläche reflektierte Strahlen, von denen der eine parallel, der andere senkrecht zu der Einfallsebene polarisiert ist, verhalten sich so, daß der letztere gegen den ersteren um einen Bruchteil einer Wellenlänge verzögert wird.

Bei senkrechter Incidenz ist die Verzögerung gleich Null, bei dem Haupteinfallswinkel gleich $\frac{\lambda}{4}$, bei streifender Incidenz gleich $\frac{\lambda}{2}$.

Betrachten wir den Fall eines polarisierten Strahles, der unter dem Haupteinfallswinkel die Metallfläche trifft, und dessen Schwingungen gegen die Einfallsebene unter einem Winkel von 45^0 geneigt sind. Die Komponenten parallel und senkrecht zu der Einfallsebene besitzen dann gleiche Amplituden. Die reflektierten Strahlen haben eine Phasendifferenz von $\frac{\lambda}{4}$, aber außerdem verschieden große Amplituden R_p und R_s. Wenn es nun irgendwie gelingt, die Phasendifferenz von einer viertel Wellenlänge aufzuheben, so setzen sich die beiden senkrecht zu einander schwingenden Strahlen wieder zu einem geradlinig polarisierten zusammen. Aber wegen der Verschiedenheit der Amplituden R_p und R_s kann seine Polarisationsebene nicht mehr einen Winkel von 45^0 mit der Einfallsebene bilden, wie die des einfallenden Strahles; sie ist vielmehr gegen die Einfallsebene unter einem Winkel H geneigt, der aus dem Amplitudenverhältnis leicht zu bestimmen ist. Diesen Winkel nennt man das Hauptazimut.

Der Haupteinfallswinkel A und das Hauptazimut H stehen nun zu den optischen Konstanten des Metalles, d. h. zu dem Brechungsverhältnis n und dem Absorptionskoëffizienten k, in der einfachen Beziehung:

$$\sin A \operatorname{tg} A = \sqrt{n^2 + \frac{\lambda^2}{4\pi^2} k^2},$$

$$\operatorname{tg} 2H = \frac{\lambda}{2\pi} \cdot \frac{k}{n} \cdot$$

Hier bedeutet λ die Wellenlänge des Lichtes in dem an das Metall grenzenden durchsichtigen Mittel, in der Regel also in Luft.

Die Beobachtung der Winkel A und H kann hiernach zu der Bestimmung des Brechungsverhältnisses und des Absorptionskoëffizienten dienen.

Endlich möge noch angeführt werden, daß bei senkrechter Incidenz das Verhältnis zwischen der Intensität des reflektierten und des einfallenden Lichtes gegeben ist durch den Ausdruck:

$$J = \frac{\frac{\lambda^2}{4\pi^2} k^2 + (1 - n)^2}{\frac{\lambda^2}{4\pi^2} k^2 + (1 + n)^2},$$

der für $k = 0$, d. h. für ein nicht absorbierendes Mittel, mit dem in § 286 angegebenen identisch wird. Das Verhältnis J bezeichnen wir als das Reflexionsvermögen des Körpers.

Die folgende Tabelle giebt für eine Reihe von Metallen Haupteinfallswinkel A, Hauptazimute H, Brechungsverhältnisse n, Absorptionskoëffizienten und Reflexionsvermögen für Natriumlicht:[1]

	A	H	n	k (mm^{-1})	J
Kupfer	71,6°	38,9°	0,64	28 000	0,73
Silber	75,7°	43,6°	0,18	39 100	0,95
Gold	72,3°	41,6°	0,37	30 100	0,85
Magnesium	77,9°	42,7°	0,37	47 100	0,93
Zink	80,6°	34,7°	2,12	58 400	0,79
Kadmium	79,4°	38,9°	1,13	53 400	0,85
Quecksilber	79,6°	35,7°	1,73	52 900	0,78
Aluminium	79,9°	37.6°	1,44	55 700	0,83
Zinn	79.9°	37,4°	1,48	55 900	0,82
Blei	76,7°	30,7°	2,01	37 100	0,62
Antimon	80,4°	29.6°	3,04	52 700	0,70
Wismut	77,0°	32,0°	1,90	39 000	0,65
Stahl	77,0°	27,8°	2,41	36 200	0,58
Kobalt	78,1°	31,7°	2,12	42 900	0,67
Nickel	76,0°	31,7°	1,79	35 400	0,62
Platin	78,5°	32,6°	2,06	45 300	0,70

[1] DRUDE, Bestimmung der optischen Konstanten der Metalle. WIED. Ann. 1890. Bd. 39. p. 481. 1891. Bd. 42. p. 189.

Die in der letzten Kolumne enthaltenen Zahlen zeigen, um wieviel stärker das Reflexionsvermögen der Metalle ist, als das des Glases.

Bei der Berechnung von k ist das Millimeter als Längeneinheit zu Grunde gelegt. Bei Kupfer würde also die Amplitude des normal eindringenden Lichtes schon in einer Tiefe von $\frac{1}{28\,000}$ mm auf $\frac{1}{2{,}72}$ des ursprünglichen Wertes reduziert sein. Es entspricht diese Strecke etwa sechs Hunderteln von der Wellenlänge des Na-Lichtes.

Kundt[1] hat die Brechungsverhältnisse der Metalle auch direkt aus der Ablenkung sehr dünner, durchsichtiger Prismen zu bestimmen vermocht. Nach seiner Methode sind die in der folgenden Tabelle mitgeteilten Werte erhalten:[2]

	Brechungsverhältnis n für		
	Rot	Gelb (D)	Blau (F)
Kupfer	0,48	0,60	1,12
Silber	0,35	0,27	0,20
Gold	0,26	0,66	0,82
Wismut	2,61	2,26	2,13
Eisen	3,06	2,72	2,43
Kobalt	3,10	2,76	2,39
Nickel	1,93	1,84	1,71
Platin	1,99	1,76	1,63

§ 289. Doppelbrechung und Polarisation. Die vorhergehenden Untersuchungen können nun weiter ausgedehnt werden auf den in § 234 besprochenen Fall der Doppelbrechung. Dabei ergiebt sich das einfache Resultat, daß die beiden bei der Doppelbrechung entstehenden Strahlen geradlinig und zwar senkrecht zu einander polarisiert sind. Wir erläutern dies zunächst wieder an dem früher (§ 234) behandelten Beispiele des Kalkspats.

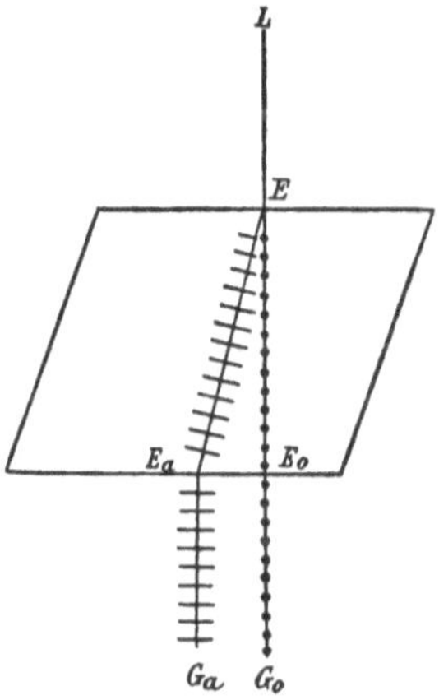

Fig. 339. Kalkspat; Schwingungsrichtung der Strahlen im Hauptschnitt.

Auf eine Seitenfläche eines Kalkspatrhomboëders (Fig. 339) falle ein Lichtstrahl LE senkrecht auf; er teilt sich dann, wie wir früher gesehen haben, in zwei, den ordentlichen EE_oG_o, den außerordentlichen EE_aG_a, der in dem Hauptschnitt gegen die stumpfe Ecke des Rhomboëders abgelenkt ist. Lassen wir den einfallenden Strahl LE durch eine Turmalinplatte hindurchgehen, so verschwindet der außerordentliche Strahl, wenn die Polarisationsebene des Turmalins mit dem Hauptschnitte zusammenfällt; gleichzeitig ist

[1] Kundt, Über die Brechungsexponenten der Metalle. Wied. Ann. 1888. Bd. 34. p. 469.

[2] Du Bois und Rubens, Brechung und Dispersion des Lichtes in Metallen. Wied. Ann. 1890. Bd. 41. p. 521. — D. Shea, Brechung durch Metallprismen. Wied. Ann. 1892. Bd. 47. p. 196.

der ordentliche Strahl im Maximum seiner Helligkeit; drehen wir den Turmalin, so wird der ordentliche Strahl schwächer, der außerordentliche wird sichtbar. Steht die Polarisationsebene der Turmalinplatte zu dem Hauptschnitte des Kalkspats senkrecht, so verschwindet der ordentliche Strahl, der außerordentliche gewinnt seine größte Helligkeit. Daraus folgt, daß die Polarisationsebene des ordentlichen Strahles mit dem Hauptschnitt zusammenfällt, die des außerordentlichen zum Hauptschnitt senkrecht steht. Nach der in § 282 gemachten Annahme schwingt also der ordentliche Strahl senkrecht zum Hauptschnitt, bei einem regelmäßigen Rhomboëder parallel der langen Diagonale des oberen Rhombus; der außerordentliche Strahl schwingt im Hauptschnitt, parallel der kurzen Diagonale des Rhombus.

In derselben Weise können wir auch die Strahlen untersuchen, die durch ein Kalkspatprisma gebrochen werden, dessen Kante der Hauptaxe des Kalkspats parallel ist. Man findet, daß der stärker abgelenkte ordentliche Strahl EE_oG_o (Fig. 340) nach einer Ebene polarisiert wird, die zu der in dem Punkte O projizierten Hauptaxe parallel ist; er schwingt also zu der Axe senkrecht; der weniger abgelenkte außerordentliche Strahl EE_aG_a ist nach einer zu der Axe senkrechten Ebene polarisiert, schwingt also parallel der Axe.

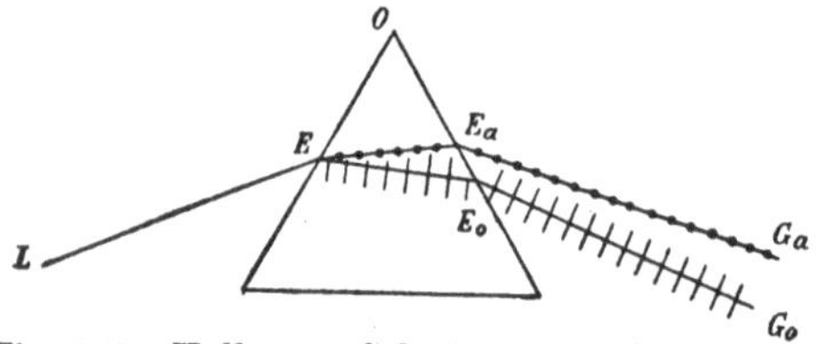

Fig. 340. Kalkspat; Schwingungsrichtungen der Strahlen in einer Ebene senkrecht zur Axe.

Eine eigentümliche Erscheinung ergiebt sich, wenn man einen Lichtstrahl senkrecht durch zwei gleiche hintereinandergestellte Rhomboëder hindurchgehen läßt. Wir stellen sie erst parallel, so daß die stumpfen Ecken O und O', die Enden H und H' der kurzen Diagonalen der oberen Rhomben je senkrecht übereinander liegen (Fig. 341). Es fallen dann die Hauptschnitte der beiden Krystalle zusammen, der eine wird die Wirkung des anderen verdoppeln. Von oben gesehen, können wir die Richtung der Hauptschnitte durch die parallelen Linien OH und $O'H'$ (Fig. 342a) repräsentieren, die durch die gebrochenen Strahlen erzeugten Bilder durch die Punkte $G(o\,o')$ und $G(a\,a')$. Nun drehen wir den Hauptschnitt $O'H'$ in die durch Figur 342b dargestellte Richtung. Jeder der durch das erste Rhomboëder erzeugten Strahlen G_o und G_a kann dann in zwei Komponenten zerlegt werden, deren eine senkrecht, deren andere parallel zu dem Hauptschnitt des zweiten Krystalles schwingt, d. h. jedem der Strahlen G_o und G_a entspricht in dem zweiten Krystall ein ordentlicher

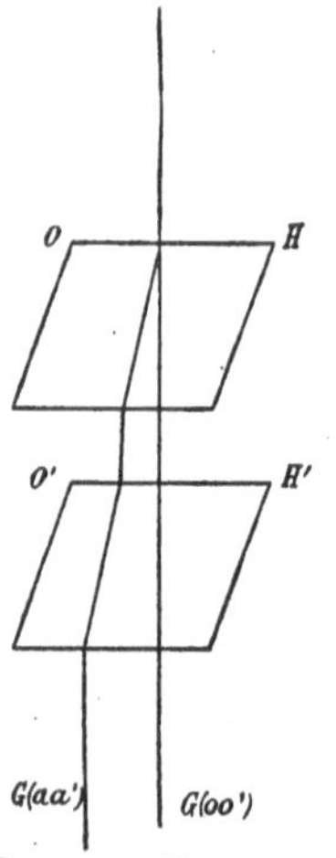

Fig. 341. Brechung durch zwei Kalkspatprismen.

und ein außerordentlicher gebrochener, so daß wir vier Strahlen $G_{oo'}$, $G_{oa'}$, $G_{ao'}$, $G_{aa'}$ erhalten. Die Lage der ihnen entsprechenden Bilder ist durch Figur 342b anschaulich gemacht. Beim Beginn der Drehung

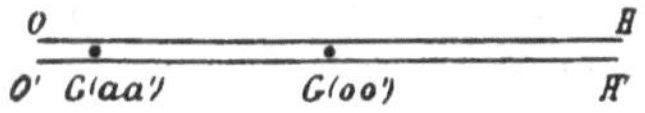

Fig. 342a.

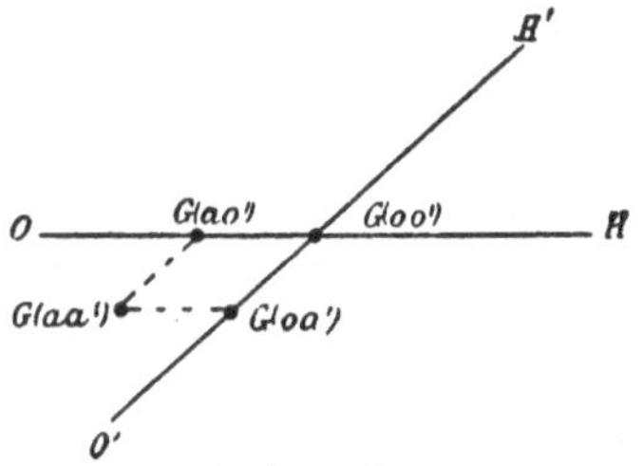

Fig. 342b.

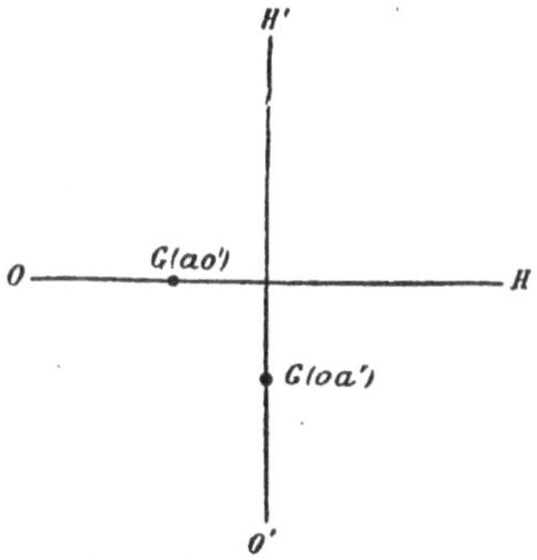

Fig. 342c.

sind die Bilder $G(oo')$ und $G(aa')$ hell, $G(oa')$ und $G(ao')$ nur schwach; nach einer Drehung von 45° haben alle vier Bilder gleiche Helligkeit. Von jetzt an nimmt die Helligkeit von $G(oo')$ und $G(aa')$ ab, die von $G(oa')$ und $G(ao')$ zu. Nach einer Drehung um 90° (Fig. 342c) sind nur noch die in rechtem Winkel gegeneinander verschobenen Bilder $G(oa')$ und $G(ao')$ übrig. Die Lage der Bilder bei noch weiterer Drehung wird durch die Figuren 342d und 342e anschaulich gemacht. Wenn die beiden Hauptschnitte die entgegengesetzte Lage erreicht haben, sind die Bilder $G(ao')$ und $G(oa')$ verschwunden, $G(oo')$ und $G(aa')$ fallen in ein einziges Bild zusammen.

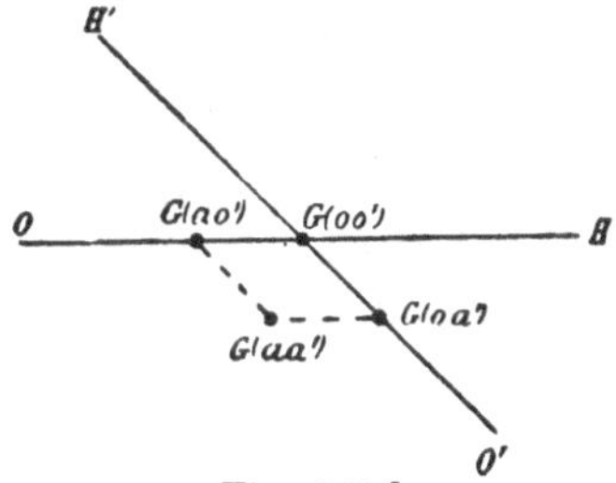

Fig. 342d.

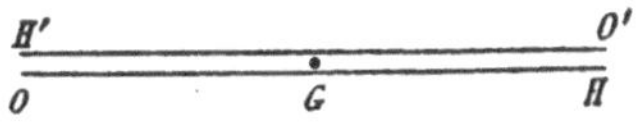

Fig. 342e.

§ 290. Das Nikolsche Prisma. Die Doppelbrechung des Kalkspats giebt Gelegenheit zu der Konstruktion eines Apparates zur Erzeugung von polarisiertem Lichte. Wir nehmen zunächst ein Spaltstück von Kalkspat, das in der Richtung seiner Kante verlängert ist, dessen obere und untere Grenzflächen gleichseitige Rhomben sind (Fig. 343). Die Diagonalebene *ABCD* ist dann ein Hauptschnitt des Krystalles; der Winkel *ABC* beträgt 71°. Statt der natürlichen Endflächen werden nun zwei andere parallele Flächen angeschliffen, die mit der vertikalen Kante einen Winkel von nur 68° einschließen. Der Hauptschnitt nimmt dann die Form des Parallelogramms *A'BC'D* an, in dem der Winkel *A'BC'* 68° beträgt. Jetzt wird der Krystall durchgeschnitten, so daß die Schnittebene $A'C'$ zu den neuen Endflächen $A'B$ und $C'D$ und zu dem Hauptschnitt senkrecht steht; die beiden Stücke werden dann mit Kanadabalsam zusammengekittet. Fällt nun ein Strahl LE parallel mit der langen Kante des Prismas ein, so tritt auf der unteren Seite nur der im Hauptschnitt schwingende außerordentliche Strahl $EE_a G_a$ aus, während der ordentliche EE_o an der Grenze des Kanadabalsams total reflektiert wird. Das Nikolsche Prisma liefert also geradlinig polarisiertes Licht, das parallel der kurzen Diagonale der oberen Grenzfläche schwingt, dessen Polarisationsebene ihrer langen Diagonale parallel ist.

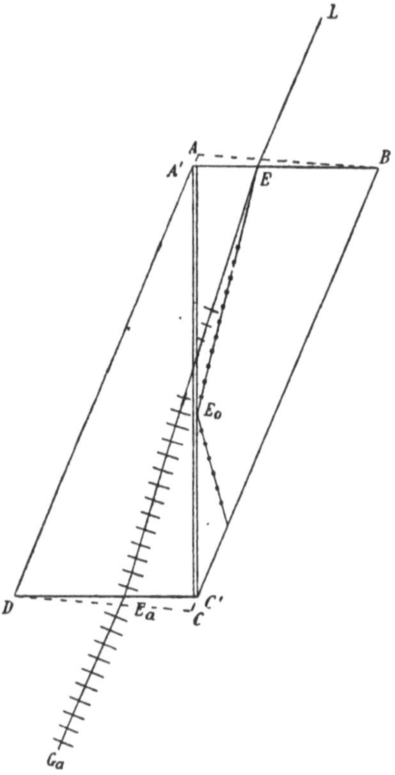

Fig. 343. Nikolsches Prisma.

§ 291. Wellenfläche einaxiger Krystalle. Die allgemeinen Gesetze der Polarisation bei der doppelten Brechung lassen sich nur im Zusammenhang mit den Gesetzen der Doppelbrechung selbst behandeln; wir wenden uns daher zu ihrer Schilderung und zwar zunächst bei den sogenannten einaxigen Krystallen, den Krystallen des hexagonalen und tetragonalen Systems.

Bei einem isotropen Körper, und in einem regulären Krystall, pflanzen sich die von einem leuchtenden Punkte ausgehenden Strahlen nach allen Seiten mit gleicher Geschwindigkeit fort, sie gelangen nach einer bestimmten Zeit auf eine Kugelfläche, die Wellenfläche des isotropen Mittels. Wenn wir uns dagegen einen leuchtenden Punkt C im Inneren eines ausgedehnten Kalkspatkrystalles denken, so pflanzen sich nach jeder Richtung im allgemeinen zwei Strahlen fort, der ordentliche und der außerordentliche, und zwar mit verschiedener Geschwindigkeit. Die Wellenfläche, die Fläche, auf welche die von C ausgehende Erschütterung des Äthers nach einer bestimmten Zeit, etwa der Zeiteinheit, gelangt, besteht somit aus zwei Mänteln, deren einer durch die Endpunkte der ordentlichen, deren anderer durch die Endpunkte der außerordentlichen Strahlen gebildet wird. Wir wollen versuchen, uns von der Gestalt der Wellenfläche des Kalkspats ein Bild zu machen. Der ordentliche Strahl hat für alle möglichen Richtungen die gleiche Geschwindigkeit, der ihm entsprechende Teil der Wellenfläche ist eine Kugel. In der Richtung der Hauptaxe pflanzt sich nur ein Strahl fort, der außerordentliche fällt hier mit dem ordentlichen zusammen; der außerordentliche Strahl pflanzt sich ferner in allen Richtungen senkrecht zu der Axe mit derselben Geschwindigkeit fort und zwar schneller als der ordentliche. Bezeichnen wir den Punkt *A*, in dem die Hauptaxe des Kalkspats die Kugelwelle des ordentlichen Strahles durchschneidet, als ihren Pol, so hat der dem außerordentlichen Strahl entsprechende Teil der Wellenfläche mit der Kugel den Pol gemein, er umschließt die Kugel in der zu der Axe senkrechten Ebene mit einem Kreise. Die einfachste, den Pol mit dem Kreis verbindende Fläche ist ein Ellipsoid, und in der That ergiebt sich, daß diese Annahme den Beobachtungen vollkommen entspricht; die Wellenfläche des Kalkspats besteht somit in einer Kugel und einem sie umschließenden abgeplatteten Rotationsellipsoid. Die Rotationsaxe des Ellipsoides fällt zusammen mit der Hauptaxe des Kalkspats und ist zugleich ein Durchmesser der Kugel (Fig. 344).

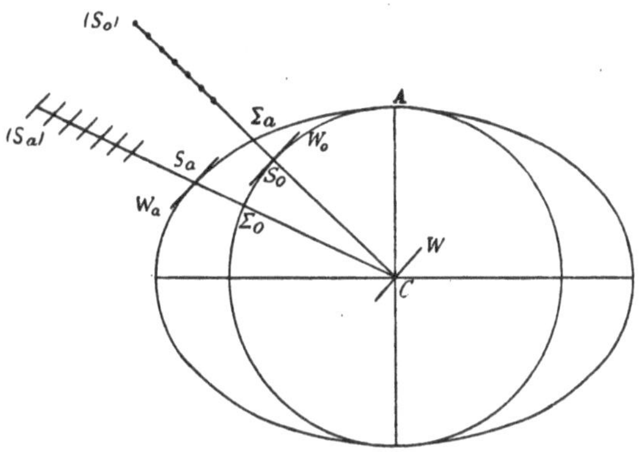

Fig. 344.
Wellenfläche eines negativ einaxigen Krystalls.

Wellenflächen von demselben Charakter besitzen Turmalin, Beryll, gewisse Glimmerarten. Man nennt die Doppelbrechung dieser Krystalle eine negative, da der außerordentliche Strahl weniger abgelenkt wird als der ordentliche und von dem Einfallslote gewissermaßen abgestoßen wird.

Bei anderen Krystallen mit einer Hauptaxe, z. B. bei Eis und bei Bergkrystall, wenn man bei diesem von einer in § 297 zu schildernden besonderen Eigentümlichkeit vorerst absieht, besteht die Wellenfläche aus einer Kugel und einem von ihr umschlossenen verlängerten Rotationsellipsoid (Fig. 345). Man bezeichnet ihre Doppelbrechung als positiv, da bei ihnen der außerordentliche Strahl stärker gebrochen, von dem Einfallslot scheinbar angezogen wird.

Wir gehen nun über zu der Betrachtung ebener Wellen in einem einaxigen Krystall und ihres Zusammenhanges mit den Strahlen. Durch den Mittelpunkt *C* der Wellenfläche gehe eine kleine ebene Welle *W*; wir fragen, wie weit sie in der Zeiteinheit fortschreitet. Nach dem Huyghensschen Prinzip ist jeder Punkt von *W* als Ursprung einer Elementarwelle zu betrachten; wir erhalten diese Wellen, wenn wir den Mittelpunkt der von *C* aus konstruierten Wellenfläche längs der Ebene *W* verschieben, so daß die Wellenfläche dabei mit sich selbst parallel bleibt.

Die von W ausgehenden Elementarwellen sind daher kongruent und gleich gerichtet; sie werden alle berührt von den mit W parallelen und kongruenten Ebenen W_o und W_a, von denen die erste die Kugel, die zweite das Ellipsoid der von C ausgehenden Wellenfläche berührt; W_o ist die ordentliche, W_a die außerordentliche fortschreitende Welle. Bezeichnen wir durch S_o und S_a die Mittelpunkte von W_o und W_a, so stellt CS_o die Richtung dar, in der die ordentliche, CS_a die Richtung, in der die außerordentliche Welle fortschreitet. Zu derselben Anfangslage der Wellenebene gehören zwei Fortschreitungsrichtungen, ein ordentlicher und ein außerordentlicher Strahl. Die ordentliche Welle steht zu dem Strahle senkrecht, wie bei einem isotropen Mittel; bei der außerordentlichen Welle ist dies nicht der Fall. Bei dieser trennen sich also — und dies ist für die Lichtbewegung in Krystallen charakteristisch — die Begriffe von Wellennormale und Strahl. In der Richtung des außerordentlichen Strahles CS_a pflanzt sich auch ein ordentlicher $C\Sigma_o$ fort, dessen Wellenebene durch die Berührungsebene der Kugel in Σ_o gegeben ist. Längs CS_o bewegt sich noch ein außerordentlicher Strahl $C\Sigma_a$, dessen Wellenebene das Ellipsoid in Σ_a berührt.

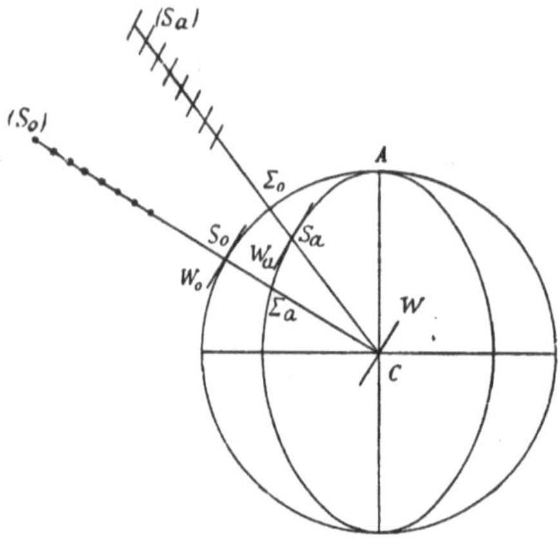

Fig. 345.
Wellenfläche positiv einaxiger Krystalle.

Die Polarisationsebene des ordentlichen Strahles ist der durch die Axe CA und den Strahl gelegte Hauptschnitt. Die Schwingungen des Strahles stehen zu dem Hauptschnitt senkrecht. Die Polarisationsebene des außerordentlichen Strahles steht auf dem Hauptschnitt senkrecht; die Ätherteilchen auf dem Strahle schwingen im Hauptschnitt; setzen wir voraus, daß ihre Schwingungen in der Wellenebene W_a liegen, so stehen sie nicht mehr senkrecht auf dem Strahl.

Die vorhergehenden Betrachtungen enthalten auch die Erklärung der beim Turmalin beobachteten Erscheinungen. Ein senkrecht auf eine Turmalinplatte fallender Strahl wird zerlegt in einen ordentlichen, senkrecht zu seiner Axe schwingenden, und einen außerordentlichen, der mit der Axe parallel schwingt. Nun hat der Turmalin die Eigenschaft, den ordentlichen Strahl so gut wie ganz zu absorbieren, er läßt also nur Licht durch, dessen Polarisationsebene zu seiner Axe senkrecht steht.

Die Probleme der Reflexion und Brechung in einaxigen Krystallen können mit Hilfe des Huyghensschen Prinzips ganz ebenso behandelt werden, wie bei isotropen Medien; nur tritt an Stelle der Kugelwellen der letzteren die aus Kugel und Ellipsoid bestehende Doppelfläche.[1]

§ 292. Wellenfläche zweiaxiger Krystalle. Es giebt gewisse Krystalle, wie Aragonit und Topas, welche im Inneren zwei ausgezeichnete Richtungen besitzen, nach denen nur ein einziger Lichtstrahl sich fortpflanzt, während in allen anderen Richtungen zwei Strahlen sich bewegen. Wir nennen jene ausgezeichneten Richtungen die Strahlenaxen; die Linie, die ihren spitzen Winkel halbiert, die optische Mittellinie; die Ebene, welche durch die Strahlenaxen hindurchgeht, die Ebene der optischen Axen. Die erwähnte Eigenschaft findet sich bei allen Krystallen des rhombischen, monoklinen und triklinen Systems, und wir bezeichnen diese Krystalle als optisch zweiaxige.

Befindet sich im Inneren eines solchen Krystalles in C (Fig. 346) ein leuchtender Punkt, so erhalten wir seine Wellenfläche, wenn wir untersuchen, wohin die in C erregte Erschütterung des Äthers in der Zeiteinheit sich ausbreitet. Nun gehen von C aus im allgemeinen nach jeder Richtung zwei Strahlen. Die Punkte, bis zu denen ihre Endpunkte in der Zeiteinheit gelangen, bilden somit zwei einander umschließende Mäntel, die zusammen die Wellenfläche darstellen. Ziehen wir aber durch C die Strahlenaxen, so bewegt sich auf ihnen vorwärts und rückwärts immer nur ein einziger Strahl, und es liegen auf ihnen nur vier Punkte A_1, A_1' und A_2, A_2' der Wellenfläche. Ihre beiden Mäntel müssen somit in diesen vier Punkten zusammenhängen. Die Wellenfläche hat ferner die Ebene der optischen Axen zur Symmetrieebene. Wir errichten nun in C eine Senkrechte CY auf der Ebene der optischen Axen und ziehen die Halbierungslinien CX und CZ der Winkel, welche die Strahlenaxen miteinander einschließen. Dann sind auch die Ebenen YX und YZ Symmetrieebenen der Wellenfläche. Wir zeichnen jetzt den Durchschnitt der Fläche durch die Ebene XZ der optischen Axen. Er besteht aus einem Kreis und einer Ellipse, die sich in den Endpunkten der Strahlenaxen durchschneiden. Legen wir die optische Mittellinie immer in dieselbe Richtung, so erhalten wir die beiden durch die Figuren 346 und 347 dargestellten Formen. Von diesen geht die erste durch eine leicht zu übersehende Deformation aus dem Meridianschnitt der Wellenfläche eines negativ einaxigen Krystalles (Fig. 344) hervor; wir bezeichnen Krystalle, die eine solche Schnittfigur besitzen, dementsprechend als negativ zweiaxige. Die zweite Figur entspricht einer gewissen Deformation der Wellenfläche der positiv einaxigen Krystalle (Fig. 345); wir nennen Krystalle, bei denen der Schnitt der Wellenfläche durch die Axenebene die in Figur 347 gezeichnete Form hat, positiv zweiaxige. Als Beispiele führen wir an:

negativ zweiaxig:	positiv zweiaxig:
Aragonit	Topas
Glimmer	Gyps
Feldspat	Schwefel.

[1] Vgl. die IV. Anmerkung am Schlusse des Bandes.

Legen wir durch den Mittelpunkt C der Wellenfläche eine Wellenebene W senkrecht zu der Ebene der optischen Axen, so ergiebt sich

Schnitte der Wellenfläche durch die Ebene der optischen Axen.

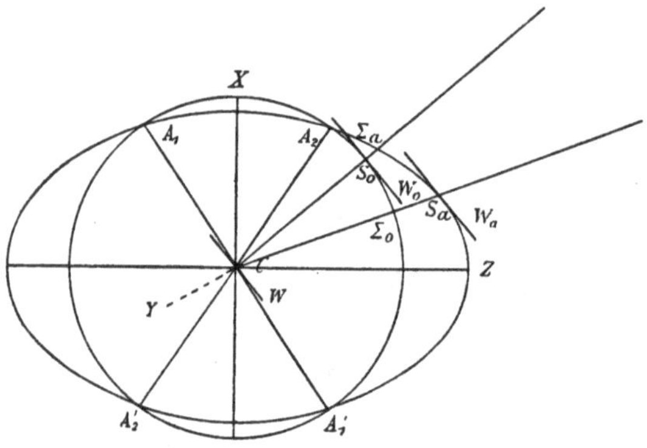

Fig. 346.
Negativ zweiaxige Krystalle.

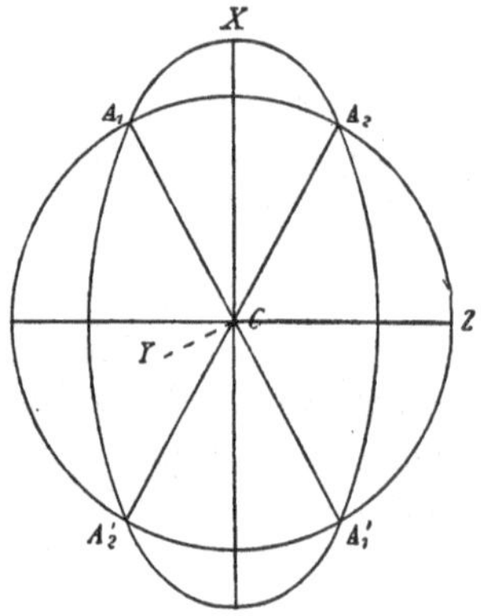

Fig. 347.
Positiv zweiaxige Krystalle.

aus dem Huyghensschen Prinzip, ähnlich wie im vorhergehenden Paragraphen beim einaxigen Krystall, daß parallel mit W zwei ebene Wellen sich fortpflanzen. Die eine W_o berührt den Schnittkreis der Wellenfläche mit der Ebene der optischen Axen, die andere W_a die Schnittellipse. Sind S_o und S_a die Berührungspunkte, so sind CS_o und CS_a die Richtungen, längs deren die ebenen Wellen immer sich selbst parallel hingleiten, die Lichtstrahlen. Ebenso wie bei einem einaxigen Krystall existieren im allgemeinen zwei Wellen, die einer gegebenen Ebene parallel sind, also dieselbe Wellennormale besitzen; sie unterscheiden sich durch die verschiedene Fortpflanzungsgeschwindigkeit und die verschiedene Richtung der zugehörigen Strahlen. Ferner pflanzen sich nach der Richtung CS_o, wie in dem Fall des einaxigen Krystalles, zwei Strahlen fort, CS_o und $C\Sigma_a$, wo Σ_a den Schnittpunkt von CS_o mit der Ellipse bezeichnet. Ihre Geschwindigkeit, sowie die Lage der ihnen entsprechenden Wellenebenen ist verschieden; für den Strahl $C\Sigma_a$ wird die letztere bestimmt durch die in Σ_a an die Schnittellipse gelegte Tangente. Ebenso haben wir auch längs CS_a noch einen zweiten Strahl $C\Sigma_o$, wenn Σ_o der Schnittpunkt von CS_a mit dem Kreise ist.

Einen etwas vollständigeren Einblick in die Gestalt der Wellenfläche gewährt Figur 348, in der für einen ihrer Oktanten die Schnitte mit den drei Symmetrieebenen gezeichnet sind. Dabei sind Punkte, die gleichweit von dem Centrum C entfernt sind, mit gleichen Buchstaben, u, v, w, bezeichnet; die Kurven, welche zwei gleich bezeichnete Punkte verbinden, sind Kreise, die von u zu v, von v zu w, von w zu u laufenden sind

Ellipsen. In der XZ-Ebene durchschneiden sich die beiden Kurven in dem Endpunkt A_1 der einen Strahlenaxe; die beiden Kurven haben daher hier eine gemeinsame Tangente, die den Kreis in O_1, die Ellipse in K_1 berührt. Daran schließt sich eine weitere überaus merkwürdige Eigenschaft der Wellenfläche. Beschreiben wir über $O_1 K_1$ als Durchmesser einen Kreis, dessen Ebene senkrecht auf der Ebene der optischen Axen steht, so liegt dieser ganz auf der Wellenfläche und seine Ebene berührt diese Fläche in allen Punkten des Kreises.

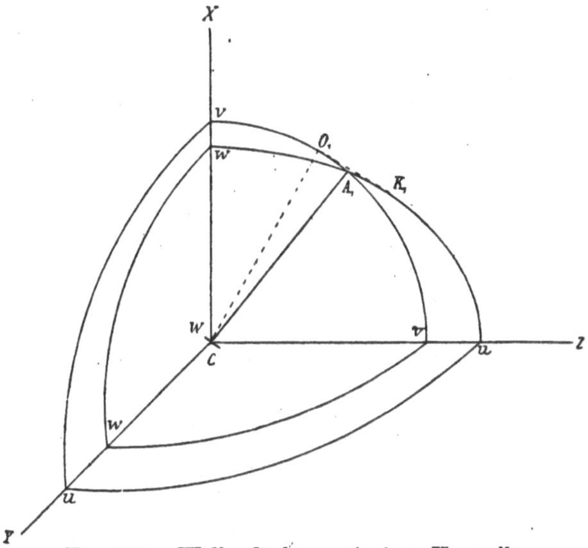

Fig. 348. Wellenfläche zweiaxiger Krystalle.

Die zuletzt erwähnte geometrische Eigenschaft der Wellenfläche hängt zusammen mit einer eigentümlichen Erscheinung, die man als **innere konische Refraktion** bezeichnet hat. Wir denken uns in C senkrecht auf der Ebene der optischen Axen und parallel mit dem Kreise $O_1 K_1$ eine kleine Wellenebene w. Um die von ihr ausgehende Wellenbewegung zu finden, müssen wir von jedem ihrer Punkte aus die Elementarwelle konstruieren. Wir werden dies am einfachsten ausführen können, wenn wir die in der Figur gezeichneten Linien aus Drähten herstellen, und das so gewonnene Modell sich selbst parallel bewegen, so daß sein Mittelpunkt C successive nach sämtlichen Punkten der Ebene w gelangt. Wenn die Dimensionen von w relativ klein sind gegen die Dimensionen des Kreises $O_1 K_1$, so beschreibt dieser bei der Bewegung einen schmalen ebenen Ring, der alle von den Punkten der Ebene w herrührenden Elementarwellen berührt. Dieser Ring also stellt die Fläche dar, auf welche die in w erregte Welle sich ausbreitet. Es ergiebt sich somit das sehr eigentümliche Resultat, daß die von w ausgehende Welle bei ihrem Fortschreiten sich auflöst in einen Kreisring, der in zwei diametral gegenüberliegenden Punkten von den Strahlen CO_1 und CK_1 durchschnitten wird, dessen Ebene senkrecht steht auf CO_1, dessen Wellennormale also durch CO_1 gegeben ist. Begrenzen wir unseren Krystall durch die Ebene des Kreises $O_1 K_1$, so pflanzt sich in dem jenseits der Grenze liegenden Luftraum die Ringwelle parallel mit sich selbst in der

Richtung der Normalen CO_1 fort (Fig. 349). Die Strahlen stehen in dem isotropen Mittel senkrecht zu der Wellenebene und es dringt daher ein Strahlenbündel in den Luftraum ein, das einen Hohlcylinder erfüllt, dessen Basis durch den Kreis O_1K_1 gegeben ist. Diese Erscheinung, die beim Aragonit leicht zu beobachten ist, ist die innere konische Refraktion. Zu einer in gewissem Sinne reziproken Erscheinung, der äußeren konischen Refraktion, giebt der Umstand Veranlassung, daß dem in der Richtung der Axe CA_1 fortschreitenden Strahl unendlich viele Wellenebenen entsprechen, all die Berührungsebenen, die in der trichterförmigen Vertiefung, deren Spitze der Punkt A_1 ist, an die Wellenfläche gelegt werden können.

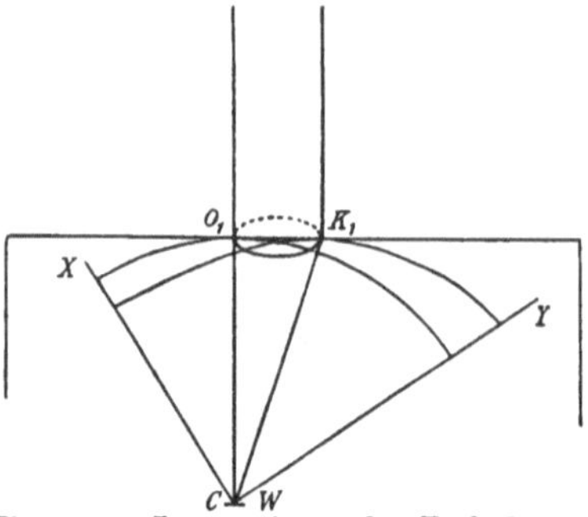

Fig. 349. Innere konische Refraktion.

An diese Betrachtungen schließen sich noch zwei wichtige Sätze. Wenn wir von C aus eine beliebige Richtung ziehen, so können wir im allgemeinen zwei zu ihr senkrechte Tangentialebenen an die Wellenfläche legen. Zu jener Richtung als der Wellennormalen gehören zwei ebene Wellen, denen verschiedene Strahlen und Geschwindigkeiten entsprechen. Die Richtung CO_1 dagegen hat, wie man aus den Figuren 348 und 350 ersieht, die Eigenschaft, daß nur eine einzige zu ihr senkrechte Tangentialebene an die Wellenfläche gelegt werden kann. Nach der Richtung CO_1 schreitet also nur eine einzige zu CO_1 senkrechte ebene Welle fort. CO_1 entspricht in der Ebene XZ noch eine zweite Richtung CO_2 von derselben Eigenschaft, symmetrisch mit CO_1 auf der anderen Seite von CX gelegen. Man bezeichnet diese beiden ausgezeichneten Richtungen als die optischen Axen.

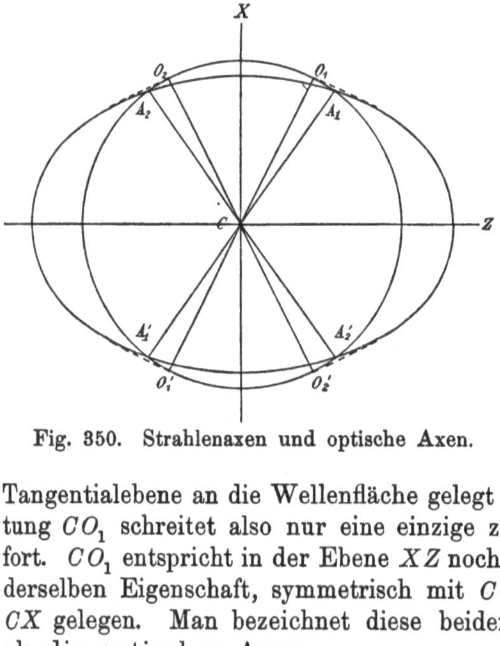

Fig. 350. Strahlenaxen und optische Axen.

In der Richtung einer optischen Axe CO_1 pflanzt sich nur eine einzige, zu ihr senkrechte, ebene Welle fort, aber ihr entsprechen die unendlich vielen Strahlen, welche von C nach dem Kreise O_1K_1 hingehen.

Endlich bleibt noch übrig, die Richtung der Ätherschwingungen und die Lage der Polarisationsebenen zu bestimmen.

Betrachten wir zuerst eine von C ausgehende Strahlenrichtnng, so legen wir durch sie und die Strahlenaxen CA_1 und CA_2 zwei Ebenen; die Halbierungsebenen der von ihnen gebildeten Winkel sind die Ebenen, in denen die Ätherteilchen auf den beiden nach der gegebenen Richtung sich fortpflanzenden Strahlen schwingen. Die Schwingungsrichtungen selbst ergeben sich, wenn man noch die zu der Strahlrichtung gehörenden Wellenebenen aufsucht.

Es sei zweitens eine von C ausgehende Richtung gegeben, welche die gemeinsame Wellennormale zweier paralleler ebener Wellen bildet. Die Polarisationsebenen der letzteren erhalten wir durch eine ähnliche Konstruktion wie vorher. Wir legen durch die Wellennormale und die optischen Axen CO_1 und CO_2 zwei Ebenen; die ihre Winkel halbierenden Ebenen sind die Polarisationsebenen der beiden parallelen ebenen Wellen; die Schnittlinien jener Ebenen mit der Wellenebene die Schwingungsrichtungen der Wellen.

Die Frage, wie Polarisationsrichtungen und Fortpflanzungsgeschwindigkeiten zusammengehören, werden wir in § 294 für einen speziellen Fall lösen.[1]

§ 293. Polarisationsapparate. Wir gehen nun von den theoretischen Erörterungen der vorhergehenden Paragraphen zu der Beschreibung der Polarisationsapparate über, die für die experimentelle Entwickelung der Krystalloptik von fundamentaler Bedeutung sind. Von einem geeigneten Stative werden zwei Nikolsche Prismen so gehalten, daß ihre Längskanten parallel sind, und daß sie um die jenen Kanten parallelen Prismenaxen beliebig gedreht werden können. Das eine Prisma dient zur Erzeugung geradlinig polarisierten Lichtes; es wird daher als Polarisator bezeichnet; das zweite zur Untersuchung des von dem Polarisator herkommenden Lichtes; es heißt der Analysator. Durch Drehen des Analysators kann man seine Polarisationsebene zu der des Polarisators senkrecht stellen, die Prismen sind dann gekreuzt, und das Gesichtsfeld des Apparates ist dunkel (Fig. 351). Dreht man den Analysator von jener Stellung aus weiter, so hellt sich das Gesichtsfeld auf; ein Maximum der Helligkeit tritt ein, wenn die Polarisationsebenen der Prismen parallel sind.

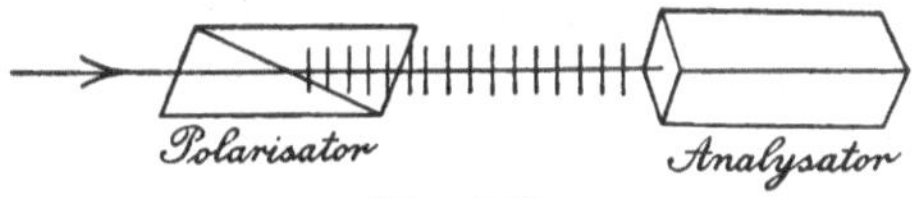

Fig. 351.

Um einen Polarisationsapparat herzustellen, kann man natürlich auch zwei beliebige andere Körper kombinieren, von denen jeder für sich geradlinig polarisiertes Licht erzeugt. Von den mannigfachen denkbaren Kombinationen verdient noch besondere Erwähnung die Turmalinzange, bei der zwei Turmalinplatten in einem handlichen Drahtgestell drehbar hintereinander befestigt sind.

[1] Vgl. die V. Anmerkung am Schlusse des Bandes.

Der Polarisationsapparat ist ein Mittel, um bei einem beliebigen Körper zu entscheiden, ob er isotrop ist, sich nach allen Richtungen gleich verhält, oder anisotrop, ob also seine optischen Eigenschaften abhängig sind von der Richtung, in der die Lichtstrahlen in seinem Inneren sich bewegen. Schneiden wir aus einem Körper von der letzteren Art eine Platte und bringen wir sie zwischen die gekreuzten Prismen eines Polarisationsapparates. Die Richtung der von dem Polarisator durchgelassenen Schwingungen bezeichnen wir durch p. Fällt ein in der Richtung p schwingender Strahl auf die anisotrope Platte, so wird er zerlegt in zwei senkrecht zu einander schwingende, die sich in ihrem Inneren mit verschiedener Geschwindigkeit bewegen und aus der Platte mit einer gewissen Phasenverschiebung wieder austreten. Sie setzen sich im allgemeinen zu einem elliptisch polarisierten Strahl zusammen; dieser aber hat eine Komponente, deren Schwingungsrichtung der vom Analysator durchgelassenen Schwingung parallel ist. Diese Komponente geht also durch den Analysator hindurch und bedingt eine Aufhellung des Gesichtsfeldes. Nur wenn die Verschiebung der beiden Strahlen eine halbe Wellenlänge oder ein Vielfaches einer solchen beträgt, setzen sie sich nach dem Durchgang durch die Platte wieder zu einem geradlinig polarisierten Strahl zusammen. Beträgt die Phasenverschiebung ein gerades Vielfaches einer halben Wellenlänge, so schwingt der resultierende Strahl parallel zu der Polarisationsebene des Analysators; er kann nicht durch diesen hindurch, und das Gesichtsfeld würde dunkel bleiben, wenn nur dieser eine Strahl vom Polarisator herkäme. Bei Anwendung von weißem Licht werden nun immer gewisse Farben existieren, die in der angegebenen Weise ausgelöscht werden. Daraus erklärt es sich, daß das Gesichtsfeld bei Einschaltung eines anisotropen Körpers nicht einfach erhellt, sondern gefärbt wird. Die Art der Färbung hängt von dem Geschwindigkeitsunterschied der in der anisotropen Platte sich bewegenden Strahlen ab. Es entstehen in der angegebenen Weise die schönen Farbenerscheinungen gepreßter und rasch gekühlter Gläser zwischen gekreuzten Prismen. Diese Körper sind nicht homogen, ändern vielmehr ihre Eigenschaften von Stelle zu Stelle in gesetzmäßiger Weise; die Färbung ist daher keine gleichmäßige, sondern an verschiedenen Stellen verschieden und enthüllt durch ihren Wechsel den Wechsel der inneren Beschaffenheit.[1]

§ 294. Interferenzfarben dünner Krystallblättchen. Die allgemeinen Andeutungen des vorhergehenden Paragraphen führen wir weiter aus für den Fall eines dünnen Blättchens, das aus einem positiv zweiaxigen Krystall, etwa einem Gypse, durch Abspalten erhalten werden kann. Die Strahlenaxen CA_1 und CA_2 des Gypses liegen parallel der Spaltfläche (Fig. 352); dasselbe gilt dann auch von der ihren spitzen Winkel hal-

[1] F. Neumann, Über die Gesetze der Doppelbrechung des Lichtes in komprimierten und ungleichmäßig erwärmten unkrystallinischen Körpern. Abhandl. der Berl. Akad. 1841. — Maxwell, On the Equilibrium of Elastic Solids. The Scientific Papers Vol. I. p. 30.

bierenden Mittellinie CM und der Halbierungslinie des stumpfen Winkels CN. Ziehen wir in dem Blättchen eine Linie CY senkrecht zu der Ebene der Strahlenaxen, so bewegen sich nach derselben zwei Strahlen, deren Wellenebenen der Ebene der optischen Axen parallel sind, wie sich aus der Betrachtung von Figur 348 leicht ergiebt. Ihre Schwingungsrichtungen erhalten wir nach der in § 292 angeführten Konstruktion; sie liegen in den Ebenen YCM und YCN, welche die beiden von CA_2 und CA_1 gebildeten Winkel halbieren; sie müssen aber außerdem in den durch die Ebene der optischen Axen bestimmten Wellenebenen liegen. Die Schwingungsrichtungen der Strahlen, die in dem Gypsblättchen senkrecht zu seinen Grenzflächen sich fortpflanzen, fallen daher zusammen mit der optischen Mittellinie CM und der zu ihr senkrechten CN. Es frägt sich nur, wie die Schwingungsrichtungen und Fortpflanzungsgeschwindigkeiten zusammengehören. Zeichnen wir zu diesem Zweck den Schnitt der Wellenfläche des Gypses durch die Ebene der optischen Axen (Fig. 353a). Die große Axe der Schnittellipse ist gegeben durch

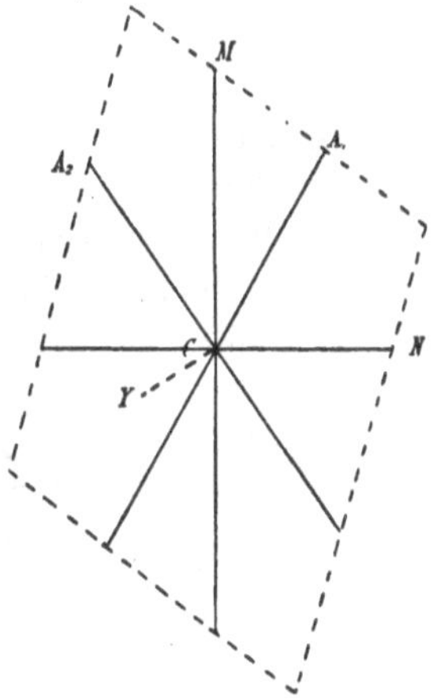

Fig. 352. Gypsplatte.

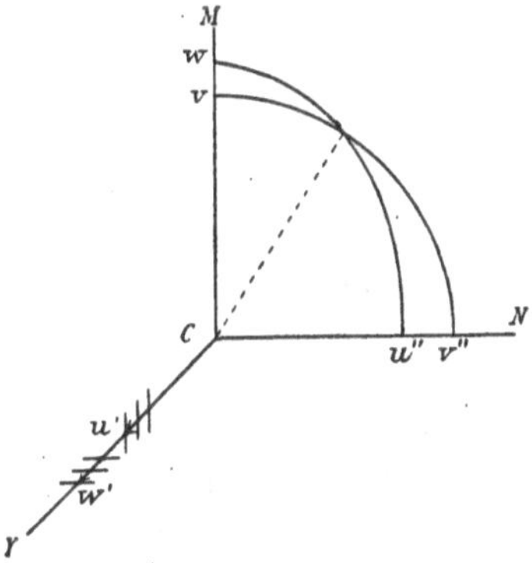

Fig. 353 a.

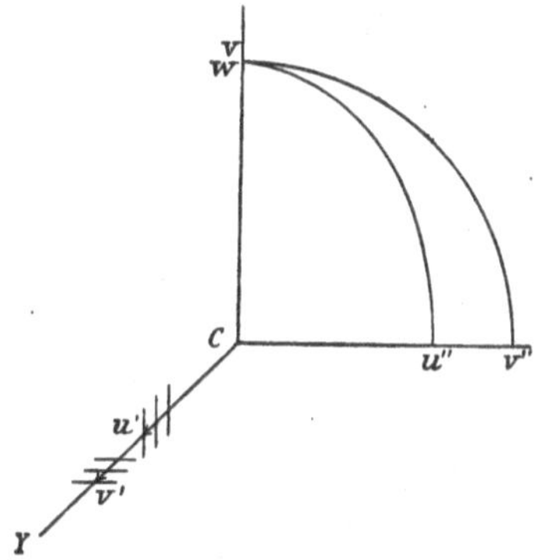

Fig. 353 b.

Fortpflanzungsgeschwindigkeit und Schwingungsrichtung.

Cw, die kleine durch Cu''; die durch diese Axen dargestellten Lichtgeschwindigkeiten bezeichnen wir durch w und u. Nehmen wir die Lichtgeschwindigkeit im leeren Raum als Einheit, so ist $w = 0{,}657$, $u = 0{,}654$. Senkrecht zu der Ebene der optischen Axen in der Richtung CY pflanzen sich zwei Strahlen fort mit den Geschwindigkeiten w und u. Ihre Endpunkte gelangen in der Zeiteinheit auf die Punkte w' und u' der Wellenfläche. Die Schwingungsrichtungen sind nach dem vorhergehenden gegeben durch die Richtungen der Axen Cu'' und Cw. Um zu entscheiden, welche Richtung zu dem Strahl Cw', welche zu Cu' gehört, verfahren wir folgendermaßen. Wir deformieren die gegebene Wellenfläche des Gypses so, daß sie allmählich in die eines positiv einaxigen Krystalles übergeht. Zu diesem Zweck müssen wir Cv und damit natürlich auch Cv'' vergrößern, bis sie schließlich gleich Cw oder Cw' werden; $ww'v''$ wird dann zu der Kugel $vv'v''$, und $vu'u''$ zu dem Ellipsoid der einaxigen Wellenfläche (Fig. 353b), Cw zu ihrer Hauptaxe. Cw' entspricht dem ordentlichen Strahl Cv', Cu' dem außerordentlichen. Der erstere schwingt senkrecht, der letztere parallel zur Hauptaxe; die Kontinuität des Überganges fordert, daß bei der Wellenfläche des Gypses die Schwingungsrichtung von Cw' parallel mit Cu'', die von Cu' parallel Cw sei. Der Strahl, dessen Geschwindigkeit gleich der großen Axe der Schnittellipse ist, schwingt parallel der kleinen und umgekehrt.

Wir schalten nun das Gypsblättchen ein zwischen die beiden gekreuzten Prismen eines Polarisationsapparates. CQ_1 (Fig. 354) sei die Schwingungsrichtung der vom Polarisator kommenden Strahlen, CQ_2 die Schwingungsrichtung der vom Analysator durchgelassenen. Legen wir das Gypsblättchen so, daß seine optische Mittellinie mit der Richtung CQ_1 oder CQ_2 zusammenfällt, so ändert sich nichts in den Verhältnissen des vom Polarisator kommenden Lichtes, das Gesichtsfeld bleibt dunkel.

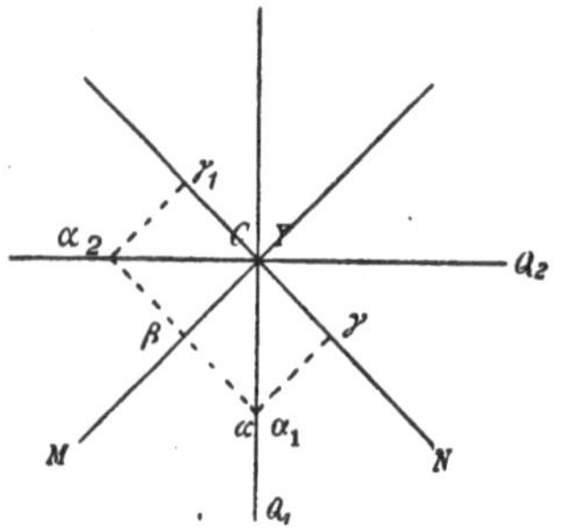

Fig. 354.

Anders gestaltet sich die Sache, wenn wir, wie in der Figur, die optische Mittellinie CM unter einem Winkel von 45^0 gegen die Schwingungsrichtungen CQ_1 und CQ_2 legen. Es stelle $C\alpha$ die Amplitude der vom Polarisator kommenden Schwingungen vor; wir zerlegen den einfallenden Strahl in zwei, deren Schwingungen parallel mit CM und CN, deren Amplituden, $C\beta$ und $C\gamma$, die Projektionen von $C\alpha$ auf CM und CN sind. Beim Durchgang durch das Blättchen erleiden die beiden nach CM und CN schwingenden Strahlen eine Verschiebung der Phase; denn die Wellenlänge ist für den Strahl Cw' (Fig. 353a) größer als für Cu', für Na-Licht bei Cw' gleich 387, bei Cu' gleich 385 $\mu\mu$. Beträgt jene Verschiebung eine halbe Wellenlänge oder ein ungerades Vielfaches einer solchen, so ändert sich die relative Lage der Amplituden. Wenn etwa die Amplitude $C\beta$ des in der Mittellinie schwingenden Strahles beim Austritt ebenso gerichtet ist, wie vorher, so ist die Amplitude des zweiten Strahles umgekehrt gerichtet nach $C\gamma_1$ oder vielmehr $Y\gamma_1$, wenn wir unter Y den Punkt verstehen, in dem der Strahl das Blättchen wieder verläßt. Beide Strahlen setzen sich somit zu einem geradlinig polarisierten zusammen, dessen Schwingungsrichtung $C\alpha_2$ oder $Y\alpha_2$ parallel der Richtung CQ_2 der vom Analysator durchgelassenen Schwingungen ist; der Strahl $C\alpha_2$ wird somit durch den Analysator hindurchgehen, das Gesichtsfeld ist hell. Wenn aber die durch das Gypsblättchen erzeugte Phasendifferenz eine ganze Wellenlänge oder ein Vielfaches einer solchen beträgt, so setzen sich die austretenden Strahlen wieder zu einem Strahl von der Amplitude $C\alpha_1$ oder $Y\alpha_1$ zusammen; diese steht senkrecht auf CQ_2, der Strahl wird vom Analysator nicht durchgelassen, und das Gesichtsfeld bleibt dunkel. Die beiden Fälle sind in den Figuren 355 und 356 schematisch dargestellt. In Wirklichkeit erreichen für Na-Licht die Strahlen Cw' und Cu' (Fig. 353a) erst bei einem Blättchen von

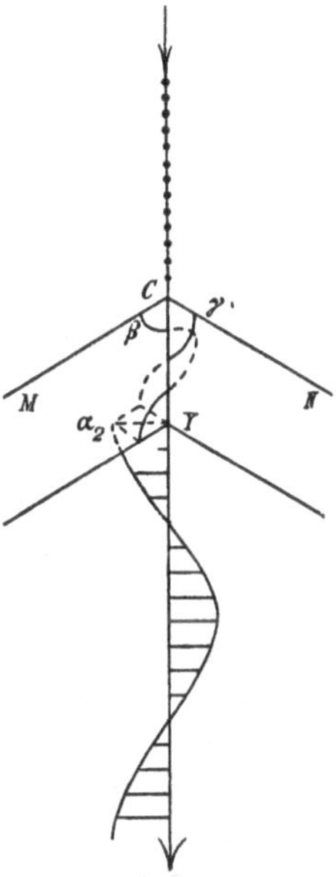

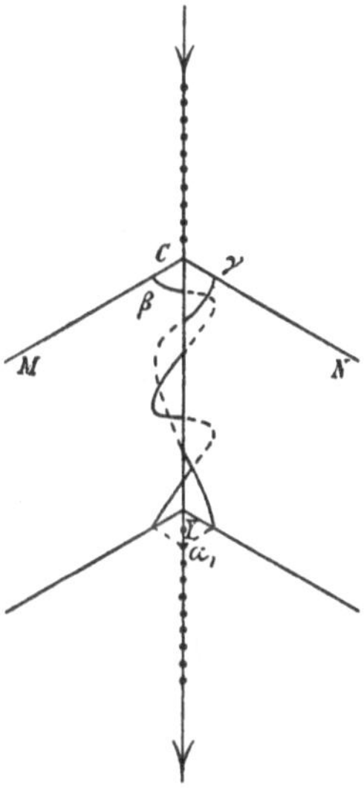

Fig. 355. Phasenverschiebung um eine halbe Wellenlänge.

Fig. 356. Phasenverschiebung um eine ganze Wellenlänge.

0,079 mm Dicke einen Phasenunterschied von einer Wellenlänge, und es liegen dann auf jener Dicke 192,5 Wellen des Strahles Cw' und 193,5 Wellen von Cu'. Lassen wir weißes Licht auf das Gypsblättchen fallen, so werden bei einiger Dicke desselben Farben vorhanden sein, die in der angegebenen Weise ausgelöscht werden. Ein Gypsblättchen von konstanter Dicke zeigt daher zwischen gekreuzten Polarisatoren eine homogene Färbung, die von seiner Dicke abhängig ist. Würden Polarisator und Analysator und damit auch die Schwingungsrichtungen CQ_1 und CQ_2 parallel stehen, so würden die im vorhergehenden geschilderten Verhältnisse sich umkehren; Dunkelkeit würde eintreten bei einer Phasenverschiebung um $\frac{\lambda}{2}$, Helligkeit bei einer solchen um λ. Im weißen Lichte sind daher die Farben der Blättchen bei parallelen Polarisatoren komplementär zu denen bei gekreuzten. Bei zu großer Dicke verschwindet die Farbe aus Gründen, ähnlich denen, die wir bei der Betrachtung der NEWTONschen Ringe besprochen haben.

In analoger Weise, wie Gypsblättchen, verhalten sich auch dünne, von einer Glimmertafel abgespaltene Blättchen. Sogenannte Viertelundulationsglimmerplatten, d. h. solche, die den beiden in der Richtung der optischen Mittellinie sie durchsetzenden Strahlen eine Wegdifferenz von einer Viertelwellenlänge erteilen, dienen häufig zur Erzeugung von zirkular polarisiertem Licht.

Die Farben, welche bei dünnen Blättchen zwischen gekreuzten Polarisatoren ausgelöscht werden, lassen sich sehr scharf bestimmen, wenn man den Polarisationsapparat verbindet mit dem Spektralapparat. Man bringt den Polarisator in dem Spaltrohr dicht hinter dem Spalte, den Analysator vor dem Okular des Fernrohres an. Beleuchtet man den Spalt mit Sonnenlicht, so kann man zunächst durch Drehen des Okularnikols das Gesichtsfeld dunkel machen. Bringt man jetzt vor das Fernrohrobjektiv ein Gypsblättchen, so erscheinen im Spektrum neben den FRAUNHOFERschen Linien schwarze, ihnen parallele Balken; denn es fehlen die Farben, bei denen das Gypsblättchen zwischen den ordentlichen und außerordentlichen Strahlen eine Phasendifferenz von einer Wellenlänge oder einem Vielfachen einer solchen erzeugt.

Man könnte auf den Gedanken kommen, daß bei der im vorhergehenden betrachteten Erscheinung die Einführung des Polarisators überflüssig sei, da ja auch ein Strahl natürlichen Lichtes nach den Richtungen CM und CN zerlegt wird. Aber den so entstehenden Strahlen fehlt nach § 284 die Eigenschaft der Kohärenz, und sie sind daher nicht fähig, Interferenz zu erzeugen. Die Sache verhält sich im wesentlichen so, wie wenn der Polarisator mit ungeheurer Geschwindigkeit um seine Längsaxe gedreht würde. Bei Anwendung von weißem Lichte tritt dann ein ebenso rascher Wechsel komplementärer Färbungen ein, und diese ergänzen sich zu dem Eindruck des Weiß.

§ 295. Der Kompensator. Schon bei der Untersuchung der Metallreflexion entsteht die Aufgabe, zwei senkrecht zu einander polarisierten Strahlen eine bestimmte Phasenverschiebung zu erteilen; wir benützen hierzu den BABINETschen Kompensator. Das Prinzip seiner Konstruktion ergiebt sich aus dem folgenden. Aus einem Quarze schneiden wir zwei dünne Platten parallel zu der Axe und legen sie so übereinander, daß die Axenrichtungen gekreuzt sind; wir bezeichnen diese durch CH_1 und CH_2, die zu ihnen senkrechten mit CN_1 und CN_2 (Fig. 357). Nun falle auf diese Kombination senkrecht ein Strahl linear oder elliptisch polarisierten Lichtes. Er zerlegt sich beim Eintritt in die erste Platte in zwei, einen ordentlichen ϑ, der parallel mit CN_1, einen außerordentlichen ϑ', der parallel mit CH_1 schwingt. Der Strahl ϑ pflanzt sich schneller fort als ϑ' und erleidet dadurch eine gewisse Beschleunigung seiner Phase, die wir, ausgedrückt in Teilen einer Wellenlänge, durch δ_1 bezeichnen wollen. In dem zweiten Quarz schwingt der Strahl ϑ parallel mit CH_2, er wird hier zum außerordentlichen, der Strahl ϑ' parallel mit CN_2, er wird zum ordentlichen Strahl; der erstere ist jetzt der langsamere und verliert dadurch wieder eine gewisse Zahl von Wellenlängen, die durch δ_2 bezeichnet sei. Im ganzen resultiert aus dem Durchgang durch die beiden Platten eine Phasenverschiebung von $\delta_2 - \delta_1$ Wellenlängen, deren Betrag von der Dicke der Platten abhängig ist; bei gleicher Dicke heben sich ihre Wirkungen auf, andernfalls ist ihre Wirkung dieselbe, wie die einer einzigen Platte, deren Dicke gleich der Differenz der Plattendicken, deren Axenrichtung dieselbe ist, wie die der dickeren Platte. Diese Betrachtungen machen nun die Wirkungen des Kompensators leicht verständlich; er besteht aus zwei Quarzkeilen K_1 und K_2 (Fig. 358) von gleichem Keilwinkel, die so übereinandergelegt sind, daß die Schneiden einander parallel, aber nach entgegengesetzten Seiten gewandt, daß die äußeren Keilflächen parallel sind. Der Keil K_1 ist fest, seine optische Axe liegt parallel zu der äußeren Fläche und senkrecht zu seiner Schneide. K_2 ist gegen K_1 verschiebbar, aber so, daß die Schneiden und ebenso die äußeren Flächen der Keile parallel bleiben; die optische Axe von K_2 liegt parallel zu der Schneide; die optischen Axen der beiden Keile sind dann stets gekreuzt. Bedecken wir die Vorrichtung mit einer Blende, so daß nur in der Mitte ein schmaler Spalt frei bleibt, so wirken in

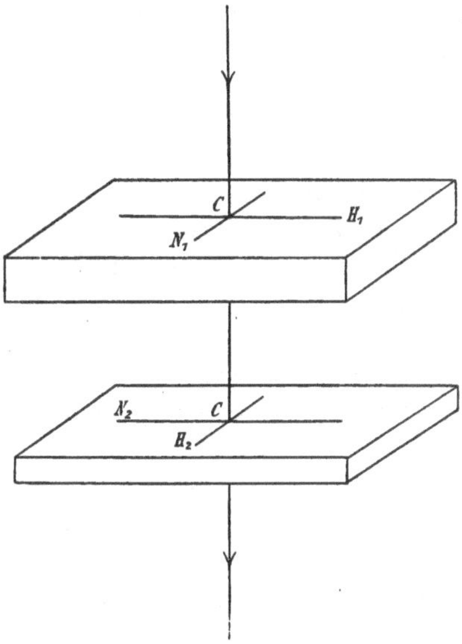

Fig. 357.

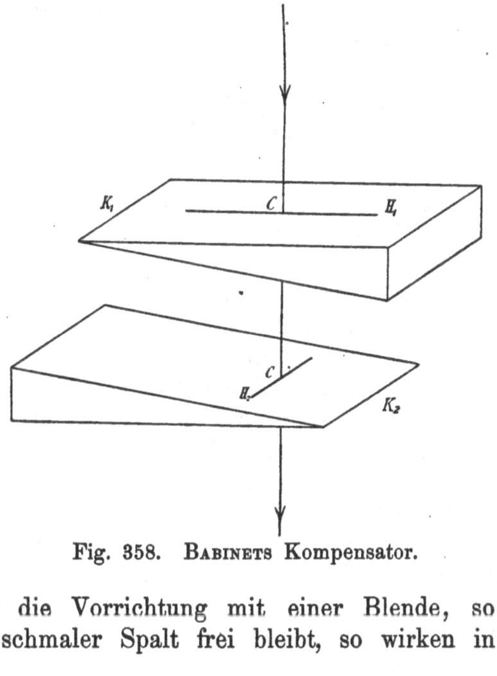

Fig. 358. Babinets Kompensator.

diesem die beiden Keile wie die im vorhergehenden betrachteten Quarzplatten; da wir aber durch Verschieben des Keiles K_2 den Unterschied der Keildicken an der Stelle des Spaltes beliebig ändern können, so können wir den senkrecht zu einander polarisierten Strahlen ϑ und ϑ' jeden beliebigen Phasenunterschied erteilen.

Umgekehrt können wir mit dem Kompensator auch einen Phasenunterschied aufheben, der zwischen zwei senkrecht zu einander schwingenden Strahlen vorhanden ist, wir können elliptisch polarisiertes Licht in geradlinig polarisiertes verwandeln. Hiervon eben macht man Anwendung bei der Untersuchung der Metallreflexion.

Wir erwähnen noch die Erscheinung, die der Kompensator im Polarisationsapparate liefert, wenn homogenes Licht, etwa eine Na-Flamme zur Beleuchtung benutzt wird. Die Keile mögen sich gerade überdecken, ihre Axen Winkel von 45° mit den gekreuzten Polarisationsebenen bilden. Das Gesichtfeld erscheint dann parallel den Schneiden von schwarzen Streifen durchzogen. Diese entstehen da, wo die Phasendifferenz der Strahlen ϑ und ϑ' ein Vielfaches einer ganzen Wellenlänge beträgt; der mittlere entspricht der Stelle, wo die Keile gleich dick sind.

§ 296. Erscheinungen im konvergenten Lichte. Die in den vorhergehenden Paragraphen entwickelten Prinzipien genügen auch zur Erklärung der Erscheinungen, die man erhält, wenn man polarisierte Strahlen mit Hilfe einer Sammellinse in konvergenter Richtung durch eine Krystallplatte gehen läßt; Erscheinungen, die man in einfachster Weise mit einer dicht vor das Auge gehaltenen Turmalinzange beobachten kann, bei der ohne alles weitere Strahlen von den verschiedensten Richtungen ins Auge gelangen. Wir beschränken uns darauf, einige wichtige Beispiele anzuführen, ohne auf eine theoretische Erläuterung einzugehen. Wir setzen voraus, daß die Polarisationsebenen gekreuzt, das Gesichtsfeld an und für sich dunkel sei.

Bringen wir nun zwischen die Polarisatoren eine senkrecht zur Axe geschnittene Platte eines einaxigen Krystalles, etwa von Kalkspat, so zeigt sich im homogenen Lichte das durch Figur 359 anschaulich gemachte Bild. Die Mitte des Gesichtsfeldes ist dunkel, von ihr geht ein dunkles Kreuz aus, dessen Arme den Polarisationsebenen parallel sind. In den vier zwischen ihnen liegenden Quadranten wechseln helle und dunkle Ringe, an deren Stelle im weißen Lichte farbige Ringe treten.

Eine parallel zu der Axe geschnittene Platte eines einaxigen Krystalles zeigt die durch Figur 360 dargestellte Erscheinung, abwechselnd helle und dunkle Hyperbeln.

Schneiden wir aus einem zweiaxigen Krystall eine Platte senkrecht zu der optischen Mittellinie, so ergeben sich im homogenen Licht die in den Figuren 361 und 362 dargestellten Erscheinungen. Figur 361 entspricht dem Fall, daß die Ebene der optischen Axen mit der einen Polarisationsebene zusammenfällt; die Figur 362 setzt voraus, daß die Ebene der optischen Axen mit den Polarisationsebenen Winkel von 45°

einschließt. Die von den Kurven umschlossenen Punkte entsprechen den Austrittsstellen der optischen Axen.

Gekreuzte Polarisatoren.

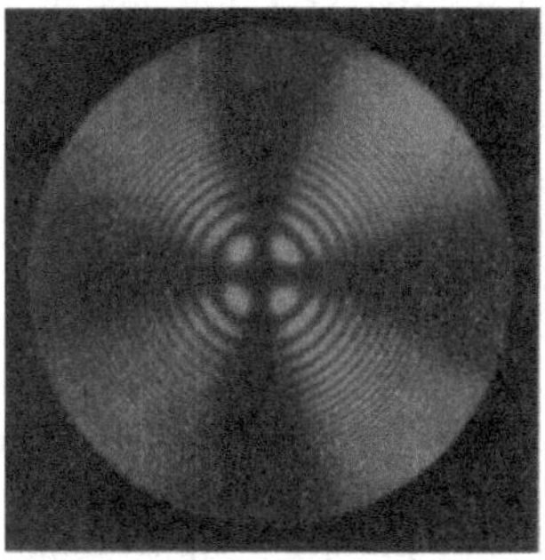

Fig. 359.
Kalkspat senkrecht zur Axe.

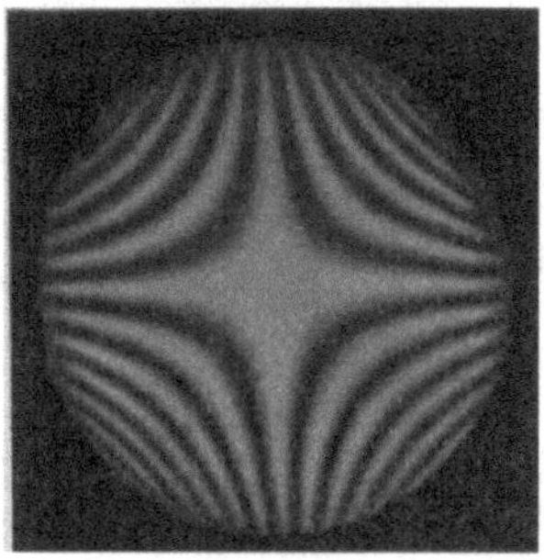

Fig. 360.
Quarz parallel der Axe.

Zweiaxige Krystalle.

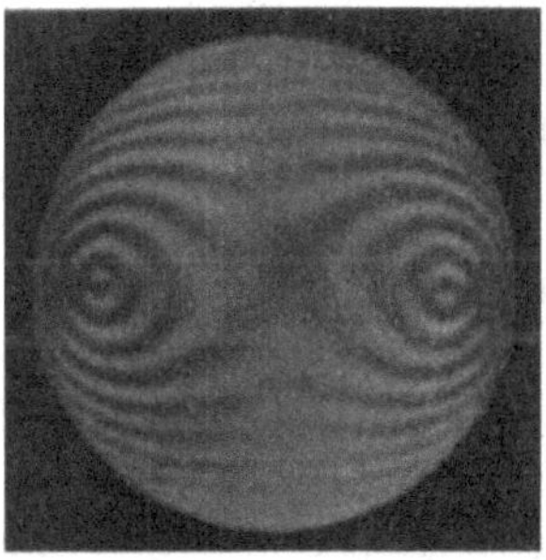

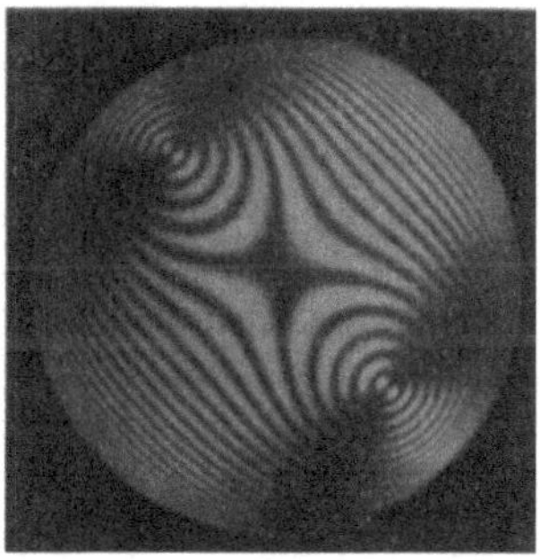

Fig. 361. Ebene der optischen Axen parallel zum Hauptschnitt des Analysators.

Fig. 362. Unter 45° geneigt.

§ 297. Zirkularpolarisation. Der positiv einaxige Quarz zeigt gewisse Erscheinungen, die nach dem vorhergehenden als anomal betrachtet werden müssen. Schneiden wir aus einem Bergkrystall eine Platte senkrecht zur Axe, so ist dieselbe zwischen den gekreuzten Prismen eines Polarisationsapparates in der Mitte nicht dunkel, sondern gefärbt; erst in einer gewissen Entfernung von der Mitte zeigen sich die Arme des schwarzen Kreuzes und die farbigen Ringe, welche für die einaxigen Krystalle charakteristisch sind, in der durch Figur 363 anschaulich gemachten Weise. Zugleich zeigt sich, daß die Färbung der Mitte wechselt, wenn man den Analysator dreht. Bei gewissen Quarzen giebt eine Drehung im Sinne des Uhrzeigers die Färbungen in der Reihe: Rot, Gelb, Grün, Blau; bei anderen ist die Reihenfolge die umgekehrte. Wir bezeichnen die ersteren als rechts-, die letzteren als linksdrehende. Die Erscheinung erklärt sich leicht, wenn wir Beobachtungen mit homogenem Licht zu Hilfe nehmen. Die Polarisationsebenen seien gekreuzt, Figur 364, OQ_1 die Schwingungsrichtung des vom Polarisator kommenden Lichtes, OQ_2 die des vom Analysator durchgelassenen. Lassen wir unter diesen Umständen rotes Licht durch den Quarz gehen, so erscheint die Mitte des Gesichtsfeldes rot; ist der Quarz ein rechtsdrehender, so wird die Mitte dunkel, wenn wir den Analysator und damit die Richtung OQ_2 um einen gewissen Winkel δ_r nach rechts drehen; um denselben Winkel muß der Quarz die Polarisationsebene und Schwingungsrichtung des einfallenden Strahles nach rechts gedreht haben. Wiederholen wir den Versuch mit violettem Licht, so finden wir, daß die Wiederverdunkelung der Mitte erst nach einer größeren Rechtsdrehung δ_v eintritt. Der rechtsdrehende Quarz hat somit die Eigenschaft, die Schwingungsrichtung geradlinig polarisierter Strahlen, die sich in der Richtung seiner Hauptaxe bewegen, nach rechts zu drehen; am wenigsten die der roten, am meisten die der violetten Strahlen. In unserer Figur sind die Schwingungsrichtungen der gedrehten Strahlen durch OR und OV dargestellt. Wenn wir nun bei Benützung von weißem Licht den Analysator so stellen, daß seine Polarisationsebene senkrecht steht auf der Schwingungsrichtung der gedrehten roten Strahlen, so werden diese vollständig durchgelassen; in der Färbung des Gesichtsfeldes herrscht das Rot; drehen wir den Analysator nach rechts, so stellt sich seine Polarisationsebene zunächst senkrecht zu den gedrehten gelben Strahlen, diese gehen ungeschwächt durch und bedingen einen gelben Ton des Gesichtsfeldes; bei fortgesetzter Drehung stellt sich die Polarisationsebene erst senkrecht gegen die grünen, dann gegen die blauen Strahlen, die Mitte des Interferenzbildes wird grün und blau. In der That folgen sich die Farbentöne in derselben Reihe wie im Regenbogen. Bei dem linksdrehenden Quarz werden die Polarisationsebenen der auffallenden Strahlen nach links gedreht, rot am wenigsten, violett am stärksten; bei einer Rechtsdrehung des Analysators muß daher die Reihenfolge der Farben die entgegengesetzte sein, wie im Regenbogen.

Gekreuzte Polarisatoren.

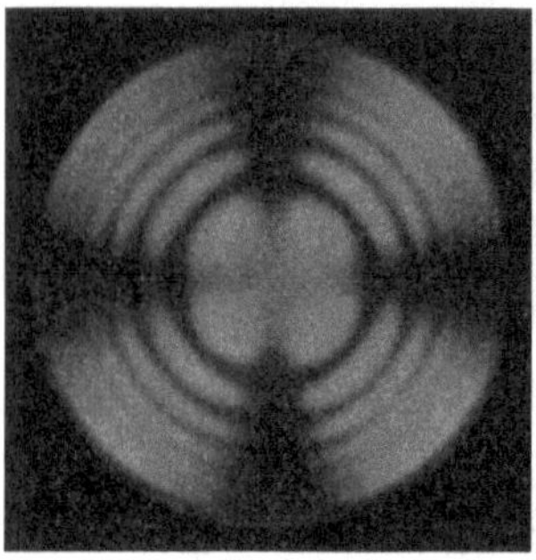

Fig. 363.
Quarzplatte senkrecht zur Axe.

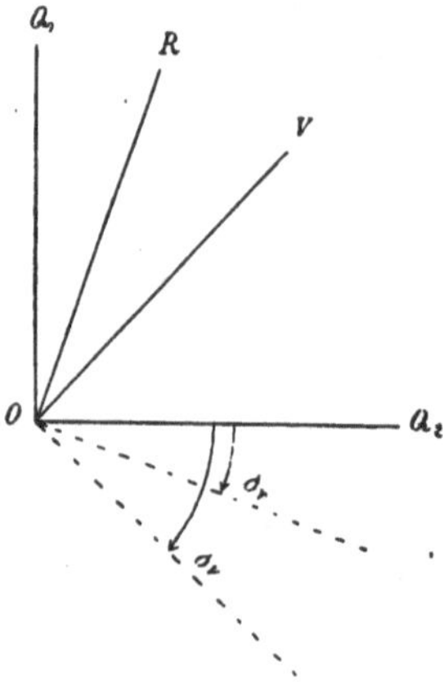

Fig. 364.

Der tiefere Grund der Erscheinung liegt darin, daß der Quarz einen in der Richtung der Axe eintretenden geradlinig polarisierten Strahl in zwei entgegengesetzt rotierende zirkularpolarisierte zerlegt, die sich längs der Axe mit verschiedener Geschwindigkeit fortpflanzen. Sie erleiden infolge hiervon eine gewisse Verschiebung gegen einander; nach dem Austritt aus dem Quarz setzen sie sich nach dem in § 283 angeführten Satze wieder zu einem geradlinig polarisierten Strahle zusammen, dessen Schwingungsrichtung aber gegen die des ursprünglichen Strahles gedreht ist.

Strahlen, die im Quarze unter kleinem Winkel gegen die Axe sich bewegen, sind elliptisch polarisiert; aber diese Polarisation geht rasch in die geradlinige über, so daß bei etwas größerer Neigung gegen die Axe die Erscheinungen mit denen der anderen positiv einaxigen Krystalle übereinstimmen.

§ 298. Polarisationsebene und Schwingungsrichtung. Den Betrachtungen dieses ganzen Kapitels haben wir zunächst eine kritische Bemerkung nachzuschicken, die sich auf das Verhältnis von Schwingungsrichtung und Polarisationsebene bezieht. Die letztere ist eine in allen Fällen geometrisch wohl definierte Ebene: bei einer zur Axe parallelen Turmalinplatte und bei normalem Einfall die zu der Axe senkrechte Ebene; bei der Reflexion an Glas die Einfallsebene; bei dem ordentlichen Strahl im Kalkspat der Hauptschnitt; bei dem außerordentlichen eine zum Hauptschnitt senkrechte Ebene. Wenn wir nun in all diesen Fällen die Schwingungsrichtung der polarisierten Strahlen zu der Polarisationsebene senkrecht gesetzt haben, so beruht dies auf der durchaus willkürlichen Annahme, daß der durch eine Turmalinplatte gegangene Strahl der Hauptaxe parallel schwinge. Wir hätten auch die entgegengesetzte Annahme machen können, wir würden dann ebenso konsequent zu dem Satz gekommen sein, daß die Schwingungen des Lichtes in der Polarisationsebene erfolgen. In der That knüpft sich hieran eine lange Kontroverse.

Die erste strenge und zusammenhängende Theorie der optischen Erscheinungen ging von der Annahme aus, daß der Äther den Oscillationen des Lichtes gegenüber die Eigenschaften eines elastischen, aber inkompressibeln, festen Körpers besitze. In einem solchen sind nur transversale ebene Wellen möglich, und ihre Ausbreitung in einem anisotropen Körper gehorcht unter gewissen Voraussetzungen in der That denselben Gesetzen, wie die Bewegung des Lichtes in Krystallen. Aber bei den Wellen in einem elastischen Körper fallen Schwingungsrichtung und Polarisationsebene zusammen; gleiches müßte auch bei den Lichtwellen gelten, wenn ihre Eigenschaften identisch dieselben wären, wie die jener Wellen. Die Elastizitätstheorie führt hiernach zu der Annahme, daß die Schwingungen der Lichtwellen in der Polarisationsebene erfolgen, entgegen der Vorstellung Fresnels, die wir zu Grunde gelegt haben. Ihre Lösung fand die eigentümliche Schwierigkeit erst durch Maxwells elektromagnetische Theorie des Lichtes. Wir werden in der Lehre von der Elektrizität die Vorstellung begründen, daß das Licht auf elektromagnetischen Schwingungen beruhe. In einer Lichtwelle haben wir dann elektrische und magnetische Oscillationen, die in zwei zu einander senkrechten Richtungen stattfinden. Die elektrischen Schwingungen stehen zu der Polarisationsebene senkrecht, die magnetischen liegen in dieser Ebene. Hiernach würden also alle unsere Ausführungen für die elektrischen Schwingungen ihre volle Richtigkeit haben. Wir werden aber sofort einige Versuche mitteilen, aus denen mit großer Wahrscheinlichkeit folgt, daß für die Wirkungen des Lichtes eben die elektrischen Schwingungen, also die zur Polarisationsebene senkrechten, maßgebend sind.

Läßt man einen Wellenzug normal reflektieren an einer spiegelnden Platte, so entwickelt sich infolge der Durchkreuzung der ankommenden und der reflektierten Wellen vor der Platte eine stehende Schwingung, ähnlich der, die wir in § 93 beim Wasser, in § 200 beim Schall besprochen haben. An der Oberfläche des Spiegels selbst und in Abständen von 1, 2, 3 ... halben Wellenlängen davon befinden sich Knoten der elektrischen Schwingung; es ist nun gelungen, zu zeigen, daß an diesen Stellen zugleich Minima für die photographische Wirkung des Lichtes liegen. Daraus folgt, daß die elektrischen Schwingungen die chemisch wirksamen sind. Nun beruht aber auch die Lichtwirkung im Auge sehr wahrscheinlich auf chemischen Prozessen, also auf den elektrischen Schwingungen, und diese würden demnach als die optisch wirksamen zu betrachten sein.

Noch deutlicher ergiebt sich dasselbe Resultat aus dem folgenden Versuche. Auf einen ebenen Silberspiegel läßt man polarisierte Strahlen unter einem Winkel von 45° fallen. Sie durchkreuzen sich mit den reflektierten in dem Raume des rechtwinkligen Dreiecks *ABC* (Fig. 365). Liegt die Polarisationsebene der Strahlen in der Einfallsebene, so bildet sich in jenem Raume eine stehende Schwingung aus, deren Bäuche und Knoten auf photographischem Wege sich nachweisen lassen. Wenn aber die Polarisationsebenen der Strahlen auf der Einfallsebene und also auch aufeinander senkrecht stehen, so tritt keine stehende Schwingung ein. Andererseits ist klar, daß in dem betrachteten Falle eine stehende Wellenbewegung nur zu stande kommen kann, wenn die Schwingungen der Strahlen parallel sind, d. h. wenn sie auf der Einfallsebene senkrecht stehen. Der Versuch zeigt somit, daß die chemisch wirkenden Schwingungen auf der Polarisationsebene senkrecht stehen, daß sie mit den elektrischen Schwingungen des Strahles identisch sind.

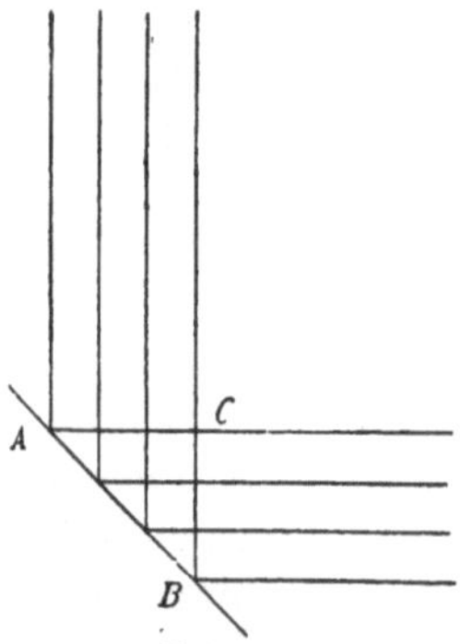

Fig. 365.

Ergänzend möge hinzugefügt werden, daß an denselben Stellen, an denen bei den vorhergehenden Versuchen die photographische Wirkung fehlt, auch keine Fluorescenz erregt wird. Die elektrischen Schwingungen sind danach zugleich die Fluorescenz erregenden.

Die im vorhergehenden besprochenen Versuche besitzen noch ein besonderes Interesse, da sie zu einer neuen Art von Farbenphotographie führen. Man erzeuge stehende Wellen einfarbigen Lichtes in einem lichtempfindlichen Gelatinehäutchen. Die Maxima der Schwingung werden dann in Abständen von einer halben Wellenlänge sich bilden; zwischen ihnen in der Mitte liegen die Minima der chemischen Wirkung. Das Blättchen wird so parallel zu seinen Grenzflächen in hellere und dunklere Schichten zerlegt. Diese wirken wie NEWTONsche Blättchen von der Dicke einer Viertel-Wellenlänge; sie geben daher im normal reflektierten Lichte die Farbe der Strahlen wieder, durch welche die chemische Zersetzung ursprünglich ausgelöst wurde; es möge noch bemerkt werden, daß für die genaue Wiedergabe der Farbe auch die große Zahl der übereinander liegenden Schichten von Bedeutung ist.[1]

IV. Kapitel. Probleme der Wellenlehre.

§ 299. Emission des Lichtes; Gesetzmäßigkeiten der Spektren. In dem folgenden Schlußkapitel der Wellenlehre kommen wir auf einige schon früher betrachtete Erscheinungen zurück. Es handelt sich um die Darlegung von weiteren Resultaten und Gesichtspunkten, durch welche die früheren Untersuchungen vom Standpunkte der Wellenlehre aus ergänzt werden. Wir beginnen mit den Erscheinungen der Emission.

Wenn ein Körper leuchtet, so gehen von ihm Wellen in den umgebenden Äther hinaus, und diese müssen durch Schwingungen der ponderabeln Materie erregt werden, wie etwa die Schallwellen in der Luft durch die Schwingungen tönender Körper. Stellt man sich auf den rein mechanischen Standpunkt, so muß man eine Wechselbeziehung zwischen dem Äther und der ponderabeln Materie annehmen, vermöge deren die ponderabeln Teilchen ihre Schwingungen dem Aether mitzuteilen vermögen. Wenn man elektrische Schwingungen als Ursache der Lichtwirkungen betrachtet, so kann man annehmen, daß die ponderabeln Moleküle mit elektrischen Teilchen verbunden seien, und daß diese durch ihre Schwingungen die elektrischen Wellen des Äthers erregen. Man kann auch daran denken, daß zwischen den Molekülen oder Atomen der leuchtenden Körper elektrische Entladungen stattfinden, ähnlich denen, die wir zwischen entgegengesetzt elektrischen Konduktoren beobachten, und daß die hiermit verbundenen elektrischen Oscillationen wellenförmig im Äther sich verbreiten. Immer wird man zunächst die Thatsache zu erklären haben, daß das Leuchten der Körper in der Regel eine Folge der Temperatursteigerung ist. Nun

[1] O. WIENER, Stehende Lichtwellen und die Schwingungsrichtung polarisierten Lichtes. WIED. Ann. 1890. Bd. 40. p. 203. — DRUDE und NERNST, Über die Fluorescenzwirkungen stehender Lichtwellen. WIED. Ann. 1892. Bd. 45. p. 460. — LIPPMANN, Die Farbenphotographie. Compt. rend. 1891. V. 112. p. 274.

zeigt die mechanische Theorie der Wärme, daß mit zunehmender Temperatur die lebendige Kraft der Moleküle wächst, aber nicht nur die lebendige Kraft ihrer äußeren Bewegung, sondern auch die lebendige Kraft der inneren Schwingungen, welche die Atome in dem Molekül gegeneinander ausführen. Wenn der Wärmezustand des Körpers ein stationärer ist, so findet zwischen der äußeren und inneren Bewegung ein gewisses Gleichgewicht statt, so daß die lebendige Kraft der inneren Bewegung mit der äußeren Bewegungsenergie proportional ist, mit dieser zusammen steigt. Man übersieht dann wohl, daß die Intensität der von einem Körper ausgehenden Ätherschwingungen um so größer ist, je lebhafter die sie erregende Schwingung der Moleküle, je höher die Temperatur ist. Aber diese Vorstellung bedarf noch der weiteren Ausführung; es ist insbesondere zu erklären, weshalb bei Zunahme der Temperatur zuerst die Oscillationen von längerer Dauer eine solche Intensität erlangen, daß wir Wirkungen der von ihnen erzeugten Wellen wahrzunehmen vermögen; es ist zu untersuchen, wie die bei einer bestimmten Temperatur ausgestrahlte Energie auf die einzelnen verschieden langen Wellen sich verteilt. Weiter wird man berücksichtigen müssen, daß Leuchten nicht notwendig mit erhöhter Temperatur verbunden ist, wie man an dem Beispiele der Phosphorescenz, dem Lichte der Leuchtkäfer erkennt. Man wird also annehmen müssen, daß unter Umständen innere leuchtende Schwingungen der Moleküle erregt werden, ohne daß ihnen entsprechende Wärmeschwingungen vorhanden sind. Endlich würde sich die Frage nach der Natur der inneren leuchtenden Bewegungen erheben. Zu ihrer Verfolgung reizen vor allem die scheinbar einfachen und gesetzmäßigen Verhältnisse, die man bei den Linienspektren der Gase gefunden hat. Der Wasserstoff besitzt in nicht zu niederer

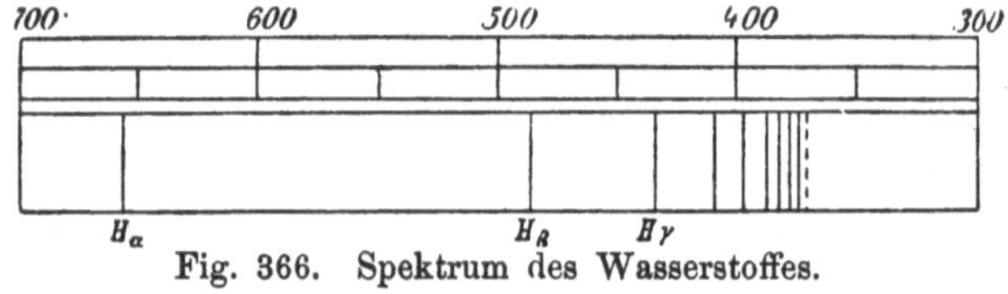

Fig. 366. Spektrum des Wasserstoffes.

Temperatur ein einfaches Linienspektrum, das sogenannte erste Spektrum (Fig. 366); es ist dasselbe, welches in dem Lichte des Sirius und der Wega in ausgezeichneter Weise entwickelt ist. Die Wellenlängen seiner Linien können mit großer Genauigkeit nach der Formel:

$$\lambda = 364{,}542 \frac{m^2}{m^2 - 4}$$

berechnet werden; als Längeneinheit ist dabei ein Milliontel Millimeter ($\mu\mu$) benützt. Der Grad der Übereinstimmung wird durch die folgende Zusammenstellung berechneter und gemessener Wellenlängen anschaulich gemacht:[1]

[1] BALMER, Notiz über die Spektrallinien des Wasserstoffes. WIED. Ann. 1885. Bd. 25. p. 80.

Linie	m	Wellenlänge $\lambda(\mu\mu)$. berechnet	beobachtet
$H_\alpha = C$	3	656,18	656,21
$H_\beta = F$	4	486,08	486,07
H_γ	5	433,98	433,95
H_δ	6	410,11	410,12
$H_\varepsilon = H$	7	396,95	396,92
H_ζ	8	388,84	388,81
H_η	9	383,48	383,49
H_ϑ	10	379,73	379,73
H_ι	11	377,00	376,99
$H_\varkappa$	12	374,96	375,02
H_λ	13	373,38	373,41
H_μ	14	372,14	372,11
H_ν	15	371,14	371,12

Bei anderen Elementen komplizieren sich die Spektren in doppelter Weise. Es treten einmal mehrere Serien auf, deren Linien in ähnlicher Weise zusammengehören, wie die des Wasserstoffes. Dann aber treten an Stelle einfacher Linien sehr häufig doppelte und dreifache. Werfen wir noch einen Blick auf die Spektren der Alkalimetalle. Jedes dieser Spektren besteht aus mehreren Linienserien, unter denen eine besonders hervortretende als die Hauptserie bezeichnet wird. Diese besteht beim Lithium aus einfachen Linien, beim Natrium aus engen Paaren, bei den anderen aus Paaren, deren Linien mit steigendem Atomgewicht weiter und weiter auseinander rücken. Die Serien selbst verschieben sich mit wachsendem Atomgewicht nach dem weniger brechbaren Ende des Spektrums, was bei der Betrachtung der in Fig. 298 gezeichneten Spektren sehr deutlich hervortritt; die Wellenlängen der Linien lassen sich nach der Formel

$$\frac{10^6}{\lambda} = A - \frac{B}{n^2} - \frac{C}{n^4}$$

berechnen, in der für n der Reihe nach alle ganzen Zahlen von 3 an zu setzen sind. Die für die Hauptserien der einzelnen Metalle sich ergebenden Formeln sind in der folgenden Tabelle zusammengestellt. Als Längeneinheit ist wieder das Milliontel Millimeter ($\mu\mu$) benützt.

Li	4358,473	$- 13366,9/n^2$	$- 110008,4/n^4$
Na	4153,681	$- 12998,5/n^2$	$- 80330,1/n^4$
K	3508,655	$- 12698,3/n^2$	$- 62531,8/n^4$
	3508,590	$- 12690,3/n^2$	$- 62163,3/n^4$
Rb	3376,211	$- 12552,1/n^2$	$- 56225,5/n^4$
	3376,538	$- 12543,1/n^2$	$- 54467,9/n^4$
Cs	3150,156	$- 12507,7/n^2$	$- 48988,3/n^4$
	3146,578	$- 12318,8/n^2$	$- 46458,0/n^4$

Die Formel für Na bezieht sich auf die weniger brechbare Linie der Paare; die Verdoppelung ist aber hier nur bei den beiden ersten Linien der Serie beobachtet.[1]

In all den betrachteten Fällen bilden die Wellenlängen oder Schwingungszahlen der Linien eine einfache Reihe, wie etwa die Schwingungszahlen einer Saite oder eines Klangstabes. Man kann daraus schließen, daß die Moleküle oder Atome, von denen die Wellen erzeugt werden, nach Art von linearen Gebilden schwingen.

Sehr viel komplizierter ist der Charakter der Bandenspektren. Bei ihnen können wir eine erste einfache Reihe herstellen, indem wir die Schwingungszahlen der ersten Kanten aller Banden notieren, oder etwa graphisch auf einer Axe OX (Fig. 367) auftragen. Wir bezeichnen sie

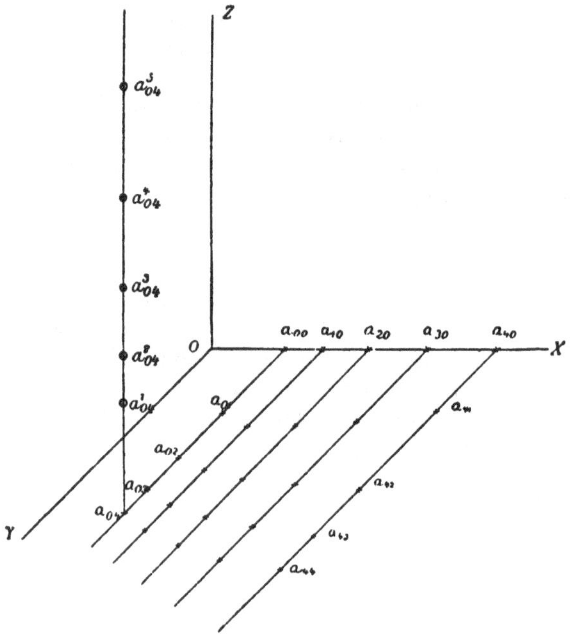

Fig. 367.

durch a_{00}, a_{10}, a_{20}, a_{30}, ... Der ersten Kante jeder Bande ordnen sich nun weitere Kanten zu. Ihre Schwingungszahlen bestimmen sich nach einem Gesetz, das von einer Bande zur anderen sich ändern kann, so daß die darin auftretenden Koëffizienten als Funktionen der Zahlen a_{00}, a_{10}, a_{20}, a_{30}, ... erscheinen. Wir bezeichnen die Schwingungszahlen der Kanten bei der ersten Bande durch

$$a_{00},\ a_{01},\ a_{02},\ a_{03}\ \ldots,$$

bei der zweiten durch

$$a_{10},\ a_{11},\ a_{12},\ a_{13}\ \ldots,$$

[1] Kayser und Runge, Über die Spektren der Elemente. III. Abschnitt. Abhandl. der Berl. Akad. 1890.

bei der dritten durch

$$a_{20}, a_{21}, a_{22}, a_{23} \ldots$$

Diese Zahlen stellen wir auf Linien, die durch die Punkte a_{00}, a_{10}, a_{20}, a_{30} .... parallel mit einer Axe OY gezogen werden, graphisch durch Punkte dar.

Endlich ordnen sich zu jeder Kante die Schwingungen der ihr zugehörenden Serie; das Gesetz, dem die entsprechenden Schwingungszahlen folgen, wird im allgemeinen wieder von Serie zu Serie wechseln, seine Koëffizienten werden also abhängig sein von der Schwingungszahl a_{ik} der ensprechenden Kante. Die Schwingungszahlen der Linien, welche in dieser Weise der Schwingungszahl a_{ik} entsprechen, bezeichnen wir durch a_{ik}, a^1_{ik}, a^2_{ik}, a^3_{ik} ... Wir können diese Zahlen auf Linien auftragen, die wir durch die Punkte a_{ik} der XY-Ebene parallel zu einer dritten Axe OZ ziehen. Wir erhalten so ein System von Punkten, das die Schwingungszahlen aller dem Bandenspektrum angehörenden Linien repräsentiert. Die X-Axe enthält die Schwingungszahlen der Anfangskanten der Banden; die Ebenen, welche durch die Punkte der X-Axe parallel zu der YZ-Ebene hindurchgehen, enthalten die Schwingungszahlen der zu den einzelnen Banden gehörenden Linien. Es ergiebt sich hieraus, daß die Schwingungen von Molekülen, die ein Bandenspektrum erzeugen, durch drei verschiedene, von einander unabhängige Bedingungen bestimmt werden, daß sie sich verhalten wie die Schwingungen räumlich ausgedehnter Körper.

Bei den Banden des Kohlenstoffes finden zwischen den von uns unterschiedenen Schwingungszahlen wenigstens in erster Annäherung die Beziehungen statt:

$$\begin{aligned} a_{i0} &= a_{00} + \alpha_0 i + \beta_0 i^2 \\ a_{i1} &= a_{01} + \alpha_1 i + \beta_1 i^2 \\ &\cdot\;\cdot\;\cdot\;\cdot\;\cdot\;\cdot\;\cdot\;\cdot \\ a^n_{ik} &= a_{ik} + \gamma_{ik} n^2 \end{aligned}$$

Hier sind die α, β und γ Konstante; für i und n hat man der Reihe nach die Zahlen 0, 1, 2, 3 ... zu setzen.

Die erste Gruppe von Gleichungen verbindet die entsprechenden Kanten verschiedener Banden, die letzte Gleichung die Linien einer zu einer Kante gehörenden Serie.[1]

§ 300. Kontinuierliche Spektren. Wir haben erwähnt, daß das Linienspektrum des Wasserstoffes bei zunehmender Dichte durch Verbreiterung der Linien in ein kontinuierliches Spektrum übergeht. Von dieser Erscheinung kann man sich vielleicht in der folgenden Weise Rechenschaft geben. Wir nehmen an, daß die Moleküle des Wasserstoffes nicht allein Licht von der Wellenlänge der Linien $H\alpha$, $H\beta$, $H\gamma$ ... aussenden, sondern Licht von allen möglichen Perioden der Schwingung;

[1] Kayser und Runge, Über die Spektren der Elemente. II. Abschnitt. Abhandl. der Königl. Akad. der Wiss. zu Berlin. 1889.

nur möge die Intensität der Strahlung für alle anderen Wellenlängen sehr klein sein, so daß wir für gewöhnlich nur die Linien $H\alpha$, $H\beta$, $H\gamma$... beobachten. In demselben Maße wie das Emissionsvermögen ist dann aber auch das Absorptionsvermögen des Wasserstoffes für andere Wellen kleiner. Daraus ergiebt sich für sehr dichten Wasserstoff das folgende Verhältnis. Von allen Teilen werden die Wellen ausgesandt, welche die Linien $H\alpha$, $H\beta$, $H\gamma$... erzeugen. Aber das Absorptionsvermögen des Gases für diese Wellen ist sehr groß, es werden also bei der Strahlung wesentlich nur die an der Oberfläche befindlichen Teilchen wirksam sein. Für Wellen anderer Art ist die Absorption gering; Strahlen von anderer Wellenlänge dringen also auch von den in der Tiefe liegenden Molekülen zu der Oberfläche hindurch; an der Strahlung nimmt hier nicht bloß eine oberflächliche Schichte, sondern die ganze Masse des Gases teil. Bei großer Dichte kann daher die Intensität der Strahlung auch für andere Wellenlängen einen mit der Intensität der Linien vergleichbaren Wert erreichen, und dadurch würde die Entstehung eines kontinuierlichen Spektrums sich erklären.[1]

§ 301. Erscheinungen der Absorption. Bei der nahen Beziehung, die zwischen Emission und Absorption vorhanden ist, wird man vermuten, daß auch diese letztere bedingt sei durch die Wechselwirkung zwischen dem Äther und den ponderabeln Molekülen. Halten wir uns an das mechanische Bild der Erscheinungen, so müssen wir annehmen, daß Lichtwellen, die in einen Körper eindringen, seine Moleküle in Schwingung versetzen. Bei der Fluorescenz erfolgen diese Schwingungen wieder mit solcher Schnelligkeit, daß sie als Licht empfunden werden. Im allgemeinen aber würde die Energie, welche auf die ponderabeln Moleküle übertragen wird, nur zu Bewegungen Veranlassung geben, die wir als Wärme empfinden. Es leuchtet ein, daß die Abgabe von lebendiger Kraft an die ponderabeln Moleküle eine besonders große dann ist, wenn ihre eigene Schwingung zu der des einfallenden Lichtes in einem solchen Verhältnis steht, daß die Erscheinung der Resonanz eintreten kann. — Vom Standpunkt der elektromagnetischen Lichttheorie aus werden wir uns die Moleküle der Körper als leitende Teilchen vorstellen können, die in ein isolierendes Medium eingebettet sind. Die eindringenden Lichtwellen erzeugen dann elektrische Schwingungen in den Molekülen, deren Energie sich entweder in Wärme verwandelt oder von neuem als Licht in den Raum hinausstrahlt. Man kann übrigens ebenso gut annehmen, daß die heterogenen Teilchen, die in die isolierende Grundmasse des Körpers eingelagert sind, gleichfalls Isolatoren seien; nur müssen ihre elektrischen Eigenschaften andere sein, als die der Grundsubstanz. Als das Wesentliche erscheint eben die in der einen oder anderen Weise zu deutende Inhomogeneïtät des Mediums. Diese Vorstellungen haben nun in der That zu Formeln geführt, durch welche die Verhältnisse

[1] Zöllner, Über den Einfluß der Dichtigkeit und Temperatur auf die Spektra glühender Gase. Königl. Sächs. Ges. d. Wissensch. Math.-Phys. Kl. 31. Okt. 1870.

der gewöhnlichen und der anomalen Dispersion, sowie der hiermit zusammenhängenden Absorption in befriedigender Weise dargestellt werden.

Nehmen wir an, es seien verschiedene Gattungen leitender Moleküle im Inneren eines Körpers vorhanden, entsprechend der Existenz verschiedener Absorptionsstreifen. Die Dauern der ihnen eigentümlichen elektrischen Schwingungen seien $T_1, T_2, \ldots$; ε_0 sei eine Konstante des zwischen den Molekülen sich ausbreitenden Mediums; $\varepsilon_1, a_1, \varepsilon_2, a_2 \ldots$ seien Konstanten, die für die verschiedenen Molekülgattungen charakteristisch sind. Dann ergeben sich für das Brechungsverhältnis n und den Absorptionskoëffizienten k die Formeln:

$$n^2 - \frac{\lambda^2}{4\pi^2}k^2 = \varepsilon_0 + \frac{\varepsilon_1 (T^2 - T_1^2)\, T^2}{(T^2 - T_1^2)^2 + a_1^2 T^2} + \frac{\varepsilon_2 (T^2 - T_2^2)\, T^2}{(T^2 - T_2^2)^2 + a_2^2 T^2} + \cdots,$$

$$\frac{\lambda}{\pi} n k = \frac{\varepsilon_1 a_1 T^3}{(T^2 - T_1^2)^2 + a_1^2 T^2} + \frac{\varepsilon_2 a_2 T^3}{(T^2 - T_2^2)^2 + a_2^2 T^2} + \cdots$$

Hier bezeichnet λ die Wellenlänge in Luft, T die Oscillationsdauer der Strahlen, für welche n und k gefunden werden sollen. Bei sehr kleiner Schwingungsdauer nähert sich das Brechungsverhältnis dem Werte $n = \sqrt{\varepsilon_0}$, es hängt nur ab von der Natur des Zwischenmediums, nicht von den Eigenschaften der eingelagerten Moleküle; zugleich nähert sich k der Null, die Absorption verschwindet.

Wir betrachten insbesondere den Fall, daß nur ein einziger Absorptionsstreifen vorhanden, also alle ε und a mit Ausnahme von ε_1 und a_1 gleich Null sind; es sei außerdem die mit a_1 proportionale Absorption so klein, daß a_1 gegen T vernachlässigt werden kann. Man hat dann die Gleichungen:

$$n^2 - \frac{\lambda^2}{4\pi^2}k^2 = \varepsilon_0 + \frac{\varepsilon_1 T^2}{T^2 - T_1^2},$$

$$\frac{\lambda}{\pi} n k = \frac{\varepsilon_1 a_1 T^3}{(T^2 - T_1^2)^2}.$$

Es ergeben sich hieraus die in Figur 368 gezeichneten Kurven, durch welche das Brechungsverhältnis und der Absorptionskoëffizient in ihrer Abhängigkeit von der Oscillationsdauer T dargestellt werden. Da die Oscillationsdauer der Wellenlänge λ sehr nahe proportional ist, so entspricht die Figur in der That den Verhältnissen der anomalen Dispersion; sie zeigt für die Oscillationsdauer $T = T_1$ ein Maximum der Absorption, einen Absorptionsstreifen an; vor diesem, d. h. für Strahlen von kleinerer Schwingungsdauer und Wellenlänge, ist das Brechungsverhältnis kleiner, als nach dem Streifen, d. h. für Strahlen von größerer Schwingungsdauer und Wellenlänge.

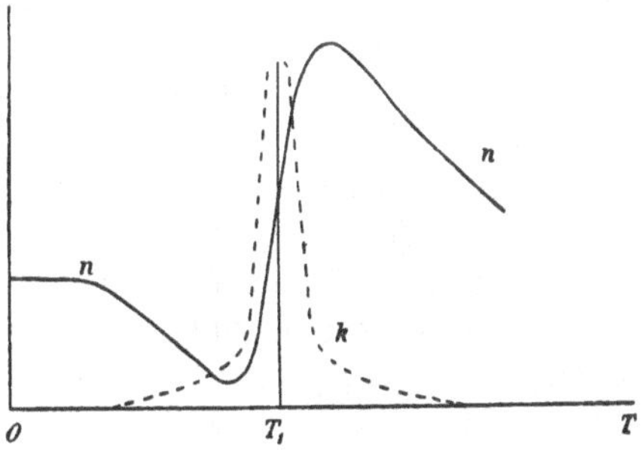

Fig. 368. Anomale Dispersion.

Bei kleiner Absorption ergiebt sich, wenn ein Absorptionsstreifen mit der Schwingungsdauer T_r im Ultrarot, ein zweiter mit der Schwingungsdauer T_v im Ultraviolett liegt, für das Brechungsverhältnis die Formel:

$$n^2 = \varepsilon_0 + \frac{\varepsilon_v\, T^2}{(T^2 - T_v{}^2)} - \frac{\varepsilon_r\, T^2}{(T_r{}^2 - T^2)} \,.$$

Entwickelt man den ersten Bruch nach Potenzen von $\frac{T_v}{T}$, den zweiten nach Potenzen von $\frac{T}{T_r}$ und bricht mit den 4-ten Potenzen ab, so erhält man für das Brechungsverhältnis im sichtbaren Teil des Spektrums die Formel:

$$n^2 = -\frac{\varepsilon_r}{T_r{}^4}\,T^4 - \frac{\varepsilon_r}{T_r{}^2}\,T^2 + \varepsilon_0 + \varepsilon_v + \varepsilon_v\,T_v{}^2\,\frac{1}{T^2} + \varepsilon_v\,T_v{}^4\,\frac{1}{T^4} \,.$$

In der That ergiebt sich auf empirischem Wege, daß das Brechungsverhältnis durchsichtiger Körper in seiner Abhängigkeit von der Wellenlänge λ der Strahlen durch eine Formel von folgender Gestalt dargestellt werden kann:

$$n^2 = -a\,\lambda^2 + b + \frac{c}{\lambda^2} + \frac{d}{\lambda^4} \,.$$

Diese stimmt mit der vorhergehenden überein, wenn man das Glied mit T^4 vernachlässigt und berücksichtigt, daß $\lambda = v\,T$ ist, wo v die Lichtgeschwindigkeit bezeichnet.[1]

Zu ganz analogen Resultaten wurde Helmholtz durch die Annahme geführt, daß bestimmte elektrische Ladungen an den Atomen haften, aus denen die Moleküle der Körper zusammengesetzt sind, und daß die in einen Körper eindringenden Lichtwellen Schwingungen der Atome gegen ihren gemeinsamen Schwerpunkt erzeugen.

§ 302. Zirkularpolarisation. Die Drehung der Polarisationsebene, wie wir sie beim Quarz beobachten, ist nur möglich, wenn das Medium, in dem sich der Lichtstrahl bewegt, keine durch ihn hindurchgehende Symmetrieebene besitzt; denn sonst wäre bei einem Strahl, dessen Polarisationsebene mit der Symmetrieebene zusammenfällt, keine Drehung denkbar. Nun giebt es eine Menge organischer Verbindungen des Kohlenstoffes, die in flüssigem oder gasförmigem Zustand die Polarisationsebene drehen. Als ein bekanntes Beispiel erwähnen wir den Zucker, bei dessen Lösungen die gemessene Drehung zu der Bestimmung des Zuckergehaltes benützt wird. Bei flüssigen Körpern aber kann die Asymmetrie nur in dem Bau der Moleküle selbst gesucht werden; in schematischer Weise könnte man sie durch rechts- oder linksgewundene Schrauben darstellen. Dieser Bemerkung entspricht nun die Thatsache, daß alle Kohlenstoffverbindungen, welche die Polarisationsebene drehen, asymmetrische Kohlenstoffatome besitzen, d. h. solche, deren

[1] Drude, Physik des Äthers. Stuttgart 1894. p. 525 u. 531.

vier Valenzen durch vier von einander verschiedene Atome oder Radikale gebunden werden. Eine weitere Ausführung dieser Bemerkungen würde nur im Zusammenhange mit einer ausführlicheren Darstellung der theoretischen Optik gegeben werden können; sie liegt daher außerhalb der hier zu lösenden Aufgabe. Übrigens haben auch die weitergehenden Untersuchungen noch nicht über die formalen Analogien hinaus zu einer wirklichen Einsicht in den Zusammenhang geführt, der zwischen der chemischen Konstitution der Moleküle und ihrem Rotationsvermögen besteht.

Anmerkungen.

Durch die folgenden Anmerkungen wird der Text des Buches in einigen Punkten vervollständigt. Es schien mir namentlich bei den auf die Wellentheorie des Lichtes bezüglichen Zusätzen besser, sie nicht in den Text selbst einzuordnen. Ich suchte bei der Beugung und der Doppelbrechung die theoretische Betrachtung auf das zu beschränken, was bei einem ersten Eindringen in diese schwierigen Gebiete nicht entbehrt werden kann. Die im folgenden mitgeteilten Sätze sind aber doch so wichtig, daß ich glaubte, sie wenigstens in dieser Form berücksichtigen zu sollen.

Mechanik.

I. Zu den Gesetzen des Stoßes elastischer Körper. § 89 und § 90.

Es erscheint zweckmäßig, das am Schlusse von § 90 gegebene Beispiel noch durch ein zweites, beinahe ebenso einfaches zu ergänzen. Zwei Kugeln von gleicher Masse m bewegen sich mit der gleichen Geschwindigkeit auf derselben geraden Linie gegeneinander. Der entgegengesetzten Bewegungsrichtung entsprechend werden wir die Geschwindigkeit der einen Kugel als eine positive, die der anderen als eine negative Größe einführen; wir setzen $v_1 = v$ und $v_2 = -v$; da überdies $m_1 = m_2 = m$, so ist die Summe der Bewegungsgrößen vor dem Stoße:

$$m_1 v_1 + m_2 v_2 = mv - mv = 0.$$

Folglich muß auch die gesamte Bewegungsgröße nach dem Stoße gleich Null, die resultierenden Geschwindigkeiten c_1 und c_2 müssen entgegengesetzt gleich sein, etwa $c_2 = c$ und $c_1 = -c$. Nun ist aber die lebendige Kraft vor dem Stoß:

$$\tfrac{1}{2} m_1 v_1^2 + \tfrac{1}{2} m_2 v_2^2 = m v^2;$$

nach dem Stoß mit Benützung der obigen Werte der Geschwindigkeiten:

$$\tfrac{1}{2} m_1 c_1^2 + \tfrac{1}{2} m_2 c_2^2 = m c^2 .$$

Der Satz von der Erhaltung der lebendigen Kraft giebt:

$$c^2 = v^2;$$

die Kugeln haben also nach dem Zusammenstoß dieselbe absolute Geschwindigkeit wie vorher; wir müssen aber offenbar setzen:

$$c_1 = -v \quad \text{und} \quad c_2 = +v .$$

Die Kugeln bewegen sich nach dem Stoß entgegengesetzt wie vorher, sie prallen mit derselben Geschwindigkeit von einander ab, mit der sie aufeinander getroffen waren.

II. Zu § 114. Druck im Innern einer schweren Flüssigkeit.

Die Betrachtungen von § 114 über die Gleichheit des hydrostatischen Druckes in den Punkten einer horizontalen Ebene entbehren der Strenge und der überzeugenden Kraft; denn es liegt ihnen die Vorstellung zu Grunde, daß das Gewicht der in dem Kanale $ABCD$ der Figur 104 eingeschlossenen Flüssigkeit eine Bewegung von AB nach CD, d. h. in einem, im ganzen genommen, horizontalen Sinne, nicht zu erzeugen vermöge. Die Annahme ist richtig und läßt sich auch durch Heranziehung des Arbeitsbegriffes genauer begründen, zunächst aber entspringt sie doch mehr einem instinktiven Gefühle, als einer klaren wissenschaftlichen Erkenntnis. Es mögen daher die Betrachtungen von § 114 durch den folgenden strengeren, wenn auch etwas weitläufigeren Beweis ergänzt werden.

Zunächst wollen wir hervorheben, daß der Druck, den zwei in einer ebenen Fläche aneinander grenzende Teile der Flüssigkeit wechselseitig aufeinander ausüben, jedenfalls gegen jene Fläche senkrecht steht, denn sonst würde, wie in dem Falle von § 107, eine wechselseitige Verschiebung der Flüssigkeitsteilchen eintreten.

Wir grenzen nun in der ruhenden, schweren Flüssigkeit ein rechtwinkliges Prisma ab, dessen Querschnitt in Fig. 104a gezeichnet ist. Seine eine Kathetenfläche liegt horizontal, die Hypotenusenfläche in geneigter Stellung unter ihr. Die zu dem Querschnitt senkrechten Längskanten des Prismas haben eine Länge von 1 cm, die Seiten des Querschnittes, ebenfalls in Centimetern, die Längen $BC = a$, $AC = b$, $AB = c$. Wenn die Flüssigkeit im Gleichgewicht ist, so wird dieses nicht gestört, wenn wir uns das Prisma in der umgebenden Flüssigkeit fest geworden, gefroren denken. Sein Gleichgewicht wird dann bestimmt durch die für einen starren Körper geltenden Sätze. Auf die Seiten des Prismas wirken senkrechte Druckkräfte; außerdem aber tritt zunächst als ein unbequemes Element wieder das Gewicht des Prismas auf; hier aber können wir uns davon befreien, indem wir den Querschnitt ABC so klein nehmen, daß das Gewicht des Prismas neben den Druckkräften nicht in Betracht kommt. Wir können dann auch die Angriffspunkte der Druckkräfte in die Mitten der Prismenseiten legen; die Richtungen der Kräfte gehen nun durch einen und denselben Punkt, und die erste Gleichgewichtsbedingung von § 30 ist damit erfüllt. Damit auch der zweiten genügt wird, ist nötig, daß die Kräfte P, Q, R durch Parallelverschiebung zu einem Dreieck $\mathsf{AB\Gamma}$ sich zusammenfügen lassen, welches dann offenbar dem Dreieck ABC ähnlich ist; daraus aber folgt:

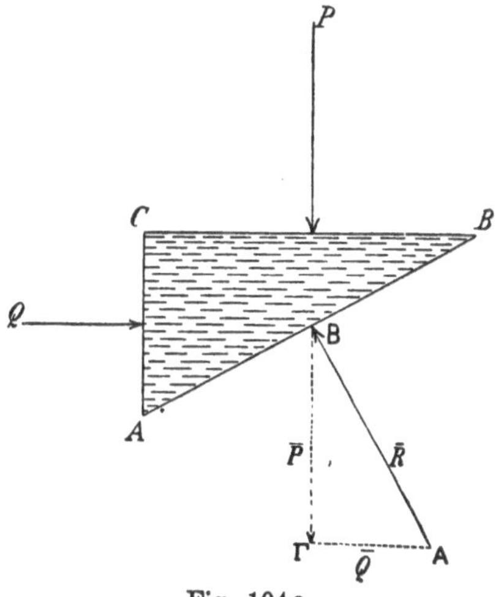

Fig. 104a.

$$\bar{P} : \bar{Q} : \bar{R} = BC : AC : AB,$$

oder

$$\frac{P}{a} = \frac{Q}{b} = \frac{R}{c}.$$

Es stellen aber a, b, c zugleich die Inhalte der Prismenflächen in Quadratcentimetern dar, da ja die Längskanten gleich 1 cm sind. Die in der vorhergehenden Beziehung auftretenden Brüche sind somit nichts anderes, als die auf das Quadratcentimeter der Seiten kommenden Drucke, die Drucke schlechtweg, und diese sind somit einander gleich.

In einer schweren Flüssigkeit wird nun der auf die obere horizontale Seite des Prismas wirkende Gewichtsdruck durch eine über ihr stehende Flüssigkeitssäule von 1 qcm Querschnitt erzeugt. Das Gewicht dieser Säule giebt also überhaupt den Druck an der betrachteten Stelle der Flüssigkeit, unabhängig von seiner Richtung.

Optik.

III. Zu § 273. Zonenteilung der Wellenfläche und Beleuchtung eines Punktes.

Die in § 273 eingeführte Zonenteilung giebt Veranlassung zu einer Bemerkung, welche für die Theorie der Beugungserscheinungen einer kleinen kreisförmigen Öffnung von Interesse ist. Einen undurchsichtigen Schirm mit einer kreisförmigen Öffnung stellen wir senkrecht zu der Verbindungslinie des leuchtenden Punktes L und des beleuchteten P (Fig. 311), so daß der Mittelpunkt der Öffnung mit dem Scheitelpunkt S der Wellenfläche zusammenfällt. Den Schirm selbst richten wir so ein, daß der Halbmesser der Öffnung, wie bei einer sogenannten Irisblende, innerhalb gewisser Grenzen beliebig vergrößert und verkleinert werden kann. Die Öffnung sei zuerst so fein, daß nur ein kleiner Teil der mittleren Zone frei bleibt; in dem Punkte P wird dann nur eine geringe Helligkeit vorhanden sein; diese nimmt zu, wenn der Halbmesser der Öffnung vergrößert wird, bis die ganze mittlere Zone frei geworden ist. Unter diesen Umständen sei die Amplitude der in P erregten Ätherschwingungen gleich A; die Lichtintensität in P ist dann proportional mit A^2. Wenn wir nun den Halbmesser der Öffnung noch weiter vergrößern, so daß Teile

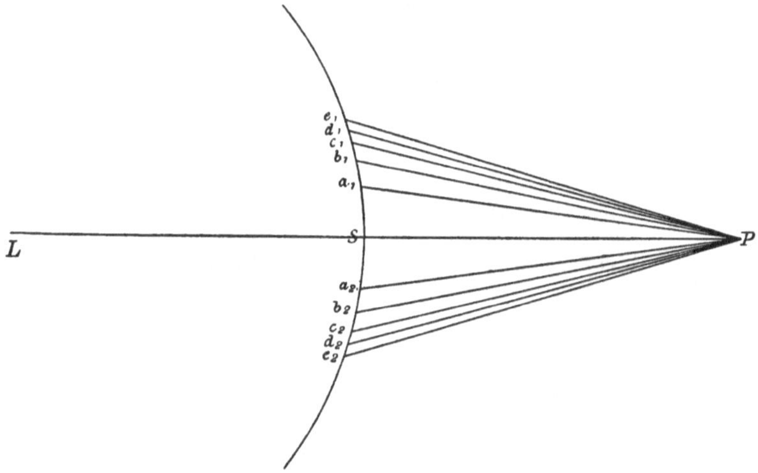

Fig. 311.

der II. Zone $a_1 b_1 a_2 b_2$ frei werden, so nimmt die Helligkeit nicht zu, sondern im Gegenteil ab, da die Strahlen der II. Zone denen der I. entgegenwirken. Beinahe völlige Dunkelheit tritt ein, wenn die Öffnung so groß geworden ist, daß die durch den Kreis $b_1 b_2$ begrenzte Kugelkalotte frei gegen P hin strahlen kann. Bei noch weiterer Vergrößerung der Öffnung nimmt die Helligkeit in P wieder zu; sie erreicht ein zweites Maximum, wenn die Öffnung sich bis zu dem durch die Strahlen Sc_1 und Sc_2 angedeuteten Kegel ausgedehnt hat u. s. w. Wenn der Schirm ganz weggenommen wird, so ist die Amplitude der in P erregten Schwingung gleich $\frac{A}{2}$, da nach § 273 nur noch die Hälfte der von der Mittelzone $a_1 S a_2$ ausgehenden Strahlen wirksam ist; die Lichtintensität in P ist dann proportional mit $\frac{A^2}{4}$, sie beträgt nur den vierten Teil des ersten Maximums. Das wesentliche Resultat der ganzen Betrachtung ist, daß bei einer mehr und mehr erweiterten kreisförmigen Öffnung ein Punkt, der auf dem von dem Lichtpunkt L nach dem Mittelpunkt S der Öffnung gezogenen

Strahle liegt, abwechselnd hell und dunkel wird, eine Vorhersage der Theorie, die durch den Versuch bestätigt wird. Dabei wird allerdings nicht die wechselnde Beleuchtung desselben Punktes bei wechselnder Öffnung beobachtet, sondern bei gleichbleibender Öffnung die Beleuchtung verschiedener Punkte der Strecke SP. Es ist aber leicht zu zeigen, daß für den letzteren Fall im wesentlichen dieselben Gesetze gelten, wie für den ersteren.

Eine Art von Umkehr des Versuches erhält man, wenn man einen kleinen undurchsichtigen Kreisschirm senkrecht auf die Linie LP (Fig. 311) stellt, so daß sein Mittelpunkt mit dem Scheitelpunkt S zusammenfällt. Der Schirm bedeckt gerade die Mittelzone $a_1 S a_2$; es findet dann in P, obwohl dieser Punkt mitten in dem geometrischen Schatten des Schirmes liegt, Helligkeit statt, weil die Hälfte der von der II. Zone $a_1\, b_1\, a_2\, b_2$ ausgehenden Strahlen wirksam bleibt. Ebenso ist der Punkt P hell, wenn der Schirm die I. und II. Zone, die Kugelkalotte $b_1\, S\, b_2$ verdeckt u. s. w. Aber die Helligkeit nimmt mit zunehmender Größe des Schirmes ab, wegen der allmählich abnehmenden Fläche der Zonen. Wenn der undurchsichtige Schirm nicht gerade bis zu einem der Strahlenkegel geht, die den Punkt P mit den Grenzkreisen der von S aus konstruierten Zonen verbinden, so führt die bisherige Betrachtung nicht unmittelbar zum Ziele. Man muß dann, ähnlich wie dies in § 274 angedeutet ist, eine neue Zonenteilung konstruieren, so daß der innere Grenzkreis der ersten Zone auf dem Kegel liegt, der von dem Punkte P nach dem Rande des kreisförmigen Schirmes geht. Es haben dann alle Zonen die Form von Ringen zwischen Kugelkreisen; ihre Wirkungen kompensieren sich aber wieder so, daß die Hälfte der von der ersten Zone ausgesandten Strahlen wirksam bleibt. Verbindet man dieses Resultat mit dem vorhergehenden, so überzeugt man sich, daß die Helligkeit in P mit wachsender Größe des Schirmes stetig abnimmt.

IV. Zu § 291. Wellenfläche einaxiger Krystalle.

Die Bemerkung, welche wir am Schlusse von § 291 gemacht haben, soll durch die folgenden Zeichnungen noch etwas weiter ausgeführt werden.

Fig. 344a bezieht sich auf den Fall, daß ein Bündel paralleler Strahlen auf die obere Fläche eines natürlichen Kalkspatrhomboëders im Hauptschnitt HH' senkrecht auffällt. Es werden dann die Punkte E, E_1, E_2 des Hauptschnittes zu gleicher Zeit Ausgangspunkte von Elementarwellen; ihre Schnitte mit der Einfallsebene sind in der Figur für eine bestimmte spätere Zeit gezeichnet. Die Schnittkreise werden berührt von der Linie $O O_1 O_2$, die Schnittellipsen von der Linie $A A_1 A_2$; die erstere stellt die in den Kalkspat eindringende ordentliche, die zweite die außerordentliche Welle dar. Die Richtungen, längs deren die Wellen parallel mit sich selbst hingleiten, sind durch EO und EA gegeben, und diese repräsentieren somit die gebrochenen Strahlen.

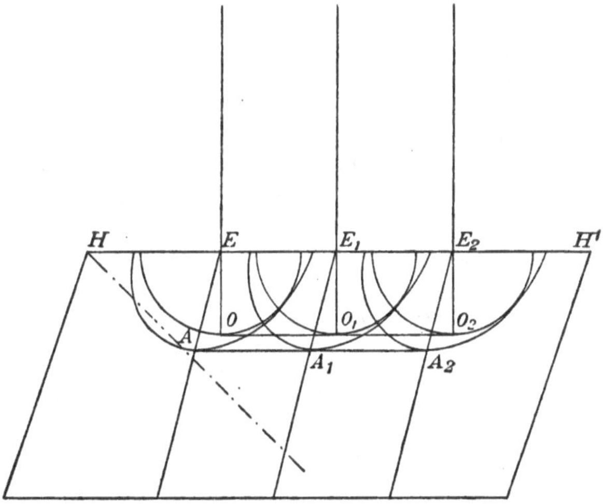

Fig. 344a. Brechung in einem Kalkspatrhomboëder.

Figur 344b bezieht sich auf die Brechung in einem Nikolschen Prisma. Ein Bündel von Strahlen, die mit der Längsaxe des Prismas parallel sind, fällt auf die obere Fläche im Hauptschnitte ein. In dem Moment, in welchem die dem Strahlenbündel entsprechende ebene Welle die Lage EF erreicht hat, wird der Punkt E Ausgangspunkt einer Elementarwelle. Wir suchen nun die Lage der in den Kalkspat eindringenden Wellen für den Moment zu konstruieren, in welchem auch der letzte Strahl FE' der ankommenden Welle die Grenzfläche erreicht hat. Während er aber in Luft die Strecke FE' durchläuft, breitet sich die von E erregte Elementarwelle so weit aus, daß ihre Radien-Vektoren sich zu FE' verhalten, wie die Lichtgeschwindigkeit im Kalkspat zu der Lichtgeschwindigkeit in Luft.

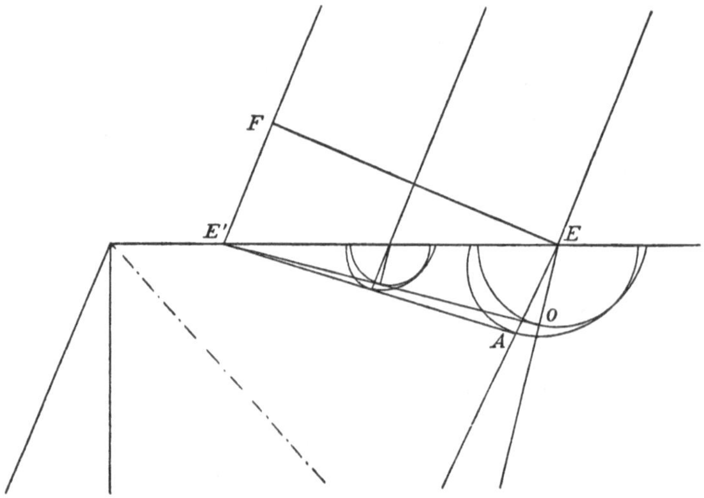

Fig 344b. Brechung in einem Nikolschen Prisma.

Diesem Verhältnis entsprechend ist also die von E ausgehende Elementarwelle zu konstruieren. Die zwischen E und E' liegenden Punkte der Grenzfläche werden in dem Maße später von der ankommenden Welle getroffen, als sie näher an E' liegen. Die von ihnen erregten Elementarwellen lassen sich für den betrachteten späteren Moment nach demselben Prinzip konstruieren, wie die von E erregte. Unsere Figur zeigt die Schnitte der Wellenfläche durch die Einfallsebene. Die Kreisschnitte haben eine gemeinsame von E' ausgehende Tangente $E'O$, die Ellipsen eine gemeinsame Tangente $E'A$; die erstere repräsentiert die ordentliche, die letztere die außerordentliche gebrochene Welle. Die nach den Berührungspunkten gezogenen Radien Vektoren EO und EA geben die Richtungen, längs deren die Wellen parallel mit sich selbst sich verschieben, die gebrochenen Strahlen.

V. Zu § 292. Wellenfläche zweiaxiger Krystalle.

Im Anschluß an die Untersuchungen von § 292 möge noch eine relativ einfache Konstruktion der Wellenfläche mitgeteilt werden. Wir wollen dabei die Wellenfläche so bestimmen, daß sie die Punkte umfaßt, bis zu denen die von dem Centrum C ausgehende Erschütterung in der Zeiteinheit sich ausbreitet. Die Radien Vektoren der Wellenfläche sind dann nichts anderes, als die geometrischen Repräsentanten der Geschwindigkeiten, mit denen die von C ausgehenden Lichtstrahlen nach den verschiedenen Richtungen hin fortschreiten. Es sind dann in Figur 348 die in der Richtung der X-Axe liegenden Vektoren Cv und Cw numerisch gleich den Geschwindigkeiten v und w der längs CX sich bewegenden Strahlen, ebenso in der Richtung CY die Radien Cw und Cu numerisch gleich den Strahlengeschwindigkeiten w und u für jene Richtung; in der Richtung der Z-Axe Cu und Cv numerisch gleich den Strahlengeschwindigkeiten u und v nach der Richtung CZ.

Wir ziehen nun zunächst im Innern des Krystalls von C aus drei Axen X, Y, Z; von diesen soll, ebenso wie in Figur 348, X der optischen Mittellinie entsprechen, Z in der Ebene der optischen Axen zu X senkrecht stehen, Y endlich senkrecht sein zu X und Z. Wir tragen dann auf X die Geschwindigkeit u, auf Y die Geschwindigkeit v, auf Z die Geschwindigkeit w auf, die sogenannten Hauptlichtgeschwindigkeiten des Krystalls. Dabei ist, wie in Figur 348, angenommen, daß $u > v > w$ ist. Wir konstruieren endlich ein Ellipsoid (Fig. 348a), dessen Axen numerisch gleich u, v, w sind; die Endpunkte der Axen sind durch dieselben Buchstaben bezeichnet, wie ihre Längen.

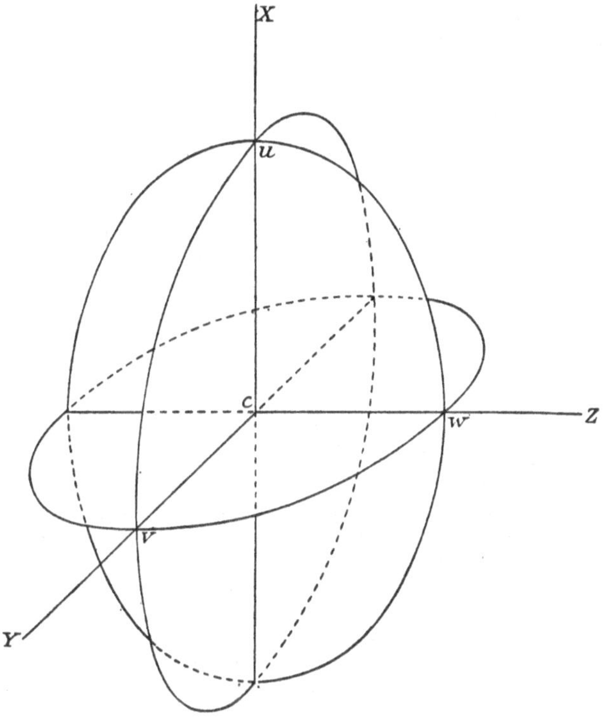

Fig. 348a. Fresnelsches Ellipsoid.

Dieses Ellipsoid, das sogenannte Fresnelsche, wird durch jede der Ebenen XY, YZ, ZX in einer Ellipse geschnitten; die Hauptaxen der zu CX senkrechten Schnittellipse sind gleich v und w; sie geben die Geschwindigkeiten der beiden in der Richtung CX fortschreitenden Strahlen; in derselben Beziehung stehen die Axen der Schnittellipsen in der ZX- und XY-Ebene zu den Strahlen, die längs CY und CZ sich fortpflanzen. Es zeigt sich, daß die hierin liegende Beziehung allgemein für jede Strahlrichtung CS gilt. Um die ihr entsprechenden Strahlgeschwindigkeiten zu finden, legen wir senkrecht zu CS eine Ebene durch C, welche das Ellipsoid in einer Ellipse schneidet (Fig. 348b); ihre Hauptaxen $C\alpha$ und $C\beta$ sind dann numerisch gleich den Geschwindigkeiten der längs CS sich fortpflanzenden Strahlen. Wenn wir also die Axen $C\alpha$ und $C\beta$ auf der Strahlrichtung CS nach CA und CB abtragen, so sind A und B

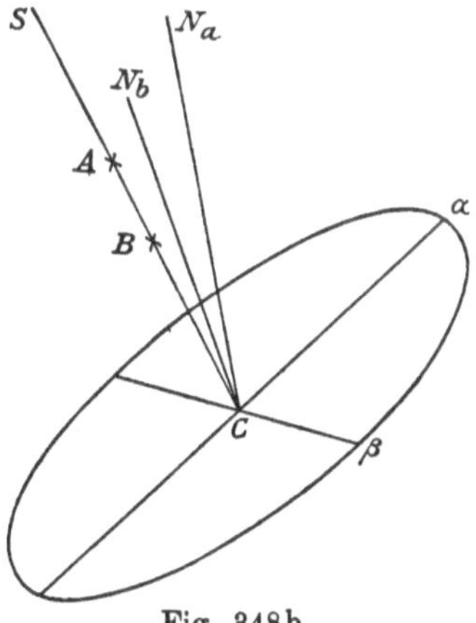

Fig. 348b.

zwei Punkte der Wellenfläche. Wiederholt man die Konstruktion für eine Reihe von verschiedenen Strahlrichtungen, so kann man die beiden Mäntel der Wellenfläche durch die so erhaltenen Punkte A und B hindurchlegen.

Wir knüpfen hieran noch eine weitere Bemerkung; zu der Strahlrichtung CS gehören, wie wir in § 292 gesehen haben, zwei ebene Wellen. Ihre Normalen CN_a und CN_b liegen in den Ebenen $SC\alpha$ und $SC\beta$. Die Schwingungsrichtung des Strahls, der mit der Geschwindigkeit $C\alpha$ fortschreitet, liegt in der Ebene $SC\alpha$ senkrecht zu CN_a; die Schwingungsrichtung des Strahls mit der Geschwindigkeit $C\beta$ liegt in der Ebene $CS\beta$ senkrecht zu CN_b. Dabei ist vorausgesetzt, daß für Polarisationsebene und Schwingungsrichtung die in § 282 gemachte Annahme gilt, daß also die Schwingungen auf der Polarisationsebene senkrecht stehen.

Wir haben in § 292 gefunden, daß parallel mit einer gegebenen Ebene zwei ebene Wellen fortschreiten. Die Geschwindigkeiten, welche sie in der Richtung der Wellennormalen besitzen, lassen sich durch eine ganz ähnliche Konstruktion bestimmen, wie zuvor die Strahlgeschwindigkeiten. Den Ausgangspunkt der Konstruktion bildet die Fußpunktfläche des Fresnelschen Ellipsoids, das Ovaloid. Man erhält diese Fläche, wenn man an das Ellipsoid die berührenden Ebenen legt und auf diese von dem Mittelpunkt C aus Senkrechte fällt. Die Fläche, welche die Fußpunkte dieser Senkrechten auf den zugehörigen Berührungsebenen verbindet, ist das Ovaloid; dieses hat dieselben Axen wie das Ellipsoid und berührt sich mit diesem in den Endpunkten der Axen; im übrigen baucht sich aber das Ovaloid weiter aus als das Ellipsoid. Ist nun eine Wellenebene im Krystall gegeben, so legen wir eine zu ihr parallele Ebene durch den Mittelpunkt C des Ovaloids. Der Schnitt ist ein Oval, welches, ebenso wie eine Ellipse, zwei zu einander senkrechte Hauptaxen hat; sie sind numerisch gleich den Geschwindigkeiten, mit denen die beiden zu der gegebenen Ebene parallelen Wellen in der Richtung ihrer Normalen fortschreiten. Für die den Wellen entsprechenden Strahlen und Schwingungsrichtungen gilt ein Satz, der demjenigen analog ist, den wir zuvor für die beiden längs einer Richtung CS fortschreitenden Strahlen angeführt haben. Trägt man auf der Normale der Wellenebene die beiden ihr entsprechenden Geschwindigkeiten auf, so beschreiben die Endpunkte der abgetragenen Strecken eine zweischalige Fläche, sobald man die Lage der Wellenebene stetig ändert; diese Fläche nennt man die Normalenfläche; sie steht zu der Wellenfläche in derselben Beziehung, wie das Ovaloid zum Ellipsoid, d. h. sie ist die Fußpunktfläche der Wellenfläche.

Berichtigungen.

Seite 8, achte Zeile von unten ist zu setzen: 2,718 an Stelle von 2,781.

Seite 153. In der Figur 137 ist bei der obersten Kurve an Stelle des in der Mitte geknickten ein stetig verlaufender Bogen zu setzen.

FSC
www.fsc.org
MIX
Papier | Fördert
gute Waldnutzung
FSC® C083411

Kolibri 360 GmbH
Ferdinand-Jühlke-Straße 7
99095 Erfurt, Deutschland
produktsicherheit@kolibri360.de